马铃薯科学与技术丛书

马铃薯资源化利用技术

主 编 韩黎明 童丹 原霁虹

武汉大学出版社

马铃薯科学与技术丛书
总主编：杨 声
副总主编：韩黎明 刘大江

U0250239

编委会：
主 任：杨 声
副主任：韩黎明 刘大江 屠伯荣
委 员（排名不分先后）：
王 英 车树理 安志刚 刘大江 刘凤霞 刘玲玲
刘淑梅 李润红 杨 声 杨文玺 陈亚兰 陈 鑫
张尚智 贺莉萍 胡朝阳 禹娟红 郑 明 武 睿
赵 明 赵 芳 党雄英 原霁虹 高 娜 屠伯荣
童 丹 韩黎明

图书在版编目(CIP)数据

马铃薯资源化利用技术/韩黎明,童丹,原霁虹主编 . —武汉:武汉大学出版社,2015.10
马铃薯科学与技术丛书
ISBN 978-7-307-16728-5

Ⅰ.马…　Ⅱ.①韩…　②童…　③原…　Ⅲ.马铃薯—资源利用　Ⅳ.S532

中国版本图书馆 CIP 数据核字(2015)第 204771 号

责任编辑:鲍　玲　　　责任校对:李孟潇　　　版式设计:马　佳

出版发行:**武汉大学出版社**　　(430072　武昌　珞珈山)
(电子邮件:cbs22@whu.edu.cn 网址:www.wdp.com.cn)
印刷:荆州市鸿盛印务有限公司
开本:787×1092　1/16　印张:24.25　　字数:589 千字　　插页:1
版次:2015 年 10 月第 1 版　　　2015 年 10 月第 1 次印刷
ISBN 978-7-307-16728-5　　定价:49.00 元

总　序

马铃薯是全球仅次于小麦、水稻和玉米的第四大主要粮食作物。它的人工栽培历史最早可追溯到公元前8世纪到5世纪的南美地区。大约在17世纪中期引入我国，到19世纪已在我国很多地方落地生根，目前全国种植面积约500万公顷，总产量9000万吨，中国已成为世界上最大的马铃薯生产国之一。中国人对马铃薯具有深厚的感情，在漫长的传统农耕时代，马铃薯作为赖以果腹的主要粮食作物，使无数中国人受益。而今，马铃薯又以其丰富的营养价值，成为中国饮食烹饪文化不可或缺的部分。马铃薯产业已是当今世界最具发展前景的朝阳产业之一。

在中国，一个以"苦瘠甲于天下"的地方与马铃薯结下了无法割舍的机缘，它就是地处黄土高原腹地的甘肃定西。定西市是中国农学会命名的"中国马铃薯之乡"，得天独厚的地理环境和自然条件使其成为中国乃至世界马铃薯最佳适种区，其马铃薯产量和质量在全国均处于一流水平。20世纪90年代，当地政府调整农业产业结构，大力实施"洋芋工程"，扩大马铃薯种植面积，不仅解决了温饱问题，而且增加了农民收入。进入21世纪以来，定西市实施打造"中国薯都"战略，加快产业升级，马铃薯产业成为带动经济增长、推动富民强市、影响辐射全国、迈向世界的新兴产业。马铃薯是定西市享誉全国的一张亮丽名片。目前，定西市是全国马铃薯三大主产区之一，建成了全国最大的脱毒种薯繁育基地、全国重要的商品薯生产基地和薯制品加工基地。自1996年以来，定西市马铃薯产业已经跨越了自给自足，走过了规模扩张和产业培育两大阶段，目前正在加速向"中国薯都"新阶段迈进。近20年来，定西马铃薯种植面积由100万亩发展到300多万亩，总产量由不足100万吨提高到500万吨以上；发展过程由"洋芋工程"提升为"产业开发"；地域品牌由"中国马铃薯之乡"正向"中国薯都"嬗变；功能效用由解决农民基本温饱跃升为繁荣城乡经济的特色支柱产业。

2011年，我受组织委派，有幸来到定西师范高等专科学校任职。定西师范高等专科学校作为一所师范类专科院校，适逢国家提出师范教育由二级（专科、本科）向一级（本科）过渡，这种专科层次的师范学校必将退出历史舞台，学校面临调整转型、谋求生存的巨大挑战。我们在谋划学校未来发展蓝图和方略时清醒地认识到，作为一所地方高校，必须以瞄准当地支柱产业为切入点，从服务区域经济发展的高度科学定位自身的办学方向，为地方社会经济发展积极培养合格人才，主动为地方经济建设服务。学校通过认真研究论证，认为马铃薯作为定西市第一大支柱产业，在产量和数量方面已经奠定了在全国范围内的"薯都"地位，但是科技含量的不足与精深加工的落后必然影响到产业链的升级。而实现马铃薯产业从规模扩张向质量效益提升的转变，从初级加工向精深加工、循环利用转变，必须依赖于科技和人才的支持。基于学校现有的教学资源、师资力量、实验设施和管理水平等优势，不仅在打造"中国薯都"上应该有所作为，而且一定会大有作为。

因此提出了在我校创办"马铃薯生产加工"专业的设想，并获申办成功，在全国高校尚属首创。我校自 2011 年申办成功"马铃薯生产加工"专业以来，已经实现了连续 3 届招生，担任教学任务的教师下田地，进企业，查资料，自编教材、讲义，开展了比较系统的良种繁育、规模化种植、配方施肥、病虫害综合防治、全程机械化作业、精深加工等方面的教学，积累了比较丰富的教学经验，第一届学生已经完成学业走向社会，我校"马铃薯生产加工"专业建设已经趋于完善和成熟。

这套"马铃薯科学与技术丛书"就是我们在开展"马铃薯生产加工"专业建设和教学过程中结出的丰硕成果，它凝聚了老师们四年来的辛勤探索和超群智慧。丛书系统阐述了马铃薯从种植到加工、从产品到产业的基本原理和技术，全面介绍了马铃薯的起源与栽培历史、生物学特性、优良品种和脱毒种薯繁育、栽培育种、病虫害防治、资源化利用、质量检测、仓储运销技术，既有实践经验和实用技术的推广，又有文化传承和理论上的创新。在编写过程中，一是突出实用性，在理论指导的前提下，尽量针对生产需要选择内容，传递信息，讲解方法，突出实用技术的传授；二是突出引导性，尽量选择来自生产第一线的成功经验和鲜活案例，引导读者和学生在阅读、分析的过程中获得启迪与发现；三是突出文化传承，将马铃薯文化资源通过应用技术的嫁接和科学方法的渗透为马铃薯产业创新服务，力图以文化的凝聚力、渗透力和辐射力增强马铃薯产业的人文影响力和核心竞争力，以期实现马铃薯产业发展与马铃薯产业文化的良性互动。

本套丛书在编写过程中得到了甘肃农业大学毕阳教授、甘肃省农科院王一航研究员、甘肃省定西市科技局高占彪研究员、甘肃省定西市农科院杨俊丰研究员等农业专家的指导和帮助，并对最终定稿进行了认真评审论证。定西市安定区马铃薯经销协会、定西农夫薯园马铃薯脱毒快繁有限公司对丛书编写出版给予了大力支持。在丛书付梓出版之际，对他们的鼎力支持和辛勤付出表示衷心感谢。本套丛书的出版，将有助于大专院校、科研单位、生产企业和农业管理部门从事马铃薯研究、生产、开发、推广人员加深对马铃薯科学的认识，提高马铃薯生产加工的技术技能。丛书可作为高职高专院校、中等职业学校相关专业的系列教材，同时也可作为马铃薯生产企业、种植农户、生产职工和农民的培训教材或参考用书。

是为序。

2015 年 3 月于定西

杨声：

"马铃薯科学与技术丛书"总主编

甘肃中医药大学党委副书记

定西师范高等专科学校党委书记　教授

前　言

马铃薯是世界上继水稻、小麦和玉米之后的第四大粮食作物，其分布广泛，适应性强，种植面积广，产量高，营养丰富，是一种价廉易得的原料。运用先进的技术和设备能够生产出高质量的马铃薯产品，这些产品在很多行业和领域发挥着重要的作用，具有很好的加工利用价值和经济价值。

1995年以来，我国马铃薯种植面积和总产量均居世界首位，成为全球马铃薯生产第一大国。近年来，我国马铃薯加工业得到迅猛发展，正逐步由粗放加工、数量扩张的初级阶段转向精深加工、质量提升的发展阶段，对推动"三农"及相关产业发展、扩大就业和提高城乡居民生活水平作出了重要贡献。

甘肃省定西市是全国三大马铃薯集中产区之一，建成了全国最大的脱毒种薯繁育基地、全国重要的商品薯生产基地和薯制品加工基地。为响应地方政府打造"中国薯都"战略，为马铃薯产业提供人才和技术支持，定西师范高等专科学校在全国率先举办了"马铃薯生产加工"高等教育专业，以期为马铃薯生产加工行业输送基础扎实、实践经验丰富、创新能力强的应用型人才。在教学科研过程中，我们深入田间地头，深入车间一线，开展产学研深度合作，在参阅大量优秀著作、论文等文献资料和网络信息资料，借鉴众多专家学者研究成果的精华，荟萃各地的成熟技术和成功经验，总结工作实践和当地马铃薯产业化发展经验的基础上，经过三年多辛苦工作，编写完成了《马铃薯资源化利用技术》一书。

本书系统介绍了马铃薯加工技术及资源化利用途径。一是以块茎为原料的马铃薯加工技术，主要包括：马铃薯食品加工、马铃薯制糖、淀粉加工、变性淀粉加工技术；二是马铃薯副产物的资源化利用技术，主要包括马铃薯渣处理技术、马铃薯渣饲料生产、单细胞蛋白（SCP）饲料生产、酒精生产、草酸生产、柠檬酸和柠檬酸钙生产、乳酸生产、果胶生产、营养性食品添加剂生产、马铃薯淀粉废水粗蛋白回收技术。在理论指导的前提下，尽量针对生产需要选择内容、传递信息、讲解方法，突出实用技术；尽量选择来自生产一线的成功经验和鲜活案例，引导读者在阅读、分析的过程中获得启迪与发展，传承与创新并重，突出引导性。本书适合大专院校、科研单位、生产企业、农业管理部门从事马铃薯研究、生产、开发、推广人员阅读参考，可作为高职高专院校、中等职业学校马铃薯生产加工相关专业教材，同时可作为马铃薯生产企业、马铃薯种植农户等一线职工和农民的培训教材和参考用书。

本书是《马铃薯科学与技术丛书》之一，由定西师范高等专科学校杨声教授担任丛书总主编并撰写了序言，韩黎明、童丹、原霁虹合作完成编写。编写过程中参阅了国内外诸多学者专家的著作和文献资料，得到了甘肃农业大学毕阳教授、甘肃省农科院王一航研究员、甘肃省定西市科技局高占彪研究员、定西市农科院杨俊丰研究员、甘肃陇西清吉洋芋集团副总经理杨东林、甘肃圣大方舟马铃薯变性淀粉有限公司副总经理王艇弘、定西农夫薯园马铃薯种薯快繁有限公司总经理刘大江、定西师范高等专科学校贾国江教授、劢天庆教授、何启明教授等高等院校、科研院所、生产加工企业专家的指导和帮助，并对最终定稿进行了认真评审论证。在此谨向各位学者专家表示诚挚谢意！

　　由于作者知识水平和能力的局限，书中难免有错漏不妥之处，敬请同行专家和广大读者批评指正。

作　者
2015 年 5 月

目　　录

第1章 马铃薯概述

马铃薯是世界上广泛种植的高营养的重要农作物之一，是继水稻、小麦和玉米之后的第四大粮食作物。中国是全球马铃薯第一生产大国，马铃薯及其相关产业对于扩大就业和提高城乡居民生活水平作出了重要贡献。

1.1 马铃薯的发展历史

马铃薯的发现、传播和人类的活动密切相关。马铃薯在生产上的丰产性，生态上的适应性，经济上的高效益，营养上的丰富价值，使它从被发现以来，沿着传播发展的道路，"改造了欧洲"，"填饱了爱尔兰人的肚子"，产生了"革命"性的影响……

1.1.1 马铃薯的起源

马铃薯起源于南美洲。作为栽培作物，马铃薯在南美洲栽培的历史非常悠久。远在新石器时代人类刚刚创立农业的时候起，在南美洲安第斯山地区居住的印第安人为了生存的需要，在野生植物中寻找可以充饥的东西时，便发现了马铃薯的薯块可以吃，并用木棒、石器掘松土地，栽种马铃薯，获得了下一代马铃薯薯块，这就形成了马铃薯的原始栽培，距今约有8000年的历史。

考古学家认为：南美洲秘鲁以及沿安第斯山麓智利沿岸以及玻利维亚等地，都是马铃薯的故乡。马铃薯原产于南美洲秘鲁和智利的高山地区，从南纬50°起向北南美、中美等国家延伸到美国南部各州，共有150个马铃薯种，其中绝大部分生长在南美洲。根据科学考证，马铃薯有两个起源中心：栽培种的起源中心为秘鲁和玻利维亚交界处的"的的喀喀湖"盆地中心地区，南美洲的哥伦比亚、秘鲁及沿安第斯山麓智利海岸以及玻利维亚、乌拉圭等地区都是马铃薯的故乡。野生种的起源中心则是中美洲及墨西哥，在那里分布着系列倍性的野生多倍体种，即$2n=24$，$2n=36$，$2n=48$，$2n=60$和$2n=72$等种。

通过许多科学工作者的调查研究，现在南美洲有3个地方的茄属植物与马铃薯起源有密切关系：一是墨西哥，因为在那里分布有马铃薯的野生种；二是玻利维亚和秘鲁安第斯山区，因为在那里还保存着各种不同的栽培马铃薯较原始的种型；三是智利和附近沿海山区，因为那里同时有各种栽培马铃薯和野生种。现在可以断定，马铃薯的原产地是中安第斯山地区，包括智利北部、秘鲁、玻利维亚、厄瓜多尔以及哥伦比亚等处。但野生种的分布范围，则超出南美洲以外，在墨西哥及美国西南部都有分布。有的学者认为马铃薯共有7个栽培种，主要分布在南美洲的安第斯山脉及其附近沿海一带的温带和亚热带地区。最重要的马铃薯栽培种是四倍体种。四倍体栽培种马铃薯向世界各地传播，最初从南美的哥伦比亚将短日照类型引入欧洲的西班牙，经人工选择，成为长日照类型；后又传播到亚洲、北美、非洲南部和澳大利亚等地。

关于马铃薯起源于南美洲安第斯山中部西麓濒临太平洋的秘鲁、玻利维亚地区，在不同的书籍和文献中多有涉及，也成为公论。到目前为止，人们在南美洲发现的人类村落遗址考证，原始人在南美洲见到野生马铃薯应在 14000 年以前。马铃薯经印第安人驯化，其栽培历史约有 8000 年。

1.1.2　马铃薯的发现和传播

马铃薯的发现、传播和栽培给人类带来了巨大的福利。英国科学家沙拉曼（R. Salaman）在论述马铃薯的起源与传播时说："哥伦布发现新大陆，给我们带来的马铃薯是人类真正有价值的财富之一。马铃薯的驯化和广泛栽培，是人类征服自然最卓越的事件之一。"

1.1.2.1　马铃薯的发现

马铃薯第一次被旧大陆人认识是在 1536 年，继哥伦布接踵到达新大陆的西班牙探险队员到达马格达雷那河上游，现今哥伦比亚境内万列兹镇索罗科塔村附近，北纬 7° 的地方，他们第一次见到马铃薯。1538 年到达秘鲁的西班牙航海家沈沙·德·勒奥（Sierra De leon）是最早把印第安人培育的马铃薯介绍给欧洲的人。他详细地记录了在这个新国度见到的一切。1553 年，他在西班牙塞维利亚城出版了一本书《秘鲁纪事》，欧洲人从西班牙的这本书中第一次知道了马铃薯。

1.1.2.2　马铃薯在欧洲的传播

马铃薯引进欧洲有两条路线：

一路是 1551 年西班牙人瓦尔德维（Valdeve）把马铃薯块茎带至西班牙，并向国王卡尔五世报告这种珍奇植物的食用方法。但直至 1570 年才引进马铃薯并在南部地区种植。西班牙人引进的马铃薯后来传播到欧洲大部分国家以及亚洲一些地区。

另一路是 1565 年英国人哈根（J. Haukin）从智利把马铃薯带至爱尔兰；1581 年英国航海家特莱克（S. F. Drake）从西印度洋群岛向爱尔兰大量引进种薯，以后遍植英国三岛。英国人引进的马铃薯后来传播到苏格兰、威尔士以及北欧诸国，又引种至大不列颠王国所属的殖民地以及北美洲。18 世纪中期马铃薯已传播到世界大部分地区种植，它们都是 16 世纪引进欧洲的马铃薯所繁殖的后代。

1.1.2.3　马铃薯在亚洲的传播

马铃薯从海路向亚洲传播有三条路线：一路是 16 世纪中期和 17 世纪初荷兰人把马铃薯传入新加坡、日本和中国的台湾；第二路是 17 世纪中期西班牙人把它携带至印度和爪哇等地；第三路是英国传教士 18 世纪把马铃薯引种至新西兰和澳大利亚。

1.1.2.4　中国马铃薯的引进及推广

大约在 16 世纪中期，马铃薯从南北两条路线传入我国并广布于大部分地区。

第一路：马铃薯可能由荷兰人从海路引进京津和华北地区。16 世纪北京是全国的政治、经济和文化中心，外国的政治家、商人和传教士纷至沓来，特别是荷兰和日本使臣经天津入京都觐见皇帝，最大可能把马铃薯作为珍品奉献。明末万历年间蒋一葵撰著的《长安客话》（1600—1610）卷 2 "皇都杂记"，记述北京地区种植的马铃薯名为土豆。《长安客话》所记述的为明代中叶北京城郊的史迹。据推算，明代中叶应限定在 1500—1550 年。因此，可以认为马铃薯引种北京的下限时间应在 1550 年以前，距今已有 400 多年。徐光启《农政全书》(1628)、清康熙二十一年（1682）编纂的《畿辅通志》、乾隆四年（1739）的《天津府志》、乾隆二十七年（1762）的《正定府志》都有记述。其他还有乾隆年间的《祁州志》和《丰润县志》、雍正年间的《深州志》等，都有关于北京及其附近州县种植马铃薯的记载。

第二路：马铃薯由荷兰人从东南亚引种至中国台湾，之后传入闽粤沿海各省。劳费尔（B. 1aufer）在其所著的《美洲植物的传播》一书中谈到，荷兰人斯特鲁斯（H. Struys）1650 年访问台湾时看到当地人种植的马铃薯。当时（1622—1662）的台湾尚为荷兰的殖民地，故称马铃薯为荷兰薯；或由荷兰人从爪哇引入，称为爪哇薯。台湾与闽粤地区交往频繁，可能马铃薯很快就被引进沿海地区种植了。康熙三十九年（1700）福建《松溪县志》有马铃薯的记载。乾隆二十五年（1760）的《台湾府志》中，还称马铃薯为荷兰豆，至今闽粤人仍有沿用荷兰薯之名的。在重修乾隆《兴化府莆田县志》中谈到马铃薯："近有一种，来自台湾，形似莱菔，肉松而色黄，味同甘薯。"显然，福建人是在栽植甘薯之后才认识马铃薯的。

我国 17~18 世纪的文献中，以四川、陕西、湖北诸省方志中记述马铃薯为最多，这也不排除稍后马铃薯从西南或西北陆路传入的可能性。但缺少可以佐证的文献资料。

我国引进和栽培马铃薯有 400 多年的历史，并积累了丰富的栽培经验，在近代增加粮食产量和促进农业发展中发挥了重要作用。目前，我国马铃薯种植面积占世界总面积的 25%，是世界第一马铃薯种植大国。

1.1.3 国际马铃薯中心（CIP）的建立

在联合国国际农业研究咨询组（CGIAR）的支持下，国际马铃薯中心（International Potato Center，CIP）1972 年在马铃薯的故乡——秘鲁利马建立。它是一个非盈利性的独立的科学机构，其宗旨为改善世界粮食品质和增加粮食产量，扩大马铃薯的种植面积，并把马铃薯生产技术列为首要研究和推广工作。总部设有 6 个系，即遗传资源系、遗传育种系、线虫和昆虫系、病理系、生理系、社会科学系。开展以下 10 个领域的科学研究：①收集、保存和利用遗传资源；②培育和分配育种材料；③真菌和细菌病害的防治；④病毒及类病毒病的防治；⑤害虫的综合防治；⑥温带马铃薯生产；⑦冷凉地区马铃薯生产；⑧产后技术；⑨种薯技术；⑩马铃薯的食物系统。

每项研究领域下设十几个研究课题。CIP 相继在世界各地设立 8 个地区中心，由中心总部提供经费，采用合同方式，支持各地区科学家开展理论和应用技术研究，以及进行生产培训和专业培训，保证把科研成果及时转让，并使研究和推广有机地结合起来。CIP 把世界的马铃薯科研和生产有效地进行组织和协调并取得显著的成绩，受到世界各国的称赞。1985 年，国际马铃薯中心在中国北京建立第 8 个地区马铃薯分中心，负责马铃薯学术交流和开展合作研究。1990 年 6 月 18 日，CIP 创始人之一约翰·尼德尔豪泽（John Niederhauser）荣获联合国粮农组织颁发的世界粮食奖。

1.2 马铃薯的生物学特性及其生长发育

马铃薯（*Solanum tuberosum*；potato），又称土豆、洋芋、山药蛋等，茄科

3

（Solanaceae）茄属（Solanum）多年生草本植物，但作一年生或一年两季栽培。

1.2.1　马铃薯的生物学特性

生产应用的品种都属于茄属马铃薯亚属能形成地下块茎的种（Solamum tuberosum L.），染色体数 2n = 2x = 48。

马铃薯是双子叶种子植物，植株由地上和地下两部分组成，按形态结构可分为根、茎、叶、花、果实和种子等几部分。作为产品器官的薯块是马铃薯地下茎膨大形成的结果。一般生产上均采用块茎进行无性繁殖。

地上部分包括茎、叶、花、果实和种子。地上茎呈棱形，有毛。奇数羽状复叶。聚伞花序顶生，花白、红或紫色。浆果球形，绿或紫褐色。种子肾形，黄色。

地下部分包括根、地下茎、匍匐茎和块茎。地下块茎呈圆、卵、椭圆等形，有芽眼，皮红、黄、白或紫色，多用块茎繁殖。可食用，是重要的粮食、蔬菜兼用作物。

1.2.2　马铃薯的生长发育

1.2.2.1　马铃薯的生长发育过程

门福义等人根据马铃薯茎叶生长与产量形成的相互关系，并结合我国北方一作区的生育特点，将马铃薯的生长发育过程划分为 6 个生育时期：

①芽条生长期：从块茎萌芽（播种）至幼苗出土为芽条生长期；

②幼　　苗　期：从幼苗出土到现蕾为幼苗期；

③块茎形成期：从现蕾至第一花序开花为块茎形成期；

④块茎增长期：盛花至茎叶开始衰老为块茎增长期；

⑤淀粉积累期：茎叶开始衰老到植株基部 2/3 左右茎叶枯黄为淀粉积累期，经历 20~30d；

⑥成熟收获期：植株地上部茎叶枯黄（或被早霜打死），块茎内淀粉积累达到最高值，即为成熟期。

马铃薯的植株是在一定条件下由根、茎、叶 3 部分密切配合，高度协调下生长发育的。播种的块茎萌芽后、幼苗出土前的生长全靠块茎中的养分和幼根从土壤中吸取的水分和营养物质。一旦幼苗出土，其绿色茎、叶即开始利用光合作用制造养分。随着植株中养分的分配和根、茎、叶的生长发育，才形成完整的植株生长体系。块茎的产量高低与植株的强弱密切相关。根深叶茂是丰产的基础，两者是相辅相成的。一方面，根系发育良好才能从土壤中吸取足够的水分和无机元素，以供植株各部分生长利用。虽然植株生长需要20 多种元素，但大量的是氮、磷、钾元素，钙、镁、硫、铁、钠、硼、铜、锰、锌等虽需要量少，当严重缺乏时，植株生长发育也会受到影响或出现病症。另一方面，植株生长所需要的大量有机物质，是靠叶子的叶绿素在光合作用下形成的。同时不论根部吸收的无机元素或叶子制造的有机成分，都必须通过茎部组织输送和分配。所以，植株的生长发育和块茎的膨大增长，都是根、茎、叶综合协调的结果。

1.2.2.2　马铃薯的生长发育特性

一株由种薯无性繁殖长成的马铃薯植株，从块茎萌芽，长出枝条，形成主轴，到以主轴为中心，先后长成地下部分的根系、匍匐茎、块茎，地上部分的茎、分枝、叶、花、果实时，成为一个完整的独立的植株，同时也就完成了它的由芽条生长期、幼苗期、块茎形成期、块茎增长期、淀粉积累期、成熟收获期组成的全部生育周期。

马铃薯物种在长期的历史发展和由野生到驯化成栽培种的过程中，对于环境条件逐步产生了适应能力，造成它的独有特性，形成了一定的生长规律。马铃薯具有喜凉、分枝、再生、休眠等特性。

1. 喜凉特性

马铃薯性喜冷凉，是喜欢低温的作物。其地下薯块的形成和生长需要疏松透气、凉爽湿润的土壤环境。块茎生长的适温是 16～18℃，当气温高于 25℃ 时，块茎停止生长；茎叶生长的适温是 15～25℃，超过 39℃ 停止生长。

2. 分枝特性

马铃薯的地上茎和地下茎、匍匐茎、块茎都有分枝的能力。

3. 再生特性

马铃薯的主茎或分枝具有很强的再生特性。在生产和科研上可利用这一特性，进行"育芽掰苗移栽"，"剪枝扦插"和"压蔓"等来扩大繁殖倍数，加快新品种的推广速度。特别是近年来，在种薯生产上普遍应用的茎尖组织培养生产脱毒种薯的新技术，仅用非常小的一小点茎尖组织，就能培育成脱毒苗。脱毒苗的切段扩繁，微型薯生产中的剪顶扦插等，都大大加快了繁殖速度，并获得了明显的经济效果。

4. 休眠特性

马铃薯新收获的块茎，即使给以发芽的适宜条件（温度 20℃、湿度 90%、O_2 浓度 2%），也不能很快发芽，必须经过一段时期才能发芽，这种现象称为块茎的休眠。

块茎的休眠特性，在马铃薯的生产、储藏和利用上，都有着重要的作用。在用块茎做种薯时，休眠的解除程度，直接影响着田间出苗的早晚、出苗率、整齐度、苗势及马铃薯的产量。块茎作为食用或工业加工原料时，由于休眠的解除，造成水分、养分大量消耗，甚至丧失商品价值。储藏马铃薯块茎时，要根据所储品种休眠期的长短，安排储藏时间和控制窖温，防止块茎在储藏过程中过早发芽，而损害使用价值。储藏食用块茎、加工用原料块茎和种用块茎，应在低温和适当湿度条件下储藏。如果块茎需要作较长时间和较高温度的储藏，则可以采取一些有效的抑芽措施。如施用抑芽剂等，防止块茎发芽，减少块茎的水分和养分损耗，以保持块茎的良好商品性。了解块茎休眠的原因及其萌芽的特性，对于生产和储藏保鲜都具有十分重要的意义。

1.3　马铃薯的产量形成与品质

1.3.1　马铃薯的产量形成

1.3.1.1　马铃薯的产量形成特点

1. 产品器官是无性器官

马铃薯的产品器官是块茎，是无性器官，因此在马铃薯生长过程中，对外界条件的需求，前、后期较一致，人为控制环境条件较容易，较易获得稳产高产。

2. 产量形成时间长

马铃薯出苗后 7~10d 匍匐茎伸长，再经 10~15d 顶端开始膨大形成块茎，直到成熟，经历 60~100d 的时间。产量形成时间长，因而产量高而稳定。

3. 马铃薯的库容潜力大

马铃薯块茎的可塑性大，一是因为茎具有无限生长的特点，块茎是茎的变态仍具有这一特点；二是因为块茎在整个膨大过程中不断进行细胞分裂和增大，同时块茎的周皮细胞也作相应的分裂增殖，这就在理论上提供了块茎具备无限膨大的生理基础。马铃薯的单株结薯层数可因种薯处理、播深、培土等不同而变化，从而使单株结薯数发生变化。马铃薯对外界环境条件反应敏感，受到土壤、肥料、水分、温度或田间管理等方面的影响，其产量变化大。

4. 经济系数高

马铃薯地上茎叶通过光合作用所同化的碳水化合物，能够在生育早期就直接输送到块茎这一储藏器官中去，其"代谢源"与"储藏库"之间的关系，不像谷类作物那样要经过生殖器官分化、开花、授粉、受精、结实等一系列复杂的过程，这就在形成产品的过程中，可以节约大量的能量。同时，马铃薯块茎干物质的 80% 左右是碳水化合物。因此，马铃薯的经济系数高，丰产性强。

1.3.1.2 马铃薯的淀粉积累

1. 马铃薯块茎淀粉积累规律

块茎淀粉含量的高低是马铃薯食用和工业利用价值的重要依据。一般栽培品种，块茎淀粉含量为 12%~22%，占块茎干物质的 72%~80%，由 72%~82% 的支链淀粉和 18%~28% 的直链淀粉组成。

块茎淀粉含量自块茎形成之日起就逐渐增加，直到茎叶全部枯死之前达到最大值。单株淀粉积累速度是块茎形成期缓慢，块茎增长至成熟期逐渐加快，成熟期呈直线增加，积累速率为 2.5~3g/d 株。各时期块茎淀粉含量始终高于叶片和茎秆淀粉含量，并与块茎增长期前叶片淀粉含量、全生育期茎秆淀粉含量呈正相关。即块茎淀粉含量决定于叶子制造有机物的能力，更决定于茎秆的运输能力和块茎的贮积能力。

块茎中淀粉含量的绝对增加和相对增加是淀粉粒不断增大和各种大小淀粉粒之间比例不断变化的结果。全生育期块茎淀粉粒直径呈上升趋势，且与块茎淀粉含量呈显著或极显著正相关。

块茎淀粉含量因品种特性、气候条件、土壤类型及栽培条件而异。晚熟品种淀粉含量高于早熟品种，长日照条件和降雨量少时块茎淀粉含量提高。壤土上栽培较黏土上栽培的淀粉含量高。氮肥施用量多则块茎淀粉含量低，但可提高块茎产量。钾能促进叶子中的淀粉形成，并促进淀粉从叶片流向块茎。

2. 干物质积累分配与淀粉积累

马铃薯块茎产量形成和淀粉积累不仅受同化产物的生产、积累的影响，而且与同化产物的分配转移有密切关系。马铃薯一生单株同化产物积累呈"S"形曲线变化。经 C^{14} 标记研究发现，出苗至块茎形成期干物质积累量小，且主要用于叶部自身建设和维持代谢活动，叶片中干物质积累量占全部干物质的 54% 以上。块茎形成期至成熟期干物质积累量大，并随着块茎形成和增长，干物质分配中心转向块茎，块茎中积累量约占 55% 以上。成熟期，由于部分叶片死亡脱落，单株干重略有下降，而且原来储存在茎叶中的干物质的

20%以上也转移到块茎中去，块茎干重占总干重的75%~82%。总之，全株干物质在各器官分配前期以茎叶为主，后期以块茎为主，单株干物质积累量越多，则产量和淀粉含量越高。

1.3.2 马铃薯的品质

马铃薯按用途可分为食用型、食品加工型、淀粉加工型、种用型几类。不同用途的马铃薯其品质要求也不同。

1.3.2.1 鲜食马铃薯

鲜食薯的块茎，要求薯形整齐、表皮光滑、芽眼少而浅，块茎大小适中、无变绿；出口鲜薯要求黄皮黄肉或红皮黄肉，薯形长圆或椭圆形，食味品质好，不麻口，蛋白质含量高，淀粉含量适中等。块茎食用品质的高低通常用食用价来表示。食用价=蛋白质含量/淀粉含量×100，食用价高的，营养价值也高。

1.3.2.2 食品加工用马铃薯

目前，我国马铃薯食品加工产品有炸薯条、炸薯片、脱水制品等，但最主要的加工产品仍为炸薯条和炸薯片。二者对块茎的品质要求有：

1. 块茎外观

表皮薄而光滑，芽眼少而浅，皮色为乳黄色或黄棕色，薯形整齐。炸薯片要求块茎为圆球形，直径40~60mm为宜。炸薯条要求薯形长而厚，薯块大而宽肩者（两头平），直径在50mm以上或重量在200g以上。

2. 块茎内部结构

薯肉为白色或乳白色，炸薯条也可用薯肉淡黄色或黄色的块茎。块茎髓部长而窄，无空心、黑心、异色等。

3. 干物质含量

干物质含量高可降低炸片和炸条的含油量，缩短油炸时间，减少耗油量，同时可提高成品产量和质量。一般油炸食品要求22%~25%的干物质含量。干物质含量过高，生产出来的食品比较硬（薯片要求酥脆，薯条要求外酥内软），质量变差。由于比重与干物质含量有绝对的相关关系，故在实际生产中，一般用测定比重来间接测定干物质含量。炸片要求比重高于1.080，炸条要求比重高于1.085。

4. 还原糖含量

还原糖含量的高低是油炸食品加工中对块茎品质要求最为严格的指标。还原糖含量高，在加工过程中，还原糖和氨基酸进行所谓的"美拉德反应"（Maillard Reaction），使薯片、薯条表面颜色加深为不受消费者欢迎的棕褐色，并使成品变味，质量严重下降。理想的还原糖含量约为鲜重的0.1%，上限不超过0.30%（炸片）或0.50%（炸薯条）。块茎还原糖含量的高低，与品种、收获时的成熟度、储存温度和时间等有关。

1.3.2.3 淀粉加工用马铃薯

淀粉含量的高低是淀粉加工时首要考虑的品质指标。因为淀粉含量每相差1%，生产同样多的淀粉，其原料相差6%。作为淀粉加工用品种的马铃薯其淀粉含量应在16%或以上。块茎大小以50~100g为宜，大块茎（100~150g以上者）和小块茎（50g以下者）淀粉含量均较低。为了提高淀粉的白度，应选用皮肉色浅的品种。

1.3.2.4 种用块茎

1. 种薯健康

种薯要不含有块茎传播的各种病毒病害、真菌和细菌病害。纯度要高。

2. 种薯小型化

块茎大小以25~50g为宜，小块茎既可以保持块茎无病和较强的生活力，又可以实行整播，还可以减轻运输压力和费用，节省用种量，降低生产成本。

1.4 中国马铃薯栽培区划

我国马铃薯生产遍及全国各个省区，主产区为东北、华北、西北和西南等地区，其栽培面积占全国的90%以上，中原和东南沿海各地较少。其分布特点是北方多，南方少，山区多，平原少，杂粮产区多，水稻产区少。

滕宗璠等人（《我国马铃薯区划研究》，1989年）根据我国马铃薯种植地区的气候、地理、栽培制度及品种类型等条件，将我国划分为4个马铃薯栽培区，（见表1-1）：分别为北方一作区，中原二作区，南方二作区，西南一、二季混作区。

表1-1 中国马铃薯栽培区划

区域名称	年平均温度（℃）	大于5℃积温（℃）	最热月平均温度（℃）	年均无霜期（d）	区划界线
北方一作区	-4~10	2000~3500	20~24	<180	从昆仑山脉由西向东，沿唐古拉山脉、巴颜喀拉山，沿黄土高原海拔700~800m到古长城
中原春秋二作区	10~18	3500~6500	22~28	180~300	北方一作区南界以南，大巴山、苗岭以东，南岭、武夷山以北，包括辽东平原、长江下游、杭州湾等
南方秋冬二作区	18~24	6500~9500	28~32	300~365	苗岭、武夷山以南，包括广西、广东、福建、台湾
西南一二季混作区	6~12	2000~3000	>28	150~350	云南、贵州、四川、西藏及湖南、湖北西部山区

1.4.1 北方一作区

本区包括黑龙江、吉林两省和辽宁省除辽东半岛以外的大部；内蒙古、河北北部、山西北部；宁夏、甘肃、陕西北部；青海东部和新疆天山以北地区。即从昆仑山脉由西向东，经唐古拉山脉、巴颜喀拉山脉，沿黄土高原海拔700~800m一线到古长城为本区南界。

本区的气候特点是无霜期短，一般多在110~170d，年平均温度-4~10℃，最热月平均温度不超过24℃，最冷月平均温度在-8~-28℃，≥5℃积温在2000~3500℃，年降雨量50~1000mm，分布很不均匀。本区气候凉爽，日照充足，昼夜温差大，故适于马铃薯生育，栽培面积占全国 50%以上，本区也是我国重要的种薯生产基地。

本区种植马铃薯为春播秋收的一作类型，一般 4 月下旬或 5 月初播种，9 月下旬或 10 上旬收获，适于种植中熟或晚熟的休眠期长的品种，但也要搭配部分早熟品种以供应城郊蔬菜市场、加工原料或外调种薯的需要。本区栽培方式有垄作和平作两种。在平原地带适宜机械化栽培。

本区采用脱毒种薯栽培极为重要，应建立健全脱毒种薯繁育体系，加强对种薯田的栽培管理，以进一步提高种薯质量。在病害方面应着重开展对晚疫病、环腐病、黑胫病及主要病毒病的防治工作。

本区春季增温较快，秋季降温快。增温快则土壤蒸发强烈，容易形成春旱；降温快则霜冻早，晚熟品种或收获晚时易受冻。故需注意适期播种和深播、适期收获和防冻等问题。

1.4.2　中原春秋二作区

本区位于北方一作区南界以南，大巴山、苗岭以东，南岭、武夷山以北，包括辽宁、河北、山西、陕西四省的南部；湖北、湖南二省的东部；河南、山东、江苏、浙江、安徽、江西等省。

本区无霜期长，为 180~300d，年平均温度为 10~18℃，最热月平均温度可达 22~28℃，大多有酷热的夏季和寒冷的冬季，不利于马铃薯生育，为了躲过炎热的夏季高温，实行春、秋二季栽培，春季多为商品薯生产，秋季主要是生产种薯。多与其他作物间套作。春季生产于 2 月下旬至 3 月上旬播种，5 月下旬至 6 月上中旬收获。秋季生产于 8 月份播种，11 月份收获。

本区马铃薯播种面积不足全国的 10%。但近年来，由于实行间套作和采取脱毒种薯以及新品种的育成和推广，种植面积也在逐年扩大，并成为商品薯出口和种薯生产基地之一，也成为全国马铃薯的高产地区。

1.4.3　南方秋冬二作区

本区位于南岭、武夷山以南，包括广西、广东、海南、福建、台湾等省。

本区无霜期 300d 以上，年平均温度为 18~24℃，最热月平均温度在 28℃以上。本区属海洋性气候，夏长冬暖，四季不分明。主要在稻作后，利用冬闲地栽培马铃薯，栽培季节多在冬、春季或秋、冬季。秋播 9 月初至 10 月下旬，收获 12 月末至 1 月初。冬播 1 月中旬，收获 4 月上中旬。但由于和其他作物进行间套种，播期变化也较大。本区栽培的集约化程度高，是我国重要的商品薯出口基地，也是今后马铃薯发展潜力大的地区。

1.4.4　西南一、二季混作区

本区包括云南、贵州、四川、重庆、西藏等省（市、区）及湖南、湖北的西部山区。

本区多为山地和高原，区域广阔，地势复杂，海拔高度变化很大，气候垂直变化显著，栽培制度也不尽相同。在海拔 2000m 以上的高寒山区，气温低，无霜期短，四季分明，夏季凉爽，雨量充沛，多为春种秋收，一年一季，具有北方一作区的特点，是种源基地。在海拔 1000~2000m 的低山地区与中原二作区相同，实行春、秋二季栽培。在海拔

1000m 以下的江边河谷或盆地，气温高，无霜期长，夏季长而冬季暖，雨量多而湿度大，与南方二作区相同，多在冬、春或秋、冬季节栽培。

本区马铃薯栽培面积约占全国马铃薯栽培面积的 40%。品种资源丰富，除了采用脱毒种薯栽培外，可以利用不同海拔高度，进行就地留种和串换。

1.5 中国马铃薯产业优势区域布局规划

根据我国马铃薯主产区自然资源条件、种植规模、产业化基础、产业比较优势等基本条件，将我国马铃薯主产区规划为五大优势区，如图 1-1 所示。

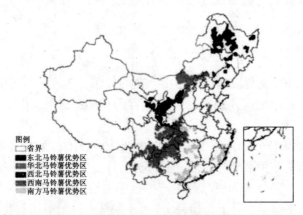

图 1-1 马铃薯优势区域布局示意图

1.5.1 东北种用、淀粉加工用和鲜食用马铃薯优势区

1.5.1.1 基本情况
包括东北地区的黑龙江和吉林两省、内蒙古东部、辽宁北部和西部，与种薯、商品薯需求量较大的朝鲜、俄罗斯和蒙古等国接壤。本区地势较高、日照充足、昼夜温差大，年平均温度在-4~10℃，大于 5℃积温在 2000~3500℃，土壤为黑土，适于马铃薯生长，为我国马铃薯种薯、淀粉加工用薯的优势区域之一。本区马铃薯种植为一年一季，一般春季4 月份或 5 月初播种，9 月份收获。影响马铃薯生产的主要因素是春旱、晚疫病、环腐病、黑胫病和病毒病。

1.5.1.2 功能定位
本区是马铃薯种薯、淀粉加工专用薯和鲜食用薯生产的优势区域。市场区位优势明显，除本地作为食品、蔬菜消费和淀粉加工外，可以出口至蒙古、朝鲜、东南亚等周边国家和地区，调运到中原、华南和华东等地。本区优先发展脱毒种薯，其次依托市场区位优势发展淀粉加工专用型和鲜食用马铃薯。

1.5.1.3 发展方向
①选育和推广抗病加工专用型品种、早中晚熟鲜食品种，研究专用品种配套栽培技术，建立淀粉加工原料薯基地，实行规模化和标准化生产。

②整合脱毒快繁中心、种薯标准化生产基地和检验检测体系，提高种薯供应能力和质量。

③大力发展机械化生产，提高生产效率。

④建立晚疫病发生、流行和蚜虫迁飞预测预报，严格执行产地检疫，防止检疫性病虫害的扩散和传播。

⑤推广改良的简易中小型储藏库，增加储藏能力，降低储藏损失，延长商品薯供应周期，调节马铃薯市场价格。

1.5.2 华北种用、加工用和鲜食用马铃薯优势区

1.5.2.1 基本情况

包括内蒙古中西部、河北北部、山西中北部和山东西南部。气候冷凉，年降雨量在300mm 左右，无霜期在 90~130d，年均温度 4~13℃。大于 5℃积温在 2000~3500℃，分布极不均匀。土壤以栗钙土为主。由于气候凉爽、日照充足、昼夜温差大，适合马铃薯生产，是我国马铃薯优势区域之一，单产提高潜力大。山东位于华北区南部，无霜期 210d以上，适合两季马铃薯生产，是我国早熟出口马铃薯生产优势区。本区大部分马铃薯生产为一年一熟，一般 5 月上旬播种，9 月中旬收获；山东一年两熟，春季 2 月中下旬播种，5 月上旬收获，秋季 8 月中下旬播种，11 月上中旬收获。影响马铃薯生产的主要因素是干旱、晚疫病和病毒病，以及投入少、生产组织化程度低。

1.5.2.2 功能定位

本区横跨三北，靠近京津，是我国马铃薯种薯、加工用薯和鲜食用薯生产的优势区域，产业比较优势突出，生产的马铃薯除本地消费外，大量调运到中原、华南、华中甚至西南、东南亚作为种薯、薯片薯条加工原料薯和鲜薯。本区利用光照强、昼夜温差大、季节早等自然条件，优先发展种薯、加工专用型和鲜食出口马铃薯生产，增强生产组织化水平。

1.5.2.3 发展方向

①选育和推广抗旱、抗病加工专用型和适合外销型品种，研究专用品种配套栽培技术，建立淀粉加工、食品加工原料薯和出口马铃薯基地，实行规模化和标准化生产。

②整合脱毒快繁中心、种薯标准化生产基地和检验检测体系，提高种薯供应能力和质量。

③大力推广旱作节水保墒丰产优质综合栽培技术和早熟优质高产栽培技术。

④建立晚疫病发生、流行和蚜虫迁飞预测预报，严格执行产地检疫，防止检疫性病虫害的扩散和传播。

⑤大力发展机械化生产，提高生产效率。

⑥推广改良的简易中小型储藏库，增加储藏能力，降低储藏损失，延长商品薯供应周期，调节马铃薯市场价格。

⑦开展农民种薯、专用薯生产技术培训。

1.5.3　西北鲜食用、加工用和种用马铃薯优势区

1.5.3.1　基本情况

包括甘肃、宁夏、陕西西北部和青海东部。本区地势高，气候冷凉，无霜期在110~180d，年均温度4~8℃，大于5℃积温在2000~3500℃，降雨量200~610mm，海拔500~3600m，土壤以黄土、黄棉土、黑垆土、栗钙土、沙土为主。由于气候凉爽、日照充足、昼夜温差大，生产的马铃薯品质优良，单产提高潜力大。本区马铃薯生产为一年一熟，一般4月底5月初播种，9~10月上旬收获。影响马铃薯生产的主要因素是干旱少雨、种植规模小和市场流通困难。

1.5.3.2　功能定位

本区是鲜食用薯、淀粉加工用薯和种薯生产的优势区域。马铃薯在本区属于主要作物，产业比较优势突出，生产的马铃薯除本地作为粮食、蔬菜消费、淀粉加工和种薯用外，大量调运到中原、华南、华东作为鲜薯。本区利用光照强、昼夜温差大，应优先发展鲜食用、淀粉加工专用和种薯用马铃薯生产，增强市场流通能力和生产组织化能力。

1.5.3.3　发展方向

①选育和推广抗旱、抗病、优质鲜食用和加工专用型品种，研究专用品种配套栽培技术，建立加工原料薯基地和优质鲜薯外销基地，实行规模化和标准化生产。

②整合脱毒快繁中心、种薯标准化生产基地和检验检测体系，提高种薯供应能力和质量。

③大力推广旱作节水保墒丰产优质栽培技术。

④建立晚疫病发生、流行和蚜虫迁飞预测预报，严格执行产地检疫，防止检疫性病虫害的扩散和传播。

⑤积极推进小型机械在马铃薯生产中的应用，提高生产效率。

⑥推广改良的简易中小型储藏库，增加储藏能力，降低储藏损失，延长商品薯供应周期，调节马铃薯市场价格。

1.5.4　西南鲜食用、加工用和种用马铃薯优势区

1.5.4.1　基本情况

包括云南、贵州、四川、重庆4省（市）和湖北、湖南2省的西部山区、陕西的安康地区。本区地形复杂，海拔高度变化大。气候的区域差异和垂直变化十分明显，年平均气温较高，无霜期长，雨量充沛，特别适合马铃薯生产，主要分布在海拔700~3000m的山区。本区马铃薯面积增加潜力大，但单产不高，专用品种缺乏，良繁体系规模小，缺乏种薯质量控制体系，种薯质量低，种薯市场不活跃，晚疫病、青枯病发生严重，并有块茎蛾、癌肿病等检疫性病害。

1.5.4.2　功能定位

本区是鲜食用、加工用和种用马铃薯的优势种植区域。马铃薯种植模式多样，一年四季均可种植，已形成周年生产、周年供应的产销格局，是鲜食马铃薯生产的理想区域和加工原料薯生产的优势区域。同时，本区内的高海拔山区，天然隔离条件好，具有生产优质种薯得天独厚的生态条件，应重点发展脱毒种薯生产，建成西南地区种薯

供应基地。

1.5.4.3 发展方向
①采取增、间、套种，大力推广新型高效种植模式，努力扩大马铃薯种植面积。

②选育和推广高产优质专用和食用型品种以及实用配套增产技术，大幅度提高马铃薯单产水平。

③完善马铃薯良繁体系和质量控制体系，提高种薯生产能力。

④建立晚疫病和蚜虫预测预报系统，严格执行产地检疫制度，防止检疫性病虫害的扩散。

⑤建立鲜食和加工马铃薯周年生产基地，保证周年生产供应。

⑥推广和改良简易种薯储藏库，增加优质健康种薯的储藏和供应能力。

1.5.5 南方马铃薯优势区

1.5.5.1 基本情况
包括广东、广西、福建 3 省，江西南部、湖北和湖南中东部地区。本区大部分为亚热带气候，无霜期 230d 以上，日均气温≥3℃的作物生长期 320d 以上，适于马铃薯在中稻或晚稻收获后的秋冬作栽培。本区是我国马铃薯种植面积增长最快和增长潜力最大的地区之一。马铃薯在广西、广东、福建通常于 10~12 月份播种，次年 1~4 月份收获；其他地区通常于 12 月到次年 1 月份播种，3~5 月份收获。影响和制约本区马铃薯发展的主要因素是脱毒种薯供应不足，生长前期易遭霜冻，晚疫病、青枯病发生较重。

1.5.5.2 功能定位
依托外向型市场区位优势和国内蔬菜供应淡季优势，开发利用冬闲田，扩大鲜食马铃薯生产，保障市场供应。

1.5.5.3 发展方向
①引进和推广抗病、耐低温、适于出口的早熟、早中熟鲜食品种。

②研究和推广稻草覆盖免耕、稻草包芯、高垄增密及与其他作物套种等技术模式。

③建立就地繁供与北繁南调相结合的种薯高效繁育体系和质量检测体系，制定种薯生产技术规程。

④建立商品薯标准化生产基地。

1.6 中国马铃薯产业发展概况

世界上种植马铃薯的国家和地区有 150 多个。1995 年以来，我国马铃薯种植面积和总产量均居世界首位。"十一五"至"十二五"期间，马铃薯加工业得到迅猛发展，正逐步由粗放加工、数量扩张的初级阶段转向精深加工、质量提升的发展阶段，对推动"三农"及相关产业发展、扩大就业和提高城乡居民生活水平做出了重要贡献。

1.6.1 种植面积和产量

历年中国马铃薯种植情况见表 1-2。

表 1-2　　　　　　　　　　　历年世界和中国马铃薯种植概况（1991—2013）

年份	种植面积（百万公顷）			总产量（千万吨）			单产（t/hm²）	
	世界	中国	中国占比（%）	世界	中国	中国占比（%）	世界	中国
1993	18.4655	3.0871	16.7	30.4865	4.5905	15.1	16.51	14.87
1994	18.0585	3.2076	17.8	27.1239	4.3800	16.1	15.02	13.66
1995	17.7771	3.4341	19.3	28.6212	4.5950	16.1	15.58	13.38
1996	18.7202	3.7363	20.0	31.2066	5.3040	17.0	16.67	14.19
1997	18.7810	3.8227	20.4	30.3689	5.7208	18.8	16.17	14.97
1998	18.8320	4.0621	21.6	30.1123	6.4579	21.4	15.99	15.90
1999	19.7037	4.4177	22.4	29.9891	5.6105	18.7	15.22	12.70
2000	16.2178	4.7234	29.1	32.7600	6.6275	20.2	16.31	14.03
2001	19.6985	4.7188	24.0	31.1237	6.4564	20.7	15.80	13.68
2002	19.1782	4.6975	24.5	31.6441	7.0185	22.2	16.5	15.04
2003	19.1226	4.5224	23.6	31.4758	6.8095	21.6	16.46	15.06
2004	19.2443	4.5967	23.9	33.6198	7.2220	21.5	17.47	15.71
2005	19.3538	4.8809	25.2	32.6693	7.0865	21.7	16.88	14.52
2006	18.4154	4.9020	26.6	30.7354	5.4026	17.6	16.69	12.82
2007	18.6478	4.4910	24.1	32.3912	6.4790	20.0	17.37	14.62
2008	18.1675	4.6730	25.7	32.9922	7.0780	21.5	18.16	15.18
2009	18.6898	5.0880	27.2	33.4734	7.3231	21.9	17.91	14.40
2010	18.6900	5.4560	29.2	33.3617	8.1534	24.4	17.85	15.66
2011	19.2779	5.6870	29.5	37.5149	8.8291	23.5	19.46	16.28
2012	19.2805	5.5370	28.7	36.5365	8.726	23.9	18.95	16.12
2013	19.4657	5.6150	28.8	36.8096	8.8925	24.2	18.91	15.80
平均	18.7518	4.5408	24.2	32.1436	6.6078	20.4	16.95	14.69

　　近几十年来，世界马铃薯的面积一直保持在 2000 万公顷左右，面积分布以欧、亚两洲种植为主。中国是世界第一大马铃薯种植国，年均种植面积接近 500 万公顷，2013 年达到 561.5 万公顷。1993—2013 年种植面积增加 252.8 万公顷，占世界马铃薯种植面积的比例从 16.7% 增长到 28.8%，年均占世界的比例接近 25%，亚洲的 60%。如图 1-2 所示。

　　我国马铃薯种植随着面积增加，产量也呈稳定增加趋势，2013 年总产量达到 8892.5 万吨，1993—2013 年总产增加 4302 万吨，接近翻番。占世界总产量的比例从 15.1% 增长到 24.2%，年均占世界的比例超过 20%。平均单产从 14.87t/hm² 增加到 15.8t/hm²，其中 2011 年达到 16.28t/hm²。如图 1-3、图 1-4 所示。

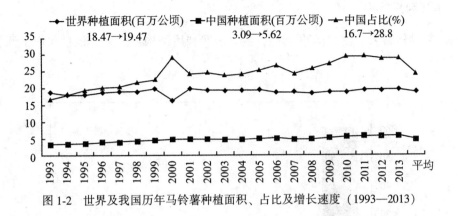

图1-2　世界及我国历年马铃薯种植面积、占比及增长速度（1993—2013）

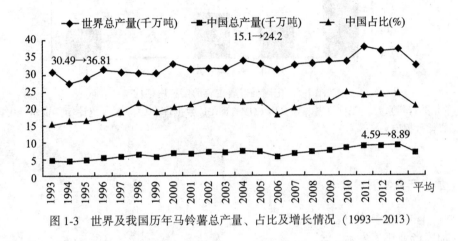

图1-3　世界及我国历年马铃薯总产量、占比及增长情况（1993—2013）

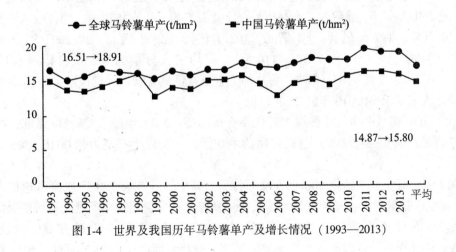

图1-4　世界及我国历年马铃薯单产及增长情况（1993—2013）

1.6.2 消费利用结构

2011 年马铃薯人均占有量约 45kg，主要消费利用结构：蔬菜、粮食和加工原料，如图 1-5 所示。

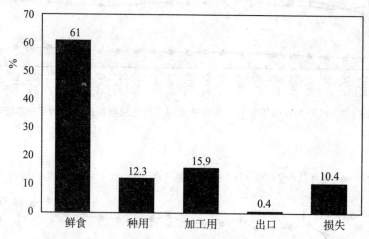

图 1-5 中国马铃薯主要消费利用结构

（本节相关资料来源：FAO 资料、联合国 COM TRADE 数据库、中国农业统计年鉴资料、中国海关、新华社多媒体数据库）

1.6.3 加工产业发展现状

1.6.3.1 主要成就

1. 加工产业迅速发展

"十一五"期间，我国马铃薯加工业发展迅速。"十一五"末，全国规模以上马铃薯加工企业 150 余家，马铃薯加工产品产量、工业总产值、工业增加值、销售收入、利税分别达 140 万吨、197.4 亿元、60 亿元、192.7 亿元、25.8 亿元，比 2005 年分别增长 49.0%、98.6%、89.2%、107.2%、110.8%，年均增长分别为 8.3%、14.7%、13.6%、15.7%、16.1%。变性淀粉、全粉、薯片加工企业数量显著增加，规模以上企业均由 2005 年的 10 家左右上升到 2010 年的 25 家以上。

"十二五"初，中国马铃薯加工转化率有所提高，2011 年加工淀粉 50 万吨，冷冻薯条 16.7 万吨，薯片品种增加，总销售额约 180 亿元，全粉生产能力增长 16.9%，加工 6 万吨。

2012 年全行业加工转化 800 余万吨马铃薯。其中，冷冻薯条生产规模迅速扩大，马铃薯全粉生产稳健增长，马铃薯薯片增长势头良好，马铃薯淀粉生产则受原料影响供应偏于紧张。冷冻薯条达到年产 20.3 万吨，与 2011 年年产 16.7 万吨相比，同比增长 21.56%，仍然保持较高增长的可喜态势，另据了解将新增产能约 21.5 万吨，2012 年进口薯条、预熟化（不含用醋或醋酸腌制产品）、冷冻马铃薯 13 万吨，冷冻薯条尚有增长空间。马铃薯全粉生产能力在经历了 2006 年至 2009 年以每年 66.0%、57.8%、28.2%的增长高速扩张之后，近年分别以17.9%、16.9%、14.3%的年均增长速度出现理性回归，发展趋于稳健。

马铃薯加工业的快速发展拉动相关装备制造业每年增加产值10余亿元，淀粉、变性淀粉、全粉等马铃薯加工产品作为重要的工业原辅料，支撑了食品、造纸、纺织、医药、化工等产业的发展。

2. 产品结构不断优化

马铃薯加工业的产品结构进一步优化。2010年，马铃薯加工业消耗马铃薯692万吨，比2005年提高28.4%，年均增长5.1%。以品种计，马铃薯加工产品的产量为：淀粉45万吨，变性淀粉16万吨，全粉5万吨，冷冻薯条11万吨，各类薯片30万吨，粉丝、粉条、粉皮30万吨（以干基计）。马铃薯全粉、变性淀粉、冷冻薯条、各类薯片食品等深加工产品占加工产品总量的比例达到45.2%，比2005年提高15.9%，基本满足消费者日益增长的多层次需求，见表1-3。

表1-3　　　　　　　　　　　　　　　中国马铃薯加工业主要产品产量

产品	2005（万吨）	2010（万吨）	累计增长（%）	年均增长（%）
淀粉	40	45	12.5	2.4
变性淀粉	10	16	60	9.8
全粉	2	5	150	20.1
冷冻薯条	5	11	120	17.1
各类薯片	16	30	200	24.6
三粉	25	30	20	3.7

3. 产业集中度逐步提升

我国马铃薯加工业结构调整、技术进步步伐加快，一批具有较强竞争实力和技术优势的骨干企业发展壮大。马铃薯淀粉前5强生产企业2005年产量占总产量的15%，2010年占23%，产业集中度逐步提升。新兴产业变性淀粉、全粉、薯条和薯片加工业在企业数量高速增长的同时，仍保持了较高的产业集中度，前5强生产企业产量占总产量在40%以上。

4. 加工技术水平不断提高

通过组织实施一批与马铃薯加工密切相关的食品加工重大科技专项，在食品用马铃薯蒸汽去皮及水力切条、提高马铃薯淀粉提取率和节水率、变性淀粉生产应用技术开发等关键技术领域取得了突破。马铃薯变性淀粉品种由10多种增加到30多种；马铃薯加工产出率、副产物利用率均有所提高。研制出一批包括马铃薯蒸汽脱皮装置、大型滚筒干燥装置、马铃薯全粉加工生产线等技术含量较高的加工装备，部分装备已实现整机出口。

5. 质量体系逐渐完善

随着全社会对食品质量安全的日益重视和《中华人民共和国食品安全法》及其实施条例的颁布实施，"十一五"期间，马铃薯加工业食品安全水平和产品质量不断提高。通过ISO质量管理体系、危害分析和关键控制点（HACCP）认证的马铃薯加工企业不断增加，规模以上的马铃薯冷冻薯条、薯片、全粉加工企业 60% 通过了质量管理体系认证，比"十五"末增加 30%。同时，马铃薯相关国家标准的制（修）订工作得到加强，"十一五"期间制（修）订马铃薯加工相关标准 35 项。

1.6.3.2　马铃薯贸易概况

世界马铃薯贸易在主要地区的主要国家之间展开。从贸易构成看，由鲜马铃薯、冻马铃薯、马铃薯粉三大块构成，在数量上以鲜马铃薯为主，在贸易值上以冻马铃薯为主。西欧的 7 个主要贸易国家（荷兰、比利时、德国、法国、英国、意大利、西班牙）、北美的两个发达国家（美国和加拿大）连同亚洲的日本，10 个主要贸易国的贸易量与贸易值均占到世界的 76%，其中仅荷兰一国的贸易量就占到世界的 20%。

我国虽然是马铃薯生产大国，却不是加工和贸易强国，无论是从马铃薯的生产、品种，特别是专用品种、储运，还是加工的深度、广度、技术装备水平、进出口贸易、消费等，都与国际先进水平存在差距。产品国际竞争力弱，出口以鲜薯为主，进口以高附加值的淀粉为主，贸易与生产大国的地位极不匹配。目前，我国薯片市场销售额大约有 250 亿元，其中复合油炸薯片达到 12 亿元，鲜切薯片 40 亿元，饼干薯片 50 亿元，蒸煮薯片 8 亿元。马铃薯产品贸易总体进口多于出口，见表 1-4、表 1-5、表 1-6、表 1-7。

表 1-4　　　　　　　　　　中国马铃薯产品进出口贸易比较（2010）

马铃薯产品	当期出口额（$）	当期进口额（$）	当期出口量（t）	当期进口量（t）
鲜或冷藏马铃薯（种用除外）	10316.36	0.01	258206.219	0.102
马铃薯细粉及粗粉	327.82	221.83	2960.134	1487.048
冷冻马铃薯	289.76	0.66	3427.878	4.548
马铃薯粉片、颗粒、团粒	299.57	160.03	2432.045	1345.364
薯片	490.99	136.68	2770.419	286.175
冷冻马铃薯加工产品	2332.24	7354.16	18646.397	68746.618
合计	14056.74	7873.37	288443.092	71869.855

表 1-5　　　　　　　　　中国马铃薯加工产品贸易结构（2005—2011）

年份	出口				进口			
	初级产品		加工产品		初级产品		加工产品	
	出口额（$）	占比（%）	出口额（$）	占比（%）	进口额（$）	占比（%）	进口额（$）	占比（%）
2005	47.2	73.5	17.0	26.5	0.1	0.1	73.5	99.9
2006	67.9	74.6	23.2	25.4	0.4	0.5	73.6	99.5
2007	84.2	58.8	59.1	41.2	0.1	0.2	61.8	99.8
2008	86.8	68.0	40.9	32.0	0.1	0.1	69.1	99.9
2009	115.8	75.5	37.7	24.5	0.1	0.1	63.3	99.9
2010	107.2	73.1	39.4	26.9	0.0	0.0	143.3	100.0
2011	178.8	79.4	46.3	20.6	0.2	0.1	142.0	99.9

表 1-6 中国马铃薯分品种进出口产品结构（2011）

马铃薯产品	出口额（百万$）	占比（%）	进口额（百万$）	占比（%）
种用马铃薯	1.7	0.7	0.1	0.0
鲜、冷藏马铃薯（非种用）	169.8	75.4	0.1	0.1
冷冻马铃薯	7.4	3.3	0.1	0.0
马铃薯细粉、粗粉、粉末	0.9	0.4	12.7	8.9
马铃薯粉片、颗粒、团粒	4.5	2.0	3.1	2.2
马铃薯淀粉	8.2	3.7	20.5	14.4
非醋方法制作或保藏的冷冻马铃薯	25.6	11.4	104.8	73.7
非醋方法制作或保藏的未冷冻马铃薯	6.9	3.1	1.0	0.7
合计	228.6	100	142.4	100

表 1-7 近年中国马铃薯及其制品国际贸易情况（2009—2014） 单位：亿美元

贸易流向	2009 年	2010 年	2011 年	2012 年	2013 年	2014 年
出口额	1.54	1.54	2.25	1.87	1.86	3.25
进口额	0.63	1.38	1.42	1.91	1.92	2.14
贸易差额	0.91	0.16	0.83	-0.04	-0.06	1.11

据中国海关统计，我国薯条 2012 年出口 1.41 万吨，量少且逐年减少；2012 年薯条进口 13.1 万吨，有所增长，进口明显高于出口。雪花粉、颗粒粉、马铃薯坯料出口 2012 年 4994 吨，进口 3211 吨，出口大于进口，但量均不大。马铃薯食品与马铃薯粉 2012 年出口 860 吨，进口 4994 吨，进口量大于出口。马铃薯淀粉 2012 年出口 5230 吨，进口 3.7 万吨，占我国优级品、一级品的 10%，进口远远大于出口。出口和进口额分别为 1.87 亿美元和 1.91 亿美元，逆差近在 400 万美元。鲜薯占出口总额的 70.22%，其余为种薯、冷冻马铃薯、淀粉和储藏马铃薯。冷冻马铃薯占进口总额的 78.3%、淀粉占进口总额的 21.6%。

1.6.4 中国马铃薯加工业面临的挑战

1.6.4.1 原料保障压力增大

我国马铃薯总产量虽位居世界首位，但发展水平有待提高，主要表现在：微型薯产能 23 亿粒，实际生产 10 亿粒，脱毒种薯比例（25%）和单产水平较低，马铃薯加工用原料的稳定供应面临挑战；生产条件差，收获及储运装备相对落后，马铃薯出现伤痕、腐烂而造成损失的现象突出；加工专用薯种缺乏，原料质量参差不齐，小规模种植、分散经营的马铃薯种植"小农业"与规模化生产、市场化运作的马铃薯加工"大生产"矛盾突出，规模化、机械化种植方式缺乏，产业化基地建设薄弱。随着马铃薯加工业的快速发展，对马铃薯加工原料尤其是高品质加工专用薯的原料需求将不断提升，原料供应压力逐渐增大。

1.6.4.2 产业结构不尽合理

我国马铃薯加工业结构虽有改善，但仍不尽合理，主要表现在：初级加工产品比重较大，高科技含量、高附加值产品种类和产量尚待扩大；技术装备先进、实现规模化生产的企业偏少，设备简陋、工艺落后、质量和出品率低的落后产能还占较大比例；副产物综合利用的研究开发还处于起步阶段，循环经济产业链尚未形成，制约着马铃薯加工业的健康发展。

1.6.4.3 企业创新能力不强

我国马铃薯加工业科技研发投入仍相对偏低，目前仅占销售收入的0.4%左右，大大低于发达国家2%~3%的平均水平，设有研发中心的企业不足30%。面对快速增长的消费需求和国外新型产品和先进技术的竞争压力，企业自主创新能力有待加强。

1.6.4.4 可持续发展要求提高

目前，资源环境约束日益强化，运用新技术、新工艺、新材料、新装备推动马铃薯加工业实现节能减排、资源综合利用的要求不断提高，加快转变发展方式尤为迫切。

1.6.5 中国马铃薯加工产业发展的基本原则和发展目标

1.6.5.1 基本原则

1. 注重协调发展，强化原料保障

按照良种化、规模化科学种植，集约化、规范化系统管理，智能化、信息化储藏物流的理念和模式升级传统马铃薯种植业及储运业，大力培育集育种、种植、储藏、运输、加工及产品营销为一体的马铃薯加工产业集群，建设自有原料生产基地或发展订单式农业的运作模式，实现马铃薯加工业与种植业、储运业之间的优化布局、协调发展。

2. 严格控制质量，保障产品安全

参照国际标准及规范，结合我国国情，建立统一、规范的马铃薯加工产品质量安全检测和监控体系，提升企业自身质量安全管理能力，加快淘汰落后产能，完善市场准入管理，落实企业主体责任，建立健全企业质量管理体系，保障马铃薯加工产品质量安全。

3. 坚持科技创新，促进产业升级

瞄准国际马铃薯加工技术与产业发展前沿，以产学研合作为依托，开发具有自主知识产权的技术和装备，推动马铃薯加工业科技创新和技术人才培养，加快高新技术成果产业化的步伐，进一步提高产品科技含量和附加值，促进产业优化升级。

4. 推行清洁生产，发展循环经济

坚持可持续发展和循环经济的理念，大力发展马铃薯加工清洁生产技术与装备，提高产品的出品率及加工副产物的综合利用率，提高马铃薯资源综合利用水平。保护耕地、节约集约用地，促进节能减排，降低资源消耗及污染物排放，保护生态环境。

1.6.5.2 近期发展目标（"十二五"末）

1. 原料保障

马铃薯种植面积达到800万公顷，单产达到$18.75t/hm^2$，总产量达到1.5亿吨，脱毒马铃薯种植面积占总种植面积的50%以上，内蒙古、甘肃、黑龙江等马铃薯加工集中区域的专用薯种植比例达 20% 以上。

2. 储运体系

在马铃薯主产区推广建设和匹配与仓储需求相符的规范化地下、半地下马铃薯储窖，解决马铃薯的存储和冻烂损耗问题，减轻薯价阶段性波动对马铃薯加工业造成的不利影响。在马铃薯主要加工地区新建万吨级以上大型气调储库 50~60 个，提高加工产品品质，延长加工期，提高产能利用率。基本建成与我国马铃薯加工业相配套的马铃薯储藏及运输体系，储藏运输过程的损失控制在 10% 以下。

3. 加工能力

马铃薯加工业总产值达到 350 亿元，利税 45 亿元，年加工转化马铃薯 1400 万吨。

4. 产品结构

马铃薯淀粉产量达到 90 万吨，粉条、粉丝、粉皮 35 万吨，变性淀粉 25 万吨，全粉 20 万吨，冷冻薯条 16 万吨，各类薯片 45 万吨，新型马铃薯方便食品、休闲食品等 20 万吨，高附加值马铃薯精深产品产量占比提高到 50%。

5. 自主创新

加大研发中心建设力度，拥有研发中心的企业占马铃薯加工企业总数的 50% 以上，企业研发投入占销售收入的比重提高到 0.8% 以上。

6. 产业集群

规模化马铃薯加工企业达 200 家以上，培育 20 家具有较强竞争力的、销售收入达 3 亿元以上的马铃薯加工企业。加快产业集群发展，打造 2~3 个分工合作、优势互补、销售收入达 10 亿元以上的马铃薯产业集群。

7. 质量安全

建立健全我国马铃薯加工产品标准体系、质量控制和检测体系、企业诚信管理体系和产品安全信息及质量安全可追溯体系。

8. 节能减排

单位工业增加值能耗降低 30%，单位工业增加值用水量降低 30%，工业固体废弃物综合利用率达到 80% 以上，主要污染物排放减少，其中，化学需氧量（COD）减少 15%。

1.6.5.3 重点任务

1. 强化原料供应保障

促进马铃薯种植业的种薯脱毒化、品种专业化、种植规模化和机械化，保障加工专用薯的种植面积及单产的稳步增长。加大对马铃薯原种生产补贴、规模化集约经营和高产创建的支持力度，推广应用脱毒种薯和配套高产栽培技术。鼓励马铃薯加工企业发展"公司+基地"的经营模式，建立稳固的马铃薯种薯繁育及种植基地，与薯农建立合理的利益分配机制和稳定的购销关系，逐步实现马铃薯种植业的产业化运作。建立马铃薯加工供求调节机制，加快马铃薯储藏、物流体系建设，确保优质加工专用薯原料的稳定供给。

2. 推动产业结构调整

优化行业区域布局，在马铃薯主产区及其周边地区，发展马铃薯淀粉和全粉加工。在大中城市及其周边地区，发展薯片、薯条、变性淀粉及其他高附加值产品。鼓励跨区域整合，发挥区域优势，建立完善的原料供应和产业链上下游合作体系。优化行业组织结构，加快淘汰落后产能，提高产业集中度，促进企业信息化的集成应用。优化加工产品结构，提高马铃薯加工量，提高马铃薯精深加工产品的比例，加大高附加值、高技术含量新型产品的推广力度。

3. 提高自主创新能力

提高企业自身研发能力，加强科研人才培养及研发队伍建设，推进企业与大专院校、科研院所的合作与交流，推进建设一批科技创新能力强、科技成果转化快的马铃薯加工科技创新平台、科研开发基地和产业化示范生产基地，全面提升我国马铃薯加工业的自主创新能力。针对我国马铃薯原料和加工产品的特点，开发高水平的马铃薯加工专用和成套设备，提升国产设备的可靠性、稳定性、成套性以及工艺材质和自动化水平，部分核心技术达到国际先进水平。

马铃薯加工业科技创新体系建设主要内容如下：

（1）马铃薯加工关键技术研究开发

①满足不同食品加工特殊需求的高附加值马铃薯食用变性淀粉生产技术；

②马铃薯膨化食品、马铃薯泥、方便食品等高附加值及主食化食品的开发及应用；

③马铃薯加工鲜切菜肴保鲜、方便化工艺技术开发及应用；

④高分子量、高能量运动食品（野战食品）的研发和生产；

⑤高效吸水或保水剂、水处理剂的研发、生产和推广应用；

⑥开发膳食纤维等高附加值产品和副产物综合利用技术；

⑦低含油量、健康油炸薯制品加工技术的开发及应用；

⑧马铃薯大宗产品综合加工技术及智能控制装备的研发；

⑨推动组建马铃薯加工产品研发中心、马铃薯加工工程实验室。

（2）马铃薯加工高效综合利用和产业化示范

①加工副产物综合利用技术。马铃薯渣转化为饲料等成本低、可行性高的副产物综合利用技术的产业化示范，薯条加工副产物综合利用技术产业化示范。

②生产线技术改造。采用先进技术装备，降低单位增加值能耗，提高生产效率。

（3）马铃薯加工人才培养基地建设

以马铃薯加工领域的重点院校和科研院所为主体，联合大型马铃薯加工企业，构建若干个符合我国马铃薯加工发展需求的人才培养基地，为马铃薯加工行业输送基础扎实、实践经验丰富、创新能力强的应用型人才。

4. 完善质量体系建设

加强食品安全教育，加快企业诚信体系建设，完善马铃薯加工业质量安全控制体系的建设，完善马铃薯加工标准体系建设，制（修）定马铃薯加工原料、产品、流程、检测方法、环保等相关标准；推进马铃薯加工安全、质量检测公共平台建设，配置必备仪器设备，提高马铃薯加工产品的安全、质量监控水平；强化马铃薯加工产品的质量监管，推动企业建立产品可追溯制度和不合格产品召回制度，提高行业质量安全管理水平。

5. 加强企业品牌建设

培育和扶持一批规模较大、自主创新能力较强、拥有核心技术、盈利能力强、诚信度较高的马铃薯加工企业；支持有实力的企业进行兼并、重组，提高产业集中度和品牌知名度；加强企业品牌建设工作，重视知识产权保护，培育3~5个在国际市场上具有一定知名度和竞争优势的自主品牌，提升我国马铃薯加工企业的综合竞争力。

6. 实施可持续发展战略

加大马铃薯加工行业节能降耗、减排治污工作的推进力度，鼓励马铃薯加工企业建立与加工规模相适应的污水处理和综合利用基础设施。加快马铃薯清洁生产技术的开发和推广，确保污染物排放和节能降耗达到国家相关标准要求。提高资源利用率，加快开发马铃薯加工副产物综合利用技术，加快绿色环保、资源循环利用等先进实用技术和装备的研发和推广，促进行业可持续发展。

1.6.5.4 主要行业发展方向

1. 马铃薯淀粉、全粉加工业

鼓励企业通过建立原料基地和引入订单式农业运作模式，强化马铃薯淀粉、全粉加工原料供应保障；通过产业整合和技术创新，加快淘汰落后产能，提高产能和资源利用率；所有企业拥有与其加工规模相配套的污染物处理能力，提升工艺技术水平、产品质量水平、节能减排水平；提高产业集中度、品牌知名度。"十二五"末，马铃薯淀粉优级品率提高至60%以上；推广全旋流、全自控式先进工艺装备，合理规模在3000吨淀粉/月以上。加大全粉生产应用技术研发和市场开发力度，拓宽应用领域；尽快制定全粉类产品的国家标准或行业标准，制（修）定原料使用和储藏标准；优化区域布局，强化基地建设，普及专用品种。

2. 马铃薯冷冻薯条、薯片等加工业

大力发展冷冻薯条、薯片加工业，满足人民群众日益增长的多元化消费需求；加大国产化冷冻薯条、薯片加工装备的研发力度，提升自主化装备水平及所占比例；培育一批技术含量高、符合市场需求、具有较强竞争力的骨干企业，打造自主品牌；切实保障薯条、薯片等大众化食品的原辅料品质和安全，加强生产技术研发，保障产品质量安全；因地制宜，在发展薯类保鲜加工制品的同时，发展以淀粉、全粉为原料的复合类加工制品，丰富花色品种；加强同品种开发和农业种植企事业单位合作，大力开发、推广专用品种，提升仓储、物流水平。

3. 马铃薯新型产品加工业

重点发展科技含量和附加值高的变性淀粉系列产品：食品添加剂、精细化工产品、双降解产品、医药辅料产品、膳食纤维产品等；马铃薯深加工食品：方便休闲食品、膨化烘焙食品、功能食品等；鼓励发展薯类保鲜制品、半成品等马铃薯产品加工业，形成高端产品与低端产品、终端产品与半成品相结合的马铃薯加工产品结构，满足不同层次、不同领域的消费需求。

第2章 马铃薯的利用价值

马铃薯分布广泛，适应性强，种植面积大，产量高，营养丰富，是一种价廉易得的原料，具有较高的综合利用价值。运用先进的技术和设备能够生产出高质量的产品，在很多行业和领域中发挥重要的作用，充分体现了马铃薯的加工利用价值和经济价值。

2.1 马铃薯的营养价值

2.1.1 马铃薯的营养成分

马铃薯是宝贵的营养食品，营养成分丰富齐全，素有"能源植物"、"地下苹果"、"第二面包"等多种美誉。美国农业部研究中心的314号研究报告指出："作为食品，全脂奶粉和马铃薯两样便可以提供人体所需的一切营养素。"其被营养学家认为是21世纪的健康食品。根据现有研究资料，从营养、经济价值、医疗等方面进行综合评价，马铃薯不但营养价值高，还有广泛的药用价值，具有调中、健脾益气、消炎解毒等保健作用，是有广泛开发前景的资源。

马铃薯块茎中含有人体所不可缺少的六大营养物质：蛋白质、脂肪、糖类、粗纤维、矿物质和各种维生素。除脂肪含量低之外，淀粉、蛋白质、维生素C、维生素 B_1、维生素 B_2 以及 Fe 等微量元素的含量最为丰富，显著高于其他作物，见表2-1、表2-2、表2-3。

表2-1 马铃薯块茎的化学成分含量

成 分	平均值（%）	范围（%）
水	80	63~86
干物质	20	13~36
碳水化合物	16.9	13~30
蛋白质	2.0	0.7~4.6
脂类	0.2	0.02~0.96
矿物质	1.0	0.44~1.9

表2-2 马铃薯块茎（干物质）的化学成分含量

成 分	文献范围（%）	平均范围（%）
淀粉	60~80	70
还原糖	0.25~3.0	0.5~2.0

续表

成 分	文献范围（%）	平均范围（%）
全氮	1.0~2.0	1.0~2.0
蛋白质	0.1~1.0	0.5~1.0
脂肪	0.1~1.0	0.3~0.5
膳食纤维	3~8	6~8
矿物质	4~6	4~6

表2-3　　　　　　　　　　马铃薯及其制品与其他食物的营养成分

（每100g可食部分）

食物	能量（kJ）	水分（g）	粗蛋白（g）	脂肪（g）	碳水化合物（g）	可食纤维（g）	钙（mg）	磷（mg）	铁（mg）	维生素B₁（mg）	维生素B₂（mg）	维生素PP（mg）	维生素C（mg）
马铃薯	334.72	78.0	2.1	0.1	18.5	2.18	9	50	0.8	0.1	0.04	1.5	20
干马铃薯	1343.06	11.7	8.4	0.4	74.3	4.0	36	201	3.2	0.4	0.16	6.0	80
烤马铃薯	389.37	75.1	2.6	0.1	21.7	0.6							
煮马铃薯	318.2	79.1	2.1	0.1	17.1	0.5							
牛奶马铃薯泥	272.14	82.9	2.1	0.7	13.0	0.4							
马铃薯片	2378.1	1.8	5.3	39.8	50.0	1.6							
玉米（干）	1497.87	11.5	9.5	4.4	73.2	9.3	12	251	3.4	0.35	0.11	1.9	微量
大米	1522.98	12.0	6.8	0.5	80.0	2.4	20	115	1.1	0.08	0.04	1.8	0
小麦	1389.09	12.3	13.3	2.0	70.0	12.1	44	359	3.9	0.52	0.12	4..4	0
高粱	1430.93	10.9	10.1	3.4	73.2	9.0	32	290	4.9	0.39	0.15	3.8	0

注：摘自1987年国际马铃薯中心资料《人类食物中的马铃薯》。

2.1.1.1 蛋白质

马铃薯鲜块茎中一般含蛋白质1.6%~2.1%，高者可达2.7%以上，主要由盐溶性蛋白组成，占块茎蛋白质总量的70%~80%，其中球蛋白约占2/3，碱溶性蛋白占20%~30%。在块茎中未发现水溶性蛋白或醇溶蛋白。薯干中蛋白质含量为8%~9%，其质量与动物蛋白相近，可与鸡蛋媲美，属于全价蛋白质，易消化吸收，优于其他作物的蛋白质。马铃薯蛋白质的等电点pH值为4.4，变性温度为60℃。

最近的研究发现，马铃薯含有丰富的黏体蛋白——一种多糖蛋白混合物，能预防心血管系统的脂肪沉积，保持动脉血管的弹性，防止动脉硬化的过早发生，还可以防止肝肾中结缔组织的萎缩，保持呼吸道和消化道的润滑。动物实验表明，马铃薯蛋白的生物价较高，平均为85%。

马铃薯蛋白质中含有18种氨基酸，包括人体不能合成的各种必需氨基酸，如赖氨酸、色氨酸、组氨酸、精氨酸、苯丙氨酸、缬氨酸、亮氨酸、异亮氨酸等。其中赖氨酸的含量较高，达到93mg/100g，色氨酸达32 mg/100g，这两种氨基酸是其他粮食所缺乏的。马铃薯块茎中氨基酸的种类及含量见表2-4。

表 2-4　　马铃薯块茎中氨基酸的含量（占干重的 mg 数）（Jaswail，1973）

氨基酸	块茎的比重（0.065~1.076）低			块茎的比重（1.095~1.106）高		
	总量	化合状态	游离状态	总量	化合状态	游离状态
精氨酸	5.8	2.6	3.2	4.0	1.5	2.5
组氨酸	2.4	1.6	0.8	1.4	0.9	0.5
异亮氨酸	2.7	1.9	0.8	2.6	1.9	0.7
亮氨酸	3.9	3.6	0.3	3.9	3.5	0.4
赖氨酸（总）	5.7	3.9	1.8	4.2	2.8	1.4
赖氨酸（煮熟）	4.3	2.7	1.6	3.7	2.5	1.2
蛋氨酸	1.2	0.7	0.5	1.0	0.6	0.4
苯丙氨酸	4.5	3.3	1.2	3.2	1.9	1.3
苏氨酸	2.8	2.0	0.8	2.5	1.8	0.7
酪氨酸	3.7	2.0	1.7	2.6	1.4	1.2
缬氨酸	7.7	4.2	3.5	6.4	3.9	2.5
丙氨酸	3.2	2.1	1.1	2.8	2.0	0.8
胱氨酸		3.7				0.8
天门冬氨酸	29.0	26.2	2.8	26.9	24.8	2.1
谷氨酸	23.7	21.1	2.6	18.9	16.1	2.8
甘氨酸	2.1	2.0	0.1	1.8	1.7	0.1
脯氨酸		2.2	0.6	2.4	1.8	0.6
丝氨酸	3.1	2.0	1.1	2.8	1.9	0.9
总　计	108.1	85.1	23.0	90.3	71.3	19.0

　　研究表明，马铃薯块茎中存在许多酶，如多酚氧化酶（Polyphenol Oxidase）、过氧化酶（Petoxidae）、过氧化氢酶（Catalase）、酯酶（Esterase）、蛋白水解酶（Proteolytic Enzymes）、蔗糖转化酶（Invertase）、磷酸化酶（Phosphorylase）和搞坏血酸氧化酶（Ascorbic acid oxidase）等。这些酶主要分布在马铃薯能发芽的部位，并参与生化反应，马铃薯在空气中的褐变就是其中氧化酶的作用所致。通常防止马铃薯褐变的方法是破坏酶类或将其与氧隔绝。

2.1.1.2　脂肪

　　马铃薯脂肪含量较低，占鲜块茎的 0.1% 左右，相当于粮食作物的 1/5~1/2。茎叶中的脂肪含量高于块茎，在 0.7%~1.0%。马铃薯中的脂肪主要是甘油三酸酯、棕榈酸、豆蔻酸及少量的亚油酸和亚麻酸。Mondy 认为，马铃薯中脂类营养的重要性并不能仅仅通过它的数量来判断，而是通过它在膜结构中的作用来判断。

2.1.1.3　碳水化合物

　　马铃薯块茎碳水化合物的含量较高，一般为 13.9%~21.9%，占干重的 80%，其中

85%左右是淀粉。块茎中的淀粉含量一般为11%~22%，一般早熟品种淀粉含量为11%~14%，中晚熟品种淀粉含量为14%~20%，高淀粉品种块茎可达25%以上。马铃薯淀粉中支链淀粉占72%~82%，直链淀粉占18%~28%，淀粉粒体积大，较禾谷类作物的淀粉易于吸收。马铃薯淀粉的糊化温度为55~65℃。

马铃薯块茎中糖的含量为干重的0~10%，不仅有游离糖，还有糖的磷酸酯。根据不同文献报道，块茎中糖及其衍生物的含量见表2-5。

表2-5   马铃薯块茎中糖及其衍生物的含量

糖及其衍生物	含量（%）
葡萄糖	0.5~1.5
果糖	0.4~2.9
甘露糖	痕量
蔗糖	6.7
麦芽糖	0~1
棉子糖	痕量
1-P-葡萄糖	0~0.2
6-P-葡萄糖	0.7~4.5
6-P-果糖	0.2~2.5
丙糖磷酸酯类	0.2~1
肌醇	0.1~0.4

马铃薯中还含有纤维素、果胶、半纤维素和其他多糖。非淀粉多糖占块茎的0.2%~3.0%，纤维素占非淀粉多糖的10%~12%，果胶物质为0.7%~1.5%。果胶物质含有原果胶、可溶性果胶和果胶酸，原果胶约占果胶物质的70%，可溶性果胶约占10%，果胶酸部分为13.25%。半纤维素含有葡萄糖醛酸、木糖、半乳糖醛酸和阿拉伯糖，半纤维素约占非淀粉多糖的1%。

膳食纤维又称食物纤维，是植物性食物中含有的不能被人体消化器官利用的碳水化合物。膳食纤维包括纤维素、半纤维素、木质素和果胶等物质，是植物细胞壁间质组成部分。膳食纤维虽没有营养功能，但却为人体健康所必需，被营养学家列于传统六大营养素之后，称"第七营养素"，是平衡膳食结构的必需营养素之一。

马铃薯鲜块茎中膳食纤维的含量为1%~2%，低于莜面和玉米面，比小米、大米和面粉高2~12倍。膳食纤维含有一些不能被酶水解的淀粉，因此，在测量膳食纤维前，需要除去这些淀粉。Jones等人的研究结果表明，在生马铃薯中含有少量的抗消化淀粉（Resistant Starch），但是在煮熟的马铃薯中，抗消化淀粉占总膳食纤维量的20%~50%。食品中常有少量的抗消化淀粉，如馒头和面包中分别为1%和2%。豆类罐头中抗消化淀粉达到10%以上。淀粉发生沉凝现象，消化淀粉转变成抗消化淀粉，不再能供给能量，是一种损失，但成为膳食纤维的一部分，对于身体另有好处。这种抗消化淀粉能单独用作纤维添加剂，也可和其他纤维剂合用。

2.1.1.4　矿质元素

马铃薯块茎含有钾、钙、磷、铁、镁、硫、氯、硅、钠、硼、锰、锌、铜等人体生长发育和健康必不可少的无机元素，矿质元素的总量占其干物质的 2.12% ~ 7.48%，平均为 4.36%。马铃薯的矿物质多呈强碱性，为一般蔬菜所不及，对平衡食物的酸碱度与保持人体血液的中和，具有显著的效果。马铃薯中矿物质含量见表 2-6。

表 2-6　　　　　　　　　　每 100g 马铃薯可食部分矿物质含量

矿质元素	钙	铁	磷	钾	钠	铜	镁	锌（μg）	硒（μg）
含量（mg）	47	0.5	64	302	0.7	0.12	23	0.18	0.78

2.1.1.5　维生素

马铃薯含有多种维生素，种类之多为许多作物所不及。它含有维生素 A（胡萝卜素）、维生素 B_1（硫胺素）、维生素 B_2（核黄素）、维生素 B_5（泛酸）、维生素 PP（尼克酸，亦称烟酸）、维生素 B_6（吡哆醇）、维生素 C（抗坏血酸）、维生素 H（生物素）、维生素 K（凝血维生素）及维生素 M（叶酸）等。马铃薯是所有粮食作物中维生素含量最全的，其含量相当于胡萝卜的 2 倍、大白菜的 3 倍、番茄的 4 倍，B 族维生素更是苹果的 4 倍。特别是马铃薯中含有禾谷类粮食所没有的胡萝卜素和维生素 C，其中以维生素 C 含量最丰富，在鲜块茎中占 0.02% ~ 0.04%，比去皮苹果高 50%。一个成年人每天食用 0.5kg 马铃薯，即可满足体内对维生素 C 的全部需要量。马铃薯中维生素种类及含量见表 2-7。

表 2-7　　　　　　　　马铃薯块茎中的维生素含量（占干重 mg/100g）

维生素种类	含　量（mg/100g）
A（胡萝卜素）	0.028 ~ 0.060
B_1（硫胺素）	0.024 ~ 0.20
B_2（核黄素）	0.075 ~ 0.20
B_6（吡哆醇）	0.009 ~ 0.25
C（抗坏血酸）	5 ~ 50
PP（烟酸）	0.0008 ~ 0.001
H（生物素）	1.7 ~ 1.9
K（凝血维生素）	0.0016 ~ 0.002
P（柠檬酸）	25 ~ 40

总之，若以 5kg 马铃薯折合 1kg 粮食，马铃薯的营养成分大大超过大米、面粉。由于马铃薯的营养丰富和养分平衡，益于健康，已被许多国家重视，欧美的一些国家把马铃薯当做保健食品。法国人称马铃薯为"地下苹果"，俄罗斯人称马铃薯为"第二面包"，认为"马铃薯的营养价值与烹饪的多样化是任何一种农产品不可与之相比的"。美国农业部

高度评价马铃薯的营养价值，指出"每餐只吃全脂奶粉和马铃薯，便可以得到人体所需的一切营养元素"，并指出"马铃薯将是世界粮食市场上的一种主要食品。"

需要指出的是，马铃薯块茎在发芽或表皮变绿时会增加龙葵素的含量，或有的品种龙葵素含量高，食用时麻口。在100g鲜块茎中龙葵素含量超过20mg，人食后就会中毒。在块茎发芽或表皮变绿时一定要把芽和芽眼挖掉，削去绿皮才能食用，凡麻口的块茎或马铃薯制品，一定不要食用，以防中毒。

2.1.2　马铃薯保健价值

如前所述，马铃薯不但营养价值高，而且还有一定的医疗保健作用。中医认为马铃薯"性平味甘无毒，能健脾和胃，益气调中，缓急止痛，通利大便。对脾胃虚弱、消化不良、肠胃不和、脘腹作痛、大便不畅的患者效果显著"。现代研究证明，马铃薯还有和胃、健脾、益气的作用，可以预防治疗胃溃疡、十二指肠溃疡、慢性胃炎、习惯性便秘和皮肤湿疹等疾病，并有解毒、消炎的功效。马铃薯是胃病和心脏病患者的良药及优质保健品。

马铃薯的蛋白质中含有大量的黏体蛋白质，黏体蛋白质是一种多糖蛋白的混合物，能预防心血管系统因脂肪沉积引起的多种疾病，保持动脉血管的弹性，防止动脉粥样硬化过早发生。

马铃薯中的酚类物质是天然的抗氧化剂。酚类化合物具有清除DNA损伤产生的亲电子物质，自由基、有毒金属离子，抑制能催化致癌的酶的活性，诱导产生能清除癌毒的酶的作用。绿原酸能与食品中的亚硝酸盐结合，因此能阻止亚硝酸与胺结合产生能致癌的亚硝酸胺的合成；绿原酸能100%地结合能致癌的苯并芘；它还能减轻黄曲霉素的致癌作用。进食马铃薯中的酚类化合物能起到降低血糖及防止糖尿病的作用。绿原酸和其他酚类化合物具有阻止脂蛋白氧化的能力。

马铃薯淀粉在人体内吸收速度慢，是糖尿病患者的理想食疗蔬菜。马铃薯中含有大量的优质膳食纤维，在肠道内可以供给肠道微生物大量营养，促进肠道微生物生长发育时还可以促进肠道蠕动，保持肠道水分，有预防便秘和防治癌症等作用。马铃薯中钾的含量极高，是钾最理想的来源，钾是保护心脏的重要元素，且易于消化吸收，它是心脏病、肾病患者的有益食品。每周吃五六个马铃薯，可使患中风的几率下降，对调解消化不良又有特效；它还有防治神经性脱发的作用，用新鲜马铃薯片反复涂擦脱发的部位，对促进头发再生有显著的效果。马铃薯中的维生素C，不仅对脑细胞具有保健作用，而且还能降低血中胆固醇。此外，马铃薯中还含有多种美容、抗衰老成分，尤其以胡萝卜素、抗坏血酸、维生素B_1、维生素B_2、维生素E等成分最为突出。

2.2　马铃薯加工产品概述

马铃薯是一种价廉易得的大宗产品，具有较强的综合利用价值。从市场上看，马铃薯是具有较大优势的粮食作物，除作为粮食和蔬菜鲜食之外，其加工用途非常广泛。马铃薯是轻工业、食品工业、医药制造业的重要加工原料。以马铃薯为原料，可以制造出淀粉、酒精、葡萄糖、合成橡胶、人造丝等几十种工业产品。以马铃薯淀粉为原料经过进一步深加工可以得到葡萄糖、果糖、麦芽糖、糊精、柠檬酸以及氧化淀粉、酯化淀粉、醚化淀粉、阳离子淀粉、交联淀粉、接枝共聚淀粉等 2000 多种具有不同用途的产品，广泛应用于食品工业、纺织工业、印刷业、医药制造业、铸造工业、造纸工业、化学工业、建材业、农业等部门。马铃薯本身还可以加工出各种各样的食品以丰富市场供应，提高马铃薯的利用价值。

随着农业科学技术的发展，在重视品种选育和储藏技术研究、保证原料质量的同时，运用先进的技术和设备，生产出高质量的产品，我国的马铃薯开发利用有着广阔的发展前景。

马铃薯主要利用途径如图 2-1、图 2-2 所示。

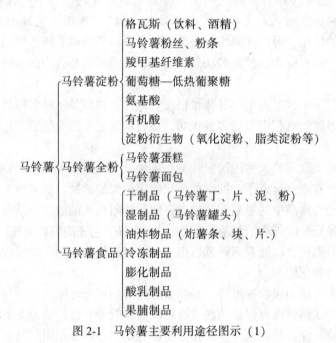

图 2-1　马铃薯主要利用途径图示（1）

2.2.1　马铃薯淀粉和变性淀粉

2.2.1.1　概述

马铃薯淀粉含量高，利用淀粉不溶于水且与其他化学成分比重不同的特点，可以马铃薯为原料生产马铃薯淀粉。在世界整体淀粉生产中，马铃薯淀粉占有很大的份额，其产量仅次于玉米，居第二位。

马铃薯淀粉颜色洁白，并伴有晶体状光泽，气味温和。马铃薯淀粉是常见商业淀粉中颗粒最大的一种，马铃薯淀粉与其他淀粉相比，具有较长的分子结构、较高的支链淀粉含量、淀粉颗粒尺寸较大，因此成糊后表现出其他淀粉所不具有的特性，如成糊后稳定、晶莹透明、具有较好的黏弹性；马铃薯淀粉颗粒有较强的吸水膨胀能力，表现为淀粉糊黏度和透明度很高；与其他种类原淀粉相比，马铃薯淀粉还有糊化温度低的特点，利用这一特点可将其应用在某些方便食品中。但是马铃薯原淀粉也存在一些缺陷，如耐剪切能力不好等。随着现代食品工业的发展，对食品原料的性能要求更加苛刻，单纯的原淀粉已经很难

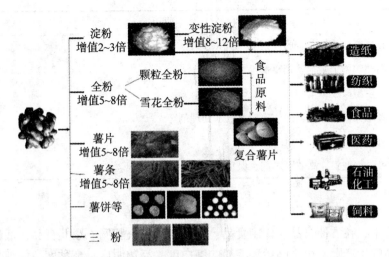

图 2-2 马铃薯主要利用途径图示（2）

满足要求，往往需要借助于变性淀粉。以原淀粉为原料经过某种方法处理，改变其原来的物理或化学特性的称为变性淀粉。变性淀粉以变性方法或结果分为以下几类：酸变性淀粉、焙炒糊精、氧化淀粉、淀粉酯、淀粉醚、交联淀粉、接枝共聚淀粉、物理变性淀粉、化学变性淀粉和复合变性淀粉。当然，随着科技的发展和社会的进步，可能会有更多的植物原料被用来加工原淀粉，也会有更新的加工方法用来对原淀粉进行变性处理，生产出品质和性能更加优良的变性淀粉，满足实际生产的需要。

目前，全球马铃薯淀粉年产量约 600 万吨，欧盟国家的产量最大，亚洲是马铃薯淀粉国际市场的重要销售地区。目前，中国马铃薯淀粉年需求量 80 万吨，年供应量仅为 40 万吨，每年需进口 20 万吨，其余靠低品质淀粉补充。发达国家 80% 的马铃薯淀粉用于医药、纺织、造纸及石油工业等领域，而我国目前 90% 的马铃薯淀粉用于食品加工，随着市场经济的发展和国际化的推进，食品工业以外的行业对马铃薯淀粉的需求量不断增加，我国未来马铃薯淀粉市场将会有较大的发展空间。

2.2.1.2 应用

马铃薯淀粉由于其自身分子结构的特点，在应用上具有其他类淀粉所无法替代的功能和作用。我国马铃薯淀粉主要应用领域见表 2-8。

表 2-8 我国马铃薯淀粉主要应用领域

应用领域	主要用途
食品行业	乳化剂 增稠剂 膨化剂 改良剂 保水剂 裹浆剂 除臭剂 低热量食品黏合剂 稳定剂 保型剂 增黏剂 导热剂 胶凝剂 食品薄膜
制药行业	填充剂、崩解剂、成型剂、胶囊等
化工行业	各种黏合剂、油漆、电池、胶片、生物降解制品等
建材行业	涂料、腻子粉等

续表

应用领域	主要用途
造纸行业	高档纸张涂布剂、施胶剂等
纺织行业	高档织物上浆剂、精整剂等
铸造行业	铸模型砂成型剂
石油钻井	降滤失剂、井壁增强、成型剂、水处理剂等
水产养殖	鳗鱼、甲鱼、高档鱼虾饲料
农　业	可降解地膜　高效吸水剂、保水剂

1. 在食品行业中的应用

食品工业中，在方便食品、休闲食品、膨化食品、火腿肠、婴儿食品、低糖食品、果冻布丁等产品的生产上，由于马铃薯淀粉的高白度、高透明度、高黏度、低糊化温度等特殊性能而被大量使用，有的甚至是玉米淀粉无法替代和望尘莫及的。淀粉变性后广泛应用于食品工业中，可以用作除臭剂、品质改良剂、黏合剂、稳定剂、食品薄膜、低热量食品、增稠剂、保型剂、增黏剂、导热剂、胶凝剂等。

不同的变性淀粉可以用在同一种食品中，而同一种变性淀粉又可以用在不同的食品中。对于同一种食品，不同的生产厂家，又有不同的使用习惯；即使是同一种变性淀粉，不同的变性程度，它的性能相差也很大，这样就给变性淀粉在食品中应用和开发提供了广阔的发展前景。

（1）方便面类

方便面、油炸方便面、不干燥的方便湿面、挂面都在使用变性淀粉。油炸方便面，一般使用高黏度的醋酸酯淀粉，它可以提高面条筋力和强度，断条的损耗率下降，能提高成品率。另外，淀粉中存在醋酸酯，可降低油炸过程中的油耗 2%～4%，其产品的复水性加快而不糊汤。据日本、中国台湾在中国内地生产方便食品工厂得知，生产方便面的配方中添加马铃薯醋酸酯淀粉 10%～13%，木薯醋酸酯淀粉 13%～15%。而韩国在大陆生产的方便面不添加醋酸酯淀粉，直接在面团中添加马铃薯原淀粉、盐及糊精、合成后的混合淀粉 18%，食用时柔软性强、口感好。不干燥的方便湿面中添加醋酸酯淀粉，可降低淀粉的回生程度，使储存后的湿面仍有较柔软的口感。日本国内这种湿面中变性淀粉添加量在18%～20%。

（2）休闲食品

随着国民经济的发展和人民生活水平的提高，目前，我国市场上逐渐流行各种各样的休闲食品、儿童食品。例如，松脆点心、薄脆饼干、马铃薯小馒头、米果等各种休闲食品。这种小点心往往是先将配料混合成型后，采用高温烘烤工艺。要求马铃薯淀粉颗粒要大，具有一定的膨胀性，据了解，预糊化淀粉也是这类点心的很好原料，且优于添加普通淀粉。因为使用预糊化淀粉制成的混合料坯已经吸水，在烘烤时，大量的水分从淀粉颗粒中跑出造成膨胀。使用普通淀粉不易达到松脆的目的。为达到更佳的效果，使用预糊化淀粉效果更好。一些脆饼表面有盐或调味料附着，这也是采用经变性处理后的低黏度淀粉先形成糊液，再将盐和调味料分散在其中，搅拌后涂于料坯表面再烘烤，盐和调味料便析出而成。必须注意，此糊液浓度要合适，并且黏度要低，达到能形成一层薄层即可。这种变性淀粉一般使用的是低分子糊精。

（3）调味料

调味料包括草莓酱、番茄酱、辣椒酱、苹果酱、沙拉酱等，这些酱类都需要增稠剂。使用变性淀粉后，一方面比原来生产成本要低；另一方面，酱的质量稳定，长时间储存不沉淀、不分层，酱的外观有光泽，口感细腻。

（4）肉制品

各种午餐肉和火腿肠中，原来加工时多使用玉米淀粉。由于玉米淀粉回生，储藏后的肉制品，质地松散而不柔软，口感变得粗糙。使用变性后的交联-酯化淀粉，少部分可替代全部玉米淀粉添加量，可以改善肉制品的吸水量，使储藏后的肉制品仍具有细腻的口感。

（5）糖果类

我国的糖果加工行业，主要分两类：一类是马铃薯原淀粉，酥脆糖果中的主要原料是马铃薯原淀粉，据了解，徐福记在国内加工厂年需用马铃薯原淀粉约1.7万吨。另一类是变性淀粉，例如，牛皮糖中用的酸解淀粉，加入后起黏结剂作用，如口香糖中使用的预糊化淀粉或者变性预糊化淀粉。牛皮糖中很早以前使用柠檬酸来降解淀粉，以提高淀粉的凝胶性，易于成型。现在大部分加工厂直接使用酸解淀粉，避免加工过程中，柠檬酸降解淀粉的不一致性。另外，这些糖果中也有添加氧化淀粉的，其作用是使商品糖果更柔软。在口香糖中使用预糊化淀粉的作用是利用预糊化淀粉加入少量水成团后，具有黏弹性，可以减少胶基的用量；同时也是一种填充料。为增加口香糖的黏弹性，延长入口中的咀嚼时间，也可以使用经酯化、醚化或者交联后的淀粉再糊化。还有资料报道，使用高取代度的羟丙基醚化再经醋酸酯化的淀粉，可以取代口香糖中的胶基，以达到提高产品质量、降低生产成本的目的。

（6）饮料类

以酸奶为例，它是以牛奶或奶粉分散在水中，再加入乳酸菌发酵而成。无论是做凝固型酸奶，还是饮料型酸奶，都要加入稳定剂，以增强酸奶的黏稠性，改善其质地和口感，防止内容物脱水收缩和乳清的分离。所以，采用变性淀粉具有抵抗酸性环境的能力和杀菌时温度的影响，同时黏稠性要更好，不易回生。用交联酯化或醚化淀粉比较好。固体饮料是饮料中的另外一种，它包括配制性的汤料，一般要求组分经开水冲调后即能熟化，形成均匀的饮料或汤，并且能稳定半小时以上，形成的饮料均匀，汤具有黏稠、爽口感。可使用马铃薯预糊化淀粉、麦芽糊精或者酯化淀粉达到此种效果。另外，在芝麻糊、米粉、豆奶粉中加入少量的CMS（羧甲基淀粉）可显著提高固体物料的复水性，使冲调后黏度增加，口感细腻。

（7）冷冻食品类

冰淇淋就是典型的冷冻食品，在其中加入变性淀粉可代替部分奶粉，并有以下几个优点：①可以提高结合水量和稳定气泡作用，它具有类似脂肪的组织结构，使冰淇淋口感更细腻、光滑；②冰淇淋的溶化速度减慢；③可降低生产成本。

变性淀粉主要是经酶水解得到的脂肪替代麦芽糊精，也可以酯化、醚化淀粉或者氧化淀粉，可代替奶粉量达30%。冰淇淋中加入CMS可乳化脂肪，明显增加膨化率，防止冰晶形成，使产品口感细腻。传统汤圆、冷冻水饺皮易裂，不能长时间存放，更不能反复冷冻。为了延长其存放时间，便于销售，可在汤圆、冷冻水饺皮中添加 5% 左右的酯化淀粉能起到黏结作用，防止皮脱水收缩开裂。同时，也能将汤圆、冷冻水饺放于冰箱中存放，解决了生产企业、商场和消费者对汤圆、冷冻水饺保存难的问题。

（8）香精、香料、乳化稳定剂类

淀粉辛烯基琥珀酸酯是既有亲水性，又有亲油性的变性淀粉。可以作香精、香料、维生素和油脂的乳化剂，加入后可增强它们在饮料中的稳定性，便于饮料的色和味的稳定。另外，麦芽糊精又是香精、香料、维生素和油脂微胶囊化的良好材料，全部或者部分取代阿拉伯胶，既能达到稳定这些食品成分的作用，又能降低生产成本，避免阿拉伯胶市场供应不稳而影响食品加工。

2. 在农业中的应用

我国人口多，耕地少，水资源严重匮乏。提高粮食单产和总产量，是各地方农业部门的一项重要任务。经过变性的淀粉不仅促使农作物增产，而且可预防水土流失，所以变性淀粉在农业中有很好的应用前景。

（1）生物可降解地膜

地膜可以促进植物生长、早熟和增产，还可以防御霜冻及暴风雨的袭击，调解光照、湿度、温度，给农作物生长创造有利条件。同时，采用地膜后使农作物增产 15%~40%。在我国广大农村地膜覆盖栽培技术从 20 世纪 70 年代开始推广至今，农村地膜覆盖面积已达到 1000 万公顷。聚乙烯（PE）和聚氯乙烯（PVC）合成生产的地膜对环境污染严重，用后需人工清除，否则会给牲畜、野生动物和农业产业带来危害。如焚烧，又会产生大量的有毒气体，污染空气。20 世纪 60 年代我国开始研制既能降解，又没有污染的塑料替代品。70 年代我国应用淀粉及衍生物制造塑料的研究十分活跃。80 年代开始利用淀粉及衍生物（添加 PE 或 PVC），生产能降解的地膜及其他塑料制品，使这一行业得到快速发展。

（2）吸水剂

吸水剂是淀粉与丙烯腈接枝共聚物的水解产物，具有神奇的吸水性能，能提高沙土地的保水性能。因为沙土地蓄水性较差，大雨冲刷流失严重。例如，在山坡干旱沙土地上部 5cm 厚的土壤混入 0.1%~0.2% 吸水剂，能提高土壤吸水性，增加土壤含水量，对于植物生长有利，可防止水土流失，在缺水的条件下可增加产量。

此外，淀粉经变性后可作为农药和除草剂的缓解剂。淀粉衍生物可以有效地控制药物的有效期。

3. 在纺织业中的应用

明代《天工开物》中已有记载用淀粉上浆。随着当今天然淀粉的快速发展，近几年我国科研人员已采用不同的天然淀粉研制出多种变性淀粉，应用于纺织行业的上浆，以逐步代替化学品浆料，减轻环境污染。如玉米淀粉酸解后上浆效果十分好，随着科技的发展，我国又研制出了阳离子淀粉、交联淀粉、接枝淀粉、羧甲基淀粉、羟基淀粉、淀粉醋酸酯、淀粉磷酸酯等，变性淀粉用于纺织行业经纱上浆。将马铃薯淀粉用于印染浆料，可使浆液成为稠厚而有黏性的色浆，不仅易于操作，而且可将色素扩散至织物内部，从而能在织物上印出色泽鲜艳的花纹图案。在纺织过程中，经纱、纬纱都要经不同机械过程来完成，每根经纱不但要有相互之间的摩擦，还要先后和千万根纬纱接触，相互摩擦十分剧烈。由于织机的开口、投梭、打纬运动，纱与综、筘、停经片等之间的摩擦，会使经纱起毛以致断头。经纱上浆的目的主要是提高经纱的可织性。对于短纤维来说，就是通过贴服毛羽、纤维在纱线的表面形成保护膜来提高其耐磨性，对于长丝来说就增加单丝间隔抱合力，增强集束作用而提高其耐磨性。对于强度不足的纱，可以通过增强纤维之间的黏附性来提高强度。目前，我国纺织行业经纱上浆的主要原料有：

聚乙烯醇（PVA）类、丙烯酸类、变性淀粉类。前两类具有良好的上浆性能，对合成纤维及其混纺纱的上浆效果很好，但价格偏高，污染严重，对企业来说污水处理投资较高。采用变性淀粉上浆从性能上不如化学浆料，但资源充足，而价格低廉，对环境污染较小。所以，天然的淀粉通过适当的变性处理后性能得到改善，可代替化学浆料。

4. 在医药中的应用

医药生产离不开淀粉，片剂大部分原料为淀粉。制药厂也需要淀粉或者其衍生物作为药用辅料。虽然已有许多新辅料代替淀粉，但淀粉无毒，原料资源丰富，价廉，仍然是很好的辅料。随着制药技术、工艺、设备的不断提升和发展，制药厂对药品质量、安全、疗效要求不断提高。单独使用淀粉不但不能满足某些制药的要求，如外观、稳定性、崩解度、生物利用性及疗效，而且也限制了制剂品种多样化，如咀嚼、多层、缓释、成膜等。为了改善天然淀粉理化性质的不足，可采取物理、化学及酶等方法对淀粉进行变性处理。如果说三酸二碱是化学工业之母，那么医药生产更离不开淀粉生产。现在医药工业几乎有一半需用淀粉。有的制药厂虽然不直接用淀粉，但是它使用淀粉深加工后的产品。

5. 在造纸行业中的应用

在造纸工业中，马铃薯淀粉正逐步取代玉米淀粉而被大量广泛地使用。经变性后的阳离子淀粉、氧化淀粉、磷酸酯淀粉、两性多元变性淀粉、离子淀粉及其他变性淀粉，在我国造纸行业应用多年，有成熟的经验和多种使用方法，提高了纸张质量，降低了生产成本，给我国造纸行业带来了不少的收益。经变性后的淀粉用于造纸行业，打浆或类似打浆机使用，提高纸张纤维间的结合强度，减少纸张表面的起毛现象，建立起"纤维-淀粉-纤维"间的结合，提高纸张的强度。同时，用于纸张表面施胶，造纸机辊筒表面将淀粉施胶剂涂在纸的正面和背面，能使淀粉施胶剂均匀地施于纸的两面。胶被吸收到纸的内部，使纸的表面形成一层薄膜，使纸张表面的纤维能结合得更好，使纸张书写流畅，在印刷时不起毛，不掉毛，并且还起着控制纸张油墨吸水性、平滑性、光泽性，提高白度等作用，从而进一步提高纸张印刷效果。

6. 在化工中的应用

随着科学技术的发展，以马铃薯淀粉为原料的再制品工业迅速发展，涌现出一系列的加工方法和加工产品，大大提高了马铃薯淀粉的经济价值。淀粉是一种重要的化工原料，淀粉或其水解产物葡萄糖经发酵可产生醇、醛、酮、酸、酯、醚等多种有机化合物，如乙醇、异丙醇、丁醇、丙醇、甘油、甲醛、醋酸、柠檬酸、乳酸、麸酸、葡萄糖酸，等等。糖浆或葡萄糖，经黑酵母发酵产生一种黏多糖——普鲁兰，用它可制成强度与尼龙相似的纤维，热压成光泽、透明度、硬度、强度、柔韧与聚苯乙烯相似的生物塑料。淀粉与丙烯腈、丙烯酸、丙烯酸酯、丁二烯、苯乙烯等单体接枝共聚可制取淀粉共聚物，如淀粉与丙烯腈的共聚物是一种超强吸水剂，吸水量可达本身重量的几百倍，甚至 1000 倍以上，可用于沙土保水剂、种子保水剂、卫生用品等。近年来许多国家的研究表明，淀粉在生产薄膜、塑料、树脂中能使其具有新的优良性能。淀粉添加在聚氯乙烯薄膜中，使该薄膜起到不透水的作用（宜作雨衣），也可以使该薄膜具有真菌微生物分解性能（宜作农膜）。淀粉添加在聚氨酯塑料中，既起填充作用，又起交联作用，可增强塑料产品强度、硬度和抗磨性，并使制品成本降低，所生产的材料被用于高精密仪器、航天、军工等特殊领域。利用淀粉这一天然化合物生产化工产品，取之不尽、用之不竭、价格低廉、污染小，随着科学技术的进步，产量不断增加，品种不断增多，质量不断提高，淀粉作为化学工业的重要原料，具有现实的和长远发展的广阔前景。

　　7. 在其他行业中的应用

　　淀粉特别是变性淀粉，除广泛应用于上述领域之外，在石油、建材、冶金、铸造及日化等诸多行业也有广泛的应用。

　　在石油工业中，淀粉类产品主要是用作钻井液的降失水剂、压裂液的降滤失剂和稠化剂、堵水中的调稠剂和强化采油的表面活性剂。此外，多种变性淀粉还是很好的絮凝剂，可用于油田含油污水和其他工业污水的处理。羧甲基淀粉（CMC）、丙烯腈接枝淀粉等变性淀粉还可以用作处理含油和盐水污染土壤的固相生物补救剂。

　　在建材工业中，糊精、预糊化淀粉、羧甲基淀粉、磷酸酯淀粉及淀粉接枝共聚物等是建筑材料中的石膏板、胶合板、陶瓷用品和墙面涂料的优质材料。黄糊精还可用作水泥硬化延缓剂。

　　除上述用途之外，淀粉及其制品还广泛应用于其他各种行业，如铸造工业的砂芯黏合剂，冶金工业的浮选矿石抑制剂，金属表面处理的低温磷化液，橡胶制品的润滑剂，干电池的添加剂，工业废水处理剂，包装工业的胶粘剂，去污肥皂的添加剂，化妆品的填充剂等。

2. 2. 2　微孔淀粉

2. 2. 2. 1　概述

　　微孔淀粉是一种新型的变性淀粉，它是将天然淀粉经过水解以后，在其颗粒表面形成蜂窝状多孔性的淀粉颗粒。表面小孔直径 $1\mu m$ 左右，孔的容积占颗粒体积的 50% 左右。

　　微孔淀粉作为新型生物吸附材料，主要是以玉米淀粉、马铃薯淀粉、甘薯淀粉等为原料，通过生淀粉酶的微孔化加工而成。在 20 世纪 80 年代，美国、日本已开始对微孔淀粉进行研究，并在众多领域得以实际应用。迄今为止，只有美国和日本等少数几个国家能够生产微孔淀粉，由于其技术采取严密封锁，致使包括我国在内的许多国家不能生产微孔淀粉，国内每年需从日本、美国进口 10 万吨以上的微孔淀粉，价格高达 6 万元/吨。近几年来，国内许多大学和研究机构对玉米、大米淀粉的微孔技术及其特性进行研究，也取得了一些成果。目前，微孔淀粉在国内正处于起步阶段，仅有个别企业在组织生产，而国内所需只有从国外大量进口，因此微孔淀粉在我国有着极大的市场，而且由于进口产品价格昂贵，国内产品有着较大的竞争优势。

　　微孔淀粉的吸附性能是其他变性淀粉所无法替代、望尘莫及的，因此，对用马铃薯作为原料开发新型变性淀粉——微孔淀粉，不仅能推动我国变性淀粉行业的发展，而且更能为医药、食品、化妆品等行业提供廉价的工业原料，促进我国马铃薯产业化的发展。

2.2.2.2　应用

微孔淀粉由于其特殊的吸附性能，被广泛应用于以下产品：

1. 除草剂

用微孔淀粉吸附除草剂，可增强除草剂使用效率，通过缓释而延长使用时间。

2. 卫生球、冰箱除臭剂

用微孔淀粉吸附樟脑油、花椒油等挥发性香精后，制成球形、片状，可延长挥发油释放时间，达到缓释的效果。

3. 药品

将微孔淀粉作载体，吸附药品如阿司匹林、止汗药，控制药物在特定时间及特定条件下释放，安全性高，加工容易，吸收效果好，且用微孔淀粉填充剂比用原淀粉更易消化。

4. 香精油

用微孔淀粉吸附液态香精，制成粉末香精，可保持其香味物质的新鲜，易于称量，方便保存和使用。微孔淀粉特别适用于制作烘焙用粉末香精。

5. 化妆品

微孔淀粉加入到化妆品中，能将化妆品中各种成分（有机、无机粉体、保湿剂、表面活性剂、维生素、杀菌剂）吸附到孔中，化妆品的某些成分不用特别细，加入量及加入成分的品种均可增加。由于微孔淀粉吸附了各种化妆品成分，能有效降低对皮肤的刺激性。使用时涂布性、平滑程度、滑爽感、潮湿感均得到提高，涂抹时通过摩擦及摩擦生热释放吸附在孔中的各种成分。可以用在粉底、颊红脸篙、扑粉、口红等化妆品中。

6. 口香糖

口香糖加工过程中加入微孔淀粉，使之吸附香味成分，食用时经口腔咀嚼，释放香味，由于香味被微孔淀粉吸附，释放缓慢，可有效增加香味在口腔内的停留时间，增强食用愉悦感。

2.2.3　淀粉糖和淀粉多糖

淀粉作为农产品加工的初级产品，在全球的发展及应用广泛。随着科学技术的迅猛发展，淀粉产品的深加工技术日益显示出重要的作用。淀粉进一步深加工的产品除以上所述的变性淀粉外，还包括淀粉糖和淀粉多糖、发酵制品和淀粉高分子树脂等。

马铃薯淀粉是加工淀粉糖浆的理想原料。淀粉糖是以淀粉为原料经酶法、酸法加工制备的糖品总称，是淀粉深加工的主要产品。淀粉糖包括麦芽糖、葡萄糖、果葡糖浆、低聚糖以及葡萄糖衍生物等。其中液态产品有麦芽糖浆、葡萄糖浆、果葡糖浆；固体产品有结晶葡萄糖、无水葡萄糖、结晶果糖、麦芽糊精、低聚糖、全糖粉。这些淀粉糖主要作甜味剂用在食品工业。无水葡萄糖可用作医药注射液、片剂包埋剂、药用糖浆的甜味剂。葡萄糖和麦芽糖经过加氢可以生产山梨糖醇和麦芽糖醇，用于防龋齿的食品和牙膏中。淀粉糖不仅是食品添加剂，也是工业的原料，作为下游产品的一个原料。现在淀粉糖的进一步开发，已经形成了上百种的产品。淀粉多糖主要有黄原胶、环糊精、普鲁兰、冷结酸、透明质酸、聚烃基烯酸等。马铃薯淀粉糖种类见表2-9。

表 2-9　　　　　　　　　　　　　　　　马铃薯淀粉糖种类

类　别	主要种类
转化糖浆	麦芽糖浆　低转化糖浆　中转化糖浆　高转化糖浆　麦芽糊精　葡萄糖浆　低热聚糖浆
异构化糖浆	果葡糖浆
结晶糖	结晶葡萄糖　无水葡萄糖　结晶果糖　结晶麦芽糖　全糖粉
氢化糖浆	麦芽糖醇　山梨糖醇　甘露糖醇　普通氢化糖浆
淀粉多糖	黄原胶　环糊精　普鲁兰　冷结酸　透明质酸　聚烃基烯酸

　　2012 年我国淀粉糖全年总产量达 1300 万吨。2013 年，受主客观等多方面因素影响，淀粉糖行业以往超高速增长势头得到抑制，行业整体进入调整期。行业整体发展速度趋缓，全国淀粉糖总产量 1225 万吨。我国淀粉糖产品已成为全球市场中最大的供应商之一，多种大宗产品在全球居于领先地位，出口产品数量也逐年增长，2013 年出口创汇 7.30 亿美元。淀粉糖产品的品种已多达 30 多种，结晶葡萄糖、麦芽糖浆、低聚糖、麦芽糖醇、山梨醇、甘露糖醇等产能均为世界第一。我国淀粉糖生长增长情况如图 2-3 所示。

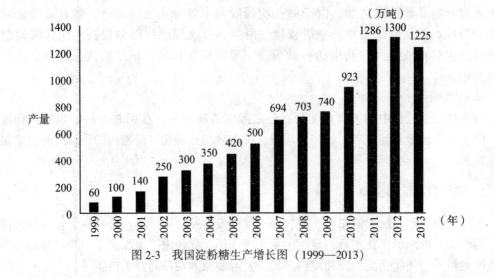

图 2-3　我国淀粉糖生产增长图（1999—2013）

　　1. 果葡糖浆

　　果葡糖浆是以淀粉为原料经 α-淀粉酶的作用，将淀粉水解成葡萄糖，再经葡萄糖异构酶的作用，使部分葡萄糖转化为果糖而得到的。果葡糖浆为无色、透明、澄清、甜味纯正的液体糖，其黏度低，易于混合搅拌，甜度高，且甜味产生快，消失快，能给人以清爽的感觉，在食品工业上具有广泛的用途，是一种高营养性甜味剂，是目前淀粉糖中发展最快，前景最广阔的新产品之一。

　　2. 低热葡聚糖

　　低热葡聚糖又称消化糊精，是水溶性食物纤维的一种，由于含有难消化的成分，故产热量低，对于防治肥胖症、心血管疾病和高血压有一定的作用，广泛用于清凉饮料、果汁饮料、调整饮料和果酱的生产中。其生产原料马铃薯淀粉来源广泛，成本低，生产安全可靠，具有良好的开发前景。

3. 普鲁兰多糖

普鲁兰多糖是一种由出芽短梗霉发酵所产生的类似葡聚糖、黄原胶的胞外水溶性黏质多糖，它是1938年由 R. Bauer 发现的一种特殊的微生物多糖。该多糖是由 α-1，4 糖苷键连接的麦芽三糖重复单位经 α-1，6 糖苷键聚合而成的直链状多糖，分子量为 $2 \times 10^4 \sim 2 \times 10^6$，聚合度 100~5000。（一般商品分子量在 2×10^5 左右，大约由 480 个麦芽三糖组成）。该多糖有两个重要的特性：结构上富有弹性，溶解度比较大。

普鲁兰多糖是一种水溶性黏质多糖，成品为白色固体粉末。普鲁兰多糖的成膜性、阻气性、可塑性、黏性均较强，并且具有易溶于水、无毒无害、无色无味等优良特性，已广泛应用于医药、食品、轻工、化工和石油等领域。普鲁兰多糖主要应用领域有：①医药和保健品胶囊行业、化妆品的黏结成形剂；②食品品质的改良剂和增稠剂；③用于防止氧化的水溶性的包装材料；④主食、糕点的低热能食品原料。

2.2.4 马铃薯淀粉发酵制品

淀粉与发酵技术相结合，进一步深加工可以生产出乙醇、有机酸、氨基酸、醇类、酮类、酵母、酶制剂、抗生素及维生素等产品，具有很好的前途。由于地球石油资源的短缺，石化产品价格普遍成倍上涨。为了缓解我国国民经济对石油产品的依赖，利用淀粉制取乙醇，逐步取代或部分取代汽油，可以减轻汽车尾气带来的污染，缓解我国的石油进口压力。现在发展燃料酒精的生产技术已经有所突破，改良湿法已经应用到大规模的生产当中，添加了燃料酒精的乙醇汽油开始在一些省市试用，表现出了良好的经济效益。利用淀粉发酵可以生产乳酸、聚乳酸，进一步生产聚乳酸生物可降解聚合物。聚乳酸生物可降解聚合物比化学高分子产品具有更独特的性能，利用聚乳酸生产的手术缝合线，患者手术后可以不拆线而被自然吸收消化。这些产品技术含量高，市场竞争能力强，应该成为今后马铃薯产业发展的方向。马铃薯淀粉发酵产品见表2-10。

表 2-10 **马铃薯淀粉发酵产品**

种 类	发 酵 产 品
有机酸	柠檬酸 乳酸 葡萄糖酸及衍生物 醋酸 衣康酸 苹果酸等
氨基酸	赖氨酸 味精 苏氨酸 天冬氨酸 精氨酸 丙氨酸 丝氨酸等
酶制剂	α-淀粉酶 β-淀粉酶 异淀粉酶 蛋白酶等
其他产品	乙醇 丙酮-丁醇 酵母 甘油 维生素C D-异抗坏血酸钠 普鲁兰 黄胶原 格瓦斯饮料

（注：摘自汤祃德等编《马铃薯大全》，1991年）

2.2.5 淀粉高分子树脂

利用淀粉生产高分子树脂，主要有高吸水性树脂、淀粉热塑性树脂、淀粉聚醚树脂、淀粉聚氨酯树脂、聚乳酸、聚谷氨酸、聚丁二酸、丁二醇酯等。

目前，淀粉深加工的研究领域广泛，研究深度在不断加深，为未来淀粉的发展奠定了基础。淀粉的快速发展，主要得益于淀粉消费需求的提升及淀粉作为再生资源受到市场的普遍关注。近 10 年来，中国淀粉深加工产品每年以 10%～20% 的比率增长，形成包括淀粉糖、发酵制品、淀粉转化产品等约 2000 种，使淀粉增值 3～20 倍。淀粉深加工的市场前景非常可观。

2.2.6　马铃薯全粉（颗粒全粉及雪花粉）

马铃薯全粉和淀粉是两种截然不同的制品，其根本区别在于：马铃薯全粉在加工中没有破坏植物细胞，基本上保持了细胞壁的完整性。虽经干燥脱水，但制品仍然保持了马铃薯天然的风味及固有的营养价值，具有很高的质量稳定性。既可以复水后重新获得新鲜的马铃薯泥，也可以作为原、辅料加工成高品质食品。而淀粉却是在破坏了马铃薯的植物细胞后提取出来的，制品不再具有马铃薯的风味和其他营养价值。

马铃薯颗粒全粉是一种很重要的马铃薯深加工产品。二次大战后，欧美各国致力于研究马铃薯的加工方式，开发马铃薯全粉产品，对颗粒全粉进行全面研究和试制工作，并迅速给予推广。其主要生产国家如美国、荷兰、德国等，年产量达 30 万吨左右。马铃薯全粉既可作为最终产品，也可作为中间原料制成多种后续产品，多层次提高马铃薯产品的附加值，并可满足人们对食品质量高、品味好、价格便宜、食用方便的要求。它克服了以往直接用鲜薯切片、切条制作薯片、薯条的费时费工、原料及其营养成分损耗大的缺点。由于颗粒全粉具有风味、营养损失少，质量稳定性好，复水性好，加工方便，成形容易等优点，被作为基本原料用于复合薯片、膨化薯类食品，婴儿冲调食品以及快餐食品等，同时还作为添加剂用于面包、饼干、香肠等食品加工，改善其加工性状、口感和营养价值。

在国外以马铃薯全粉为中间原料制成的后续产品多种多样，后续食品主要有以下几类：

①旅游快餐业全粉食品；②油炸食品（油炸薯片、薯条）；③冷冻食品（马铃薯饼、马铃薯丸子）；④食品添加剂（烘烤食品、冰淇淋、雪糕、冷冻食品、各种副食品等）；⑤食品调味剂；⑥膨化食品、儿童小食品；⑦马铃薯全粉湿制品（马铃薯泥、马铃薯糊精）。

据统计，我国每年至少有 10%～15% 以上的马铃薯因不良储运管理及病理和生理等因素造成腐烂，经济损失之巨大难以估量。马铃薯全粉加工中，鲜薯与全粉的产出比约为 6：1，就地生产可从根本上解决储藏和运输造成的损失。因此，马铃薯全粉生产是综合开发利用我国巨大马铃薯资源的有效途径。

马铃薯全粉在我国和国际市场具有广阔的前景，据市场专家分析，仅就目前阶段的国内市场需求水平，马铃薯全粉的国内市场年需求量约 3 万吨以上，亚洲市场年需求量约 6 万吨，并且每年以 20% 的速度递增，国外资本目前都看好中国消费市场的这种上升趋势。国外快餐业的销售总额中，马铃薯制品的比率达 70% 以上，因此，欧美市场全粉需求量更大。

2.2.7 马铃薯食品

马铃薯是制造方便食品的重要原料,国外对马铃薯系列产品的加工已进入社会化生产阶段,先进的加工技术把马铃薯原料加工成高附加值的系列现代食品,品种达到百余种。马铃薯食品目前主要有以下几类:

1. 冷冻食品

冷冻是保存马铃薯营养成分和风味的最好方法,由于冷冻食品储存期较长而深受欢迎。国外每年冷冻的马铃薯数量占其用于食品加工总数的 40%,方法有直接冷冻和油炸后冷冻两种。

2. 油炸制品

油炸马铃薯制品已成为配菜、早点、小吃等大众食品,味美方便,营养丰富。

3. 脱水制品

脱水制品的种类很多,有马铃薯泥、粉、片、丁等,在常温下可放几个月而不变质。此外,用马铃薯粉代替面粉应用于食品上,可供加工各种糕点、面包及其他食品。

4. 其他制品

用马铃薯作为原料还可加工成强化制品、膨化制品、配菜、果酱饴糖、饮料、酱油、醋、罐头等多种食品。

2.3 马铃薯副产物资源化利用途径

2.3.1 马铃薯渣的利用

马铃薯渣(Potato Pulp)是在马铃薯淀粉生产过程中产生的细胞碎片残余淀粉颗粒和水组成的副产物。目前,全球马铃薯淀粉年产量约 350 万吨,其中亚洲是重要的销售地区。国内马铃薯淀粉的年需求量约 80 万吨,潜在需求 100 万吨以上,现有产量 40 多万吨。马铃薯淀粉是我国淀粉加工的重要产品之一,资源丰富,一般每吨淀粉产生 7.5 吨废渣,每年可产马铃薯渣 300 万吨以上,资源量巨大。马铃薯渣中主要含有水、细胞碎片、残余淀粉颗粒和薯皮细胞或细胞结合物。鲜薯渣含水量高达到 80% 以上,具有较高的黏性,不具备液态流体性质,而表现出典型胶体的物理特性和物化特性。自带菌多达 33 种(包括 28 种细菌、4 种真菌和 1 种酵母菌),不易储存、运输,腐败变质后产生恶臭,容易造成环境污染。马铃薯渣中含有大量的淀粉、纤维素、半纤维素、果胶等可利用成分,同时含有少量蛋白质,可作为发酵培养基,具有很高的开发利用价值。因此,采用最经济有效的方法实现薯渣的资源化利用,不但能够将废弃物变成有用的资源,通过高附加值产品的开发使其具有更加显著的经济效益,还能够有效解决这些废弃物所造成的环境污染问题。

2.3.1.1 化学成分

马铃薯渣的化学成分包括淀粉、纤维素、半纤维素、果胶、游离氨基酸、寡肽、多肽和灰分,其中残余淀粉占干基含量的 37%,纤维素、半纤维素占干基总量的 31%,果胶占干基含量的 17%,蛋白质/氨基酸占干基含量的 4%。有很高的开发利用价值。马铃薯渣的组成成分见表 2-11。

表 2-11　　　　　　　　　　　　　马铃薯渣主要组成成分

成分（%）	干物质	灰分	蛋白质/氨基酸	粗脂肪	中性洗涤纤维	酸性洗涤纤维	钙	磷	淀粉	纤维素	果胶
湿基（W/W）	11.0	0.5	0.95	1.24	0.43	1.51	0.006	0.011	4.07	1.87	1.87
干基（W/W）	—	4.5	8.65	11.31	3.90	13.75	0.056	0.098	37	17	17

2.3.1.2　利用途径

目前，对于马铃薯渣的开发主要包括发酵法、理化法和混合法。发酵法是用马铃薯渣作为培养基，引入微生物进行发酵，制备各种生物制剂和有机物料；理化法是用物理、化学和酶法对薯渣进行处理或从薯渣中提取功能成分；混合法是把酶处理和发酵两种方法综合。目前，国外对于马铃薯渣的开发方向见表 2-12。

表 2-12　　　　　　　　　　　　　国外马铃薯渣的主要应用

处理/生产方法	应用
在马铃薯渣中添加蛋白或其他营养成分	动物饲料
制备果胶或果胶-淀粉混合物	营养和技术应用
转化成糖和提取糖浆	处理薯片和薯条（增色）
水解：发酵中的培养基	制备酒精
从液相中提取营养成分	肥料
用水稀释	深井钻探中稳定剂（润滑剂）
不作处理，作为酵母培养基	生产维生素 B_{12}
不作处理，作为微生物生长培养基	生产沼气

马铃薯渣的转化途径有：①功能成分的提取制备；②发酵产品的开发。

1. 功能成分的提取

马铃薯渣中含有大量的果胶和纤维素，可有效加以利用，生产高附加值的产品。可从薯渣中提取制备果胶、羧甲基纤维素钠，作为食品添加剂；提取膳食纤维，作为功能性食品；提取草酸，作为化学试剂；制备活性纤维（PAF），用于工业絮凝剂；以及制备清洁能源——氢气和包装纸箱黏合剂等物质。

（1）制备膳食纤维

膳食纤维（Dietary Fiber, DF）是一类在体内难以被酶解消化，结构复杂的天然大分子物质，包括了食品中的大量组成成分，如纤维素、半纤维素、木质素、胶质、改性纤维素、黏质、寡糖果胶以及少量组成成分如蜡质、角质、软木质等。一般分为水溶性膳食纤维（SDF）和水不溶性膳食纤维（IDF）两类。膳食纤维具有预防和治疗冠心病、肥胖症、糖尿病，预防结肠癌、清除外源有害物质等作用。20 世纪 70 年代以来，膳食纤维的摄入量与人体健康的关系越来越受到人们的关注，被誉为"第七大营养素"。中国营养学会推荐每日膳食纤维摄入量为 20~35g。

马铃薯渣中的纤维含量极高，约占干基的 17%，且马铃薯本身是一种安全的食用作物，因此马铃薯渣是一种安全、廉价的膳食纤维资源。马铃薯渣膳食纤维产品外观白色，持水力、膨胀力高，有良好的生理活性。膳食纤维在食品工业中的应用十分普遍，可添加到保健食品、方便食品、饮料、乳制品等多种产品中。

目前，提取膳食纤维的工艺方法主要有 3 种：①物理方法，包括超微粉碎技术、挤压蒸煮技术、冷冻粉碎技术、纳米技术、加压蒸煮、膜浓缩法、焙烤；②化学方法，包括酸法、碱法；③生物技术方法，包括酶法、发酵法等。

（2）提取果胶

果胶属于多糖类物质，是植物细胞壁的主要成分之一，尽管可以从植物中大量获得，但是商品果胶的来源仍十分有限。我国每年果胶需求量在 1500t 以上，且 80% 依靠进口，据有关专家预计，果胶的需求量在很长时间内仍以每年 15% 的速度增长。果胶的主要生产国是丹麦、英国、法国、以色列、美国等，亚洲国家产量极少。因此，大力开发我国果胶资源，生产优质果胶，显得尤为重要。

果胶既是一种可溶性膳食纤维，又具有特殊功能作用，可作为胶凝剂、增稠剂、稳定剂、乳化剂、组织改良剂等天然食品添加剂应用在食品工业中。果胶在医药领域也有较广泛应用。果胶通常从植物果皮中提取，原果胶是不溶于水的物质，但可以在酸、碱、盐等化学试剂及酶的作用下，加水分解转变成水溶性果胶。果胶的提取即是不溶性果胶转为可溶性果胶和可溶性果胶向液相转移的过程。

果胶的提取方法主要是酸法提取，或酸法辅以微波、超声波提取；然后采用乙醇或盐等沉淀，再经脱色、干燥等工序制成。马铃薯渣中含有较高的胶质含量，约占干基的 17%，在适宜的提取条件和工艺下，是一种良好的果胶提取原料，应用前景广阔。

（3）制取草酸

草酸是一种重要的有机化工产品，它在工业上的用途很广，常用作还原剂和漂白剂，印染工业的媒染剂，亦用于稀有金属的提炼，除去织物上的铁锈和墨渍等，它也是我国传统出口产品之一，每年仅向美国出口就达 4000 吨。从国内和国际需要情况来看，适度地发展草酸生产具有重要的意义。

我国草酸生产的方法主要有合成法和氧化法，合成法工艺复杂、成本高、设备投资大；碳水化合物氧化法设备投资少、易于操作，并且能有效地利用我国广大农村的农副产品。

马铃薯淀粉渣主要成分是淀粉和纤维素，用浓硫酸水解，再进一步用硝酸氧化，便可制得草酸。用马铃薯淀粉渣作原料制取草酸比用淀粉作原料制取草酸的成本更低廉，而且能有效地利用农产品废渣，变废为宝，具有明显的经济效益和社会效益。

（4）生产可降解化工原料

国外研究利用马铃薯渣制成可光降解的塑料。首先是把马铃薯渣等含淀粉的废弃物在高温条件下经 α-淀粉酶处理，将长链的淀粉分子转化为短链，再通过葡糖淀粉酶糖化成葡萄糖。葡萄糖经乳酸菌发酵 48h 后 95% 的葡萄糖转化成乳酸。发酵后乳酸经过碳滤进一步纯化制成可光降解的塑料。

用马铃薯渣制备超强吸水剂，制备的树脂最高吸水率达到 750g/g，吸盐水最高可达 77g/g。将马铃薯渣作为添加剂，混合马铃薯淀粉制备可生物全降解内包装减震物，获得的产品表面洁白光滑、体轻、成本低廉、可生物全降解。用马铃薯渣制成的纤维对 Pb^{2+}、Hg^{2+} 具有较强的吸附作用，并且吸附量大、吸附速度快，可以利用其性质制备新型吸附材料。

2. 发酵产品的开发

将马铃薯渣通过微生物发酵，生成新的发酵产品，是马铃薯渣生物转化的主要途径，可以产生较高的附加值。国内外学者利用不同种类的微生物菌种发酵马铃薯渣，制备出燃料酒精、乳酸、草酸、柠檬酸、聚丁烯、维生素、果糖、普鲁兰糖等发酵产品。国内通过筛选合适菌种和改进培养基配方，马铃薯渣发酵产品主要包括酒精、单细胞蛋白饲料、肥料、沼气、柠檬酸钙等。

（1）酒精

薯渣利用最多的是将其通过生物发酵的方法生产燃料级酒精。在马铃薯渣发酵生产燃料酒精方面，国外已逐步开始产业化生产，目前已建成每年可将马铃薯渣转化为 4 万吨燃料酒精的生产线。燃料酒精的发展已成为社会发展的必然趋势，以马铃薯渣为原料生产燃料酒精，既符合国家非粮化及多元化生产燃料酒精的要求，又能避免资源浪费及环境污染，能有效且大量地转化利用马铃薯渣，是一种较理想的薯渣利用途径。马铃薯渣生产燃料酒精的前处理工艺是采用淀粉酶将淀粉水解液化及用蛋白酶将蛋白质水解，再经糖化、发酵等工序制成酒精。

（2）单细胞蛋白饲料

单细胞蛋白（Single Cell Protein，SCP）主要是指通过发酵方法生产的酵母菌、细菌、真菌及藻类细胞生物体等。单细胞蛋白质营养丰富、蛋白质含量较高，且含有 18~20 种氨基酸，组分齐全，富含多种维生素。除此之外，单细胞蛋白的生产具有繁育速度快、生产效率高、占地面积小、不受气候影响等优点。因此，在当今世界蛋白质资源严重不足的情况下，发展单细胞蛋白的生产越来越受到各国的重视。我国是马铃薯生产大国，在其加工过程中产生大量的副产品——薯渣。马铃薯渣含有淀粉、蛋白质、纤维素等组分，具有作为饲料应用的潜力，但蛋白质含量低，粗纤维含量高，适口性差，饲料品质低。利用马铃薯渣作为微生物发酵的底物，通过微生物发酵提高蛋白质含量并改善其营养配比，可以将马铃薯渣转化为动物饲料，实现加工利用。研究表明，通过微生物发酵处理可大幅度提高薯渣的蛋白含量，从发酵前干重的 4.62% 增加到 57.49%。另外，微生物发酵可以改善粗纤维的结构，增加适口性。其生产工艺简单，产品市场前景广阔，已成为马铃薯渣综合利用的主要途径。

发酵方法以马铃薯渣形态划分，大体可以分为液态发酵、半固态发酵和固态发酵。其中多菌种液态发酵的优点是发酵充分，微生物生长迅速，在生成饲料中干酵母产量可达到 19~20g/L，单细胞蛋白中的蛋白质含量可达 12%~27%。缺点是耗能大，生成的单细胞蛋白饲料造价较高，经济效益较低。因此，液态发酵马铃薯渣生产单细胞蛋白饲料的产业化实现仍然较为困难。半固态、固态发酵马铃薯渣生产单细胞蛋白饲料，是目前马铃薯渣转化饲料研究中广泛采用的方法。以对原料处理条件的不同，可分为生料发酵和熟料发酵。生料发酵是将马铃薯渣脱水后的半固态发酵。生料发酵的优点是耗能低，适合工业化生产，但生料发酵染菌的概率较大，发酵条件不好控制；熟料发酵是将马铃薯渣糖化后再发酵的一种处理工艺，它的优点是染菌概率小，发酵条件容易控制，可将非还原糖转化为可还原糖，增加了发酵过程中的可利用碳源，可提高单细胞蛋白的产量，缺点是耗能较高，劳动强度大，经济效益差。在利用马铃薯渣研制高蛋白饲料方面，甘肃农业大学、甘肃省农科院等单位协作，已经建立了薯渣工厂化加工技术体系，筛选出适于养殖业所需的最佳饲料配方，研制出可替代鱼粉、豆类及饼粕等的薯渣蛋白饲料产品，其蛋白质含量高达20%，且生产成本低，作为蛋白质含量较高的饲料已被养殖户接受。

（3）酶

马铃薯渣中含有干基约30%的纤维，可作为发酵生产纤维素酶的主要原料。U. klingspohn 等人[1]用稀硫酸处理马铃薯淀粉渣，通过离心机分离，将果胶和淀粉从纤维素及半纤维素中分离出来。以分离的纤维素及半纤维素和马铃薯废汁液为培养基，接种里氏木霉（Trichodema Reesei）生产纤维素酶。另外，U. klingspohn 等人还利用木霉发酵马铃薯渣，生产木聚糖酶、羧甲基纤维素酶。

（4）提取柠檬酸

柠檬酸是理想的酸味剂，广泛应用于食品及其他工业，如医药、日用化工、塑料等。利用马铃薯提取淀粉之后所产生的薯渣下脚料来生产柠檬酸和柠檬酸钙，具有原料价廉易得、生产技术简便、生产成本低、经济效益显著等优点。

（5）沼气

能源是人类赖以生存和发展的基本条件。随着经济的快速发展，人口不断增加，能源短缺的问题日益严重。开发和利用可代替能源，如生物质能源，具有重要意义。生物质能蕴藏在可以生长的有机物中，属于可再生能源。沼气是利用禽畜粪便、农作物秸秆、工业有机废水等厌氧发酵或将城市生活垃圾填埋而生成的一种可再生能源，是生物质能利用的重要途径之一。沼气的产生是以纤维素为主的碳水化合物在发酵性细菌的作用下逐步分解生成简单的糖、酸、醇类等物质，这些物质再被细菌分解，产生甲烷和二氧化碳，同时进一步还原二氧化碳生成甲烷；马铃薯渣主要成分是残余淀粉和纤维素物质，同时它还含有足够产醇和酸的菌类所需的各种营养成分。用马铃薯渣发酵制取沼气，不仅可以解决农村能源问题，也可以改善农村生态环境，实现农业废弃物再利用，对我国马铃薯产业循环可持续发展具有重大意义，也符合生态文明建设的要求。

孙传伯[2]的试验表明，在温度为22℃的条件下，用沼液补足的马铃薯渣发酵试验的总固体（Total Solid, TS）产气潜力为729mL/gTS，挥发性固体（Volatile Solid, VS）产气潜力为706mL/gVS；用水补足的马铃薯渣发酵试验的 TS 产气潜力为716mL/g TS，VS 的产气潜力为693mL/gVS。

甘肃富民生态农业科技有限公司建成马铃薯淀粉渣、废水循环综合利用工程，以定西地区马铃薯淀粉废渣等有机废弃物为原料，引进世界先进的丹麦 CSTR 一体化工艺技术和

---

[1] U. Klingspohn, P. V. Papsupuleti, X. Schiigerl. Production of enzymes from potato pulp using batch of a bioreactor［J］. Journal of chemical technology and biotechnology, 1993, 58 (1): 19-25.

[2] 孙传伯，李云，廖梓良等. 马铃薯皮渣沼气发酵潜力的研究［J］. 现代农业科技, 2008 (2) 8-9.

装备，通过生物发酵工程开发生物燃气，生物有机液生产高效微生物有机肥、水基性农药，生物有机质生产高效微生物复合饲料。生物燃气用于燃气锅炉项目居民、单位供热，作为车用燃气，替代石化燃料。每年处理马铃薯淀粉渣 18 万吨、废水 2.8 万吨、污泥 1 万吨、秸秆 10 万吨。每年生产沼气 1500 万立方米，经提纯开发车用生物燃气 800 万立方米，同时生产有机肥 25 万吨（含微生物菌肥 10 万吨）、水基性农药 2000 吨、高效蛋白饲料 5000 吨，回收二氧化碳 10000 吨。

（6）醋、酱油

利用马铃薯渣制备醋和酱油，是适合家庭作坊的一种实用生产方法。此方法用马铃薯渣代替部分粮食原料，可节约生产成本，创造效益。

2.3.2　马铃薯茎叶的利用

目前，我国大部分地区种植户对马铃薯茎叶一般都是弃之不用或者焚烧。研究表明，每千克马铃薯茎叶含有 0.12 个饲料单位，可消化蛋白质 20～40g，胡萝卜素 80mg，干物质含量可达到 18.4%，粗蛋白质含量占干物质的 16.2%，粗纤维含量占干物质的 20.8%，粗脂肪含量占干物质的 1.8%，钙含量占干物质的 1.39%，磷含量占干物质的 0.14%。由此可知，马铃薯茎叶中含有对人类有用的物质，具有再利用开发价值。

关于马铃薯茎叶成分研究，丰田等人[1]首先发现马铃薯茎叶含有重要萜类化合物茄尼醇。Karim 等人[2]还对不同品种马铃薯的地上与地下部分中氨基酸等成分进行了分析比较。Lyon 等人[3]用高效液相色谱分析了马铃薯茎叶提取物中的绿原酸的含量。Lewis 等人[4]对马铃薯叶和花中的色素，黄酮类以及酚酸等物质进行了分析研究。Szafranek[5][6]研究了各种马铃薯叶的倍半萜分布及含量。最近国内也有一些从马铃薯茎叶分离茄尼醇的研究结果。这些研究成果都证明了马铃薯茎叶中含有丰富的对人类有用的物质，具有开发研究价值。

1. 马铃薯茎叶有效成分提取

（1）提取茄尼醇

茄尼醇（Solanesol，分子式为 $C_{45}H_{74}O$）又称九聚异戊二烯伯醇、三倍半萜烯醇，是

---

① M Toyoda, M Asihina, H Fukawa, TShimazu. Isolation of new acyclic C25-isoprenyl alcohol from potato leaves. Tetrahedron Letters, 1969, (55): 4879-4882.

② M S Karim, G C Percitival, G R Dioxon. Comparative composition of aerial and subterranean potato tubers (Solanum tuberosum L) [J]. Sci Food Agric, 1997, (75): 251-257.

③ G D Lyon, H Barker. The measurement of chlorogenic acid in potato leaf extracts by high-pressure liquid chromatography [J]. Potato Research, 1984, (27): 291-295.

④ C E Lewis, J R LWalker, J E Lancaster, K H Sutton. Determination of anthocyanins, flavonoids and phenolic acid in potatoes Ⅰ: Coloured cultivarsof solanum tuberosumL [J]. Sci Food Agric, 1998, (77): 45-57.

⑤ B Szafranek, E Malinski, J Szafranek. The Sesqiterpene composition of leaf cuticular neutrallipids of ten polish varieties of solanum tuberosum [J]. Sci Food Agric, 1998, (76): 588-592.

⑥ B Szafranek, K Chrapkowaska, M Pawinska, J Szafranek. Analysis of leaf surface sesquiterpenes in potato varieties [J]. Agric Food Chem, 2005, (53): 2817-2822.

一种很重要的药物合成中间体,是泛醌类药物中间体不可替代的成分,是合成维生素 K 的侧链和辅酶 Q10 以及合成抗过敏药物、抗溃疡药物、降血脂药物和抗癌药物不可替代的天然原料。目前,世界许多发达国家已生产和应用的辅酶 Q10,依赖高纯度的茄尼醇作原料。日本每年生产辅酶 Q10 达 100 多吨,需要茄尼醇 150 吨以上。欧洲、北美及其他地区都有不同规模的辅酶 Q10 生产,同样需要纯度高、价格低廉的茄尼醇。

茄尼醇主要存在于马铃薯等茄科植物茎叶中。其结构独特,除由植物叶片中提取之外,化学合成方法十分繁琐,难以工业化合成。我国地域辽阔,马铃薯种植面积大,具有得天独厚的茄尼醇提取的优势。陆占国等人①从马铃薯茎叶中提取了和提纯了重要化学原料茄尼醇;张继等人②获得了微波辅助结合反相超临界 CO_2 萃取从马铃薯茎叶中提取茄尼醇粗品的专利技术。

(2) 提取植物精油

李伟、陆占国等人利用超声波辅助-溶剂(乙醚)萃取法和水蒸气蒸馏方法萃取马铃薯茎叶,得到了以芳香族化合物和倍半萜为主要成分的马铃薯茎叶挥发油,得率为 0.5% (W/W)。该挥发油可直接作为香料原料使用,也可以作为抗氧化剂以及致癌物质亚硝酸盐,N-二甲基亚硝胺(DNMA)生成的阻碍剂,从而发现了农业废弃物马铃薯茎叶的新用途。

(3) 制备高吸水材料

王云普等人③获得了马铃薯茎叶/有机蒙脱土复合高吸水材料、马铃薯茎叶/木质素磺酸钠高吸水材料、微波辐射马铃薯茎叶制备高吸水材料的专利方法。

2. 青贮饲料

据有关饲料分析资料表明,青贮马铃薯叶的营养成分明显高于许多青贮植物的茎叶,有较高的饲用价值。但由于马铃薯叶中龙葵素含量高、适口性差、含糖少、不易青贮、水分多、难于保存等缺点,长期以来未能得到合理利用,多被丢弃。在我国,马铃薯的茎叶均被废弃,造成了巨大的资源浪费。韩俊清根据青贮原理,采用甲醛作添加剂,通过多次青贮实验,取得了比较好的研究结果。

2.3.3 马铃薯加工废水的利用

马铃薯生产淀粉产生的废水分为两种,一种是原料清洗产生的废水,含有大量的泥沙、腐烂的薯块、薯皮和碎薯块,其中碎薯块可以用作饲料,泥沙、薯皮和腐烂的薯块作还田处理,水经过二级澄清后回用于马铃薯清洗;另一种是工艺废水,主要是马铃薯的细胞液和筛洗水,含有大量的蛋白质、淀粉、糖类、纤维悬浮物等有机质,COD(化学需氧量)为 20000~25000mg/L,BOD(生化需氧量)为 9000~12000mg/L,SS(悬浮物)为 18000mg/L。废液经过沉淀处理、化学絮凝处理和厌氧发酵处理后,不但回收了蛋白质,

① 陆占国,韩玉洁,杨威,等.成熟期马铃薯茎叶挥发性成分及其清除 DPPH 自由基能力的研究 [J].作物杂志,2010,(4)30-32.

② 张继,徐小龙,赵保堂,等.微波辅助结合反相超临界 CO_2 萃取从马铃薯茎叶中提取茄尼醇粗品的方法 [P] CN101973849A,2011.

③ 王云普,张继,梁燕.微波辐射马铃薯茎叶制备高吸水材料的方法 [P].CN101134799,2008.

用于生产饲料，同时使得排放的废水达到灌溉要求，用于农田灌溉。目前，处理马铃薯加工废水对蛋白质回收率较高的方法是超滤法，几乎能全部回收马铃薯汁水中的蛋白质。浓缩倍数可达到 6 倍。产品组成成分是：蛋白质 70%~80%，水分 8%，其余 12%~7% 为糖、有机酸、矿物质、氨基酸等，可食用或用作饲料。

第3章 马铃薯采后处理

马铃薯的采后处理是为保持和改进马铃薯产品质量并使其从农产品转化为商品所采取的一系列措施的总称。

3.1 马铃薯采后生理活动

马铃薯采收后，光合作用停止，但仍是一个活的有机体，其生命代谢活动仍在有序地进行。呼吸作用是马铃薯采后最主要的生理活动，是提供各种代谢活动所需能量的基本保证。在马铃薯的储藏和运输过程中，保持其尽可能低而又正常的呼吸代谢，是保证马铃薯质量的基本原则和要求。因此，研究马铃薯储藏期间的生理作用及其调控，不仅具有生物学的理论意义，而且对控制马铃薯采后的品质变化、生理失调、储藏寿命、病原菌侵染、商品化处理等多方面具有重要意义。

3.1.1 储藏期间的特点

块茎在储藏期间对周围环境条件非常敏感，特别是对温度、湿度要求非常严格，既怕低温，又怕高温，冷了容易受冻，热了容易发芽；湿度小，薯块容易失水发皱，湿度大，薯块容易腐烂变质。因此，安全储藏是马铃薯全部生产过程中的一个重要环节。

所谓安全储藏，主要有两项指标，一是储藏时间长；二是商品质量好，达到不烂薯、不发芽、不失水、不变软的要求。因此，要储藏好马铃薯，必须了解它的储藏特点、生理变化、储藏条件，才能有针对性地采取措施，达到安全储藏的目的。

3.1.1.1 后熟期特点

新收获的块茎在生理上尚处在后熟阶段。其特点是表皮尚未木栓化，含水量高，块茎呼吸旺盛，释放出大量水分、热量和二氧化碳，重量也随之减轻。如在温度 $15\sim20℃$、氧气充足、散射光或黑暗条件下，经过 $5\sim7d$，块茎损伤部分就会形成木栓质保护层，这样不仅能防止水分损耗，而且能阻碍氧气和各种病原菌侵入。

3.1.1.2 休眠期特点

休眠即块茎芽眼中幼芽处于相对稳定不萌发的状态，休眠期长短因品种和成熟度而异。有关块茎休眠期生理特点前文已作讨论，生产中应注意以下两点：

1. 不同品种休眠期长短不同

马铃薯之所以较其他蔬菜耐储藏，是因为其块茎有一个新陈代谢过程显著减缓的休眠期。但是不同的品种其休眠期长短不同，一般来说，早熟品种休眠期短，容易打破；晚熟品种的休眠期长，难以打破。因此，作短期储藏时，应选择休眠期短的早熟品种；作长期储藏时，应选用休眠期长的晚熟品种。

2. 同一品种成熟度不同休眠期长短不同

同一品种，春播秋收的块茎休眠期较短，而夏播秋收的块茎休眠期长，且块茎的休眠期将随着夏播时间的推迟而延长。这是因为夏播秋收的马铃薯由于受生长期所限，在早霜来临之前，尚未成熟即行收获的缘故，即幼嫩块茎比成熟块茎休眠期长。因此，作长期储藏的马铃薯，应适期晚播或早收，选用幼嫩块茎储藏。

3.1.1.3　萌发期特点

马铃薯通过休眠后，在适宜的温湿度条件下芽眼内的幼芽开始萌动生长，这是马铃薯发育的持续和生长过程的开始。在这一时期，马铃薯块茎重量的减少与萌芽程度成正比。

马铃薯块茎内含有丰富的营养和水分。已通过休眠的块茎，只要有适宜的发芽条件，块茎内的酶即开始活动，淀粉、蛋白质等大分子储藏物质分解成糖、氨基酸等，并通过输导系统源源不断地运送至芽眼，幼芽开始萌发。在理论上，已通过休眠的块茎即可用于播种，具体播期则由气候条件及耕作栽培制度决定。

3.1.2　储藏期间的生理变化

3.1.2.1　伤口愈合

收获的块茎除了从匍匐茎脱离处有伤口外，还由于收获过程的机械损伤及分级选种等措施都会造成一定的擦伤和裂口，但伤口并不持续敞开，只要环境条件适宜，伤口就会愈合，从而可以减少水分的蒸发和病菌的入侵。

3.1.2.2　水分蒸发

马铃薯收获时块茎一般含水量为75%左右，干物质含量25%左右，薯块中的水分大部分是自由水，只有5%的水分是束缚水。由于薯块表皮薄，细胞体积较大，细胞间隙多，原生质的持水力较弱，水分容易蒸发。水分蒸发时细胞膨胀降低，引起薯块组织萎蔫。因此，使块茎周皮充分木栓化，防止块茎破损，促进伤口尽快愈合，以及低温、高湿的储藏条件是减少块茎失水的重要条件，以3~5℃，湿度80%~93%为最好。

3.1.2.3　呼吸作用

马铃薯块茎收获后，同化作用基本停止，呼吸作用便成为储藏生理的主要过程。块茎在储藏期间由于不断地进行呼吸和蒸发，它所含的淀粉就逐渐转化成熟，再分解为二氧化碳和水，并放出大量热量，使空气过分潮湿，温度升高。因此，在马铃薯储藏期间，必须经常注意储藏窖的通风换气，及时排出二氧化碳、水分和蒸发出来的热气，使其保持合适的温度和湿度。如果薯堆中氧气少，二氧化碳多，就会妨碍块茎内部的正常生理过程，同时由于高温高湿，易引起病菌活动，使薯心变黑或发生腐烂现象。

3.1.2.4　淀粉与糖的转化

马铃薯块茎富含淀粉和糖，储藏期间淀粉与糖相互转化。淀粉是衡量马铃薯品质的主要指标，块茎鲜重的18%左右是淀粉，淀粉中支链淀粉含量高达80%，直链淀粉约占20%。马铃薯淀粉结构松散、结合力弱，含有天然磷酸基团，这些特点使其具有糊化温度低、糊浆透明度高、黏性强的优点。马铃薯块茎淀粉含量在收获时最高，随着低温储藏时间的延长，不同品种马铃薯块茎淀粉含量均呈下降趋势，储藏中期下降最多，储藏末期各品种淀粉含量有所回升。马铃薯储藏期间糖分变化如图3-1、图3-2所示。

马铃薯块茎糖分主要以还原糖（葡萄糖、果糖和麦芽糖）和蔗糖为主，其含量在收

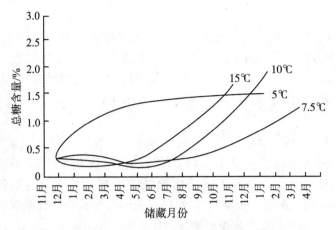

图 3-1 不同储藏温度下马铃薯总糖含量的变化

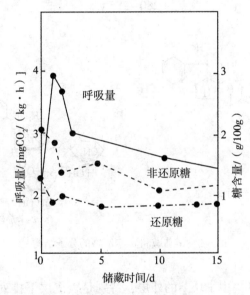

图 3-2 储藏期间马铃薯还原糖、非还原糖含量、呼吸量的变化

获时最低，在低温储藏期间会增加。块茎中淀粉转化成糖的过程，将随着温度条件的改变而不同。当窖温在 10℃ 以上时，块茎内淀粉含量可保持稳定，但在这种温度条件下不能时间过长。窖温 0~10℃，块茎内淀粉含量迅速下降，糖则迅速增加，主要是由于块茎中含有较多的磷酸化酶，酶在低温条件才有利于活动，促使淀粉迅速分解，转化为糖，即"低温糖化"现象。马铃薯块茎在储藏过程中内部存在淀粉→还原糖→淀粉可逆生理平衡体系。

淀粉转化为糖的结果是块茎食味变甜。还原糖含量的高低成为影响马铃薯油炸食品颜色最重要的因素，也是衡量马铃薯能否作为加工原料最为严格的指标。马铃薯食品加工业理想的还原糖含量为鲜重的 0.1%，上限不超过 0.30%（炸片）或 0.50%（炸薯条）。在马铃薯加工过程中，块茎中的还原糖会与含氮化合物的 α-氨基酸之间发生非酶促褐变的美拉德反应（Maillard Reaction），致使薯条（片）表面颜色加深为不受消费者欢迎的棕褐色。

根据生产实践，块茎在储藏期间由于呼吸作用能减少重量 6.5%～11%，如果块茎成熟度不足，或因生育期施氮肥过多，其重量的损失更大，这种生理变化，在储藏初期的低温条件下，表现得特别明显。总之，块茎经过长期储藏后，淀粉的含量就会减少。根据试验资料，储藏 200d 的块茎，淀粉平均损失 7.9%，如果块茎发芽或腐烂，淀粉的损失会增加到 12.5%。

3.1.2.5　龙葵素含量增加

龙葵素（steroidal glycoalkaloids）是植物体内所有糖苷生物碱的总称（TGA），也叫茄碱（Solanine，$C_{45}H_{73}NO_{15}$），是一类甾族生物碱的配糖衍生物，主要包括 α-茄碱（α-solanine）和 α-卡茄碱（α-chaconine）。α-茄碱是茄啶与葡萄糖、乳糖和鼠李糖的配位体，α-卡茄碱是茄啶与葡萄糖和 2 个鼠李糖的配位体，如图 3-3 所示。龙葵素分子量为 865.6，结晶成白色发光的针状，有苦味，几乎不溶于水、醚、苯，溶于吡啶、甲醇、热乙醇，可以被酸水解，分解成茄啶和糖，熔点为 280～285℃。

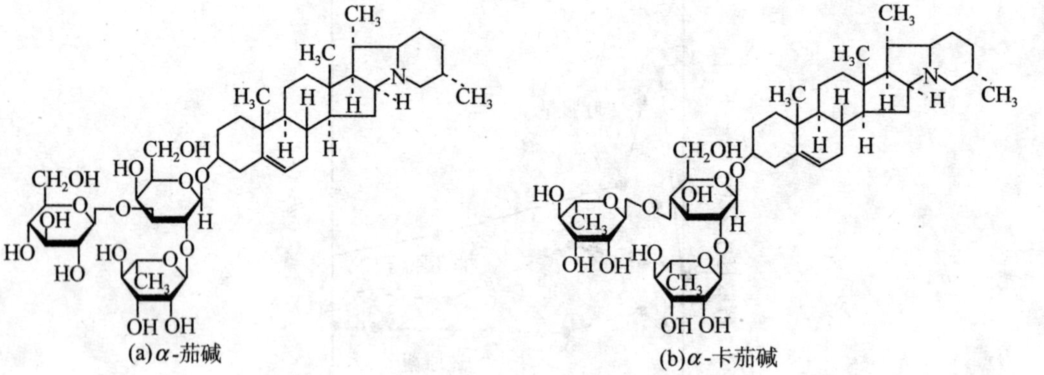

图 3-3　α-茄碱和 α-卡茄碱的分子结构

龙葵素在块茎中大部集中于块茎的外层，特别是表皮层下排列的头 10 行细胞里。生马铃薯皮每 100g 湿重含 1.30～56.87mg α-卡茄碱和 0.5～50.16mg α-茄碱，薯肉每 100g 湿重含 0.2～3.32mg α-卡茄碱和 0.01～2.18mg α-茄碱，外皮层所含的龙葵素是总量的 84%～90%。因此，在食用块茎或加工时最好剥去 3～3.5mm 厚外皮。在细胞中，龙葵素几乎全部在液泡内，芽的全部细胞中都含有。当芽萌发时，细胞中含量最多，特别是生长点分生组织最活化部分含量最高。芽周围的块茎薄壁组织含量少，切除芽眼时，块茎组织中的含量急剧降低，以后只在木栓层下面薯皮薄壁组织的某些细胞中含有龙葵素，大部分的皮层薄壁组织和块茎髓部、块茎的输导组织都不含有。可见，龙葵素是在分生组织中直接形成的，很可能龙葵素具有调节顶端生长或是激素的生物合成的原始材料。也有人认为龙葵素的合成分解与总新陈代谢，特别是与蛋白质的合成和分解有关。

龙葵素是一种有毒性的生物碱，龙葵素含量 0～10mg/100g FW 在食用安全范围内；10～20mg/100g FW 食用时麻口，并带有苦味；超过 20mg/100g FW 食用后可能引起中毒，甚至死亡。对人的致死量为 3mg/kg 体重。一般符合健康标准的商品马铃薯块茎中龙葵素含量为 1~10 mg/100g，最大允许含量为 20 mg/100g，含量越低，品质越好。龙葵素进入人体后，会影响到中枢神经，刺激胃肠道黏液，出现头痛、恶心、呕吐，有时腹泻，会使肚子产生割切般的疼痛，呼吸困难，严重口渴、水肿等症状，严重的 2~8h 就引起死亡。高含量的龙葵素对哺乳动物同样有毒。

龙葵素含量因品种、环境条件、栽培技术、收后处理及块茎大小等而有所不同，其中光线对龙葵素含量影响最大，在光的作用下使块茎的龙葵素含量迅速增加。块茎龙葵素含量，在一定范围内，随着光照时间的延长而增加，不同品种马铃薯含量有很大差异。提高光强度和温度都会增加龙葵素的含量，幼嫩块茎在光的作用下，其含量的提高更为强烈，降低品质。块茎大小也影响龙葵素含量，一般小块茎含量高，大块茎含量低，但就一个块茎的绝对含量，则小块茎低于大块茎。马铃薯块茎经过烤焙和油炸后，薯皮部的龙葵素含量提高到占总含量 95%~99%。因此，食用马铃薯和加工马铃薯应避光储藏，同时储藏期间要尽量防止发芽。加工马铃薯块茎时应选择龙葵素低、并对光反应不敏感的品种以及生长期间做好及时培土，防止暴露在光照下，以及储藏运输等过程防止受光，煮食用或加工时最好剥去 3~3.5mm 厚外皮等措施，就可以大大减少龙葵素的含量，不致超过安全允许量。

3.2　马铃薯采后处理与运输

马铃薯的采后处理过程主要包括晾晒、预贮及愈伤、挑选和分级、药物处理、包装、运输、储藏等环节，如图 3-4 所示。

3.2.1　采后处理

3.2.1.1　晾晒
薯块收获后，可在田间就地稍加晾晒，散发部分水分以便储运，一般晾晒 4 h，晾晒时间过长，薯块将失水萎蔫，不利于储藏。

3.2.1.2　预贮及愈伤
无论是夏收或秋收入窖储藏的薯块，都应该有一个预贮期。预贮期的目的，是为了促进薯块伤口愈合，加速木栓层的形成，提高薯块的耐贮性和抗病菌能力，减少其原有热和呼吸热，以利于安全储藏。

把新收获的薯块置于阴凉而通风良好的场所摊开，但薯堆不易太厚，上面应用苇草或草帘遮光。如果薯堆太厚（超过 66cm），堆中应设有通气管，或在薯堆上部每隔数尺竖立一捆秆（高粱或玉米秆），以利于通气排热。预贮的适宜温度为 10~15℃，空气相对湿度为 80%~90%，预贮时间一般为 10~15d。不过夏收马铃薯正遇 7、8 月份高温，除非有空调设备，一般是无法达到上述预贮温度的。夏收后，可先摊放在阴凉通风的地方，晾放 3~5d，然后再入窖堆放或装筐储藏。入窖储藏前要把病、烂、虫咬和损伤的块茎全部挑出。

愈伤是指农产品表面受伤部分，在适宜环境条件下，自然形成愈合组织的生物学过程。马铃薯在采收过程中很难避免机械损伤，产生的伤口会招致微生物侵入而引起腐烂。

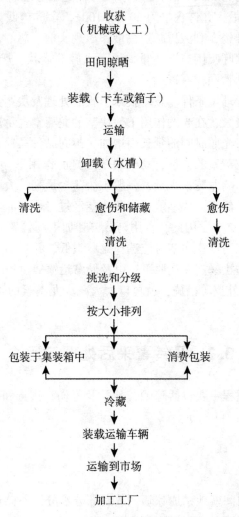

图 3-4　马铃薯的采后处理过程

为此，在储藏以前对马铃薯进行愈伤处理是降低失水和腐烂的一种最简单有效的方法。

　　伤害和擦伤的马铃薯表层能愈合并形成较厚的外皮。在愈伤期间，伤口由于形成新的木栓层而愈合，防止病菌微生物的感染和降低损失。在愈伤和储藏前，除去腐烂的马铃薯，可保证储藏后的产品质量。马铃薯采后在 18.5℃温度下保持 2~3d，然后在 7.5~10℃和 90%~95%的相对湿度下 10~12d 可完成愈伤。愈伤的马铃薯比未愈伤的储藏期可延长 50%，而且腐烂减少，如图 3-5、图 3-6 所示。

　　3.2.1.3　挑选

　　预贮后要进行挑选，注意轻拿轻放，剔除有病虫害、机械损伤、萎蔫及畸形的薯块。块茎储藏前须做到六不要：即薯块带病不要，带泥不要，有损伤不要，有裂皮不要，发青不要，受冻不要。

　　3.2.1.4　分类

　　在马铃薯储藏之前要对其进行分类，分类对于马铃薯的科学储藏意义重大。首先要按

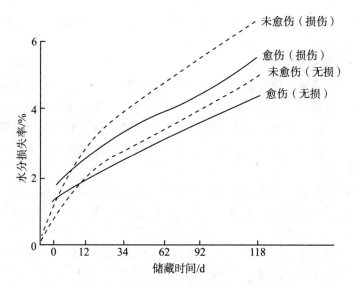

图3-5 愈伤和未愈伤块茎失水的百分比

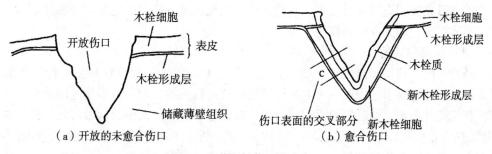

图3-6 愈伤期间伤口的愈合

照马铃薯的休眠期进行分类,马铃薯品种不同,休眠期也不同,同一品种,成熟度不同,休眠期也不同。然后根据薯块大小进行分类。

3.2.1.5 药物处理

用化学药剂进行适当处理,可抑制薯块发芽,杀菌防腐。

3.2.1.6 包装

1. 传统包装方法

为了保证安全运输和储藏,马铃薯经过挑选分类之后要进行包装,大批量的马铃薯一般选用袋装。包装袋的选择,总的原则是既便于保护薯块不受损伤,装卸方便,又要符合经济耐用的要求。适合马铃薯运输包装的有草袋、麻袋、网袋和纸箱等。

①草袋:优点是皮厚、柔软、耐压,适合于低温条件下运输,而且价格低廉。缺点是使用率较低,一般使用2~3次就会破烂变废。

②麻袋:优点是坚固耐用,装卸方便,使用率较草袋高,装容量大,可以使用多次。缺点是皮薄质软,抗机械损伤能力差,价格较草袋高。但也可采用不能装粮食的补修麻袋包装薯块,这样比较经济实用。

③丝袋:优点是坚固耐用,装卸方便。缺点是透气性差。

④网袋：优点是透气性好，能清楚看到种薯的状态，且价格低廉。缺点是太薄太透，易造成种薯损伤。

2. 马铃薯保鲜包装技术

目前，世界上马铃薯保鲜包装技术主要有日本的脱水保鲜包装技术和美国的超高气体透过膜包装技术，另外还有冷藏气调包装技术以及薄膜、辐射等。其中，冷藏气调包装技术虽然有很大的优越性，但由于需降温设备及存在低温障碍及细胞质冰结障碍，因此推广使用受到了局限。而在常温条件下的保鲜包装技术则将会得到发展。

（1）脱水保鲜包装技术

日本脱水保鲜包装技术是采用具有高吸水性的聚合物与活性炭置于袋状垫子中，通过吸收马铃薯呼吸作用中释放出的水分，起到调节水分的作用，同时可吸收呼吸作用产生的乙烯等气体，以及吸收腐败的臭味，可防止结露；另外一种是采用 SC 薄膜，它同时具有吸收乙烯和水蒸气的功能，能防止结露，又可调节包装内氧气和二氧化碳的浓度，还具有一定的防腐作用。SC 薄膜透明性好，价格便宜，可防止马铃薯由于水分蒸发和微生物作用而发蔫、腐败；SC 薄膜伸缩性好，不易破裂，能长期稳定使用，保鲜效果很好。

（2）超高气体透过膜包装技术

美国研究的超高气体透过膜，可使足够的氧气透过，从而避免无氧状态发生，达到最佳的气体控制，起到保鲜的作用。

（3）保鲜包装箱

马铃薯的最佳储藏温度为 1~3℃，而常温在 18℃ 以上，故仅仅利用瓦楞纸板的隔热性无法达到这种要求，因此，可对瓦楞板的隔热进行一些处理。世界先进国家采用的方法有：在纸箱外表面复合蒸镀膜反射辐射热；在瓦楞纸板中间使用发泡苯乙烯，提高隔热性（降低热传导系数）；另外就是使用蓄冷剂。蓄冷剂通常为烷系和石油系的凝胶液体，密封在薄膜袋或吹制成的塑料容器中，它可吸收周围环境中的热量，降低温度，使马铃薯保鲜包装保持在一定的温湿度，延长保鲜储藏期。并且它可以反复使用，还可以调节蓄冷剂的用量，制成可调式保鲜包装冷藏箱。

3.2.2　马铃薯的运输

运输是马铃薯产、供、销过程中必不可少的重要环节。这里所说的运输，主要是指从马铃薯的原产地到加工、消费地区的较长距离的运输。马铃薯本身含有大量水分，对外界条件反应敏感，冷了容易受冻，热了容易发芽，干燥容易软缩，潮湿容易腐烂，破伤容易感染病害等。薯块组织幼嫩，容易压伤和破碎，这就给运输带来了很大的困难。因此，安排适宜的运输时间，采用合理的运输工具和装卸方法，选择合适的包装材料，是做好运输工作的先决条件。根据马铃薯的生理阶段及其对温度的适应范围，一般可划分为三个运输时期，即安全运输期、次安全运输期和非安全运输期。

3.2.2.1　安全运输期

是自马铃薯收获之时起，至气温下降到 0℃ 时止。这段时间马铃薯正处于休眠状态，运输最为安全，在此期间应抓紧时机突击运输。

3.2.2.2　次安全运输期

是自气温从 0℃ 回升到 10℃ 左右的一段时间。这时随着气温的上升，块茎已度过休眠期，温度达 5℃以上，幼芽即开始萌动，长距离的运输，块茎就会长出幼芽，消耗养分，影响食用品质和种用价值，故应采用快速运输工具，尽量缩短运输时间。

3.2.2.3 非安全运输期

是自气温下降到 0℃以下的整个时期。为了防止薯块受冻，在此期间最好不运输，如因特殊情况需要运输时，必须包装好，加盖防寒设备，严禁早晚及长途运输。

此外，长距离运输，不仅要考虑产区的气温，而且要了解运达目的地的温度。一般地讲，由北往南运时，冬季应以产区的气温而定，春季应以运达目的地的气候而定；由南往北运时则相反，这样既可防止薯块受冻，又能避免薯块长芽。

3.3 马铃薯储藏

马铃薯储藏的目的主要是保证食用、加工和种用的品质。马铃薯储藏的一般要求是：食用商品薯的储藏，应尽量减少水分损失和营养物质的消耗，避免见光使薯皮变绿，食味变劣，使块茎始终保持新鲜状态。加工用薯的储藏，应防止淀粉糖化。种用马铃薯可见散射光，但不能见直射光，保持良好的出芽繁殖能力是储藏的主要目标。采用科学的方法进行管理，才能避免块茎腐烂、发芽和病害蔓延，保持其商品、加工和种用品质，降低储藏期间的自然损耗。

3.3.1 常温储藏

常温储藏是指在构造相对简单的储藏场所，利用环境条件中的温度随季节和昼夜不同时间变化的特点，通过人为措施使储藏场所的储藏条件达到接近产品储藏要求的储藏方式。

3.3.1.1 堆藏

一些地区直接将薯块堆放在室内或其他楼板上。这种方法简单易行，但难以控制发芽，如配合药物处理或辐射处理可提高储藏效果。另外，利用覆盖遮光的办法也可抑制发芽，此法对多雨季节收获的马铃薯储藏较为理想。在气候比较寒冷的地区，用堆藏法储藏马铃薯也比较成功。

如果进行大规模储藏，需选择通风良好、场地干燥的仓库，先用福尔马林和高锰酸钾混合熏蒸消毒之后，将马铃薯入仓，一般每堆 750 kg/m^2，高 1.5m，周围用板条箱等围好，中间放若干竹制通气筒。此法适于短期储藏和秋马铃薯储藏。

堆藏法的特点是利用地面相对稳定的地温，加上覆盖材料，白天防止辐射升温，夜间可防冻。储藏前期气温高时，夜间可揭开覆盖层。此法通气性良好，但失水快。

3.3.1.2 沟藏

选择干燥、土质黏重、排水良好、地下水位低的地势，根据储藏量的多少挖地沟。地沟一般东西走向，深 1m 左右，上口宽 1m，底部稍窄，横断面呈倒梯形，长度可视储量而定。地沟两侧各挖一排水沟，然后让其充分干燥，再放入马铃薯薯块。下层薯块堆码厚度在 40cm 左右，中间填 1.5~20cm 厚的干沙土，上层薯块厚约 30 cm，用细沙土稍加覆盖。在距地面约 20 cm 处设立测温筒，插入 1 支温度表。当气温下降到 0℃以下时，分次加厚覆盖土成屋脊形，以不被冻透为度，保持沟温在 4℃左右。春季气温上升时，可用秸秆等不易传热的材料覆盖地面，以防埋藏沟内温度急剧上升。

用沟藏法储藏马铃薯，可利用土层变温小的特点，起到冬暖夏凉的作用。此法优于堆藏，储量大，效果较好。在储藏前期，沟内温度仍较高，应注意通风散热。

3.3.1.3 窖藏

1. 储藏窖的类型及结构

按照规模及储藏量的大小，储藏窖可以分为小型储藏窖、中型储藏窖和大型储藏窖。小型储藏窖的容积小，储藏量一般为1~10t，在普通农户家里使用最广泛。中型储藏窖储藏量为30~100t，种植大户使用较多，一般用作马铃薯周转库。大型储藏窖的储藏量比较大，可以达到1000t左右，用于大规模的马铃薯储藏。

按照结构的不同，储藏窖可以分为井窖、窑窖和棚窖三种形式。

（1）井窖

井窖的窖体深入地下，目的是借助地下土层维持较稳定的温度，窖越深，温度越高也较稳定，适宜在地下水位低，土质坚实的地方采用。可选择地势高，气候干燥，排水良好，管理方便的地方挖窖。先挖一个直径0.7~1m，深3~4m的窖筒，然后在筒壁下部两侧横向挖窖洞，窖洞的长、宽、高无严格规定，一般高1.5~2m，宽1m，长3~4m，窖洞顶部呈半圆形。具体操作时，窖筒的深浅和窖洞的大小，应根据气候条件和储藏量的多少而定。一般来讲，窖筒愈深，窖温受气温变化的影响愈小，温湿度愈容易控制。窖洞的大小，主要决定于储藏量的多少和薯块的堆放厚度，一般来讲，堆放厚度宜薄不宜厚，最厚不能超过窖容量的一半。另外，在井口周围要培土加盖，四周挖排水沟防止积水。

（2）窑窖

窑窖是山区储藏马铃薯普遍采用的形式。它是以深厚的黄土层挖掘成的储藏场所，利用土层中稳定温度和外界自然冷源的相互作用降低窑内的温度，创造适宜的储藏条件。例如，在甘肃一些地区采用的山体马铃薯储藏窑就是一种窑窖储藏方法。

山体马铃薯储藏窑要建造在地势高，土质（黏性土壤）较好的地方，为了利用窑外冷空气降温，最好选择偏北的阴坡。另外，为了方便保管和随时进行检查，储藏窑应距住户较近。建造时最好先进行开挖，然后用砖旋砌成窑洞形状。一般采用平窑，窑身不短于30m，还可以打带有拐窑的子母窑。

山体马铃薯储藏窑的最基本结构，由窑门、窑身、通风道和通风孔四部分组成：

窑门方向应选择朝北方向，切忌向南或向西南。一般设两道门，头道门要能关严，门上边留50cm×40cm的小气窗。门道宽1.5m左右，高2.5~3m，两道门距3m，构成缓冲间。门道向下倾斜，二道门供通风换气用；寒冷季节加设棉门帘，起保暖作用。

窑身为储藏部位，一般深度为30~50m，宽2.50~3m，高约3m。窑身顶部由窑口向内缓慢降低，比降为0.5~1：1 000，顶底平行，以防积水并利于空气流通。窄而长的窑身有利于加快窑内空气的流动速度，有利于增强窑体对顶部土层的承受力，窑顶成尖拱形更好。窑过宽会减慢空气的流动，过长会加大库前和库后的温度差。窑顶上部的土层可以隔热防寒。窑内设地槽，用以防鼠及灌水降温增湿。

通风道和通风孔是土窑洞通风降温的关键部位，窑地面设有两道20cm×30cm通风地沟，用以防鼠及灌水降温增湿。窑门内侧设有风机，利用管道将风送到窑里，从里向外送风，窑顶最高处留有通气孔。通气孔内径下部1~1.50m，上部0.8~1.2m，高为身长的

1/2~1/3，砌出地面，底下开一控制排气量的活动天窗，下部安上排气扇加强通风。

母子窖是在母窖侧向部位掏挖多个间距相等的平行子窖。母子窖有梳子型和"非"字型两种结构。母窖窖门高约 3 m，宽 1.6~2m，窖身宽 2m 左右，为增加子窖数量，窖长可延伸至 100m 左右。通气孔内径 1.4~1.6m。子窖窖门高 2.80m，宽 1.20m 左右，窖顶和窖底尖低于母窖，有适当比降。位于母窖同侧子窖的间距应大于 8 m，两侧相对窖门要相互错开。

储藏窖的特点是周围有深厚的土层包被，形成与外界环境隔离的隔热层，又是自然冷源的载体，土层温度一旦下降，上升则很缓慢，在冬季蓄存的冷空气，可以周年用于调节窖温。

（3）棚窖

棚窖在北方平原地区应用比较广泛，是一种临时性或半永久性的储藏设施，有地上式、半地下式或全地下式三种。

地下式棚窖在冬季寒冷的地区使用较多，在地面挖一长方形的窖体，用木料或工字铁架在地面上构成窖顶，上面铺稻草或秸秆作为隔热保温防雨材料，最上层涂抹泥土保护，以免隔热材料散落。在窖顶开设若干个天窗，便于通风，天窗的大小和数量无严格规定，大体上要根据当地气候条件和储藏量估计通气面积的多少。除天窗之外，还需开设适当大小的窖门，既起到通风换气的作用，又可以便于产品和操作人员出入。

在冬季气候不过分寒冷的地区，可采用半地下式或地上式棚窖，窖身一般或部分深入地下，窖的四周用土筑墙，或用砖砌墙，在墙的基部每隔 2~3m 留通风口，窖顶留适当数量的天窗。一般在农村使用的简易棚窖高度在 2m 左右。

2. 窖藏的技术要点

（1）储藏窖处理

在马铃薯生产区，群众修建的储藏窖一般要使用多年。在新薯储藏前要将窖内杂物清扫干净，并在储藏前几天，用点燃的硫黄粉熏蒸，或用高锰酸钾和甲醛熏蒸，或用百菌清喷雾等方法进行消毒处理，也可在夏季适当注入雨水渗窖，以降低储藏窖的温度，可有效延长马铃薯储藏时间。

（2）严格选薯

入窖时严格剔除病、伤和虫咬的块茎，防止入窖后发病，并在阴凉通风的地方预储堆放 3d 以上，使块茎表面水分充分蒸发，使一部分伤口愈合，形成木栓层，防止病菌的侵入。

（3）控制储量

窖内堆放薯块的高度，因品种和窖的条件而不同。地下或半地下窖堆放时，不耐藏的、易发芽的品种堆高为 0.5~1m；耐储藏、休眠期中等的品种堆高 1.5~2m；耐储藏、休眠期长的品种堆高 2~3m，但最高不宜超过 3m。沟藏时薯堆高度以 1m 左右为宜。

窖藏块茎占储藏容量 60% 左右最为适宜，以便管理。下窖量过多堆过高时，储藏初期不易散热，储藏中期上层块茎距窖顶过近，储藏的块茎容易遭受冻害，储藏后期下部块茎因温度相对较高容易发芽，易造成堆温和窖温不一致，难于调节窖温。但储藏量也不能过少，量太少，不易保温。

（4）控制窖温

窖温过低，会造成块茎受冻；窖温过高，会使薯堆伤热，导致烂薯。一般情况下，当窖温-3~-1℃时，9h 块茎就冻硬；当窖温-5℃时，2h 块茎受冻。长期在 0℃ 左右环境中储藏块茎，芽的生长和萌发受到抑制，生命力减弱。高温下储藏，块茎打破休眠的时间较短，容易引起烂薯。最适宜的储藏温度是：商品薯 4℃~5℃，种薯 1℃~3℃，加工用的薯块 7℃~8℃ 为宜。根据储藏期间生理变化和气候变化，应两头防热，中间防寒，控制窖藏温度。

（5）控制窖湿

窖内过于干燥，容易导致薯块失水皱缩，降低块茎的商品性和种用性；窖内过于潮湿，块茎上容易凝结水滴，形成"出汗"，导致烂薯。窖内湿度一般维持在 85%~90% 为宜，可使块茎不致抽缩，保持新鲜状态。

（6）通风换气

窖内必须有流通的新鲜空气，及时排出二氧化碳，以保持块茎的正常生理活动。通风换气能防止块茎黑心，还可降低窖温。

（7）入窖方法

轻装轻放，不要摔伤，由里向外，依次堆放。

3. 储藏期的管理

根据马铃薯在储藏期间的生理变化和安全储藏条件，马铃薯入窖后可分三个时期进行管理。

（1）储藏前期管理

收获后刚进入储藏前期，马铃薯正处在预备休眠状态，呼吸旺盛，放热多，窖温高，湿度大。在这一阶段的管理应以降温排湿为主，加大夜间通风量。盖窖门要留气眼，尽量通风散热。以后随着气温的降低，窖口和通风孔应改为白天开夜间闭或小开，窖内温度保持 1~3℃ 或相应的标准温度。

（2）储藏中期管理

储藏中期正值寒冬，马铃薯从呼吸旺盛转为休眠期，散热量减少。这个时期主要以保温增温为主，防止薯块受冻。要密封窖口和通气孔，储藏马铃薯的上部至窖盖要保持 100cm 的距离，以免受冻；窖内温度下降至 1℃ 时覆盖保湿物，如盖稻草或草苫。如果仍然不能保住窖温，稻草上面再盖塑料布，塑料布上再盖稻草，但塑料布不能直接盖在马铃薯上，以免使马铃薯潮湿不透气；窖盖上最好压土保温，春天除去积土。

（3）储藏末期管理

储藏末期，气温升高，这时马铃薯易受热，造成萌芽腐烂。要及时撤出窖内覆盖物。这一阶段的管理，主要以降温保湿为主，防止薯块提前发芽和失水，储藏期间要定期进行检查，清除病烂薯。白天气温升到 2~3℃，打开窖门通风，防止受冻，窖温过高时，可在夜间开窖降温，也可倒堆散热。

3.3.1.4　通风库储藏

通风库储藏是利用自然界低温，借助于库内外空气交换达到库体迅速降温，并保持库内比较稳定和适宜的储藏温度的一种方法。它具有较为完善的隔热建筑和较灵敏的通风设备。建筑比较简单，操作方便，储藏量也较大。但通风储藏库仍然是依靠自然温度调节库内温度，因此在气温过高或过低的地区和季节，如果不加其他辅助设施，仍然难以维持理想的温度，而且湿度不易控制。

1. 通风储藏库的种类

按照建造形式，通风储藏库可分成地上、地下和半地下三种类型。

①地上式：一般在地下水位和大气温度较高地区采用，全部库身建筑在地面之上，墙壁、库顶、门窗等完全依靠良好的绝缘建筑材料进行隔热，以保持库内的适宜温度。因此，建筑成本较其他类型高。

②半地下式：是华北地区普遍采用的类型。在大气温度-20℃条件下，库温仍不低于1℃。半地下式的库身一半或一半以上建筑在地下，利用土壤为隔热材料，可节省部分建筑费用。在地势高，气候干燥，地下水位较低的地方采用。

③地下式：是严寒地区为防止过低温度对库温的影响，在地下水位较低的地方采用的一种类型。全部库身建筑于地面以下，既利于保温，又节省建筑材料。

2. 通风库的结构

通风库宜建筑在地势高、地下水位低、通风良好的地方。为了防止库内积水和春天地面返潮，最高的地下水位应距库底1m以上。通风库的方向在我国北方以南北长为宜，以减少冬季寒风的直接袭击面，避免库温过低。但在我国南方则以东西长为宜，这样可以减少阳光东晒和西晒的影响，同时有利于冬季北风进入库内以降低库温。

库的平面通常为长方形，容量应以储藏数量决定，一般宽度为9~12m，高3.5~4.5m（地面到天花板距离），长度视储藏量确定。

（1）隔热材料

通风储藏库的四周墙壁和屋顶，都应有良好的隔热效能，以降低库外过高或过低温度的影响，利于保持库内稳定而适宜的温度。

死空气层、软木板、油毡、芦苇等材料，绝热性能良好；锯末、炉渣、木料、干土等次之；砖、湿土等绝热性能最差。所以要采用不同的建筑材料，达到同样的绝热能力，就需要在厚度上进行调整。

一般情况下，通风储藏库的墙壁和天花板的隔热能力以相当于7.6cm厚的软木板的隔热功效即可。软木板的导热系小于砖头10倍，如果单纯用砖做墙壁用以隔热，就得砌76cm厚的砖墙，十分不经济。为了节省材料，可将不同隔热材料配合使用，以达到通风储藏库的隔热要求。

（2）库形结构

通风库的库墙宜建成夹层墙，外墙厚37cm、内墙厚25cm、两墙间隔13cm，在两层墙中间填放隔热保温材料，如炉渣、膨胀珍珠岩等均可。用空心墙既节省砖，又能提高隔热效果。在建筑时，要选用干燥的材料。为防止夹层墙内材料潮湿，可在内墙的外侧和外墙的内侧挂沥青、油毡；也可喷防潮砂浆或用塑料薄膜把夹层材料包起来。

建造库顶时应夹放隔热保温材料，顶的内部设天花板，板上铺一定厚度的隔热材料，如干锯末、糠壳等，并铺油毡或羔薄膜作防潮用。隔热材料上构成死空气层，架顶最上层铺木板一层、木板上铺瓦。库顶有"人"字形顶、平顶和拱形顶。地上式和半地下式通风储藏库多采用"人"字形库顶，地下式库多采用平顶或拱形顶。

库门亦具有隔热保温作用，宜做成两层门，在两层木板中间夹放质轻、隔热效能高的材料。

目前国内多采用分列式通风储藏库，库门在通道之内，有良好的气温缓冲地带，开关库门对库温的影响较小。

单库式通风储藏库建筑中，应考虑门的方向，以保温为主，宜设在库的南面和东面，应作两道门间隔2~3m，中隔宽约1m的夹道，作为空气缓冲间。库门一般多采用双层木板结构，木板之间填充锯末或谷糠等填充材料，在门的四周钉毛毡等物，以便密闭保温。

（3）通风设备

根据热空气上升、冷空气下降形成对流的原理，利用通风设备导入低温新鲜空气，排出马铃薯在储藏中放出的二氧化碳、热、水蒸气等，使库内保持适宜的低温。通常通风系统应设进气口和出气口，在库内最低的位置即库墙的基部设进气口或导气窗，与库外安置的进气筒连接，导入冷空气。

出气设备形式很多，设计时应注意与进气设备相适应，以便使库内冷热空气循环畅通。一般来说，出气筒多设在库顶并伸出库顶1m以上，在导气筒和排气筒的面积一定时，导气口与排气口的垂直距离越大通风效果越好；导排气筒的数量越多，通风效果越好。导气口和排气口的距离一定时，通风速度和导排气口的面积成正比，即导排面积越大，通风速度越快。导气筒和排气筒均应设隔热层，其筒的顶部有帽罩，帽罩之下的进出口应设铁纱窗，以防虫、鼠进入。导气筒在地下的入库口和排气筒的出库口应设活门，作为通风换气的开关。

3. 储藏技术及管理

入库前，通风库应用5~10 g/m³的硫黄熏蒸消毒。选择个大、无病虫害和机械损伤的薯块装筐堆叠于库内，每筐约25 kg，所装的马铃薯距筐口5 cm左右，以防止筐内马铃薯被压伤同时也有利于通风。堆高一般以五六筐高为宜。另外，也可将马铃薯散堆于库中，堆高一般为1.3~1.7m，薯堆与天花板留出60~80cm的空间。每距2~3m，在薯堆中放一个通风筒，以利于通风散热，为加速排出薯堆中的热量和湿气，可在薯堆底部设通风道与通气筒连接，用鼓风机吹入冷风。

储藏初期马铃薯呼吸作用较旺盛，气温也较高，因此要在早晚气温较低时通风，也可用排风扇通风，以利散热，降低库温。经过一段时间，马铃薯进入深休眠期后，就可不必较多地通风了。储藏后期，在马铃薯将脱离休眠并开始萌发时，主要的管理措施是创造适宜的低温条件和用药物处理，迫使薯块延长休眠时间，达到抑制发芽的效果。

马铃薯在较长时间堆藏后，中间和下层会有热量积累，温度高于上层。下层热气流上升并与表层冷空气相遇后，会在薯块表面凝成水珠，即发汗。假如发汗的水汽不能很快地消失，就会加速薯块的变质。因此，加强通气使空气保持流畅，有利于水汽散发，能防止结露，对降低温度、湿度、抑制发芽、减少腐烂都是有利的。

马铃薯储藏过程中，需要倒动检查2~3次，入库后半个月左右倒动检查一次，剔除开始腐烂变质的块茎，防止腐烂蔓延。储藏过程中，如发现有腐烂变质的情况，应随时倒动检查，立春后气温逐渐上升，要进行倒堆，挑出烂薯及发芽的块茎。

3.3.2　机械冷藏

机械冷藏是指在有良好隔热性能的库房中，借助机械冷凝系统的作用，将库内的热传递到库外，使库内的温度降低并保持在有利于马铃薯长期储藏范围内的一种储藏方式。机械冷藏的优点是不受外界环境条件的影响，可以迅速而均匀地降低库温，库内的温度、湿度和通风都可以根据储藏对象的要求而调节控制。但是冷库是一种永久性的建筑，储藏库和制冷机械设备需要较多的资金投入，运行成本较高，且储藏库房运行要求有良好的管理技术。

世界上大部分供食用和加工用的马铃薯都不用人工制冷储藏，但在某些情况下，如热带气候条件下要求长期储存，对质量有特殊要求和经济价值较高的情况下也可以用制冷来储藏马铃薯。

3.3.2.1 机械冷库的结构

1. 机械冷库的围护结构

机械冷库的围护结构主要由墙体、屋盖和地坪、保温门等组成。围护结构是冷库的主体结构，作用是给马铃薯的保鲜储藏提供一个结构牢固、温度稳定的空间，其围护结构要求比普通住宅有更好的隔热保温性能，但不需要采光窗口。也不需要防冻地坪。

目前，围护结构主要有 3 种基本形式，即土建式、装配式及土建装配复合式。土建式冷库的围护结构是夹层保温形式（早期的冷库多是这种形式）。装配式冷库的围护结构是由各种复合保温板现场装配而成，可拆卸后异地重装，又称活动式。土建装配复合式的冷库，承重和支撑结构是土建形式，保温结构是各种保温材料内装配形式，常用的保温材料是聚苯乙烯泡沫板多层复合贴敷或聚氨酯现场喷涂发泡。

2. 机械冷库的制冷系统

制冷系统是机械冷库的核心，是指由制冷剂和制冷机械组成的一个密闭循环制冷系统。该系统是实现人工制冷及按需要向冷间提供冷量的多种机械和电子设备的组合，如图3-7 所示。

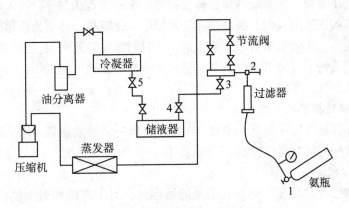

图 3-7　制冷系统示意图

（1）制冷剂

制冷剂是在制冷系统中不断循环并通过其本身的状态变化以实现制冷的工作物质。目前，生产实践中常用的有氨（NH_3）和氟利昂等。

氨的优点是汽化热大、冷凝压力低，沸点温度低，价格低廉。但使用氨时对其纯度要求很高，因为氨遇水呈碱性对金属管道等有腐蚀作用。氨泄漏后有刺激性味道，对人体皮肤和黏膜易造成伤害，空气中氨含量超过 16% 时有燃烧和爆炸的危险，所以利用氨制冷时对制冷系统的密闭性要求很严。此外，氨的蒸发比容积较大，要求制冷设备的体积较大。

氟利昂是卤代烃的商品名。氟利昂对人和产品安全无毒，不会引起燃烧和爆炸，且不会腐蚀制冷设备等。但氟利昂泄漏不易被发现，汽化热小，制冷能力低，仅适用于中小型制冷机组。另外，氟利昂能破坏大气层中的臭氧（O_3），国际上正在逐步禁止使用，目前研究的一些替代品，如氟利昂 134a（CF_3CF_2F）、氟利昂 123（$CHCl_2CF_3$）等虽然对臭氧的破坏能力小，但其生产成本高，在生产实践中完全取代氟利昂并被普遍采用还有待进一步研究完善。

（2）制冷机

制冷机主要由压缩机、冷凝器、蒸发器和调节阀四大部分组成，另外还有风扇、导管和仪表等辅件。整个制冷系统是一个密封的循环回路，制冷剂在该密封系统中循环，根据需要由调节阀控制供应量和进入蒸发器的次数，以获得适宜的低温条件。

压缩机是制冷系统的心脏，它推动制冷剂在系统中循环，一般中型冷库压缩机的制冷量在 3000~5000 kcal/h 范围内，设计人员将根据冷库容量和产品数量等具体条件进行选择。

冷凝器的作用是排除压缩后的气态制冷剂中的热量，使其凝结成液态制冷剂。冷凝器的冷却方式有空气冷却、水冷却、空气与水相结合三种，空气冷却只限于小型冷库制冷设备中应用，水冷却的冷凝器则可用于所有形式的制冷系统。

蒸发器的作用是向冷库内提供冷量，蒸发器安装在冷库内，利用鼓风机将冷却的空气吹向库内的各个部位，大型冷藏库常用风道连接蒸发器，延长送风距离，使库温下降更加均匀。

制冷时启动压缩机，使系统内接近蒸发器的一端形成低压部分，吸入贮液罐的液态制冷剂，通过调节阀进入蒸发器，制冷剂在蒸发器中气化吸热，转变为带热的气体，经压缩机推动进入冷凝器，重新凝结为液态制冷剂，暂时储藏在贮液罐中。当启动压缩机再循环时，液态制冷剂重新通过调节阀进入蒸发器汽化吸热。如此反复工作，不断将冷藏库内的热排出库外，从而降低库内温度。

3.3.2.2　储藏技术及管理

马铃薯冷库存储藏流程如下：采收→晾晒→分级→装箱或装袋→库房消毒→预贮→分拣→码堆→储藏→温度与湿度控制。

1. 储藏温度和湿度

冷库储藏马铃薯时温度保持在其适宜的范围内，但库内的相对湿度应保持较高的水平，通常在 90%~95%。

2. 冷库的降温速度

马铃薯用机械收获时，总有一些表皮损伤，为了治愈这些伤痕，在收获后应立即将受伤马铃薯存入具有较高库温和高相对湿度的库房内储存 2~3 周，在此期间，由于形成伤口周皮，使伤口治愈。新收获的马铃薯如果立即冷却至 5℃ 或更低，其表皮容易被冻伤。所以，冷库一般要求进库温度为 25℃ 左右，进库房后在两周内将其从 25℃ 降至 18℃，以后每天降 1℃，再降至不同商品所要求的储存温度。在冷库的耗冷量计算及机器配置时应根据马铃薯的降温速度来计算，并进行机器设备的选型。

3. 通风换气

马铃薯在储藏过程中会放出热量、水分和一些有害的气体成分，为保证冷库的温湿度及马铃薯的储藏质量，当库内 CO_2 浓度高于 1% 时，就需要新鲜空气通风，每 24h/t 马铃薯需 $10m^3$ 的新鲜空气，库内容积系数按 0.7 计，通风换气按 20 次/d，换气时间 8h/d，换气系统每天工作约 5h，库内空气循环量每立方米库容为 $80\sim100m^3/h$。

4. 防止水分凝结

马铃薯冷库围护结构使用的复合板要防止库内空气中的水分在内墙上和天花板上凝结。在北方地区，当外界环境温度很低时，由于储藏室内的空气温度为 $3\sim10℃$，相对湿度接近 100%，因此室内水蒸气很容易在内墙和天花板上凝结，如果不采取处理措施，凝结水滴在马铃薯上将造成其大面积腐烂。所以，冷库的顶板应设有 10% 的坡度，使凝结的水分能予以排出。

3.3.3 其他储藏方法

3.3.3.1 化学储藏

为了减少块茎在储藏期间腐烂和萌芽，有条件的可用植物生长调节剂进行处理。一般常用于处理马铃薯的药剂有以下几种：

1. 青鲜素（MH）

MH 有抑制块茎萌芽生长的作用，又称"抑芽素"。在马铃薯收获前 $2\sim3$ 周，用浓度 $0.3\%\sim0.5\%$ 的药液喷洒植株，对防止块茎在储藏期萌芽和延长储藏期有良好的效果。

2. 萘乙酸甲酯（MENA）

MENA 的作用与 MH 相同，一般采用 3% 的浓度，在收获前 2 周喷洒植株，或在储藏时用萘乙酸甲酯 150g，混拌细土 $10\sim15kg$ 制成药土，再与 5000kg 块茎混拌，也有良好的抑芽作用。施药时间大约在休眠的中期，过晚则会降低药效。

3. 苯诺米乐（Benonly）和噻苯咪唑（TBZ）

这两种药剂可采用 0.05% 的浓度，浸泡刚收获的块茎，有消毒防腐的作用。

4. 氨基丁烷（2-AB）

在储藏中采用 2-AB 熏蒸块茎，可起到灭菌和减少腐烂的作用。

5. 氯苯胺灵（CIPC）

在储藏中期用 CIPC 粉剂进行处理，1000kg 薯堆上使用剂量为 $1.4\sim2.8kg$，上面扣上塑料薄膜，$1\sim2$ d 后打开。该药物处理后的马铃薯在常温下储藏也不会发芽。马铃薯抑芽剂 CIPC 具有非常好的抑芽效果，但出于对环境和健康因素的考虑，CIPC 在一些国家已经被禁用。

此外，其他植物生长调节剂有马来酰肼、壬醇、四氯硝基苯等。

应用植物生长调节剂应注意以下几点：①要掌握好药液的配制浓度，若使用浓度太低，则效果不显著，浓度过高，往往会造成药害；②要掌握好喷药时间和方法；③留作种用的块茎不能喷用抑芽素之类的药剂。

3.3.3.2 辐射储藏

用 $2.06\sim3.87$ C/kg 的 γ 射线照射马铃薯，有明显抑芽效果，是目前储藏马铃薯抑芽效果较高的一种技术。试验表明，在剂量相同的情况下，剂量率越高，效果越明显。通常，照射量在 12.9 C/kg 下细胞仍具有生命力，照射量在 25.8 C/kg 以下能阻止生长点细胞 DNA 的合成，并使蛋白质胶体发生改变、细胞液由酸性向碱性转化、对线粒体中酶的活性有明显的抑制作用、芽眼的呼吸强度明显下降。

马铃薯在储藏中易因环腐病和晚疫病造成腐烂，较高剂量的 γ 射线照射能抑制这些病原菌的生长繁殖，但也会使薯块受到损伤，使其抗性下降。在这样的薯块上接种该病原菌后，病菌繁殖迅速，但这种不利的影响可以通过提高储藏温度来消除，因为在升高温度的情况下，细胞木质化及周皮组织形成加快，从而可以减少病原菌侵染的机会。

3.3.4 储藏方法的选择应用

马铃薯的储藏方法有很多，究竟采用哪种储藏方法为好，应根据储藏量、储藏时间、储藏季节以及当地气候条件和用途而定。在储藏前必须周密考虑具体情况，因地制宜地选择适宜的储藏方法。

3.3.4.1 城市家庭储藏法的选择

城市家庭由于无条件挖储藏窖，一般缸藏法最为理想，其优点是成本低、占地小、方法简便、效果好。

3.3.4.2 农村家庭储藏法的选择

井窖储藏是广大农村普遍推行的一种方法，它具有造价低，用料少，冬暖夏凉的特点。

3.3.4.3 菜用薯储藏法的选择

宜选择具有现代化控调设备的冷藏库。一般薯块不发芽、不失水、并保持原有的硬度而不干缩。

3.3.4.4 加工薯储藏法的选择

加工的产品不同，对储藏的要求也就不同。例如，用于加工淀粉、干制品、膨化制品的薯块，对储藏条件的要求就不严格，少量的失水，不会造成干物质的损耗。因此，采用上述方法储藏均可。但用于加工冷冻制品、油炸制品的薯块，则与菜用薯的储藏要求相同，故宜选择现代化的冷库储藏。

第4章 马铃薯食品加工技术

马铃薯是我国的主要粮菜兼用作物之一,又是重要的工业原料,具有较高的开发利用价值,是食品工业中不可缺少的中间原料。由于马铃薯能够长期保存,且能够保持新鲜的风味,便于制作各种食品,其深加工产品的生产在各国迅猛发展。

马铃薯食品加工工艺及在加工过程中风味、质地、颜色、酥脆性的变化是马铃薯食品开发面临的关键问题。近20年来,国外对马铃薯的开发利用,以加工马铃薯食品和开发马铃薯淀粉多途径利用为主,直接食用的数量越来越少。国外以马铃薯为原料加工的产品主要有:①方便食品:快餐食品、马铃薯泥、脱水马铃薯片(泥、条)、马铃薯全粉、马铃薯面包、马铃薯方便面和薯糕;②休闲食品:这种食品具有方便卫生、味美、食用方便、包装精美等特点,如马铃薯脆片、马铃薯果脯等;③马铃薯饮料;④油炸薯条等系列风味产品。国内马铃薯的深加工以普通淀粉为主,生产传统马铃薯粉丝、粉条、粉皮供应市场,而马铃薯精淀粉和变性淀粉在国内外市场上供不应求,国内市场有缺口。所以,马铃薯淀粉加工应向精淀粉和专用淀粉方向发展,其深加工产品,特别是马铃薯全粉、油炸马铃薯片、马铃薯脆片和脱水马铃薯制品的加工,在发达国家较普遍,市场销售逐年增加。其他马铃薯食品,如马铃薯浓缩汤、马铃薯饼干、马铃薯饮料、马铃薯奶等,这些食品味美适口、新颖、别具一格,很受消费者欢迎。在这种情况下,合理开发利用马铃薯资源,探讨马铃薯加工技术,提高其经济价值,越来越受到人们的重视。

4.1 鲜切马铃薯制品

鲜切马铃薯(fresh-cut potato),又名最少加工马铃薯、半加工马铃薯、轻度加工马铃薯或马铃薯净鲜半成品等,它是指以鲜马铃薯为原料,经分级、清洗、整修、去皮、切分、保鲜、包装等一系列处理后,再经过低温运输进入冷柜销售的即食或即用马铃薯制品。鲜切马铃薯既保持了马铃薯原有的新鲜状态,又经过加工使产品清洁卫生,属于净菜范畴,天然、营养、新鲜、方便以及可利用度高(100%可用),可满足人们追求天然、营养、快节奏的生活方式等方面的需求。

鲜切马铃薯是马铃薯加工的一个重要方向,由于其具有自然、新鲜、卫生和方便等特点,正日益受到消费者喜爱。鲜切马铃薯可供餐饮业和家庭直接烹饪,可广泛应用于快餐业、宾馆、饭店、单位食堂或零售,节省时间,减少马铃薯在运输与垃圾处理中的费用,符合无公害、高效、优质、环保等食品行业的发展要求。鲜切马铃薯不但可拓宽马铃薯原料的应用范围,实现马铃薯的综合利用,而且是马铃薯产业化链条的一个新的突破点。鲜切马铃薯主要产品如图4-1所示。

图 4-1　鲜切马铃薯片、丁、丝、块

4.1.1　工艺流程

鲜切马铃薯的工艺流程包括：

马铃薯原料→清洗→杀菌→去皮→切分（丁、片、丝、块）→漂洗→护色→沥干→真空包装→计量→冷藏。

主要设备：切制机、漂洗杀菌机、清洗机等，如图 4-2、图 4-3、图 4-4、图 4-5 所示。

图 4-2　马铃薯切制机　　　　图 4-3　马铃薯漂洗杀菌机　　　图 4-4　马铃薯清洗机

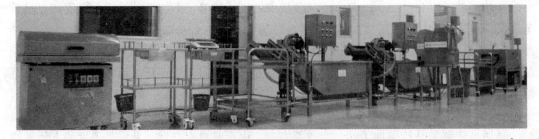

图 4-5　鲜切马铃薯制品生产线

4.1.2　操作技术要点

4.1.2.1　选料

选择表面光滑，色泽正常，不发芽，不变绿，薯块肥大、硬实，无病虫害，无人为机械损伤，酚类物质含量低，去皮切分后不易发生酶促褐变等的新鲜马铃薯。

4.1.2.2 清洗

清洗的目的是去除马铃薯表面的泥土和杂质。用自来水在清洗机中清洗，去除表面的泥污、杂质等。

4.1.2.3 杀菌

用漂洗杀菌机在100ppm的次氯酸钠溶液浸泡10~15min杀菌。杀菌后用自来水清洗1~2次，以减少其表面的氯残留。

4.1.2.4 去皮

马铃薯去皮方法主要有摩擦去皮、碱液去皮、蒸汽去皮或碱液与蒸汽去皮相结合，红外线去皮。

1. 摩擦去皮

摩擦去皮设备是摩擦去皮机，可以批量或连续生产。摩擦去皮机主要是由铸铁圆筒体和装置在圆筒里面纵轴上的铸铁摩擦转盘所组成，转盘和圆筒内壁都涂有金刚砂磨料。机身内部设有水管，水通过喷嘴喷入机内，废水和皮通过底部的管子排出，如图4-6所示。

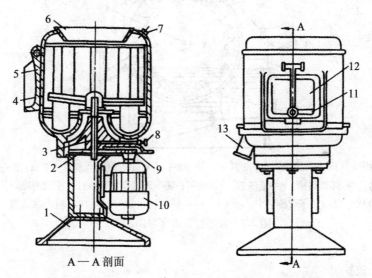

A—A剖面

1—机座；2、9—齿轮；3—轴；4—圆盘；5—圆筒；6—加料斗；7—喷嘴；
8—加油孔；10—电动机；11—把手；12—舱口；13—排污口

图4-6 马铃薯摩擦去皮机

该设备的主要特点是保证块茎与设备内表面起摩擦作用，摩擦出的碎皮用喷射水冲出机外。该设备坚固耐用，使用方便，成本低。但对原料的形状有一定要求，马铃薯要呈圆形或椭圆形，芽眼少而浅，大小均匀，没有损伤，芽眼深的马铃薯需要进行额外的手工修整。去皮后的得率大约为90%。

2. 蒸汽去皮

蒸汽去皮有连续式和间歇式两种。间歇式蒸汽的压力为600~700kPa，马铃薯送入蒸汽时间为30~90s；连续式蒸汽压力为300~400kPa，马铃薯送入蒸汽时间在30s左右。蒸过的马铃薯送至清洗机，用喷射水冲去脱下的皮。蒸汽去皮的优点是去皮均匀、完整。经蒸汽去皮后，还要进行人工修整，除去残留的皮。

蒸汽去皮是一种有效的加工方法，将马铃薯在蒸汽中进行短时间处理，使马铃薯的外皮产生水泡，这样就能很容易地用流水冲去外皮。蒸汽去皮对原料的形状没有要求，蒸汽可均匀作用于整个马铃薯表面，大约能除去 5mm 厚的皮层。

3. 碱液去皮

碱液去皮是将马铃薯放在一定浓度和温度的强碱溶液中处理一定时间，软化和松弛马铃薯的表皮和芽眼，然后用 70MPa 压力的喷射水冲洗或搓擦，表皮即脱落。碱液去皮条件为：碱液浓度为 8%，温度 95℃，时间 5min，配以 1.5% 的酸中和效果最好。去皮后马铃薯得率为 87%，去皮厚度大约为 5mm，碱液去皮对薯块形状没有要求，如图 4-7 所示。

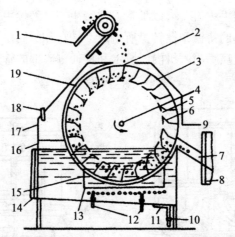

1—与初洗机相接的板式升运机；2—加料斗；3—带斗状桨叶的旋转轮；4—主轴；5—铁丝网转鼓；6—桨叶（片状）；7—卸料斜槽；8—复洗机；9—护板；10—碱液排出管；11—槽的清除口；12—蒸汽蛇管；13—碱液加热槽；14—架子背面；15—护板；16—碱液槽；17—罩；18—碱液加入管；19—主护板

图 4-7　碱液去皮机（纵剖面图）

4. 化学去皮

化学去皮流程如下：洗净的马铃薯→化学脱皮剂中浸泡→冷水池中用毛刷搅拌或人工搅拌去皮→护色→漂洗→去皮马铃薯。化学脱皮剂的优点是原料损耗小，化学浸泡液可多次使用，成本较低，对环境无污染。

去皮过程中要注意防止由多酚氧化酶（PPO）引起的酶促褐变。常采取添加酶反应抑制剂（如亚硫酸盐）、用清水冲洗等措施防止褐变。

5. 切分

使用切制机进行切分。切分成符合饮食需求、利于保存、大小一致的马铃薯丝、丁、片、块。丝和片的厚度为 3~5mm。

6. 护色处理

切分后用自来水冲洗 1~2 次以减少切割表面渗出的营养成分，减少微生物的繁殖。采用曲酸、山梨酸钾和柠檬酸等护色剂进行护色处理。

7. 沥干

沥干马铃薯表面的水分,以防止微生物的滋生和蔬菜组织的软烂。采用鼓风的方式吹干马铃薯表面的水分。

8. 真空包装

沥干后,按一定的重量标准进行称量,分装入真空包装袋,采用多用真空封装机进行真空包装。

9. 冷藏、配送与零售

冷藏、配送与零售必须在低温下冷链操作。采后立即在低温下运输或预冷(在2小时内使原料温度降至7℃以下),清洗用水需10℃以下,分级、切割、包装等的环境温度在7℃以下,冷藏温度在5℃以下,包装小袋要摆成平板状。配送运输时,要使用冷藏车,或带隔热容器和蓄冷的保冷车。销售时,货架温度控制在5℃以下。

4.1.3 鲜切马铃薯褐变及微生物的控制

4.1.3.1 褐变的控制

在鲜切马铃薯加工中,热处理会对组织产生伤害,从而加速产品的败坏。而采用亚硫酸盐处理,又会造成二氧化硫的残留,对人体产生一些不良的影响。因此,在鲜切马铃薯加工中,必须采用其他的方法来抑制酶促褐变的发生。

1. 化学方法

有望取代亚硫酸盐抑制酶褐变的化学药剂,主要有柠檬酸、抗坏血酸、半胱氨酸、4-己基间苯二酚等。如对去皮切片马铃薯,用0.5%半胱氨酸加2%柠檬酸浸泡3min,可有效控制褐变的发生。

一般防褐变的化学处理,都要在包装前进行,并且以几种药剂混合浸渍处理的效果比较好。用防褐变药剂结合可食性涂膜处理,则能取得更好的效果。

2. 物理方法

鲜切马铃薯采用低氧和高二氧化碳气调包装,可有效控制产品储藏期间酶促褐变的发生。一般适宜的氧气浓度为2%~10%,二氧化碳浓度为10%~20%。如切片马铃薯用20%的二氧化碳加80%的氮气进行气调包装,可有效地控制储藏期间褐变的发生。

3. 酶法

酶法就是利用蛋白酶对多酚氧化酶的水解作用,从而抑制其活性和酶促褐变的发生。目前已分别从无花果、番木瓜和菠萝占提取得到三种蛋白酶,即 ficin、papain 和 bromelain,它们都能有效控制酶促褐变的发生。如用 ficin 抑制马铃薯的褐变,其作用与亚硫酸盐相当。

4.1.3.2 微生物生长的控制

生产上控制微生物生长的方法主要有以下几种:

1. 创造低温条件

造成低温环境,可有效抑制微生物的生长,从而达到保持品质,延长货架期的目的。因此,在鲜切马铃薯的加工、储存和流通过程中,应尽可能创造适宜的低温条件,一般为0~5℃。

2. 使用化学防腐剂

醋酸、苯甲酸、山梨酸及其盐类,可有效地抑制微生物的生长繁殖,这对那些在低温下仍能生长的腐败菌和致病菌,是一个很有效的控制措施。

3. 气调包装

采用适当的低氧和高二氧化碳气调包装,能抑制好气性微生物的生长。但是,必须注意避免缺氧环境,防止厌氧微生物的生长和产品本身的无氧酵解而产生异味。

4. 降低 pH 值

鲜切马铃薯组织的 pH 值一般为 4.5~7.0,正适合于各种腐败菌和致病菌的生长。在鲜切马铃薯中加入适当的醋酸、柠檬酸和乳酸等,可降低马铃薯组织的 pH 值,抑制微生物的生长繁殖,但一定要掌握好用量。否则,过多的酸会破坏新鲜蔬菜本身的风味。

5. 应用生物防腐剂

生物防腐剂,是指来自植物、动物及微生物中的一类抗菌物质。由于鲜切马铃薯为即食产品,化学防腐剂的应用受到一定限制,因此来自生物的天然防腐剂的研究和应用,便日益受到重视。现已发现,乳酸菌的代谢物细菌素或类细菌素,能有效地抑制鲜切蔬菜中嗜水气单胞菌和单核李氏杆菌等有害微生物的生长。

4.2 脱水马铃薯制品

脱水马铃薯产品品种繁多,应用广泛。脱水马铃薯美味可口,营养丰富,制品种类包括雪花全粉、颗粒全粉、薯粉、薯丁、薯片、薯丝及冷冻脱水马铃薯。脱水马铃薯是今日最多姿多彩的食品之一,它本身营养丰富,既可以独立烹调又可以用作焙烤食品原料。脱水马铃薯非常适合商业用途,烹调亦十分方便,只需一个步骤就可以完成。同时,选用脱水马铃薯也相当实惠,制成品比率特别高,价格合理而且极易储存,包装后的产品无须冷藏。脱水马铃薯不仅味道鲜美,令任何食谱生色,而且极富营养。它不含脂肪、胆固醇和饱和脂肪,也不含钠,而维生素 C 及钾含量极高,更含有大量食物纤维。

4.2.1 马铃薯全粉

马铃薯全粉是一种很重要的马铃薯深加工产品。因其在加工中没有破坏植物细胞,基本上保持了细胞壁的完整性,其制品仍然保持了马铃薯天然的风味及固有的营养价值。

马铃薯全粉既可作为最终产品,也可作为中间原料制成多种后续产品,多层次提高马铃薯产品的附加值,并可满足人们对食品质量高、品味好、价格便宜、食用方便的要求。马铃薯全粉是食品深加工的基础,主要用于两方面:一方面是作为添加剂使用;另一方面马铃薯全粉可作冲调马铃薯泥、马铃薯脆片等各种风味和强化食品的原料,经科学配方,添加各种调味料和营养成分,制成各种形状,广泛应用于制作复合薯片、坯料、薯泥、糕点、膨化食品、蛋黄浆、面包、汉堡、冷冻食品、鱼饵、焙烤食品、冰淇淋及中老年营养粉等全营养、多品种、多风味的食品。其可加工特性优于鲜马铃薯原料。

4.2.1.1 马铃薯雪花粉

马铃薯雪花粉(Potato flake,某些文献中直译为马铃薯片)是一种似片状雪花的粉状产品。由于在加工中淀粉细胞结构较少(约 21%)受到破坏,产品的复水性好,特别适用于制作马铃薯泥、片、条等食品。

1. 工艺流程

马铃薯雪花粉制作的工艺流程具体包括：原料→去石清洗→去皮（修整）→切片（切丝）漂汤→冷却→蒸煮→制泥→滚筒干燥→制粉→检验→计量包装→产品，如图4-8所示。

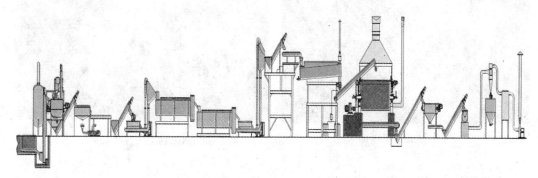

图4-8 马铃薯雪花粉生产工艺流程图示

关键技术包括：亚表皮蒸汽去皮（损失≤8%）、蒸煮、无剪切制泥、滚筒干燥。主要设备包括：蒸汽去皮机、漂烫机、蒸煮机、制泥机、滚筒干燥机等（图4-9~图4-14）。

图4-9 蒸汽去皮机

图4-10 漂烫、冷却机

图4-11 蒸煮机

图4-12 滚筒干燥机

图 4-13　干燥设备

图 4-14　生产线局部

2. 操作技术要点

(1) 原料选择

要选择块茎形状整齐、大小均匀、皮薄、芽眼浅、比重大、还原糖含量低的马铃薯作为全粉加工原料。剔除发芽、发绿的马铃薯以及腐烂、病变薯块。

原料品种的选择对制成品的质量有直接影响。不同品种的马铃薯，其干物质含量、薯肉色、芽眼深浅、还原糖含量以及龙葵素的含量和多酚氧化酶（PPO）含量都有明显差异。干物质含量高，则出粉率高；薯肉白者，成品色泽浅；芽眼越深越多，则出粉率越低；还原糖含量高，则成品色泽深；龙葵素的含量多则去毒难度大，工艺复杂；多酚氧化酶含量高，半成品褐变严重，导致成品颜色深。

另外，原料的储存情况也直接影响加工质量。一是储存过程中发生的各种病虫害、腐烂、发芽；二是马铃薯具有"低温糖化"的现象，马铃薯在 0～10℃ 储藏时，组织细胞中的淀粉极易转化为糖，其中以蔗糖为主，还有少量的葡萄糖和果糖。而淀粉含量则随着储藏期的延长而逐渐降低。据试验，储藏 2～3 个月的出粉率可达 12% 以上，而储存 12 个月以后，就降低到 9%，而且成品的颜色也深。

(2) 清洗

清洗的目的是要去除马铃薯表面的泥土和杂质。在生产实践中，可通过流送槽将马铃薯输送到清洗机中，流送槽一方面起输送作用，另一方面可对马铃薯浸泡粗洗。清洗机可选用鼓风式清洗机，靠空气搅拌和滚筒的摩擦作用，伴随高压水的喷洗把马铃薯清洗干净。

(3) 去皮

适合于马铃薯的工业去皮方法有摩擦去皮、碱液去皮、蒸汽去皮和化学去皮。采用哪一种方法由加工马铃薯食品的要求和具体的条件而定。

(4) 修整

修整的目的就是要除去残留外皮和芽眼等。因为芽眼处龙葵素和酚类物质含量较高，所以应尽可能去除干净。

(5) 切片切丝

切片切丝的目的在于提高蒸煮的效率，或者说降低蒸煮的强度。可选用切片切丝机，切片厚度为 8~10mm。切片过薄，会使成品风味受到损害，干物质损耗也会增加。为了防止切片间的淀粉粘连及氧化，应将切片送入淋洗机将其表面淀粉冲洗干净。另外，要注意控制切片切丝过程中的酶促褐变。

（6）蒸煮

蒸煮的目的就是使马铃薯熟化。蒸煮前先进行预煮，预煮是将淋洗干净的薯块切片，即时送入预煮锅中，在 71~74℃下煮 20~30min，用以灭酶护色。然后在 25℃的水中冷却，时间约 20min。为了防止后工序中马铃薯泥黏结，在预煮和冷却时，只需要加热把马铃薯细胞内直链淀粉溶解并彻底糊化，在冷却中老化成型（强化细胞壁），而不要把细胞壁破损，所以要预煮适度。在冷却后用清水淋洗，把薯片表面的游离淀粉除去，避免脱水时发生薯片粘连或焦化。

预煮后的薯片进入螺旋蒸煮机、带式蒸煮机或隧道式蒸煮机中蒸煮。采用带式蒸煮机的工艺参数是温度 98~102℃，时间 15min，采用螺旋式蒸煮机以 98~100℃的温度蒸煮 15~35min 为宜。使薯片充分熟化（α-化）。当用两指夹压切片时，不出现硬块以致完全呈粉碎状态时为宜。

蒸熟后的切片用 0.2%的亚硫酸盐喷洒，起到护色漂白作用，利于储存。为了防止哈败需要喷洒柠檬酸等抗毒剂，还要喷洒单甘油酯，防止淀粉颗粒黏接，单甘油酯的添加量约为 0.8%。

（7）打浆成泥

打浆成泥是制粉的主要工序，设备选用是否合适，直接影响成品的游离淀粉率，进而影响成品的风味和口感。选用槌式粉碎机或者打浆机，依靠筛板挤压成泥，这两种方法得到的成品游离淀粉率都高（>12%），且淀粉颗粒组织破坏严重。马铃薯块茎内的淀粉是以淀粉颗粒的形式存在于马铃薯果肉中。在加工过程中，部分薄壁细胞被破坏，其所包容的淀粉即游离出来。在生产过程中游离出来的淀粉量与总淀粉量的比值即游离淀粉率。在马铃薯淀粉的生产过程中，要尽可能使游离淀粉率高（80%~90%），以获得最高的淀粉得率。而在马铃薯全粉的生产过程中，要尽可能使游离淀粉率低（1.5%~2%），以保持产品原有的风味和口感。所以选用搅拌机效果好一些，但要注意搅拌桨叶的结构与造型以及转速。打浆后的马铃薯泥应吹冷风使之降温至 60~80℃。

（8）干燥

干燥是马铃薯全粉生产过程中的关键工艺之一。干燥过程中要注意减少对物料的热损伤，并注意防止淀粉游离。荷兰 GMF Gonda 公司制造的转筒式干燥机，用于马铃薯的干燥效果很好；美国采用隧道式干燥装置，温度为 300℃，长度为 6~8m，而德国选用的是滚筒式干燥设备。

（9）粉碎

粉碎同样也是马铃薯全粉生产过程中的关键工艺。干燥后的马铃薯薄片，采用锤式粉碎机粉碎成鳞片（似细片状雪花），但效果不太好，产品的游离淀粉率高。国外生产选用粉碎筛选机，效果不错。针对国内设备情况，选用振筛，靠筛板的振动使物料破碎，同时起到筛分的作用，比用锤式粉碎好，目的是为了获得一种具有合适组织及堆密度的产品。

4.2.1.2 马铃薯颗粒全粉

马铃薯颗粒全粉（Potato Granules）是一种颗粒状、外观呈淡黄色的特殊细粉产品，它是脱水的单细胞或马铃薯细胞的聚合体，以下简称为颗粒粉。

颗粒全粉的主要性状有：比重 0.75~0.85kg/L，颗粒大小小于 0.25mm，含水量为 5%，游离淀粉含量小于等于 4%，具有完全纯正的马铃薯味，粉状膨松。由于特殊的加工工艺和要求，该产品在正常环境条件下保存可达 2 年。颗粒粉在某些食品加工中具有不可替代的作用，主要用作快餐饮店的方便即食马铃薯泥，膨化休闲食品，复合马铃薯片，成型速冻马铃薯制品，固体汤料、面包及糕点食品添加剂，超级马铃薯条等的主要配料。该产品在许多欧美国家的年营业额在 7.8 亿美元，多者达 10 亿美元，我国也已起步并有所发展。

马铃薯颗粒粉的加工方法较多，以使用回填工艺的最为普遍。该工艺是在蒸煮捣碎的马铃薯泥中回填足量的、经一次干燥的马铃薯颗粒粉，使其成"潮湿混合物"，经过一定的保温时间磨成细粉。生产马铃薯颗粒粉要尽量少使细胞破坏，具有良好的成粒性。因为细胞破坏后会增加很多游离淀粉，使产品发黏或呈面糊状，从而降低产品质量。

1. 回填法工艺流程

回填法工艺流程包括：原料→去石清洗→去皮修整→切片→漂烫→冷却→蒸煮→捣碎混合→调质→一次干燥→分级→成品干燥→计量包装→产品，如图 4-15 所示。

回填

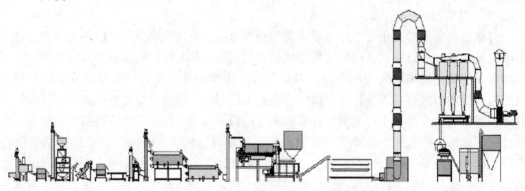

图 4-15　马铃薯颗粒粉生产工艺流程图示

主要设备包括：清洗机、去皮机、皮薯分离器、切片机、漂烫机、螺旋蒸煮机、调质机、气流提升干燥机、流化床干燥机、称重包装机等，其中前处理设备与加工雪片粉相同，不相同的设备主要是干燥机。

2. 操作技术要点

原料处理、漂烫、蒸煮与捣碎工艺与加工雪花粉相同，仅将不同点分述于下：

（1）捣碎与回填混合

用捣碎机将蒸熟的薯片捣碎为泥糊状后，要与回填的马铃薯细粒进行混合，使其均匀一致。捣碎与混合时要尽量避免细胞被破坏，使成品中大部分是单细胞颗粒。回填的颗粒粉也应含有一定量的单细胞颗粒，以保证回填颗粒能够吸收更多的水分和回填质量。捣碎回填的混合物，通常采用保温静置的方法，改进其成粒性，同时使混合物的含水量由 45% 降低到 35%。

（2）干燥

当产物第一次用干燥机烘干到含水量为 12%~13%时，60~80 目筛子分级。大于 60~80 目的颗粒粉或筛下细粒均可作回填物料，另一部分筛下物，需进一步用流化床干燥机干燥至含水量 6%左右。

（3）储藏

经包装的马铃薯颗粒粉成品，在仓储过程中，由于非酶褐变（美拉德反应）和氧化作用会引起变质。非酶褐变与产品中还原糖含量、水分含量及储藏温度关系密切。储藏温度每增加 7~8℃，褐变速率根据其含水量可增加 5~7 倍，因此应降低储温和产品的含水量。

4.2.1.3　全粉的质量标准

1. 感官指标

马铃薯全粉为白色或乳白色粉末或薄片，具有马铃薯特有的滋味和气味。

2. 理化指标

水分：<5%；蛋白质：>5%；碳水化合物：60%~70%；粗纤维：1.8g/100g；龙葵素（鲜薯）：<20mg/100g；白度：>70；游离淀粉率：1.5%~2.0%；还原糖含量≤2%；全糖含量≤3%。

3. 微生物指标

细菌总数<1000 个/g；大肠杆菌群<30 个/l00g；致病菌不得检出。

4. 检测方法

1~5 项指标的检测方法按国家统一方法执行。下面仅介绍白度和游离淀粉率的检测方法。

（1）白度的检测方法

白度指的是以波长 457nm 的蓝光照射标准氧化镁板的反射率为 100%，在同样的条件下，所测样品的反射率为氧化镁板反射率的百分数。

具体检测方法是将马铃薯全粉细微粉碎，过 100 目筛，取过筛后的样品 20g 压制成直径为 3cm 的薄片，置入白度仪中，即可测得样品白度。

（2）游离淀粉率的测定方法

称取马铃薯全粉 10g 两份，其中一份移入 100ml 容量瓶中，定容至 100ml，测其淀粉含量为 A_1。取另一份样品倒入 130 目筛中，用清水冲洗 3~5 次，至筛下水无淀粉为止。然后，将筛上样品全部移入 100ml 容量瓶中并定容至 100ml，测其淀粉含量为 A_2。计算过程如下：

游离淀粉量 $=A_1-A_2$

游离淀粉率 $=(A_1-A_2)/A_1×100\%$

4.2.1.4　马铃薯全粉在食品中的应用

以全粉为原料，经科学配方，添加相应营养成分，可制成全营养、多品种、多风味的方便食品，如雪花片类早餐粥、肉卷、饼干、牛奶土豆粉、肉饼、丸子、饺子、酥脆魔术片等，也可以全粉为"添加剂"制成冷饮食品、方便食品、膨化食品及特殊人群（高血脂症、糖尿病人、老年人、妇女、儿童等）食用的多种营养食品、休闲食品等。

1. 奶式马铃薯糊

全粉（80%）加上奶粉（20%）制成奶式马铃薯糊，除具有牛奶香味外，还兼有马铃薯的特殊风味，营养丰富。用 80℃ 的热开水冲调时，体积增大 3 倍左右，是一种值得推广的方便食品。

2. 马铃薯桃酥

全粉（50%~70%）加上面粉（50%~30%）制成的马铃薯桃酥，外观形状与面粉制成的糕点相同，其中葱油酥、奶式桃酥块形端正，大小厚薄一致，摊裂均匀，摊度为原生胚直径的 130%~150%；表面色泽一致，为深麦黄色；内部组织为均匀小蜂窝状，不含杂质、不青心、不欠火；口味酥松适口，且有葱油或奶油香味，细嚼略带马铃薯香味。

3. 马铃薯全粉月饼

添加马铃薯全粉制成的浆皮牛肉馅月饼，结构紧密，表面丰满、光润，能很好地保持馅中水溶性或油溶性物质，使之不向外渗透，馅心不干燥、不走油、不变味、储存时间长，造型美观，品质松软适口，有牛肉香味。

4. 马铃薯蛋糕

马铃薯蛋糕，厚 4cm，中间夹刺梨果酱，（6×6）cm^2 的方块形。表面色泽为浅麦黄色，内部蛋黄色，色泽均匀一致，表面不起黑泡，不塌脸，不崩顶。口感绵软滋润，富有弹性。

利用马铃薯全粉制作的糕点货价期、保质期较同类面粉产品长。在温度 8~15℃ 的条件下保存半个月，马铃薯全粉月饼和蛋糕均与新鲜产品基本无差异；在同等条件下面粉制作的月饼和蛋糕已发硬，品质下降，食味与新鲜产品比较，差异较大。马铃薯全粉酥类糕点经半个月后，仍保持酥松适口的特点，与新鲜产品基本无差异。相同条件下，同时制作的小麦面粉桃酥已发硬、品质下降，而马铃薯全粉产品仍比较酥松。

4.2.2　脱水马铃薯丁

脱水马铃薯丁是一种高质量的马铃薯食品，在食品市场上的地位越来越重要，可用于各种食品如罐头肉、焖牛肉、冻肉馅饼、汤类、马铃薯沙拉等制品中。

4.2.2.1　工艺流程

工艺流程包括：

马铃薯→清洗→去皮→切丁→漂烫→冷水洗涤→化学处理→干燥→筛分→冷却→包装。

4.2.2.2　操作技术要点

1. 选料

在选用原料时，要对其进行还原糖与固形物总含量的测定。在马铃薯脱水的情况下，氨基酸与糖可能会发生反应，引起褐变，因此应采用还原糖含量低的品种。固形物含量高的原料制成脱水马铃薯丁，能表现出优良的性能。各类马铃薯的相对密度有很大的不同，相对密度大的原料具有优良的烹饪特性。

除了以上两种因素外，还应考虑到马铃薯的大小、类型是否一致，是否光滑，有没有发芽现象。同时还要把马铃薯切开，检查其内部是否有不同程度的坏死及其他病虫害，并检查其色泽、气味、味道等。

2. 洗净

必须将马铃薯清洗干净，除去其上黏附的泥土，减少污染的微生物，同时对提高马铃薯的温度也很有利。清洗之后要立刻进行初步检查，除掉因轻微发绿、霉烂、机械损伤或其他病害而不适宜加工的马铃薯。

3. 去皮

由于马铃薯在收获后不能及时进行加工，而经过一段时间的储藏后，去皮比较困难，采用蒸汽去皮和碱液去皮的方法比较有效。加工季节早期用蒸汽去皮为宜，不像碱液去皮损失大；后期采用碱液去皮会更经济和适宜些。

马铃薯去皮时使用蒸汽或碱液常常能加剧其褐变的发生。在马铃薯的边缘，尤其是维管束周围出现变黑的反应物，比其他部分更集中些。变色的程度取决于马铃薯暴露在空气中的程度。因此，应尽量减少去皮马铃薯暴露在空气中的时间，或者向马铃薯表面淋水，或者将马铃薯浸于水中，这样就可减少变色现象。若其变色倾向严重时，可采用二氧化硫和亚硫酸盐等还原化合物溶液来保持马铃薯表面的湿润。

4. 切丁

切丁前要进行分类，拣选去不合格薯块。在进行清理时，必须注意薯块在空气中暴露的时间，以防止其发生过分的氧化，同时通过安装在输送线上的一个个喷水器，不断地喷水，保持马铃薯表面湿润。

马铃薯块切丁是在标准化的切丁机里进行的，将马铃薯送入切丁机的同时需加入一定流量的水以保持刀口的湿润与清洁。被切开的马铃薯表面在漂烫前必须洗干净。马铃薯丁的大小应根据市场及食用者的要求而定。

5. 漂烫

马铃薯块茎中包含有大量的酶，这些酶在马铃薯的新陈代谢过程中起着重要的作用。有的酶可以使切开的马铃薯表面变黑，有的参与碳水化合物的变化，有的酶则使马铃薯中的脂肪分解。用加热或其他一些方法可以将这些酶破坏，或使其失去活力。漂烫还可以减少微生物的污染。马铃薯丁在切好后，加热至 $94 \sim 100 \, ℃$ 进行漂烫。漂烫是在水中或蒸汽中进行的。用蒸汽漂烫时，将马铃薯丁置于不锈钢输送器的悬挂式皮带上，更先进的是放入螺旋式输送器中，使其暴露在蒸汽中加热。在通常情况下，蒸汽漂烫所损失的可溶性固形物比水漂烫少，这是由于用水漂烫时，马铃薯中的可溶性固形物质都溶于水中。

漂烫时间从 $2\,min$ 到 $12\,min$ 不等，视所用温度高低、马铃薯丁的大小、漂烫机容量、漂烫机内热量分布是否均匀以及马铃薯品种和成熟度等而异。漂烫程度对成品的质地与外观有明显影响，漂烫过度会使马铃薯变软或成糊状。漂烫之后要立即喷水冲洗除去马铃薯表面的胶状淀粉，以防止其在脱水时出现粘连现象。

6. 化学处理

马铃薯丁在漂烫之后，需立即用亚硫酸盐溶液喷淋。用亚硫酸盐处理后的马铃薯丁，在脱水时允许使用较高的温度，这样可以提高脱水的速度和工厂的生产能力，在较高的温度下脱水可产生质地疏松的产品，而且产品的复水性能好，还可以防止其在脱水时产生非酶褐变与焦化现象，有利于产品储藏。但应该注意产品的含水量不能过高，否则会使亚硫酸盐失效。成品中二氧化硫的含量不得超过 0.05%。

氯化钙具有使马铃薯丁质地坚实、避免其变软和控制热能损耗的效果。当马铃薯丁从漂烫机中出来时，立即喷洒含有氯化钙的溶液，可以防止马铃薯丁在烹调时变软，并使之迅速复水。但在进行钙盐处理时，不能同时使用亚硫酸钠，以免产生亚硫酸钙沉淀。

7. 脱水干燥

脱水速度的快慢影响到产品的密度，脱水速度越快，密度也越低。通过带式烘干机脱水，可以很方便地控制温度、风量和风速，以获得最佳产品。在带式烘干机上，烘干的温度一般从135℃逐渐下降到79℃，大约需要1h，要求水分在26%~35%；从89℃逐渐下降到60℃，需2~3h，要求水分降低至10%~15%；从60℃降到37.5℃，需4~8h，水分降到10%以下。现代新技术的发展，使用微波进行马铃薯丁脱水，效果好、速度快。在几分钟内，即可将马铃薯丁的含水量下降到2%~3%。快速脱水还会产生一种泡沫作用，对复水很有好处。马铃薯中的水分透过表面迅速扩散，可以防止因周围空气干燥而伴随产生的表面变硬现象。

8. 分类筛选

产品在脱水后要进行检查，将变色的马铃薯丁除掉。可手工检选，也可用电子分类检选机。在加工过程中，成品中总会夹杂着一些不合要求的部分，如马铃薯皮、黑斑、黄化块等，使用气动力分离机进行除杂检选，可使产品符合规定，保持其大小均匀，没有碎片和小块。

9. 包装

包装一般多采用牛皮纸袋包装，其重量从2.3kg至4.6kg不等。也可用盒、袋、蜡纸包装。

4.2.3　脱水马铃薯片

将由煮熟的马铃薯制成的脱水马铃薯泥调制成糊状，把马铃薯糊涂抹在滚筒干燥机的鼓形干燥器表面，迅速干燥到所需要的水分含量，干燥后的马铃薯大张薄片用切片机切割成所需要的形状，然后进行包装，即制成马铃薯片产品。

在加工过程中，尽管细胞破裂的程度很大，但是，复原的产品口感还是有完全可以接受的粉质感，这是由于在马铃薯加工过程中采用了预煮和冷却过程并添加乳化剂的缘故。对马铃薯片来讲，由于薯片脱水速度很快，马铃薯细胞容易复水，使得淀粉保持很高的持水能力，薯片在冷水中可以完全复原。

薯片在沸水中复原的速度非常快。当将大张薄片切割成较小的薯片时，沿着薯片边缘部位的细胞也会发生破裂。如果在薯片加工过程中不经过预煮和冷却的老化处理，细胞内的凝胶淀粉就会释放出来，薯片复水后呈糨糊状和橡皮状的质地。在加工过程中加入乳化剂，乳化剂与从细胞中释放出的直链淀粉分子反应，生成乳化剂-淀粉复合物，该复合物溶解度低，因此降低了黏度。采用预煮和冷却过程并加入乳化剂单甘酯的加工过程生产出的薯片在复水时，水分子并没有被细胞间的物质强烈束缚住，结果是多数水分子穿透完整细胞的细胞壁进入细胞内，细胞内淀粉吸水膨胀，产生了较面的、黏性低的马铃薯泥。如果复原时大量水分子束缚在完整细胞之间，马铃薯就会呈现出糨糊状、橡胶状或黏稠状的质地。

薯片用沸水复原后质地较差，因此，不能加工成热产品，不能与牛奶混合。薯片与其他辅料混合二次加工成薯条，可供应餐馆用来炸薯条；薯片也可以粉碎成粉作为汤料，儿童食品和烘烤食品的配料。

4.2.3.1　工艺流程

工艺流程包括：

马铃薯→清洗→去皮→切片→预煮→冷却→蒸煮→磨碎→干燥→切割成片→包装。

4.2.3.2　操作技术要点

1. 选料

一般要求选择块茎形状整齐、大小均一、表皮薄、芽眼浅而少、相对密度大、还原糖含量低，干物质含量高的马铃薯。剔除发芽、变绿、病变等不合格薯块。

2. 清洗

充分洗涤马铃薯不仅是卫生的要求，而且也可防止将外来的灰尘和沙砾带进设备，损坏设备或堵塞管道。通常在滚筒式洗涤机中进行擦洗，可以连续操作。滚筒式洗涤机的主要部分是可以旋转的滚筒，筒壁由纵向板条制成，与水平面成3°倾斜安装在机座上。滚筒由电动机皮带轮带动转动，水由装在滚筒上的管子通过喷嘴喷入滚筒中冲洗原料。废水流入承接器中被排出。操作时，马铃薯由料槽连续加入转动着的滚筒中，即随着滚筒转动，与滚筒壁相互辗转摩擦进行擦洗，同时被喷嘴所压射出来的水喷洗干净。洗净的马铃薯滚动到较低的一端出口，转入带网眼的运输带上沥干，然后送至拣选带上，剔除外来杂物和有缺陷的块茎。

3. 去皮

用机械清洗干净后可采用任意一种工业化去皮方法，如摩擦去皮、蒸汽去皮、碱液去皮等。

4. 切片

去皮后的马铃薯在蒸煮前用旋转式切片机切成1.5mm厚的薄片，使马铃薯在蒸煮中使薯片能得到均匀的热处理，充分α-化，获得均一的制品。薯片太薄，固体损耗会增加，也使风味受损。

5. 预煮

预煮的目的，不仅是破坏马铃薯中的酶，以防止块茎褐变，而且对于获得不发黏的马铃薯泥来说也是绝对必要的。马铃薯淀粉的灰分含量比禾谷类作物高1~2倍，而马铃薯淀粉的灰分中平均有一半以上是磷。马铃薯干淀粉中P_2O_5的含量平均为0.18%，比禾谷类作物淀粉中磷的含量高出几倍。由于马铃薯淀粉中含磷量高，导致了马铃薯泥黏度大。据资料记载，马铃薯淀粉糊糊的黏度与淀粉中磷的含量成正比。黏度大会给加工带来困难。把马铃薯片放入60~80℃热水中预热20~30min，然后在流动冷水中冷却20min，淀粉彻底糊化，经冷却后淀粉老化回生，使制得的马铃薯泥黏度降低到适宜程度。

6. 冷却

用冷水冲洗薯片，除去表面游离的淀粉，避免在干燥期间发生黏胶或烤焦。

7. 蒸煮

将经预煮处理的马铃薯薄片在常压下用蒸汽煮30 min，使其充分α-化。质次的马铃薯蒸煮时间要更长一些。由于马铃薯块茎中含有单宁，因此，在蒸煮后和研碎前，喷上亚硫酸钠溶液，亚硫酸溶液可破坏氧化酶，防止马铃薯片在加工时变色，保证了产品质量。此外，还应喷上乳化剂——甘油单酸酯和甘油二酸酯，防止马铃薯颗粒黏结；抗氧化剂用于防止哈败；添加磷酸盐是为了结合金属，防止成品在存放时颜色变深。用来溶解添加剂的水要经过钙沉淀处理。甘油单酸酯和甘油二酸酯乳化剂溶解在水中要和葱汁及食品色素等混合均匀，磷酸盐需单独制备。脱水马铃薯片中含甘油单酸酯和甘油二酸酯 0.6%，磷酸盐 0.4%。

蒸煮的方法有三种：① 通过传送带把马铃薯送入维持在大气压蒸汽温度下的蒸汽中进行蒸煮。这种设备很难清理并占据相当大的空间。② 把蒸汽直接注入螺旋输送蒸煮器来蒸煮，时间为 15~60min，一般为 30min。③ 在蒸煮装置中注入蒸汽，它使用两个逆转的螺旋，使马铃薯片的表面露向蒸汽，得到均匀软化的马铃薯。蒸煮过度，生产率高，但成品组织不良；蒸煮不足，则会降低产品得率。

8. 磨碎

蒸煮后的薯片立即磨碎成泥，应避免薯片内细胞破裂，使成品复水性差。成泥后可注入食品添加剂（乳化剂、抗氧化剂等）和调味料，并混合均匀。

9. 干燥

在滚筒干燥机中进行，干燥成型后可得到大张干燥的马铃薯片，含水量在 8% 以下。干燥条件：压力为 0.5MPa，温度为 158℃，时间为 15~45s，通过改变滚筒转速进行调整。滚筒干燥机在结构上要保证能将残留芽眼、皮、腐烂物等分离出去。

10. 切割成片

干燥后的马铃薯大张薄片用切片机切割成 3.22cm² 的小片。马铃薯片的容量应为 350kg/m²。不合质量要求的高水分片和含有杂质的片要分离出来。合格薯片以流态化方式进行风运，并经专用装置进行称重。

产品为片状，白色或淡黄色，水分含量 8% 以下，无致病菌。用热开水冲开直接食用，但大部分产品都用作食品加工的中间原料。

11. 包装

脱水马铃薯片有马口铁罐装的，有复合铂片衬里的硬纸盒装的，每盒装 125g。包装在真空或充氮条件下进行。

4.2.3.3　产品质地的改善

为了改善产品质地和延长货架期，薯片加工中使用了许多添加剂，包括亚硫酸钠（延迟非酶褐变）、单甘酯乳化剂、抗氧化剂和螯合剂（焦磷酸钠和柠檬酸）。在脱水前的捣碎（成泥）阶段加入添加剂，维生素 C 与马铃薯蛋白质反应生成粉红色的席夫碱化合物，粉红色的出现没有规律，脱水后放置一段时间后才会出现粉红色。实际生产中，强化了维生素的马铃薯片生产时是将薯片与维生素片混合，维生素片中含有 50%~70% 的脂肪、水溶性维生素和矿物质。

薯片的货架期与其化学成分、品种、蒸煮程度、干燥条件、加工中的用水量和抗氧化剂（特别是 SO_2）的残留量有关，苦味与酚类化合物有关。薯片储藏中的异味来源于油脂氧化产生的己醛和其他醛类化合物如 2,3 -二甲基丁醛，氨基酸发生的褐变反应也使薯片产生异味。Sapers 认为：储藏后薯片产生的干草味是由于脂肪氧化产生的，而不是非酶褐变产生的。用乳化剂（0.66%）、BHA（150mg/kg）、BHT（150mg/kg）和二氧化硫（40mg/kg）处理的薯片能够保证最佳的储藏质量。

加工和储藏中维生素的损失是生产者和消费者非常关心的问题。Augustin 等人的研究表明：虽然使用亚硫酸盐处理，但是在薯片中维生素 B_1 的保留量高于马铃薯全粉。薯片在储存期间，维生素 C 含量逐渐减少，加工和储藏过程中其他的营养成分也有损失。

为了用铁和蛋白质强化薯片，人们做了许多尝试，试验发现被 7 种铁化合物强化后，在蒸煮后薯肉变黑，并导致储藏期间产生异味。

4.3 冷冻马铃薯制品

马铃薯是低热量、高蛋白、并含多种维生素和矿物质元素的食物，采用冻干工艺将其制成一种方便食品，不仅保持了食品的色、香、味、形，而且最大限度地保存了其中的维生素、蛋白质等营养物质。营养均衡，品质较好，这正好迎合人们的消费心理。同时，随着人民生活水平的不断提高，加工马铃薯冻干制品，满足消费需要，提高经济效益有广阔的前景。

4.3.1 冷冻马铃薯片

4.3.1.1 真空冷冻干燥的原理
真空冷冻干燥技术是将新鲜食品如蔬菜、肉食、水产品、中药材等快速冷冻至-18℃以下，使物品冷冻后，在保持冰冻状态下，再送入真空容器中，利用真空而使冰直接升华成蒸汽并排出，从而脱去物品中的多余水分，即真空冷冻干燥。

水的气态、液态和固态三相共存点，称为三相点。水的三相点压力为 610.5Pa，温度为 0.0098℃。在三相点以上冰需要转化为水，水再转化为气，这个过程称为蒸发。只有在三相点压力以下，冰才能由固相直接转变为气相，这个过程称为升华，因此，若想得到冻干食品，需要使用升华干燥方法，否则得到的则是蒸发干燥食品。

4.3.1.2 工艺流程
工艺流程包括：

原料验收→清洗→去皮→护色→切分→热烫→硫处理→预冷→沥水→速冻→真空干燥→分拣计量→包装→成品。

4.3.1.3 操作技术要点
1. 原料验收

严格去除发芽、发绿的马铃薯及腐烂、病变的薯块。要求马铃薯块茎要大，形状整齐，大小均匀，表皮薄，芽眼浅而少，圆形或椭圆形，无疮痂和其他疣状物，肉色白或淡黄色。

2. 清洗

必须将原料表面黏附的尘土、泥沙、污物清洗干净，减少污染的微生物，保证产品清洁卫生。

3. 去皮

将马铃薯放在15%~30%浓度和70℃以上温度的强碱溶液中处理一定时间，软化和松弛马铃薯的表皮和芽眼，然后用高压冷水喷射冷却和去皮。

4. 护色

去皮后的马铃薯在空气中易变色，故必须浸在冷水里（不得超过 2h），或放在 2% 的食盐溶液中。

5. 切分

将去皮后的马铃薯用切片机切片，要求厚薄均匀，切成 1.7mm 的薄片，切面要光滑，减少淀粉粒的产生。

6. 烫漂

烫漂是决定获得质量优良的干制成品的重要工艺操作之一。热烫时将马铃薯片倒入不锈钢网篮或镀锡的金属网篮里，在 pH6.5~pH7.0 沸水中热烫 2~3min。由薯片弹性的变化来确定热烫程度，用手指捏压时，不破裂，加以弯曲，可以折断，在触觉和口味上应有未熟透的感觉。

7. 硫处理

目的是防止在干制过程中和干制品在储存期间发生褐变，还可以提高维生素 C 的保存率，抑制薯片微生物活动，加快干燥速度。使用 0.3%~1.0% 的亚硫酸氢钠或亚硫酸盐溶液来浸泡烫煮过的马铃薯片 2~5min，处理后的马铃薯干制品的二氧化硫含量则宜保持在 0.05%~0.08%。

8. 预冷

将马铃薯片从亚硫酸氢钠或亚硫酸盐溶液中捞取出来，首先在流动水槽中用自来水进行冲洗，既可使薯片降温又可将薯片表面的二氧化硫冲洗干净，然后在冷却槽中用 0~5℃ 冷水冷却，使物料温度最后达 1~5℃。

9. 沥水

采用中速离心机或振荡机沥去表面多余的水分，离心机转速 2000r/ min，沥水时间 10~15min。

10. 速冻

将散体原料装入冻结盘或直接铺放在传送带上，采用液态氮快速冷冻，冻结温度为 −25~−35℃，冻结原料厚度为 5.0~7.5cm，冻结时间为 10~30min。

11. 真空干燥

打开真空干燥箱门，装入冻透的马铃薯片，原料厚度为 5mm，关上仓门，启动真空机组进行抽空，当真空度达 60Pa 时开始加热。加热过程中要保证稳定的真空度，而且保证物品的最高温度不超过 50℃，干燥时间 8h。

12. 分拣计量

冷冻干燥后的产品应立即分拣，剔除杂质、变色的马铃薯片及等外品，并按包装要求准确称量，入袋待封口。

13. 包装

包装应在相对湿度 25%~30%，室温 25℃ 下进行。为保持干燥食品的含水量在 5% 以下，包装袋内应放入人工干燥剂以吸附微量的水分，装料后做真空处理，再充入惰性气体密封。密封包装后的产品，不需冷藏设备，常温下长期储存、运输和销售，3~5 年内不变质。

4.3.1.4　产品质量标准

1. 感官指标

①色泽：淡黄色（白皮马铃薯）或乳白色（红皮马铃薯）。

②滋味及气味：具有马铃薯应有的滋味和气味，无异味；口感酥脆。

③组织形态：马铃薯片组织疏松，大小均匀，碎片不得超过3%。

2. 理化指标

黄曲霉毒素 B≤5μg/kg，铅≤1mg/kg，砷≤0.5mg/kg，食品添加剂按《食品安全国家标准　食品添加剂使用卫生标准》（GB 2760-2014）执行。

3. 微生物指标

大肠菌群≤100cfu/g，致病菌不得检出。

4.3.1.5　注意事项

①在脱水情况下，马铃薯中的氨基与糖可能发生美拉德反应，引起褐变。因此，选料要选用蛋白质含量高，淀粉含量少的食用型品种。

②切片厚度要均匀，在速冻和干燥时才能保证冻干制品质量统一。

③为使热烫和干燥顺利进行，切分好的马铃薯片随切随放入冷水中，以洗去切面上的淀粉。

④热烫时要不断搅动，防止热烫过度或不足，并且热烫后将马铃薯片取出立即投入冷水中，减少余热效应对原料品质和营养的破坏，防止干制品在储藏过程中变色、变味，质量下降，并使储藏期缩短。

⑤原料在速冻时，在冻结盘或输送带上的摆放不能太厚，这样才能在短时间内达到迅速而均匀冻结的目的。

⑥原料在干燥时，装料厚度不能太厚，并且保持稳定的真空度，才能得到品质良好的冻干产品。

⑦因冻干制品表面积比原料增大100~150倍，与氧的接触面积增大，在包装时，必须充入惰性气体包装，采用透气性差、防潮性好的避光包装材料。

4.3.2　冷冻马铃薯条

在马铃薯食品加工工业中发展速度最快的属速冻马铃薯食品，而其中产量最大的是速冻薯条。冷冻薯条加工质量的好坏主要取决于马铃薯品种，用多个品种马铃薯进行试验，结果发现，在马铃薯品质特性中，相对密度大是首要因素，如 Russet、Kennebec、Shepardy，这些品种在薯条加工业中广泛使用；其次是马铃薯的形状，薯形大而细长的马铃薯适合切条、去皮损失率低，薯条长，具有较高的市场价格。冷冻薯条的加工方法较多，每个企业在某些关键的生产环节上都有自己独特的技术。

4.3.2.1　工艺流程

工艺流程包括：原料预处理→切条和清洗→挑选→沥水→一次烫漂→冷却→二次烫漂→冷却→沥水→冷冻→包装。

4.3.2.2　操作技术要点

1. 切条和清洗

采用带水枪的不锈钢刀切薯条，可以避免切条过程中薯条与空气、金属元素接触发生氧化反应，薯条变色。

2. 挑选

生产线中安装有电子眼，专门识别产品中断条、变色、黑斑和其他缺陷的薯条，并有专门人员加以挑选。

3. 沥水

清洗和挑选后的薯条，经过一系列振荡器把薯条上的水分甩干。

4. 一次烫漂

烫漂的作用是抑制酶的活力和改善薯条的质地，可以稳定薯条的颜色和保持质地。由于烫漂过程中薯条表面淀粉的凝胶化作用，使得薯条吸收油脂的能力降低。烫漂可以将还原糖从薯条中抽提出来，降低了薯条中还原糖的含量。烫漂过程的热处理使薯条部分熟化，因此还可以降低薯条的油炸时间。一次烫漂的温度较低，一般在75℃。

5. 二次漂烫

如果薯条中还原糖的含量高，一次漂烫温度较低，只能抽提出部分的还原糖。二次漂烫采用95℃的热水漂烫，可以有效地降低薯条中还原糖的含量。两次漂烫之间，薯条要用冷水冷却，这样才能保证最终产品的质地。漂烫时间和温度还要取决于是否使酶完全失活，漂烫后的薯条用过氧化酶试验判断酶的活力大小。

6. 冷却和沥水

二次烫漂后的薯条要立即冷却并通过振荡器吹于表面的水分，如果薯条直接用于油炸，表面必须相当干燥。

7. 冷冻

薯条送入冷冻隧道中速冻，冷冻时间和温度取决于所采用的设备性能。

8. 包装

根据用户的需要可以采用多种包装形式，包装材料以塑料袋最为常见。

目前，有些厂家在薯条中使用一种淀粉基添加剂，该添加剂可以用于涂薯条表面，形成薄薄的涂层，可以明显改善薯条的质地、风味和油炸品的外观。

4.3.3　速冻油炸马铃薯条

4.3.3.1　工艺流程

工艺流程包括：鲜薯检选→清洗→去皮→切条（片）→漂烫→干燥→油炸→预冷→速冻→包装→冷冻。

4.3.3.2　操作技术要点

1. 鲜薯检选

选择外观无霉烂、无虫眼、无变质、芽眼浅、表面光滑的土豆，剔除绿色生芽、表皮干缩的马铃薯。

生产前应进行理化指标的检测，理化指标的好坏直接影响到成品的色泽。还原糖含量应小于0.3%，若还原糖含量过高，则应将其置于15~18℃的环境中，进行2~4周的调整。

2. 清洗

借助水力及螺旋机械的作用，将土豆清洗干净。

3. 去皮

为了提高生产能力、保证产品质量，宜采用机械去皮或化学去皮，去皮时应防止去皮过度，增加原料消耗，影响产品产量。

4. 切条（片）

去皮后的土豆用水冲淋，洗去表面黏附的土豆皮及残渣，然后用输送带送入切片机切成条或片，产品的厚度应符合质量要求。一般为 3mm 左右。

5. 漂洗和热烫

漂洗的目的是洗去表面的淀粉，以免油炸过程中出现产品的黏结现象或造成油污染。热烫的目的是使土豆条（片）中的酶失活，防止酶促褐变产生而影响产品品质。采用的方法有化学方法和物理方法，化学方法采用化学溶液浸泡；物理方法即采用 85~90℃ 的热水进行漂烫。

6. 干燥

干燥的目的是除去薯条表面多余的水分，从而在油炸的过程中减少油的损耗和分解，同时使漂烫过的薯条保持一定的脆性。但应注意避免干燥过度而造成黏片，通常采用压缩空气进行干燥。

7. 油炸

干燥后的薯条由输送带送入油炸设备进行油炸，油温控制在 170~180℃，油炸时间为 1min 左右。

8. 速冻

油炸后的产品经预冷后送入速冻机速冻，速冻温度控制在 -36℃ 以下，保证薯条产品的中心温度在 18min 内降至 -18℃ 以下。

9. 冷藏

速冻后的薯条成品应迅速装袋、装箱，然后在 -18℃ 以下的冷冻库内保存。

4.3.3.3 关键技术和设备

1. 原料品种与储藏工艺

马铃薯原料的品质对薯条产品质量影响很大。适合加工的是淀粉含量适中、干物质含量较高、还原糖含量低的品种，并且以薯形为长柱或长椭圆形、芽眼少而浅，或者外突、表皮光滑，白皮白肉最为理想。对马铃薯进行长期有效地储藏是延长加工期、提高生产力的重要措施。由于薯条加工对原料成分要求较严，因此对储藏技术要求也较高。经过长期储藏的原料应做到不变绿、不发芽、不腐烂、失水率低、薯茎内成分变化小以及符合加工质量要求。因此，加工企业一般均应配置一定吨位的通风保鲜原料库，要求该库能对库内温度、湿度和空气成分进行有效的调控，满足储藏工艺的要求。

2. 薯条加工工艺

生产线的工艺配置是薯条加工技术的核心部分。生产线应从物料流向、质量控制、设备配置、状态调整、节约成本和减小能耗等诸方面着手精心设计、合理调配，达到安全、平稳、连续和高效的生产目标。

3. 关键加工设备

①切条机：要求切条规整、通直、成品率高，且可按薯茎长度方向切条，提高薯条的成品率。

②漂烫机：要求连续运转、水温稳定、受热均匀，薯条破碎率低。

③油炸机：采用不锈钢丝网带连续油炸方式，要求油炸温度和油炸时间可调范围大、适应性强，配置高效过滤装置，提高食用油的利用率，改善油炸品质。

4.3.4　其他冷冻马铃薯制品

1. 马铃薯丸子

其工艺流程包括：马铃薯预处理→漂烫→沥水→冷却→切丝→混合（面粉，调味料）→成型→检查→包装→冷冻。

2. 马铃薯糊或搅打马铃薯糊

其工艺流程包括：马铃薯预处理→煮熟→混合（奶粉、盐）→捣碎成糊状→（马铃薯糊）→搅打→冷却→检查→包装→冷冻。

3. 速冻马铃薯丁

其工艺流程包括：马铃薯预处理→切丁→漂烫→沥水→冷却→检查→冷冻→包装。

4.4　马铃薯片加工

马铃薯薯片制品不但营养丰富，香脆可口，而且食用方便、包装精美、便于贮携，已成为当今世界上流行最广泛的马铃薯食品，也是重要的方便食品和休闲食品。随着马铃薯食品加工工艺的不断改进，马铃薯薯片制品的种类也不断增加。马铃薯虾片是其中制作方法最简单的，成品用热油干炸后酥脆可口，有一种独特的清香风味。油炸马铃薯片松脆酥香、鲜美可口，已成为一种备受欢迎的全球性的休闲食品。马铃薯脆片是近年开发的新产品，利用真空低温（90℃）油炸技术，克服了高温油炸的缺点，能较好地保持马铃薯营养成分和色泽，含油率低于 20%，口感香脆，酥而不腻。低脂油炸薯片是用微波烘烤制成的薯片。烘烤马铃薯片焦香酥脆，风味独特，含油量远远低于油炸马铃薯片，在西方的销售势头越来越好，越来越受到人们的青睐。以马铃薯粉、脱水马铃薯片等为配料经油炸、烘烤、膨化等工艺制成的薯片制品更是香酥可口，风味各异。这些薯片制品不但各具特色，而且工艺简单，主要包括烘烤、干燥、油炸、速冻、膨化等工艺，非常适合中小型食品加工企业生产。

4.4.1　以鲜马铃薯为原料加工成的薯片制品

4.4.1.1　马铃薯虾片

1. 工艺流程

工艺流程包括：马铃薯→清洗→切片→漂洗→煮熟→干制→分选→包装。

2. 操作技术要点

①选料：选无病虫，无霉烂，无发芽，无失水变软的马铃薯，洗净后去皮。

②切片与漂洗：切成厚度均匀约 2mm 的薄片，在清水中冲洗，洗净薄片表面的淀粉。

③煮熟：将洗净的薄片倒入沸水锅中，煮沸 3~4min，达到熟而不烂，迅速捞出放入冷水中，轻轻翻动搅拌，使薯片尽快凉透，洗净薄片上的粉浆、黏沫等物，使薯片分离不粘。

④干制：将薯片捞出，淋干水分，单层平整摆放，在日光下晾晒，薯片半干时，再整形一次，然后翻晒至透，即成薯虾片。分级包装，置于通风干燥处保存。

4.4.1.2 烤马铃薯片

1. 工艺流程

工艺流程包括：马铃薯→清洗→切片→漂洗→护色→热烫→干制→烘烤→调味→冷却→分选→包装。

2. 操作技术要点

①切片与漂洗：将马铃薯洗净去皮后切成厚度均匀约 2mm 的薄片，用高压水冲洗，洗净表面淀粉，洗好的薄片放入护色液中护色。

②护色：用 0.25% 的亚硫酸盐溶液护色。

③热烫：在 80～100℃ 的温度下烫 1～2min，使薯肉半生不熟，组织比较透明，失去鲜薯片的硬度，但又不柔软即可。

④干制：自然干制，将烫好的薯片放在日光下曝晒，七成干时翻一次，然后晒干。人工干制，在干燥机中将薯片干燥至含水量低于 7%。

⑤烘烤：温度 170～180℃、2～3min，烤至表面微黄。烘烤后可直接包装，也可喷油或撒调味料，然后包装。

4.4.1.3 马铃薯泥片

1. 工艺流程

工艺流程包括：马铃薯选择→清洗→去皮→水池→切片→水泡→蒸煮→冷却→捣碎→配料→搅拌→挤压成型→烘烤→抽样检验→包装→成品。

2. 操作技术要点

①马铃薯选择：选无病、无虫、无伤口、无腐烂、未发芽、表皮无青绿色的马铃薯为原料。

②清洗：将选择好的马铃薯放入清水中进行清洗，将其表面的泥土等杂质去除。

③去皮：将经过清洗后的马铃薯利用去皮机将表皮去除，然后放入清水中进行浸泡（时间不宜超过 4h）。主要是使薯块隔离空气，防止薯块酶促褐变的发生，同时浸泡也可除去薯块中的有毒物质（龙葵素）。

④切片：将马铃薯从清水中捞出，利用切片机将其切成 5mm 左右厚的薯片，然后放入清水中浸泡（时间不超过 4h），待蒸煮。

⑤蒸煮：从清水中捞出薯片，放入蒸煮锅中进行蒸煮，蒸煮温度为 120～150℃，时间为 15～20 min。

⑥冷却、捣碎：将蒸煮好的薯片取出，经过冷却后利用高速捣碎机将其捣碎。

⑦配料：按比例加入麦芽糊精、精炼食用油、黄豆粉、葡萄糖等。将配料初步调整后作为基础配料，然后根据需要调成不同的风味。如麻油香味、奶油香味、葱油味等。

⑧搅拌和挤压成型：将各种原料利用搅拌机搅拌均匀成膏状，然后送入成型机中压制成型。

⑨烘烤：将压制成型的马铃薯泥片，送入远红外线自控鼓风式烘烤箱中进行烘烤。

⑩抽样检验产品及包装：将烘烤好的食品送到清洁的室内进行冷却，随机抽样检验其色、香、味等。将合格的产品进行包装即可作为成品出售。

3. 成品质量标准

（1）感官指标

色：淡黄色或淡白色；味：具有马铃薯特有的香味，兼有特色香味；口感：脆而细，进口化渣快，香味持久。

（2）理化指标

酸度为 6.5~7.2，铅（以 Pb 计）≤0.5mg/kg，铜（以 Cu 计）≤5mg/kg。

（3）微生物指标

细菌总数≤750 个/g，大肠菌群≤30 个/g，致病菌不得检出。

4.4.1.4 油炸马铃薯片

方法 1：

1. 工艺流程

工艺流程包括：马铃薯→流水洗泥→去皮→切片→漂洗→护色→热烫→干制→油炸→冷却→包装→入库。

2. 操作技术要点

（1）原料选择

要获得品质优良的油炸马铃薯片，减少原料的耗用量，降低成本，就必须根据工艺指标来选择符合要求的马铃薯。要求原料马铃薯的块茎形状整齐，大小均一，表皮薄，芽眼浅而少，淀粉和总固形物含量高，还原糖含量低。还原糖含量应在 0.5% 以下（一般为 0.25%~0.3 %）。如果还原糖含量过高，油炸时容易褐变。

另外，须选用相对密度大的马铃薯进行油炸，这样的原料可提高产量和降低吸油量。实验证明，相对密度每增加 0.005，油炸马铃薯片产量增加 1%。

（2）清理与洗涤

首先将马铃薯倒入进料口，在输送带上拣去烂薯、石子、沙粒等。清理后，通过提升斗送入洗涤机中洗净表面泥土、污物后，再送入去皮机中去皮。

（3）去皮

采用碱液或红外线辐射去皮，效果较好。摩擦去皮组织损伤较大，而蒸汽去皮又常会产生严重的热损失，影响最终的产品质量。去皮损耗一般在 1%~4%。要除尽外皮，保持去皮后薯块外表光洁，防止去皮过度。经去皮的块茎还要用水洗，然后送到输送机上进行挑选，挑去未剥掉的皮及碰伤、带黑点和腐烂的不合格薯块。

（4）切片与漂洗

手工切片薄厚不均，可用木工刨子刨片。若用切片机械，大多采用旋转刀片。切片厚度要根据块茎品种、饱满程度、含糖量、油炸温度或蒸煮时间来定。切好的薯片可进入旋转的滚筒中，用高压水喷洗，洗净切片表面的淀粉。洗好的薯片放入护色液中护色。漂洗的水中含有马铃薯淀粉，可收集起来制作马铃薯淀粉。

（5）护色

马铃薯切片后若暴露在空气中，会发生褐变现象，影响半成品的色泽，油炸以后颜色深，影响外观，因此有必要进行护色漂白处理。发生褐变的原因是多方面的，如还原糖与氨基酸作用产生黑色素、维生素 C 氧化变色、单宁氧化褐变等。除了以上所述化学成分的影响外，马铃薯的品种、成熟度、储藏温度以及其他因素引起的化学变化都能反映到马铃薯的色泽上。此外，油温、切片厚度以及油炸时间的长短也都对马铃薯片的颜色起作用。若要改进油炸马铃薯片的色泽，可采用以下几种化学方法处理：

①在油炸马铃薯之前先提取出马铃薯片的褐变反应物。将马铃薯片浸没在 0.01～0.05mol/L 浓度的氯化钾、硫酸钾和氯化镁等碱金属和碱土金属盐类的热水溶液中；或把未炸的切片浸入 0.25%氯化钾溶液中 3min，即可提取出足够的褐变反应物，使油炸薯片呈浅淡的颜色。

②用亚硫酸氢钠或焦亚硫酸钠处理后的马铃薯也能制成色泽很好的油炸薯片。如将切片浸没在 82～93℃的 0.25%的亚硫酸钠溶液中（加盐酸调 pH=2）蒸煮 1min，然后油炸。

③用二氧化硫气体通过马铃薯，使二氧化硫和空气混合在一起，密闭 24h 后储藏在 5℃ 条件下；或是将切片在二氧化硫溶液中浸提后，再用水洗掉二氧化硫及还原糖等，最后油炸，可生产出浅色制品。

（6）热烫

热烫可以部分破坏马铃薯片中酶的活性，同时脱除其水分，使其易于干制，还可以杀死部分微生物，排除组织中空气。热烫的方法有热水处理和蒸汽处理两种。热烫的温度和时间，一般是在 80℃～100℃下烫 1～2min，烫至薯肉半生不熟、组织比较透明、失去鲜马铃薯的硬度但又不会像煮熟后那样柔软即可。

（7）干制

干制分人工干制和自然干制（晒干）两种。自然干制是将热烫好的马铃薯片放置在晒场，于日光下暴晒，待七成干时，翻一次，然后晒干。人工干制可在干燥机中进行，要使其干燥均匀，当制品含水量低于 7%时，即结束干制。该半成品也可作为脱水马铃薯片包装后出售，可用做各种菜料。若将脱水马铃薯片置于烤炉中烘烤，可制成风味独特的烘烤马铃薯片。近年来，烘烤马铃薯片在西方的销售势头越来越好，因为其油脂含量大大低于油炸马铃薯片，受到人们的青睐。

（8）油炸

马铃薯片的油炸可以采用连续式生产和间歇式生产。若产量较大，多采用连续式深层油炸设备。该设备的特点是：能将物料全部浸没在油中，连续进行油炸。油的加热是在油炸锅外进行的，具有液压装置，能够把整个输送器框架及其附属零件从油槽中升起或下降，维修十分方便。

实验证明，在较低温度下油炸，马铃薯表面起泡，内部粘油，颜色较深，而在高温下则无此现象。因此，应选用高温短时油炸较好。油炸时间一般不宜超过 1min。对不同批次的马铃薯片应进行检查并作必要的调整。注意防止因切片厚度不一造成颜色不均。力求切片厚度一致。同一批产品因下锅和出锅先后造成的时间差也可导致其色泽不一。油炸温度一般控制在 180～190℃，不能高于 200℃，因为高温会大大加速油脂分解，产生的脂肪酸能溶解金属铜，成为促进脂肪酸分解的催化剂，故铜和铜合金不应与油炸薯片接触。不锈钢是制造油炸锅的最好材料。油炸时蒸发出来的脂肪酸成分应通过排气系统排除，防止它们回流入锅造成不良气味和加速油脂败坏。

要保证油炸制品的质量，对油有着严格的要求。生产实践证明，用纯净的花生油、玉米油和棉籽油炸的马铃薯片比用猪油炸制的好，但是如果将猪油脱臭、氢化和稳定处理后，其质量也不亚于玉米油和棉籽油。其中以用花生油的质量最好，使用 3 个星期后，几乎没有什么变化。在生产过程中，炸制油要经常更换，马铃薯片吸油很快，必须不断地加入新鲜油，每 8～10h 彻底更换一次。另外，炸制用油在用过一段时间后应当过滤，以除去油中炸焦的淀粉颗粒和其他炸焦的物质。不除去这些物质会影响油炸薯片的味道和外观。

利用抗氧化剂可防止油脂的酸败，常采用的抗氧化剂有去甲二氢愈创木酚（NDGA）、丙基糖酸盐、丁羟基茴香醚（BHA）、二丁基羟基甲苯（BHT），其中 BHA 是最常用的。如果同其他酚类抗氧化剂结合，同时添加柠檬酸之类的协合剂效果最好。硅酮在高温下能极大地增加食用油的氧化稳定性，可用含有 2mg/kg 硅酮的油来油炸马铃薯片。

油炸马铃薯片的含油量与多种因素有关。马铃薯相对密度愈大，油炸片的含油量就越少。油炸前，薯片水分越低，其含油量越少。经验证明，将马铃薯片干燥使其水分降低 25%，油脂含量就可减少 6%~8%。切片厚度与含油量成反比关系，切片愈薄，含油量愈高。炸制油的种类不同，其含油量也不同，一般情况下植物油含油量在 34.4%~37.1%，用猪油则在 38.18%~38.95%。油炸过程中油温越高，吸油量越少，其原因是随着油温上升，油的密度下降，因此单位时间内吸油量也减少。最适宜的油温应随马铃薯的品种、相对密度和还原糖的含量而定。还原糖量增高时，油温要低些。总的趋势是油温下降时，吸油量又稍增加。油炸时间与油温密切相关，马铃薯片在油锅中停留的时间越长，吸入的油就越多。

（9）调味

对炸好的马铃薯片应进行适当的调味。当马铃薯片用网状输送机从油炸锅内提升上来，装在输送机上方的调料斗时，应撒适量的盐与马铃薯片混合，添加量为 1.5%~2%。根据产品的需要还可添加些味精，或将其调成辛辣、奶酪等风味。

（10）冷却、包装

马铃薯片经油炸、调味后，就在皮带输送机上冷却、过秤、包装。包装材料可根据保存时间来选择，可采用涂蜡玻璃纸、金属复合塑料薄膜袋进行包装，也可采用充氮包装。

若生产冷冻油炸马铃薯片，应立即除去从油炸锅中取出的薯片上的过量的油，其方法是使产品在一个振动筛上通过，同时通以高速热空气流，然后用带式循环传送带将它们送入冷冻隧道进行冷冻。在 -45℃ 下只需 12min 即可完成冷冻，冷冻后进行包装，储存在 -17℃ 或更低温度下，可储藏 1 年以上。

方法 2：

1. 工艺流程

工艺流程包括：马铃薯→清洗→去皮→切片→冲洗→护色→油炸→调味→冷却→验收包装。

2. 操作技术要点

（1）选料

选择形状整齐，大小均一，表皮薄，芽眼浅而少，还原糖含量为 0.25%~0.3%，淀粉含量为 14%~15%，且干物质分布均匀的马铃薯。

（2）去皮

洗净后的马铃薯采用碱液去皮法或用红外线辐射去皮的方法，损耗小，去皮后薯块外表要光洁，防止去皮过度。去皮后水洗，剔除不合格薯块。

（3）切片与漂洗

一般采用旋转式切片机切成厚 1.7~2mm 的薄片，具体的厚度要根据块茎品种、饱满程度、含糖量、油炸温度或蒸煮时间来定。切片厚度要均匀，防止造成产品色泽不均。切好的薯片用高压水喷洗，洗净薯片表面淀粉，洗好后放入护色液中护色。

（4）油炸

将切片送入离心脱水机内将表面的水分甩掉，然后油炸。可采用间歇式生产或连续生产。若产量较大多采用连续式深层油炸设备，油温为 180～190℃，油炸时间不宜超过 1min。对不同品种，不同批次的薯片应作必要的调整。采用高精度提炼、稳定性高的油生产效果较好，炸制油要经常更换，每 8～10h 彻底更换一次。

（5）调味

薯片炸好后可进行适当的调味，如食盐 1.5%～2%、味精等，冷却后即可包装。

方法 3：

1. 工艺流程

工艺流程包括：马铃薯→清理与洗涤→去皮和修整→切片与洗涤→色泽处理→油炸→调味→验收和包装。

2. 操作技术要点

（1）清理与洗涤

清理与洗涤是马铃薯片加工的首道工序。将要加工的马铃薯倒入进料口内，在输送带上拣去腐烂的、畸形的、细小的、不合规格的马铃薯以及石子和杂物。清理后由提升机送到洗涤机内，洗净马铃薯表面的污垢和外来杂物（泥土、杂草等）。

（2）去皮和修整

马铃薯的去皮设备很多，有间歇式鼓形摩擦去皮机，还有新型连续式碱去皮机、蒸汽热烫机。去皮的损耗随着块茎的大小、形状、芽眼深浅及储藏程度不同而不同。一般摩擦去皮机比蒸汽去皮机的损耗要大。剥皮的平均损耗为 1%～4%。去皮的块茎经喷射水淋洗，然后送到皮带输送机上进行整理和检查，剔去外来杂物和有缺陷的马铃薯块茎以及进行某些修整。

（3）切片与洗涤

去皮后的马铃薯一般采用旋转式切片机切成厚 1.7～2.0mm 的薄片。具体的厚度根据消费者的爱好、块茎大小、饱满程度、含糖量、油炸时的温度和时间而定。但是，在任何时候切出来的片在厚度方面必须非常均匀，以便得到颜色均匀的油炸马铃薯片。

切好的马铃薯片，由于从破裂细胞中流出过多的可溶性物质，它们会吸收大量的油脂，所以必须除去马铃薯片表面由切破细胞释放出来的淀粉和其他物质。同时为了使切出的片容易分开和油炸完全，马铃薯片应在不锈钢丝网的圆筒或转鼓中洗涤，而圆筒或转鼓置于矩形不锈钢槽内。用高压喷水将翻转着的马铃薯片表面附着的物质冲走。洗涤后的马铃薯片在类似的设备中进一步冲洗。马铃薯片用离心分离，或高速空气流（热的或不热的），或冲孔旋转滚筒，或橡胶海绵挤压滚筒，或震动的网眼输送带等方式去掉马铃薯表面的水分。

（4）色泽处理

切好的马铃薯片在空气中往往易变成黑色，因此，在油炸前，必须改进马铃薯的色泽。最常用的色泽处理方法是用热水过滤切好的马铃薯片，也有人在切片时用化学溶剂来控制糖分的转化，阻止马铃薯切片时参与变色反应。

（5）油炸

马铃薯片的油炸，在加工量非常小的地方，可以采用间歇式油炸法生产。产量较大的，多采用自动进料连续式的油炸锅。现代的连续油炸锅每小时加工 2~4t 生马铃薯。连续式的油炸锅主要由以下部分组成：①炸马铃薯片的热油槽。②油的加热和循环系统。③除去油中颗粒的过滤器。④把马铃薯片带出油槽的运输器。⑤储油器（油在储器中被加热，以补加到循环的炸油中去）。⑥油槽中的蒸汽收集通风橱等。此外，在大部分油炸装置中，在油槽的进料端附近装有旋转的轮子或圆筒，以推进漂浮在油面上的马铃薯片，同时也可减缓薯片的前进速度，使马铃薯片能得到足够的热。在油槽的出料端附近，在油面上的凸轮轴上悬挂着一系列的多孔篮子或耙子，其作用是在油炸接近完成的阶段，用来翻转马铃薯片，使马铃薯片再次淹没在油中。炸后的马铃薯片从油槽中移出，在网眼运输带上沥干。

是否用高度精炼的油对于油炸马铃薯片的风味和稳定性极为重要。油炸片的风味、质量、外观将受到吸附油的量及油本身特性两方面的影响。常用于炸制马铃薯片的油有棉籽油、豆油、玉米油、花生油和氢化植物油，动物油极少采用。近来使用米糠油较多，在米糠油中加盐，很适应马铃薯片的风味。为了改善保存性，也掺入棕榈油等固体油。油炸过程中，从马铃薯片中蒸发出来的蒸汽在油面上形成一层不氧化的空气幕，能起到连续脱除油气的作用。由于油经常调换（油周转率每小时 15%），所以不合格产品不会积累，同时也需要经常补充一定量的新鲜油以代替马铃薯片吸收的油使油量恒定。马铃薯片从油中捞出来时，薯片仍然在蒸发水分并冷却，过快的冷却将增加油的黏度和阻碍油的沥出。为了减少炸马铃薯片中油的残留，可以通过提高马铃薯片出锅时的温度来控制，例如，烧热油，通过热空气隧道干燥机或用一个辐射加热器来达到目的。

（6）调味

为改善油炸马铃薯片的食味，可在炸好的马铃薯片内增添适量调味剂。当马铃薯片由网状输送机从油锅内提升出来时立即加盐，这一点很重要，在这个时候油脂是液态的，能够形成最大的颗粒黏附。在马铃薯片内加些味精也可增加食味。添加的方法为，预先将盐和味精混合，置于输送机上方的调料斗内，与炸马铃薯片混合均匀。有些炸马铃薯片可添加烤香油料的粉末、奶酪或其他特殊风味的物料。盐中也可以包含增强剂和抗氧化剂，将马铃薯片放在旋转的拌料筒内，用撒粉或喷雾的方法给马铃薯片均匀地调味。

（7）包装

炸马铃薯片经调味后在验收皮带输送机上冷却，以获得能较好地黏附盐和调味粉的炸马铃薯片，经人工挑出变色片后，过秤，再经包装机包装。软包装的材料为涂蜡玻璃纸、复合薄膜包装袋或铝箔压层袋。也有将油炸马铃薯片用金属罐装的，成为听装油炸马铃薯片。总之，可根据保存时间和要求而选择。

3. 产品质量

（1）影响油含量的因素

以干物质为基础，每千克植物油的成本比马铃薯价格高。因此，加工者希望炸马铃薯片的油含量能保持在消费者满意的最低水平上。影响炸马铃薯片油含量的因素是：①块茎的固形物含量；②片的厚度；③油的温度；④油炸时间。

马铃薯片在液态油中油炸，比在室温下呈固态的脂肪（如猪油）中油炸时，可减少

10% ~ 15%的含油量。这是由于液态油的低吸收性以及硬化脂对水解作用具有显著阻力，而液态油的较好沥干性对此现象起更大的作用。只要蒸汽从油炸马铃薯片的表面迅速蒸发，脂肪的吸收可维持在低水平。在油炸的最后阶段，当水蒸气保护层消失时，油脂能够进入马铃薯片中脱了水的细胞所留下的空隙内；这种情况，在油炸的不同时间里将在薯片不同部位发生，这是由于各部位不同的脱水速度造成的。当马铃薯片从油炸锅中捞出时，过量的油会粘在马铃薯片上，而油的含量与油的黏度和马铃薯片表面的不平度有关。当薯片冷却时，油就会渗入到尚未充满油的细胞间隙中，然后多余的油才排出来。因此，减少马铃薯片的厚度时，油炸马铃薯片的含油量就会增加。炸马铃薯片在沥干输送带上剧烈振动，必然对减少其含油量有明显的影响。用热空气吹刚出锅的炸马铃薯片，可减少薯片中油的残留量。

新鲜的马铃薯片在油炸前部分干燥可以减少炸马铃薯片的油含量。但新鲜的马铃薯片，如用热水沥滤（为了除去过多的还原糖）会增加马铃薯片的吸油量。

影响炸马铃薯片成品质量的主要因素是：片的厚度、大小、颜色和风味。这些因素可以通过控制原料、调整加工条件和包装来控制。

（2）炸马铃薯片的风味

经过高温加工的天然食品，大多存在着数百种风味化合物，但其中只有少数几种化合物起着重要作用。有研究指出：在油炸马铃薯片中所含令人愉快的、美好风味的挥发性化合物有 53 种，其中有 8 种含氮的化合物，2 种含硫化合物，14 种碳氢化合物，13 种醛，2 种酮，1 种醇，1 种酚，3 种酯，1 种醚和 8 种酸。而烷基取代吡嗪的芳香物质如 2，4 - 二烯醛、苯乙醛和呋喃甲酮是对油炸马铃薯片的风味起着重要作用的化合物。感官评比人员把芳香成分 2，5-二甲吡嗪和 2-乙基吡嗪的风味描写成"具有浓郁的马铃薯风味"或"烤花生的香味"。

（3）储藏的稳定性

油炸马铃薯片是高含油食物，油分高达 35% ~ 45 %，而且面积大，易受光线影响，易氧化哈败。为了增加制品储藏稳定性，所使用的油储藏期间尽可能不接触空气，使用过的油不与储藏油混在一起，游离脂肪酸量控制在 1%以下。油炸马铃薯片包装尽可能使制品不与空气接触，应避光，可增强制品的储藏稳定性。

如果油炸马铃薯片所用的油在使用过程中是稳定的和没有变坏，包装材料是不透明的和具有低的透气性，那么产品在大约 20℃温度下储藏期可达 4~6 星期。这是不用真空包装、冷冻或其他特殊处理的最长储藏期。在此期间，产品在质量方面有些下降，还是能被消费者所接受。装在袋中的油炸马铃薯片会发生三种类型的质量问题，对产品的销路带来不利的影响，分别是包装破裂、薯片吸收水分而失去脆性以及油脂氧化导致哈喇味。

运输过程中，如有不当会造成油炸马铃薯片的破碎，但这可以通过使用坚韧的包装材料部分地加以防止，使用充气包装也可以避免在装运过程中将油炸马铃薯片压碎。水分的吸收可以通过选择适当的包装材料加以防止。实验证明，使用有各种不同防水层的玻璃纸作为制袋的材料，存放 4~6 星期，可以得到满意的结果。光（特别是荧光）加速氧化，因此必须使用不透明的包装材料以防止油脂氧化哈败。

方法 4：机械化加工

1. 工艺流程

工艺流程包括：马铃薯倾卸器→斗式送马铃薯器→除石升运器→连续削皮机→检查削切器→切片机进料器→切片机→薯片漂洗机→薯片吹干器→炸薯片机→振动检查输送器→调味滚筒斗式升运器→缓冲漏斗→振动分送器→过秤→装袋密封包装。

2. 加工设备

马铃薯去皮机、马铃薯切片机、薯片吹干机或电风扇、电炸锅、调味滚筒、秤、热合封口机。

3. 操作技术要点

（1）去皮

可用摩擦去皮。摩擦去皮机可以是批量的或连续的，用涂有沙砾的圆盘或滚筒摩擦马铃薯表面。摩擦出的碎皮用喷射水冲洗出机外。用这套系统最好选用大小均匀、圆形、没有损伤的马铃薯。如有深芽眼的马铃薯，要求用手工修整。摩擦去皮机的特点是简单、坚固、成本低和使用方便，特别适用于制作油炸马铃薯片的马铃薯去皮。在切片前，通过摩擦去皮大约损失块茎原来重量的 10%。

此外，碱液去皮、蒸汽去皮也是工业化生产中有效的加工方法，其缺点是在马铃薯表面会留下蒸煮层，影响炸薯片的外观。

（2）切片

去皮后的马铃薯用旋转式切片机切成 1.7~2.0mm 厚的薄片。切时，利用离心力压着块茎，对着固定的套筒和刀片进行切片。厚度的变化、块茎的大小、油炸温度和时间都与产品质量有关。在任何时候切出的薯片厚度必须非常均匀，以便得到颜色均匀的油炸马铃薯片。粗糙的或表面破裂的薯片，可以从破裂细胞中流出过多的可溶性物质，这些物质吸收大量的脂肪，所以必须除去薯片表面由切破的细胞而释放出的淀粉和其他物质。为了使切出的片容易分开和油炸完全，薯片应在不锈钢丝网的圆筒或转鼓中洗涤。圆筒或转鼓置于矩形的不锈钢槽内，高压喷水将翻转的薯片表面上附着的物质冲走。洗涤后的薯片用高速空气流（热或不热）经多孔的橡胶压力滚筒或振动的网眼运输带等进行干燥。干燥的薯片表面有助于缩短油炸时间。

（3）油炸

从干燥器中出来的马铃薯片直接输送到油炸锅，电油炸锅的生产能力通常是生产线上的限制因素。目前各国多采用连续油炸锅，但某些批量式的仍然采用。现代的连续油炸锅能加工 2~4t/h 的生马铃薯。

4. 调味料配方

①甜酥薯片：糖 100%。

②鲜味薯片：盐 80%、味精 16%、五香粉 4%。

③辣味薯片：辣椒粉 21.6%、胡椒粉 13.5%、五香粉 13.5%、精盐 48.6%、味精 2.7%。

④蒜香薯片：蒜粉 58.3%、味精 8.3%、盐 33.3%。

⑤咖喱薯片：咖喱粉 55.5%、味精 11.3%、盐 33.3%。

5. 质量标准

味：具有特殊的、应有的风味，不得有哈喇味。

色：微黄色（白色马铃薯）、金黄色（黄色马铃薯）。

口感：酥、脆。

油炸马铃薯片的成分比例：蛋白质含量 3.6%，灰分 2.5%，纤维含量 0.9%，脂肪含 43.8%，糖含量 45%，水分 4.2%。

卫生指标：按《食品安全国家标准　食品微生物学检验》（GB 4789—2010）规定：致病菌不得检出；大肠杆菌不得检出；细菌总数 100 个/g。

6. 产品的稳定性

一般油炸马铃薯用不透明的透气性低的材料包装，在 21℃ 下可储藏 4~6 个星期。影响产品质量的因素主要有如下几个方面：包装破裂或薯片破碎，薯片吸收水分而失去脆性以及脂肪的氧化导致哈喇味。脂肪的氧化与加工时所用油的质量关系很大，如油的质量差、旧油反复使用，都会加速产品中脂肪的氧化。

7. 注意事项

① 马铃薯的品种不同，加工方法也稍有不同。一般白色马铃薯品种比黄色马铃薯品种要好，黄色马铃薯油炸时易焦糊，白色品种马铃薯炸出的薯片颜色微黄，黄色马铃薯炸出的薯片呈金黄色。

② 加工黄色马铃薯时，切片厚度要比白色马铃薯片厚一些，一般在 1.9~2.0mm；在沸水中煮的时间也要比白色品种长，但也不宜太长。时间如何掌握，主要是凭经验。

方法 5：土法加工

1. 工艺流程

工艺流程包括：马铃薯→人工削皮→清洗→人工切片（或用木工刨子）→迅速用清水浸泡→放入沸水中煮片刻→凉水浸泡并冲洗→取出控干水分→油炸→调味→凉后包装→成品。

2. 加工设备

加工设备有大铁锅、水缸（1m 高）、刨子、去皮刀、秤、筛子（100 目）。

3. 操作技术要点

（1）马铃薯的选择和储藏

为了提高产品质量并降低吸油量，需选择相对密度大、还原糖含量低的马铃薯。不同的品种不要相互混合加工，一般要求选择马铃薯块茎形状整齐、大小均一、芽眼浅、淀粉和总固形物含量高的品种。

（2）手工去皮与碱去皮

利用特制的手工去皮刀将马铃薯的芽眼挖去，削去马铃薯中变绿的部分。

碱去皮就是将马铃薯浸泡于 15%~20% 浓度的碱液中，将温度加热到 70℃ 左右，待马铃薯软化后取出，用清水冲洗，并用手去掉表皮，用刀挖去芽眼及变绿部分。

（3）切片

清洗后的马铃薯用木工刨子进行切片，要求厚薄均匀，使其成 1.7mm 左右的薄片，薄片表面要光滑，可减少耗油量。切好的马铃薯片马上浸入冷水中（随切随放入冷水中）。

（4）煮片

水煮沸后，将从冷水中捞出的马铃薯片放入沸水中煮片刻。此工序较关键，马铃薯片的放入量根据水量而定。当马铃薯片漂起后（薯片内无生心），马上捞出。捞出的薯片必须放入冷水中进行冲洗，洗掉薯片表面的淀粉，以减少薯片油炸时的互相粘连及变色。冲洗后将薯片控干，或用离心机甩去水分。

（5）油炸

油炸时用一般的铁锅即可。油炸是炸薯片颜色好坏的关键。通常用的是花生油，也可以用花生油和菜子油各半。当加热到冒少量青烟（即翻滚不猛烈）时，放入控干的薯片。加入量多少以均匀地漂在油层表面为宜，以防止薯片伸展不平。一般炸 3min 左右，当泡沫消失时，便可出锅。

油用一段时间后，应用新油替换。旧油最好放一容器中，静置一段时间，取其上层油与新油混合并用。

（6）调味

炸薯片离开油锅后应立即加盐或调味料。将调味料放在 100 目的筛内，均匀地筛到薯片上。这一点很重要，因为在这个时候油脂是液态的，能够形成最大的黏附作用。然后，将成品冷却到室温时再进行包装。

4.4.1.5　真空油炸马铃薯脆片

1. 工艺流程

工艺流程包括：马铃薯→清洗→切片→护色→真空油炸→脱油→冷却→包装。

2. 操作技术要点

（1）切片和护色

切片厚度不宜超过 2mm。切好的薯片立即投入 98℃ 的热水中处理 2~3min，以除去表面淀粉，防止油炸时切片相互粘连，或淀粉浸入食油影响油的质量，同时，也可破坏酶的活性，稳定色泽。热处理防止在油温逐渐变热，淀粉糊化形成胶体隔离层，影响内部组织的脱水，降低脱水速率。经热处理的脆片硬度小，口感好。

（2）真空油炸

薯片用离心分离机除去表面水分后即可进行真空油炸。真空油炸系统包括油炸罐、储罐、真空系统、加热部分等。真空系统采用水环式真空泵，在真空罐内产生 93.3 kPa 以上的真空度。真空油炸时，先在储油罐内注入 1/3 容积的食用油，加热升温至 95℃，在 5min 内将真空度提高至 86.7kPa，并在 10 min 内将真空度提高至 93.3 kPa，此过程有大量泡沫产生，薯片上浮，可根据实际情况控制真空度，以不产生暴沸为限。待泡沫基本消失，油温开始上升，即可停止加热，然后使薯片与油层分离，在维持油炸真空度的同时，开启油路连通阀，油炸罐内的油在重力作用下，全部流回储罐内，先关闭各罐体的真空阀，再关闭真空泵，缓慢开启油炸罐连接大气的阀门，最后使罐内压力与大气压一致。趁热将薯片置于离心机中 1200 r/min 维持 6min，进行离心脱油、冷却后分级，真空充氮包装。

4.4.1.6　真空冻炸彩色马铃薯脆片

1. 工艺流程

工艺流程包括：原料挑选→清洗去皮→二次挑选→修检→精密分切→漂洗淀粉→漂烫杀青→清水冷却→振动或离心沥水→速冻隧道或冷库速冻→真空油炸→真空脱油→均匀调味→金属异物检测→包装→成品装箱入库。

2. 操作技术要点

（1）原料挑选

挑选颜色深（深紫、深红、深蓝）、纹理细腻、个头均匀的彩色薯原料，以便于切出完整均匀的片、条或丁。

（2）清洗去皮

采用手工或机械去皮，由于彩色薯大多表皮光洁且无芽眼，清洗方便，一般采用机械磨皮的方式去皮较好，但要求注意不要过分磨损。

（3）二次挑选、修检

即将去皮后的彩色薯原料芽眼和余皮剔除干净。

（4）精密切分

采用高精度切分设备将彩色原料薯切成 1.5~2.0mm 厚度的平片、2.5~3.0mm 厚度的波浪或波纹形片或者 7mm 长条、9mm 波浪形长条或 15mm×15mm×15mm 的方形丁。

（5）漂洗淀粉

用清水或漂洗液轻微漂洗一下即可，时间不超过 30min 为佳，该漂洗液需用 0.01%柠檬酸加 0.04%NaHSO₃ 勾兑而成，这种漂洗液起到既漂去薯片表面的淀粉又达到护色的目的。

（6）杀青漂烫

将漂洗后的原料彩色薯片送入 85~90℃的可以变频调速的连续式杀青机中漂烫 5~7min，接着用冷清水冷却并振荡沥水或离脱水均可。这样的温度有效保证了彩色薯片固有的原花青素大量地保留下来，色泽非常艳丽，原花青素是国际公认的有效清除人体内自由基、抗氧化预防癌、心脏病发生的物质。

（7）隧道或冷库速冻

根据设备实际情况，如果是全自动流水线则将原料彩色薯片直接送入速冻隧道冻结即可；如果是间歇式设备则需将原料彩色薯片送入−18~20℃的冷库中冻结 2h。

（8）真空油炸和真空脱油

将冻结好的原料彩色薯片无须解冻直接送入真空油炸主机内（立式、卧式两种）进行料片冻结状态下的真空油炸。油温控制在 85~105℃区间；油炸时间控制在 25~35min 区间；真空度控制在 0.085~0.095MPa；真空脱油时间设定为 4min，转速 400r/min 为最佳。真空脱油也在真空油炸主机内进行，间歇式油炸罐为真空离心式脱油方式；全自动真空油炸流水线为真空仓内输送网带振动脱油方式。

料片在冻结状态下直接真空炸制，这种炸制方式确保了彩色薯因减少了解冻环节避免了料片二次氧化褐变，而且因为冻结状态下的彩色薯料片在真空负压环境中突然遇热升华干燥，平展的冻片瞬间失去水分后仍旧保持平展形态，这样炸出的彩色薯片片型平展、色泽鲜艳悦目，且口感酥脆度非常好。

（9）调味

采用全自动调味机将调味粉均匀喷撒在成品彩色薯脆片的表面上，以便确保味道均匀。如采用荷兰库柏斯公司制造的全自动调味喷撒机，本机配有调味料箱，当成品彩色薯片传送到调味机输送带上时，光电传感器即发出喷撒信号指令，调味机开始工作。薯片的调味料，国际上一般采用盐味（即白砂糖、食盐、味素混合）或其他诸如麻辣粉、番茄粉等多种口味，调味料可以由薯片厂家自己配制，为常规技术。也可以由正规调味品厂家供应。

（10）包装

为了保证产品新鲜色泽和品尝期限，最好将彩色薯脆片成品装入密闭遮光的铝箔袋包装中。因为彩色薯片富含抗氧化物质——花青素，所以对于光线不敏感，即便是装在透明的包装袋或器皿中，也能长时间地保持色彩艳丽。

3. 产品特点

产品片型平整如初、颜色接近原料本色、营养丰富、口感香酥、厚薄均匀、超低的含油率。

4.4.1.7　低脂油炸薯片

1. 原料配方

马铃薯（生净片）100%，大豆蛋白粉1%，碳酸氢钠0.25%，植物油2%，调味品及香料适量。

2. 工艺流程

工艺流程包括：马铃薯→清洗→去皮→切片→护色液浸泡→漂洗→离心脱水→混合→涂抹→微波烘烤→调味→包装→成品。

3. 操作技术要点

①选料：皮薄，芽眼浅，表面光滑，50~100g的薯块，比重>1.6，含糖<2%，避免发芽，表皮干缩。

②去皮修整：采用碱液去皮法，去皮后检查薯块，除去不合格薯块，并修整已去皮的薯块。

③切片 切成厚度均匀1.8~2.2mm的薯片。切好的薯片用1%的食盐渍一下，时间3~5min，可除去10%的水分。

④护色液浸泡：用0.045%的偏重亚硫酸钠和0.1%的柠檬酸配成护色液浸泡薯片30min，可抑制酶促褐变和非酶褐变。浸泡时间若长达2~4h，也可使薯片漂白。

⑤离心脱水：用清水冲洗浸泡后的薯片至口尝无咸味即可。然后将薯片在离心机内离心1~2min，脱除薯片表面的水分。

⑥混合涂抹：将离心脱水的薯片置于一个便于拌和的容器内，按薯片重量计，加入脱腥大豆蛋白粉1%，碳酸氢钠0.25%，植物油2%（人造奶油或色拉油），然后充分拌和，使薯片涂抹均匀，静置10min后烘烤。

⑦微波烘烤：用特制的烘盘单层摆放薯片，然后放在传送带上进行微波烘烤，速度可任意调控，约受热3~4min，再进入热风段，除去游离水分约3~4min后又进入下一段微波烘烤工序，整个过程约10min。

⑧调味：直接将调味品和香料细粉撒拌薯片上混匀，也可直接将食用香精喷涂在热的薯片上，调味后立即包装。

4.4.1.8　马铃薯酥糖片

1. 工艺流程

工艺流程包括：马铃薯→清洗→切片→漂洗→水煮→烘干→油炸→上糖衣→冷却→包装。

2. 操作技术要点

①选料：选择 50~100g 重的薯块，淀粉含量高，且无病虫、无霉烂薯块。

②切片：洗净的薯块用 20%~22% 的碱液去皮，然后用切片机切成厚度均匀 1~2mm 的薄片，切好的薯片浸没水中以防变色。

③水煮：将薯片倒入沸水锅内，薯片达到八成熟时，迅速捞出晾晒。

④干制：可自然干制也可人工烘干，直至抛洒有清脆的响声，一压即碎为止。

⑤油炸：将薯片炸成金黄色时，迅速捞出，沥干油分，炸时注意翻动，使受热均匀。

⑥上糖衣：将白糖放入少量水加热溶化，倒入炸好的薯片，不断搅拌，缓慢加热，使糖液中的水分完全蒸发而在薯片表面形成一层透明的黏膜，最后包装密封。

4.4.1.9　风味马铃薯脯

1. 工艺流程

工艺流程包括：马铃薯→清洗→去皮→切片→护色→硬化→清洗→糖制→烘烤→成品。

2. 操作技术要点

①选料：选择块茎大，表皮薄，还原糖含量低，蛋白质和纤维素少的品种。

②去皮：碱液去皮法，将块茎放入 100℃、20% 的 NaOH 溶液中处理到表皮一碰即脱时，立即取出用水冲洗。

③切片：将马铃薯切成厚 1~1.5mm、长 4cm、宽 2cm 的薄片，剔除形状不规则的薯片和杂色薯片。

④护色和硬化：切片后立即将薯片投入含 1.0% 维生素 C，1.5% 柠檬酸，0.1% 氯化钙的混合溶液中处理 20min，再用 2% 的石灰水溶液浸泡 2.5~3h。

⑤清洗：用清水将硬化后的薯片漂洗 0.5~1h，换 3~5 次水，洗去表面淀粉及残余的护色硬化液。

⑥糖制：将处理好的薯片放入网袋中，在夹层锅中配制 30% 的糖液，并用柠檬酸调至 pH 4.0~4.3。糖液在锅中煮沸 1~2min 后，将薯片投入，煮制 4~8min 后捞出，投入到 30% 的冷糖液中浸渍 12h。然后用同样方法分别投入 40%、50%、60%、65% 的糖液中进行糖煮、糖浸，待薯片煮至半透明状，含糖量达 60% 以上时取出，沥去残余的糖液。

⑦烘烤：将薯片摊在烤盘中，在远红外箱中以 55℃~60℃ 的温度烘烤 10~14h，烘至薯片为乳白色至淡黄色，含水量 16%~18% 时取出。在干燥快结束时，在制品表面撒上薯片重量 10% 的糖粉（先将砂糖用粉碎机粉碎，过 100 目筛），拌匀后筛去多余糖粉即得成品。

4.4.2　以马铃薯粉等为配料加工成的薯片制品

4.4.2.1　油炸成型马铃薯片

1. 原料配方

配方 1：以脱水马铃薯片为 100% 计，水 35%，乳化剂 0.18%，酸式磷酸盐 0.2%，食盐、柠檬酸、抗氧化剂各少量。

配方 2：马铃薯粉 65%，小麦粉 10%、马铃薯糊 25%，炸油适量。

2. 工艺流程

工艺流程包括：脱水马铃薯片→粉碎→混合→压片→成型→油炸→成品。

3. 操作技术要点

①粉碎：是指将脱水马铃薯片用粉碎机粉碎成细粉。

②混合：将乳化剂、磷酸盐、抗氧化剂等先用适量温水溶解，然后加入配方中所有水与马铃薯粉混合成均匀的面团，为防止马铃薯中还原糖对成品色泽的影响，可以在面团中加入少量活性酵母，先经过发酵消耗掉面团中可发酵的还原糖。

③压片与成型：面团用辊式压面机压成 3mm 厚的连续的面片，然后用切割机切成直径为 6cm 左右的椭圆薄片。

④油炸：成型好的薯片在油温为 160～170℃的棉籽油中炸 7s，炸好后在表面撒上成品重 2%左右的盐即为成品。

4.4.2.2　烘烤成型马铃薯片

1. 原料配方

原料配方为：马铃薯粉 80%，小麦粉、马铃薯淀粉各 5%，生马铃薯片 10%，油脂适量。

2. 工艺流程

工艺流程包括：原料→混合→挤压成型→烘烤→喷涂油脂→成品。

3. 操作技术要点

①成型：将马铃薯粉、小麦粉、马铃薯淀粉、生马铃薯片（边长 4mm）混合，放在挤压成型机中，加热到 120℃挤压成型。

②烘烤：在烤箱中用 110℃烘烤 20min，烤后喷涂油脂即为成品。

4.4.2.3　中空薯片

1. 原料配方

原料配方为：马铃薯粉 53%，发酵粉 0.3%，化学调味料 0.3%，马铃薯淀粉 10%，乳化剂 0.3%，水 35%，精盐 1%。

2. 工艺流程

工艺流程包括：原料→混合→压片→冲压成型→油炸→成品。

3. 操作技术要点

①混合：按配方称料，在和面机中混合均匀。

②压片：用压面机将和好的面团压成 0.6～0.65 mm 厚的薄片料（片状生料中含水量约为 39%）。

③冲压成型：将上述面片两片叠放在一起，用冲压装置从其上方向下冲压，得到一定形状的，两片叠压在一起的生料片。

④油炸：生料片不经过干燥，直接放在 180～190℃的油中炸 40～45s。由于加进 20%的马铃薯生淀粉，生料的连接性很好，组织细密，炸后两层面片之间膨胀起来，成为一种特别的中间膨胀的产品即为成品。

4.5　马铃薯膨化食品

膨化食品是近些年国际上发展起来的一种新型食品。它以谷物、豆类、薯类、蔬菜等为原料，经膨化设备的加工，制造出品种繁多，外形精巧，营养丰富，酥脆香美的食品。因此，独具一格地形成了食品的一大类。

食品膨化是将谷物或其他的物料装入膨化机中加以密封，进行加热、加压或机械作用，使物料处于高温、高压状态，物料在此状态下，所有的组分都积蓄了大量的能量，物料的组织变得柔软，水分呈过热状态，此时，迅速将膨化机的密封盖打开或将物料从膨化机中突然挤压出来，在此瞬间，由于物料被突然降至常温、常压状态，巨大的能量释放，使呈过热状态的液态水汽化蒸发，其体积可膨胀2000倍左右，从而产生巨大的膨胀压力。巨大的膨胀压力使物料组织遭到强大的爆破伸张作用，形成物料无数细微多孔的海绵结构，使体系的熵增加（即混乱度增大），这一过程叫做食品膨化。膨化食品不仅组织结构多孔膨松，口感香酥，易于消化吸收，而且还具有设备结构简单，操作容易，加工方便，自动化程度高，质量稳定，设备投资少，收益快，成本低等优点，其加工制造在现代化的食品工业中显示出极大的优越性，表现出了强大的生命力。

膨化食品大体上可分为以下几类：①油炸膨化，如油炸薯片、油炸土豆片等；②焙烤膨化，如旺旺雪饼、旺旺仙贝等；③挤压膨化，如麦圈、虾条等；④压力膨化，如爆米花等。

4.5.1 膨化马铃薯

4.5.1.1 工艺流程

膨化食品有两种不同的生产工艺流程，即直接膨化食品和间接膨化食品。

直接膨化食品工艺流程：马铃薯→洗涤→去皮→整理→切丁或条→硫化处理→预煮→冷却→二硫化物溶剂处理→干燥→膨化→添加增味剂→包装→成品。

间接膨化食品的工艺流程：马铃薯→洗涤→去皮→整理→切丁或条→硫化处理→预煮→冷却→二硫化物溶剂处理→成型→干燥→半成品→膨化处理→添加增味剂→包装→成品。

4.5.1.2 操作技术要点

1. 原料选择

剔除发芽、发绿的马铃薯以及腐烂、病变薯块。

2. 清洗

可以人工清洗，也可机械清洗。若流水作业，一般先将原料倒入进料口，在输送带上拣出烂薯、石子、泥沙等，清理后，通过送料槽或提升斗送入洗涤机中清洗。清洗通常是在鼠笼式洗涤机中进行擦洗，洗净后的马铃薯转入带网眼的运输带上沥干，然后送去皮机去皮。

3. 去皮

去皮的方法有手工去皮、机械去皮、红外线去皮、蒸汽去皮和化学去皮等。

4. 护色

①提取出马铃薯片褐变反应物：将马铃薯片浸没在0.01%~0.05%浓度的氯化钾、氨基硫酸钾和氯化镁等碱金属盐类和碱土金属盐类的热水溶液中；或将切好的鲜薯片浸入0.25%氯化钾溶液中3min即可提取出足够的褐变反应物，使成品呈浅淡的颜色。

②用亚硫酸氢钠或焦亚硫酸钠处理：先将经切片的鲜薯片浸没在 82~93℃的 0.25%亚硫酸钠溶液中（加盐酸调 pH=2）煮沸 1min，然后加工也能制成色泽很好的产品。

③二氧化硫处理：用二氧化硫气体通过马铃薯，使二氧化硫和空气在一起密闭 24h 后储藏在 5℃条件下，或是将切片在二氧化硫溶液中浸提后，再用水洗掉二氧化硫及还原糖等，可生产出浅色制品。

④降低还原糖含量：马铃薯在加工期间会发生淀粉的降解、还原糖的积累。在加工前，将马铃薯的储藏温度升高到 21~24℃，经过一个星期的储藏后，大约有 4/5 的糖可重新结合成淀粉，减少了加工淀粉时的原料损失以及加工食品时的非酶褐变的发生。

5. 干燥

①箱式干燥：加热方式有蒸汽、煤气、电加热。由箱体、加热器、烤架、烤盘和风机等组成。箱体周围设有保温层，内部装有干燥容器、整流版、风机与空气加热器。根据热风的流动方向不同有平流箱式和穿流箱式。平流箱式干燥机的热风的流动方向与物料平行，从物料表面通过，箱内风速按干燥要求可在 0.5~3m/s 间选取，物料厚度为 20~50cm。这类干燥器的废气可进行再循环。该装置的特点是适于薯块、薯脯等多种物料的小批量生产。烤盘上的物料装载量及烤盘间距，应根据物料的不同作适当的调整。

②带式干燥机：带式干燥机是将物料置于输送带上，在随带运动的过程中与热风接触而干燥的设备。广泛应用于固体食品的干制。

③滚筒干燥机：这种干燥机是将液料分布在转动的、蒸汽加热的滚筒上，与热滚筒表面接触，液料的水分被蒸发，然后被刮刀刮下，经粉碎为产品的干燥设备。特点是热效率高，干燥速度快，产品干燥质量稳定。常压式滚筒干燥器常用于土豆泥、土豆粉等的干燥。

④流化床干燥机：该方法是粉粒状物料受热风作用，通过多孔板，在流态化过程中干燥。流化床干燥机处理物料的粒度范围为 30μm~5mm，可以用于马铃薯泥回填法干燥。其干燥速度快、处理能力大、温度控制容易，设备结构简单，适应性较广，造价低廉，运转稳定，操作方便，可制得含水率较低的产品。

6. 膨化

根据膨化设备的生产方式可将其分为间歇式膨化设备和连续式膨化设备两大类。前者设备简单易于操作，原料适应范围广，但其生产效率不高，产量低，不适于大规模生产化生产。后者是在前者的基础上发展起来的，其工作原理是把装料、加盖、密封和开盖膨化这两道工序改为连续进料和连续排料。为了保持在 200℃和 0.6MPa 的高温高压条件下，实现连续进料和排料，一般都采用转动阀。设备有挤压式膨化机（分单螺杆食品膨化机、双螺杆食品膨化机）、爆花式膨化机（分气流式连续膨化设备、流动式连续膨化设备、传送带式连续膨化设备）。

7. 调味

膨化后的马铃薯应及时调成鲜味、咸味、甜味等多种口味。产品香酥，适口性强，易于保存。

4.5.2 风味马铃薯膨化食品

4.5.2.1 配方

1. 马铃薯膨化食品

马铃薯 83.74%，氢化棉籽油 3.2%，熏肉 4.8%，精盐 2%，味精 0.66%，鹿角菜胶 0.3%，棉籽油 0.78%，磷酸单甘油酯 0.3%，BHT（抗氧化剂）0.03%，蔗糖 0.73%，食用色素 0.02%，水适量。

2. 海味膨化食品

马铃薯淀粉 40%~70%，蛤蚌肉（新鲜、去壳）25%~51%，精盐 2%~5%，发酵粉 1%~2%，味精 0.15%~0.6%，大豆酱 0.085%~0.17%，柠檬汁 0.068%~0.25%，水适量。

3. 花生酱风味膨化食品

马铃薯淀粉 55%，花生酱 20%，水 25%。

4. 洋葱口味马铃薯膨化食品

马铃薯淀粉 29.6%，马铃薯颗粒粉 27.8%，精盐 2.3%，浓缩酱油 5.5%，洋葱粉末 0.2%，水 34.6%。

4.5.2.2 工艺流程

工艺流程包括：原料→混合→蒸煮→冷冻→成型→干燥→膨化→调味→成品。

4.5.2.3 操作技术要点

①混合：按配方比例称量物料，将各种物料混合均匀。

②蒸煮：采用蒸汽蒸煮，使混合物料完全熟透（淀粉质充分糊化）。

③冷冻：于 5~8℃的温度下放置 24~48h。

④干燥：将成型后的坯料干燥至水分含量为 25%~30%。

⑤膨化：宜采用气流式膨化设备进行膨化。

4.5.2.4 成品质量要求

水分含量：≤3%；吸水量：≥自身质量的 3 倍；酸度（以乳酸计）：<1mg/g；体积质量：100g/L 左右；含沙量：≤0.01%；灰分：≤6%。

制品中无氰化物检出，无致病菌检出。具有各个品种应有的气味及滋味，无焦糊味和其他异味。

4.5.3 银耳酥

4.5.3.1 原料配方

马铃薯淀粉、粳米粉、玉米粉等。

4.5.3.2 工艺流程

工艺流程如下：

玉米→去皮去胚芽→粉碎→玉米粉
　　　　　　　　　　↓
大米→粉碎→大米粉→拌粉→挤压成型→冷却→油炸膨化→沥油→调味→包装→成品
　　　　　　　　　　↑
　　　　　　　　　淀粉

4.5.3.3　操作技术要点

1. 粉碎

大米粉碎成 20~40 目筛的颗粒度即可，蔗糖粉的细度要求达到 80 目筛以上。

2. 拌粉

拌粉时的加水量，应根据淀粉原料的实际含水量具体掌握。通常，拌料时物料的配比为：淀粉 64%、大米粉 13%、玉米粉 10%、水 13%。拌粉应充分，使物料吸水均匀。

3. 挤压成型

采用长螺杆挤压膨化机，螺杆的压缩比为 2.6。转速为 39r/min。若有条件，能使用双螺杆挤压式膨化机，则效果会更理想，喷嘴模具使用空心管的模头，下料时应连续、均匀，避免过多过少，以保证出料均匀顺利，防止发生堵料和物料抱轴现象，挤压喷的膨化物料的膨化率不可过高，要在已完全熟化的条件下，膨化率达到 30% 即可。喷出的膨化物料立即通过成型切刀，切成厚薄均匀的环状胚料。胚料的厚度以 2~3mm 即可。

4. 冷却

成型后的胚料应均匀摊开，置于阴凉通风处充分冷却。一般情况下冷却 5~10h 即可。

5. 油炸膨化

油炸用油以使用棕榈油为宜，油温为 180~200℃。油温不可过高，防止焦糊。

6. 调味

将由蔗糖粉、葡萄糖粉、精盐以及香精、香料等配成的复合调料均匀地撒拌到滗油化料理上。拌料时轻轻翻拌，避免把膨化料搅碎。

7. 包装

应使用复合塑料袋采用充气包装。

成品外形独特，色泽洁白，犹如银耳。口感非常好，不发艮，不垫牙，无渣，入口即酥，是老少皆宜的小吃食品。

4.5.4　营养泡司

4.5.4.1　原料配方

原料配方为：马铃薯淀粉、蔗糖、精盐、味精、核苷酸、各种风味调料的香精、香料、紫菜末、海米粉、营养强化剂等。

4.5.4.2　工艺流程

工艺流程包括：淀粉→打浆→调粉→成型→汽化→老化→切片或条→干燥→油炸→膨化→滗油→调味→包装→入库。

4.5.4.3　操作技术要点

1. 打浆

将水和马铃薯淀粉放入拌粉机中，搅拌均匀。

2. 糊化

在打浆后的浆料中加入沸水，边加沸水边不断搅拌，至透明的糊状为止。温度控制在 60~80℃。

3. 调粉

在已糊化的淀粉中按表 4-1 的比例加入各种调味料及营养强化剂，搅拌均匀后，再加入淀粉，调制成一致、无干粉块的面团。

表 4-1 原料配比表

食 品	蔗糖	精盐	味精（80%）	紫菜末	柠檬酸钙	磷酸二氢钙	硫酸亚铁
富钙、海鲜油炸膨化食品	0.6	0.85	0.2	1.5	0.86	0.68	—
富铁、海鲜油炸膨化食品	0.6	0.85	0.2	1.5	0.86	—	0.0045
富钙、鲜虾油炸膨化食品	0.6	0.85	0.2	1.5	0.86	0.68	—

4. 成型

将面团制成长短直径分别为 45mm、30mm 的椭圆形截面的面棍。

5. 汽蒸

用 98.0665kPa 压力的蒸汽蒸 1h 左右，使面团熟化充分，呈半透明状，组织较软，富有弹性。

6. 老化

待熟化面团冷凉后，置于 2~5℃ 的条件下，放置 24~48h，使汽蒸后胀粗的条团恢复原状，呈不透明状，组织变硬，富有弹性。

7. 切片

用不锈钢刀切成 1.5mm 厚的薄片，或切成 1.5mm 厚、5~8mm 宽的条状。

8. 干燥

将切片机切条后的坯料放置于烘干机内，于 45~50℃ 的低温条件下，时间为 6~7h，烘干的坯料呈半透明状，质地脆硬，用手掰开后断面有光泽，水分含量为 5.5%~6.0%。

9. 油炸膨化

使用精炼植物油或棕榈油。可采取间歇式油炸或连续式油炸，投料量应均匀一致，不可过大，油温应严格控制在 180℃ 左右。若油温过低，坯料内水分汽化速度较慢，短时间内形成的喷爆压力较低，使产品的膨化率下降；油温过高，制品易卷曲、发焦，影响感官效果。

10. 调味与产品特点

可根据需要，对制品拌撒不同类型的调味料，以使成品的风味和滋味更加诱人。

产品口感香脆、无渣、易于消化吸收、老少皆宜，风味独特，花色多变，强化营养，可作为老人和儿童补铁、钙的小食品；生产工艺简单，成本低，占地小，易于工业化生产。

4.5.5 酥香马铃薯片

4.5.5.1 工艺流程

工艺流程包括：脱水马铃薯片→粉碎→加水拌料→挤压膨化→成型→油炸→调味→包装。

4.5.5.2 操作技术要点

1. 粉碎

人工或自然干燥的原料均可使用，要求色泽正常，无异味，粉碎加工成粉状，过

0.6~0.8nm 孔径的筛。粉碎颗粒大，膨化时产生的摩擦力也大，同时物料在机腔内搅拌揉和不匀，故膨化制品粗糙，口感欠佳；颗粒过细，物料在机腔内易产生滑脱现象，影响膨化。

2. 拌料

在拌粉机中加水拌混，一般加水量控制在 20% 左右。加水量大，则机腔内湿度大，压力降低，虽出料顺利，但挤出的物料含水量高，容易出现黏结现象；如加水量少，则机腔内压力大，物料喷射困难，产品易出现焦苦味。

3. 挤压膨化

配好的物料通过喂料机均匀进入膨化机中。膨化温度控制在 170℃ 左右，膨化压力为 3.92~4.9MPa，进料电机电压控制在 50V 左右。

4. 成型

挤出的物料经冷却送入切断机切成片状，厚度按要求而定。

5. 油炸

棕榈油及色拉油按一定比例混合后作为油炸用油。油温控制在 180℃ 左右，炸后冷却的产品酥脆，不能出现焦苦味及未炸透等现象。

6. 调味

配成的调味料经粉碎后放入带搅拌的调料桶中，将调味料均匀地撒在油炸片表面，然后立即包装即为成品。

4.5.5.3　成品质量标准

1. 感观指标

色泽：浅黄色，外观具有油炸和调味料的色泽；口感：具有香、酥、脆等特点，有马铃薯特有的风味，并具有包装上标识的风味类型、风味应有的味道；组织形态：产品断面组织疏松均匀、片薄；形状：圆或长方形，大小均匀一致。

2. 理化指标

水分<6%，蛋白质<8%，脂肪<20%，过氧化值<0.25%，酸值<1.8mg 氢氧化钾/g 油。

3. 卫生指标

符合《油炸小食品卫生标准》（GB 16565—2003）的卫生指标。

4.5.6　风味马铃薯膨化薯片

此种薯片原料配方多种多样，加工工艺大同小异，仅以此配方为例加以介绍。

4.5.6.1　原料配方

马铃薯粉 83.74%，氢化棉籽油 3.2%，熏肉 4.8%，精盐 2%，味精 0.6%，鹿角菜胶 0.3%，棉籽油 0.78%，磷酸单甘油 0.3%，BHT（抗氧化剂）0.03%，蔗糖 0.73%，食用色素 0.02%，水适量。

4.5.6.2　工艺流程

工艺流程包括：原料→混合→蒸煮→冷冻→成型→干燥→膨化→调味→成品。

4.5.6.3　操作技术要点

①混合：按配方比例称量物料，将各物料混合均匀。

②熏煮：采用蒸汽蒸煮，使物料完全熟透（淀粉充分糊化）。先进的生产方法是将混合原料投入双螺杆挤压蒸煮成型机中，一次完成蒸煮成型工作，将物料挤压成片状。

③冷冻：在 5~8℃ 的温度下，放置 24~48h。

④干燥：将成型的薄片干燥至含水量为 25%~30%。

⑤膨化：采用气流式膨化设备进行膨化，即为成品。

4.5.7 复合马铃薯膨化条

4.5.7.1 原料配方

原料配方为：马铃薯 55%，奶粉 4%，糯米粉 11%，玉米粉 14%，面粉 9%，白砂糖 4%，食盐 1.2%，番茄粉 1.5%，外用调味料适量。或将番茄粉换为五香粉 1.5% 或麻辣粉 1.3%。

4.5.7.2 工艺流程

工艺流程包括：鲜马铃薯→选料→清洗→去腐去皮→切片→柠檬酸钠溶液处理→蒸煮→揉碎→与辅料混合→老化→干燥（去除部分水分）→挤压膨化→调味→包装→成品。

4.5.7.3 操作技术要点

1. 选料

选白粗皮且晚熟期收获，存放时间至少 1 个月的马铃薯，因为白粗皮的马铃薯淀粉含量高，营养价值高，存放后的马铃薯香味更浓。

2. 切片及柠檬酸钠溶液处理

将选好的马铃薯利用清水洗涤干净去皮，然后进行切片。切片的目的是为了减少蒸煮时间，而柠檬酸钠溶液的处理是为了减少在入锅蒸煮前这段较短的时间内所发生的酶促褐变，保证产品的良好外观品质，柠檬酸钠溶液的浓度用 0.1%~0.2% 即可。

3. 蒸煮、揉碎

将马铃薯放入蒸煮锅中进行蒸煮，蒸熟后将其揉碎。

4. 混合、老化

将揉碎的马铃薯与各种辅料进行充分混合，然后进行老化。蒸煮阶段淀粉糊化，水分子进入淀粉晶格间隙，从而使淀粉大量不可逆地吸水，在 3℃~7℃、相对湿度 50% 左右下冷却老化 12h，使淀粉高度晶格化从而包裹住糊化时吸收的水分。在挤压膨化时这些水分就会急剧汽化喷出，从而形成多空隙的疏松结构，使产品达到一定的酥脆度。

5. 干燥

挤压膨化前，原、辅料的水分含量直接影响到产品的酥脆度。所以，在干燥这一环节必须严格控制干燥的时间和温度。本产品可采用微波干燥法进行干燥。

6. 挤压膨化

挤压膨化是重要的工序，除原料成分和水分含量对膨化有重要影响之外，膨化中还要注意适当控制膨化温度。因为温度过低，产品的口味口感不足，温度过高又容易造成焦糊现象。膨化适宜的条件为原辅料含水量 12%、膨化温度 120℃、螺旋杆转速 125 r/min。

7. 调味

因膨化温度较高，若在原料中直接加入调味料，调味料极易挥发。将调味工序放在膨化之后是因为刚刚膨化出的产品具有一定的温度、湿度和韧性，在此时将调味料喷撒于产品表面可以保证调味料颗粒黏附其上。

8. 包装

将上述经过调味的产品进行包装即为成品。

4.5.7.4 成品质量标准

1. 感官指标

成品为浅褐色,具有马铃薯特有的清香味、轻微玉米清香、奶香及清淡的番茄或可口的麻辣味,无任何异味。产品酥脆可口,口感硬度合适,不黏牙。

2. 理化指标

蛋白质>6%,脂肪<21%,碳水化合物53%~62%,水分<4%。

3. 微生物指标

细菌总数≤100 个/g,大肠菌群≤30 个/100g,致病菌不得检出。

4.5.8 马铃薯三维立体膨化食品

三维立体膨化食品是近几年在国内刚刚面世的一种全新的膨化食品。三维立体膨化食品的外观不循窠臼,一改传统膨化食品扁平且缺乏变化的单一模式,采用全新的生产工艺,使生产出的产品外形变化多样、立体感强,并且组织细腻、口感酥脆,还可做成各种动物形状和富有情趣的妙脆角、网络脆、枕头包等,所以一经面世就以新颖的外观和奇特的口感受到消费者的青睐。

4.5.8.1 主要原料

主要原料有:玉米淀粉、大米淀粉、马铃薯淀粉、韩国泡菜调味粉(BF013)。

4.5.8.2 工艺流程

工艺流程包括:原料、混料→预处理→挤压→冷却→复合成型→烘干→油炸→调味→包装→成品。

4.5.8.3 操作技术要点

1. 原料、混料

该工艺是将干物料混合均匀与水调和达到预湿润的效果,为淀粉的水合作用提供一些时间。这个过程对最后产品的成型效果有较大的影响。一般混合后的物料含水量在28%~35%,由混料机完成。

2. 预处理

预处理后的原料经过螺旋挤出使之达到90%~100%的熟化,物料是塑性熔融状,并且不留任何残留应力,为下道挤压成型工序做准备。

3. 挤压

这是该工艺的关键工序,经过熟化的物料自动进入低剪切挤压螺杆,温度控制在70~80℃。经特殊的模具,挤压出宽200mm、厚0.8~1mm的大片,大片为半透明状,韧性好。

4. 冷却

挤压过的大片必须经过8~12m的冷却长度,有效地保证复合机在产品成型时的脱模。

5. 复合成型

该工艺由三组程序来完成:

第一步为压花。由两组压花辊来操作,使片状物料表面呈网状并起到牵引的作用;动物形状或其他不需要表面网状的片状物料可更换为平辊,使其只具有牵引作用。

第二步为复合。压花后的两片经过导向重叠进入复合辊,复合后的成品随输送带送入烘干,多余物料进入第三步回收装置。

第三步为回收。由一组专从挤压机返回的输送带来完成,使其重新进入挤压工序,保证生产不间断。

6. 烘干

挤出的坯料水分处于 20%~30%,而下道工序之前要求坯料的水分含量为 12%,由于这些坯料此时已形成密实的结构,不可迅速烘干,这就要求在低于前面工序温度的条件下,采用较长的时间来进行烘干,以保证产品形状的稳定。

7. 油炸

烘干后的坯料进入油炸锅以完成油炸和去除水分,使产品最终水分为 2%~3%。坯料因本身水分迅速蒸发而膨胀 2~3 倍。

8. 调味、包装

用自动滚筒调味机在产品表面喷涂 5%~8%韩国泡菜调味粉,然后进行包装即为成品。

4.5.9 油炸膨化马铃薯丸

4.5.9.1 原料配方

原料配方为:去皮马铃薯 79.5%,人造奶油 4.5%,食用油 9.0%,鸡蛋黄 3.5%,蛋白 3.5%。

4.5.9.2 工艺流程

工艺流程包括:马铃薯→洗净→去皮→整理蒸煮→熟马铃薯捣烂→混合→成型→油炸膨化→冷却→油汆→滗油→成品。

4.5.9.3 操作技术要点

1. 去皮及整理

将马铃薯利用清水清洗干净后进行去皮,去皮可采用机械摩擦去皮或碱液去皮。去皮后的马铃薯应仔细检查,除去发芽、碰伤、霉变等部位,防止不符合要求的原料进入下道工序。

2. 煮熟、捣烂

采用蒸汽蒸煮,使马铃薯完全熟透为止。然后将蒸熟的马铃薯捣成泥状。

3. 混合

按照配方的比例,将捣烂的熟马铃薯泥与其他配料加入到搅拌混合机内,充分混合均匀。

4. 成型

将上述混合均匀的物料送入成型机中进行成型,制成丸状。

5. 油炸膨化

将制成的马铃薯丸放入热油中进行炸制,油炸温度 180℃左右。

6. 其他

油炸膨化的马铃薯丸，待冷却后再次进行油炸，制成的油炸膨化马铃薯的直径为 12~14mm，香酥可口，风味独特。

4.5.10　微波膨化营养马铃薯片

经微波膨化将马铃薯制成营养脆片，得到的产品能完整地保持马铃薯原有的各种营养成分，同时微波的强力杀菌作用避免了防腐剂的使用，更利于幼儿成长需要。

4.5.10.1　主要原料

主要原料有马铃薯、食盐、明胶。

4.5.10.2　工艺流程

工艺流程包括：原料→去皮→切片→护色→浸胶→调味→微波膨化→包装→成品。

4.5.10.3　操作技术要点

1. 原料

选择不发霉、不变质、无虫、无发芽、皮色无青色、储藏期小于 1 年的马铃薯为原料。将选择好的马铃薯利用清水将表面的泥土等杂质洗净。

2. 配制溶液

因为考虑到原料的褐变、维生素 C 的损失和口味的调配，所以溶液应同时具有护色、调味等作用，且应掌握时间。

量取一定量水（要求全部浸没原料），加入需要的食盐和明胶，加热至 100℃，使明胶全部溶解。制作同样的两份溶液，一份加热沸腾，一份冷却至室温。

3. 去皮

将清洗干净的马铃薯进行去皮，并深挖芽眼。去皮要厚于 0.5mm，然后进行切片，切片厚度为 1~1.5mm，要求薄厚均匀一致。

4. 护色及调味

先将马铃薯片放入沸腾的溶液中漂烫 2min，马上捞出放入冷溶液中，并在室温下浸泡 30min。

5. 微波膨化

将马铃薯片从冷溶液中捞出后马上放入微波炉内进行膨化，调整功率为 750 W，2min后进行翻个，再次进入功率 750W 的微波炉中膨化 2min，然后调整功率为 75W 持续 1min左右，产品呈金黄色，无焦黄，内部产生细密而均匀的气泡、口感松脆。

6. 成品包装

从微波炉中将马铃薯片取出后要及时封装，采用真空包装或惰性气体（氮气、二氧化碳）包装，防虫防潮、低温低湿避光储藏，包装材料要求不透明，非金属，不透气，产品经过包装后即为成品。

4.6　马铃薯三粉加工

4.6.1　精白粉丝、粉条

粉丝、粉条是我国传统的淀粉制品，配做汤、菜均可，其风味特殊、烹调简便、成品价格低廉。以马铃薯为原料加工粉丝的工艺是近几年才发展起来的。

4.6.1.1 工艺流程

工艺流程如下:

精淀粉

↓

粗淀粉→清洗→过滤→精制→打浆→调料→冷却→漂白→干燥→成品

4.6.1.2 操作技术要点

1. 淀粉清洗

将淀粉放在水池里,加注清水,用搅拌机搅成淀粉乳液,让其自然沉淀后,放掉上面的废水、黄脚料,把淀粉铲到另一个池子里,清除底部泥沙。

2. 过滤

把淀粉完全搅起,徐徐加入澄清好的石灰水,其作用是使淀粉中部分蛋白质凝聚,保持色素物质悬浮于溶液中易于分离,同时石灰水的钙离子可降低果胶之类胶体的黏性,使薯渣易于过筛。把淀粉乳液搅拌均匀,再用120目的筛网过滤到另一个池子里沉淀。

3. 漂白

放掉池子上面的废液,加注清水,把淀粉完全搅起,使淀粉乳液成中性,然后用亚硫酸溶液漂白。漂白后用碱中和,中和处理时残留的碱性抑制褐变反应活性成分。在处理过程中,通过几次搅拌沉淀可以把浮在上层的渣及沉在底层的泥沙除去。经过脱色漂白后的淀粉洁白如玉、无杂质,然后置于贮粉池内,上层加盖清水储存待用。

4. 打芡

先将淀粉总量的3%～4%用热水调成稀糊状,再用沸水向调好的稀粉糊猛冲,快速搅拌约10min,调至粉糊透明均匀即为粉芡。为增加粉丝的洁白度和透明度、韧性,可加入绿豆、蚕豆或魔芋精粉打芡。

5. 调粉

首先在粉芡内加入0.5%的明矾,充分混匀后再将剩余96%～97%的湿淀粉和粉芡混合,搅拌好并揉至无疙瘩、不粘手,成能拉的软面团即可。初做者可先试一下,以漏下的粉丝不粗、不细、不断为正好。若下条快并断条,表示芡大(太稀);若条下不来或太慢,粗细不匀,表示芡小(太干)。芡大可加粉,芡小可加水,但以一次调好为宜。为增加粉丝的光洁度和韧性,可在调粉时加入0.2%～0.5%的羧甲基纤维素、羧甲基淀粉或琼脂,也可加少量的食盐和植物油。

6. 漏粉

将面团放在带小孔的漏瓢中挂在开水锅上,在粉团上均匀加压力(或加振动压力)后,透过小孔,粉团即漏下成粉丝或粉条。把它浸入沸水中,遇热凝固成丝或条。此时应经常搅动,或使锅中水缓慢向一个方向流动,以防丝条粘着锅底。漏瓢距水面的高度依粉丝的细度而定,一般为55～65cm,高则条细,低则条粗。如在漏粉之前将粉团抽真空处理,加工成的粉丝表面光亮,内部无气泡,透明度、韧性好。粉条和粉丝制作工艺的区别在于制粉丝用芡量比制粉条多,即面团稍稀。所用的漏瓢筛眼也不同,粉丝用圆形筛眼,较小;制粉条的瓢眼为长方形的,较大。

7. 冷却、漂白

粉丝（条）落到沸水锅中后，在其将要浮起时，用小竿（一般用竹制的）挑起，拉到冷水缸中冷却，增加粉丝（条）的弹性。冷却后，再用竹竿绕成捆，放入酸浆中浸 3~4min，捞起凉透，再用清水漂过。最好是放在浆水中浸 10min，搓开互相黏着的粉丝（条）。酸浆的作用是可漂去粉丝（条）上的色素或其他黏性物质，增加粉丝的光滑度。为了使粉丝（条）色泽洁白，还可用二氧化硫熏蒸漂白。二氧化硫可用点燃硫黄块制得，熏蒸可在一专门的房间中进行。

8. 干燥

浸好的粉丝、粉条可运往晒场，挂在绳上，随晒随抖擞，使其干燥均匀。冬季晒粉采用冷干法。

粉丝、粉条经干燥后，可取下捆扎成把，即得成品，包装备用。另外，在以马铃薯淀粉为原料制作粉丝、粉条的过程中，不同工艺过程生产出的产品质量有很多差异，这是由淀粉糊的凝沉特点所决定的。马铃薯淀粉糊的凝沉性受冷却速度的影响（特别是高浓度的淀粉糊）。若冷却、干燥速度太快，淀粉中直链淀粉来不及结成束状结构，易结合成凝胶体的结构；如缓慢凝沉，淀粉糊中直链成分排列成束状结构。采用流漏法生产的粉丝较挤压法生产的好，表现为粉丝韧性好、耐煮、不易断条。挤压法生产的产品虽然外观挺直，但吃起来口感较差，发"倔"。流漏法工艺漏粉时的淀粉糊含水量高于挤压法的，流漏出的粉丝进入沸水中又一次浸水，充分糊化，含水量进一步提高。挤压法使用的淀粉糊含水量较低，挤压成形后不用浸水，直接挂起晾晒，因而挤压法成品干燥速度较流漏法快，这样不利于直链淀粉形成束状结构，影响了质量。

4.6.1.3　质量要求

粉丝和粉条均要求色泽洁白，无可见杂质，丝条干脆，水分不超过 12%，无异味，烹调加工后有较好的韧性，丝条不易断，具有粉丝、粉条特有的风味，无生淀粉及原料气味，符合食品卫生要求。

4.6.2　瓢漏式普通粉条生产

瓢漏式粉条加工在我国已有数十年的历史。传统的手工粉条加工使用的漏粉工具是刻上漏眼的大葫芦瓢，以后逐步演变成铁制、铝制、铜制和不锈钢制的金属漏瓢。自 20 世纪 90 年代起，各地开始将瓢漏式粉条加工的手工和面改为机械和面，将手工打瓢工艺改为机械打瓢，节省了人力，提高了工效。

4.6.2.1　工艺流程

工艺流程包括：淀粉→打芡→和面→漏粉→糊化成型→冷却→盘粉上杆→老化→晾晒。

4.6.2.2　操作技术要点

1. 原料选择与处理

选用优质马铃薯淀粉是生产优质粉条的基本保证。粉条生产对原料的要求是：淀粉色泽白而鲜艳，最好白度在 80% 以上，无泥沙、无细渣、无其他杂质、无霉变、无异味。对于自然干燥颗粒大而且较硬的淀粉，用粮食粉碎机粉碎后再加工。如里面混有少量较大的植物残叶等杂质，应提前拣出。对自然保存的湿粉坨，加工粉条前要认真检查，发现局部有霉变现象，应用刀刮去霉层；表层及里层均有霉变现象，应放弃使用；表层落有灰尘时，应予拂净。湿粉坨使用前，应先破碎成小块，再用锨拍碎，必要时用手搓匀或用机器搅碎。从市场上购买的粗制淀粉，一般都需要净化。不同档次的粉条生产，对原料净化的要求有所不同。生产低档和中档偏下的粉条原料一般不需净化；生产中档及中档偏上的粉条，对淀粉应简易净化；生产高档粉条时应对淀粉进行精细净化。简易净化是指用简单的设备和简易的工序，将粗制淀粉中大量杂质去掉的过程。具体办法是将粗制淀粉置于大缸或池中，对 3 倍左右的清水溶成乳液，过 120 目网筛去掉粗纤维，再加入酸浆调至 pH 值为 5.6~6.2，按酸浆法工艺脱色、去杂，通过静置沉淀分离出泥沙及蛋白质等杂质，吊滤后直接加工成粉条。颜色较暗的淀粉，有的是加工过程中黄粉等杂质未分离彻底而导致的。用此类淀粉加工的粉条，色泽呈暗褐色。由于黄粉中的主要成分是蛋白质，淀粉中的蛋白质在淀粉加工中是杂质，但在食品工业上是食品添加剂，在粉条里能起增筋作用。故农村有不少地方的农民喜欢食用颜色较暗的粉条。颜色发暗的淀粉里除了含有蛋白质外，还含有细渣和细沙甚至含有灰尘等杂质，因此加工时应尽量选用色泽白、杂质少的淀粉作原料。

2. 打芡

打芡是和面的前工序。芡的作用是黏结淀粉，使淀粉团成为适宜的流体状，通过漏瓢而流入锅内煮熟即成粉条。芡质量的好坏及适应性，对和面质量及漏粉效果影响很大。芡过稠，和成的面筋力过大，面团流漏性差，漏粉不畅；芡过稀，和成的面胶性差、筋力小、易断条。打芡稀稠的原则是：优质淀粉宜稀，劣质淀粉宜稠；干淀粉宜稀，湿淀粉宜稠；细粉宜稀，粗粉宜稠。制芡时先取少量生淀粉加温水调成淀粉乳，再加沸开水打成淀粉熟糊。如用含水量 38%~40% 的湿淀粉和面，先取其中 6% 的湿淀粉，对入重量为湿淀粉重 1/2 的温水调成糊状，再兑沸开水（重量为湿淀粉重的 1~1.5 倍），边加边搅拌成糊状。如用含水量 14%~16% 的干淀粉和面，一般每 100kg 干淀粉取 3.0~4.0kg 的淀粉作芡粉（细粉取低值、粗粉取高值），加入 1.5 倍 55℃ 温水先调成淀粉乳，打芡前，将芡盆用热水预热至 60℃，再加入沸水 50~60kg（细粉取高值、粗粉取低值），用木棒或搅拌机迅速顺着一个方向搅拌，先低速搅拌，后逐渐提高搅拌速度，直至均匀晶莹透亮、熟化、劲大、丝长、黏度大的熟糊，以防粉条过脆易断。若用碎粉条代芡，务必将碎粉条经手选→风选→水选→去杂→洗净→除沙→泡好后，煮 15~20min，煮透再用。每 50kg 干淀粉加 4.5~5.0kg 干碎粉条煮烂的粉条。目前，粉条加工正积极推行无明矾生产工艺。方法是在和面时，将芡（待温度降到 70℃ 左右时）倒入和面机中，再加入占干淀粉重量 0.05%~0.1% 的食用油（增加粉条的光亮度）、0.1%~0.3% 的食用碱（起膨松与中和淀粉酸性作用）、0.5%~0.8% 的食用精盐（增加粉条持水性、韧性、耐煮度，用前需经粉碎，用时稍加水溶解）和 0.15%~0.2% 的瓜尔豆胶（天然植物胶无毒，根据生产需要量添加，达到增筋效果）或 0.2%~0.3% 的羧甲基纤维素或羧甲基淀粉或琼脂或加 1%~3% 的魔芋精粉。将和面容器中起预热作用的热水倒出，把制芡的淀粉置于里面，用 1.5 倍的 30℃~40℃ 温水将明矾粉化开后与淀粉调成粉乳，再加入 50~60kg 沸水，边倒边用木棒朝一个方向快速搅拌，直至均匀透明为止。注意，上述用量是 100kg 干淀粉和面所需的量，如果每次和面用干淀粉 50kg，则对上述各种料量减半。若用和面机制芡，可省去人工搅拌的劳动量，而且制芡快、搅拌均匀。但应注意机器转速不能过快，搅拌时间不能过长，以免淀粉糊的黏性降低，并在打糊容器外装保温设施。制好的芡应是熟化、透明、劲大、丝长、黏度大。芡打好后装入大盆或小缸备用。

3. 和面

和面实质上是用芡的黏性把淀粉黏结成团，并通过搅揉，把面团和成具有一定的固态、还有一定的流动性和较好的延展性的过程。和面的方法有手工和面与机械和面两种。

（1）芡同淀粉的比例

瓢漏式粉条加工，无论是人工和面还是机械和面，面团的含水率都要达到 45% ~ 48%。用芡的比例根据淀粉干湿而定。用干淀粉和面时，每 65kg 干淀粉加芡 35kg 左右即可；若用含水率 38% ~ 40% 的湿粉和面，其含水率已达到和面水分要求的量，无法再加芡和面，因此必须加入一定量的干淀粉再兑芡和面。以每批和面的面团总重 100kg 为例，不同干湿淀粉加芡比例为：

①干湿淀粉比例 1∶1，即干湿淀粉各为 40kg 时，加芡量为 20kg 左右。

②干湿淀粉比例 4∶6，即干淀粉 35kg、湿淀粉 50kg 时，加芡量为 15kg 左右。

③若干湿淀粉比例 3∶7，即干淀粉 27kg、湿淀粉 63kg 时，加芡量为 10kg。

随着芡用量的减少，芡液的浓度也应随之提高，以保证有足够的黏结淀粉的能力。此外，加芡的比例还应根据不同批次淀粉具体的含水率及淀粉质量而定。如干淀粉的含水率有的在 12%，有的在 15% 左右，湿淀粉含水率在 38% ~ 42%；有的淀粉可黏结性好，有的淀粉可黏结性差。因此，和面加芡时要因粉而宜，不能用统一的加芡比例。如对含水率高的淀粉应少用芡、用稠芡；对含水率低的淀粉应多用芡、用稀芡；对优质淀粉用芡量可适当减少，并以稀芡为主；对劣质淀粉用芡量可适当增加并以稠芡为主。加工粉条的种类不同，加芡的比例也不同。一般来说，加芡量的顺序是：细粉>粗粉>宽粉（片粉）>粉带，用芡的浓度与芡量相反，其顺序是：粉带>宽粉>粗粉>细粉。

（2）人工和面

①和面容器的预热及保温。粉条加工的主要季节在冬季，和面容器如果温度过低，会使面团温度下降过快，影响和面质量和漏粉质量。人工和面及手工漏粉所需的时间长，面团更容易降温。因此，在和面时必须对和面容器采取预热及保温措施。

②预热陶瓷缸或盆。用陶瓷缸或陶瓷盆和面保温性相对较好。在和面前用开水倒入缸（盆）里预热 5 ~ 10min，开水的量不少于容器容量的 1/3。预热期间，用热水向缸内壁上中部冲淋数次，使缸体受热均匀。缸热后再将热水倒出进行和面。和面缸不宜过深，一般以 70cm 左右为宜。打芡缸（盆）趁热和面也起预热作用。

③热水夹层。将和面容器置于大于该容器的另一个容器中，使两容器之间有 3 ~ 5cm 的夹层，和面时在夹层里注入 60℃ 左右的热水进行保温。水温下降到 30℃ 时，应予更换。此种方法保温效果较好。特制的夹层和面缸（盆）有注水孔和排水孔，使用更为方便。此外，在冬季还可采取在和面缸（盆）外网套上棉被、塑料薄膜，或提高室温等措施，以减慢面温下降速度。

（3）和面方法

将淀粉置于和面缸（盆）中，一人执木棍搅拌，一人将热芡往里面倒，边倒边拌，拌匀时，用手将面揉光。若用缸和面时，由二三人轮流用双手翻揉，基本均匀时，再用手由面团四周从上到下揣揉，使面团不断向中间翻起来，以减少面团中的空气泡。在南方用大木盆和面时，一般是四五人旋转揣和，有节奏地进行，左手同时沿盆壁向下按去。右手拔起，接着左手拔起，右手向下按去，如此交替进行，并绕盆移位转动。一般左手按下，左脚着地，右手按下，右脚着地，手力、臂力、体力结合使用。面团在盆中运动的规律是从盆的四周被按下去，经盆底从中间向上突起来。为防止盆底面团未充分和匀，应间断性地将盆底面团向上翻一翻。经 10~20min 的揉和，面团不断从中间突起来，向四周分散。面中的小气泡不断被挤破，使面团的密度不断增大，粉条的韧性也随之增强。

（4）机械和面

用机械和面省工、省力、效率高。根据和面机械的不同，可分为搅拌式和面和绞龙揉面式和面。搅拌式和面机械是在搅杠一端焊接有不同类型的铁爪，由铁爪转动搅动面团进行运动。绞龙揉面式和面机械有立式型和卧式型，绞龙是由宽叶螺旋组成，工作时绞龙转动，同时螺旋叶片与面团摩擦生热。因此，在和面时要控制速度。此类机械和面还带有揉面的性质，和出的面相对质量较高，还可保持一定的面温。用普通和面机和好的面，再经过真空抽气机，如图 4-16 所示，抽空的面团密度大，增强了粉条的拉力和韧性，而且粉条光泽度好、透明。有的粉条厂家看到手工粉条好卖，就在和面之后，不用抽真空，而用模拟人工揉糊和面机进行揉面，以保证面团有良好的柔软性和延展性，这种模拟人工揉糊和面机生产的粉条口感柔软滑嫩。

根据机械和面用芡的种类不同，分为用常规芡和面和以碎粉代芡和面。用常规芡和面：常规芡就是平常和面所用的熟淀粉糊芡。和面时，开动和面机，边搅动边加淀粉边加芡，一般 8~10min 即可和成。以碎粉代芡和面：碎粉代芡是将盘粉、晒粉及切割过程中剩下来的碎粉煮烂代替芡和面，可取得与芡相同的效果。其原理是利用了甘薯淀粉中支链淀粉多、直链淀粉少，老化后遇高温仍可煮烂发黏的特性。

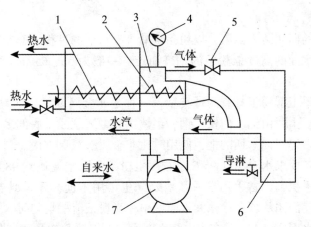

1——一级绞龙；2——二级绞龙；3——真空室；4——真空表；5——真空室阀门；6——缓冲器；7——真空泵

图 4-16 ZHJ-20（40）型真空和面机工作流程图

碎粉代芡的主要优点是：一是可充分利用粉条加工过程中掉下的碎粉，通过代芡使碎粉"回炉"变成长粉，提高成品率；二是技术简单，易于推广。此项技术在河南、河北、山东等省一些加工区使用较为普遍。

碎粉代芡和面的方法：首先将碎粉拣净，通过风选、手选、水选去掉碎粉中的泥沙、植物碎片。在和面前将碎粉在锅里煮 15~20min，以充分煮烂为宜。煮后将碎粉捞于铝盆、木盆或塑料盆中。煮粉时加水量以煮烂后刚好水分吸完为宜。用碎粉的比例一般以每 50kg 淀粉，加 2.2~2.5kg 干碎粉煮烂后的碎粉。和面时将煮过的 60℃的碎粉置于和面机容器中，再加入前述的无明矾粉条配方中的添加剂，搅拌器转动数 10 圈后倒入淀粉搅拌和面。煮好的碎粉，不要全部加入，留出少量在和面过程进行调剂。一般 8~10min 即可把面和成。

以碎粉代芡和面应注意以下几点：一是碎粉中不能带杂质以防污染粉条；二是煮粉后要立即倒入非铁质容器，以免碎粉变青，影响粉条色泽；三是湿碎粉在天热时不可放置时间过长，防止酸败，一旦发现要停止使用，以免影响粉条卫生质量。

（5）和面质量要求

瓢漏式粉条加工，无论采用哪种方法和面，最终要求的和面质量是一致的。和好的面团表面光滑柔软，不结块、无粉粒、不粘手；含水量在 48%~50%，面温控制在 45~50℃。用手指在上面划沟，裂缝不会很快合上。将手伸入面团中慢慢拉出，整手被面粘满，如将手急速从面中拔出则不会粘手。用双手捧起一团面，就会从指缝中柔滑地流下，形成细长丝状而不断。流下的面丝重叠在一起，所留痕迹经 3min 左右才能消失。双手抓起一团面，急速在手掌中翻转，不粘手，也不能流下。在检验和面质量时，如果发现抓起面团从指缝流得太快或几乎抓不起团时，说明面和得偏软，应加干淀粉继续和面；如果发现抓起面团从指缝流动困难，不成丝状，间断流下，说明面和得偏硬，应加芡和软。当然不同淀粉制品和不同漏粉机械，对和面软硬要求也不完全一样，基本原则是粉丝宜软（面团中含水率宜高）、粉条适中、宽粉及粉带面团宜硬（面团含水率偏低）。

4. 漏粉和煮粉

（1）漏粉

漏粉是将和好的面团装入漏瓢，以粉条状漏入煮粉锅的过程。漏粉亦分为手工漏粉和机械漏粉。漏瓢距水面的高度依粉条的细度而定，一般为 55~65cm，高则条细，低则条粗。

①手工漏粉：手工漏粉工具有两种类型，一种是非金属漏瓢，它是由葫芦瓢制成的；另一种是金属漏瓢，主要由铝、白铁、铜、不锈钢等金属制成，底部多为平底，上面刻有许多孔。金属瓢上多焊有插木柄的把，使用时比非金属漏瓢更方便。漏粉前先将面盆置于煮粉锅前，当细粉条要求水温达到 95℃左右、粗粉条要求水温达到 98℃左右时，将面团装入漏瓢。一人左手执瓢，右手用拳或掌根处（也可用木槌）不停地击瓢沿，由于粉瓢不停地均匀振动，使面团从瓢孔徐徐漏入面盆中，当粉条流漏均匀时入锅正式漏粉。漏粉时走瓢要平稳，距水面 30~40 cm 在锅内绕小圈运动，以防熟粉顶生粉发生断条。手工漏粉时，一人打瓢漏粉，一人将面继续揉好，并用手抓起一团面往漏瓢里补充。但由于人的臂力有限，一般连漏 5~7 瓢就要停下来换人。停下后将瓢内剩余面团用手去净，再用手蘸少许稀芡在瓢内涂一层（称为"利瓢"），作用是流漏顺利，而且易将最后剩余面团能顺利去掉。待锅内粉条煮熟捞出后，再按上述方法装瓢漏粉。每次缸内的面都要用手重新揉好，以防面团表层干燥，保证面团始终有较好的延展性。

②机械漏粉：粉条漏粉机械多用吊挂式和臂端式（机械手臂端漏瓢）。吊挂式漏粉机，如图 4-17 所示，在漏粉时吊挂于煮粉锅的上方，可通过调整瓢的高度来调节粉的粗

细。瓢的振动是垂直振动，没有固定的平行摆动轨道和机械推动能。粉条在锅内做轻度来回运动的动能，来自于往瓢里填面团时的辅助动力或推力，这种推力是很轻微的，否则摆幅过大，会使漏下的粉条跑出锅外。臂端式漏粉机漏粉（图4-18）时，除了漏瓢的垂直振动外，机械手臂还做水平弧形摆动，摆幅应在漏粉前调试好。

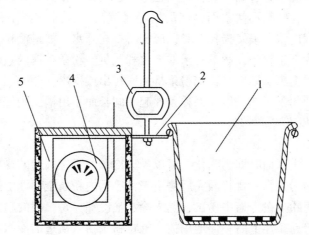

1—粉瓢；2—连接架；3—吊环；4—微型电动机；5—电动机护箱

图4-17　8PZF-100型吊挂式漏粉机示意图

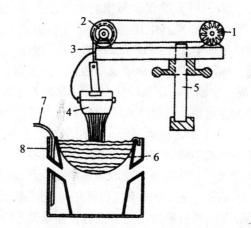

1—电机；2—导轮；3—曲柄；4—漏瓢；5—机架；6—煮锅；7—进水管；8—套锅

图4-18　臂端式打瓢机示意图

机械漏粉最大的优点是，可以不间断地往瓢里填面，连续漏粉。在水温和其他条件都能满足时，每50kg干淀粉和的面团，在15min左右即可漏完。在加工扁粉及粉带时，由于面团含水率偏小，筋力大，用吊挂式和普通臂端式非加压型的漏粉机漏粉已显困难。因此，必须使用木槌加压型的漏粉机，工作时，木槌不停地捶打漏瓢内的面团，并产生振动使粉漏出。无论手工漏粉还是机械漏粉，在漏粉过程中，要注意防止淀粉面温下降过快及面团表层干燥。预防措施除了对面盆和面进行保温外，还要对剩余面团不停地揉和，以防漏出的粉条出现大量的"粉珠"。

（2）煮粉

煮粉是指漏出的粉条在锅内糊化的过程。在锅内煮的时间与粉条粗细有关，一般在沸水锅中煮 30~40s 就熟化了（细粉取低值，粗粉取中值，扁粉取高值）。煮粉时扁粉、粉带重量大，在锅内停留时间长，容易使水温下降，因此应使炉火烧旺，以利充分熟化。细粉条很容易熟化，水温不宜过高，煮粉时间也不宜过长，否则容易在锅内断条。煮粉时要保持锅内热水的深度，一般要使水面与锅沿始终保持在 1~2cm，便于粉从锅沿拉入冷水池，漏粉时间长，锅内水分蒸发损耗多时，应随时补充开水。如果漏粉时间长，锅内泡沫过多时，会从棚架漏下生粉条，影响粉条的熟化和质量。粉条在锅内熟化的标志是漏入锅中的粉条由锅底再浮上来。如果强行把粉条从锅底拉出或捞出，会因糊化不彻底而降低粉条的韧性，一定要使粉条煮熟。但如果粉条浮起时间长而不出锅，则使粉条易煮断。

5. 捞粉、冷却和疏散剂处理

（1）捞粉冷却

当粉条由锅底浮出水面时即为熟化，可以捞出冷却。手工漏粉的捞粉分为：分批捞粉和连续捞粉。分批捞粉是当一瓢粉漏完后停下来，等锅内粉条全部浮上来后，用竹篮伸入锅内水中，用细棍将粉条拨入篮中捞出，倒入冷水池冷却，每瓢漏的粉盘一杆。连续捞粉是一人站于锅边，等粉条浮上后不停地用拨粉棍将粉条捞入锅边的冷水池。机械漏粉是连续性的，因此捞粉多采用自流式的捞粉方法，即当粉头浮出水面后，用拨粉棍将粉头拉出锅沿进入冷水池，以后凭借盘粉时对粉条的拉力，使粉条不断地从锅内拉入冷水，冷水池的温度控制在 20℃ 以下，并及时补充冷水。漏粉的速度，煮熟浮起的速度，与进入冷水池及盘粉的速度必须是一致的，如果其中任何一道工序不协调，就会造成整个系统的紊乱，不是影响粉条的质量就是影响加工的效率。在粉条从锅内流入冷水池的过程中，为了防止粉条被锅沿伤害，需在锅沿处安装滑动或滚动装置。该装置一般是由直径 10~15cm、长 20cm 左右的小木轮组成，中轴是一根铁丝支在木轮两端竖柱蝴上。轻触木轮就会使其转动，让粉条通过木轮进入冷水池，凭借冷水池的粉条拉力可带动木轮转动，使粉条能够顺利从锅中"滑"出来。如果小木轮转动不畅，可用手摇动曲柄带动木轮转动。安装在锅沿上的小木轮冷却在粉条加工中包含有以下几个方面的内容：一是粉条在沸水中完成糊化后需迅速置于冷水池中冷却；二是粉条上竿后需要放置一段时间使粉条温度逐渐下降；三是将粉条置于 0℃ 以下冷冻的过程。第一个过程是任何瓢漏式粉条厂都必须经过的冷却过程。第三个过程必须是在冬季或有冷库的地方进行，如果没有冷冻条件时，第二个过程则显得更为重要，因为这个冷却过程，又成了必需的老化过程。在冷水中冷却的目的主要是迅速把糊化后的淀粉变成凝胶状，洗去表层部分黏液，降低粉条黏性，减少粉条之间的黏结性。如果冷水池中水温升高过多及水的浓度增大，都会有降低冷却的效果。因此，冷水池中的水应定期更换或不断注入少量的冷水，使冷水池呈流水状。在冷水池中降温后，可进入下一道工序。

（2）疏散剂处理

不经冷冻晾晒的粉条容易黏结，出现"并条"现象。因此，缺乏冷冻条件或冷冻条件不充分时，必须提前对粉条进行疏散剂处理。处理的时间是在冷水池中冷却之后和上杆前后。常用的疏散剂主要是淀粉酶（大麦粉）和酸浆水。疏散剂在水溶液中的浓度：麦芽粉 0.05%，加酸浆水时应使水溶液 pH 值达 6 左右。

6. 冷冻与老化

粉条的熟化称为 α-化（糊化）。熟化后的粉条，需要在低温静置条件下，逐渐转变为不溶性的凝胶状，使粉具有耐煮性。这个过程称为粉条的 β-化（即老化）。从粉条上竿后的静置及冷冻到干燥前都是粉的 β-化过程。老化就是要创造条件，促进 α-化向 β-化的转变。粉条老化的措施主要是冷冻老化和常温老化。

（1）冷冻老化

冷冻是加速粉条老化最有效的措施，是国内外最常用的老化技术。通过冷冻，粉条中分子运动减弱，直链淀粉和支链淀粉的分子都趋向于平行排列，通过氢键重新结合成微晶束，形成有较强筋力的硬性结构。冷冻的第二个目的是防止粉条粘连，起到疏散作用。粉条沥水后通过静置，粉条外部的浓度较内部低，在冷冻时外部先结冰，进而内部结冰。在结冰时粉条脱水阻止了条间粘连，故通过冷冻的粉条疏散性很好，因此在冷冻前一般不用疏散剂处理。冷冻的第三个目的是促进条直。由于粉条结冰的过程也是粉条脱水的过程，冰融后粉条内部水分大大减少，晾晒时干燥速度加快，加之粉条是在垂直状态下老化而定型的，粉条晒干后也易保持顺直的形态。为了提高粉条质量，采用冷库代替自然冰冻，在 -9~-5℃ 条件下，缓慢冷冻 12~18h，冻透为宜。

（2）天然冷冻

利用冬季大气温度低于 -2℃ 的条件，进行粉条冷冻称为天然冷冻。方法是：在晚上温度降到 0℃ 时，将晾好的粉条挂放在自然冷冻室内的木架上，冷冻室上面与周围用塑料薄膜挡严，以防止粉条被风吹干，冷冻过程中翻 1~2 次。在自然冷冻的前期常温置放及后期的冷冻过程中，粉条失水不宜过快，要保持一定的含水量。在水分含量高的情况下，分子间碰撞机会多，有利于老化。水分不足时则影响老化。因此，在自然冷冻时，定期往粉条上喷些水，待粉条被冰包严后就不会再把粉条冻得发白。在冬季气温偏高地区，白天要把粉条架在室内，或上面盖上席，四周围上塑料薄膜，若白天太阳出来时可防晒、保湿，晚上天冷时可缓慢冷冻，使冻粉均匀。如果没有冷冻条件，为了常年生产，解决粘连问题，除了把漏好的粉条放入含 0.05% 麦芽粉的水池中浸泡一段时间，取出沥水后，粉条在平台上蘸些食用油，并揉搓一下，使粉条蘸油均匀，并在 15℃ 以下的晾粉室内，晾放 20~24h，12~14℃ 晾放 10~12h，或 6~10℃ 晾放 4~8h，温度越低晾放时间越短。因此，晾粉室应设在地下室或半地下室，以便控制高温。晾粉后再用清水浸泡一段时间，以便洗开后进行晾晒。

7. 干燥

冷冻后的粉条要脱冰融化，冷冻后，先把冷冻粉条浸泡在冷水中一段时间，经浸泡揉搓散条，然后可进行干燥。经过干燥，水分降低到安全的含量，有利于储藏和运输。

（1）粉条水分及其散失

粉条中的水分主要分为自由水和结合水。自由水包括粉条表面的润湿水分及分子间隙水分，此种水分属于机械结合方式，在冷冻条件下容易结冰，在脱冰和干燥过程中容易去掉；结合水包括与蛋白质、淀粉、果胶质等紧密结合的化学结合水和物理结合水，此种水分有一部分不易去除。粉条表层自由水的散失，必须是粉条表层水蒸气压大于周围空气的水蒸气压，具有分压差。粉条和介质（空气）两者温差越大，分压差越大，水分散失得越快。粉条与介质（空气）两者湿度差越大，空气流动速度越快，越容易带走粉条表层汽化的水分。在粉条干燥过程中，由于表面水分的汽化，中心部分的水分含量要比表面部分的高，形成了湿度梯度。由于这种湿度差的存在，水分就会由于毛细管力和扩散渗透力的作用，从水分含量高的地方向含量低的地方移动。当移动到粉条表面后又不断被汽化，最终实现了干燥。

（2）干燥的方法

根据干燥设备的不同种类，干燥方法分为自然干燥、烘干房干燥和隧道风干。

①自然干燥：利用太阳辐射能对粉条进行露天干燥，是多年来我国粉条干燥的主要形式。自然干燥的优点是，不需要消耗燃料，可降低生产成本。但受天气制约较大，影响连续生产，而且干燥过程中易受粉尘污染。晒粉应在硬化的干净场地上进行。室外气温在 22～25℃，风力 3～4 级的晴天或晴间多云天气，是晒粉条最适宜的天气。晒粉前，应对粉条进行预处理。经冷冻处理的粉条，晒粉前可放入温水中融冰，也可先用木棒捶粉脱冰，残余冰在温水中融去，然后挂在晒粉架上晾晒。若是常温置放老化的粉条，粉条粘连严重时可放入水中先浸泡，并在水中将粉条粘连处全部搓开后再晾晒。在有风天气，1h 左右翻 1 次（即将粉条带粉竿做 180°扭转），使其受风均匀，2h 左右松条（方法是取下两竿粉合并起来，两手握两竿粉的粉竿两端使粉条在席上做礅、抖、绕运动，使粘连处自动散开）。然后对不能完全散开的挂起，用手梳理揉搓使其充分散条。散条后将粉条连杆叠放起来，每 10～15 杆 1 垛，整齐码好，盖上单子或塑料薄膜，使粉条匀湿。经 30～40min，粉条中的水分由湿的部位向干的部位转移，使粉条上下、内外干湿一致，粉条由弯变直。然后将粉条挂起来继续晾晒 20min 左右，再翻转 1 次。粉条不宜晒得过干。粉条晒得过干易酥脆，粉条含水率达到 15% 左右为宜。如果风力过大，要将粉条下端折起搭到绳上，30min 以后，再放下晒，以免粉条下端过干变酥脆。

②烘干房干燥：烘干房以煤、电、蒸气加热进行烘干，可避免不良天气影响，而保证生产的连续性。烘房有简易烘房和现代化风干流水线。土烘房类似于烟炕，用煤加热火龙（火道），在龙下设置鼓风设备，室内架设粉架挂粉条，烘房上方设置排湿口。在烘房内制造出 3～4 级的风力条件。以热风带走粉条中的水分，达到烘干的目的。烘房内温度一般不能超过 60℃，温度过高，粉条容易粘连，同时表面和中间失水速度不一，会造成表面光滑度下降。室内干湿差应高于 4～5℃。粉条干燥需经过 3 个阶段：第一阶段为快速排湿阶段。室温保持 25～35℃，加大风量，粉条中的水分散失 20% 左右时，将粘连的粉条理开。第二阶段为保形散失阶段。室内气温保持 35～50℃，风量中等。如果温度过高，粉条表面失水过快，为保持粉条均衡失水，室内应保持一定的湿度，使粉条直而不弯。如果发现有严重弯曲趋势时，应将粉条取下堆压理直，然后再烘。此阶段水分再散失 20%～30%。第三阶段为干燥成品阶段，室温应保持 25～35℃。低温大风、少排湿，使粉条干燥至含水量 14% 时即可。以上 3 个阶段可在同一室内进行，也可分室进行。现代化干燥房已将烘干工序制成风干流水线，湿粉条缓慢经风干隧道，温度控制在 20～30℃，调节适量的风速，经风干 40～60min 即成干品，如图 4-19 所示。

③隧道风干：隧道风干以煤、电、蒸汽或下粉余热加热进行烘干，可避免不良天气影响，而保证生产的连续性。在隧道内制造出 3～4 级的风力条件，以热风带走粉条中的水分，达到烘干的目的。隧道内温度一般不能超过 40℃，温度过高，粉条容易粘连，同时表面和中间失水速度不一，会造成表面光滑度下降。室内干湿差应高于 4～5℃。粉条干燥

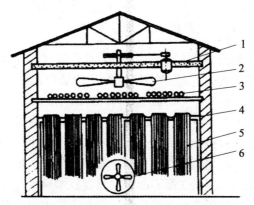

1—电动机；2—压风吊扇；3—散热管；4—粉条支架；5—粉条；6—排潮风扇

图4-19　固定式烘干房示意图

需经过3个阶段：第一阶段为快速排湿阶段，室温保持25~35℃，粉条中的水分散失20%左右时，将粘连的粉条理开。第二阶段为保形散失阶段，室内气温保持35~40℃。如果温度过高，粉条表面失水过快，为保持粉条均衡失水，隧道内应保持一定的风力、湿度，使粉条直而不弯。湿粉条缓慢经风干隧道，温度控制在30~40℃，调节适量的风速，经风干40~60min 即成干品。

8. 包装

刚晒干的粉条（丝）不能直接包装，最好在室内摊放 1~2h，让其适当吸潮，以防脆断。然后按产品品质的不同等级分别归类，送到包装车间进行包装。粉条包装分为大件包装、纸箱包装和袋装。

（1）大件包装

重量为 5~10kg，粉条头尾分层交叉叠放，用细绳捆紧，装入加压内衬薄膜的编织袋中。包装袋按要求填写商品标签，如品名、生产厂家、重量、生产日期、保质期等。10kg的用细红塑料绳或塑料带捆两道，然后装入加压内衬膜的塑料编织袋中。这类包装适应于长途运输或在以农村为主的农贸市场销售，粉条多以中低档为主。

（2）纸箱包装

每箱粉条重 5kg。纸箱有彩色和单色两种，以彩色的包装效果较好。纸箱大小以长×宽×高 = 40cm×25cm×20cm 为好，纸箱内加衬塑料薄膜。包装时用切割机或铡刀按要求长度进行切割。例如，秦皇岛市一些中外合资企业，对于出口装箱的粉条，生产时粉条的长度是根据纸箱的长度而定的，因此干燥后不需切割。该经验值得国内箱装粉条生产企业借鉴。不论采用哪种纸箱包装，最好在箱内放上产品说明，在箱面上要印上彩色或单色图案、商标、生产日期、重量等。

9. 检验

成品主要检测卫生指标、理化指标，按国家相应的食品标准执行，检验合格后即可入市销售。粉丝和粉条均要求色泽洁白，无可见杂质，丝条干脆，水分不超过12%，无异味，烹调加工后有较好的韧性，丝条不易断，具有粉丝、粉条特有的风味，无生淀粉及原料气味，符合食品卫生要求。

4.6.3　挤压式普通粉条（丝）生产技术

我国马铃薯挤压式粉条的生产主要是从 20 世纪 90 年代初开始的，在此之前挤压式粉条生产多用于玉米粉丝和米线的生产。在 20 世纪末的最后几年，马铃薯挤压式粉条的生产发展较快。机械性能也有了较大的改进，单机加工量由原来的 30～60kg/h 发展到 150kg/h 以上。挤压式粉条（丝）生产的最大优点是：占地面积小，一般 15～20m² 即可生产；节省劳力，2～3 人即可；操作简便；一机多用，不仅可生产粉丝（条），还可以生产粉带、片粉、凉面、米线，能提高机械利用率；粉条较瓢漏式加工的透明度高。生产中需要解决两大问题：一是粉条粘连，二是不耐煮。只要技术应用得当，合理使用添加剂，也能生产出质量较好的粉条。挤压式粉条机生产，适合于广大农户经营。

4.6.3.1　工艺流程

工艺流程如下：

$$配料→打芡→机器和面$$
$$\downarrow$$

粉条机清理→预热碎→开机投料→漏粉→鼓风散热→粉条剪切→冷却→揉搓散条→干燥→包装入库

4.6.3.2　操作技术要点

1. 原料要求

用于粉条加工的淀粉应是色泽鲜而白，无泥沙、无细渣和其他杂质，无霉变、无异味。湿淀粉加工的粉条优于干淀粉。干淀粉中往往有许多硬块，在自然晾晒中除了落入灰尘外，还容易落入叶屑等植物残体。对于杂质含量多的淀粉要经过净化，即加水分离沉淀去杂、除沙。吊滤后再加工粉条。若加工细度高的粉条，要求芡粉必须洁净无杂质。对色度差的淀粉结合去杂进行脱色。吊滤的湿淀粉利用湿马铃薯淀粉加工粉条，淀粉的含水量应低于 40%，先要破碎成小碎块再用。

2. 挤压式粉条添加剂配方

挤压式粉条入机加工前，粉团含水率较瓢漏式面团含水率高，而且经糊化后黏度较大，粉条间距很近，容易粘连。为了减少粘连，改善粉条品质，需要在和面时加入一些添加剂。提倡使用无明矾配料，根据淀粉纯净度、黏度可适当加入以下食用配料：食用碱 0.05%～0.1%，可中和淀粉的酸性，中性条件有利于粉条老化；在和面时按干淀粉重加入 0.8%～1.0% 的食盐，使粉条在干燥后自然吸潮，保持一定的韧性；加入天然增筋剂，如 0.15%～0.20% 的瓜尔胶或 0.2%～0.5% 的魔芋精粉。为了便于开粉，再加 0.5%～0.8% 的食用油（花生油、豆油或棕榈油等）。

3. 打芡

在制粉条和面时，需要提前用少量淀粉、添加剂和热水制成黏度很高的流体胶状淀粉糊，制取和淀粉面团所用淀粉稀糊的过程被称为打芡。打芡方法有手工打芡和机械打芡。打芡的基本程序是先取少量淀粉调成乳，并加入添加剂，加开水边冲边搅，熟化为止。

（1）配料及调粉乳

先取该批淀粉生产量 3%～4% 的淀粉，加入少量温水调成浓粉乳，加水量为干淀粉的

1倍。若用湿淀粉制芡，加水量应为湿粉重的50%。水温以55~60℃为好，因为52℃时，淀粉开始吸水膨胀，60℃时开始糊化。用60℃温水调乳，如果调粉乳用水温度超过60℃，过早引起糊化，将会使再加热水糊化成芡的过程受到影响。调粉乳所用容器应和芡的糊化是同一容器，一般用和面盆或和面缸。制芡前应先将开水倒入和面容器内预热5~10min，倒掉热水，再调淀粉乳，以免在下道工序时温度下降过快，影响糊化。在调淀粉乳时，将明矾提前研细，用开水化开，晾至60℃时再加入制芡所需的淀粉。调淀粉乳的目的是让制芡的淀粉大颗粒提前吸水散开，为均匀制芡打好基础。

（2）加开水糊化

若制100kg芡，需开水90~95kg，加入5~10kg淀粉。实际操作时，加水量应包括调粉乳时的用水，也就是在加开水时，应减去调粉乳的用水量。人工制芡时，一人执干净木棒，在盛有上述调好的淀粉乳的容器里，不停地朝同一方向搅动，另一人持盆或桶从沸水锅里起水，迅速倒入容器内，直到加水量达到要求为止。搅芡时手要稳，转速要快，使粉乳稀释与受热均匀，迅速糊化。机械制芡时，先将调好的淀粉乳置于容器内，再开动机器，带动搅杠转动，将开水慢慢加入。无论人工制芡或机械制芡都要小心操作，防止芡溅出。

（3）打芡质量要求

打好的芡，晶莹透明，劲大丝长，如用手指挑起，向空中一甩，可甩出1m多长的黏条而又不断。如果水温低，则芡糊化差，黏度降低；加水过多，芡稀黏性也差；加水少，芡流动性差，团聚淀粉能力也下降。芡制好后，盛入专用的盆内或缸内备用。

4. 和面

粉条加工和面过程，实际上是用制成的芡，将淀粉黏结在一起，并揉搓均匀成面团的过程。和面的方法分人工和面和机械和面。

（1）芡同淀粉和加水的比例

用干淀粉和面时，每100kg干淀粉加芡量应为20~25kg，加水量为60~65kg；若用湿淀粉（含水量35%~38%）和面，加芡量为l0~15kg，加水量为15~20kg。不论是人工还是机械和面，用湿粉或干粉和面，和好的面团含水率应为52%~55%。有些挤压式粉条加工，不打芡，把添加剂和温水溶在一起，直接和面，不过没有经用芡和面后加工的粉条质量好。不论哪种和面方法，各种添加剂都应在加水溶解后加入，但食用油是在和面时加入。

（2）和面方法

人工和面容器一般为大盆，先把淀粉置于盆内，再将芡倒入，用木棍搅动，边搅边加芡，芡量达到要求后，再搅一阵，用手反复翻搅、搓揉，直至和匀为止。机械和面的容器为和面盆或矮缸，开动机器将淀粉缓慢倒入盆内或缸内，并且不断地往里面加芡和淀粉，直到淀粉量和芡量达到要求为止。机械搅拌时，应将面团做圆周运动和上下翻搅运动，使面团充分和透、和软、和匀。

（3）和面的质量要求

挤压式制粉条要求淀粉乳团表面柔软光滑，无结块，无淀粉硬粒，含水量控制在53%~55%。和好的面呈半固体半流体，有一定黏性，用手猛抓不粘手，手抓一把流线不断，粗细均匀。流速较快，垂直流速为2m/s。如果流速过快，说明加水过多；流速过慢，则表明加水太少。和面时，制成粉乳温度不超过 40℃。

5. 挤压成型

电加热型挤压式粉条自熟机（图 4-20）工作时，先将水浴夹层加满水，接通电源，预热约 20min，拆下粉条机头上的筛板（又称粉镜），关闭节流阀，启动机器，从进料斗逐步加入浸湿了的废料（以前加工，余在机内的熟料）或湿粉条；如无废料，则用 1~2kg 干淀粉加水 30%，待机内发出微弱的鞭炮声，即预热完毕。待用来预热机器的粉料完全排出后，用少量食用油擦一下粉条机螺旋轴，装上筛板。再开动粉条机，从进料斗倒入和好的淀粉乳团，关闭出粉闸门 1min 左右，让粉团充分熟化，再打开闸门，让熟粉团在螺旋轴的推力下，从钢制粉条筛板挤出成型。生产时要控制节流阀，始终保持粉丝既能熟化，又不夹生，使水处于沸腾的状态。

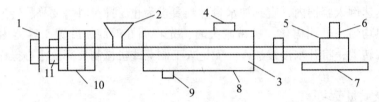

1—螺旋轴；2—进料口；3—电热器；4—加水口；5—三通；6—调节螺杆；
7—筛底；8—水箱；9—放水闸；10—轴承支架；11—皮带轮
图 4-20 6FT-150 型粉条机结构示意图（不带机架）

用煤炉加热的，先将浴锅外壳置炉上，水浴夹层内加热水，再按上述方法生产。在生产过程中，要始终保持水浴夹层的水呈微沸状态，随时补充蒸发的水。机械摩擦自然升温的粉条机、先开机，待机械工作室发热后再将淀粉乳倒入进料斗内。这类粉条机不需打芡，将吊滤后的粉团（含水量 40%~45%）捣碎掺入添加剂后直接投入机内可出粉条。还可将熟化后的粉头马上回炉做成粉条，减少浪费，提高成品率。

6. 散热与剪切

粉条从筛板中挤出来后，温度和黏度仍然很高，粉条会很快叠压黏结在一起，不利于散条。因此，在筛板下端应设置一个小型吹风机（也可用电风扇代替），使挤出的热粉条在风机的作用下迅速降温，散失热气，降低黏性。随着机械不停地工作，粉丝的长度不断增加。当达到一定长度时，要用剪刀迅速剪断放在竹箔上。由于此时粉条还没有完全冷却，粉条之间还容易粘连，因此在剪切时不能用手紧握，应一手轻托粉条，另一手用刃薄而锋利的长刃剪刀剪断。亦可一人托粉，一人剪切。剪刀用前要蘸点水，切忌用手捏或提，避免粘连。注意切口要齐，每次剪取的长度要一致，以利晒干后包装。剪好的粉条（丝）放在干净的竹席或竹架上冷却，千万不能放到塑料布上或放进水池内。一个竹箔摊满后，再用另一个竹箔。将摊满粉条的竹箔，转移到冷却室粉架上。

7. 冷却老化

初挤压出来的粉条在机内经过糊化后，淀粉还未凝沉，韧性较差，必须经过冷却和一定时间的放置，使分子运动减弱。直链淀粉和支链淀粉的分子都趋向平行排列，通过氢键结合重新结合成微晶束，才能形成不可逆的硬性结构，使粉条再经水煮时，不会因再糊化而引起断条。冷却老化有自然冷却和冷库冷却两种。

（1）自然冷却老化

将粉条置于常温下放置，使其慢慢冷却，逐渐老化。晾粉室的温度控制在15℃以下，一般晾8~12h。在自然冷却老化过程中，要避免其他物品挤压粉条或大量粉条叠压，以免粉条相互黏结。同时，要避免风吹日晒，以免表层粉条因失水过快而干结、揉搓时断条过多。粉条老化时间长，淀粉凝沉彻底，粉条耐煮，故一般应不低于8h。温度低时老化速度快，时间可短些；温度高时，老化速度慢，时间宜长些。

（2）冷库冷却老化

把老化后的粉条连同竹箔移入冷库，分层置放于架上，控制冷库温度-10~-5℃，冷冻8~10h。

8. 搓粉散条

老化好的粉条晒前应先进行解冻，环境温度大于10℃时，可进行自然解冻；当环境温度低于10℃时，用15~20℃的水进行喷水（淋水）解冻。把老化的粉条搭在粉竿上（也可在老化前搭在粉竿上），放入水中浸泡10~20min，用两手提粉竿在席上左右旋转，使粉条散开。对于个别地方仍粘连不开的，将粉条重新放入水中，用力搓开直至每根粉条都不相互粘连为止。也可以在浸泡水中加适量酸浆，以利于散条。散条后一些农户为使粉条增白防腐，将粉条挂入硫熏室内，用硫黄熏蒸，此法是不可取的。硫熏法的主要缺点：一是亚硫酸的脱色增白只作用于粉条表层，约15d后随时间推移，脱色效果会逐渐减退，直至现出原色；二是粉条中残留的有害物质SO_2严重超标，人们食用这种粉条多了会引起呼吸道疾病。在原料选择时，如果提前选用的就是精白淀粉或对原料淀粉进行净化，这时根本不需再用硫黄熏，以尽量减少对粉条不必要的污染。

9. 干燥

粉条干燥有自然干燥、烘房干燥和隧道风干3种。当前，我国多数加工厂家和绝大多数加工农户采用的是自然干燥。

（1）自然干燥

①晒粉场地：要选在空气流通、地面干净、四周无污染源的地方。专业生产厂晒场地面应用水泥硬化。普通加工农户晒场地要清扫干净，下面铺席或塑料薄膜，以免掉下的碎粉遭受泥土污染。切忌在公路附近、烟尘多的地方晒粉。

②晒粉天气：根据各地晒粉经验，将晒粉的最佳天气总结为：晴天见多云、风力三四级、气温20℃左右、大气无灰尘。原因是：晴而无风，粉弯成弓；多云小风，粉直理顺；天阴气湿，晒粉无功；风大尘扬，粉污质降。

③搭架：根据当地当时风向，采用不同的方式确定搭架的方向。挂晾粉竿的方向应与风的方向垂直。

a. 铁丝粉架：在晒场两边打矮木桩，两桩间连接铁丝，中间用若干组交叉木棍将铁丝顶起撑紧，在铁丝上套直径5~10cm的细绳环，粉竿两端分别套入绳环，使粉条吊在铁丝下边；铁丝架的另一种搭架方法是，可将两端的木桩增高至2.5m以上，两木桩上端用铁丝连接固定，两桩间距离过长时中间可增加若干木桩。

b. 木架：用4根粗木桩呈长方形分别固定于晒场上，用2根长木杆分别固定在2个桩上端（离地面1.8m处），再于2根长木杆上按60cm间距固定竹竿或木杆，将80cm长的粉竿直接架在竹竿上，粉竿间距应保持 20cm 以上。在实际操作中，木桩及木杆、竹竿均可用钢管代替。铁丝也可用绳代替。总之，粉架竖桩要坚固，上面的绳、丝要结实，能经受住湿粉条的压力。

④晾晒方法：初挂上粉架以控水散湿为主，不要轻易乱动，因为此时粉条韧性最差，容易折断，避免碎粉过多。20min 后，轻轻将粉条摊开，占满粉竿空余位置，便于粉条间通风。晾至四五成干时，将并条粉和下面的粉条结轻轻揉搓松动使其分离散开；晾至七成干时，将粉竿取下换方向，使原来的背风面换成迎风面，直至粉条中含水 14% 时为止。

（2）烘干房干燥和隧道风干

见瓢漏式普通粉条生产干燥。

4.6.4　粉丝新制作法

一般制作粉丝时是先将少量淀粉糊化，然后将糊化的淀粉同适量热水和凉水一起与剩下的大量干淀粉混合，制成流动性的粉丝生面，再用挤压的方法将淀粉制成粉丝或面条状，冷却除水，冷冻干燥制成干燥粉丝。现介绍一种不需要进行淀粉糊化即可制成粉丝的新方法。

例如：红薯淀粉 87.5kg、马铃薯淀粉 87.5kg、α-化淀粉 6kg、60℃ 温水 100L 混合，混合机处理 20min，即得到奶油状淀粉。再用 9mm 的有孔桥挤压装置将上述淀粉压成粉丝，出来的粉丝需通过 100℃ 的热水槽，时间为 30s，这样得到了糊化的粉丝。将粉丝用凉水冷却，最后冷却干燥即得成品。这样制得的粉丝外观均一且有韧性。

4.6.5　马铃薯-西红柿粉条

本品以马铃薯淀粉、西红柿为主要原料，所得的产品颜色呈淡红色、口感好、有西红柿特有的香气。此产品制作工艺简单、生产难度不大，适于乡镇企业、农村作坊、加工专业户生产。

4.6.5.1　原料配方

马铃薯淀粉 60%，西红柿浆 3%，明矾 0.3%~0.6%，食盐 0.01%~0.02%。

4.6.5.2　工艺流程

工艺流程如下：

西红柿→打浆→均质

↓

　　淀粉→冲芡→和面→揉面→漏粉→冷却清洗→冷冻→阴晾和冷冻疏粉、晾晒→成品

4.6.5.3　操作技术要点

1. 西红柿选择

所选用的西红柿要饱满、成熟度适中、香气浓厚、色泽鲜红。

2. 打浆

将洗净的西红柿切成小块，放入打浆机中初步打碎。

3. 均质

将初步打碎的西红柿浆倒入胶体磨中进行均质处理，得到的西红柿浆液备用。

4. 冲芡

选用优质的马铃薯淀粉，加温水搅拌，在容器中搅拌成糨糊状，然后将沸水向调好的稀粉糊中猛冲，快速搅拌，时间约10min，调至粉糊透明均匀即可。

5. 和面

通常在搅拌机或简单和面机上进行。将西红柿浆、明矾、干淀粉按一定比例倒入粉芡中，一起混合均匀，调至面团柔软发光。和好的面团中含水48%左右，温度不得低于25℃。

6. 漏粉

将揉好的面团放入漏粉机的粉瓢内，机器安装在锅台上。待锅中水温98℃、水面与出粉口平行即可开机漏粉。粉条下条过快并易出现断条，说明粉团过稀；若下条太慢或粗细不均，说明粉团过干，均可通过加粉或加水进行调整。粉条入水后应经常摇动，以免粘锅底，漏瓢距水面距离一般为55~65cm。

7. 冷却、清洗

粉条在锅中浮出水面后立即捞出投入到冷水缸中冷却、清洗，使粉条骤冷收缩，增加强度，冷水缸中温度不可超过15℃，冷却5~10min即可。

8. 阴晾和冷冻

捞出来的粉条先在3℃~10℃环境下阴晾1~2h，以增加粉条韧性。然后在-5℃的冷藏室里冷冻12h，目的是防止粉条之间互相粘连，以降低断粉率。

9. 疏粉、晾晒

将冷冻成冰状的粉条放入20~25℃水中，待冰融后轻轻揉搓，使粉条成单条散开后捞出，放在架上晾晒，气温以15~20℃最佳。自然干燥至含水率16%以下即为成品，包装。

4.6.5.4 产品规格

粉条粗细均匀，有淡红颜色，不黏条，长短均匀，口感好，有西红柿香气。

4.6.6 鱼粉丝

4.6.6.1 材料设备

1. 原料

鲢鱼或草鱼、马铃薯淀粉、明矾（食用级）、食盐、食用油。

2. 主要设备

胶体磨、粉丝成型机、制冷设备、烘箱。

4.6.6.2 工艺流程

工艺流程包括：鱼的预备处理→配料→熟化成型→冷冻开条→烘干→包装→成品。

4.6.6.3 操作技术要点

1. 原料要求

选用质量较好、洁白、干净、含水量40%以下的优质马铃薯淀粉；鲢鱼或草鱼要求鲜活，每尾重2kg左右，取自无污染水源。

2. 鱼的预处理

先冲洗干净鱼的外表，刮掉鱼鳞，挖掉鱼鳃，剖开去除内脏。把鱼切成块状，连鱼皮、鱼骨破碎，再经胶体磨将鱼浆里大颗粒磨碎，以便更好地与马铃薯淀粉混匀，使鱼粉丝不易断条。

3. 配料

鱼浆用量为马铃薯淀粉的 30%～40%，加入 3%～5% 的明矾，少许食盐、食用油，再加入与马铃薯淀粉等量的水混合，调成糊状备用。

4. 熟化成型

将调好的鱼淀粉糊加入粉丝成型机中，经机内熟化、成型后便得到鱼粉丝。用接粉板接着放入晒垫中冷至室温。

5. 冷冻开条

将冷至室温的鱼粉丝放入冷冻机中在 -5℃ 下冷冻 4～8h（若室外温度在 -5℃ 以下可放在室外冷冻一夜），取出鱼粉丝放入冷水中解冻开条。

6. 烘干

开条后的鱼粉丝放在 40～60℃ 烘箱里热风中干燥或在室外晒干至含水量 15%，注意干燥不能过快，以免鱼粉丝外表蒸发干而内部水分还没有蒸发掉，易断条。

7. 包装

把干燥后的鱼粉丝放在地上或晒垫上让其回湿几小时后再打扎，以免太干断条。打扎时以每根长 60cm、粗 0.1cm 为最佳，100g 一扎，400g 一包。塑料袋包装好即为成品。

4.6.6.4　工艺特点

①本工艺采用破碎、磨碎的方法使鱼肉与鱼皮、鱼骨都得到充分磨碎，使其颗粒度较小，从而使鱼与淀粉得到充分混合。由于鱼皮、鱼骨的存在使产品含矿物质多，粉丝营养更加丰富；同时由于胶质的增加，质量更佳，不易断条，降低了成本，提高了鱼的利用率。

②在熟化成型等工艺中采用内熟式粉丝成型机，把传统的手工操作外熟法改为机械的内熟法，提高了生产率，降低了劳动强度，质量容易控制，优于传统的漏粉工艺。

③传统的解条过程是根据冷热来进行，解条时断条较多，出粉率低。本工艺采用了人工冷冻方法，耗能并不高，不受天气影响，四季都可以生产，而且人工冷解容易掌握，鱼粉丝质量高、卫生、断条少、出粉率高。

4.6.7　包装粉丝

粉丝的一般制法是将马铃薯淀粉调制成面团，通过细孔压出粉丝，落入 90～95℃ 的热水中糊化，冷却后切成 1～1.5m 长，用杆子悬挂冷冻，然后解冻、干燥。装袋前将粉丝切成 25～30cm 长，经手工计量、包装，便成制品。这种加工方法是先将糊化粉丝冷冻、解冻、干燥，最后切成所需长度，但由于在沸水中淀粉完全糊化，致使粉丝发脆，手工作业时损耗率很高。

为了降低粉丝的损耗率，曾采用过非完全糊化法，即将粉丝加热至 90～95℃。这种制法虽然降低了粉丝的损耗率，但由于粉丝未完全糊化，制品透明度差，影响了商品价值，而且烹饪时必须放入沸水中煮 5min 左右。

为了解决上述问题，曾对粉丝制法进行了研究，即先将糊化粉丝冷却，按包装所需长度切断，将切断的粉丝和水一起填充到计量斗中，然后冷冻、解冻、干燥。但是，在将冷却的糊化粉丝按包装所需长度切断时，由于未经过冷冻、解冻、干燥工序，致使粉丝未充分固化，不易切断。而且，在冷冻、解冻、干燥工序中，粉丝会结团，冷冻不均匀。研究发现，将糊化粉丝按以往方法加工，在冷却后切成1~1.5m长，悬挂冷冻、解冻，然后切割成一定长度，在定量填充到分割机上的计量斗中之前，先将切割的粉丝通过40~80℃的热水槽，使其复水变软，可顺利地定量填充到计量斗中。具体方法为：

先将马铃薯淀粉与水充分混合，调制成面团，通过细孔挤压成粉丝，将粉丝通过100℃的沸水使之完全糊化，成为透明的糊化粉丝。冷却后切割成1~1.5m长，悬挂冷冻，解冻后得到固化粉丝，切割成25~30cm长，装入料斗中，从40~80℃的热水槽中通过，时间为10~60s，使粉丝复水稍微变软。接着，送入分割机中。分割机的下部设有旋转式计量斗，可定量填充粉丝。然后，将定量充填粉丝的计量斗放入干燥机内干燥，干燥后取出用袋包装。

用干燥机干燥时，可将定量填充粉丝的计量斗输送到干燥机中，也可将分割机下部的旋转式计量斗直接与干燥机相连，自动输送到干燥机中，这样可进一步提高效率。

利用本方法可使包装自动化，提高了生产效率，同时降低了因粉丝断头而产生的损耗，提高了出品率。加工的粉丝在食用时，只要放进热水中便可拆解、烹饪非常方便。

4.6.8 蘑菇马铃薯粉丝

4.6.8.1 原料
优质马铃薯淀粉、水、羧甲基纤维素、精盐、白糖、蛋白、自制干蘑菇粉。

4.6.8.2 制作过程
首先，选用优质的蘑菇，用水洗净，晾干后选用干净的干蘑菇粉碎、过筛，得到蘑菇粉。准确称取各种生产用原辅配料，加水搅匀，防止出现干的颗粒淀粉。然后，将粉丝机通电加热，使水箱中的水温至95℃以上（自熟式粉丝机有带水箱和不带水箱两种，不带水箱的开机即可投料生产），把和好的淀粉倒入粉丝机的料斗中即可开机生产。从粉丝机口出来的热粉丝要让其达到一定长度，并经过出口风扇稍加吹凉后，再用剪刀剪断，平放在事先备好的竹席上，于阴凉处放置6~8h，然后稍洒些凉水或热水，略加揉搓，晾晒至干。

4.6.8.3 注意事项
自熟式粉丝机在生产过程中如果和粉与水箱温度不当，极易出现黏条现象。一旦出现这种情况，可马上在和好的淀粉中加入适量的粉丝专用疏散剂。

在配料过程中，可以加入适量粉丝专用增白剂与增筋剂，以改善粉丝色泽，提高粉丝筋力，制得高质量、风味独特的粉丝。

4.6.9 无冷冻粉丝

用传统方法生产粉丝，工艺复杂，劳动强度大，易受冷冻条件的制约，现介绍无冷冻粉丝生产新技术。

4.6.9.1 工艺流程
工艺流程包括：配料→加入多功能粉丝机熟化成型→冷却后搓散→干燥→成品。

4.6.9.2 操作技术要点
1. 配料
选用的马铃薯淀粉要求洁白干净，呈粉末状。每100kg干淀粉加水50~70kg，同时加入明矾400~500g，充分搅拌均匀形成糊状。

2. 粉丝机预热

拆下粉丝机头上的筛孔板（又称粉镜），关闭节流阀，启动机器，从进料斗逐步加入浸湿了的废料及以前加工余在机内的熟料或湿粉丝，如无废料，则用1~2kg干淀粉加水30%，待机内发出微弱的响声即预热完毕。

3. 投料生产

用勺均匀加入已配好的糊状原料，慢慢打开机头上的节流阀（不可开得太快），待用来预热机子的粉料完全排除后，调整节流阀，始终保持粉丝既能熟化又不夹生。粉丝从筛孔板流出后，可用一台100W的风机对准粉丝吹凉，达到用手触粉丝不觉得热为宜，如达不到，可再增加风扇，当流出来的粉丝达到1.5m长时，用剪刀剪成长1m的把，平摊到垫有薄膜的地上，随即用薄膜盖好，防止粉丝水分蒸发。

4. 阴凉和搓散

粉丝阴凉是在封闭下进行的，阴凉的时间受气温的影响很大。气温低时，所需时间短，3~4h后即可搓散粉丝；气温高时时间长，以糊状的淀粉基本完成凝胶化过程（即老化），粉丝达到硬化为宜，注意阴凉时间长时，要防止粉丝失水使表面形成硬皮。如阴凉好的粉丝有时也比较难搓散时，可将其放入水中浸泡一下，就会较容易搓散。

5. 干燥打包

将搓散的粉丝用木杆或竹竿挂起来，冬季可放在阳光下晒干，夏季则要放到阴凉处风干（以防止粉丝卷曲严重），在粉丝干燥到含水16%~18%时打包，打包后的粉丝可放到通风处摊放一段时间，待其含水率降至15%以下时，即可装袋或入库码堆。

4.6.10 马铃薯无矾粉丝

一般的马铃薯粉丝中均要添加一定量的明矾，甘肃省陇西清吉马铃薯淀粉制品有限公司引进上海龙峰机械设备制造有限公司生产的新型粉丝机，对传统粉丝、粉皮加工技术进行了改进，取得了无矾粉丝生产新技术。

4.6.10.1 工艺流程

工艺流程包括：马铃薯淀粉→打芡→合粉→上料→熟化→试粉→剪粉→摊晾→开粉→干燥→包装→成品粉丝。

4.6.10.2 操作技术要点

1. 加热

粉丝加工前先将加满水的水箱加热到设定温度，为减少水箱水垢和加热时间，可加入预先烧开热水，加工纯马铃薯淀粉时可将温度设定为85℃左右，当温度指针指向设定温度时按下加热按钮，指针复零，反复2次，指针指到设定温度时加热完成。

2. 清洗

每次生产前在料斗内加入1小桶清水，启动预热的机器，将上次加工的剩料和残余物清洗干净。

3. 和粉

将打好的稀芡糊加入和粉机，先加入适量的新鲜淀粉（干湿均可）和配好的添加剂；在合粉机搅拌的同时缓慢地加入清水。先加水后加粉在粉浆中容易结块，粉浆和好后用手抓起放开自动成线即可。

4. 熟化

将合好的粉浆加入料斗，打开阀门后，按下启动按钮约 5s 后停止，使粉浆充满螺旋加热桶，约 5min 后粉浆充分熟化。

5. 试粉

粉浆充分熟化后开动机器，调整调节阀开口，熟化的粉团从阀口挤出，呈扁平状、手指粗细时即可安装模板生产。模板安装前应先预热到 60℃ 左右，并在模板表面涂适量的食用油。

6. 散热

粉丝从模孔挤出 30cm 左右时打开散热鼓风机，使粉丝充分散热，用双手轻拍粉丝束，使整束粉丝呈扁平状，以便于摊晾。

7. 剪粉

当粉丝达到要求的长度时，用剪刀将粉丝从模板下 50cm 处剪断。剪粉时手不能捏得太紧，剪口要尽量整齐。

8. 摊晾

将剪好的粉丝平摊在床上，摊床可用塑料布等铺在地上代替，整齐排放，热粉丝不得重叠，摊晾时间最少要在 6h 以上，使粉丝充分冷却老化。

9. 开粉

将充分老化的粉丝用手从中间握住，放置于清水中轻轻摆动，粉丝束会自然分开成丝，剪口等粘连处可用手轻轻揉搓。

10. 干燥

将分开成丝的粉丝放置在预先做好的架子或铁丝上自然晾干，也可进入烘房烘干。

11. 包装

粉丝即将干燥时较柔软，可按要求包扎成小把，等完全干燥后即可包装入库。

4.6.10.3 常见问题和解决办法

①断条。

a. 主要原因：粉丝从模板挤出后挂不住，容易断。出现这种现象的原因主要是粉浆太稀，加热温度不够或调节阀开口太大。

b. 解决办法：加稠粉浆，调节温度，调整调节阀开口使粉浆充分熟化。

②粉丝从模板孔挤出后黏结，模板口出现气泡。

a. 主要原因：加热温度过高。

b. 解决办法：调低温度，同时在水箱内加入冷水。

③粉丝黏结，粉丝束在清水中浸泡揉搓仍然黏结。

a. 主要原因：冷凝时间不够或合粉时加入分离剂不够。

b. 解决办法：充分冷却老化，合粉时加入适量的分离剂。常用的分离剂有麦芽粉等。

④粉丝易糊不耐煮。

a. 主要原因：粉浆过熟、不熟或耐煮剂加入不够。

b. 解决办法：调整并确定加热温度，合粉时加入适量的耐煮剂，常用的耐煮剂有强面筋或速溶蓬灰。

4.6.10.4 新技术生产粉丝的优点

1. 生产的粉丝直径小

传统粉丝加工采用先成型后熟化的生产工艺。由于马铃薯淀粉熟化前的黏度较低，生产的粉丝最小直径一般在 1~1.5mm，新技术采用先熟化后成型的生产工艺，生产的粉丝最小直径可达 0.5mm。

2. 可生产无矾粉丝

传统粉丝加工时为了增强粉丝的耐煮性和强度，和粉时需加入一定量的明矾。医学研究表明，长期食用明矾可导致多种疾病。采用新技术加工时只需加入适量强面筋或速溶蓬灰，在保证粉丝筋强耐煮的同时，又满足了人们对食品健康安全的要求。

3. 实现粉丝的四季生产

传统粉丝加工受气温限制，夏季开粉困难，新技术和粉时添加可食用的淀粉分离剂，克服了夏天开粉难的问题，使粉丝生产不受季节限制。

4. 产品的质量和经济效益更高

采用新技术生产的粉丝精白透亮，可直接加工新鲜的湿淀粉，同时所需操作人员很少，降低了加工成本，提高了经济效益。

4.6.11 马铃薯方便粉丝

方便粉丝的生产基本上可沿用传统的粉丝加工工艺，但要求粉丝直径在 1mm 以下，并能抑制淀粉返生，以使方便粉丝具有较好的复水性，满足方便食品的即食要求。

4.6.11.1 工艺流程

工艺流程包括：马铃薯淀粉→打芡→和面→制粉→老化→松丝→干燥→分切→计量→包装。

4.6.11.2 操作技术要点

1. 打芡

传统的粉丝生产方法中，粉料在和面时加入一定量的芡糊，以使粉料中的水分分布均匀，不出现浆、渣分离现象，而且打芡时要用沸水，操作难度较大。改用聚丙烯酸醇代替芡糊，效果相同。即在和面时加入原料淀粉重量 0.1% 的聚丙烯酸醇，既可增稠，使粉料均匀，又可增强粉丝筋力，久煮不断。

2. 和面与制粉

在传统工艺中，原料淀粉加入芡糊后用手或低转速和面机搅拌和面。采用高转速（600r/min）搅拌机不用加芡糊或聚丙烯酸醇可直接和面。方法是：按原料淀粉重的 0.5%、0.5% 和 0.3% 分别准备好食用油、食盐和乳化剂（单甘酯类），并用乳化剂乳化食油；先将原料淀粉及食盐装机后加盖、开机，再将经乳化后的食油、水从机体外的进水漏斗中加入，控制粉料中的含水量约为 400g/kg。每次和面仅需 10min，而且和好的面为半干半湿的块状，手握成团，落地不散。但采用此工艺和面须配合使用双筒自熟式粉丝机，不宜采用单筒自熟式粉丝机。

3. 老化与松丝

传统粉丝加工工艺中，粉丝从机头挤出后，需成束平摆在晾床上或用小棍对折挑挂于架上，静置老化 12h 以上，使粉丝充分凝沉、硬化，获得足够的韧性后再用水浸泡约

30min后松丝。松丝通常先用脚将粉丝束踩散，再用手搓开粉丝，使其互不粘连。这种传统工艺制约了方便粉丝生产的连续化、机械化，也无法达到即食方便食品的卫生要求。此外，经水浸泡的粉丝，干燥时耗能大，晾晒或烘干时滑竿落粉严重，造成大量次品、废品。本工艺专门设计、定制了一套粉丝切断、吊挂、老化、松丝系统，其粉丝从机头挤出后由电风扇快速降温散热，下落至一定长度时，经回转式切刀切断，再由不锈钢棒自动对折挑起，悬挂于传送链条上，缓慢传送并进行适度老化，至装有电风扇处由3台强力风扇在20min内将粉丝吹散、松丝。松丝后的粉丝只需在40℃的电热风干燥箱内吊挂烘干1h，便可将粉丝中的含水量降到110 g/kg的安全线以下。

4.6.12 耐蒸煮鸡肉风味方便粉丝

耐蒸煮鸡肉风味方便粉丝是由北京博邦食品配料有限公司推出的，一方面让特色化方便食品鸡肉香味更明显且耐蒸煮，另一方面可以使特色方便食品的风味更稳定。

4.6.12.1 工艺流程

工艺流程包括：原料→制浆→糊化→制丝→老化→浸泡→松丝→清洗→脱水→烘干成型→成品。

4.6.12.2 操作技术要点

1. 原料的选用

可以选用大米、玉米、小米以及大米淀粉、马铃薯淀粉、甘薯淀粉、豌豆淀粉、木薯淀粉、绿豆淀粉、小麦淀粉和玉米淀粉等。根据所制作的方便食品的具体要求、用途、特性和淀粉原料的特性进行复配使用。如选用相应的原料作为主要原料时，这样的原料加工出来的方便食品复水性好、不断条、不浑汤，同时口感滑润度较好，弹性很好。

2. 制浆

采用80℃的热水，边搅拌边加入适量的添加剂等辅料至完全溶解，在搅拌过程中加入耐蒸煮肉粉，将其倒入淀粉原料中充分搅拌，就得到具有肉类风味的淀粉浆液。随地区风味化的发展趋势，可以酌情增加其他肉粉，用以对其方便食品的特征风味进行改进，也可通过添加其他产品，辅以特色的风味，以改变原先的方便食品坯料没有风味的不足。

3. 糊化、制丝

将具有鸡肉特征风味的淀粉浆液加入粉丝机中，进行加热糊化、制丝。产品的粗细通过粉丝机的筛板更换来加以调节，可以将其制成圆形、扁形以及细丝或空心等形状，然后将挤出的粉丝剪成38cm长的段。

4. 老化

通过摊晾的方式使坯料段老化，以至于淀粉不再返生。老化时间随温度的变化而不同，通常夏天为6~8h，冬季为8~12h。这一过程相当于淀粉由α-型向β-型转化的过程。

5. 浸泡

将坯料段放入40℃清水中浸泡25~35min，随后捞出搓开，清洗后即可得到一根一根的条状产品。坯条是否筋道与添加的食品添加剂有很大关系，可以通过调整添加剂的品种和用量来提高坯料的筋道和食用的滑润程度。

6. 脱水

通过离心机快速旋转对清洗后的坯条进行脱水，然后成型，可以将其做成圆形、方形、球形、柱形和条形等新型坯饼。经过特殊的加工方式可使其发出银亮的光泽，晶莹透明。

7. 烘干

可以采用热风、微波、红外等方式进行烘干，干制后坯饼的含水量小于 10%。方便食品饼经快速烘干后通常会出现返潮现象，可以通过对烘干的时间、水分的排除速度、热源供给状况等参数的调整来加以控制。一般厂家都是采用热风烘干的方式进行加工。

4.6.13　马铃薯粉皮

粉皮是淀粉制品的一种，其特点是薄而脆，烹调后有韧性，具有特殊风味，不但可配制酒宴凉菜，也可配菜做汤，物美价廉，食用方便。粉皮的加工方法较简单，适合于土法生产和机器加工。所采用的原料是淀粉和明矾及其他添加剂。

4.6.13.1　圆形粉皮

圆形粉皮是我国历史流传下来的作坊粉皮制品，加工工艺简单，劳动强度较高，工作环境较差。

1. 工艺流程

工艺流程包括：淀粉→调糊→成型→冷却→漂白→干燥→包装→成品。

2. 操作技术要点

①调糊：取含水量为 45%~50% 的湿淀粉或小于 13% 的干淀粉，用干淀粉量 2.5~3.0 倍的冷水慢慢加入，并不断搅拌成稀糊，加入明矾水（明矾 300g/100kg 淀粉），搅拌均匀，调至无粒块为止。

②成型：分取调成的粉糊 60g 左右，放入旋盘内，旋盘为铜或白铁皮制成，直径约 20cm 的浅圆盘，底部略微外凸。将粉糊加入后，即将盘浮于锅中的开水上面，并拨动使之旋转，使粉糊受到离心力的作用随之由底盘中心向四周均匀地摊开，同时受热而按旋盘底部的形状和大小糊化成型。待粉糊中心没有白点时，即连盘取出，置于清水中，冷却片刻后再将成型的粉皮脱出放在清水中冷却。在成型操作时，调粉缸中的粉糊需要不时地搅动，使稀稠均匀。成型是加工粉皮的关键，必须动作敏捷、熟练，浇糊量稳定，旋转用力均匀，才能保证粉皮厚薄一致。

③冷却：粉皮成熟后，可取出放入冷水缸内，浮旋冷却，冷却后捞起，沥去浮水。

④漂白：将制成的湿粉皮，放入醋浆中漂白。也可放入含有二氧化硫的水中漂白（二氧化硫水溶液，即亚硫酸，其制备方法是把硫黄块燃烧，把产生的二氧化硫气体引入水中，让水吸收即得）。漂白后捞出，再用清水漂洗干净。

⑤干燥：把漂白、洗净的粉皮摊到竹匾上，放到通风干燥处晾干或晒干。

⑥包装：待粉皮晾干后，用干净布擦去尘土，再略经回软后叠放到一起，即可包装上市。

3. 成品质量标准

干燥后的粉皮，要求其水分含量不超过 12%；干燥，无湿块；不生、不烂、完整不碎；直径为 200~215mm。

4.6.13.2　机制粉皮

机制粉皮是 20 世纪 90 年代中期研究开发的产品，取代了手工作业，提高了生产效率，改善了劳动环境，提高了生产能力，改变了粉皮形态，提高了产品质量，实现了流水线作业，是淀粉制品的一次技术革命。

1. 成套设备

粉皮机是一套连续作业的成套设备，它由以下几部分组成：调浆机、成型金属带、蒸箱、冷却箱、刮刀、金属网带干燥装置、切刀传动机械、蒸箱供热系统和烘箱供热系统等。

①调浆机：是不锈钢制作的两个浆料桶，口径 500mm，高 700mm，桶内设置有电动搅拌器，不时保持搅拌，使淀粉糊不易沉淀，可直接在调浆机中配料，也可预先配好浆料后置入调浆机。

②成型金属带：采用铜带（或不锈钢），宽 480～500mm，采用铆钉连接，银焊条处理接头。

③蒸箱。箱体采用冷轧板制作，底部设置散热管（铜管或不锈钢管），箱体上设计有支撑辊轴，以承接金属带，上盖是采用双层内加珍珠岩的保温盖，呈"人"字形。盖中间有一凹形槽以使金属带从中间通过。其加热原理是蒸汽或烟气通过进气口进入金属散热管，从出口排出，金属散热管将温度传递给蒸箱内的水，使水升温至开水，利用水蒸气使金属带上的粉皮成型熟化。

④冷却箱：采用冷轧板制作而成，内设有 2～3 根均布的多孔管，以及支撑金属带的辊轴。多孔管将冷水喷射到金属带的下部，以使带上的粉皮冷却。

⑤刮刀：用冷板制成，设计有支架和弹簧压紧装置，以保持刮刀刃面与金属带接触。

⑥金属网带干燥装置：箱体用冷板制作而成（1 节 2m，共 10 节，总长 20m 左右），内装珍珠岩保温；金属网带是采用不锈钢网（宽 450～500mm，网带数量 3～4 条）制成；匀风板是采用 0.75mm 的白铁皮制作的空心板，板的上下分布有 3mm 左右的孔，以起匀风作用。

⑦切刀：采用耐磨的合金钢制作而成，一根转轴上设置 2 块或 4 块刀片，刀片的安装位置可以调整。

⑧传动机构：粉皮机金属带和不锈钢网带采用磁力调速电机带动，利用三角带和链轮传动，速度匹配一致，带速可根据温度和产量任意调整。

⑨蒸箱供热系统：有条件的企业可采用蒸汽，压力不能低于 450kPa。一般采用手烧炉，其烟道通过蒸箱的散热管加热蒸箱内的水。通过手烧炉气管中的热空气（净化空气）进入烘箱中的匀风板。

⑩烘箱供热系统：必须是干燥的气体，可采用上述手烧炉加热管道中流动的热空气，利用热空气（130～150℃）干燥粉皮。也可采用散热片组通过蒸汽加热，使流动的空气升温，由干燥的热空气干燥粉皮。因此，需设置供热系统、引风机等配套设施。

2. 技术参数

机制粉皮成套设备产量为 1～2t/d；动力配备 7～15kW；粉皮长度 300～350mm；外形尺寸为 20m×1.2m×2.5m。

3. 工艺流程

工艺流程包括：原料搅拌→成型→蒸箱蒸熟→水箱冷却→刮刀脱离→烘箱干燥→切刀裁切→烘干冷却→包装→成品。

4. 操作技术要点

（1）调糊

取含水量为 45%～50% 的湿淀粉或小于 13% 的干淀粉（马铃薯淀粉、甘薯淀粉各 50%），利用黏度较高的甘薯淀粉占总粉量的 4%，用 95℃ 的开水打成一定稠度的熟糊，40 目滤网过滤后加入淀粉中，再用干淀粉重量的 1.5～2 倍的温水慢慢加入，并不断搅拌成糊，加入明矾水（明矾 300g/100kg 淀粉）、食盐水（食盐 150g/100kg 淀粉）搅拌均匀，调至无粒块为止。将制备好的淀粉糊置于均质桶中待用。

（2）定型

机制粉皮的成型是利用一环形金属带，淀粉糊由均质桶流入漏斗槽（木质结构槽宽 350～400mm），进入运动中的金属带上（粉皮的厚薄可调整带速和漏斗槽处的金属带的倾斜角度），淀粉糊附在金属带上进入蒸箱（用金属管组成的加热箱，可利用蒸汽或烟道加热使水升温至 90～95℃）成型，水温不能低于 90℃，以免影响粉皮的产量和质量，但温度不能过高，否则将使金属带上的粉皮起泡，影响粉皮的成型。

（3）冷却

采用循环的冷水，利用多孔管（管径为 10mm，孔径为 1mm）将水喷在金属带粉皮的另一面上，起到对粉皮的冷却作用（从金属带上回流的水由水箱流出，冷却后循环使用）。冷却后的湿粉皮与金属带间形成相对的位移，利用刮刀将湿粉皮与金属带分离进入干燥的金属网带。为了防止粉皮粘在金属带上，需利用油盒向金属带上涂少量的食用油。

（4）烘干

湿粉皮的烘干，是利用一定长度的烘箱（20～25m），多层不锈钢网带（3～4 层，带速同金属带基本同步），利用干燥的热气（125～150℃，采用散热器提供热源），通过匀风板均匀地将粉皮烘干。由于网带的叠置使粉皮在干燥中不易变形。

（5）切条

粉皮在烘箱中烘至八成干时（在第三层），其表面黏度降低，韧性增加，具有柔性，易于切条、可利用组合切刀（两组合或四组合），根据粉皮的宽窄要求，以不同速度切条，速度高为窄条，速度低为宽条，切条后的粉皮进入烘箱外的最后一层网带冷却。

粉皮机的传动均采用磁力调速电机带动，可根据产量和蒸箱、烘箱的温度高低控制金属带和不锈钢网带以及切刀的速度。

（6）成品包装

将冷却后的粉皮，按照外形的整齐程度，色泽好坏，分等包装。

5. 成品质量标准

机制商品粉皮，要求水分含量不超过 14%，粉皮长短宽窄均匀，厚度 1～2mm，水分均匀，透明有光泽。

第5章 马铃薯制糖

马铃薯制糖是马铃薯深加工技术之一，马铃薯淀粉是最重要的制糖原料，淀粉糖品已成为最主要的糖品。

5.1 马铃薯淀粉糖常规生产工艺

利用淀粉或淀粉质原料生产的糖品统称为淀粉糖。随着酶技术的发展，淀粉糖工业发展迅速。使用酶技术以淀粉为原料生产糖品，不仅不受地区和季节的限制，而且具有对生产条件的要求不高，设备简单，投资少，耗能少的优点。除此之外，通过工艺条件的改变可得到不同的糖品。不同的糖品其甜度、增稠性、渗透性、吸湿性、保湿性、结晶性、冰点降低、化学稳定性和可发酵性等都不同，而这些性质中的一种或几种在有些情况下是至关重要的，是选择糖品的关键因素。淀粉的水解随转化程度的不同，所得糖浆的各种性质也有差异，其中甜度、渗透性、吸湿性、冰点降低、焦化性、可发酵性等随转化程度的提高而增加，而增稠性、黏度、防止蔗糖结晶效果、防止冰粒生成效果和稳定泡沫效果则随转化程度提高而降低。

马铃薯含有大量的淀粉，是加工淀粉糖浆的理想原料。生产淀粉糖时可根据不同的目的和产品的要求，选择鲜薯、粗淀粉或精淀粉为原料，也可选择不同的工艺进行生产。淀粉糖的种类很多，通常分类如下：

①转化糖浆：包括麦芽糖浆、低转化糖浆、中转化糖浆、高转化糖浆、麦芽糊精、低聚糖浆。

②异构化糖浆：如果葡糖浆。

③结晶糖：包括葡萄糖、麦芽糖、果糖。

④氢化糖浆：包括麦芽糖醇、山梨糖醇、甘露糖醇和普通氢化糖醇。

淀粉糖生产按液化、糖化方法不同可分为酶法、酸法和酸酶结合法。

从工艺上看，酶法和酸法的不同之处在于液化工序，前者是采用酶，后者是采用酸，其余工序过程都相同。从工艺上淀粉糖的基本过程可分为三个阶段，即淀粉乳的准备、糖化和糖化液的精制。三种基本生产方法的差异就在于糖化液精制有所不同。

过去淀粉糖的生产以精制干淀粉为原料，生产时需要将干淀粉加水调制成一定浓度的淀粉乳，所调制淀粉乳浓度的大小可根据糖化工艺和生产糖浆的转化率来确定。现在多用湿精制淀粉或直接利用马铃薯为原料，节省了能源消耗，降低了生产成本。

5.1.1 糖化

5.1.1.1 酸法糖化

淀粉通过酸催化水解反应生成由葡萄糖、麦芽糖、低聚糖和糊精多种糖分组成的糖浆。工业上采用的酸糖化方法有两种，一为加压罐法，属间歇操作。另一种方法为管道法，属连续操作。间歇式与连续式糖化工艺的特点见表 5-1。

表 5-1   间歇式与连续式糖化方式比较

特　点	间歇式	连续式
设备投资	糖化罐较贵	蛇管加热器及计量器较贵
对淀粉质量要求	可用不同质量的淀粉	要求淀粉质量稳定
操作	简单	操作条件确定后，比较简单
糖化温度	134~144℃	144~151℃
糖化时间	15~30min	10~15min
蒸汽量	较多	比间歇式少一半
产品质量	糖化不均匀，易产生分解反应	产品质量均匀，分解产物少

下面介绍间歇加压罐糖化法：

1. 工艺流程

工艺流程包括：马铃薯淀粉→调乳→糖化→中和→过滤→浓缩→脱色→精制→浓缩→成品。

加压糖化罐为密闭的垂直圆筒罐，罐的大小因生产规模而不同，容积较大的在 $10m^3$ 以上，小的几立方米。糖化罐材料要求能耐酸，一般用青铜（90%铜，10%锡）板或不锈钢板制成，罐的耐压能力为 $50kg/cm^2$，但一般当压力达到 $7kg/cm^2$，调整安全阀自行打开，以保安全。

2. 加压糖化的操作

用温水加干淀粉或精制淀粉乳进行搅拌调乳，加入全部酸的 2/3~1/2 与其混合，保持淀粉乳温度在 50℃左右。其余 1/3~1/2 的酸用水冲淡后加入糖化罐中，并煮沸，保持罐内压力 19.6~49.0kPa。然后将淀粉乳均匀加入糖化罐，淀粉乳全部加入后，开大蒸汽管阀门，提高罐内压力到 0.294MPa（相当于 143℃）。保持此压力到需要的程度，生产 DE 值（还原糖占总糖的比值）为 42 的糖浆，需 5~6min，生产 DE 值为 55 的糖浆需 8~10min，生产结晶葡萄糖时，要求糖化到 DE 值达到 90~92，需 20~25min。

酸的水解能力强，但酸的水解没有专一性，不仅水解淀粉，还水解蛋白质、半纤维素等物质生成一些副产物，同时酸液化需要碱中和，产生的灰分也多，因此会对糖的生产带来不利影响。水解温度越高，糖发生复合反应越多，生成的有色物质使糖的颜色加深。

3. 酸水解制糖过程实例

（1）间歇法

目前，国内淀粉酸水解糖化工艺基本上还属于间歇单罐糖化法。国内某味精厂间歇单罐糖化工艺如图 5-1 所示。

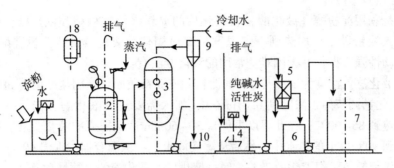

1，4—调浆槽；2—糖化锅炉；3—冷却罐；5—过滤机；6—糖液暂贮罐；
7—糖液贮罐；8—盐酸计量器；9—水力喷射器；10—水槽

图 5-1 酸水解糖化工艺流程图

（2）间歇法

日本和欧美一些国家的很多工厂已采用连续糖化法，如图 5-2 所示。

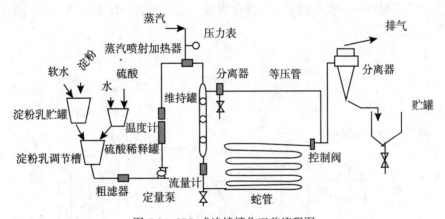

图 5-2 CPR 式连续糖化工艺流程图

5.1.1.2 酶法糖化

酶法糖化就是淀粉通过酶制剂的作用而形成的糖品。由酸法水解工艺可知，以淀粉为原料应用酸水解法制备糖液，由于需要高温、高压和催化剂，会产生一些不可发酵性糖及其一系列有色物质，不仅降低了淀粉转化率，而且生产出来的糖液质量差。自 20 世纪 60 年代以来，国外在酶水解理论研究上取得了新进展，使淀粉水解取得了重大突破，日本率先实现工业化生产，随后其他国家也相继采用了这种先进的制糖工艺。酶解法制糖工艺是以作用专一性的酶制剂作为催化剂，因此反应条件温和，复合材料和分解反应少，因此采用酶法生产不仅可提高淀粉的转化率及糖液的浓度，而且还可大幅度地改善糖液的质量，是目前最为理想、应用最广的制糖方法。

目前，我国大部分淀粉糖厂采用的是酶法生产淀粉糖的生产工艺。

工艺流程包括：马铃薯淀粉→调乳→酶液化→加热→酶糖化→脱色→过滤→浓缩→精制→成品。

1. 液化

液化就是利用淀粉酶（液化酶）将糊化后的淀粉水解成糊精和低聚糖，即将一定的淀粉酶先混入淀粉乳中，加热到一定温度后淀粉糊化、液化。虽然淀粉乳浓度达 40%，但液化后流动性强，操作并无困难。常用的液化方法有：

①高温液化法：浓度为 30%~40%的淀粉乳或淀粉质原料，用盐酸调节 pH 值至 6.0~6.5，加入氯化钙调节离子浓度到 0.01mol/L，加入需要量的液化酶，在保持剧烈搅拌的情况下，加热到 85~90℃，在此温度下保持 30~60min 达到需要的液化程度。或者将淀粉乳直接喷淋到 90℃以上的热水中，然后从罐底放出，在保温容器中保温 40min。此法需要的设备和操作都简单，但液化效果差，经过糖化后，糖化液的过滤性质差。

②喷射液化法：喷射液化法是通过喷射器，使蒸汽直接喷射入淀粉乳薄层，使淀粉糊化、液化。蒸汽喷射产生的湍流使淀粉受热快而均匀，黏度降低也快。液化的淀粉乳引入保温桶中，在 85~90℃温度下保温约 40min，达到需要的液化程度。此法的优点是液化效果好，蛋白质类杂质的凝结好，糖化液的过滤性质好，设备少，也适于连续操作。马铃薯淀粉液化容易，淀粉乳浓度可用 40%。

实例：两次加酶喷射液化工艺（DDS 公司），流程如下：

调冷却浆→配料→一次喷射液化→液化保温→二次喷射→高温维持→二次液化→冷却→（糖化）（图5-3）

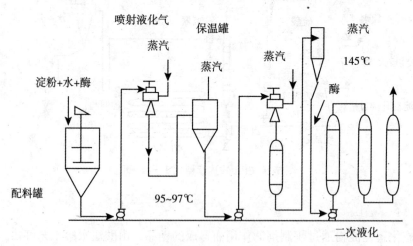

图 5-3　两次加酶喷射液化工艺（DDS 公司）图示

在配料罐内，将淀粉加水调浆成淀粉乳用 Na_2CO_3 调 pH 值为 5.0~7.0，加入 0.15%的 $CaCl_2$ 作为淀粉酶的保护剂和激活剂，最后加入耐高温 α-淀粉酶，料液经搅拌均匀后用泵打入喷射液化器，在喷射器中出来的料液和高温蒸汽接触，料液在很短时间内升温至 95~97℃，此后料液进入保温罐保温 60min，温度保持在 95~97℃，然后进行二次喷射，在第二只喷射器内料液和蒸汽直接接触，使温度迅速增至 145℃以上，并在维持罐内该温度 3~5min，使耐高温 α-淀粉酶彻底失去活性，然后料液经真空闪急冷却系统进入二次液化罐，将温度降低到95~97℃，在二次液化罐内加入耐高温α-淀粉酶，液化30min，用碘呈色试验合格后，结束液化。

③酸液化法：40%的淀粉乳，用盐酸或硫酸调节pH值为1.1~2.2，在130~145℃温度下加热5~10min，达到的DE值约为15时，降温、中和。酸法适合不同种淀粉的液化，液化液过滤性好，但水解专一性差，副产物多。

2. 糖化

糖化是利用糖化酶将液化产生的糊精和低聚糖进一步水解成葡萄糖或麦芽糖。淀粉糖工业上应用的糖化酶为β-淀粉酶、葡萄糖淀粉酶和异淀粉酶。

（1）β-淀粉酶

β-淀粉酶又称麦芽糖酶，工业上用的β-淀粉酶来自发芽大麦，俗称麦芽酶，这是最早应用的淀粉酶，水解产物是麦芽糖，主要用于酿酒和饴糖生产，已有悠久的历史。这种麦芽糖酶实际上是α-淀粉酶和β-淀粉酶的混合物，α-淀粉酶起液化作用，β-淀粉酶起糖化作用，这对工业应用是有利的。近年来，发现不少微生物产生的β-淀粉酶在耐热性等方面都优于高等植物的β-淀粉酶，更适于工业应用。

（2）葡萄糖淀粉酶

葡萄糖淀粉酶对淀粉的水解作用与β-淀粉酶相似，也是从淀粉分子的还原性末端开始依次水解α-1，4-葡萄糖苷键，所不同的是该酶以葡萄糖为单位逐个进行水解生成葡萄糖。该酶的底物专一性很低。

酶糖化工艺比较简单，将淀粉液化液引入糖化罐中，调节到适当的温度和pH值，混入需要量的糖化酶制剂，保持一定时间达到所需DE值即完成糖化过程。工艺流程包括：液化→糖化→灭酶→过滤→贮糖计量→发酵。

液化结束后，迅速将液化液用酸调pH值至4.2~4.5，同时迅速降温至60℃，然后加入糖化酶，保温数小时后，用无水酒精检验无糊精存在时，将料液pH值调至4.8~5.0，同时加热到90℃，保温30min，然后将料液温度降低到60~70℃时开始过滤，滤液进入贮糖罐备用。

糖化的温度和pH值决定于所用的糖化酶制剂的性质。糖化酶的用量决定于液化液的浓度和用量，提高酶用量，可加快糖化速度，缩短糖化时间，但这种提高有一定的限度，因为糖化酶用量过多会造成精制的困难和副产物的增加。达到所需的DE值以后，应立即停止反应，避免复合反应的发生。

5.1.1.3 糖化终点的确定

淀粉及其水解物遇碘液显现不同颜色，可以用来确定糖化终点。检验方法是将10mL稀碘液（0.25%）盛于小试管中，然后加入5滴糖液，混合均匀，观察颜色的变化。在糖化的初期，因有淀粉的存在，颜色呈蓝色，随着糖化的进展，逐渐呈棕红色、浅红色。可以取所需DE值的糖浆和稀碘液混合均匀，制成标准色管。把罐中所取糖浆和稀碘液混合均匀后所成的颜色与标准管颜色比较，以确定所需的糖化终点。由于生产结晶葡萄糖需要糖化程度较高，需用酒精试验糖化进行的程度。取糖化液试样，滴几滴于酒精中，呈白色糊化沉淀，随着糖化的进行，糊精被水解，白色沉淀逐渐减少，最后无白色沉淀生成，再糖化几分钟，DE值即可达到90~92。此应即时放料。糖化时间过久不但不能增高糖化的程度，反而促进葡萄糖的复合与分解反应，降低糖化液的DE值，加深颜色，增加脱色精制的困难。所以，糖化时间不应过长。

实例：双酶法制糖工艺流程（图 5-4）。

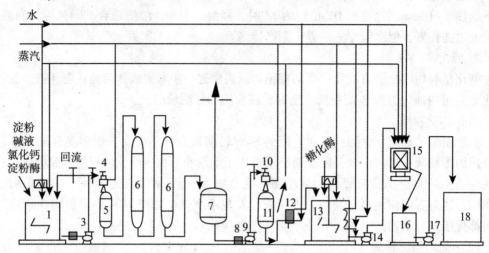

1，4—调浆配料槽；2，8—糖化锅炉；3，9，14，17—泵；4，10—喷射回执器；5—缓冲器；
6—液化层流罐；7—液化液贮罐；11—灭酶罐；12—板式换热器；13—糖化罐；
15—压滤机；16—糖化暂贮罐；18—贮糖槽

图 5-4   双酶法制糖工艺流程图

5.1.1.4   酸酶结合法

由于酸法工艺在水解程度上不易控制，现许多工厂采用酸酶法，即酸法液化、酶法糖化。在酸法液化时，控制水解反应，使 DE 值在 20% ~ 25% 时即停止水解，迅速进行中和，调节 pH 值至 4.5 左右，温度为 55 ~ 60℃后加葡萄糖淀粉酶进行糖化，直至所需 DE 值，然后升温、灭酶、脱色、离子交换、浓缩。

工艺流程包括：马铃薯淀粉→调乳→酸液化→中和→过滤→冷却→酶糖化→脱色→过滤→浓缩→精制→成品。

5.1.2   糖化液精制

糖化液精制的目的就是尽可能除去糖化液中的各种杂质，提高糖浆的质量，也有利于糖的结晶。酸法糖化液的主要精制工序为中和、过滤、脱色、浓缩即得成品，灭酶和脱色可同时进行。在 80 ~ 90℃ 的温度下，加入活性炭保持 20 ~ 30min，过滤即可。

5.1.2.1   中和

中和工序是用碱中和糖化液中的酸，以便于蛋白质类物质凝结。使用盐酸做催化剂时，用碳酸钠中和；用硫酸做催化剂时，用碳酸钙中和；草酸也用碳酸钙中和。中和时使用的碱液粉度一般为 2% ~ 5%，中和温度在 85℃左右为宜。中和到蛋白质的等电点 pH 值为 4.8 ~ 5.2，当糖化液 pH 值达到这一范围时，蛋白质胶体处于等电点，净电荷消失，胶体凝结成絮状物，有利于下一工序分离的进行。

5.1.2.2   分离

为了能更好地促进蛋白质类物质凝结，常加带有负电荷的胶性黏土如膨润土为澄清剂。膨润土的主要成分为硅酸铝，呈灰色，遇水吸收水分，体积膨胀。这种膨润土分散于水溶液中带有负电荷，膨润土的悬浮液加入糖化液中能中和蛋白质类胶体物质的正电荷，使之凝结。使用膨润土的方法有两种，一种是于中和之前加入到酸性糖化液中，另一种是中和之后加入糖化液中。比较起来，中和前加入除去蛋白质的效果更好。使用膨润土时，先把膨润土和 5 倍的水混合，浸润 2~3h，使之膨胀，然后以糖化液干物质的 1% 的用量加入糖化液中，处理时间为 15~30min。凝结的蛋白质、脂肪和其他悬浮杂质的比重较小，易于上浮到液面上，结成一厚层，呈现黄色污泥状，易用撇渣器撇开。

5.1.2.3　过滤

经分离后的糖化液，仍会有少部分不溶性杂质，为保证糖化液透明度高，淀粉糖的质量好，需要进一步滤除糖液中不溶性杂质。目前，工业上常用的过滤设备有板框式压滤机和叶滤机。在过滤机中，常用的助滤剂是硅藻土。

5.1.2.4　脱色

糖化液的脱色是除去其中的呈色物质；使糖化液透明无色。工业上糖化液的脱色一般用活性炭。它的脱色原理是物理吸附作用，将有色物质吸附在活性炭的表面而从糖化液中除去。活性炭的吸附作用是可逆的，它吸附有色物质的量决定于颜色的浓度。所以，先用于颜色较深的糖化液后，不能再用于颜色较浅的糖化液。反之，先脱颜色浅的糖化液，仍可再用于脱颜色较深的糖化液。工业生产中脱色便是根据这种道理，用新鲜的活性炭先脱色颜色较浅的糖化液，再脱色颜色较深的糖化液，然后弃掉。这样可以充分发挥活性炭的吸附能力，减少炭的用量。这种使用方法在工业上称为逆流法。

在工业生产中影响吸附作用的最重要的因素为温度和时间。活性炭脱色温度一般保持约 80℃，在这样较高的温度下，糖化液的黏度较低，易于渗入活性炭的多孔组织内部，能较快地达到吸附的平衡状态。吸附过程实际上是瞬时完成的，但因为糖浆具有黏度，并且活性炭的用量很少，达到吸附平衡需要一定的时间。一般需要 30min。活性炭的用量和达到吸附平衡的时间成反比，用量多，时间可缩短。

使用粉末活性炭脱色时，将活性炭与糖化液充分混合，在 pH 为 4.0，温度 80℃ 的条件下脱色 30 min，然后过滤。脱色操作时，用新活性炭先脱色浓糖浆（浓度约 55%），收回活性炭滤饼，用于脱色稀糖浆（浓度约 40%），再收回活性炭滤饼，用于脱色中和糖浆液，重复使用活性炭滤饼一般不洗涤，但最后一次脱色后要弃掉，需要用水洗，收回裹带的糖分。

使用颗粒活性炭脱色时，可以把活性炭装于圆柱形直立脱色罐中，过滤后的清糖液由罐底进入，向上流经炭床，由罐顶流出。每使用 8h，暂时停止流通糖液，由罐底放出少量废炭进行再生，同时由罐顶加入同量的新炭或再生炭，如此则糖浆向上流经炭床时，先与已使用较久，脱色能力较低的活性炭接触，最后与脱色能力强的新活性炭或再生活性炭接触，糖液与活性炭的流动呈相反的方向，称为"活动床工艺"。

5.1.2.5　离子交换树脂精制

离子交换树脂具有离子交换和吸附作用，淀粉糖化液经脱色后再用离子交换树脂精制，能除去几乎全部的灰分和有机杂质，进一步提高纯度。离子交换树脂除去蛋白质、氨基酸、羟甲基糠醛和有色物质等的能力比活性炭要强。应用离子交换树脂精制过的糖化液生产糖浆，结晶葡萄糖或果葡糖浆的产品质量都大大提高，糖浆的灰分含量降低到约

0.03%，仅约为普通糖浆的 1/10，因为有色物质被除得彻底，放置很久也不会变色。生产结晶葡萄糖，会使结晶速度快，产品质量和产品率都较高而生产果葡糖浆，由于灰分等杂质对异构酶稳定性有不利影响，也需要用离子交换树脂精制糖化液。

淀粉糖生产应用的阳离子交换树脂为强酸苯乙烯磺酸型，如上海出产的 732、美国的 Amberhte IR-120 等。阴离子交换树脂为弱碱性丙烯酰胺叔胺型，如上海产的 701、705 和美国的 Amberlite IRA-93 等。树脂装在圆桶形树脂滤床中，若用阳离子和阴离子交换树脂滤床串联应用，能将溶液中的离子全部除掉。糖液由上而下流经离子交换树脂滤床，顶部的离子交换树脂与糖液接触，发生交换现象，一段时间后，这部分离子交换树脂能力消失，由较低部分的离子交换树脂发生交换作用。如此，离子交换区域逐渐向下移动，糖液先与交换能力已消失的离子交换树脂相遇，最后与尚未发生交换的新离子交换树脂相遇，这是一个逆流交换过程，效率较高。

离子交换树脂具有一定的交换能力，达到一定限度后不能再交换，需用酸或碱处理再生。阳离子交换树脂用 5%~10%盐酸再生，阴离子交换树脂用 4%的氢氧化钠再生。阳、阴离子交换树脂使用一段时间后，其离子交换能力都降低，再生处理后也不能恢复其原有能力，这时需要更换新的离子交换树脂。

5.1.2.6　浓缩

中和过滤后的糖化液浓度较低，为 15°Bé 左右，为了有利于脱色，需要送至多效蒸发罐内浓缩，一般是在 60~80℃温度下浓缩到 26°Bé 左右，然后进入脱色工序。离子交换树脂精制后的淀粉糖化液浓度仍较低，需要进一步浓缩，一般是在 55~60℃的温度下浓缩至 42~43 °Bé、含水量约为 16%，这种经过精制的浓缩糖浆即为淀粉糖浆成品。

5.2　马铃薯制糖工艺

5.2.1　麦芽糊精

以淀粉为原料水解到 DE 值 20 以内的产品称为麦芽糊精。麦芽糊精的主要成分是糊精和四糖以上的低聚糖，还含有少量麦芽糖和葡萄糖。麦芽糊精的生产工艺一般用酶法和酸酶结合法两种。酸法水解产品过滤困难，产品的溶解度低，易变混浊或凝沉，工业生产一般不使用此法。生产 DE 值 5~20 的产品常用酶法生产。对于生产 DE 值为 15~20 的产品时，也可用酸酶结合法，先用酸转化淀粉到 DE 值 5~12，再用 α-淀粉酶转化到 DE 值为 15~20。采用这种方法生产的产品与酶法生产的相比，过滤性质好，透明度高，不变混浊，但灰分较酶法稍高。

5.2.1.1　工艺流程

工艺流程包括：淀粉糊精→加 α-淀粉酶液化→升温灭酶→脱色过滤→真空浓缩→浆状产品→喷雾干燥→粉状产品。

5.2.1.2　操作技术要点

1. 调浆

先将淀粉调成 21°Bé，再用碳酸钠溶液将 pH 值调到 6.0~6.5，用醋酸钙调节钙离子浓度为 0.01mol/L。

2. 液化

加入一定量的液化酶，用喷射液化器进行糊化、液化。淀粉浆的温度从 35℃ 升高到 148℃，经过液化的淀粉浆由喷射液化器下方卸出，引入保温罐中，在 85℃ 时再把剩余的酶加入，放置 20~30min。经过液化的液化液，DE 值可达到 15~22，pH 值可达到 6~6.5。

3. 脱色过滤

在液化液中直接加入活性炭混合均匀，脱色 20~30min。然后，利用板框过滤机进行过滤，成为无色透明的液体。

4. 浓缩

在真空浓缩蒸发器中将糖液进行浓缩，通过浓缩使麦芽糊精的浓度从 35% 增加到 60% 左右。

5. 喷雾干燥

将浓缩后的麦芽糊精喷雾干燥，成为疏松粉状麦芽糊精。产品需要严密包装以防受潮。

5.2.1.3 产品特点

麦芽糊精具有许多独特的理化性能，如水溶性好、耐熬煮、黏度高、吸潮性低、抗蔗糖结晶性高、赋形性质好、泡沫稳定性强、成膜性好及易于人体吸收等。由于这些特点，使它在固体饮料、糖果、果脯蜜饯、饼干、啤酒、婴儿食品、运动员饮料及水果保鲜等多种食品的加工和生产中得到应用，是一种多功能、多用途的食品添加剂，是食品生产的基础原料之一。

5.2.2 低聚糖

低聚糖主要成分为麦芽糖、麦芽三糖至麦芽八糖等低聚糖，很少含葡萄糖和糊精的产品。这种糖品含葡萄糖量很低、甜度低、黏度高、吸潮性低。

5.2.2.1 工艺流程

工艺流程如下：

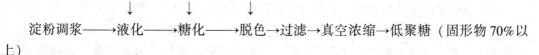

α-淀粉酶　　低聚糖酶　　活性炭
　　↓　　　　　↓　　　　　↓
淀粉调浆──→液化──→糖化──→脱色→过滤→真空浓缩→低聚糖（固形物 70% 以上）

5.2.2.2 生产简介

美国、日本低聚糖产品中麦芽四糖或麦芽五糖含量较高（30%~50%），麦芽三糖占 5%~15%，麦芽糖占 2%~8%，葡萄糖占 5%~10%。我国研制生产的低聚糖精产品中麦芽糖 25%，麦芽三糖 25%，麦芽四糖、五糖、六糖都高达 12%~15%，从麦芽三糖到麦芽七糖占总糖的 70% 以上。这是因为所采用的低聚糖酶来源和性质不同所致。美、日多采用灰色链霉菌、施氏假单胞菌或假单胞菌产生的低聚糖酶，而我国多用高温根霉菌产生的低聚糖酶。

5.2.2.3 产品特点

低聚糖作为新型的甜味剂，与其他甜味剂相比，在许多方面具有独特的优点。

1. 保健功能

低聚糖具有抑制肠道中腐败菌的生长、增强人体免疫功能的作用。同时，低聚糖的食用可阻碍牙垢的形成和在牙齿上的附着，从而防止了微生物在牙齿上大量繁殖，达到防龋齿的目的。所以，低聚糖在美国、日本等已经流行，应用于食品工业的许多品种中，尤其是病人、老人和儿童的滋补食品。

2. 甜度

低聚糖甜度低于蔗糖。如以蔗糖的甜度为 100，葡萄糖则为 70，麦芽糖为 44，麦芽三糖为 32，麦芽四糖为 20，麦芽五糖为 17，麦芽六糖为 10，麦芽七糖为 5。随着聚合度的增加甜度下降，麦芽四糖以上只能隐约地感到甜味，但味道良好，没有饴糖的糊精异味。低聚糖是一种优良的食品原料，它与其他各种食品混合后不会对口味产生不好的影响，而且能够大量使用。与高甜度甜味剂混用，起到改善口味、消除腻感的作用，混于酒精饮料中可以减少酒精刺激性，起到缓冲效果。

3. 黏度

麦芽三糖以上至麦芽七糖之间存在着明显的差异，麦芽二糖的黏度特性与蔗糖相同，麦芽三糖以上黏度随着聚合度增加而增加，麦芽七糖至麦芽十糖黏度极高，使食品有浓稠感，较低聚合度的麦芽二糖、麦芽三糖和麦芽五糖仍能保持较好的流动性，是应用于营养口服液、病后营养滋补液等的糖源。

4. 水分活度和渗透压

与其他糖品相比，相同浓度低聚糖水分活度大，渗透压小，因此，适用于调节饮料、营养补液等的渗透压，减少渗透压性腹泻，提高人体对营养物质和水分的吸收速度和效率。

5. 其他特性

低聚糖在人体内具有很高的利用率，它的利用率甚至超过葡萄糖与蔗糖，糖的聚合度越高其利用率也越高。对于氨基酸引起的美拉德反应有很高的稳定性，所以用低聚糖作为甜味剂，可以避免食品着色。大部分低聚糖还具有抗老化和不易析出结晶的优点，低聚糖还可以形成具有光泽的皮膜，对各种蜜饯以及食品有特殊的利用价值。

5.2.3　葡萄糖浆（全糖）

葡萄糖浆采用全酶法生产，糖化液含葡萄糖百分率达 95%~97%（干基计），其余为低聚糖。纯度高、甜味纯正，适用于食品工业。产品可经喷雾干燥制成颗粒状，也可经冷凝成块状，然后再加工成粉末状产品，成为粉末葡萄糖。全糖质量虽然低于结晶葡萄糖，但工艺简单、成本低。

5.2.3.1　工艺流程

工艺流程如下：

<pre>
              液化酶   糖化酶
                ↓   ↓
马铃薯淀粉乳→液化———→糖化→过滤澄清→活性炭脱色→离子交换→浓缩→干燥→
成品。
</pre>

5.2.3.2　操作技术要点

1. 淀粉液化

先将马铃薯淀粉调成 21°Bé，用碳酸钠溶液将 pH 值调到 6.0~6.5，加入醋酸钙调节钙离子浓度为 0.01mol/L，加入需要的液化酶，用泵均匀输入喷射液化器，进行糊化、液化，淀粉浆温度35℃升高到148℃，经过液化的淀粉浆由喷射液化器下方卸出，引入保温罐中，在85℃时再把剩余的酶加入，放置 20~30min，冷却后转入糖化工艺。

2. 糖化

经过液化的液化液，DE 值达到 15~22、pH 值 6.0~6.5，降温到60℃左右，并用盐酸调节 pH 值到 4~4.3，加入所需糖化酶充分混合均匀，保持 60℃左右的温度进行糖化。糖化作用时间需 48~60h，糖化后要求 DE 值达 97~98。

3. 澄清过滤

糖化液中含有一些不溶性的物质，须通过过滤器除去。过滤用回转式真空过滤器，在使用前先涂一层助滤剂，然后将糖液泵入过滤器中过滤，所得澄清糖液收集于贮液罐内，等待脱色。

4. 脱色过滤

将糖液用泵送至脱色罐中（内装有搅拌器械），加热至80℃，加入活性炭混合均匀，脱色时间为 20~30min。然后打入回转式真空过滤器中进行过滤，以除去活性炭，过滤的糖液收集于贮液罐内。

5. 离子交换

离子交换柱设有三套，其中二套连续运转，一套更换使用。每一套离子交换柱可连续运转 30h，经脱色的糖液由上而下流过，进行离子交换，除去糖液中的离子型杂质（如无机盐、氨基酸）和色素，成为无色透明的液体。

6. 浓缩

在浓缩蒸发器中将糖液进行浓缩，通过浓缩使葡萄糖液的浓度从 35% 提高到 54%~67%。

7. 喷雾结晶干燥

将糖液浓缩到 67%，混入 0.5% 含水 α-葡萄糖晶中，在 20℃下结晶，保持缓慢搅拌 8h 左右，此时糖液中有 50% 结晶出来。所得糖膏具有足够的流动性，仍能用泵运送到喷雾干燥器中。经喷雾干燥后的成品，一般含水分约为 9%。

5.2.4 中转化糖浆

中转化糖浆（DE 值 38~42）是生产历史最久、应用较多的一种糖浆，又常称为"标准"糖浆。广泛应用于饮料、糖果、糕点等食品及医药用糖浆生产。

5.2.4.1 生产工艺流程

生产中转化糖浆，国内外一般都采用酸法工艺，主要的工序有糖化、中和、脱色和浓缩等。糖浆的品级有特级、甲级和乙级 3 种。甲级糖浆的生产工艺流程如下：

淀粉原料、水、盐酸→调粉→淀粉乳（pH 值 1.8，浓度 40%）→糖化（压力 274.4kPa，温度 142℃）→废炭、适量碳酸钠溶液中和（pH 值 4.8）→过滤→中和糖浆→冷却（60℃）→活性炭第一次脱色→过滤→离子交换（pH 值 3.8~4.2）→第一次蒸发（42%~50%干固物）→活性炭第二次脱色→过滤（pH 值 3.8~4.2）→第二次蒸发→成品。

5.2.4.2　操作技术要点

1. 调粉

在调粉桶内先加部分水（可使用离子交换或过滤机洗水），在搅拌条件下加入淀粉原料，投料完毕，继续加水使淀粉乳达到规定浓度（40%），然后加入盐酸调节至规定的 pH 值。

2. 糖化

调好的淀粉乳，用耐酸泵送入糖化罐，进料完毕打开蒸汽阀，把压力提高至 274.4kPa 左右，保持该压力 3~5min。取样，用 20% 碘液检查糖化终点。糖化液遇碘呈酱红色时即可放料中和。

3. 中和

糖化液转入中和桶中进行中和，开始搅拌时加入定量废炭做助滤剂，逐步加入 10% 碳酸钠溶液，中和要掌握混合均匀，达到所需的 pH 值后，打开出料阀，用泵将糖液送入过滤机。滤出的清糖液随即送至冷却塔，冷却后将糖液进行脱色。

4. 脱色

清糖液放入脱色桶内，加入定量活性炭，随加随搅拌，脱色搅拌时间不得少于 5min（指糖液放满桶后），然后再送至过滤机，滤出清液盛放在贮桶内备用。

5. 离子交换

将第一次脱色后滤出的清液送至离子交换滤床进行脱盐提纯及脱色。糖液通过阳—阴—阳—阴 4 个树脂滤床后，在贮糖桶内调节 pH 值至 3.8~4.2。

6. 第一次蒸发

离子交换后，准确调好 pH 值的糖液，利用泵送至蒸发罐，保持真空度在 66.7kPa 以上，加热蒸汽压力不得超过 98kPa，控制蒸发浓缩的中糖浆浓度在 42%~50%，即可出料进行第二次脱色。

7. 二次脱色过滤

经第一次蒸发后的中糖浆送至脱色桶，再加入定量新鲜活性炭，操作同第一次脱色。二次脱色糖浆必须反复回流，过滤至无活性炭微粒为止，方可保证质量。然后将清透、无色的中糖浆，送至贮糖桶。

8. 第二次蒸发

其操作基本上与第一次蒸发相同，只是第二次蒸发开始后，加入适量亚硫酸氢钠溶液（35°Bé），能起到漂白而保护色泽的作用。蒸发至规定的浓度，即可放料至成品桶内。

5.2.5　马铃薯水晶饴糖

饴糖是重要的马铃薯深加工产品，是糖果、糕点、果酱、罐头等食品的必需原料。马铃薯饴糖味甘性温，为药食兼用之品，营养价值高，能健胃、止咳，可用于治疗肺津亏虚所致的久咳痰少；滋补功能，能补脾益气，故中医凡治脾虚中寒的复方中多配用饴糖，可纠正营养不良状态；短气乏力，咽喉燥痒者，可单用饴糖噙咽或与他药配合应用，常作为婴幼儿营养食品。

5.2.5.1　原料选择

精选无发霉、无腐烂、芽眼浅、个大且薯形整齐、成熟度好的马铃薯块茎。

5.2.5.2 工艺流程

工艺流程包括：原料处理→蒸煮→打浆→液化→糖化→熬制（浓缩）→干燥→饴糖糖果或饴糖粉→包装。

5.2.5.3 操作技术要点

1. 原料处理

将马铃薯原料投入不锈钢清洗池充分清洗后削皮并切成 2mm 厚的薄片后，送入浸泡池浸泡 5~30min，以防止马铃薯褐化（美拉德反应）。

2. 蒸煮

从浸泡池中沥出马铃薯片，入离心机脱水后送蒸柜加温蒸至熟透。

3. 打浆

以打浆机打浆时间为 35~45min 制浆。原浆制好后加入 35~75℃的热水混合成水浆，水浆的浓度为 10%~35%，再用食碱将水浆液 pH 值调为 6.2~6.4 后备用。

4. 液化

浆液调至 25%~35%、加入 0.1%的 $CaCl_2$，α-淀粉酶 2.0U/g 马铃薯，入夹层锅中加热液化，液化时间为 15~45min、液化温度 70~95℃，调节 pH 值为 5.6~6.8。

5. 糖化

将液化后的浆液降温至 60~65℃，加入糖化酶 30U/g 马铃薯，充分搅拌均匀，糖化反应时间为 150~210min、糖化反应温度为 55~65℃，pH 值为 4.6~5.4。

6. 饴糖糖果生产

将糖化液、白砂糖、柠檬酸等原料加入调配罐，搅拌均匀后送入熬糖锅熬制，待出锅时加入预先融化好的琼脂，然后冷却至 45~50℃由浇注成型机定型，约 3h 稳定后放入干燥箱干燥，干燥箱保持 45℃以下，当含水量降到 8%时可以冷却、包装。

饴糖呈淡黄色或金黄色，水晶透明度突出，组织均匀细腻无结块，味甜柔和，有蒸煮或烤马铃薯特有的香味，具有良好弹性和韧性，不粘牙，无异味，无肉眼可见杂质。

7. 饴糖粉生产

将糖化液泵入板框压滤机过滤去渣，再加入少量水，搅拌至糊状，再次装袋过滤，反复多次直至滤液呈透明、无杂质的液体后再送入活性炭脱色罐，继续升温使糖液温度达到 100℃，保持 30 min 左右将糖液送入箱式过滤机，再用阳离子、阴离子交换罐进行离子交换，之后采用单效浓缩器浓缩糖液，浓度达到 60%时再进行喷雾干燥，即得饴糖粉。

5.2.6 马铃薯渣生产饴糖

马铃薯渣是提取淀粉后的下脚料，利用薯渣制饴糖，可变废为宝。下面介绍适合于农村加工饴糖的生产技术：

5.2.6.1 工艺流程

工艺流程包括：麦芽制备→配料、糊化→糖化→熬制→饴糖。

5.2.6.2 操作技术要点

1. 麦芽制备

将大麦在清水中浸泡 1~2h，水温保持在 20~25℃。将大麦捞起，放在 25℃的室内进行发芽，每天洒水 2 次。4d 后麦芽长到 2cm 以上即可。

2. 配料、糊化

马铃薯渣研碎、过筛，加入 25% 的谷壳，把 8% 的清水洒在配好的原料上，拌匀后放置 1h。将混合料分 3 次上屉蒸制，第一次加料 40%，上汽后加料 30%，再次上汽后加进余下的混合料，从蒸汽上来时计算，蒸 2h。

3. 糖化

料蒸好后放入桶中，加入适量浸泡过麦芽的水，拌匀。当温度降至 60℃ 时，加入制好的麦芽，麦芽用量为料重的 10%。拌匀，倒入适量麦芽水，待温度降至 54℃ 时，保温 4h（加入 65℃ 的温水保温），充分糖化后，把糖液滤出。

4. 熬制

将上述得到的糖液放入锅内，熬糖浓缩。开始火力要猛。随着糖液浓缩，火力逐渐减弱，并不停地搅拌，以防焦化。最后以小火熬制，浓缩至 40°Bé 时，即成饴糖。

5.2.7　焦糖色素

焦糖色素是一种天然着色剂，被广泛用于食品、医药、调味品、饮料等行业。焦糖色素的生产可用各种不同来源、不同加工工艺的糖质原料，常用淀粉质原料生产或直接用糖浆生产。生产工艺多用常压氨法，基本原理是糖质原料中的还原糖与氨水在高温下发生美拉德反应，生成有色物质。焦糖色素的颜色深浅用色率（EBC）表示，色率的高低与糖质中还原糖含量、氨水用量、反应温度等因素有关，一般糖质中还原糖的含量（DE）值越高，色素色率越高。

5.2.7.1　工艺流程

工艺流程如下：

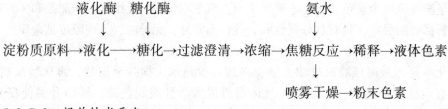

5.2.7.2　操作技术要点

1. 糖化

淀粉质原料可以直接利用马铃薯或其淀粉，其液化、糖化工艺与葡萄糖浆生产工艺相同，可以采用双酶法、酸法或酸酶结合法。使用糖浆、糖蜜等作为原料时，可直接浓缩进行焦糖反应。

2. 澄清过滤

糖化液中含有一些不溶性的物质，须通过过滤器除去。过滤用板框过滤机、回转式真空过滤器等进行过滤，在过滤前先涂一层硅藻土作为助滤剂。如生产高质量的色素，还需进行脱色、离子交换处理，其处理方法与葡萄糖浆生产工艺相同。

3. 浓缩

糖化液浓缩可以直接采用常压蒸发器进行浓缩，直至糖液变浓，温度达到 135 ~ 140℃。

4. 美拉德反应

分次加入氨水（浓度为 20%~25%）进行反应，反应温度维持在 140℃ 左右。氨水的用量是糖液干物质的 20%，反应时间为 2h。

5. 液体色素

反应结束后，加水稀释到 35°Bé，色率 3.5 万 EBC 单位左右，包装后即为成品液体焦糖色素。

6. 粉末色素

将上述液体色素喷雾干燥或将不经稀释的膏状色素经真空干燥后粉碎，即得粉末固体焦糖色素，色率在 8 万~10 万 EBC 单位。

5.3 普鲁兰多糖生产

普鲁兰多糖（Pullulan）又称短梗霉多糖，是由出芽短梗霉（*Aureobasidium pullulans*）菌体分泌的一种胞外水溶性大分子中性多糖。1958 年，Bernier 首次发现出芽短梗霉可以产生一种细胞外多糖，并从发酵液中提取到该多糖。目前，尚无从自然界中分离到该多糖的报道，普遍采用生物合成法生产普鲁兰。

普鲁兰多糖具有极佳的成膜性、成纤维性、阻氧性、可塑性、黏结性及易自然降解等独特的理化和生物学特性，无毒无害，对人体无任何副作用，用途广泛。因此，普鲁兰是一种有极大开发价值和前景的多功能新型生物制品。

5.3.1 普鲁兰多糖的结构和性质

5.3.1.1 结构

普鲁兰多糖是一种线性聚合物，分子式为 $(C_{37}H_{62}O_{30})_n$，其结构式如图 5-5 所示。在 10g/L 的浓度下其旋光度为 192°。

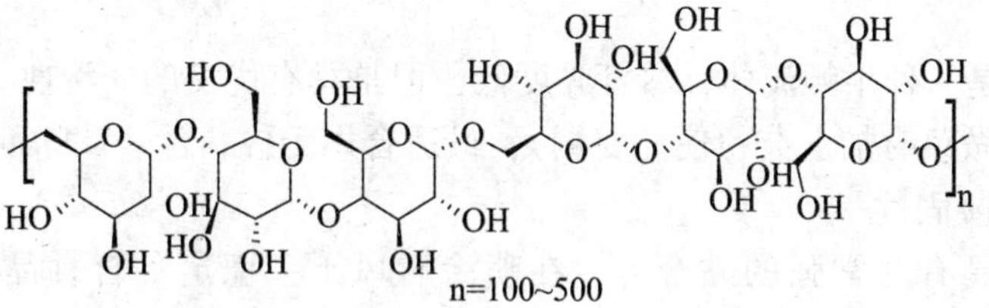

n=100~500

图 5-5 普鲁兰多糖结构式（α-1，4 和 α-1，6）

普鲁兰多糖是以 α-1，6-糖苷键结合麦芽糖构成同型多糖为主，即葡萄糖按 α-1，4-糖苷键结合成麦芽三糖，两端再以 α-1，6-糖苷键同另外的麦芽三糖结合，如此反复连接而成的高分子多糖。α-1，4 键与 α-1，6 键比例为 2∶1，聚合度为 100~5000，其分子量因产生菌种和发酵条件的不同而有较大的变化，一般在 $5.0×10^4$~$5.0×10^6$D（日本商品普鲁兰糖平均分子量 $2×10^5$，大约由 480 个麦芽三糖组成），一般没有分枝结构，但由于菌种和底物的不同，多糖链中麦芽三糖偶尔也会被极少量麦芽四糖或葡萄糖残基所取代，某种情况下，也会有支链结构存在。

5.3.1.2　性质

普鲁兰多糖为白色非结晶性粉末，无味无臭。易溶于水、二甲基甲酰胺，不产生胶凝作用，溶液黏稠稳定，呈中性。不溶于醇、醚、氯仿等有机溶剂中。其完全酸水解的产物全部是葡萄糖分子，部分酸水解因水解条件的不同而产生各种寡聚糖，在高碘酸氧化作用下的主要产物是甲酸。在碘液中不显色，茚三酮反应阴性，但在斐林试剂中出现蓝色沉淀。完全燃烧后无任何有害气体产生、无残留物，仅释放出二氧化碳。溶液的黏稠性与阿拉伯胶相同，具有非常优良的耐盐、耐酶、耐热、耐 pH 值变化的增稠作用。造膜性强，其水溶液在金属板上干燥后形成的薄膜，对氧、氮的阻气性强。易形成水溶性的可食薄膜。与其他水溶性高分子物质的相容性良好。其性质主要表现于以下几个方面：

1. 无毒性，安全性

根据普鲁兰多糖的急性、亚急性和慢性毒性试验、变异源性试验结果，即使普鲁兰多糖的投用量达到 LD50（半致死剂量）的界限量 15g/kg，普鲁兰多糖都不会引起任何生物学毒性和异常状态的产生，所以用于食品和医药工业安全可靠。

2. 溶解性

普鲁兰多糖能够迅速溶解于冷水或温水，溶解速度比羧甲基纤维素、海藻酸钠、聚丙烯醇、聚乙烯醇等快两倍以上，溶液中性，不离子化、不凝胶化、不结晶。可与水溶性高分子如羧甲基纤维素、海藻酸钠和淀粉等互溶，不溶于乙醇、氯仿等有机溶剂。但其酯化或醚化后，其理化性质将随之改变。根据置换度不同，可分别溶于水和丙酮、氯仿、乙醇及乙酸乙酯等有机溶剂。

3. 稳定性

普鲁兰多糖的分子呈线状结构，因此与其他多糖类相比，普鲁兰多糖水溶液黏性较低，不会形成胶体，是黏附性强的中性溶液。不易受 pH 值或各种盐类影响，尤其对食盐维持稳定的黏度。混合硼、钛等元素，黏度将会急剧增大。此外，pH 值在 3 以下时若长时间加热，会与其他多糖一样，部分分解，从而导致溶液黏度下降。

4. 润滑性

普鲁兰多糖是一种牛顿流体，尽管黏度低，但是具有优良的润滑性。用于食品时具有勾芡作用（做汤做菜时加上芡粉使汁变稠），最适合用于佐料汁、调味剂等产品中。

5. 黏合性、凝固性

普鲁兰多糖具有非常强的黏合力，在喷涂后风干，稳定黏合食品（特别是干燥食品）。同时，也具有较强的凝固力，在制成药片或制成颗粒时最适合作为黏合剂使用。

6. 覆膜性

普鲁兰多糖具有优良的覆膜性，容易在食品、金属等表面涂层。同时，可由普鲁兰多糖水溶液形成易溶水性、无色透明、强韧的薄膜。它具有阻气性、保持芳香性、耐油性、电绝缘性等特性，用于食品可在食品表面增添光泽并保鲜。

7. 分解性

据体内酶的消化试验或白鼠的成长试验结果证实，普鲁兰多糖与纤维素、琼脂等相同，是一种难消化的多糖类。普鲁兰多糖在动物消化器官内的消化酶作用下，几小时之内接近不分解，利用普鲁兰多糖的这种低消化性，可制造低热量的特殊食品和饮料。此外，普鲁兰与淀粉相同，在达到250℃左右时开始分解，其后被碳化，燃烧时不产生有毒气体和高热。

8. 改善物性，保持水分

添加少量普鲁兰多糖，对于改善物性、保持水分等发挥效果。可用于改良食感、改善质量、防止老化以及提高成品率。

9. 成型性、纺纱性

只需在普鲁兰多糖中添加一定量的水，进行加热加压成型和纺纱处理，即可加工出具有可食性和溶水性的成型物或纤维。

5.3.2 普鲁兰多糖的生物合成[①]

5.3.2.1 胞外多聚糖的生产

出芽短梗霉发酵产生的胞外多聚糖多种多样。早期的研究普遍认为出芽短梗霉的发酵产物主要含有两种不同的胞外多聚糖，一种是普鲁兰多糖，另一种产物认为是一种水不溶性胶状物质。1993年，Simon等人[②]通过电子显微镜观察出芽短梗霉的细胞壁发现，在静息培养过程中主要的多糖都是由细胞产生的，普鲁兰多糖和不溶性胶状物都依附于细胞壁的外表面。最外层是高度密集的普鲁兰多糖层，里面包着一层是由葡萄糖和甘露糖通过β-1，3-糖苷键连接而成的不溶性的聚多糖层。

5.3.2.2 生物合成机制及途径

Clark发现在出芽短梗霉细胞内ATP是通过磷酸戊糖循环合成的。在出芽短梗霉培养基里加入带有放射性同位素标记的葡萄糖后，发现葡萄糖α位上的碳最终转化为CO_2。在发酵初期，随着CO_2浓度的快速增大和溶氧浓度的降低，pH值会呈现下降的趋势；在发酵过程中，酸性化合物的生成，造成pH值的继续降低；发酵后期，由于在通气条件下物质传递的加快，pH值回升。因此，整个发酵过程中pH值的时间曲线呈字母"U"形。

普鲁兰多糖是在细胞内合成的，并通过载体脂蛋白作用穿过细胞壁而分泌到细胞外。普遍认为，普鲁兰多糖的生物合成途径是出芽短梗霉利用基质中的葡萄糖，通过糖酵解途径和糖醛酸途径使葡萄糖首先转变为6-磷酸葡萄糖，然后再转变为尿苷二磷酸葡萄糖。尿苷二磷酸葡萄糖（UDPG）脱下的葡萄糖残基，通过磷酯键与脂质分子（LPh）相结合首先形成葡糖基（Glucosy1）；然后进行第二次葡糖基转移反应得到异麦芽糖基（Isomaltosy1）；经过第三次作用后形成的异潘糖基（Isopanosy1），最后通过聚合而成普鲁兰多糖链[③]，具体过程如图5-6所示。

5.3.2.3 普鲁兰多糖的发酵生产

1. 菌种特性

① 王浩，王普，张晓军. 普鲁兰多糖的研究进展 [J]. 精细与专用化学品，2006，14（5）：4-7.

② Simon L, Caye – Vaugien C, BouchonneauM. Relation between pullulan production, morphological state and growth conditions in *Aureobasidium pullulans*, new observations [J]. Gen Microbiol, 1993, 139: 979-985.

③ Hayashi S Hayashi T, Takasaki Y, et al Purification and properties of glucosy ltransferase from *Aureobasidium* [J]. Ind Microbiol, 1994, 13 (1): 5-9.

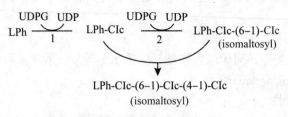

图 5-6　普鲁兰多糖生物合成途径

普鲁兰产生菌出芽短梗霉，又名出芽茁霉（*Pullularia*，*Pullulans*），为半知菌类短梗霉属，是一种具有酵母型和菌丝型形态的多形真菌。由于遗传上的不稳定性，可形成许多变种，菌落最初黏稠，呈暗白色，很快转变为淡绿色，最终为黑色。菌落质地由黏稠状到坚硬，菌落边缘呈明显的根状。无性繁殖方式多样，主要类似于酵母菌的多边芽殖形式到形成明显的真菌丝。常具有节孢子、厚垣孢子、芽分生孢子。幼龄营养细胞呈椭圆形至柠檬形，代谢为氧化型。

2. 新菌株的发酵研究

出芽短梗霉在发酵的过程中，伴有深绿色和黑色的色素产生，使发酵液颜色变深。色素的产生对短梗霉多糖的提取纯化造成困难，降低其品质，导致后续的分离成本提高。在发酵过程中由于发酵条件和底物的不同，一般有酵母状（Y 相）和菌丝体（M 相）两种状态相互转变，大量研究表明酵母状细胞最有利于短梗霉多糖的形成。随着发酵时间的推移，发酵液中糖浓度不断升高，会使普鲁兰多糖分子量降低。Hyung-Pil Seo 等人[1]对出芽短梗霉 ATCC42023 进行紫外诱变，得到诱变株出芽短梗霉 HP-2001，该菌株发酵时无色素产生，所产的高分子量普鲁兰多糖不会因糖浓度的升高而被分解。实验采用出芽短梗霉 HP-2001，比较了酵母抽提物和豆油渣分别作为唯一氮源的生产效果，发现后者的普鲁兰产量较高，纯浓度达到 7.5g/L，平均分子量相对较大，在 $1.32 \times 10^{6} \sim 5.66 \times 10^{6}$ D。所产的普鲁兰多糖拥有相同的基本结构，只是单体成分的比率有细微的区别，从而使所产生的普鲁兰多糖有不同的分子量。

3. 发酵工艺条件的影响

发酵条件包括 pH 值、温度、通气量、接种量、种龄等，其中通气量对产普鲁兰菌株细胞活性的影响显著。出芽短梗霉是好氧菌，因此在无氧条件下细胞既不生长也不产普鲁兰。而在氧气充足的情况下，菌体的生长和普鲁兰的产量都有大幅度提高，尤其是在含氮源丰富的培养基中，这一现象更为明显。在低含氮量的培养基中，结果则相反，此时高通气量会抑制普鲁兰的生产。Audet 等人[2]的研究发现，在养分平衡的培养基中，溶氧的提高利于产物的合成，但高通气量会使菌种产生的普鲁兰的分子量变小。

① Hyung-Pil Seo, Chang-Woo Son. Production of high molecular weight pullulan by *Aureobasidium pullulans* HP-2001with soybean pomace asa nitrogen source ［J］. BioresourceTechnology, 2004, 95（3）: 293-299.

② Audet J, Lounes M, Thibault J. Pullulan fermentation in a reciprocating plate bioreactor ［J］. Bioproc Eng, 1996, 15: 209-215.

Triantafyllos Roukas 等人[1]对搅拌发酵罐中出芽短梗霉 P56 菌株生产普鲁兰的发酵条件进行研究，以甜菜蜜糖为碳源，当通气量为 1.0vvm 时，多糖浓度为最高，达到 23.0g/L，细胞干重 22.5g/L，糖利用率为 96.0%。多糖浓度和 pH 值的上升会使饱和多糖的黏度上升，但温度上升使黏度下降。结果表明，当 pH 为 8.0，温度为 20℃ 的时候，黏度最大。

Youssef F 等人[2]研究分批发酵与补料-分批发酵对普鲁兰生产的影响。结果显示，分批发酵对普鲁兰的合成更有利，多糖浓度可以达到 31.3g/L，日产量达到 4.5g/L，糖利用率 100%。而在补料分批发酵中，补料培养基组成对发酵动力学会产生影响，多糖浓度仅为 24.5g/L，日产量 3.5g/L。通过结构分析得知，α-1, 4 糖苷键占 66%；α-1, 6 糖苷键占 31% 左右，另外，糖苷链中还存在小于 3% 的三重键。

5.3.2.4 普鲁兰多糖的分离

要从发酵液中分离得到纯的普鲁兰多糖，需经过 3 个步骤：菌体的分离、黑色素的洗脱以及最后多糖的析出。发酵液在室温下，8000r/min 离心 30min 除去菌体，得到呈黑绿色的上清液，将上清液在 80℃ 下持续加热 1h 使胞外酶失活，过滤后将滤液冷却至 25℃，然后脱色，此步骤最为关键。Dharmendra K Kachhawa 等人[3]对不同的脱色方法进行了比较，他们分别采用活性炭、单一有机溶剂、不同配比有机溶剂混合物以及不同浓度的 KCl 乙醇溶液进行脱色，结果表明，乙醇与丁酮按 60B40 配比的有机混合物脱色效果最佳。脱色后的混悬液用两倍体积的乙醇沉淀，弃上清液，沉淀物于 60℃ 烘干，得到的固体即普鲁兰多糖。

5.3.2.5 普鲁兰多糖生产现状[4]

普鲁兰多糖的研究工作起始于西德，英国人在理论方面也做了不少工作，日本进行了比较系统尤其是生产工艺和产品应用的研究，并取得了大量专利。1976~1980 年为第一个研究高峰，主要是对其性质和发酵方法的研究；1984~1996 年为第二个研究高峰，主要集中在对其产生机理和应用研究。目前已进入应用研究高峰，包括普鲁兰多糖衍生物的结构鉴定、性质、应用的研究以及普鲁兰多糖改善食品品质方面的研究。从国外所发表的文章来看，目前普鲁兰多糖的产率并不高，大多在 20~50g/L，并且其发酵时间较长，一般需要 96~144h。日本在普鲁兰多糖的研究中做了大量工作，目前年产量已达万吨。1976 年日本的 Hayashihara（日本林原生化研究所）就开始进行普鲁兰多糖中试水平规模的商业化生产，至今仍垄断国际市场。

国内从 1980 年开始研究，是"七五""八五"攻关项目，在研究中筛选到了一些多糖产量高、色素含量低的菌株，但国内生产技术与先进国家相比还有差距，原料利用率还

① Triantafyllos Roukas, Maria Liakopoulou Kyriakides. Production of pullulan from beetmolasses by *Aureobasidium* pullulansin a stirred tank fermentor［J］. Journal of Food Engineering, 1999, 40（1）：89-94.

② Youssef F, Roukas T, Biliaderis C G. Pullulan production by a non pigmented strain of *Aureobasidium* pullulansusing batch and fedbatch culture［J］. Process Biochemistry, 1999, 34：355-366.

③ Dharmendra K Kachhawa, Paramita Bhattacharjee, Rekha S Singha. l Studies on downstream processing of pullulan［J］. Carbohydrate Polymers, 2003, 52（1）：25-28.

④ 杨西江，徐田华，徐玲，等. 普鲁兰多糖的应用及研究生产现状［J］. 发酵科技通讯，2010，39（4）：25-28.

不高，后期提取成本较高，目前尚未见工业化生产报道。有报道称普鲁兰多糖产量已经达到了 30~60g/L，然而却存在发酵时间长，产黑色素多，纯化提取困难等问题。在普鲁兰多糖应用方面的研究国内则进行得更少，已有的应用研究主要是作为食品（如鸡蛋、海产品等）和水果（如苹果、梨等）的保鲜剂。山东省食品发酵工业研究设计院与中科院微生物研究所于 20 世纪 80 年代开始研究普鲁兰多糖，是国家轻工部科技攻关项目。1990 年开发出普鲁兰多糖产品，但由于当时的产品质量低劣，且缺乏应用研究，国内还未有专项推广应用的资金，暂停开发。近些年来，随着普鲁兰多糖应用市场的拓开，普鲁兰多糖的生产与应用进入到前所未有的高峰，日本林原生化研究所扩大了普鲁兰多糖生产规模，仍远远满足不了市场需求。在此基础上，山东省食品发酵工业研究设计院从 2000 年开始，对过去有关普鲁兰多糖研究开发方面的成果重新作了分析，通过一系列科研攻关，多糖的产率达到 55g/L，糖转化率可达 60%~70%。在此基础上对后提取工艺条件进行多方位摸索试验，解决了一系列工业化技术难题，制成了类似日本的优质普鲁兰多糖产品。无锡市紫丰技术开发有限公司以出芽短根霉为出发菌株进行紫外线、NTG 诱变，从大量的诱变菌株中筛选分泌黑色素较少转化率较高的诱变菌株，以该菌株进行普鲁兰摇瓶、小罐发酵试验，多糖的产率达 60g/L~70g/L，普鲁兰对糖转化率可达 60%~70%，并对发酵液进行后提取工艺条件种种试验，解决了一系列技术难题，制成类似日本的优质普鲁兰多糖产品。2009 年，甘肃省农业科学院农产品储藏加工研究所完成的科技攻关项目"茁霉多糖新产品研发"经甘肃省科技厅组织有关专家进行了成果鉴定。该项目以马铃薯淀粉为原料，通过复合诱变筛选出白色高产茁霉多糖菌株；采用微波技术优化了淀粉液化、糖化工艺；研究了固定化茁霉多糖菌悬浮培养技术，提高了发酵过程中生物转化率；采用分子筛技术等提取方法处理茁霉多糖发酵液，形成了 15L 生物反应器规模的白色高产茁霉多糖发酵工艺。同时，诱变筛选出的白色高产茁霉多糖菌株，在 20% 淀粉含量的发酵原料中，多糖发酵转化率 58.5%，较原株（对照）多糖发酵转化率提高 8%，纯度 80% 以上的多糖提取得率达 90%，制订并备案了产品的企业标准。鉴定委员会一致认为：该项目充分利用甘肃省马铃薯淀粉的资源优势，生产茁霉多糖。技术路线合理，项目整体工艺技术水平达到国内同类研究的领先水平，同意通过技术成果鉴定。并建议将成果名称更名为"茁霉多糖产品生产工艺研究"，尽快开展中试研究。湖北工学院化工系采用生物发酵法合成了茁霉多糖，并研究了它的成膜性及其膜性能，由于其极低的氧气透过率，适合用作食品保鲜包装材料，有望成为一种有前途的生物降解塑料。湖州巴克新材料有限公司目前正在研究普鲁兰多糖的生产。公司所采用的是微生物发酵法酶法生产普鲁兰多糖。该项目以甘蔗糖蜜为原料，将购进出芽短梗霉菌株经微波-紫外复合诱变处理，筛选出来的菌株产糖量高且发酵液的颜色浅，简化了后续脱色工序，而且用该法生产普鲁兰多糖，对环境污染小，得到的目标产物纯度高，原料利用率高，节省了生产成本，增加了产品的附加值。该技术在国内属首创，在国内处于领先地位，该公司对该项技术已申请了专利。

5.3.2.6　相关发明专利技术

1. 一种生产普鲁兰的菌株与利用该菌株生产普鲁兰的方法①（CN200410065763）

---

①　童群义，付湘晋，于航．一种生产普鲁兰的菌株与利用该菌株生产普鲁兰的方法［P］．CN1609188，2005.

（1）发酵工艺

①菌种：出芽短梗霉（*Aureobasidium pullulans*）G-58，保藏号 CGMCC No. 1234。

②种子培养基以 g/L 计：蔗糖 50，$(NH_4)_2SO_4$ 0.8，K_2HPO_4 4，$MgSO_4$ 0.2，NaCl 0.2，酵母膏 1.5，pH 值 6；121℃，30min 灭菌。

③发酵培养基以 g/L 计：蔗糖 50~100，$(NH_4)_2SO_4$ 0.4~0.8，K_2HPO_4 4~8，$MgSO_4$ 0.4，NaCl 0.2，$MnCl_2$ 0.005，酵母膏 0.3~0.5，pH 值 6.0~7.0；121℃，30min 灭菌。

④种子培养条件：取 28℃培养 4d 的斜面菌种一环，接种于种子培养基，装液量为在 500mL 三角瓶中装 100~120mL，28℃、200r/min 摇瓶培养 36h 即为种子液。

⑤10L 发酵罐培养条件：10L 发酵罐，装液量 6L，接种量 2%；温度 28℃，罐压 0.5kg/cm²，搅拌速度 200~600r/min，通气量 1.5~6L/min，发酵时间 96h。

⑥1.5m³发酵罐培养条件：1.5m³发酵罐，装液量 900L，接种量 2%；温度 28℃，罐压 0.5kg/cm²，搅拌速度 200~600r/min，通气量 1.5~6L/min，发酵时间 96 h。

⑦发酵培养基以 g/L 计：蔗糖为 50，$(NH_4)_2SO_4$ 为 0.6，K_2HPO_4 为 6，$MgSO_4$ 为 0.4，NaCl 为 0.2，$MnCl_2$ 为 0.005，酵母膏为 0.4，pH 值 6.5；121℃，30min 灭菌。

（2）发酵液后处理工艺

发酵液经过滤 I→离心 I→热处理→离心 II→脱色→离心 III→酒精沉淀→离心 IV→脱盐→过滤 II 制得液体普鲁兰产品；继续干燥制得固体普鲁兰产品。

过滤 I：8 层纱布抽滤；

离心 I：3000r/min、30min；

热处理：离心 I 之后的上清液用于热处理，用 $NaHCO_3$ 和 HCl 调节 pH 值，70℃、10min、pH 值 7.0；

离心 II：4000r/min、30min；

脱色：活性炭脱色，活性炭用量为 0.5%、15℃、pH 值 7.0；

离心 III：4000r/min、30min；

酒精沉淀：离心 III 的上清液加入 2 倍体积的工业酒精、搅拌、4℃放置 12h；

离心 IV：2000r/min、15min；

脱盐：离心 IV 的沉淀用 65%的酒精洗涤 3 次；

过滤 II：8 层纱布抽滤；

过滤 II 得到的沉淀溶于水，配制成固形物含量为 20%的水溶液；

蒸发：将上述溶液蒸发至固形物含量 60%~70%，即为液体普鲁兰产品；或喷雾干燥，制得固体普鲁兰产品。

2. 一种生产普鲁兰多糖的发酵方法①（CN200510013501.4）

①制备种子培养基，其水溶液组成为（W/W,%）：蔗糖为 2.0~4.0，精制 N 源为 0.2，KH_2PO_4 为 0.1~0.8，$(NH_4)_2SO_4$ 为 0.1~0.5，$MgSO_4 \cdot 7H_2O$ 为 0.1~1.0，pH 值 6.0~6.2，于 121℃灭菌 25min。

---

① 许勤虎，徐勇虎. 一种生产普鲁兰多糖的发酵方法 [P]. CN 1696302A，2005.

②出芽短梗霉菌种，接在上述种子培养基中，经一级种子、二级种子、种子罐逐步扩大培养后，作为液体种子；

③准备发酵初始培养基，其水溶液组成为（W/W,%）：蔗糖或 DE 值为 40~60 的淀粉水解物 3.0~5.0，精制 N 源为 0.2~0.5，KH_2PO_4 为 0.2~1.0，$(NH_4)_2SO_4$ 为 0.1~0.5，$MgSO_4 \cdot 7H_2O$ 为 0.1~1.0，发酵复加溶液 20~50，pH 值为 6.0~6.2；

④上述液体种子接入所述发酵培养基中，接种量为 5%~10%，发酵搅拌速度为 200~300r/min，温度为 29℃±1℃，通气量为 0.5~1.0（V/V），罐压为 0.01~0.02Mpa。

⑤发酵进行到 16h 进行补加 C 源，每隔 8~12h 流加一次，流加体积为发酵体积的 2%，流加液为含有蔗糖或 DE 值为 40~60 的淀粉水解物 30%~50%、尿素或氨水 0.5%~1.0%的水溶液。

⑥续流加 5~7 次 C 源后，再继续发酵 16~56h。

上述发酵液得到的普鲁兰多糖溶液通过分子量 3000~4000D 的陶瓷膜进行膜分离，得到分子量 3000~4000 以上的普鲁兰多糖。

3. 生产普鲁兰多糖的发酵方法①（CN 200810052070）

①制备种子培养基，其水溶液组成为（g/L）：植物油为 20.0~30.0，KH_2PO_4 为 2.0~6.0，$(NH_4)_2SO_4$ 为 0.4~0.8，$MgSO_4 \cdot 7H_2O$ 为 0.1~0.4，NaCl 为 0.5~2.0，酵母膏为 0.2~0.4，pH 值为 5.5~6.5，121℃灭菌 20min；取一环出芽短梗霉菌种接入在上述种子培养基中，经一级种子、二级种子、种子罐逐步扩大培养后，作为液体种子；摇瓶于 ±1℃，转速为 240~280rpm 的摇床上培养 48h，作为一级种子液；摇瓶于 ±1℃，转速为 240~280rpm 的摇床上培养 Mh，作为二级种子液。

②制备发酵初始培养基，其水溶液组成为（g/L）：植物油为 20.0~40.0，KH_2PO_4 为 3.0~8.0，$(NH_4)_2SO_4$ 为 0.4~0.8，$MgSO_4 \cdot 7H_2O$ 为 0.1~0.4，NaCl 为 0.5~2.0，$FeSO_4 \cdot 7H_2O$ 为 0.01~0.02，酵母膏为 0.2~0.6，pH 值为 5.5~6.5，121℃灭菌 20min。

③将液体种子接入上述发酵培养基中，接种量为 3%~8%，发酵搅拌速度为 200~500rpm，发酵温度为 29℃±1℃，通气量为 0.5~1.0（V/V），罐压为 0.01~0.02MPa。

④在发酵 M 小时后进行补加另一种 C 源，流加量为 40~80g/L，流加液为 40%~60% 浓度的蔗糖溶液、葡萄糖溶液或者是 DE 值为 40~60 的淀粉水解物；流加 C 源后，pH 值调控在 4.0，通气量为 0.8~1.0（V/V），发酵搅拌速度提高到 300~350rpm，罐压 0.02MPa，再继续发酵 60~72h。

发酵液按常规絮凝、超滤、膜分离、浓缩、干燥得到分子量 20 万~60 万 D 的普鲁兰多糖。

5.3.3　普鲁兰多糖及其衍生物的应用

5.3.3.1　在食品工业上的应用

普鲁兰多糖具有透明、硬度强、耐油、可热封、可食、表面摩擦系数小、弹性强、延伸率低等特点，可将其直接制成薄膜，薄膜最特殊的性质是比其他高分子薄膜的透气性能

---

① 生产普鲁兰多糖的发酵方法［P］.CN101215592，2008.

低，氧、氮、二氧化碳等几乎完全不能通过。且薄膜具有良好的热封性，成品不需添加增塑剂、稳定剂，温度的小范围变化不改变其稳定性，对食品、环境和人体都无毒无害，所以是一种非常理想的食品包装材料。普鲁兰作为主食、糕点的低热值食品原料和食品品质的改良剂和增塑剂，广泛地应用于食品工业中。

1. 作为食品包装材料

普鲁兰多糖水溶液具有极好的成膜性，膜具有光泽和透明度，韧性好，对温度的变化极为稳定，且薄膜具有良好的热封性，成品不需添加可塑剂、稳定剂，对食品、环境和人体都无毒无害，所以是一种非常理想的水溶性食品包装材料。普鲁兰多糖膜最特殊的性质是比其他高分子膜的透气性能低，氧、氮、二氧化碳和香气等气体几乎不能透过，并且具有抗油脂的特性，可以防止扩散和因配料与添加剂所含油脂氧化引起的气味与口味变质。用普鲁兰多糖水溶液制成食品薄膜，可用于密封容易氧化变质的食品及风味强的粉末食品如汤料、咖啡、酱、各种香辛料、冻结干燥食品等，有保护食品外观及香味的作用并能长期保持稳定。用普鲁兰多糖作为食品包装材料，还可使食品表面光滑，有光泽，最大特点是普鲁兰多糖具有可食性，食品不需开封，可连膜食用，十分方便。在水果、鸡蛋保鲜方面，可以采用普鲁兰多糖或其衍生物，加适量的化学保护成分，在其表面直接喷撒干燥成膜，可有效阻抑水果、鸡蛋中的水分、氧气、二氧化碳等与外界的交换和反应，并抑制水果与鸡蛋的呼吸强度，降低储存过程的营养损失，从而达到保鲜的目的。

2. 用作低热量食品添加剂

普鲁兰多糖是非消化吸收性碳水化合物，不被肠吸收，可排出体外，不会导致高血压、心脏病、肥胖症等，是一种健康的食品材料，可用作低热量食品添加剂，制造低热量食品和饮料。最近发现，普鲁兰多糖还具有使双歧杆菌增殖和治疗便秘的作用。

3. 用作食品品质改良剂和增稠剂

普鲁兰多糖水溶液有滑润、清爽的感觉，具有改善口感的作用，因此可用作食品品质改良剂和增稠剂。在食品加工过程中添加少量普鲁兰多糖可显著改善食品质量，如鱼糕能增味提质，制豆腐时添加少量普鲁兰多糖能保持大豆的香味并简化工艺；酱油、调味品、咸菜、糖煮鱼虾、美味食品等少量添加普鲁兰多糖能稳定其黏性、增加其黏稠感并使其口感更顺滑。

5.3.3.2 在化妆品方面的应用

普鲁兰多糖有良好的水溶性、分散性、成膜性、吸湿性和无毒害性，可以作为化妆品中的黏性添加物；在价格方面远比用于化妆品的透明质酸要低廉得多，但其效果却与透明质酸相差无几。

5.3.3.3 在医药工业上的应用

在制药工业中用20%的普鲁兰多糖代替动物胶，可简化防氧化胶囊的生产；添加5%~10%的普鲁兰多糖，可适当提高软胶囊的柔性、弹性、黏着性，使它能在胃肠预定区域溶解，释放内含物，以提高药物的疗效。作为抗氧化包装材料可使维生素C和酶制剂等易氧化药品延长保存期。此外，还可作为酶纯化的层析胶和酶固定化的支持物。普鲁兰多糖作为一种良好的佐剂与抗原或病毒混合后，注入动物体内可促进动物免疫反应产生抗体。

普鲁兰多糖及其衍生物有许多潜在的药物、临床和医疗方面的用途。由于组成多糖的糖苷键类型的不同，在吡喃环中，因为不同位置羟基的性质不同以及分子微环境的不同，会发生许多化学反应。在普鲁兰多糖的结构中，每个重复单元大约有 9 个羟基可以被取代，而根据溶剂的极性和反应试剂的不同，这些基团的性质差别是很大的。

羧甲基普鲁兰多糖是一种极佳的药物载体，当在 CMP 大分子中导入负电荷后，此衍生物能在人体内延长保留时间。[①] Bruneel 等人[②]的研究发现，在 DMSO 溶液中，多糖的羧化作用和琥珀酰化作用发生在葡萄糖吡喃环的 C-6 位置上。而 Glinel 等人[③]的研究发现，在酒精-水的混合物反应体系中，普鲁兰多糖的羧甲基化作用主要发生在 C-2 位置。

硫酸化普鲁兰多糖具有抗凝血活性作用，副作用小，可替代肝素成为一种新的抗凝血活性剂。Mihai D 等人[④]通过实验发现，由于普鲁兰多糖结构中羟基含量高，因此在相同条件下，普鲁兰多糖的取代程度要比葡聚糖高，而羟基的取代顺序为 C-6>C-3>C-2>C-4。反应温度、反应过程控制和反应所用试剂很大程度上也决定了普鲁兰硫酸化衍生物的最终性质。

普鲁兰多糖还可以用来做药物包衣，包括缓释剂等；利用普鲁兰多糖薄膜特性的口服治疗产品已经进入规模生产。此外，普鲁兰多糖及其衍生物还应用于摄影、平版印刷和电子等方面。

5.3.3.4 在工业中的应用

1. 用于环保型包装材料和污水处理

普鲁兰多糖具有极好的成膜性和成纤维性，可以用于生产无植物纤维的纸张，具有良好的吸水性，便于书写和印刷，是良好的包装材料；加入某些配料可生产出特殊用途的高级纸张，以及包装面膜等。作为絮凝剂，普鲁兰多糖特殊的吸附性及电化学性使其在有助凝剂的作用下进行分子架桥、吸附、絮凝与收缩沉淀。此特点使其可用作饮用水及生活、工业污水的净化剂，去除水中的悬浮物、BOD、COD 并脱色。华中科技大学将该产品应用于高浓度水净化处理、城市污水一级强化处理和味精生产中废水的处理，形成了完整的工艺技术，投料量为 2mg/L，取得较好效果。也有将普鲁兰多糖与聚合氯化铝复合处理污水的研究。

2. 用做黏合剂、凝固剂和保护膜

普鲁兰多糖在任何温度下都能完全溶解，不会因干燥而产生结晶。作为再湿性黏合剂，可以不用添加任何化学溶剂，就可以进行黏合和凝固，而且，燃烧时不产生高温和有害气体。沙模用它来黏接，浇铸时具有不产生气体、尘埃、噪音和振动等特点。用它黏合而成的肥料颗粒具有缓慢释放肥力的特点，从而可增加肥料的利用率。用做平板画的印刷图版保护膜，不但使图版具有抗氧化性，还能增加非成像区域金属表面的亲水性而使画面

① Yamaoka T, Tabata Y, Ikada Y. Body distribution of intravenously administered gelatin with differentmolecularweights［J］. Journal of Controlled Release, 1994, 31（1）: 1-8.

② Bruneel D, Schacht E. Chemicalmodification of pullulan 2. Chloroformate activation［J］. Polymer, 1993, 34（12）: 2633-2638.

③ Karine Glinel, Jean Paul Sauvage, Hassan Oulyadi, etal Determination of substituents distribution in carboxymethylpullulans by NMR spectroscopy［J］. Carbohydr Res, 2000, 328（3）: 343-354.

④ Mihai D, Mocanu G, Carpov A. Chemical reactions on polysaccharides I Pullulan sulfation［J］. Eur Polym J, 2001, 37（3）: 541-546.

更清晰。在农业的种子保护和烟草工业中，也可以利用它的黏着性和抗氧化性，尤其在烟草工业中，我国普遍采用羧甲基纤维素（CMC）做烟末的黏合剂，但 CMC 黏结成的烟丝有抗拉强度低、易潮解、好发霉以及有异味等缺点，从而降低了烟丝的质量。而用普鲁兰多糖代替 CMC，不仅克服以上缺点，还能减少尼古丁的含量、增加烟丝的芳香，提高了烟丝品级，是非常有前途的烟草黏合剂。

　　随着普鲁兰多糖应用领域的不断扩大，具有极大经济价值和巨大开发潜力，市场前景必会越来越好。目前国外仅日本林原生化公司独家生产，国内尚没有普鲁兰产品的生产，主要是因为没有高产菌这个关键问题没有解决。获取普鲁兰多糖高产菌是工业化生产的先决条件。采用构建工程菌，原生质体激光诱变等新技术获得普鲁兰高产菌株，研究如何达到既要色素水平低，又要多糖转化率高并进行产业化研究是当前的热点，实现发酵自动化、可视化是当今国际上发酵方面研究最前沿，通过可视化自动控制技术，控制短梗霉于特定形态可对发酵过程进行控制，从而得到最好的效果。普鲁兰多糖的生产原料价廉、易得，我国作为一个农业大国，农产品资源丰富，为此应加快对普鲁兰多糖产业化的应用研究，推动该产业在国内的发展。

第6章 马铃薯淀粉生产

淀粉是植物光合作用的产物，是一种最重要、最普遍、最普通的有机性、营养性碳水化合物，是一种重要的能量型营养食物，也是生物合成的可再生能源之一。由于淀粉具有极其显著的食品原料性和工业原料性，可以广泛地应用于人们的日常生活和诸多行业领域。其中以食品、医药、化工和造纸最为重要。

马铃薯淀粉是自然淀粉中的一种，在世界整体淀粉生产中，马铃薯淀粉占据重要的地位，产量仅次于玉米淀粉，居第二位。马铃薯淀粉的颗粒，在所有淀粉中是最大的，其形态也最接近圆形，在许多理化指标上也优于其他淀粉，其中以初始糊化温度低、成糊黏度高和成糊透明度高，最为显著。它的一些优良品质和独特性能是玉米淀粉等其他原淀粉不能替代的。全球马铃薯淀粉年产量约 600 万吨，目前中国马铃薯淀粉年需求量 80 万吨，年供应量仅为 40 万吨，马铃薯淀粉市场将会有较大的发展空间。

从马铃薯中提取淀粉已有几百年的历史。在 17 世纪，欧洲已有从马铃薯中提取淀粉的半机械化手工作坊，到了 18 世纪中叶欧洲各地都有生产，1861 年欧洲开始使用马铃薯淀粉制造淀粉糖。1883 年在欧洲已有马铃薯淀粉生产专用设备制造出现。进入 20 世纪，马铃薯淀粉制造行业快速发展，对于马铃薯淀粉加工行业深有影响的公司出现，如荷兰的艾维贝、德国的 Emsland 都告别了传统的生产方式，向全机械化、自动控制方向迈进。到 20 世纪 80 年代后期，马铃薯淀粉制造行业已采用全封闭、逆流式淀粉生产工艺，其设备采用不锈钢材制造，并且全线依靠自动控制，这种生产工艺一直发展到今天。

中国从马铃薯中获得淀粉的起源可能较难考究。马铃薯传入中国的时间较短，马铃薯淀粉生产在中国可分为四个阶段。第一阶段：家庭作坊式生产。早期马铃薯淀粉主要用于粉丝、粉条的制作。明代李时珍《本草纲目》曾有这样一段记载："绿豆处处种……磨而为面，澄滤取粉，可以作饵顿糕，荡皮搓索，为食中要物。"这句话形象地描述了用绿豆制作粉丝。马铃薯获取淀粉制作粗粉条也类似，传统的家庭作坊，将清洗后的马铃薯切碎，采用石磨将马铃薯磨成浆，用纱布洗涤分离淀粉与纤维，采用陶瓷缸沉淀淀粉，再吊包，晾晒以获得淀粉，制成粉条。第二阶段：半机械化溜槽式生产淀粉。1938 年，日本商人在黑龙江讷河建立了当时亚洲最大的马铃薯淀粉厂——讷河淀粉株式会社（银河淀粉集团公司的前身），开始告别手工作坊，以机械破碎马铃薯，以机械分离淀粉与纤维，配套溜槽的方法沉淀淀粉，然后干燥获得淀粉。新中国成立之后，我国马铃薯淀粉生产工艺逐渐进步，在 1963 年，讷河淀粉厂生产的淀粉，曾有部分产品在品质上超过世界王牌的荷兰淀粉。但是，这种档次的淀粉产品，在整体产品中所占的比例很小，并且在后来的历年生产中也没有保持住。其原因是当时的工艺过程和机器设备，仍然比较落后。第三阶段：机械化生产。1978 年改革开放以后，中国马铃薯淀粉工业化生产进入发展阶段。1983 年在陕西省清涧县，第一条机械化马铃薯淀粉生产线投入使用。核心设备锉磨机、离心机、旋流器、脱水机从欧洲引进，其他机电设备由国内配套，实现了机械化生产。1985年，中国宁夏回族自治区从波兰成套引进两条半开式、全机械化马铃薯淀粉生产线后，内蒙古自治区、青海省先后从欧洲成套引进马铃薯淀粉生产线。随着沿海经济发展，国内市场出现产销两旺的局面，因此在大西北掀起一股马铃薯淀粉热。从1998年我国马铃薯淀粉总产量4.92万吨到1999年增加到9.6吨。第四阶段：自动化生产。1997年底，河北省围场县、黑龙江省大兴安岭、云南省宣威县先后从美国道尔、荷兰尼沃巴公司、荷兰豪威公司引进了全封闭、逆流式自动控制马铃薯淀粉生产线的核心加工设备，国内配套辅助设备，组建了与国际同步的马铃薯淀粉生产行业，翻开了中国马铃薯原淀粉加工的新篇章。

国际著名马铃薯淀粉生产线设计公司和机器设备制造公司进入我国，给我国马铃薯淀粉生产行业带来了一定的牵动和激励，也使我国马铃薯淀粉生产线的装备制造业有了发展的参照点和商机。在客观条件与主观努力相结合的情况下，便出现了像郑州精华公司、内蒙古力源公司和博思达公司、济南德佳公司等较好的生产机器装备制造商。

6.1 马铃薯淀粉生产工艺概况

马铃薯淀粉存在于马铃薯块茎细胞中。从马铃薯块茎细胞提取淀粉颗粒，需要把马铃薯块茎内的绝大多数细胞破碎，借助于水的参与，利用淀粉不溶于水而比重大于水的原理，采用筛分、沉淀、离心、真空吸抽和蒸发减水等方法，将分离出来的淀粉颗粒进行收集、洗去杂质、去除多余水分，使之成为成品淀粉。

马铃薯淀粉生产应从生产工艺配置、配套设施、工厂选址、取水和排水、产品的国内外市场行情、废物再利用等环节作细致了解，科学选择工艺方案。马铃薯淀粉生产企业应该在现有的工艺基础上多了解更优化的工艺及配置、设备工作原理，便于提高商品淀粉的品质。

马铃薯淀粉生产工艺流程包括：马铃薯输送→输送过程除石、除草、除铁→二次除石→三级清洗→提升、计量、储存→锉磨→浆料除铁、除沙→淀粉与纤维分离→粗淀粉乳液二次除沙→粗淀粉乳液浓缩、洗涤、提纯、回收→淀粉乳液脱水→湿淀粉干燥（干燥空气过滤）→干燥淀粉均匀与冷却→干燥淀粉筛理→干燥淀粉除去铁屑→自动包装→金属检测。

为了与国际市场竞争，马铃薯淀粉生产需要优化设计工艺，才能获得优质的商品淀粉。

20世纪80年代末期，我国先后从波兰、俄罗斯、荷兰、美国等引进了马铃薯淀粉加工工艺及设备。对于马铃薯输送、马铃薯清洗、湿淀粉干燥、干淀粉筛理、淀粉包装一般由国内设计配套。为保证下游产品食用安全，在设计马铃薯淀粉生产工艺时，不论生产能力大小，都需要与国际先进的马铃薯淀粉加工工艺看齐，以提高淀粉下游产品的食用安全。要获得高品质的淀粉，需要在工艺流程细节做好基础工作，加强HACCP质量管理和机械自动控制，才能保证优质淀粉产出。

马铃薯淀粉生产中，各企业所采用的工艺、设备各有不同，每个企业都有各自独特的工艺流程，但淀粉加工主要的生产工序在各种工艺流程中原理基本相似。

6.2 马铃薯输送工艺及设备

马铃薯输送到加工车间，有两种方式：①湿法输送：采用水力将马铃薯输送到清洗车间；②干法输送：采用倾斜"人"字形皮带输送机、大倾角刮板式皮带输送机将马铃薯输送到清洗车间。在波兰、俄罗斯等年降雨量少的国家或地区，新建马铃薯淀粉加工厂，有采用干法输送马铃薯到清洗车间的，且加工厂是建在马铃薯产区的。马铃薯输送过程，需要在工艺细节尽可能地保护马铃薯皮层不受损伤，以马铃薯输送过程损伤率降到最低为原则。

6.2.1 马铃薯干法输送工艺

6.2.1.1 马铃薯干法倾斜输送

如果工厂选址是平地，地形高差范围不大，需要设计马铃薯储存、卸车场地、马铃薯清洗车间、湿加工车间、干燥车间、成品库、铺料库、高低压变电和供电、软化水处理车间、锅炉房及煤堆场、薯渣发酵堆场、清洗水循环使用处理站、污水处理站等设施。在靠近马铃薯清洗车间的马铃薯堆场，做一个三边有45°坡的长方形混凝土马铃薯输送沟，底部设计安装"人"字形平板式皮带输送机，同时在该机末端（出料口）安装一台大倾角皮带输送机，该机的出料口与露天鼠笼式除杂机进料口相连接，鼠笼式除杂机的出料口配有一台"人"字形平板式皮带输送机，由该机将马铃薯输送到清洗车间的配水罐，简称倾斜输送方法（马铃薯输送，建议尽可能不选用任何形式的螺旋输送机，它对马铃薯损伤最大）。

干法倾斜输送过程：由一台装载机或多台人力手推车，把近距离储存马铃薯铲起或装车，再倒入长方形混凝土输送沟，由输送沟底部"人"字形平板式皮带输送机将马铃薯输送到大倾角皮带输送机进料槽，再由该机将马铃薯输送到约6m高的斜槽，然后自流进入鼠笼式除杂机。该机在运转过程中，使马铃薯表皮能起到相互摩擦的作用，除去马铃薯表皮部分沙土（指马铃薯表皮没有水分的条件下），同时能将30mm以下的石块、沙粒、黏土及其他杂质去除（也称干法清洗）。而杂物及沙土经除杂斗自流到手推车。马铃薯经该机出口自流进入"人"字形平板式皮带输送机，然后由该机将马铃薯输送到清洗车间配水罐，加水后再进行除草、除石、除铁、多级清洗。

6.2.1.2 马铃薯干法水平输送

对于选址在山坡地的马铃薯淀粉生产线，可利用地形划分三个高位差平面，按照地形采用不同平面布置。第一平面布置马铃薯原料堆场。第二平面布置马铃薯清洗车间、湿加工车间、干燥车间、成品库、铺料库、高低压变电室、软化水处理等设施，两个平面的高差最好在5.7~5.8m，方便于工艺布置，同时可设计消防通道及物料运输道路。第三平面高差根据地形而定，分别布置锅炉房及煤场、薯渣发酵场、循环水处理站、污水处理站。靠近马铃薯清洗车间原料堆场，做一个三边有45°坡的长方形混凝土马铃薯输送沟，底部设计安装"人"字形平板式皮带输送机，该机出料口与露天鼠笼式除杂机进料口相连接，鼠笼式除杂机出料口配有一台"人"字形平板式皮带输送机，由该机将马铃薯输送到清洗车间配水罐，简称水平输送方法。

干法水平输送过程：由一台装载机或多台人力手推车，把近距离储存马铃薯铲起或装车，再倒入"人"字形平板式皮带输送机的混凝土输送沟，由该机将马铃薯输送到鼠笼式除杂机。该机在运转过程中，使马铃薯表皮能起到相互摩擦作用，除去马铃薯表皮部分细沙、黏土（指马铃薯表皮没有水分的条件下），同时将30mm以下的石块、沙粒、黏土及其他杂质除去（也称干法清洗）。被除去的杂物经除杂斗自流到手推车。马铃薯经该机出口自流进入"人"字形平板式皮带输送机，由该机将马铃薯输送到清洗车间配水罐，加水后再进行除草、除石、除铁、多级清洗。

马铃薯干法输送工艺，仅适应于12t/h以下小型马铃薯淀粉生产线作配套，不适应规模较大的马铃薯淀粉生产线输送原料。其原因为：①干法输送过程需要雇用劳动力太多，且机械或人力手推车在搬运马铃薯的过程中，难免对马铃薯造成损伤。②干法输送缩短了马铃薯在水中的浸泡时间，使部分芽眼较深的马铃薯暗藏的细黏土得不到有效浸泡，给马铃薯清洗造成一定的难度。③对储存期间马铃薯呼吸所散发在表皮的水分、生产期间遇雨水淋湿的马铃薯通过鼠笼式除杂机相互摩擦清洗时，该机的除杂效率会下降。

6.2.2 马铃薯湿法输送工艺

马铃薯湿法输送工艺：一般为加工量较大的马铃薯淀粉生产线所采用，实际是指用水输送马铃薯，称湿法输送工艺。马铃薯湿法输送是从马铃薯储存堆放地点或储存库借助水力将马铃薯冲散，形成水与马铃薯混合物，通过泵或"U"形槽输送到马铃薯清洗车间。马铃薯湿法输送可根据地形选择水平输送或垂直输送两种方法。马铃薯采用湿法输送，可以减少马铃薯二次搬运、机械输送过程的损伤。同时，马铃薯与水混合后在输送及流动过程中，可对马铃薯表皮、芽眼黏结的细泥沙进行浸泡和清洗。

6.2.2.1 马铃薯湿法水平输送

厂址选在山坡地的马铃薯淀粉加工厂，可利用地形划分二个或三个高位差平面，按照地形不同进行布置。第一平面布置马铃薯储存场地、流送沟、地磅房；第二平面布置马铃薯清洗车间、湿加工车间、干燥车间、成品库、铺料库、高低压变电室、软化水处理；第三平面可布置锅炉房及煤场、薯渣发酵场、循环水处理站、污水处理站等。第一平面和第二平面的高差最好在5.7~5.8m，方便于水平输送和清洗车间工艺布置。清洗车间与第一平面需留有足够的间距，方便设计安装漂浮除石机、除杂草设备、钢制U形槽、操作平台及消防通道（厂区运输道路）。湿法水平输送与湿法垂直输送工艺的原理相同，仅减少了两台马铃薯清洗输送泵。与垂直输送工艺配置相比较，土建投资大，而输送机械设备投资较少，每年维修费用也低。

湿法水平输送工艺是由一台水枪从流送沟把马铃薯冲散，水与马铃薯混合后，沿着流送沟沟底U形槽自流进入室外或室内漂浮除石机（根据当地气候条件设计），经除石机除去石块及沙粒，然后在自流过程中除铁、除草、清洗、脱水、多级清洗（称马铃薯湿法水平输送工艺）。

6.2.2.2 马铃薯湿法垂直输送

荷兰、德国、丹麦等国马铃薯原淀粉加工厂，一般是日加工马铃薯6000t，日生产商品淀粉1200t的企业（加工鲜马铃薯250t/h，平均淀粉含量为18%，产出比5.0：1计算）。采用水力输送马铃薯到清洗车间，一般设计露天混凝土圆锥形储存池，设计储存量为 1.3 万~1.5 万吨。储存池卸车平台外边缘与马铃薯输送泵房垂直线距离约 10m，输送泵房与马铃薯清洗车间直线距离约为 18~20m。马铃薯储存池垂直高度于清洗车间水平平面 9~11m。储存马铃薯的池子是上部圆、下部锥形，半径大约在 30m，其池子中心直线深约 11m，池子中心设计筒状小圆池，且为 360°进料区，小圆池顶部安装扇子形旋转卸车平台轨道，并承载着扇子形卸车平台。扇子形卸车平台可 360°旋转卸马铃薯到储存池的各个位置。池子的内壁 360°设计倒三角形状的自流沟槽，沟槽的上部安装自动控制进水阀门。承载卸车平台的池子内壁直线深约 1.2m 为扇子形卸车平台外侧承载轨道。1.2m 以下设计倒三角形自流沟槽一直延伸到池子的中心与筒状小圆池子的进口相连通，自流沟槽的坡度大约为 36.7°，输送水可将马铃薯从沟槽上部冲送到下部的筒状小圆池进口，经 U 形溜槽自流进入马铃薯输送泵房进行除石、除草后再采用泵输送到清洗车间。欧洲马铃薯淀粉加工行业的这种设计建造，有利于马铃薯的卸车，水力输送路线也长，且在输送过程中能起到对马铃薯进行浸泡，清洗马铃薯表皮的黏性泥土。但下雨时马铃薯得不到保护，建设投资大。

按我国马铃薯产区和国情，马铃薯淀粉加工企业一般较小，最大的马铃薯原淀粉生产线，日加工马铃薯 1400t，日生产商品淀粉约 250t（加工马铃薯 60t/h，平均淀粉含量 14.6%，产出比 5.6：1 计算），对于马铃薯输送一般采用湿法垂直输送到清洗车间。设计储存池要根据地形选择，也可以在主车间水平平面或高于主车间水平平面进行布置，马铃薯流送沟储存量最少应按 7d 的生产能力计算。对于 30 t/h 马铃薯淀粉生产线，流送沟的总长度一般设计为 90m，流送沟总宽 14m，流送沟沟底 U 形槽直线或转弯平均取坡度 1.2%~1.3%。以流送沟 U 形槽中心为界线，两侧横向各取坡度 15%。最低端深度以 2m 计算，设计 3 个流送沟，大约能容纳 4900t 马铃薯，可供生产车间 6.8d 加工时间，一个供给车间生产，另外两个收购马铃薯继续储存，每个流送沟可容纳 2520m³ 马铃薯，约 1640t，露天流送沟工艺条件如图 6-1 所示。在我国东北、西北寒冷地区，应把流送沟建在储存库内，再采用水力输送到清洗车间，自流 U 形槽越长越好，在自流过程中可起到浸泡、清洗马铃薯表皮的黏性泥土。设计露天流送沟或储存库内流送沟，最好配套强制通风、抽风设施，将储存期马铃薯呼吸所散发出的水蒸气通过送风、抽风设备排放到大气中，以降低马铃薯储存期的腐烂。水力垂直输送首选设备是马铃薯清洗输送泵。采用水力输送马铃薯时，水与马铃薯比例一般控制在马铃薯为 25%，水为 75%。对于加工 30t/h 马铃薯原料的淀粉生产线，选用单级单吸蜗壳悬臂式马铃薯清洗输送泵，输送马铃薯到清洗车间。计算马铃薯体积重量时，一般每 m³ 马铃薯按 0.65~0.70t 估算。如选择一台流量在 400m³/h 马铃薯清洗输送泵，它的工作效率按 95% 计算，实际体积流量为 380m³/h。输送比例按马铃薯为 25%，水为 75% 计算，输送水 285m³/h，而马铃薯占 95m³/h（马铃薯约 61.5m³/h），可以满足加工车间的生产需求。

以 30t/h 加工马铃薯生产线为例，马铃薯在储存库或流送沟被水枪冲散，马铃薯与水混合，自流到 U 形溜槽以每秒 0.7m 的速度进入马铃薯清洗输送泵前的除石机，除去石块及沙粒。在这个过程需要给除石机加入 28~30m³/h 的反冲水。工作压力控制在 0.08~0.10MPa。被除去石块、沙粒再经大倾角皮带输送机输送到室外，输送工艺如图 6-2 所示。马铃薯与水的混合物，自流进入马铃薯输送泵前的缓冲分配池子，被该泵输送到高位置的流送槽（一台工作一台待命），在自流过程中除去杂草。马铃薯与水的混合物，在 U

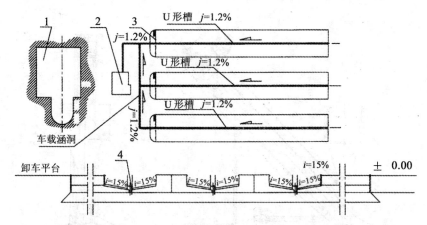

1—流送沟前 U 形槽涵洞；2—输送马铃薯泵房；3—输送水枪隔离挡墙；4—输送水枪

图 6-1 露天流送沟工艺条件图

形流送槽以 0.7~1.25 m/s 的速度进入清洗车间，在自流过程中除去金属物，然后进入二次重力漂浮除石机除去泥沙，同时给除石机加入 28~30m³/h 的反冲水。工作压力控制在 0.05~0.10MPa。

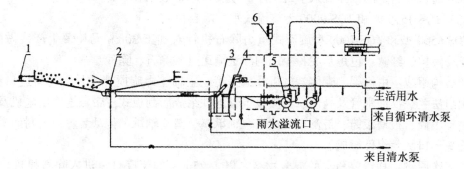

1—鼓风机；2—输送水枪；3—漂浮重力除石机；4—刮板提升机；
5—马铃薯泵；6—信号指挥灯；7—输送槽图

图 6-2 马铃薯除石输送工艺图

6.2.2.3 马铃薯湿法输送主要设备选择

1. 马铃薯输送除石机

（1）JS-3000 型重力漂浮除石机

JS-3000 型重力漂浮除石机适应加工 30~60t/h 马铃薯生产线做配套。

①组成结构：由机架、壳体、物料进口法兰、物料出口法兰、捕石锥体、反冲水管、控制阀门、电机及减速箱、主动滚筒、被动滚筒、带刮板的皮带、轴承座、滑动轴承、传动装置、密封润滑水装置、石头出口法兰等组件组成。结构如图 6-3 所示。

②工作原理：被输送的马铃薯和水的混合物料，以 0.7~1.25m/s 的速度通过除石机锥体时，由于石块、沙粒和马铃薯的比重不同，石块、沙粒以螺旋线沿大锥体内壁落入小

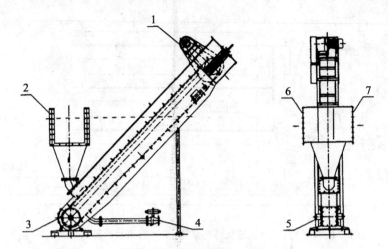

1—减速机及电机；2—进出口连接法兰；3—被动皮带转筒；4—反冲水进口阀；
5—轴承座及密封润滑水进口；6—物料出口；7—物料进口

图 6-3　JS-3000 型重力除石机结构图

锥体底部，石块和沙粒被小锥体底部的刮板式皮带输送机输出。而马铃薯在返冲水的浮力下，顺利通过除石机的锥体流入下道工序。主要技术参数见表 6-1。

（2）TQS-1500 型和 TQS-2000 型旋流式重力除石机

TQS-1500 型和 TQS-2000 型旋流式重力除石机针对加工 30t/h 马铃薯生产线做配套，适应于马铃薯、红薯、芭蕉芋淀粉生产的湿法输送过程除石、除沙。

①结构组成：由机架、壳体、电机及减速箱、主轴、螺旋搅拌叶片、物料进口法兰、物料出口法兰、反冲水管及阀门、石头收集管组件组成。刮板式皮带输送机由电机及减速箱、主动滚筒、被动滚筒、带刮板的皮带、轴承座、滑动轴承、传动装置、密封润滑水装置、石头出口法兰组件组成。

②工作原理：马铃薯和水的混合物料，以 1.25m/s 的速度自流进入除石机进口大锥体内壁旋转向下运动，由于石块和马铃薯比重不同，石块和沙粒以螺旋的方式沿大锥体内壁落入小锥体，并在螺旋形浆叶片同方向转动下，使石块、沙粒快速落入底部，经皮带输送机的进料端被皮带输出。而马铃薯混合物在返冲水浮力下通过除石机大锥体出口流入下道工序。其工作原理如图 6-4 所示，主要技术参数见表 6-1。

表 6-1　　　　　　　　　马铃薯输送除石机主要技术参数

除石机类型	外形尺寸（mm×mm×mm）	生产能力（m³/h）	减速机功率（kW）	带轮转速（r/min）	返冲水流量（m³/h）	进水压（MPa）
JS-3000 重力漂浮除石机	3806×1000×3855	650	1.5	40	30	0.08~0.12
TQS-1500 旋流式重力除石机	2020×1860×3540	480	5.5	40	30	0.08~0.12
TQS-2000 旋流式重力除石机	2570×2200×3540	650	5.5	40	30	0.08~0.12

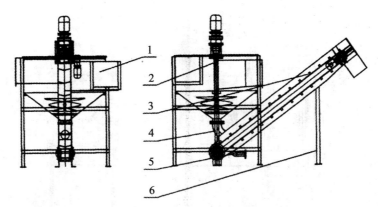

1—锥壳体及进料口；2—叶片及主轴；3—沙石刮板皮带机；4—沙石收集器；
5—皮带被动滚筒；6—支架

图 6-4　TQS-2000 型旋流式重力除石机原理图

2. 250WD/400-15 型马铃薯清洗输送泵

250WD/400-15 型马铃薯清洗输送泵属于单级单吸悬臂式蜗壳无堵塞泵，叶轮属于无叶片叶轮，叶轮流道是从进口到出口的一个弯曲流道。它采用了无堵塞理论、双流道布置，给物料流动留有充分的空间，使泵无堵塞性能，可输送较大固体颗粒和长纤维的介质，对一定尺寸的物料基本无损伤，可以满足马铃薯、苹果等物料的输送。该清洗泵由中国农业机械化科学研究院制造。

①组成结构：250WD/400-15 型马铃薯清洗泵由泵座、泵壳体、（油箱）、轴承压盖、圈、支承座、盘根、叶轮、叶轮螺母、定位键、中间体支架、通气螺塞、油封、轴承、主轴、轴承支架、轴套、O 形密封盘根压盖、皮带轮、三角皮带、电机、电机皮带轮等组件组成，如图 6-5 所示。

②工作原理：与 PW 系列单级单吸悬臂式离心泵相似，在电动机驱动下，泵轴及叶轮高速旋转时，液体被吸入泵的叶轮流道内作圆周运动，在离心力作用下，液体从叶轮中心向外周抛出，从而叶轮获得压力能和速度能。当液体吸入叶轮蜗壳流道到液体出口时，部分速度能转化为压力能。当液体经叶轮抛出时，叶轮中心产生低压，与吸入液体面的压力形成压力差，泵的叶轮连续运转，液体连续被吸入叶轮，液体按一定的压力被连续抛出，以达到输送液体的目的。

③技术参数：250WD/400-15 型马铃薯清洗输送泵，由中国农业机械化科学研究院制造，主要技术参数见表 6-2。

表 6-2　　　　　　　　　　　马铃薯清洗输送泵技术参数

设备型号	流量（m³/h）	扬程（m）	泵额定转速（r/min）	电机转速（r/min）	电动机功率（kW）	输送物料粒径（mm）
250WD/400-15	$Q = 400$	$H = 15.5$	$n_1 = 640$	$n_2 = 1450$	$P = 45$	≤150

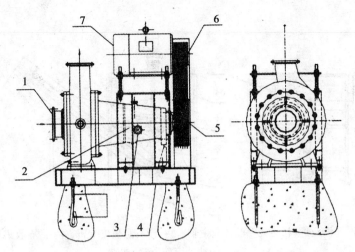

1—进料法兰；2—油箱壳体；3—油位视镜；4—安装底座；
5—被动皮带轮；6—主动皮带轮；7—电动机

图 6-5 250WD/400-15 型马铃薯清洗输送泵

6.2.2.4 马铃薯湿法输送过程除石、除泥沙

淀粉生产企业要得到高质量商品淀粉，要保证锉磨机可靠有效工作，需要确保石块、杂草、沙粒及其他金属物不得进入锉磨机，不损伤锉磨机锯条，延长使用寿命，有效保证下一道工序顺利进行。荷兰、德国、丹麦等大型马铃薯淀粉加工企业，为了提高商品淀粉质量和产品稳定性，在马铃薯泵输送之前设计安装了除草机和除石机，目的是预防石块、沙粒及其他杂物进入土豆输送泵，以防损伤泵的叶轮及马铃薯输送过程产生堵塞。预防被打碎的细沙粒再流到下一道工序，给下道工序增加负荷。20 世纪 80 年代波兰、前苏联、我国西北大部分马铃薯淀粉加工厂都采用单头和双头滚筒式除石机，单头滚筒式除石机结构如图 6-6 所示。其缺点是占地面积大，该机对输送比例和流速要求很高，控制难度较大，除石效率不到 98%，除泥沙效率不到 60%。20 世纪 90 年代末我国新开发的 JS-3000 型重力漂浮除石机投入使用后，除石效率为 100%，除泥沙效率为 90%，同时占地面积较小，解决了输送过程流速和比例存在的难题。

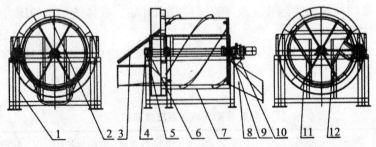

1—机架；2—滚筒；3—石块流槽；4—轴承支座；5—轴承；6—轴承挡圈；7—集石壳体；
8—出料 U 形槽；9—支承架连接螺栓；10—减速机座；11—集石槽滚筒支架；12—进料口

图 6-6 GS/1600 型单头除石机结构图

6.3 马铃薯清洗工艺及设备

6.3.1 马铃薯清洗基础知识

20世纪80年代末，我国马铃薯淀粉加工行业，对马铃薯清洗采用桨叶式洗薯机，清洗效果较差，主要反映在马铃薯表皮和芽眼暗藏的黏性泥土不能彻底清除。20世纪90年代末随着科技发展，马铃薯淀粉生产线的成套引进，国内马铃薯淀粉生产工艺技术装备不断提升，对于马铃薯清洗先后采用了鼠笼式清洗机、滚筒式清洗机，能彻底清除马铃薯芽眼、表皮黏性泥土，提高了清洗效率和效果，同时节约了马铃薯清洗用水。大部分马铃薯淀粉加工企业，一般采用湿法输送马铃薯到清洗车间，水与马铃薯的混合物，经输送槽自流进入马铃薯清洗车间。小型加工企业也有设计干法输送马铃薯到清洗车间的，为了更好除去石块、沙粒和铁，干法输送马铃薯到清洗车间后，需要增加配水罐，再加入输送水与马铃薯混合，然后再经配水罐底部的U形输送槽自流进入除铁、除石、马铃薯脱水、多次清洗马铃薯的工艺过程。如前所述，干法输送马铃薯仅适应规模较小的生产线，而湿法输送马铃薯，更适应小规模生产线的选择。因设备进出口特殊原因，使工艺设计过程有较多高低差别，以尽可能减少马铃薯直线跌落撞击，不损伤表皮为原则。所以设计马铃薯清洗工艺时，应该从马铃薯与水的混合物进入车间开始控制流速，马铃薯与水的混合物，通过钢制U形槽流速继续控制在 $0.7 \sim 0.9 \mathrm{m/s}$（平均取坡度 1.2%）。在通过除铁器、除石机过程，且不能有安装过程遗留焊接毛刺，减少马铃薯在流动过程的擦伤，以便除石机有效地工作。为了考虑到马铃薯储存期间失去水分、发芽等因素，便于马铃薯与输送水分离，马铃薯脱水格栅入口中心与滚筒式清洗机进料口中心线，一般需要 $23° \sim 25°$ 倾斜坡，形成高差 $2.15 \sim 2.18 \mathrm{m}$ 高度，为了防止脱水后马铃薯流速过快，在脱水格栅出口采用软线胶板进行拦截，同时在滚筒式清洗机进口倾斜封闭槽加入约 $30 \mathrm{m^3/h}$ 输送清水，以缓冲马铃薯冲击撞伤。采用滚筒式清洗机，需要打磨筒体内遗留焊接毛刺，且在该机出料口的接收输送槽底部安装橡胶板，以减轻马铃薯跌落撞击，同时在第二级清洗机出料提斗（畚斗）与脱水格栅垂直跌落点安装线胶板，以减轻马铃薯跌落撞伤。

6.3.2 马铃薯清洗工艺

水与马铃薯混合物料经除铁器、除石机自流到倾斜坡的脱水格栅，分离马铃薯与输送水。经除石机去除的沙粒、石块由除石机皮带输送到车间外，再经方形管自流落入地面手推车。马铃薯自流到脱水格栅前端的封闭式斜管内，再加入输送水处理站清洗泵送来的清水 $40 \mathrm{m^3/h}$，马铃薯与水混合物料，经封闭式斜管自流进入第一级滚筒式清洗机，使马铃薯相互摩擦清洗。输送水经脱水格栅自流到车间排水地沟，自流进入循环输送水处理站。经第一级清洗机使用过 $40 \mathrm{m^3/h}$ 的清洗废水，经清洗机集沙箱底部阀门调整水位后自流到车间内排水地沟，与输送水汇集后自流到车间外循环输送水处理站。而马铃薯由清洗机提斗（畚斗）提起落入方形输送槽内，再加入 $18.5 \mathrm{m^3/h}$ 生活用水，再加循环水处理站清洗泵送来的 $20 \mathrm{m^3/h}$ 清水与马铃薯混合，再经方形槽自流到第二级滚筒式清洗机，使马铃薯再次相互摩擦清洗。清洗马铃薯的废水，经第二级清洗机集沙箱底部阀门调整水位后自流到车间内排水地沟与输送水汇集（或者经渣浆管道泵输送到第一级清洗机再使用）。马铃薯清洗工艺流程如图 6-7 所示。而马铃薯由第二级清洗机提斗（畚斗）提起落入脱水格栅二次脱水，使脱水后马铃薯自流到带喷淋的网带式平板输送机，再加入 $5\sim8m^3/h$ 生活用水，经喷淋头冲洗输送过程中的马铃薯表面游离水，然后再输送进入斗提升机（或者"人"字形倾斜皮带输送机）进口，由斗式提升机（或者"人"字形倾斜皮带输送机）输送到高位置。而网带式输送机上部喷淋冲洗水和第二级滚筒式清洗机排出的清洗废水排入车间地沟，自流进入到循环水处理站，多余的输送水最终排入污水处理站处理后再排放。

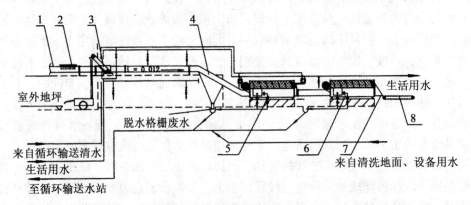

1—U 形输送槽；2—人工除草钩；3—除石机；4—脱水格栅；5—第一级清洗机；
6—第二级清洗机；7—二次脱水格栅；8—喷淋式不锈钢网带输送机

图 6-7 马铃薯清洗工艺图

6.3.3 马铃薯清洗主要设备

6.3.3.1 滚筒式清洗机

北京瑞德华淀粉技术工程服务有限公司生产的 TR-60 型滚筒式清洗机、中国农业机械研究院生产的 WQ-60 型滚筒式清洗机、郑州精华实业有限公司生产的 QS-60 型滚筒式清洗机，都属于马铃薯淀粉生产过程中通用清洗设备。该类设备设计用途是为马铃薯、红薯、芭蕉芋提供专用清洗设备。与 20 世纪 80 年代我国生产的浆叶式洗薯机比较，工作效率提高了 57%。该类清洗机的优点：处理量大、清洗效果好、运行稳定、噪音小。该机一般配装布鲁克汉森 SK3 系列螺旋锥形齿轮减速机或常州江浪减速机厂同一型号减速机，并采用变频控制启动和停止，使滚筒转速可以调整。国内的几家制造商可根据生产量为 $45\sim65t/h$ 来制造。

1. 工作原理

清洗机滚筒内有向前推料桨叶板，滚筒外设有螺旋形向后推泥沙板。马铃薯与水的混合物经倾斜封闭管自流进入该机的滚筒内。马铃薯浸泡在水中，马铃薯在滚筒连续转动下，马铃薯相互产生摩擦，马铃薯在推料板的推动下，从后端进料口方向移动至前端出料口方向，而马铃薯由畚斗提起抛至机外的输送槽或机外再次脱水，以达到清洗的目的。而泥沙从滚筒的 10mm×25mm 腰子孔流到滚筒外，通过滚筒外螺旋板从前端出料口方向以螺旋形推到后端进料口方向的集沙箱，再由阀门控制，通过管道排出机外。

2. 组成结构

WQ-60 型滚筒式清洗机结构及原理如图 6-8 所示。

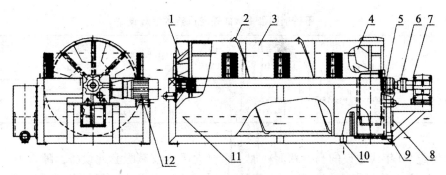

1—出料畚斗；2—外螺旋刮板；3—滚筒；4—桨叶板；5—轴承座；6—联轴器；
7—减速机；8—进料口；9—泥沙排出口；10—污水排出口；11—液位线；12—电动机

图 6-8 WQ-60 型滚筒式清洗机原理图

3. 技术参数

中国农业机械研究院生产的 WQ-60 型滚筒式清洗机、北京瑞德华淀粉技术工程服务有限公司生产的 TR-60 型滚筒式清洗机技术参数相同。上述三种滚筒式清洗机主要技术参数见表 6-3。

表 6-3 马铃薯输送除石机主要技术参数

除石机类型	外形尺寸 (mm×mm×mm)	生产能力 (t/h)	功率 (kW)	转筒转速 (r/min)	设备重量 (t)	减速机型号
WQ-60 型滚筒式清洗机	5846×3175× 2237	68	30	18	6.9	SKZN84C80UDF200RN 锥形齿轮减速箱
TR-60 型滚筒式清洗机	5846×3175× 2237	66	30	18	6.9	SKZN84C80UDF200RN 锥形齿轮减速箱
QS-60 型滚筒式清洗机	6000×3000×2240	45	22	18.25	6.5	KA127/18.25-8-22（Y225M-22Kw）

6.3.3.2 带喷淋装置的不锈钢网带平板式输送机

S100/4500 型不锈钢网带平板式输送机，属于非标设备，工艺设计提出条件后，国内制造输送设备的厂家都能制造，该设备主要是对较松散的物料，在输送过程中完成喷淋清洗。马铃薯在输送过程中需要再次喷淋清洗表皮游离水，降低马铃薯破碎前细菌滋生，确保马铃薯破碎前更干净，防止污染。

1. 结构组成

S100/4500 型不锈钢网带平板式输送机主要由机架、主动滚筒、被动滚筒、连接法兰、减速机、轴承座、轴承、不锈钢网带、挡板、喷淋装置、集水槽等机件组成。

2. 技术参数

不锈钢网带平板式输送机的技术参数见表 6-4。

表 6-4　　　　　　　　　　　　不锈钢网带平板式输送机技术参数表

设备型号	外形尺寸（mm）	输送量（m³/h）	功率（kW）	电机型号	输送速度（m/s）	设备重量（kg）
S100/4500	4500×1000×450	100	3	Y90L-4 型 $n=1400r/min$	2	800

20 世纪 90 年代建设的马铃薯淀粉加工企业大部分没有配套此设备，随着市场的变化和人们生活水平的提高，食品安全问题已成为人们关注的焦点，马铃薯淀粉加工企业也不例外。企业在生产过程中对各个环节都很重视，增加一台最后喷淋再次清洗马铃薯表面游离脏水设备投资不到 3 万元，就能起到降低马铃薯破碎前细菌滋生的作用。

6.4　马铃薯计量工艺及设备

6.4.1　马铃薯计量基础知识

为保证淀粉生产线工艺的连续性和稳定性，被清洗马铃薯需要提升到约 7m 高的储存斗，然后经马铃薯输送、锉磨。在这个过程中需要配置计量秤，方便于生产成本管理。马铃薯未破碎之前，在提升、输送、工艺过程要保持它的完整性，尽可能减少马铃薯破损，才能降低车间生产成本。因此，被清洗的马铃薯输送到高位置储存斗中心，如选择一台"人"字形平板式倾斜皮带输送机，还需要配套一台带喷淋平板式网带输送机，一台平板式皮带输送秤。其优点是：动力消耗小、输送量大，对马铃薯破损几乎为零。按提升高度7m 计算，从第二级清洗机外边作起点，到马铃薯储存斗外边算终点，工艺需要"人"字形平板式倾斜皮带输送机的倾斜角度最大 22°，需占车间长约 20.80m。如倾斜角度超过22°，会造成输送难度。缺点是：占地面积大，土建投资大。另外一种选择方法是，选择一台大倾角刮板式皮带输送机，输送马铃薯到储存斗中心。该设备以第二级清洗机脱水格栅为起点，它可以直接输送马铃薯到储存斗中心，能减少一台带喷淋平板式网带输送机，一台平板式皮带输送秤。其优点与"人"字形平板式倾斜皮带输送机相似。按提升高度7m 计算，从第二级清洗机脱水格栅外边作起点，到马铃薯储存斗中心算终点，大倾角刮板式皮带输送机倾斜角度最大 30°，需占车间长约 16m，如倾斜角度超过 32°，会造成输送难度。缺点是：动力消耗相应较大，占地面积大，土建投资较大。而我国土地资源匮乏，为减少土建投资，大部分马铃薯淀粉生产企业，选用斗式提升机提升马铃薯到储存斗中心，还需要再配套一台带喷淋的平板网带输送机，一台平板式皮带输送秤。以第二级清洗机脱水格栅中心为起点，到马铃薯储存斗外边算终点，需占车间长约 4.6m。优点是：占地面积小，土建投资少。缺点是：动力消耗相应较大。但是选择斗式提升机对马铃薯多少还是有损伤，并且对斗式提升机制作工艺要有特殊要求，例如，输送皮带与壳体两侧活动间隙不得大于 30mm，壳体内壁 4 个面要求必须光滑，不得有任何毛刺和焊接点，更不得留有死角。畚斗下部要钻 8mm 漏水孔，畚斗上部边缘需要包橡胶处理。斗式提升机被动轮下裙部（底座）两侧要设计排水管，用来排泄马铃薯提升过程的游离水，也便于冲洗消毒，控制细菌滋生。对于马铃薯物料，提升速度不得大于 0.65m/s。斗式提升机电动机，最好采用变频器控制启动和停止，以减少马铃薯提升过程损伤，提高马铃薯淀粉回收率。

6.4.2 马铃薯计量工艺

采用斗式提升机提升马铃薯到储存斗描述：经皮带输送机送来干净马铃薯，通过斗式提升机提升到二层楼面，如图 6-9 所示，通过方形管自流到平板皮带输送秤，在马铃薯输送过程中进行计量，且输送马铃薯到储斗的中心位置，待锉磨机磨碎。计量数据传送到中心控制室的电脑，以记录当天的生产成本。

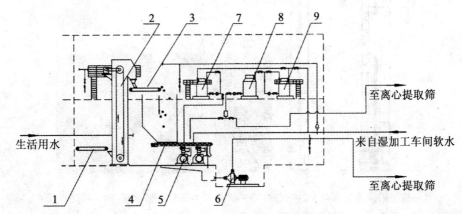

1—带喷淋清洗装置的平板输送机；2—斗式提升机；3—平板式输送秤；4—调速喂料螺旋输送机；
5—锉磨机；6—离心调压泵；7—PIC 试剂罐；8—亚硫酸溶液罐；9—亚硫酸制备罐

图 6-9 马铃薯提升储存工艺图

6.4.3 马铃薯计量设备

6.4.3.1 斗式提升机

采用斗式提升机输送马铃薯，主要是考虑到能减少土建投资，布局紧凑，但它并不是最理想的输送设备（大部分工厂采用斗式提升机输送马铃薯）。对于加工 30t/h 马铃薯淀粉生产线，可根据加工量选用 TD 系列斗式提升机较好。

1. 结构组成

TD/630 型斗式提升机的头部为主动部分：含主轴、主动轮、减速机、电动机、轴承、轴承座、传动链条或传动三角皮带、反转自锁装置等。中间壳体部分由连接法兰、检修门、密封垫、输送皮带、锁扣、连接螺栓、自锁螺母、畚斗等主要机件组成。尾部由被动轴、底座主骨架、轴承、轴承座及调整皮带装置、被动轮、检修门、排水管、连接法兰、密封垫等组成。

2. 工作原理

斗式提升机上部安装动力机组，由电动机驱动，通过减速机输出强劲动力带动主动轮，然后通过皮带把主动轮和被动轮相互连接，从上到下、连续循环运动。传动皮带每隔500mm 距离安装一个畚斗，在斗式提升机运转时，被输送物料从斗式提升机进料口进入时，被畚斗直线提到斗式提升机上部出料口抛出机外，进入下道工序。

对于 30t/h 或更大的马铃薯淀粉生产线，工作原理是相同的。TD/630 型斗式提升机是根据马铃薯比重、特性改装而成的，如图 6-10 所示，对马铃薯输送过程破损较少，适应 30~60t/h 马铃薯淀粉生产线选配。

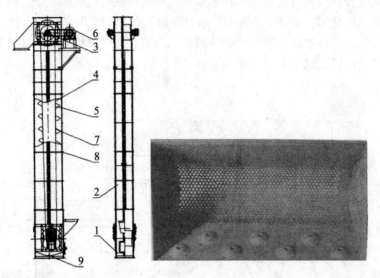

1—机尾被动及检修孔；2—壳体；3—机头主动部分及轴承座；4—输送皮带；
5—壳体；6—电机及减速机；7—畚斗；8—连接法兰；9—出水口及底座
图 6-10　TD/630 型斗式提升机

3. 主要技术参数

斗式提升机的主要技术参数见表 6-5。

表 6-5　　　　　　　　　　　　　　斗式提升机技术参数表

设备型号	输送量（m³/h）	电机功率（kW）	畚斗型号	斗距（mm）	提升速度（m/s）	设备运动载荷（kg）	设备启动和转速	带宽（mm）	主动轮和被动轮直径（mm）
TD/630	80	15 减速机 XWD9-43-15	CRTD630-4	500	0.65	13300	变频控制	600	630

6.4.3.2　平板式皮带输送秤

平板式皮带输送秤简称皮带输送秤，工艺设计提出条件，国内生产皮带输送秤的工厂能按要求完成制造。平板式皮带输送秤，是针对较松散物料的。在输送过程中计量，计量数据通过有线信号输出到距离 30m 以外的电脑中。平板式皮带输送秤可在输送过程计量，也可将马铃薯输送到储存斗中心位置。实际马铃薯输送到储存斗中心，有两种方案可供采纳，第一种是，在输送过程计量，同时输送马铃薯到储存斗中心。第二种是，选择带喷淋装置的往复式平筛，输送马铃薯到储存斗中心。这种配置不计量，可以多清洗一次马铃薯表皮的游离脏水。对产品质量提高有一定作用。PT-1000 型计量平板皮带输送机如图 6-11 所示，可供给 30~60t/h 马铃薯淀粉生产作配套。该设备可按照工艺布置条件确定输送量、计量装置及型号。

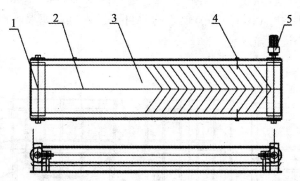

1—被动轮；2—进料区；3—输送皮带；4—计量反应器；5—减速机及电机

图 6-11　PT-1000 型计量平板皮带输送机

1. 工作原理

称重桥架安装在输送机架上，当称重物料经过时，计量托辊检测到皮带机上的物料重量通过杠杆作用，于称重传感器产生一个正比于皮带载荷的电压信号。速度传感器直接连接在大直径测速滚筒上，提供一系列脉冲，每个脉冲表示一个皮带运动单元，脉冲的频率正比于皮带速度。称重仪表从称重传感器和速度传感器接收信号，通过积分运算得出一个瞬时流量值和累积重量值，并分别传递到 30m 以外的电脑显示。

2. 结构组成

PT-1000 型平板皮带输送秤主要由机架、称重桥架、主动滚筒、被动滚筒、连接法兰、电动机及减速机、轴承座、轴承、输送皮带、计量装置、称重传感器、速度传感器、电脑传送器、电脑等组件组成。

3. 主要技术参数

平板皮带输送秤技术参数见表 6-6。

表 6-6　　　　　　　　　　　　　平板皮带输送秤技术参数表

设备型号	外形尺寸 （mm）	输送量 （m³/h）	计量误差 （‰）	功率 （kW）	电机型号	输送速度 （m/s）	制备重量 （kg）
PT-1000	4500×1040×750	80	3	3	Y90L-4	2	1200

6.4.3.3　马铃薯储存斗制造

为了保障生产工艺稳定和物料平衡，锉磨机前设计一个缓冲储存斗。储存斗容量根据每小时加工量来确定。对于 30t/h 马铃薯淀粉生产线，储存斗容积不得小于 60m³（60×0.65t＝39t），可储存 39t 马铃薯，需要单台 500 型锉磨机满负荷工作 1.3h，可起到马铃薯输送缓冲作用。对于 60t/h 生产线，储存斗容积不小于 90m³，可以储存 58.5t 马铃薯，能满足两台 500 型锉磨机满负荷工作 0.97h。

30t/h 马铃薯淀粉生产线储存斗，配制两台锉磨机（一台工作一台待命）。由一台带调整闸板调速喂料螺旋输送机完成两台锉磨机供料。设计马铃薯物料进入区域和螺旋输送机并不在同一轴线，设计有进料区，且进料区有调整物料闸板，对螺旋轴和螺旋叶片不产生压力。储存斗底部设计一个出料连接法兰，进料区长 2800mm×480mm。储存斗中下部分倾斜坡度不得小于 50°（图 6-12），便于物料自流进入可调速喂料螺旋输送机一侧，由输送叶片带入轴中心进行输送。

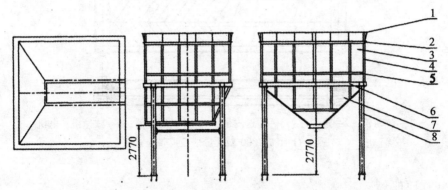

1—安装加强板；2—横向角钢骨架；3—面板；4—竖向角钢骨架；
5—中部角钢骨架；6—承载槽钢骨架；7—锥体板；8—承载立柱
图 6-12　30t/h 马铃薯储存斗

对于 60t/h 马铃薯淀粉生产线储存斗设计，工艺配制 3 台锉磨机（两台工作，一台待命）。应设计独立调速喂料螺旋输送机，单项给锉磨机供料，在马铃薯储存斗底部，如图 6-13 所示，设计制作 3 个出料口。进料口长 1500～1800mm，宽 480mm，储存斗中下部分间距之间倾斜坡度不小于 50°，储存斗 3 个侧面均不小于 50°，在安装螺旋输送机法兰上部设计导流板，导流板应按螺旋输送机相反方向安装较好，最好不要与螺旋输送机旋转同方向安装。安装导流板的目的是减轻螺旋输送机上部马铃薯承载压力，以免造成输送机启动困难。

6.4.3.4　调速喂料螺旋输送机

30t/h 马铃薯淀粉生产线，设计两台锉磨机，由一台可调速喂料螺旋输送机完成供料。TSS-480 型调速喂料螺旋输送机结构如图 6-14 所示，方便操作工更换被磨损的刀片，且互相没有干扰，在操作和保养时有安全保证。被破碎的马铃薯浆料最终汇集在同一个带坡度留槽内，再除去铁屑。

1. 工作原理

TSS-480 型调速喂料螺旋输送机在电动机驱动下，通过减速机输出强劲的动力带动螺旋轴连续转动，使储存斗的马铃薯经导流板减压后自流到螺旋内的一侧，由螺旋叶片逐级

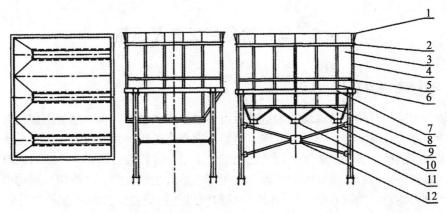

1—安装加强板；2—上部横向角钢骨架；3—面板；4—包边角钢；5—中部角钢骨架；
6—竖向角钢骨架；7—承载槽钢横梁；8—锥体横向角钢；9—斜拉固定连接板；
10—斜拉固定角钢；11—出料法兰；12—中心连接钢板

图 6-13　60t/h 马铃薯储存斗

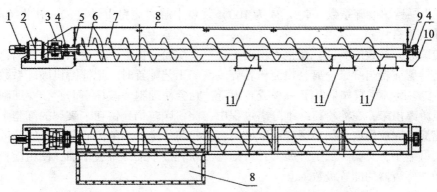

1—电动机；2—减速机；3—联轴器；4—主动轴承座；5—密封；6—主轴；
7—螺旋叶片；8—进料区；9—主轴密封；10—轴承及支座；11—出料口（故障排出口）

图 6-14　LSS-480 型调速喂料螺旋输送机

推向前方的出料口，以达到输送马铃薯物料的目的。

2. 主要技术参数

调速喂料螺旋输送机的主要技术参数见表 6-7。

表 6-7　　　　　　　　　　　　调速喂料螺旋输送机技术参数表

设备型号	外形尺寸（mm）	螺旋直径（mm）	变径螺距（mm）	输送量（m³/h）	轴径（mm）	功率（kw）	电机型号	减速机	变频调速（r/min）
TSS-480	7590×480×600	450	146~320	53.8	210	7.5	D132MH-4G	CRFN-44C	25.8~56

以上技术参数最重要是转速比，如果转速比选得太高，电动机在长时间低转速下运转会发热，经常会遇到电动机发热跳闸现象。建议转速比选用 1∶50 或 1∶56 较好。

6.5　马铃薯锉磨工艺及设备

6.5.1　马铃薯刨丝锉磨基础知识

　　马铃薯磨碎的目的，是将块茎细胞壁尽可能地全部破裂，并从中释放出淀粉颗粒。在破碎马铃薯细胞释放出淀粉颗粒、纤维、可溶性物质时得到一种混合物，这种混合物是由破裂和未破裂的植物细胞、细胞液汁及淀粉颗粒组成，这种混合物称为马铃薯浆料。马铃薯浆料中残留在未破裂细胞壁中的淀粉，在生产中是无法提取的，与渣滓一起排出，这种淀粉称为结合淀粉，如图 6-15 所示释放在细胞壁以外的淀粉，称游离淀粉。马铃薯磨碎系数取决于锉磨机性能，马铃薯磨碎效果用磨碎系数表示，它表明从细胞壁中释放出可提取淀粉颗粒的程度。磨碎系数用游离淀粉与洗净的马铃薯或磨碎的浆料中的全部淀粉之比来确定。我们通常把磨碎系数按下式确定，用百分比表示：

$$K = \frac{A}{A+B} \times 100\%,$$

式中，K 为马铃薯磨碎系数（%）；A 为 100 g 浆料中游离淀粉重量（g）；B 为 100 g 浆料中结合淀粉重量（g）。

　　马铃薯磨碎系数的高低，在很大程度上决定了淀粉的提取率、生产量、产出比。一般在设计马铃薯淀粉与纤维分离、粗淀粉乳旋流洗涤工艺配置时，把锉磨机破碎系数定位在 98%，马铃薯磨碎系数如果低于 98%或者更低，则会使细胞壁破坏不彻底，使细胞壁结合淀粉不能游离出来，在淀粉与纤维分离过程中，淀粉颗粒仍残留在未破裂的细胞中，则会降低游离淀粉颗粒提取。如果磨碎系数过高，淀粉与纤维分离的离心分离筛安装的筛板孔径目数就得缩小，又会降低生产能力，否则粗淀粉乳液中细纤维会增加，使粗淀粉乳旋流洗涤再增加旋流器的配置级数。

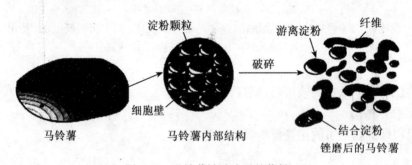

图 6-15　马铃薯被破碎后的浆料

　　马铃薯块茎被磨碎时，细胞壁被破坏释放出淀粉颗粒，同时也释放出细胞液汁。细胞液汁中含有溶于水的蛋白质（包括酶和其他含氮物质）、糖物质、果胶物质、酸物质、矿物质、维生素及其他物质的混合物。除此之外，细胞液中含有糖苷，它属于龙葵苷，在生产过程会形成稳定的泡沫。天然细胞液含有 4.5%~7.0%的干物质。这些物质占马铃薯总干物质重量的 20%左右。马铃薯块茎被锉磨成浆料后，应在最短的时间里分离出细胞液。因为马铃薯块茎细胞中的氢氰酸释放出来后，与铁接触，反应生成亚铁氰化物（呈淡蓝色）。此外，细胞中氧化酶释放出后，与空气中的氧气接触，导致组成细胞的一些物质很快会被氧化，使马铃薯浆料在短时间内变成浅褐色，导致淀粉色泽发暗，降低淀粉质量。为了防止马铃薯破碎后与空气接触氧化，在马铃薯磨碎的同时加入亚硫酸溶液，以此遏制氧化酶的作用。同时加入工艺水稀释，使马铃薯块茎被锉磨的浆料改变颜色。因此，应在马铃薯块茎被磨碎后工艺设备（包括管道及法门）与物料接触部位采用304不锈钢材质或耐酸316不锈钢钢材制成。

20世纪80年代初，我国马铃薯淀粉加工行业，对马铃薯破碎普遍采用破碎机（锤片式和爪子式）和沙盘磨。20世纪80年代中期，随着生产力发展，我国西部咸阳某厂采用碳钢钢材制造出10t/h薯类锉磨机，该设备采用皮带传动，转速为800r/min，刀片（锯条）采用65Mn碳钢制造，单面锯齿，在当时的历史背景下，深受马铃薯淀粉加工行业的青睐。到20世纪90年代中期，我国西部先后从波兰、荷兰引进直联传动和皮带传动400~500型高效薯类锉磨机。随着社会进步和经济发展，我国马铃薯淀粉加工工艺不断完善，工艺技术装备向自动化控制迈进的同时，由呼和浩特市和郑州市先后制造出皮带传动薯类300型和500型高效锉磨机，转速2100r/min，离心力1727.8N，可加工马铃薯15~30t/h不等。且提高了机械加工精度，使转子的锯齿尖与锉刀间隙可以调整到1.8~2.0mm范围。该机各部位采用了304和316耐酸不锈钢钢材制造（包括机座）。到目前为止，国内外制造的300~500型高效锉磨机，属于薯类淀粉行业理想破碎设备。围绕现代高效锉磨机的性能，在工艺过程中，需要配置锉磨机进料口闸板滑阀、浆料除铁器、浆料输送泵、旋流除沙机等，才能形成一个更先进的马铃薯锉磨工艺。

6.5.2 马铃薯锉磨工艺

马铃薯锉磨，以加工30t/h马铃薯原料生产线为例，储存斗的马铃薯在调速喂料螺旋输送机的输送过程中，经闸板滑阀以30t/h输送量被喂入锉磨机壳体内，将马铃薯在拉丝的瞬间进行磨碎（一台工作一台待命）。被磨碎的纯马铃薯浆料，体积为37.50~40.0mm³/h（纯马铃薯浆料重量0.75~0.80t/m³，根据马铃薯淀粉含量16%测算）。而马铃薯浆料需要加入来自旋流洗涤、淀粉乳脱水工艺水7.78~8.5mm³/h进行浆料稀释。被稀释马铃薯浆料在斜槽自流过程中，除去铁屑和锯齿尖，再沿斜槽自流进入集料池子。浆料经离心泵或单杆螺旋泵输送到旋流除沙器进行除沙。在这个时间段，被稀释马铃薯浆料45.28~48.50m³/h，进入旋流除沙器进行除沙（物料进口压力控制在0.25~0.30MPa）。被除沙粒经集沙罐底部两级自动控制蝶阀，定时按次序排放到准备好的容器内，然后再统一处理。经过除沙的浆料依靠压力，再进入四级淀粉与纤维分离单元的离心筛，进行逐级洗涤分离淀粉与纤维。同时，在锉磨机底部斜槽或浆料输送泵入口处，加入浓度为7.5%的亚硫酸溶液，以防止马铃薯浆料与空气接触氧化变色，同时促使淀粉颗粒与细胞壁快速分离及杀菌。

6.5.3 马铃薯锉磨设备

6.5.3.1 500型高效锉磨机结构组成

500型高效锉磨机配套电动机功率，一般都在160~200kW不等，它的主要结构如图6-16所示。在用户选择工艺设计配套时，设备制造商是根据用户原料种类及特性配套电机功率的。加工30t/h马铃薯原料，配套160kW电动机已能满足生产需要。加工30t/h红薯原料、木薯原料，需要配套 200 kW 电动机，因为它的纤维较长，且韧性好。如果用户加工 35t/h 马铃薯原料，需配套 200 kW 电动机才能满足生产。

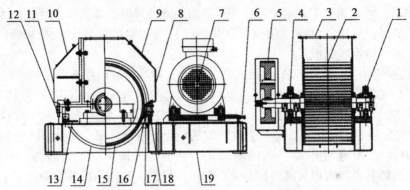

1—轴承座及轴承；2—带刀槽的转子；3—进料连接法兰；4—主动轴承座及轴承；5—电机皮带轮；
6—皮带调整螺栓；7—电动机；8—主壳体；9—后故障排出孔；10—前故障排出孔；11—检修前壳体；
12—前锉刀头及调整压板；13—筛板压紧手柄；14—带孔的筛板；15—转子夹持条槽；
16—筛板规道槽；17—后锉刀；18—调整压板；19—锉磨机机座

图 6-16　500 型高效锉磨机结构

6.5.3.2　500 型高效锉磨机工作原理

锉磨机转子在电动机皮带驱动下，转子转速达到 2100r/min，产生离心力，刀片组件在离心力 1727.8N 作用下，将安装有刀片（锯条）的夹持条组件从槽内向外甩出，卡紧在转子内槽斜面固定。同时刀片的齿尖也高出转子表面 3mm，锉刀与转子表面间距 4.8~5.0mm，刀片齿尖与锉刀之间的间隙调整为 1.8~2.0mm。经调速喂料螺旋输送机送来的马铃薯自流喂入锉磨机壳体内，由装有刀片的转子将马铃薯带入前端狭小区域与锉刀接触进行刨丝，简称刨丝过程。被拉成丝的浆料由转子带入锉刀下部，在转子与栅孔板之间进行再次磨碎，并且将颗粒状细胞壁磨碎到 0.05~1.5mm 细小粒径。使细胞壁尽可能地破裂，释放出淀粉颗粒。锉磨机原理如图 6-17 所示，磨碎后的浆料通过栅孔板（1.5mm×2.0mm）的孔径自流到锉磨机下部带有坡度的溜槽，再自流到浆料池，没有通过栅孔板大于 2.0mm 以上片状物、块状物，由装有刀片的转子带到转子后端与锉刀接触继续磨碎，最终磨碎达到能通过栅孔板孔径为止。这时马铃薯细胞壁基本破裂，淀粉颗被粒释放出来。

6.5.3.3　锉磨机对刀片技术要求

马铃薯磨碎系数高低，取决于马铃薯新鲜程度，同时也与刀片（锯条）质量有着直接关系，一般进口刀片采用 T8 型钢材制造（美国代号 1074），它的韧性较好。国内目前一般采用 65Mn 钢材制造，但都是经过热处理的，硬度一般以 45°~47° 为宜。锯条齿面高低最好均匀一致。一般 500 型锉磨机所配的刀片厚度为 1.25mm、宽度 21mm、长度 500mm，要求牙尖长 3.8~4.0mm 较好。但制造商制作有一定的难度。牙齿总数尽可能要求控制在 320~340 个为宜。定位销孔距为 100mm×300mm×100mm，孔径 5mm。从生产工艺上讲，一般要求转子下部栅孔板最适宜孔径为宽 1.5mm×长 2mm 的长方形截面。被磨

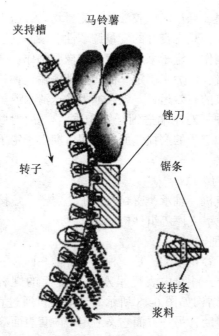

图6-17 马铃薯锉磨机原理

碎浆料粒径大于 2.0mm 是不能通过栅孔的，它还需要继续磨碎，所以磨碎系数才会提高。马铃薯物料喂入锉磨机，要杜绝金属件、木块、石块、橡胶块等杂物混入原料进入锉磨机内，这些外来杂物进入锉磨机一次性损伤锉磨机锯条 120 根，同时也损伤刀头及转子表面。因此，清洗工段，杜绝金属件、木块、石块等混入原料进入锉磨机，才能保证锉磨系数的提高。一般说来，破碎系数达到 98% 以上，淀粉提取率才能达到 92%~95%。

6.5.3.4 马铃薯浆料除铁器选择

马铃薯被锉磨成浆料后，要有除铁装置，最好安装在锉磨机下部有坡度的斜槽里，根据斜槽宽度，选择 9000~13000 高斯永久性磁钢柱，钢柱内部采用独特磁路，由永磁王钦铁硼材料制作磁源，它的磁场较强、吸力大、除铁效率高。对马铃薯浆料被工艺水稀释后，在自流过程中除去锯条齿尖、铁屑，可以保护淀粉与纤维分离单元离心分离筛筛面。除铁器国内制造厂商很多，种类繁多，只要工艺提出制作要求，它们都可以制作。一般钢柱选择 DN25 mm 7 根，间隔距 50mm 不影响浆料通过。否则铁屑或锉磨机锯条的齿尖对离心筛的筛面会造成破坏，如果小粒径铁屑通过离心筛筛孔后，被输送到旋流洗涤单元，会给旋流器的旋流管内壁加大磨损，且会混在淀粉乳液及商品淀粉中。

6.5.3.5 马铃薯浆料输送螺杆泵选型

使用稳定、质量可靠的是兰州耐施公司生产的单杆螺旋输送泵。30t/h 马铃薯淀粉生产线，需选配实际流量为 49~52m³/h 的单杆螺旋输送泵，工作压力需要选配 0.30MPa。例如，生产工艺选择单杆螺旋泵输送马铃薯浆料，除沙器应设计在淀粉与纤维分离单元后的粗淀粉乳液进行除沙效果较好。因为单杆螺旋泵输送浓浆料时，它的输送出口压力并不是完全恒定的，多少会影响除沙机的除沙效率。

1. 单杆螺旋输送泵特点

单杆螺旋泵的结构和工作特性与活塞泵、离心泵、叶片泵、齿轮泵相比较，它适合输送黏稠性物料，如纤维浆料、悬浮液、胶液等。流量均匀、压力较稳定，低转速时更为明显，流量与泵的转速成正比，具有良好的变量调节性。泵的安装位置可以任意倾斜，它的转子一般采用不锈耐酸钢制作，定子采用无毒无味橡胶制作。选用单杆螺旋泵规格时，要根据被输送介质性质和流量、压力来确定。而转速则由输送物料黏度和腐蚀性，作为主要参考选择数据，才能确保泵的有效运行。该泵如果输送清水或类似清水无腐蚀性液体时允许提高转速。在实际使用中，对于输送细纤维介质，高黏稠性介质，一般选择泵转速要低，低转速可以减少转子和定子的磨损，但在使用后期由于定子磨损，流量下降，可适当提高转速补偿流量下降因素。

2. 单杆螺旋输送泵结构组成

由壳体、电动机及减速机、轴承、密封、转子、定子、短接杆、万向节、万向节密封护套、进口法兰、出口法兰、支座等组件构成。

3. 单杆螺旋泵工作原理

单杆螺旋输送泵，属于容积泵类，是一种内啮合偏心回转的容积泵，它的主要部件是偏心螺旋体的螺杆（称转子）和内表面呈双线螺旋面的螺杆衬套（称定子）。例如，NM076BY0lL06V型单杆泵结构如图6-18所示。当电动机通过直联杆驱动螺旋杆转动时，螺旋杆一方面绕定子轴线转动，另一方面它又沿定子内套表面滚动转载，于是形成泵的密封腔室。当螺旋杆转动一周时，密封腔中的物料向前推进一个螺距，随着螺旋杆转动，输送物料以螺旋形从一个密封腔压向另外一个密封腔，最后挤压到泵体出口，产生物料流量、速度和压力能。

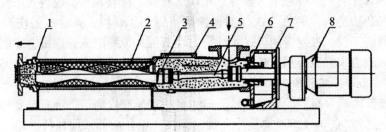

1—出口法兰；2—定子；3—转子；4—吸入室；5—连接杆；
6—延长轴；7—直联架；8—减速机及电动机
图6-18　NM076BY0lL06V型单杆螺旋泵

4. NM076BY0lL06V型单杆螺旋输送泵主要参数

单杆螺旋输送泵的技术参数见表6-8。

表6-8　　　　　　　　　　　　　单杆螺旋输送泵技术参数

设备型号	减速机型号	配套功率（kW）	流量（m³/h）	额定转速（r/min）	工作压力（MPa）
NM076BY01L06V	SK42F/AL160M/4	11	51	273	0.3~0.4

6.5.3.6 马铃薯浆料输送离心泵选型

30t/h 马铃薯淀粉生产线选择苏尔寿 ASP21/65h 系列型无堵塞自动调压离心泵，选择扬程 35m，选配流量 50~52m³/h，工作压力 0.3MPa，如图 6-19 所示。苏尔寿 ASP21/65h 系列自动调压离心泵，它的中心位置设计有排气通道，防止马铃薯浆料中泡沫产生的气阻影响泵的工作压力，在吸入浆料时，它可以将泡沫破碎后，从另外一个出口排出，使该泵的工作压力和流量保持稳定，同时供给旋流除沙机的浆料保持稳定的流量和工作压力，以保证有效除沙效果。

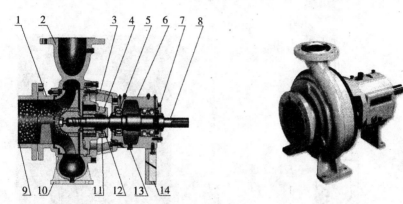

1—进口及前端盖；2—出口及壳体；3—后端盖；4—排气孔；5—轴承；6—轴承箱；
7—轴承压盖；8—轴；9—进口法兰；10—壳体及泵支承座；11—密封水进口；
12—密封压盖；13—放油堵塞；14. 支承座
图 6-19 ASP21/65h /40 型自动调压离心泵

6.5.3.7 旋流除沙机结构及工作原理

1. 旋流除沙机结构组成

旋流除沙机国内生产企业很多，生产淀粉设备的企业都在生产该设备。以荷兰豪威公司生产的 HCP-2100 型旋流除沙机为例，主要结构组成有：整体支承架、上壳体及蜗壳器、进料口、自控阀门、出料口及阀门、电磁流量计、锥形陶瓷管、集沙罐、自动返冲管及阀门、一次自动排沙蝶阀、二次自动排沙蝶阀等。

2. 旋流除沙机工作原理

浆料通过专用泵输送到除沙机上壳体的蜗壳器进入旋流管，在 0.25~0.30MPa 的压力下，物料沿着切线方向进入锥体的圆柱部分做高速旋转运动，由于压力产生离心力，浆料在离心力作用下，沙粒及铁屑重粒子沿旋流管内壁，从锥体大截面向小截面以螺旋线向下高速旋转，沙粒和铁屑在比重差的作用下进入集沙罐。浆料在压力作用下，从管锥体小截面中心线向锥体大截面中心线高速向上呈螺旋形旋转，然后浆料从蜗壳器上部出料口进入下道工序。沙粒和铁屑等重粒子经第一级自动控制阀门自流到中间集沙管，关闭第一级自控阀门后，打开第二级自动控制阀门，加入返冲洗水将沙粒等物质排出；再关闭第二级自控阀门，以达到除沙和排沙的目的。

3. 旋流除沙机的技术参数

旋流除沙机的技术参数见表 6-9。

表 6-9　　　　　　　　　　　旋流除沙机技术参数表

设备型号	单台处理量	单台集沙罐	单台电磁流量计	自控阀门	压力表
HCP-2100	$50 \sim 55 m^3/h$	60L	$0 \sim 25 m^3/h$	24VDC5-bar	$0 \sim 0.5 MPa$

旋流除沙机工作原理和 HCP-2100 型旋流除沙机分别如图 6-20、图 6-21 所示。

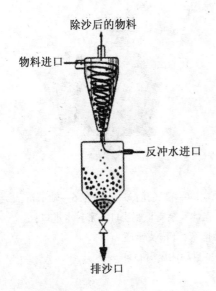

图 6-20　旋流除沙机原理　　　　　图 6-21　HCP-2100 型旋流除沙机图片

6.5.4　马铃薯锉磨机选型

锉磨机选型时，需根据当地马铃薯种植情况确定生产能力，然后再确定选型参数，目前国内外马铃薯淀粉加工行业常用的锉磨机有两种，第一种是电动机皮带轮与锉磨机转子皮带轮相连接，俗称软连接。第二种是电动机与锉磨机转子采用联轴器连接，俗称直联式。而马铃薯淀粉加工行业，对锉磨机的选型要以每小时能磨碎多少吨马铃薯为依据，而生产能力则由转子宽度、直径、安装刀片数量、电动机输出功率确定生产能力。

6.5.4.1　皮带作传动的锉磨机选型

目前，在国内常用的锉磨机转子宽度有 300mm、350mm、400mm、500mm 的锉磨机。动力输出采用 V 形皮带传动，属于薯类淀粉行业的磨碎专用设备，例如 30t/h 马铃薯的淀粉生产线，如图 6-22、图 6-23 锉磨机，转子宽度为 5mm，安装刀片 120 条，转子可正反双向运转，细胞组织破碎彻底，马铃薯的破碎系数可以达到 98%。该机一般采用英国 COOPER 牌解体轴承，100% 自校正，轴承使用寿命长，更换刀片快捷。国内外制造的锉磨机转子宽度由 300 ～ 500mm 皮带作传动的锉磨机主要参数见表 6-10。

图 6-22 进口 HRD/500 型锉磨机　　　　　图 6-23 国产 TRS/500 型锉磨机

表 6-10　　　　　　　　　转子宽度 300~500mm 锉磨机参数表

| 传动方式 | 物料名称：马铃薯 | | | | | |
	功率（kW）	转速（r/min）	转子宽度（mm）	生产能力（t/h）	外形尺寸 长×宽×高（mm）	制备重量（kg）
皮带	90	2100	300	l8	2170×1150×1090	2500
皮带	110	2100	350	20	2170×1300×1190	2500
皮带	160	2100	400	25	2170×1250×1190	3000
皮带	200	2100	500	32	2170×1250×1190	3500

6.5.4.2 直链式锉磨机选型

直连式锉磨机转子宽度有 400mm、500mm、600mm、800mm、1000mm 5 种规格，它的动力输出采用联轴器连接，而且转速较低。例如，30t/h 马铃薯淀粉生产线，如图 6-24、图 6-25 所示的锉磨机，转子宽度 500mm，安装刀片 204 条，转子转速 1500r/min，传动损耗较低，转子可以选择双向运转。细胞组织破碎彻底，马铃薯的磨碎系数可以达到 98%。主轴轴承采用英国 COOPER 牌轴承，100% 自校正，轴承及刀片使用寿命也较长，能延长更换周期。国内外制造的锉磨机转子宽度 400~1000mm 直连式锉磨机主要参数见表 6-11。

图 6-24 进口 GL1000-500 型锉磨机　　　图 6-25 国产 CMJ-30 型锉磨机

表 6-11　　　　　　　　　　　　**400~1000mm 直链式锉磨机参数表**

传动方式	功率 （kW）	转速 （r/min）	转子宽度 （mm）	生产能力 （t/h）	外形尺寸 长×宽×高（mm）	制备重量 （kg）
			物料名称：马铃薯			
直链式	160	1500	400	30	2370×1580×1420	3405
直链式	200	1500	500	40	2470×1580×1420	4190
直链式	250	1500	600	50	2810×1580×1420	4640
直链式	355	1500	800	65	3030×1580×1420	6120
直链式	450	1500	1 000	80	3330×1580×1420	7340

近年来，随着我国马铃薯淀粉工业的快速发展，马铃薯淀粉设备制造业也在不断地升级。据了解，以上 4 家国内淀粉生产设备制造企业生产的锉磨机已销往俄罗斯、东南亚等国作为马铃薯、木薯淀粉生产中的主要破碎设备。

6.6　马铃薯淀粉与纤维分离工艺及设备

6.6.1　淀粉与纤维分离基础知识

为了获取高品质商品淀粉，马铃薯被破碎后的浆料，需要用最短的时间完成淀粉与纤维分离，并且在淀粉乳液中尽快分离出细胞液汁水。从马铃薯破碎后到淀粉与纤维分离、粗淀粉乳旋流洗涤、浓缩、提纯，淀粉乳脱水、湿淀粉干燥，需要完成的时间越短越好，有利于提高黏度、白度、光泽度。从理论上讲，马铃薯被破碎成浆料，停留时间过长，使其与空气中氧接触后，会使马铃薯浆料中一些物质发生反应，造成氧化变色，尤其是浆料中龙葵素更为严重。在欧洲的 KMC、艾维贝等大型马铃薯原淀粉加工企业，从马铃薯被锉磨成浆料和淀粉与纤维分离不得超过 5min，粗淀粉乳液洗涤、浓缩、回收-提纯不得超过 10min。纯净淀粉乳-储存罐-淀粉乳液脱水不得超过 15min，湿淀粉输送-淀粉干燥不得超过 2min（其中干燥占 0.2min），累计控制在 30~35min（指开始生产到产品稳定的过程时间）。否则会对产品黏度、白度及光泽都会产生一定的影响。

马铃薯淀粉与纤维洗涤分离：淀粉与纤维四级洗涤分离的第一、第二、第三级为淀粉洗涤分离筛，第四级为薯渣脱水筛。工艺配置前三级离心分离筛，要把马铃薯浆料中游离淀粉尽可能地全部洗涤分离出来，第四级离心分离筛只能起最后把关和脱水作用。为了有效利用这三级离心分离筛，从浆料中洗涤分离全部游离淀粉，首先要确保洗涤水喷嘴压力能控制在 0.10~0.12MPa，因为工艺洗涤水压力太低会影响分离效果，压力太高会造成电机过载发热。其次，喷嘴安装角度也重要，喷嘴安装倾斜角 45°较好。倾斜角度应按照筛篮旋转相反方向倾斜安装，浆料在筛面上才能形成切线，有利于游离淀粉颗粒通过筛板孔。为了保证淀粉与纤维分离系统内工艺平衡，计算洗涤水流量时，1000 型和 850 型离心分离筛常用喷嘴分别为：前三级离心分离筛选装 1 号喷嘴，流量为 0.72m³/h×48 个 =

34.56m³/h，喷射角度90°。后四级离心分离筛（薯渣脱水机）和细纤维离心分离筛，一般选装2号喷嘴，流量为0.45m³/h×48个=21.6 m³/h，喷射角度为72°。对于第四级离心分离筛的转速最好提高到1450r/min。洗涤工艺水最好采用去离子软水，并且要求喷嘴出口压力不得低于0.25MPa。对于离心分离筛配装的板式筛网（编织筛网）焊接也很重要，错误焊接会造成纤维堵塞筛板孔径，同时会降低淀粉与纤维分离效果。目前国内外设备制造商提供的1000型和850型离心分离筛，一般都采用板式筛网（常用离心筛板式筛网孔径为125μm），并且板式筛网有正反面之分。在焊接板式筛网时，正面放在筛篮外边（浆料接触面）。筛板反面贴在筛篮内壁进行焊接。板式筛网焊接对接方法为：以筛篮的旋转方向，上层边压下层边8~10mm焊接为宜。因板式筛网属锥形孔，它的大截面为出料面，锥形孔小截面为进料面。筛篮高速旋转时，错误焊接板式筛网，会造成物料在筛面上的切线阻力，易撕破板式筛网，且造成离心分离篮有间断性的抖动。

离心分离筛串联逆流式生产，是20世纪90年代后期我国从荷兰引进，目前国内制造的离心分离筛规格、工艺连接方法、配置的纤维输送泵、消泡沫淀粉乳液泵生产能力、流量及其他参数与进口离心分离筛基本相同。

6.6.2 我国马铃薯淀粉生产工艺发展简述

6.6.2.1 20世纪80年代初我国马铃薯淀粉生产工艺

20世纪80年代初，我国马铃薯淀粉生产设备主要依靠350型和600型卧式沉降离心机，再配套三级旋流站，分离淀粉乳和细胞液汁水，且采用开放式顺流生产工艺。例如，被破碎的马铃薯浆料，经单杆螺旋泵输送到350型卧式沉降离心机分离细胞液汁水。被分离的细胞液汁水排到车间外的沉淀池。而浆料经带搅拌的叶片式螺旋输送机在输送过程加入软水稀释，被稀释浆料送到单杆螺旋泵的泵前池子，再经单杆螺旋泵输送到二层楼面的四级离心筛逐级进行淀粉与纤维分离。被分离的渣浆垂直自流到一层楼面的四室池，每个池子装有单杆螺旋泵，分别向第二、第三、第四和废浆脱水筛输送渣浆。被这四级离心筛分离的粗淀粉乳液，分别自流到一层楼高位置的分配器汇集，粗淀粉乳液浓度1.5~2.0°Bé。汇集后的粗淀粉乳液经分配器阀门调整后，自流到进入600型卧式沉降离心机分离可溶性物质。被分离细胞液水也排到车间外的沉淀池。经卧式沉降离心机浓缩后的淀粉乳浓度为22~25°Bé，自流到地下可以容纳5m³的带搅拌机池子，再加入旋流站送来的清液进行稀释。而被稀释淀粉乳浓度为7~8°Bé，经离心泵输送到二层楼的细纤维离心筛，再次分离细纤维。被分离的淀粉乳液自流进入到3级旋流器配套的五室池的第一个池子（简称五室池）。经三级旋流站逐级洗涤、浓缩、提纯淀粉乳液。浓缩后的纯净淀粉乳浓度为18~20°Bé，再经离心泵输到脱水工段脱水、干燥、均匀、筛理、包装入库。

6.6.2.2 20世纪90年代我国马铃薯淀粉生产工艺

磨碎后的马铃薯浆料，采用单杆螺旋泵输送到淀粉与纤维分离工段四级离心分离筛，进行逐级分离淀粉与纤维，该工段属于全封闭、逆流式淀粉与纤维分离工艺。分离出的淀粉乳浓度为3.5~4.5°Bé（取决于马铃薯淀粉含量）。粗淀粉乳液经消沫离心泵输送到5级旋流工段，进行逐级洗涤、浓缩、分离固体蛋白和可溶性物质（细胞液汁水）。经旋流洗涤、浓缩排放的细胞液水中，淀粉含量几乎为0。使浓缩后的淀粉乳液浓度为24~25°

Bé，浓缩后的淀粉乳液再进入中间带搅拌的缓冲罐，将浓缩后淀粉乳液再加工艺水稀释到 8~9°Bé，再经离心泵输送到旋流除沙机除去沙粒，除沙后的淀粉乳液被输送到 15 级全封闭逆流旋流洗涤单元，逐级洗涤、浓缩、回收、提纯（精制）。经提纯淀粉乳被输送到脱水工段带搅拌的乳液罐储存，再进行淀粉乳液稀释、脱水、干燥、均匀、筛理、包装入库。从马铃薯破碎到淀粉乳脱水全过程大约需要 35min，缩短了洗涤分离时间，产品质量有了一定的提高，工艺易控制，且质量稳定。

6.6.2.3　21世纪初我国马铃薯淀粉生产工艺

被锉磨的马铃薯浆料采用调压离心泵，输送到旋流除沙机，除去沙粒和铁屑，浆料依靠压力进入全封闭逆流式淀粉与纤维分离单元的四级离心分离筛，以逆流形式逐级洗涤分离淀粉与纤维。被分离出的粗淀粉乳液浓度为 3.5~4.5°Bé（取决于马铃薯淀粉含量），粗淀粉乳液经消沫离心泵输送到 15 级或 16 级全封闭逆流旋流洗涤工段，进行逐级洗涤、浓缩、回收、提纯淀粉乳液。外排细胞液水中淀粉含量几乎为 0。提纯后的淀粉乳液浓度为 24~25°Bé，纯净的淀粉乳液被输送到脱水工段带搅拌的罐储存。再进行淀粉乳液稀释、脱水、干燥、均匀、筛理、包装入库。从马铃薯破碎到淀粉乳脱水全过程大约需要 30min，这种工艺缩短了分离时间，产品的质量有了进一步的提高。

6.6.3　淀粉与纤维分离工艺

30t/h 马铃薯原料的淀粉生产线，被锉磨的马铃薯浆料为 37.50~40.00m³/h（马铃薯块茎均匀来确定），加入来自旋流洗涤、淀粉乳脱水的工艺水 7.78~8.50m³/h 进行稀释被锉磨的马铃薯浆料，被稀释的浆料控制在 43.28~48.50m³/h，在自流过程中除去铁屑。然后在浆料池或输送泵的入口加入酸度为 4.5% 的亚硫酸溶液 0.18m³/h。被稀释的马铃薯浆料经调压离心泵输送到旋流除沙器，除去沙粒，进料压力控制在 0.25~0.30MPa，而沙粒经两级自动控制阀门，排放到车间地沟或其他容器。除沙后的马铃薯浆料，再进入淀粉与纤维分离的第一级离心分离筛，洗涤分离淀粉和纤维。

第一级离心分离筛浆料进入压力控制在 0.08~0.10MPa，洗涤水流量控制在 34.5m³/h（1 号喷嘴 48×0.72m³/h=34.56 m³/h），工作压力为 0.10~0.12MPa。筛下物淀粉乳液控制在 4~4.5°Bé（根据淀粉含量确定），经消沫离心泵输送到中间离心泵，再经中间离心泵输送到旋流除沙器进行第二次除沙。除沙后的粗淀粉乳液依靠压力进入 18 级旋流洗涤单元进行逐级洗涤、浓缩、回收、提纯。含有淀粉的浆料经离心分离筛下部分的纤维泵输送到第二级离心分离筛进行淀粉与纤维的洗涤分离。

第二级离心分离筛浆料进入压力控制在 0.08~0.10MPa，喷射洗涤水流量控制在 34.5（1 号喷嘴 48×0.72m³/h=34.56 m³/h），工作压力为 0.10~0.12MPa。被离心分离筛分离的筛上物纤维，经纤维泵输送到第三级离心分离筛进行淀粉与纤维的洗涤分离。而筛下物淀粉乳被消沫离心泵输送到第一级离心分离筛作工艺喷射洗涤用水。第三级离心分离筛浆料进入压力控制在 0.08~0.10MPa，洗涤水流量控制在 34.5m³/h（1 号喷嘴 48×0.72m³/h=34.56 m³/h），工作压力为 0.10~0.12MPa。被离心分离筛分离的筛上物纤维，经纤维泵输送到第四级离心分离筛（废浆脱水机），进行淀粉与纤维的洗涤和脱水，而筛下物淀粉乳被消沫离心泵输送到第二级离心分离筛作工艺喷射洗涤用水。

经第四级离心分离筛（废浆脱水机）进行淀粉与纤维的最后一次洗涤和脱水，进料压力控制在 0.05~0.10MPa，喷射洗涤水流量控制在 21.6m³/h（2 号喷嘴 48×0.45m³/h），洗涤水压力控制在 0.18~0.20MPa。而筛上物薯渣含水分为 88%~90%（渣滓），被单杆螺旋泵或螺旋输送机输送到薯渣脱水车间的储存罐，再经单杆螺旋泵输送到卧式螺旋沉降离心机或多头带式压滤机进行薯渣二次脱水，脱水后湿薯渣含水分为 70%~78%，将薯渣的 pH 值调整到 4.5~5.0，再用封闭式皮带输送机输送到薯渣堆场进行自然发酵（气温最好在 8~15℃进行发酵效果更好），在薯渣输送过程中添加 AM 菌种堆放一周，发酵后的薯渣变成一种很好的牲畜菌体饲料。经第四级离心分离筛（废浆脱水机）分离的筛下物稀液被消沫离心泵输送到第三级离心分离筛作工艺喷射洗涤用水。

在淀粉与纤维分离的第一级、第二级、第三级离心分离筛工艺中，洗涤喷射水压力保持在 0.10~0.12MPa。每台离心分离筛的 CIP 返冲洗时间，可调整为每隔 30~40min 自动冲洗一次，要求反冲水工作压力在 3.5~4.0MPa。马铃薯锉磨、淀粉与纤维分离工艺如图 6-26 所示。

6.6.4 淀粉与纤维分离设备

6.6.4.1 离心分离筛

1. 离心分离筛结构组成

离心分离筛主要由主轴、密封、外壳体、锥体筛篮、电动机、板式筛网、工艺水箱（或喷射水分配管）、分料盘、进料管、进料压力调整杆、喷嘴、自动反冲洗装置、"V"形皮带及带轮、轴承及支承座、纤维出口法兰、乳液出口法兰、底座、压力表、工艺管道及阀门等组件组成。离心分离筛下裙部制作了纤维浆料收集箱，纤维泵螺旋可叉下裙部收集箱壁安装，右侧设有筛下物液体出料口，与消沫离心泵的进口相连接，如图 6-27 所示。每台离心分离筛配装一台纤维泵和一台带有消泡功能的离心泵。

2. 离心分离筛工作原理

离心分离筛筛篮为锥形结构，筛篮的正面焊接板式筛网，当电机驱动筛篮高速转动时，产生离心力，马铃薯浆料经调整进料压力后，通过离心分离筛进料管进入分料盘，将马铃薯浆料均匀地分布在筛网表面，使高速转动的筛网表面的浆料形成复杂的曲线和切线运动，浆料从筛篮锥体的小端移向锥体的大端。工艺喷射洗涤水从喷嘴喷出，形成扇形喷向筛网浆料中，尽可能地实现淀粉与纤维的分离。大量的淀粉颗粒随洗涤水、细胞液水及可溶性物质通过筛网孔径自流到乳液收集箱，再经消沫离心泵输送到下一道工序，完成一级功能淀粉与纤维洗涤分离。离心分离筛的工作原理如图 6-28 所示。含有少量淀粉的纤维浆（渣滓）沿着筛篮大截面的出口甩出，自流到下裙部收集箱，再通过纤维泵输送到下一个级别的离心分离筛，再次洗涤分离淀粉与纤维。为了使淀粉与纤维达到更好的分离效果，锥体筛篮的背面安装了 CIP 自动反冲洗筛网的喷嘴，每隔 30~40min 自动反冲洗一次，以保证筛网孔径畅通。

6.6.4.2 消沫离心泵

1. 结构组成

消沫离心泵由泵壳、电机、联轴器、轴承箱、主轴、机械密封、带破泡板的筒式叶轮、开式叶轮、不锈钢底座等组件组成。液体流道均采用特种不锈钢制造，耐碱、耐酸。

2. 工作原理

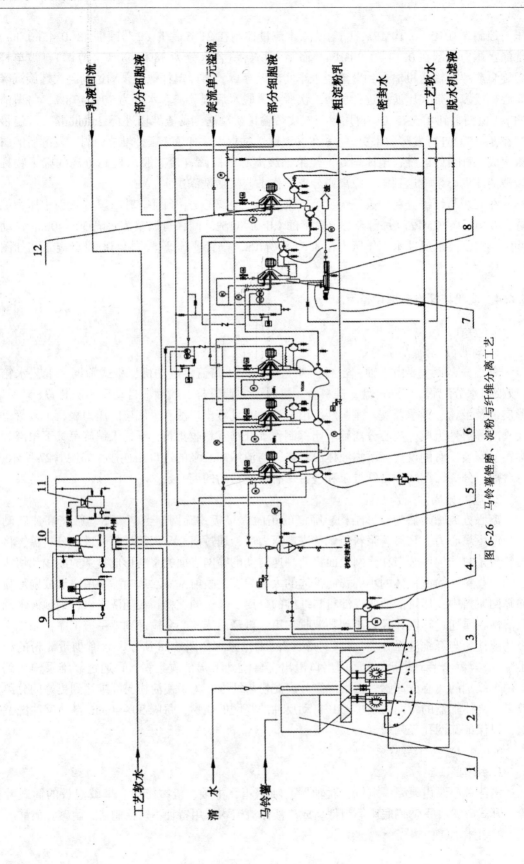

图 6-26　马铃薯锉磨、淀粉与纤维分离工艺

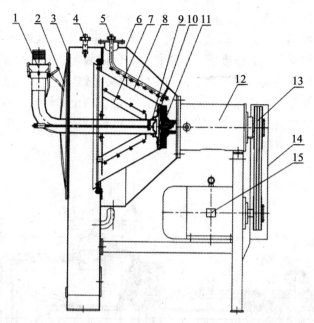

1—进料系统；2—门体系统；3—门体密封；4—薯渣稀释喷嘴；5—反冲洗系统；
6—主壳体；7—工艺水箱；8—筛篮及筛网；9—浆料密封圈；10—分料盘；
11—筛篮承载盘；12—轴承箱；13—皮带；14—皮带罩；15—电动机

图 6-27　离心分离筛结构图

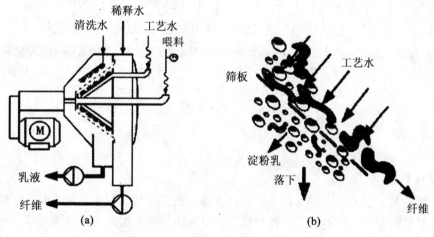

图 6-28　850 型离心分离筛工作原理

消沫离心泵是 20 世纪 90 年代末从荷兰、瑞典随马铃薯淀粉生产线配套引入我国。消沫离心泵与普通离心泵有很大的差别，消沫离心泵是在一个壳体内，由中间隔板分为两个蜗壳体。由一根同轴驱动一个带破泡叶片的筒式叶轮和一个开式叶轮，输送两种不同性质的介质，消沫离心泵结构组成如图 6-29 所示。筒式叶轮用于破泡沫及输送，开式叶轮用于输送液体。它的蜗壳体和两个不同结构的叶轮，一般采用特种不锈钢制造，耐酸、耐碱。当电动机驱动泵轴和两个不同结构的叶轮做高速圆周运动时，液体被吸入筒式叶轮中心，在离心力作用下，由筒式叶轮的破泡板将液体中气泡打碎甩向筒的内壁，形成气液圆环向叶轮一侧出口抛出。此时，筒式叶轮中心产生低压，与吸入液体面的压力形成压力差，从泵的出口获得压力能和速度能。当液体经中间隔板通道继续被吸入到开式叶轮蜗壳中心到出口时，叶轮中心同时产生低压，与筒内液体形成压力差，当液体经开式叶轮中心抛向出口时，开式叶轮内液体速度能又转化为压力能。两个叶轮同方向连续转动时，液体连续被吸入，使液体连续从泵的出口抛出，带有空气的液体从另外一个出口抛出，以达到输送液体及破碎泡沫的目的。

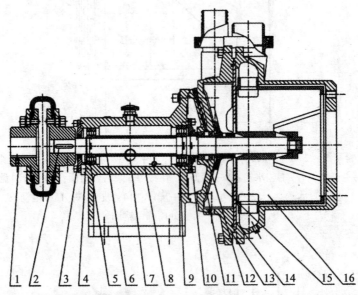

1—联轴器；2—键；3—轴承压盖；4—轴承固定螺母及锁片；5—沟形球轴承；6—主泵轴箱视镜；
7—机油后壳体；8—轴承箱体；9—推力球轴承；10—前盖油封；11—后壳体；12—机械密封
13—后壳体；14—中间隔离板；15—开式叶轮；16—破泡筒式叶轮

图6-29 消沫泵结构图

6.6.4.3 纤维离心泵

1. 结构组成

纤维离心泵主要由不锈钢支脚、电机及主轴、机械密封、轴承、开式叶轮、喂料小螺旋、电动机及防水罩、连体法兰、密封胶圈、泵壳体等组件组成。液体流道均采用特种不锈钢制造，耐碱、耐酸。

2. 工作原理

纤维离心泵，也称带喂料螺旋的渣浆泵，是从荷兰、瑞典随马铃薯淀粉生产线配套引入我国。它是离心筛作配套的专用纤维浆料输送泵，它在开式叶轮前端设计了一个小喂料螺旋固定在叶轮前，当叶轮转动时，小螺旋可将纤维浆料输入叶轮的蜗壳体，且不受气阻影响。纤维离心泵由一根不锈钢电动机同轴带动开式叶轮和喂料小螺旋同方向转动，喂料小螺旋可叉入离心分离筛下裙部的集料箱安装，当电机驱动叶轮转动时，小螺旋将物料输入叶轮的蜗壳体，纤维离心泵如图 6-30 所示，再经开式叶轮输出泵体外。它的蜗壳体、叶轮、电动机轴一般采用耐碱、耐酸不锈钢制造。在电动机的直连驱动下，由喂料小螺旋将纤维浆料输送进入泵体叶轮蜗壳室作圆周运动，在离心力作用下，浓浆料从叶轮中心向外周抛出，从叶轮获得压力能和速度能。当物料进入叶轮蜗壳中心到物料出口时速度能又转化为压力能。当物料被叶轮抛出时，叶轮中一心产生低压，与吸入浆料面的压力形成压力差，泵的叶轮连续运转，物料连续被小螺旋输入叶轮蜗壳体，物料按一定的压力被连续抛出，以达到输送浓浆料的目的。

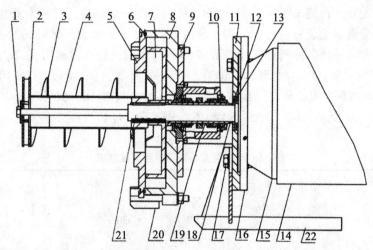

1—固定螺旋的穿心长螺栓；2—螺旋平衡盘；3—螺旋叶片；4—螺旋空心轴；5—前端盖；
6—O 形密封橡胶圈；7—开式叶轮；8—壳体；9—中间盘；10—机械密封腔体及压盖；
11—电机连接法兰盘；12—固定密封圆盘；13—O 形密封胶圈；14—电动机罩；15—电动机；
16—电动机连接法兰；17—支脚架调整螺栓；18—轴套；19—机械密封；20—法兰连接螺栓总成；
21—主轴；22—可调整支脚

图 6-30 纤维浆料离心泵结构图

6.6.5 离心分离工艺操作流程

锉磨机启动空运转正常后，启动薯渣皮带输送机→启动第四级螺旋单杆泵→启动第四级消沫泵→启动第四级离心筛（废浆脱水机）→启动第三级纤维泵→启动第三级消沫泵→启动第三级离心筛→启动第二级纤维泵→启动第二级消沫泵→启动第二级离心筛→启动第一级纤维泵→启动第一级消沫泵→启动第一级离心筛→打开除沙机控制阀门→启动锉磨机下部单杆螺旋泵（自动调压离心泵）→启动锉磨机上部喂料螺旋输送机。停机时，按照启动相反方向进行。

6.6.6 国内外离心分离筛选型及参数

国外薯类淀粉加工业常用的荷兰制造 HZ-850-125、HZ-1000-125 系列离心分离筛，国内制造的 TCS-650、TCS-850、TCS-1000 系列离心分离筛，ZXS-600、ZXS-850 系列离心分离筛都是针对马铃薯、木薯、红薯淀粉与纤维洗涤分离、纤维脱水设计。动力输出都采用"V"形皮带传动，筛网采用不锈钢板激光打孔，孔的截面为锥形，表面孔径为125μm（相当于我国标准110目）。筛篮为锥形体，筛篮小截面为125mm，筛篮大截面为850mm。而HZ-1000-125型、TCS-1000型的筛篮小截面为135mm，筛篮大截面为1000mm。筛篮角度均为56.5°，主轴转速均为1100r/min。离心分离筛下裙部都制作了纤维浆料收集箱，纤维泵喂料小螺旋可叉入裙部收集箱壁安装，右侧设有筛下液体出料口，设计布置合理，占地面积也小。为了使淀粉与纤维达到更好的分离，筛篮的背面安装了CIP自动反冲清洗喷嘴，每隔20~30min自动反冲洗一次，不需要人工清理，以保证筛板孔径畅通。淀粉与纤维分离一般配置4台离心分离筛串联在一起，形成一个逆流式淀粉与纤维洗涤分离工序。每台离心分离筛配装一台纤维泵和一台消沫离心泵。850-125型和1000-135型离心分离筛组合，单台对马铃薯原料加工能力最多35t/h（根据淀粉含量确定），离心筛最大通过能力为166~170m³/h。HZ-850和HZ-1000型离心分离筛，TCS-850、TCS-1000系列离心分离筛，ZXS-850系列离心分离筛配置参数见表6-12。进口HZ-850和HZ-1000型离心分离筛组合如图6-31所示，国产ZXS-850型离心分离筛组合如图6-32所示。

表6-12　　　　　　　　　850和1000型离心分离筛配置参数表

设备型号及级数 HZ-1000 TCS-1000 HZ-850 ZXS-850	产生能力 (t/h)	通过能力 (m³/h)	功率 (kW)	转速 (r/min)	锥度 (°)	外形尺寸 长×宽×高 (mm)
1. HZ-1000 ZXS-850	30~30	170~166	45~37	1100~1100	56.5	1550×2330×2500
2. HZ-850　ZXS-850	30~30	166~166	30~30	1100~1100	56.5	1477×2036×2520
3. HZ-850　ZXS-850	30~30	166~166	30~30	1450~1100	56.5	1477×2036×2520

图6-31　进口HZ-850型离心分离筛

图6-32　国产ZXS-850型离心分离筛

6.6.6.1　消沫离心泵的结构组成及原理

消沫离心泵是给850-125、1000-135型离心分离筛作配套的，允许吸上真空和扬程都很低，适应短距离带有气泡的液体输送。优点是输送液体中含有气泡效果很好，也不受气阻影响。

（1）结构组成

由泵壳体、电动机、联轴器、轴承箱、主轴、机械密封、带破泡板的筒式叶轮、开式叶轮、不锈钢底座等组件组成。液体流道均采用特种不锈钢制造，耐碱、耐酸。

（2）工作原理

消泡离心泵属联轴器连接，采用通道式隔离板，形成两个物料蜗壳体，由电动机通过联轴器驱动一根轴带动两个不同结构的叶轮，第一筒式叶轮用于破泡及液气输送，第二开式叶轮用于液体输送。当电动机驱动泵轴和两个不同结构的叶轮做高速圆周运动时，液体被吸入第一叶轮流道，使筒式叶轮的破泡板将气泡打碎，从叶轮流道一侧向出口抛出。当液体继续吸入到第二开式叶轮蜗壳中心到出口时速度能转化为压力能。当液体经叶轮抛出时，叶轮中心产生低压，与吸入液体面的压力形成压力差，泵的叶轮连续运转，液体连续吸入，使不受气阻的液体连续从出口抛出，以达到输送及破泡的目的。

（3）选型及主要参数

30t/h 马铃薯原料的淀粉与纤维洗涤分离单元组合配置的 850-125 型、1000-135 型离心分离筛，所配套消沫离心泵参数见表 6-13，进口 SPA/260 型消沫离心泵如图 6-33 所示，国产 XPB/60 型消沫离心泵如图 6-34 所示。

表 6-13　　　　　　　进口 SPA 系列和国产 XPB 系列消沫泵配置参数表

设备型号		配套级别	流量（m³/h）	功率（kW）	转速（r/min）	扬程（m）	外形尺寸长×宽×高（mm）
SPA 系列	XPB 系列						
SPA/285	XPB/80	1	80~80	30~30	1450~1450	20	1443×755×566
SPA/260	XPB/60	2	60~60	15~15	1450~1450	20	1301×730×540
SPA/260	XPB/60	3	60~60	15~15	1450~1450	20	1301×730×540
SPA/260	XPB/60	4	60~60	15~15	1450~1450	20	1301×730×540

图 6-33　进口 SPA/260 型消沫离心泵

图 6-34　国产 XPB/60 型消沫离心泵

6.6.6.2　纤维离心泵的结构组成及原理

纤维离心泵是给 850-125 和 1000-135 型离心分离筛的配套而设计制造的。纤维离心泵的叶轮为开式，适应短距离输送浓浆料。它的允许吸上真空和扬程很低。输送浓浆料时不受气阻影响。

（1）结构组成

由不锈钢支脚、主轴、机械密封、轴承、开式叶轮、喂料小螺旋、电动机及防水罩、连体法兰、密封胶圈、泵壳体等组件组成。液体流道均采用特种不锈钢制造，耐碱、耐酸。

（2）工作原理

用于纤维浓浆料输送，不受气阻影响。纤维离心泵由一根电动机的同轴带动叶轮和喂料小螺旋，在电动机的直连驱动下，由喂料小螺旋将纤维浆料输送进入泵体叶轮蜗壳室作圆周运动，在离心作用下，物料从叶轮中心向外周抛出，从叶轮获得压力能和速度能。当浓浆料进入叶轮蜗壳中心到浆料出口时部分速度能转化为压力能。当浆料被叶轮抛出时，叶轮中心产生低压，与吸入浆料面的压力形成压力差，泵的叶轮连续运转，物料连续被小螺旋输入叶轮，浆料按一定的压力被连续抛出，以达到输送浓浆料的目的。

（3）选型及主要参数

对于 30t/h 马铃薯原料的淀粉与纤维分离工艺组合配置 850-125 和 1000-135 型离心分离筛的 HCP 系列纤维离心泵、ZJB 系列纤维离心泵配置参数见表 6-14。进口 HCP/295/40 型纤维离心泵如图 6-35 所示，国产 ZJB/40 型纤维离心泵如图 6-36 所示。

表 6-14　　　　进口 HCP 系列纤维泵和国产 ZJB 系列纤维泵配置参数表

设备型号		配套级别	流量（m³/h）	功率（kW）	转速（r/min）	扬程（m）	外形尺寸 长×宽×高（mm）
HCP 系列	ZJB 系列						
HCP/295	ZJB/80	1	40～40	7.5～11	1500～1450	20	840×300×555
HCP/295	ZJB/40	2	40～40	7.5～11	1500～1450	20	840×300×555
HCP/295	ZJB/40	3	40～40	7.5～11	1500～1450	20	840×300×555
单杆螺旋泵		4	32～32	11～15	273～273	40	2500×300×450

图 6-35　进口 HCP/295 型纤维离心泵　　　图 6-36　国产 ZJB/40 型纤维离心泵

6.7　马铃薯淀粉乳旋流洗涤工艺及设备

6.7.1　粗淀粉乳浓缩与洗涤基础知识

马铃薯磨碎后，从中释放出细胞液汁含有蛋白（包括酶和含氮物质）、糖类物质、果胶物质、酸物质、矿物质、纤维及其他多种微量元素。天然马铃薯细胞液原汁水含有4.5%~7.0%的干物质，马铃薯细胞液汁水构成见表6-15，这个数量占马铃薯总干物质重量18%~20%。从马铃薯浆料中提取的粗淀粉乳液，需要用最短的时间分离出这些细胞液汁水，尽可能缩短与空气接触时间，有利于提高商品淀粉的品质。马铃薯浆料中的细胞液原汁水，是通过离心筛筛网混合在粗淀粉乳液中。粗淀粉乳液与空气中的氧接触时间太长，使组成细胞的一些物质发生氧化，很快变为暗褐色，使淀粉色泽发暗，且会降低淀粉原有黏度。为了提高马铃薯的利用效率，改善淀粉加工工艺技术装备条件，提高淀粉纯度，提高理化指标、卫生指标、感官指标，用最短的时间从粗淀粉乳液中分离出细胞液原汁水、细纤维、果胶和其他悬浮粒子，是提高商品淀粉质量的有效途径。

表6-15 马铃薯细胞液原汁水构成表

组 成	构 限	平 均
干物质含量%	4.5~7.0	5.8
BOD$_5$mg/L	25000~35000	32000（COD）（随季节变化）
干物质组成		
还原糖%	0.7~2.0	1.5
凝结蛋白质%	18~25	23
氨基酸和氯化物%	17~27	22
无机物质（纤维）%	18~30	24
果胶、脂肪%	8~20	16

6.7.1.1 采用水力旋流器分离蛋白及细胞液汁水

20世纪90年代初，我国从欧洲先后引进三种不同的多级水力旋流器洗涤分离蛋白、纤维及可溶性物质技术及工艺装备，从而实现了逆流全线封闭式分离粗淀粉乳液中的蛋白、细纤维、细胞液汁及其他可溶性物质，取代了我国20世纪80年代半开式工艺所采用的卧式沉降离心机分离细胞液汁水设备及技术。

第一种工艺是从马铃薯浆料中洗涤分离出的粗淀粉乳液，进入5级水力旋流器洗涤、浓缩，分离细纤维、蛋白、细胞液汁。这种旋流器属盘式水力旋流器，分别安装有15mm和10mm的旋流管，设计物料进口压力0.55~0.6MPa，使浓缩后的淀粉乳液依靠压力进入中间粗淀粉乳液缓冲罐。加入工艺水稀释，淀粉乳浓度达7.5~8.0°Bé时再进行除沙，使除沙后的淀粉乳液进入15级旋流器进行逐级洗涤、浓缩、分离细纤维、蛋白和细胞液汁，且回收小颗粒淀粉二中间再配套两级细纤维离心分离筛，提取细纤维，纯净的淀粉乳送去脱水。这15级旋流器属夹板式水力旋流器，前3级属回收系统，配装10mm旋流管，工艺设计物料进口压力为0.55~0.60MPa，后12级属提纯系统，配装15mm旋流管，工艺设计物料进口压力为0.55~0.60MPa。这种工艺共设计了20级水力旋流器，工艺选用了两种不同结构的旋流器，且选用了两种不同型号的旋流管，操作和控制比较稳定，适用于各种淀粉含量不同的马铃薯加工，并且对马铃薯发芽、腐烂、绿皮等加工影响不是很大，工艺操作和控制比较稳定。

第二种工艺是从马铃薯浆料中洗涤分离出粗淀粉乳液进入旋流除沙器，采用碟片离心机浓缩、洗涤蛋白及细胞液汁。使浓缩后淀粉乳液再加入工艺软水稀释，再采用 15 级水力旋流器进行洗涤、浓缩、分离细胞液汁水和细纤维。前 6 级旋流器属于对小颗粒淀粉洗涤、浓缩，分离纤维、蛋白、细胞液汁水（称 B 线）。中间配套一级细纤维离心分离筛，分离细纤维。配装 10mm 和 15mm 旋流管，设计物料进口压力为 0.55~0.60MPa。后 9 级旋流器属提纯（精制）、浓缩、洗涤、分离纤维、蛋白和细胞液汁（称 A 线）。纯净的淀粉乳送去脱水。工艺配置全部采用夹板式水力旋流器，配装 15mm 旋流管，工艺设计物料进口压力为 0.55~0.60MPa，这种工艺适应于加工新鲜马铃薯，对于储存期较长、发芽、受冻、腐烂、绿皮等操作控制难度较大，工艺不平稳。因为这些原料中储存了大量的龙葵素，产生了泡沫，造成碟片离心机工作不稳定。

第三种工艺是从马铃薯浆料中洗涤分离出粗淀粉乳液，已经在浆料中除去了铁屑和沙粒，然后直接进入 16 级或 17 级水力旋流器，进行逐级浓缩、洗涤、提纯，分离蛋白、细胞液汁水、细纤维。中间配套一级或两级细纤维离心分离筛。这种工艺前 2~3 级旋流器作回收小颗粒淀粉，称回收系统；配装 10mm 旋流管，工艺设计物料进口压力不得低于 0.65~0.70MPa。后 14 级旋流器作为浓缩、洗涤、提纯、分离蛋白、细胞液汁和纤维，称提纯系统；提纯后的纯净淀粉乳送去脱水。后 14 级旋流器全部装配旋流管，设计物料进口压力不得低于 0.55~0.60MPa。设备及工艺管道占地面积小，软水消耗较小，对于分离蛋白、细纤维、细胞液汁效果较好，同时缩短了粗淀粉乳洗涤分离细胞液汁水的时间，适应于各种淀粉含量不同的马铃薯原料加工。被旋流洗涤单元分离的细胞液水，采用卧式螺旋沉降离心机浓缩提取蛋白、细纤维、不溶性物质，排放在加工区以外的沉淀池进行酸化，以降低氨氮含量，再送到废水处理站进行处理。

30t/h 马铃薯原料淀粉生产线，采用多级水力旋流器浓缩、洗涤、分离马铃薯粗淀粉乳液中蛋白、细纤维和细胞液汁。设备供应商一般配置 17 级，其中前 3 级为回收系统，后 14 级为提纯系统，这两个系统称为旋流洗涤单元。中间加一级或两级 850 型细纤维离心分离筛，分离细纤维。工艺设计配装 200~250 目不锈钢筛板式或编织筛网（相当于 75~63μm）。回收系统安装 10mm 旋流管，工艺设计物料进口压力不得低于 0.65MPa。对于后 14 级提纯系统一般安装 15mm 旋流管。工艺设计物料进口压力不得低于 0.55MPa。这种工艺的旋流洗涤、脱水、淀粉与纤维分离、锉磨的工艺用水都是在整个系统中串联相互使用，工艺参数和自动控制有连贯性和互补性。

6.7.1.2 水力旋流器工作原理

在一个级别的水力旋流器中，按照生产能力安装有几十支到几百支旋流管，旋流器是利用流体力学原理制造。在马铃薯原淀粉生产过程中，含有可溶性物质、蛋白质、细纤维的粗淀粉乳液，经离心泵输送到旋流器分料室，在压力作用下沿切线方向进入旋流管，利用物料特性，相对密度、粒径大小、形状不同而产生不同的离心速度，比重大的淀粉颗粒旋转速度要大于比重轻的悬浮粒子，比重大的淀粉颗粒和比重轻的蛋白及细小纤维（悬浮粒子）在比重和离心力作用下，以相同的旋转方向进行淀粉颗粒与悬浮粒子分离。由于压力产生离心力，粗淀粉乳液在压力作用下，以切线方向进入旋流管的锥体，沿着锥体内壁向底流方向螺旋线旋转运动。也就是说，淀粉颗粒沿着旋流管内壁大截面以螺旋线向小截面旋转时，受到锥体小截面底流口的阻力产生同方向的逆转涡流，比重轻的悬浮粒子从旋流管小截面中心向大截面螺旋线向顶流方向旋转，如图6-37所示，形成环芯状水柱从顶流排出。比重大的淀粉以较高浓度从底流出口排出。

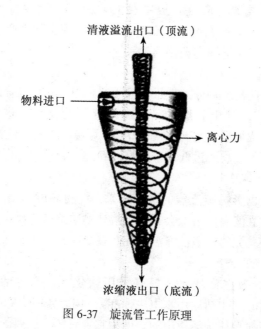

图6-37　旋流管工作原理

当前，马铃薯原淀粉市场竞争非常激烈，为了生产优质商品淀粉占领市场，只有把淀粉颗粒表面的有机物质洗涤干净，提高淀粉纯度，才能提高产品质量。目前国内外马铃薯原淀粉生产线的各工序工艺配置多种多样，旋流洗涤工序也不例外，但没有统一的工艺配置标准。目前，进口旋流洗涤和国内制造旋流洗涤工艺配置基本相似，但是国内加工和配套辅助机件精度较差。设备制造商为了追求生存，只能降低设备价格面对市场竞争，降低其他环节工艺配置。所以，提供给国内市场的马铃薯原淀粉各项指标也就不稳定，并且忽高忽低。因此，产品质量要赢得市场认可，必须提高各环节工艺配置，尤其是旋流洗涤更为重要。因此，建议旋流洗涤单元最少选择18~19级水力旋流器，再加一级细纤维离心筛组合成一个多级旋流洗涤工序。其中后3级旋流器作为回收系统，以降低浓缩、洗涤、分离过程中的小颗粒淀粉损失，前15~16级旋流器洗涤提纯系统最好采用盘式水力旋流器，并且选装10mm和15mm不同规格的旋流管，以提高商品淀粉的纯度。

6.7.2　多级旋流器洗涤淀粉控制指标

6.7.2.1　粗淀粉乳洗涤浓度控制

在马铃薯粗淀粉乳洗涤过程中，淀粉乳液浓度的高低直接影响旋流器的洗涤效果，也影响产量和质量。淀粉乳浓度过高会使黏度增加，且增加清液（顶流）浓度，会造成外排细胞液水所含淀粉增加。浓度过低又会降低分离效果，虽然淀粉乳的黏度降低，但它的相对密度也减小，会降低离心速度和离心力，使洗涤分离因数降低，同时又降低生产能力。旋流洗涤的第一级旋流器来料，由淀粉与纤维分离、旋流洗涤回收系统的浓缩液汇集供给，其浓度要求稳定，不能忽高忽低，进料压力过高会造成离心力过大，也会拉大浓缩液（底流）与清液（顶流）的差距，使旋流管内壁磨损加大，降低旋流管使用寿命。进料压力过低会降低分离因数。洗涤浓度一般在 5.0~7.0°Bé，温度在 4~20℃时，第一级旋流器洗涤浓缩后的淀粉乳液（底流）控制在 19~20°Bé（密度为 1.151~1.160），清液（顶流）控制在 3.0~4.0°Bé（密度为 1.021~1.028）。在实际生产过程中，浓度的影响因素很多，与压力、速度、流量都有直接的关系。

6.7.2.2　旋流器进料压力

旋流器进料压力高低会影响分离效果，对于装配 10mm 旋流管的旋流器进料压力控制在 0.65~0.70MPa 为宜。对于装配 15mm 旋流管的旋流器，进料压力控制在 0.55~0.60MPa 为宜。要保持浓缩液（底流）和清液（顶流）压力差洗涤分离蛋白、细纤维和其他的可溶性物质，压力过高或过低对于提高淀粉纯度有直接的影响。

6.7.2.3　淀粉乳液温度

淀粉乳液温度高低也影响旋流器的洗涤效果，淀粉乳液温度过高易造成淀粉颗粒膨胀、变软和糊化。淀粉乳液温度过低会影响可溶性物质洗涤分离，同时也直接影响淀粉的纯度及黏度。最佳马铃薯淀粉乳液洗涤温度控制在 20~35℃为宜。

6.7.2.4　淀粉乳液洗涤水

旋流洗涤粗淀粉乳液洗涤用水，最好采用软化水，原生活用水硬度降低到小于 0.005mg/L 为宜。我国的《生活饮用水卫生标准》（GB5749—2006）即人们日常生活饮用水是不能满足马铃薯淀粉颗粒洗涤使用的，因为它含有钙、镁离子，淀粉生产过程中淀粉洗涤用水，要求水硬度越低越好，最好除去原水中组成水质硬度成分的钙、镁离子，如 $Ca(HCO_3)_2$、$Mg(HCO_3)_2$、$CaSO_4$、$CaCl_2$。其次就是对微生物指标中的耐热大肠菌群（MPN/100mL 或 CFU/100mL）不得检出，大肠埃希氏菌（MPN/100mL 或 CFU/100mL）不得检出。菌落总数要求控制在（CFU/100mL）100 以下。因此，对于新建马铃薯淀粉加工企业水源选择也非常重要，优先选用地下水源。

6.7.2.5　旋流管的使用

旋流管是组成旋流器的核心分离部件，旋流管也属于易磨损部件，在淀粉洗涤、浓缩过程中勤检查其磨损情况。例如，我们常用的夹板式水力旋流器，配的 15mm 旋流管浓缩液（底流）标准出口直径为：用塞规量 2.5mm，不得超过 3.0mm。清液（顶流）标准出口直径为：用塞规量 2.8mm，不得超过 3.3mm。对于旋流管的长方形进料口标准为：3.5mm×3.0mm，不得大于 4.0mm×3.5mm。对于回收系统旋流器配装 10mm 旋流管浓缩液（底流）标准出口直径为：用塞规量 2.3mm，不得超过 2.8mm。清液（顶流）标准出口直径为：用塞规量 2.5mm，不得超过 3.0mm。对于旋流管的长方形进料口标准为：2.3mm×2.0mm，不得大于 2.8mm×2.5mm。采用盘式水力旋流器，配装 15mm 平口旋流管浓缩液（底流）标准出口直径为：用塞规量 2.89mm，不得超过 3.3mm。清液（顶流）标准出口直径为：用塞规量 2.96mm，不得超过 3.4mm。对于旋流管的长方形进料口标准为：3.11mm×3.44mm，不得大于 3.6mm×3.9mm。

6.7.2.6　旋流器配置级数

旋流器的级数与洗涤效果成正比，与洗涤用水量成反比。旋流器配置级数与淀粉纯度有直接关系，配置级数越多，淀粉纯度越高，相反消耗工艺水降低，当然工艺设计更需要合理的配置。对于 30t/h 马铃薯原料的淀粉生产线（淀粉含量 15.5% ~ 16%，产出比 5.63∶1 ~ 5.45∶1，提取率 94% 计算），马铃薯原料新鲜时，粗淀粉乳液经 18 ~ 19 级旋流器洗涤、浓缩后的纯净淀粉乳质量标准：浓度在 24 ~ 26°Bé 时；蛋白残留量 ≤ 0.10%，最好时 ≤ 0.07%；灰分残留量 ≤ 0.28%，最好时 ≤ 0.20%；纤维残留量 ≤ 1.5%，最好时 ≤ 0.5%；斑点 ≤ 5.0 个/cm²，最好时 ≤ 0.03 个/cm²；白度（457nm 蓝光反射率/ %）≥ 92%，最好时 ≥ 96%（夹板式旋流器配装的 15mm 旋流管和 10mm 旋流管）。

6.7.3　粗淀粉乳旋流洗涤工艺

6.7.3.1　18 级旋流洗涤回收系统

被第一级离心分离筛分离出的粗淀粉乳液经中间容积泵或淀粉乳液离心泵输送到旋流除沙机再次除去细小沙粒，而沙粒依靠两级自动控制蝶阀按设定的程序定时自动排放到收集罐或车间排水地沟，进入输送水处理系统。经过除沙的粗淀粉乳液依靠旋流除沙机的压力进入 18 级旋流洗涤单元提纯系统的第 1 级旋流器进行洗涤与浓缩。如果把马铃薯淀粉含量平均估算为 15.0% ~ 16.0%，淀粉乳液浓度为 3.5 ~ 4.0°Bé。被提纯系统第 1 级旋流器洗涤与浓缩的清液（顶流）控制在 3 ~ 4°Bé，依靠压力进入到回收系统的第 1 级旋流器进行洗涤与浓缩。回收系统第 1 级旋流器洗涤与浓缩后（底流）浓缩淀粉乳液在 13 ~ 14°Bé，依靠压力进入提纯系统的第 1 级旋流器与除沙后的粗淀粉乳液汇集在一起。清液（顶流）进入回收系统第 2 级旋流器进行洗涤与浓缩。经回收系统第 2 级旋流器洗涤浓缩后（底流）浓缩乳液在 7 ~ 8°Bé，再进入提纯系统的第 1 级旋流器与经过除沙的粗淀粉乳再次汇集在一起。清液（顶流）进入回收系统第 3 级旋流器进行洗涤与浓缩。回收系统第 3 级旋流器洗涤与浓缩后的（底流）浓缩液淀粉已经很少，按体积算不到 4%，再进入回收系统的第 1 级旋流器再次洗涤与浓缩。经回收系统第 3 级旋流器洗涤与浓缩后的（顶流）清液淀粉含量几乎为 0，简称为"细胞液水"。

30t/h 马铃薯原料的淀粉生产线，能排出 48 ~ 58m³/h 被稀释的细胞液水，60t/h 马铃薯生产线能排出 96 ~ 116m³/h 被稀释的细胞液水。从旋流洗涤回收系统排出的这些被稀释的细胞液水中，固体干物质含量在 0.10% ~ 0.12%（干基）。其中，细纤维占 40% ~ 45%（纤维粒径在 125μm 以下），粗蛋白质占 35% ~ 45%（干基），果胶占 8% ~ 12%（干基），小颗粒淀粉占 17% ~ 18%（不含可溶性物质）。细胞液水属有机物质，COD 为 25 000 ~ 35000mg/L（取决于马铃薯新鲜与季节变化），SS 大约在 5000 mg/L，BOD 大约在 17000 mg/L。这些细胞液水一部分返回到淀粉与纤维分离工序、细纤维提取工序做工艺洗涤用水（也可做第四台离心筛工艺洗涤用水），另外一部分被稀释的细胞液水经泵输送到车间外蛋白提取车间，分离粗蛋白和其他不溶性固体物质。经过提取蛋白的细胞液废水再输送到污水处理厂酸化池（事故池），再进入到废水处理站处理。

6.7.3.2　18 级旋流洗涤提纯系统

回收系统的第 1 级和第 2 级浓缩淀粉乳液（底流），一同进入到除沙后的粗淀粉乳液中汇集，汇集后的粗淀粉乳液进入 18 级旋流洗涤单元提纯系统的第 1 级旋流器。经第 2 级旋流器返回清液（顶流）40% ~ 50% 的流量经自动控制阀门或手动阀门调整后进入除沙后的粗淀粉乳液中汇集，进入 18 级旋流洗涤的提纯系统第 1 级旋流器。而第 2 级旋流器另外一部分清液（顶流）50% ~ 60% 进入细纤维离心分离筛，分离细纤维。被分离的细纤维，经纤维泵输送到淀粉与纤维分离第4级离心分离筛（废浆脱水机）进行最后的淀粉与纤维分离。细纤维离心分离筛分离出淀粉乳液，经消沫泵输送到淀粉乳液中间容积泵或消沫淀粉乳泵，与第一台离心分离筛分离出的粗淀粉乳液汇集。汇集后的粗淀粉乳液浓度控制在5.0~7.0°Bé，全部进入18级旋流洗涤提纯系统第1级旋流器洗涤与浓缩。提纯系统第1级旋流器洗涤浓缩后淀粉乳液（底流）浓度在19~20°Bé，经过第3级旋流器返回清液（顶流），稀释第1级旋流器浓缩淀粉乳液，被稀释淀粉乳液需控制在7.0~8.0°Bé，进入第2级旋流器，进行淀粉乳液的洗涤与浓缩。使浓缩后淀粉乳液（底流）浓度在22~23°Bé，经第4级旋流器的返回清液（顶流），稀释第2级旋流器浓缩后的淀粉乳液，稀释淀粉乳液控制在8.0~9.0°Bé，进入第3级旋流器进行淀粉乳液的洗涤与浓缩。使浓缩后的淀粉乳液（底流）在23~24°Bé，经第5级旋流器的返回清液（顶流），稀释第3级旋流器浓缩淀粉乳液，被稀释的淀粉乳液控制在8.0~9.0°Bé，进入第4级旋流器进行淀粉乳液的洗涤与浓缩。使浓缩后的淀粉乳液（底流）控制在23~24°Bé，经第6级旋流器的返回清液（顶流），稀释第4级旋流器浓缩后淀粉乳液，被稀释的淀粉乳液控制在8.0~9.0°Bé，进入第5级旋流器进行淀粉乳液的洗涤与浓缩。使浓缩的淀粉乳液（底流）在23~24°Bé，经第7级旋流器返回清液（顶流），稀释第5级旋流器浓缩后淀粉乳，稀释后淀粉乳液控制在8.0~9.0°Bé，进入第6级旋流器进行淀粉乳液的洗涤与浓缩。使浓缩后的淀粉乳液（底流）控制在23~24°Bé，经第8级旋流器返回清液（顶流），稀释第6级旋流器浓缩后淀粉乳液，被稀释淀粉乳液控制在8.0~9.0°Bé，进入第7级旋流器进行淀粉乳液的洗涤与浓缩。使浓缩后的淀粉乳液（底流）控制在23~24°Bé，经第9级旋流器返回清液（顶流），稀释第7级旋流器浓缩后淀粉乳液，被稀释淀粉乳液控制在8.0~9.0°Bé，进入第8级旋流器进行淀粉乳液的洗涤与浓缩，使浓缩后的淀粉乳液（底流）控制在23~24°Bé，经第10级旋流器的返回清液（顶流），稀释第8级旋流器浓缩后淀粉乳液，被稀释的淀粉乳液控制在8.0~9.0°Bé，进入第9级旋流器进行淀粉乳液的洗涤与浓缩。浓缩后的乳液（底流）控制在23~24°Bé，经第11级旋流器的返回清液（顶流），稀释第9级旋流器浓缩后淀粉乳液，被稀释的淀粉乳液控制在8.0~9.0°Bé，进入第10级旋流器进行淀粉乳液的洗涤与浓缩。使浓缩后淀粉乳液（底流）控制在23~24°Bé，经第12级旋流器的返回清液（顶流），稀释第10级旋流器浓缩后淀粉乳液，被稀释淀粉乳液控制在8.0~9.0°Bé，进入第11级旋流器进行淀粉乳液的洗涤与浓缩。使浓缩后的淀粉乳液（底流）控制在23~24°Bé，经第13级旋流器的返回清液（顶流），稀释第11级旋流器浓缩后淀粉乳液，稀释淀粉乳液控制在8.0~9.0°Bé，进入第12级旋流器进行淀粉乳液的洗涤与浓缩。使浓缩后的淀粉乳液（底流）控制在23~24°Bé，经第14级旋流器的返回清液（顶流），稀释第12级旋流器浓缩后淀粉乳，使稀释后的淀粉乳液控制在8.0~9.0°Bé，进入第13级旋流器进行淀粉乳液的洗涤与浓缩。使浓缩后的淀粉乳液（底、流）控制在23~24°Bé，经第15级旋流器的返回清液（顶流），稀释第13级旋流器浓缩后淀粉乳，被稀释的淀粉乳液控制在8.5~9.5°Bé，进入第14级旋流器进行淀粉乳液的洗涤与浓缩。使浓缩后的淀粉乳液（底流）控制在24~25°Bé，然后由车间工艺软水罐离心泵送来的软水经阀门和流量计控制在12~12.4m³/h，稀释第14级旋流器浓缩后的淀粉乳，进入15级旋流器洗涤与浓缩。而被最后巧级旋流器洗涤、浓缩后的纯净淀粉乳液控制在24~26°Bé，依靠旋流器压力和自动控制阀门调整进入到一个带搅拌的淀粉乳液罐，经过软水稀释送到下一个工序进行脱水。

6.7.3.3 具体参数

把马铃薯淀粉含量按 15.0%～16.0% 来计算，在实际生产过程中马铃薯淀粉含量会出现很大变化，需要根据每个季节和不同地区的马铃薯品种，马铃薯淀粉含量、锉磨系数、薯渣结合淀粉来增加或减少旋流管，以盲管调整。在实际操作中依靠自动控制阀门、手动阀门、管道中限制流量和压力的孔板调整淀粉乳液浓度。对于 15mm 旋流管进料浓度控制在 8.0～9.0°Bé 较适宜，10mm 旋流管进料浓度控制在 4～4.5°Bé 较适宜，在多级别旋流器洗涤操作和控制过程中，要求进料浓度和压力要稳定，对于最后一到两个级别进料浓度相对提高 0.5～1.0°Bé，才能达到最佳的洗涤与浓缩效果。

30t/h 马铃薯原料的淀粉生产线，旋流洗涤配置的 18 级旋流器工艺流程如图 6-38 所示。

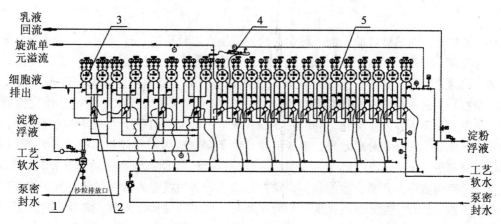

1—二级旋流除沙器；2—旋流淀粉乳液泵 1×18 台；3—三级淀粉乳回收系统旋流器；
4—密度控制仪；5—提纯系统（精制）旋流器 1×15 台

图 6-38　18 级旋流器工艺流程

6.7.4　旋流器结构组成及工作原理

6.7.4.1　夹板式水力旋流器结构组成

马铃薯淀粉加工行业，国内外目前使用两种不同结构的旋流器，但工作原理相同。如图 6-39 所示的夹板式旋流器，由两部分组成：第一部分由筒体、进料室（筒体中心区）、顶流室（清液出料室）、底流室（浓液出料室）、进料压力表、顶流压力表、底流压力表、安全阀门、压紧门盖、铰链总成、锁紧压盖螺栓及手柄螺母、进料口边连接法兰、底流出口法兰（浓液）、顶流出口法兰（清液）等组件组成。第二部分由顶流大隔板、底流小隔板、穿心拉紧螺杆、旋流管、盲管、"O"形圈、顶流密封胶圈、底流密封胶圈等组件组成。形成一个独立的夹板式旋流盘，中间部分为分料室，配装 15mm 旋流管。另外一种夹板式旋流盘，装配 10mm 旋流管。把第一部分和第二部分组合安装后形成 3 个隔离室，分别为进料室、底流溶液出料室、顶流清液出料室。

夹板式水力旋流器有如下特点：国内大部分马铃薯淀粉生产企业都采用夹板式水力旋流器洗涤、浓缩、分离淀粉乳液中的蛋白、细纤维、可溶性物质。这种夹板式水力旋流器

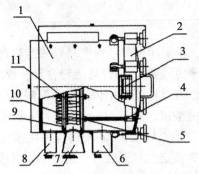

1—旋流器壳体；2—压门盖；3—铰链总成；4— 拉紧调整螺栓；5—大隔板；
6—顶流口；7—进料口；8—底流口；9—密封圈；10—小隔板；11—旋流管

图 6-39　夹板式旋流器主要结构

也有不足之处，在马铃薯淀粉加工行业，从开机生产之日算起，连续生产 7~8d 后，旋流洗涤的提纯系统最后 8~12 级旋流器，由于旋流管、盲管、穿心螺杆会降低淀粉乳液进入分料室的流速阻力，会产生大量不规则果胶堆积，对部分旋流管进口造成不同程度的阻塞，淀粉乳液进入分料室果胶堆积区域，会造成旋流管压力和流量不均衡，使旋流管浓缩、洗涤、分离因数发生变化。同时使淀粉乳液进入旋流管内壁压力和旋转速度降低，影响旋流管浓缩、洗涤和分离效果，造成淀粉纯度下降。所以必须停机后打开旋流器门盖，拿出旋流盘进行全面清洗、消毒、安装。使清洗后旋流器投入生产，旋流器分料室压力、流量、分离因数恢复正常，也能达到自动控制设定的各项技术参数。但是夹板式旋流器与盘式旋流器相比较，盘式旋流器的使用效率要高，从市场性价比来看，夹板式旋流器对投资者来讲相对价格要低。

6.7.4.2　盘式水力旋流器结构组成

盘式水力旋流器有两种形式，由四部分组成：第一部分是一个完整的旋流盘，盘内有进料口和出料口，沿进料口设计有多个"U"形流道，旋流管进料口紧贴在"U"形流道壁安装，并且带有出料口密封胶垫、进料口密封胶垫、清液室"O"形密封胶垫（顶流）、浓缩乳液室"O"形密封胶垫、拉紧螺杆、浓缩液压力表等。第二部分由清液室（顶流）形成一个整体前压盖，清液室安装有涡流管、压盖螺母、清液压力表座等。第三部分由浓缩室（底流）形成一个整体后压盖，压盖的浓缩液室安装有进料接头法兰、清液（顶流）出口接头法兰、浓缩液（底流）出口法兰、浓缩液压力表座等。第四部分由连接管道、取样阀门、控制阀门、压力表等组成。这种盘式旋流器是把涡流管和旋流管分开及合闭，便于安装和清洗，简称盘式水力旋流器。

6.7.4.3　旋流器乳液离心泵结构及原理

1. 旋流器淀粉乳液离心泵的选择

旋流器淀粉乳液离心泵为卧式离心泵，淀粉乳液泵结构如图 6-40 所示。淀粉乳液泵要求必须是耐酸、耐碱、不腐蚀的材质。对于叶轮、主轴、叶轮螺母、垫片、机械密封腔体、壳体必须是不锈钢材质制造。旋流洗涤单元的回收系统：旋流器选择泵的出口压力一般为 0.65~0.70MPa。洗涤、提纯（精制）系统：旋流器选择泵的出口压力为 0.55~0.60MPa 较好。泵的流量选择，按工艺设计时计算数乘以泵的有效工作效率，即为实际流量。泵的密封一般选用双机械密封较好,机械密封腔的冷却水压力要大于泵的出口压力,以防淀粉乳液从机械密封轴套内的缝隙进入密封腔体受热糊化,造成机械密封环的损坏。对于机械冷却水的连接,可以采用三台或四台泵串联安装,为了节约用水,可在最后密封出水口制作限制流量的 3~5mm 的孔板,以减少流量和增加密封腔内压力。

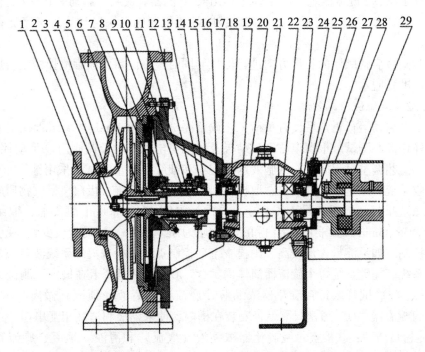

1—泵体;2—锁紧螺栓;3—叶轮螺母;4—壳体密封环;5—闭式叶轮;6—键;
7—泵盖;8—双端面机械密封;9—"O"形密封胶圈;10—密封腔体;11—轴套;
12—密封水入口接头组件;13—机械密封压盖;14—机械密封压盖螺栓;15—中间体;
16—螺钉;17—前轴承盖;18—深沟球形轴承;19—主轴;20—轴承箱体;21—加油排气螺塞;
22—孔用挡板;23—向心推力球形轴承;24—后盖连接螺栓;25—止推垫和主轴锁紧螺母;
26—联轴器固定螺栓;27—后轴承压盖;28—联轴器罩盖;29—联轴器

图 6-40 淀粉乳液泵结构图

2. 淀粉乳液离心泵原理

当电动机驱动泵轴和叶轮高速旋转时,淀粉乳液被吸入泵的叶轮作圆周运动,在离心力作用下,淀粉乳液从叶轮中心向外周抛出,从而叶轮获得压力能和速度能。当淀粉乳液被吸入叶轮蜗壳中心到乳液出口时,部分速度能转化为压力能。当乳液经叶轮抛出时,叶轮中心会产生低压,与吸入乳液面的压力形成压力差,泵的叶轮连续运转,乳液连续被吸入叶轮,淀粉乳液按一定的压力被连续抛出,以达到输送乳液的目的。

6.7.5 旋流洗涤操作流程及测试

6.7.5.1 旋流洗涤操作流程

在机械密封水泵启动后的前提下,启动细胞液水输送泵→启动 P-W15 旋流器乳液泵→启动 P-W14 旋流器乳液泵→启动 P-W13 旋流器乳液泵→启动 P-W12 旋流器乳液泵→启动 P-W11 旋流器乳液泵→启动 P-W10 旋流器乳液泵→启动 P-W9 旋沫器乳液泵→启动 P-W8 旋流器乳液泵→启动 P-W7 旋流器乳液泵→启动 P-W6 旋流器乳液泵→启动 P-W5 旋流器乳液泵→启动 P-W4 旋流器乳液泵→启动 P-W3 旋流器乳液泵→启动 P-W2 旋流器乳液泵→启动 P-Wl×2 旋流器乳液泵→启动 P-Rl×2 旋流器乳液泵→启动 P R2×2 旋流器乳液泵→启动 P-C×2 旋流器乳液泵→打开第二级除沙机控制阀门→启动旋流工序淀粉乳中间输入泵。

停机时则按启动顺序的相反方向进行停机。同时检查淀粉乳液罐搅拌器是否启动，通知脱水工序准备脱水。

6.7.5.2　旋流洗涤工艺测试

旋流洗涤启动运行正常后，带负荷工艺调整测试：采用 10mL 玻璃试管在主要指标控制点，取样作离心测试。根据离心测试结果及时调整电磁气动控制阀门（手动控制阀门）设定参数。工艺调整过程测试，细胞液水中淀粉和细纤维含量测试；采用锥形 10mL 玻璃试管在回收系统的细胞液总排出口，取样作离心测试，细纤维、蛋白、果胶物质越多，说明旋流洗涤效果好，淀粉含量不得大于 0.03%（IMMHOFF1000mL 锥形瓶，取细胞液水 1000mL，静置 35min，细纤维、蛋白和胶体物质为 12~15mm，淀粉量极少），说明工艺得到了有效控制。如果淀粉含量较高，则检查下列控制点：①检查提纯系统波美流量计；②检查回收系统、提纯系统每个旋流器筒体内"O"形密封圈是否卡在槽内，测试方法：采用锥形 10mL 玻璃试管取每台旋流器浓缩液（底流）和清液（顶流）做离心试验比较，确认具体的旋流器"O"形密封圈是否安装在槽内，使浓缩液和清液相互串通，造成清液（顶流）淀粉量增高；③检查每级旋流器浓缩液（底流）和清液（顶流）旋流管是否被堵塞，测试和判定方法与②相同；④检查洗涤提纯系统波美流量计工作是否良好，设定值和实际值之间的差至少 20t/h 马铃薯喂料量下进行测试；⑤检查旋流洗涤工序，第一级旋流器浓缩液（底流）淀粉乳浓度 19~20°Bé 为最佳工艺。⑥检查提纯系统的波美流量计，是否处于工艺要求的参数，通过工艺软水气动电磁控制阀门、提纯系统的第 2 级旋流器清液（顶流）两个手动蝶阀进行调整。⑦每 0.5h 在提纯系统第 2 级旋流器浓缩液（底流）取样口取淀粉乳液进行离心测试，肉眼观察悬浮物很少，且淀粉占体积不小于 72% 属于有效参数。⑧每 0.5h 在提纯系统第 15 级旋流器浓缩液（底流）取样口取淀粉乳液进行离心测试，肉眼观察无任何悬浮物，水纯净透明度很好，且淀粉所占体积不小于 75%，且流量和压力正常，应为最佳控制。

6.8　马铃薯淀粉乳液脱水工艺及设备

6.8.1　马铃薯淀粉乳液脱水基础知识

了解淀粉化学性质及结构，以提高工艺技术、现场实际操作能力，便于薯类淀粉乳机械化脱水能获得均匀、平稳有效的控制，给下一步湿淀粉干燥创造有利条件。

淀粉颗粒的大小一般在 2~100μm 范围之内，成熟的马铃薯淀粉颗粒为 15~100μm，芭蕉芋淀粉颗粒为 30~70μm，木薯淀粉颗粒为 5~40μm，甘薯淀粉颗粒为 5~25μm，玉米淀粉及小麦淀粉颗粒为 2~30μm，最小的是大米淀粉颗粒 3~8μm。

无水淀粉的比重取决于淀粉的来源。许多研究者的数据表明，马铃薯淀粉容积重 1633~1648kg/m³，玉米淀粉 1591~1632kg/m³。计算马铃薯淀粉的比重取平均值 1650 kg/m³。也就是说，1m³ 含水分 20% 的马铃薯淀粉重量在冷却状态下为 1650kg（容积比重）。马铃薯淀粉粒子的热膨胀系数，在水温 15~17℃ 时进行测量，平均值为 0.0003169，在水温 23~25℃ 时测量为 0.0003975。无水马铃薯淀粉的比热为 1059~1214J/（kg·K）〔0.26~0.30kcal/（kg·K）〕。

完整的淀粉颗粒在常温下不溶解于水、醇、醚、二硫化碳、氯仿（三氯甲烷）及苯。淀粉部分地或完全溶于某些钙盐、锌盐、镁盐及其他金属盐的碱性溶液。淀粉与水接触时发生急剧膨胀，在对于每种淀粉特定的温度下，开始发生膨胀，之后淀粉粒破裂，并形成黏稠的胶体溶液——糊精，此过程称为糊化。而马铃薯淀粉加热到 63~68℃ 时糊化结束，玉米淀粉则要加热至 77℃ 时才糊化结束。

目前，国内外马铃薯淀粉生产企业都采用负压真空转鼓吸滤机进行淀粉乳液脱水（俗称真空脱水机）。采用该设备脱水后湿淀粉含水量最好时能达到 39%，其中，3% 为游离水分，而 35% 为结合水分，湿淀粉含水量最差时 41%，其中，6% 为游离水分，35% 为结合水分。用干燥方法至少需要排除游离水和结合水分 21%，还有 18%~20% 的水分需要保留在淀粉颗粒中，以保证下游产品；食品行业加工不同的产品，需要淀粉不同的活性水分。其中有 2% 的保留水分差，须依靠调整湿淀粉含水量、湿淀粉脱水量来调解。例如，操作工能控制的也只能是调整真空转鼓脱水机转鼓转速、调整纯净淀粉乳液浓度（°Bé）、滤网清洗效果等手段。其次，通过自动控制蒸汽压力、流量和进汽温度、中间温度、尾气温度，使干燥后的商品淀粉尽可能保持水分稳定。为了获得优质商品淀粉，脱水后湿淀粉需要立即送去干燥，并且需要达到 GB/T8884—2007 国家规定标准水分，才能保持马铃薯淀粉原有的特性，且易储存。因为湿淀粉长时间储存，会发生物理化学变化而降低质量，特别是湿度高于 12% 时，湿淀粉储存 6h 就开始酸化，随着储存时间的延长就会很快变坏，尤其是淀粉黏度和透明度下降最为明显。所以，湿淀粉只有在冷冻条件下才能长时间保存。

淀粉乳液脱水，是淀粉湿加工区和淀粉干燥区转换接交点，是淀粉乳液向外暴露遇空气接触的设备，与生产酵母脱水设备环境相同，但需要洁净区设施预防空气中的粉尘和细菌污染。同时，也符合我国食品安全的 QS 控制要求。而马铃薯淀粉生产是从马铃薯磨碎、淀粉与纤维分离到旋流洗涤，均需要物料与空气隔绝，且需要与真空脱水机辅助设备相互连接，相互利用。唯一真空转鼓脱水机转鼓表面湿淀粉暴露在外，所以设计时把带搅拌的淀粉乳液罐、带搅拌的淀粉乳液回收罐、软水罐、机械密封水罐、配套的各种泵布置在 ±0 平面。考虑到搅拌机的高度，把真空转鼓脱水机、真空泵、滤液罐、滤液泵等布置在 ±0 以上 4.8m 平面。这样既方便物料垂直自流，封闭式湿淀粉皮带输送机输送到干燥设备，也方便了真空转鼓脱水机与其他车间隔离。目前，我国设计建成的马铃薯原淀粉生产线，自动化控制较先进，而且淀粉乳液脱水掌控着湿淀粉干燥蒸汽加热的流量，湿淀粉脱水量，干燥过程的进口温度、中间温度、尾气温度，湿淀粉水分含量等重要的经济技术指标。为了更好地控制这些指标，须熟悉掌握真空脱水机械性能和原理，熟悉脱水工艺技术。

6.8.2　马铃薯淀粉乳液脱水工艺

马铃薯淀粉乳液脱水工艺，来自 18~19 级旋流单元最后一级旋流器浓缩后的纯净淀粉乳液浓度为 24~26°Bé，经自动控制阀门调整进入 10m³ 带搅拌的纯净淀粉乳液罐进行搅拌待脱水。纯净淀粉乳液经该罐底部淀粉乳液离心泵输送到真空转鼓脱水机液位槽，待电动式或者气动往复拉杆搅拌机进行搅拌，以防止淀粉沉淀。在淀粉乳液输送途中经自动控制阀门或手动阀门、流量计控制加入一定量的软水（加入量要根据淀粉乳液浓度来确定），稀释淀粉乳液控制在 15~16°Bé（根据滤网清洗后的时间及目数确定）。待真空转鼓脱水机液位槽液位上升到工艺要求核定液位时，启动真空泵和真空转鼓脱水机进行淀粉乳液脱水。真空转鼓脱水机液位槽多余的淀粉乳液，经溢流口自流到带搅拌的纯净淀粉乳液罐搅拌待脱水。被吸附在转鼓滤网表面的湿淀粉滤饼含水分为 38%~41%。在转鼓转动经过脱水区的末端时，经真空转鼓脱水机刮刀刮下，形成很松软的雪花形状湿淀粉，自流到封闭式平板皮带输送机进料口，经封闭式皮带输送机输送到干燥机方形管，再垂直自流到干燥车间喂料输送机的储存斗进行湿淀粉干燥。要求热交换器后箱体进口温度控制在 130℃~140℃。干燥后的出口温度控制在 41~42℃为宜（根据当地海拔和当日空气湿度、温度变化情况确定），商品淀粉水分要求在 18%~19%。被真空泵从（例：16m²）真空转鼓脱水机吸出的清液（水）进入到滤液罐，再经滤液罐的离心泵输送到一个带搅拌的淀粉乳液回收罐搅拌（采用全真空转鼓脱水机，也可直接由一台多级自吸旋涡泵输送到淀粉乳液回收罐），再经淀粉乳液回收罐下部淀粉乳液离心泵输送到锉磨机地下沟槽稀释马铃薯浆料。

脱水工序主要设备配置：（以 30t/h 马铃薯原料的淀粉生产线为例，马铃薯淀粉含量以 15.5%~16% 计算）

①1.5m³ 公用机械密封软水罐 1 个；

②15m³ 公用软化水罐 1 个；

③5m³ 带搅拌的淀粉乳液回收罐 1 个；

④10m³ 带搅拌的纯净淀粉乳液罐 1 个；

⑤封闭式平板皮带输送机 1 台。

淀粉乳液脱水工艺如图 6-41 所示。

6.8.3　马铃薯淀粉乳脱水设备结构及原理

随着经济发展和人民生活水平逐步提高，中国马铃薯淀粉加工业，从机械化生产向机械自动控制迈进，发展较快。到目前为止淀粉乳液脱水使用三种不同结构的真空转鼓脱水机。例如，波兰制造的 SOE1/7m² 吸管式真空转鼓脱水机、荷兰豪威公司制造的 FH2000/260/16m² 型吸管式真空转鼓脱水机、北京制造的 RVF/16m² 全真空转鼓脱水机、瑞典制造的 GL/5000TF 型/16m² 顶部敷料吸管式真空转鼓脱水机和郑州制造的 XDL/20m² 扩吸管式真空转鼓脱水机。经国内外薯类淀粉加工业使用证明，真空转鼓脱水机是薯类淀粉乳液脱水和酵母加工企业的理想脱水设备。

6.8.3.1　吸管式真空转鼓脱水机结构及原理

1. 吸管式真空转鼓脱水机结构组成

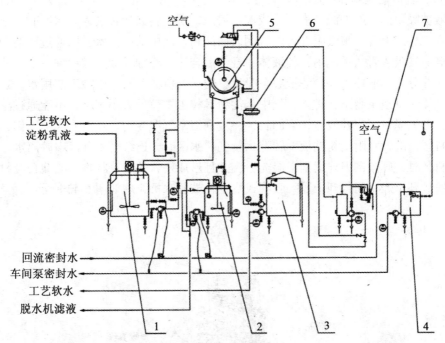

1—纯净淀粉乳液罐；2—淀粉乳液回收罐；3—工艺软水罐；4—机械密封水罐；
5—真空转鼓脱水机；6—封闭式湿淀粉皮带输送机；7—水环式真空泵

图6-41 淀粉乳液脱水工艺

吸管式真空转鼓脱水机由可调整水平的不锈钢机架、电动机及减速机、轴承座及轴承、"O"形密封圈、弧形液位槽、往复式拉杆搅拌机、转鼓机组（含空心主轴）、转鼓内真空吸管系统、进退刀机构、自动清洗装置、过滤网及支撑网、液位槽、物料分配管等组件组成。

2. 吸管式真空转鼓脱水机特点

吸管式真空转鼓脱水机转鼓内壁与空心主轴外壁均匀布置很多吸真空管，吸真空管把转鼓内壁与空心主轴外壁连接成为一体，形成完整的吸真空系统，使气体、液体混合在同一个管道中，被水环式真空泵吸出，再经滤液罐（气液分离器）将气体、液体分离。转鼓安装在不锈钢机架上，并由与主轴连接的轴承承担荷载。主轴一端与减速机连接，驱动真空转鼓转动，轴的另一端为空心结构，起着吸真空的作用。转鼓外表安装不锈钢支撑网，在支撑网的外表面包一层 $53\sim63\mu m$ 的（相当于 $250\sim270$ 目）不锈钢编织过滤网（根据产区马铃薯淀粉粒径确定），转鼓外表面有效脱水区 70%，刮刀刀刃朝上安装。这种吸管式真空转鼓脱水机设计制造工艺复杂，消耗不锈钢材料也较多，但脱水效果好，目前国内生产厂家较多，操作控制简单，使用稳定。

3. 吸管式真空转鼓脱水机工作原理

吸管式真空转鼓脱水机分为物料区、脱水区、卸料区 3 个阶段，连续性实现固液分离。在真空泵的吸力作用下，使空心轴和连接管道系统内产生真空，滤网外表则产生负压，转鼓顺时针运转到没有物料阻力时，吸管系统内产生的真空较低。转鼓运转到物料区

（液位槽），乳液能淹到转鼓滤网表面时，开始吸附淀粉乳液，在负压吸力下，物料区的淀粉乳液被吸附到转鼓外滤网表面形成湿淀粉滤饼层。转鼓运转进入脱水区时，连接管道系统内真空持续上升，被吸附在转鼓滤网表面淀粉乳液中的游离水，则通过淀粉颗粒相互之间的缝隙被吸入管道系统内，使液体、气体混合经空心轴被吸入滤液罐，再经滤液罐将气体、液体分离。液体被一台滤液心泵吸出，输送到所需的工序做工艺用水。经滤液罐分离的气体经真空泵吸出，排入大气中。淀粉颗粒由于粒径大小不等，不能通过滤网而相互摞起，形成滤饼。当转鼓运转到卸料区，被刮刀刮下湿淀粉。真空泵连续工作，转鼓运转到物料区，继续吸附淀粉乳液，转鼓运转到脱水区时，连续吸入乳液中游离水，转鼓运转到卸料区时，则被刮刀连续刮下湿淀粉，并且形成松软的雪花状物。湿淀粉经封闭式平板皮带输送到干燥车间得到干燥。吸管式真空转鼓脱水机原理如图 6-42 所示。

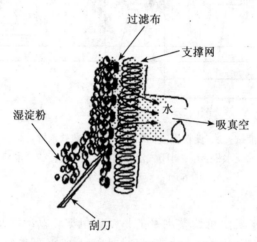

图 6-42　吸管式真空转鼓脱水机工作原理

6.8.3.2　全真空转鼓脱水机结构及原理

1. 全真空转鼓脱水机结构组成

全真空转鼓脱水由可调整水平的不锈钢机架、电动机及减速器、轴承座及轴承、O 形密封圈、弧形液位槽、往复式拉杆搅拌机、转鼓机组、进退刀机构、自动清洗装置、过滤网及支撑网、液位槽物料分配管等组件组成。

2. 全真空转鼓脱水机特点

全真空转鼓脱水机与吸管式真空转鼓脱水机相比，它的转鼓内没有主轴和真空吸水管系统装置。转鼓内只有加强筋和液体分流隔板，主动轴与两侧面壳体相连接。整个转鼓安装在不锈钢机架上，由与主轴连接的轴承承担转鼓的荷载。主轴一端与减速机连接，驱动真空转鼓旋转，轴的另一端为空心结构，起着吸真空的作用，并且在被动空心轴插入一根自吸液体管，一直延伸到转鼓内垂直底部约 3mm 深处，使气体和液体分别吸出。液体由一台多级卧式侧通道自吸旋涡泵吸出，气体则由水环式真空泵通过气水分离器吸出，排入大气中，实现固液分离。转鼓表面安装不锈钢支撑网，在支撑网外表面包一层 $53 \sim 63 \mu m$ 的（相当于 $250 \sim 270$ 目）不锈钢编织网（根据当地马铃薯淀粉粒径确定）。全真空转鼓脱水机，转鼓表面有效脱水区 70%，刮刀刀刃朝上安装。制造结构简单，加工工艺要求精度较高，消耗不锈钢材也较少。该设备是薯类淀粉乳液脱水和酵母加工企业的理想脱水设备，且易清洗。但是，目前国内没有制造能在真空状态下负压在-0.8～-1.02MPa 的气液混合多级自吸侧通道旋涡泵，只能依靠进口，并且价格昂贵。

3. 全真空转鼓脱水机工作原理

全真空转鼓脱水机也分为物料区、脱水区、卸料区 3 个阶段，连续性实现固液分离。在真空泵吸力作用下，使转鼓内所有的区域都产生真空，转鼓外滤网则产生负压，转鼓顺时针转动到没有物料阻力时，真空泵可将转鼓外大气通过滤网吸入到转鼓内再吸出，这个时间段转鼓内产生的真空负压较低。当物料区淀粉乳液上升到能淹到转鼓滤网表面时，开始吸附淀粉乳液。在真空负压吸力的作用下，物料区淀粉乳液被吸附到转鼓滤网表面，使滤网外表形成淀粉滤饼。当转鼓运转离开物料区，进入脱水区时，转鼓内真空负压持续上升，被吸附转鼓滤网表面淀粉乳液中游离水，则通过淀粉颗粒相互之间的缝隙吸入到转鼓内。游离水经分流隔板自流到转鼓底部，在真空状态下由一台多级卧式自吸侧通道旋涡泵将转鼓内的液体吸出，输送到所需要的单元作工艺用水。而真空泵则通过气水分离器吸出空气，排入大气中。淀粉颗粒由于粒径大小不等，不能通过滤网而相互揉起形成滤饼，在转鼓运转到卸料区时，被刮刀刮下湿淀粉。真空泵连续工作，转鼓再次运转到物料区连续吸附淀粉乳液，转鼓运转到脱水区连续吸入乳液中的游离水，转鼓运转到卸料区则被刮刀连续刮下湿淀粉，形成松软的雪花状湿淀粉，然后通过皮带输送机送到干燥车间进行干燥。全真空转鼓脱水机工作原理如图 6-43 所示。

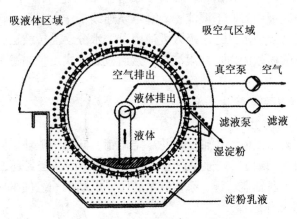

图 6-43 全真空转鼓脱水机工作原理

6.8.3.3 顶部敷料真空转鼓脱水机结构及原理

1. 顶部敷料真空转鼓脱水机结构组成

顶部敷料转鼓脱水机由可调整水平的不锈钢机架、电动机及减速机、轴承座及轴承、"O"形密封圈、弧形收集槽、转鼓、顶部敷料装置、侧面补料装置、进料箱和刮刀、反清洗装置、进退刀机构、滤网和支撑网、转鼓内自吸连接管等部件组成。

2. 顶部敷料转鼓脱水机特点

主轴是空心结构，转鼓内吸真空管均匀地分布在转鼓内壁与空心主轴内外壁连接，它们相互连接后，形成一个完整的吸真空系统。气体和液体混合在同一个吸真空管道中，被水环式真空泵吸出，再经滤液罐（气水分离器）将气体、液体进行分离。整个转鼓安装在机架上，由与主轴连接的轴承承载。主轴一端与减速机连接，驱动真空转鼓旋转，另一端为空心结构，起着吸真空的作用。转鼓下部的弧形液位槽，仅用于反冲洗时物料收集。敷料装置安装在转鼓顶部。转鼓外表面安装不锈钢支撑网，在支撑网的外表面包一层53~63μm的（相当于250~270目）不锈钢编织滤网（根据当地产区马铃薯淀粉粒径确定）。刮刀刀刃朝下安装。转鼓表面有效脱水区95%。顶部敷料转鼓脱水机设计制造工艺复杂，消耗不锈钢材料也多，加工工艺要求精度较高，脱水效率提高了25%，对用户来说操作简单。该设备是淀粉乳液脱水和酵母加工企业脱水更先进的理想脱水设备。

3. 顶部敷料真空转鼓脱水机工作原理

顶部敷料真空转鼓脱水机分敷料区、脱水区、卸料区3个阶段，连续实现固液分离。在真空泵吸力作用下，使空心轴和内部连接管道系统内产生真空，滤网外表则产生负压。当转鼓逆时针运转没有物料阻力时，连接管道系统内产生的真空负压较低。当转鼓运转到敷料区时，转鼓上部敷料装置将淀粉乳液喷淋到转鼓滤网表面，在真空负压吸力下，敷料区的淀粉乳液被吸附到转鼓滤网表面，形成淀粉饼层。连接管道系统内真空负压则持续上升，转鼓表面敷满湿淀粉滤饼层时，顶部敷料自动切换为侧面进料（补料）。当转鼓运转到脱水区时，淀粉乳液中的游离水则通过淀粉颗粒相互之间的缝隙被吸入到转鼓内连接管道系统内。液体和气体混合在一起，经空心轴被吸入滤液罐，再经滤液罐将气液分离。液体经一台滤液离心泵吸出，输送到所需要的单元作工艺用水。经滤液罐分离的气体经真空泵吸出，排入大气中。淀粉颗粒由于粒径大小不等，不能通过滤网而相互擦起形成滤饼，当转鼓运转进入卸料区被刮刀刮下湿淀粉。真空泵连续工作，转鼓运转到上部敷料区连续吸附淀粉乳，转鼓运转到脱水区连续吸入乳液中游离水分，当转鼓运转到卸料区则被刮刀连续刮下湿淀粉，形成松软的雪花状湿淀粉，然后被封闭式皮带输送机输送到干燥车间得到干燥。

6.8.3.4　水环式真空泵结构及原理

1. 水环式真空泵结构组成

水环式真空泵主要由壳体、主轴、叶轮、定位销、叶轮间隙环、同盘、阀片、阀片挡板、轴承、机械密封（填料）、汽蚀保护管、汽蚀保护垫圈、密封环、密封圈、丝堵、前压盖、后压盖、法兰、联轴器、键、泵体支承底座、电动机等组件组成。

2. 水环式真空泵工作原理

水环式真空泵也可用作压缩机用（也称为水环式低压压缩机），其压力范围为-0.1~-1.05MPa。水环式真空泵启动前，经阀门将纯净水注入泵体中作为工作液，当叶轮按结构图6-44所指的方向作顺时针旋转时，水被叶轮抛向四周，由于离心力的作用，水形成了一个决定于泵腔形状，近似于等厚度的封闭圆环。水环上部内表面与轮毂相切，水环下部内表面刚好与叶片顶端接触（叶片在水环内有一定的插入深度）。此时，叶轮轮毂与水环之间形成一个月牙形空间，而这一空间又被叶轮划分成与叶片数目相等的若干个小腔。如果以叶轮的上部0°为起点，那么叶轮在旋转前180°时小腔的容积由小变大，且与端盖上的吸气口相通，其空间内的气体压力降低，此时气体被吸入。当吸气终了时小腔则与吸气口隔绝。当叶轮在180°到360°的旋转过程中，水环内表面渐渐与轮毂靠近，小腔由大变小，其空间内气体压力升高，气体被压缩。压缩气体高于排气口压力，当小腔与排气口相通时，气体从排气口排出泵外。当叶轮每旋转一周，叶片间空间（小腔）吸、排气一次，若干小腔不停地工作，泵就连续不断地吸入或压送气体。

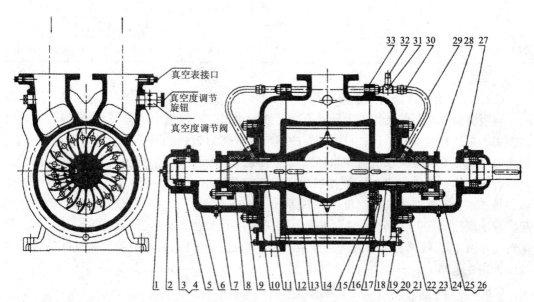

1—丝堵；2—轴承盖；3、4—螺母及止推垫；5—球轴承；6—填料壳体；7—填料压盖；8—填料函体；9—填料；10—泵体前盖；11—轴；12—小键；13—大键；14—叶轮；15—橡皮球；16—螺栓；17—盖板、螺柱；18—套轴；19、20、21—螺栓、螺母、堵塞；22、23—螺栓及螺母；24—分液进口；25、26—后压盖螺栓；27—加油嘴；28—填料压盖；29—三通短接管；30—活节；31—三通；32—调节旋钮；33—主壳体连接螺杆

图 6-44 水环式真空泵结构

（注：目前采用的水环式真空泵大部分为机械密封，填料式已很少见，并且进排气为两出、两进，填料式水环泵相对价格要低，但它的工作原理是相同的）

由于在工作过程中，做功产生热量，使工作水环发热，同时一部分工作液（水）和气体一起被排出泵腔体外。因此，在工作过程中，必须不断地给泵体内供水，以冷却和补充泵体内所消耗的水量，以满足泵的工作需要。水环式真空泵是依靠泵腔容积变化来实现吸气、压缩和排气，它也属于变容式真空泵。

3. 水环式真空泵选型及参数

目前常用的吸管式真空转鼓脱水机、顶部敷料转鼓脱水机、全真空转鼓脱水机对于马铃薯、红薯、芭蕉芋淀粉乳液脱水选择的过滤网目数规格有一定的差距，因为它们的淀粉颗粒粒径大小也不同，在选择过滤网时要作适当的调整。在选择配套真空泵技术参数适当提高抽气速率。水环式真空泵选型时，要根据真空转鼓脱水机的有效脱水面积计算。例如，30t/h 马铃薯原料淀粉生产线的淀粉乳液脱水选择 16m³ 吸管式真空转鼓脱水机，淀粉含量在 15.5% ~ 16%。淀粉乳液的浓度控制在 15 ~ 18°Bé。真空转鼓脱水机每平方米吸入极限压力为 -0.098 MPa 时，需要真空泵吸气量不得小于 0.65m³/min（39.0m³/h×16m³ = 624 m³/h），至少需要抽气速率 13.0m³/min。例如，德国西门子产 2BE1202-0 水环式真空泵的主要参数见表 6-16。

表 6-16　　　　　　　　　　德国西门子 2BE1202-0 水环式真空泵技术参数表

设备型号	极限真空压力 （MPa）	最大吸气量 （m³/min）	额定功率 （kW）	工作液流量 （L/min）	转速 （r/min）	设备重量 （kg）	安装尺寸 （mm）
2BE1202-0	-0.08~-0.098	12.7~13.0	18.5	1.8~4.0	980	188	1625×660×765

6.8.3.5　自吸滤液离心泵的选择

自吸滤液离心泵的选择：吸管式真空转鼓脱水机配有气水分离器（滤液罐），对自吸滤液离心泵选择要求并不高，只要是泵的进口自吸能力较强的离心泵，都可以用作配套。因为吸管式真空转鼓脱水机是经水环式真空泵将气、液经吸管系统吸入到了气水分离器，已进行了液体和气体分离，而气体被水环式真空泵吸出，液体被留在气水分离器的液体区，且气水分离器液体区真空负压并不高。常用 16 耐吸管式真空转鼓脱水机，例如，淀粉乳液浓度控制在 15~16°Bé 时，选择负压-0.6~-0.8MPa，有效流量为 20~22m³/h，功率约 3.0kW 的自吸离心泵可以满足滤液吸出、输送。出口压力可按照工艺设计输送距离及滤液用途选择。

6.8.3.6　卧式多级侧通道自吸旋涡泵结构及原理

1. 卧式多级侧通道自吸旋涡泵结构组成

带有吸入口的中间段配有侧通道排泄孔，气的排泄通道设计在侧通道的底部，由排泄口和气槽组成。该泵能够处理大量吸入口产生的气体，最大可处理气体占泵输送液体的 50%。自吸和去除大量气体的特点以保证该泵吸出和输送，即使在碰到蒸发的情况下也可以连续稳定地工作。为了避免产生空穴，泵的进口和液面距离是受限制的。例如，德国 STERLING 公司制造的 CEH 系列多级组合离心泵特殊结构，它的 NPSH-气蚀余量非常低，轴向入口、较大直径，使泵输送水流平缓，摩擦损失降低，且能降低气蚀余量，该泵适合输送接近沸点的液体。

2. 卧式多级侧通道自吸旋涡泵特点

全真空转鼓脱水机，须选择卧式多级侧通道旋涡泵作配套。因为全真空转鼓脱水机的转鼓内没有吸真空系统连接管道，只有液体分流隔板和加强筋。该设备在满负荷正常脱水时，气体被水环式真空泵吸出，而滤液滞留在真空状态下的转鼓底部，其真空负压为-0.5~-1.1MPa，能吸出气体和液体的自吸泵，要有很强的气体和液体自吸功能，且自吸真空极限要大于水环式真空泵的真空吸气极限。全真空转鼓脱水机内部结构在没有改变的情况下，一般选配德国 STERLING 公司制造的卧式多级侧通道自吸旋涡泵，它的自吸气液真空极限可达到-1.3MPa，其自吸气体和液体功能较强。本书以德国 STERLING 公司制造的 CEH 系列卧式多级侧通道自吸旋涡泵为例说明。其结构为：物料入口由轴向吸入，旋涡泵吸入腔和排出腔位置都在旋涡叶轮外缘两侧，并非轴向位置。为了实现轴向吸入，首级叶轮采用离心闭式叶轮，叶轮有平衡孔和后扣环，并且首级叶轮后面是径向式侧通道（导叶），导叶上有密封环来配合各级别叶轮平衡首级的轴向力。而导叶后则是中间吸入段，在中间吸入段上设计有吸入气槽，再完成旋涡叶轮吸入作用，结构如图 6-45 所示。该泵属单端轴承支承（俗称砍头泵）。轴伸端有支承，用润滑脂润滑，选用深沟球轴承，非轴伸端埋在泵里，它把导叶套变成水润滑的滑动轴承，作为辅助支承，而泵由脚支承。该泵具有自吸和气液混合吸出和输送功能。对于全真空转鼓脱水机配套滤液泵选择，并非所有的旋涡泵都具有自吸和气液混合吸出和输送功能，在旋涡泵中只有叶轮是开式的，流道是闭式的或泵中心开口的旋涡泵才能够吸送气体，以达到自吸气、液混合输送的功能。

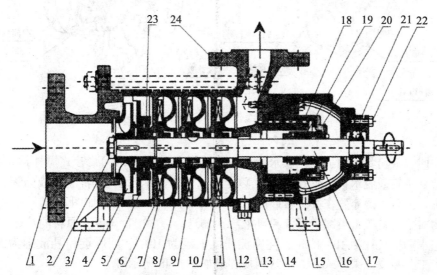

1—进口连接法兰；2—叶轮螺母及止推垫；3—前泵体及支承脚；4—闭式叶轮；5—中间支承段；
6—中间吸入段（导叶）；7—开式径向旋涡叶轮；8—中间排出段（导叶）；9—中间吸入段（导叶）；
10—中间吸入段（导叶）；11—开式径向旋涡叶轮；12—中间排出段（导叶）；13—堵塞；
14—排出段壳体；15—滚动轴承支架；16—机械密封函体；17—主轴；18—机械密封水通道；
19—机械密封；20—密封压盖；21—沟球形轴承；22—轴承压盖螺栓；23—滑动轴承；24—出口连接法兰

图 6-45　CEH 型卧式多级侧通道自吸旋涡泵结构

3. CEH 系列卧式多级侧通道自吸旋涡泵工作原理

当电动机驱动泵轴和叶轮高速转动时，在侧通道的前端产生一个负压（离心力效果），使气液一同被吸入。而排气通道产生正排量，从而使叶轮根部的气体通过气槽被压出。产生的负压通过侧通道反复重新进入液体螺旋运动。而泵入口形成真空，使气液体被吸入泵首级叶轮中心做圆周运动，在离心力作用下，液体从叶轮中向外抛出，获得速度能和压力能。当液体吸入叶轮中心的液体排出时，部分速度能转化为压力能。液体从叶轮中心向通道（导叶）的侧壁抛出时，首级叶轮旋涡中心则产生低压，而液体经中间排出段的排出通道被吸入下一级开式叶轮中心做圆周运动。当液体从叶轮中心向外以螺旋线抛出时，空气从叶轮中心经侧通道（导叶）气槽被吸入下级叶轮中心，而液体的一部分速度能转化为压力能，如图 6-46 所示，最后的排出段将气、液一同排出泵体外，以达到气液混合输送的目的。

6.8.3.7　淀粉乳液搅拌器结构及原理

1. 搅拌器形式

搅拌器形式有悬挂式、斜权式、移动式和平行式。叶片分为浆叶式、螺旋式、叶轮式等。薯类淀粉生产行业一般采用悬挂浆叶式搅拌器。薯类淀粉乳液脱水单元的纯净淀粉乳

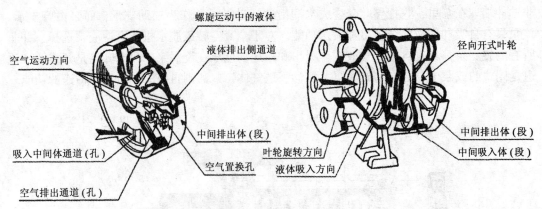

图 6-46　卧式多级侧通道自吸旋涡泵工作原理

液储罐，回收淀粉乳液罐、工艺软水罐一般需配置悬挂式不锈钢桨叶式搅拌器。设计时，一般是把真空转鼓脱水机布置在"±0"以上的 4.8m 平面，而纯净淀粉乳液储罐、回收淀粉乳液罐、工艺水罐布置在真空转鼓脱水机端下的"±0"平面，如图 6-47 所示的布置方法方便物料垂直自流，可减少湿淀粉乳液二次输送。以 30t/h 马铃薯原料的淀粉生产线为例，工艺水罐应设计为 $10 \sim 15\text{m}^3$，纯净淀粉乳液储罐为 10m^3，回收淀粉乳液罐为 5m^3，可满足生产工艺需要。桨叶式 316 不锈钢搅拌器如图 6-48 所示。

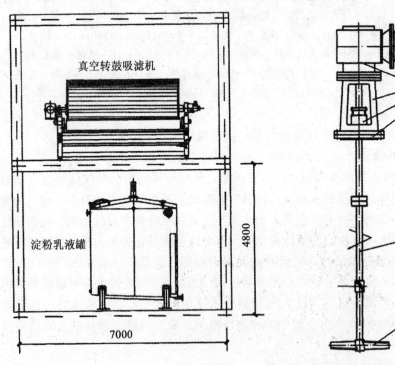

图 6-47　淀粉乳液罐与真空脱水机布置

1—减速机；2—减速支承架；3—填料箱；
4—连接法兰；5—搅拌轴；6—搅拌叶片
图 6-48　桨叶式 316 不锈钢搅拌器

2. 桨叶式搅拌机工作原理

当淀粉颗粒及悬浮液静置不动时，由于重力场作用使得淀粉颗粒逐渐下沉。颗粒越重，下沉越快，反之密度比液体小的粒子就会上浮。颗粒在重力场下移动速度与颗粒大小、形态和密度有关，并且与重力场的强度及液体的黏度也有关系。例如，薯类淀粉颗粒直径为 $8 \sim 100 \mu m$，在通常重力作用下观察到它们的沉降过程。此外，淀粉颗粒在沉降时还伴随有扩散现象。扩散是无条件的，扩散与物质的质量成反比，颗粒越小扩散越严重。而沉降相对是有条件的，要受到外力才能运动。沉降与颗粒重量成正比，颗粒越大沉降越快。对于薯类淀粉粒径能观察到沉降过程。因为颗粒越小沉降越慢，而扩散现象则越严重。所以，需要利用搅拌机的叶片旋转产生离心力，才能迫使这些颗粒扩散而不下沉。搅拌机的工作原理是：在电动机的驱动下，桨叶片通过搅拌轴做旋转运动产生离心力，而淀粉乳液从罐体底部中心提升至上部，以伞形散开，沉降到罐底，使淀粉乳液在罐内上下连续翻滚搅拌，迫使淀粉颗粒不再沉降而均匀。

3. 30t/h 马铃薯原料的淀粉生产线脱水搅拌机参数

纯净淀粉乳液浓度为 $18 \sim 26°B\acute{e}$，罐的全容积在 $12 \sim 15 m^3$ 时，回收淀粉乳液罐乳液浓度为 $18 \sim 26°B\acute{e}$，罐的全容积在 $5 \sim 6 m^3$ 时，桨叶式搅拌机选择参数见表6-17。

表 6-17 桨叶式搅拌机选择参数

淀粉乳液浓度	罐全容积	电机功率	减速箱型号	输出转速	叶端线速度
$18 \sim 26°B\acute{e}$	$12 \sim 15 m^3$	5.5kW-4P	SKFH44C22.4-D132SH-4G	$58 \sim 64 r/min$	4.02m/s
$18 \sim 26°B\acute{e}$	$5 \sim 6 m^3$	1.1 kW-4P	XLD1.1-3-25	$58 \sim 64 r/min$	2.98m/s

6.8.3.8 马铃薯湿淀粉输送设备选择

马铃薯淀粉生产行业，对脱水后的湿淀粉输送采用三种方法，第一种方法是采用螺旋输送机，从脱水机下料口由螺旋输送机输送到关风器，再经关风器出口与热交换器箱后卯度弯管进口相连接，湿淀粉自流进入干燥管与热空气混合，完成输送、干燥淀粉。第二种方法，从脱水机下料口由螺旋输送机输送到一个带有关风作用的螺旋输送机进口，由关风螺旋输送机（出料口向上）直接插入干燥管中心位置与热空气混合，完成输送、干燥淀粉。第三种方法，从脱水机下料口由螺旋输送机输送到一个垂直下料管，由下料管自流进入带搅拌的喂料螺旋输送机储存斗。再经喂料螺旋输送机（喂料绞龙）、抛料器（扬升机）完成湿淀粉输送到90°干燥弯管内与热空气混合，完成输送、干燥淀粉。上述脱水后的湿淀粉输送设备选择，严格地讲，不是最佳选择。对负压气流干燥机干燥后马铃薯淀粉来讲，会产生预糊化淀粉，水分含量不均匀，也不稳定，给干燥淀粉筛理带来很多麻烦，最为明显的是筛上颗粒物增多（预糊化片状物和颗粒物）。其原因是，经真空转鼓脱水机刮刀刮下的湿淀粉很松散，如果输送距离长，在相等螺距的螺旋输送机输送湿淀粉会被叶片挤压成块状，失去了原有的松散性，被挤压的块状湿淀粉进入干燥管脉冲区会降低上行速度，使其块状淀粉表面易糊化，对于结块淀粉内部的游离水分和结合水分向外扩散受阻，使其干燥淀粉水分不均匀，同时也不宜在30℃以上的温度下长时间储存。

真空转鼓脱水机脱水后马铃薯湿淀粉水分含量一般在 38% ~ 41%，湿淀粉水分含量较高，为了使被干燥后商品淀粉水分稳定，减少筛上物预糊化颗粒淀粉和片状淀粉，使干燥后的淀粉水分均匀，选择带清理块装置的封闭式平板皮带输送机输送湿淀粉较好，可以避免淀粉结块，给干燥管脉冲区创造稳定的速度，达到干燥淀粉均匀。500 型封闭式皮带输送机如图 6-49 所示，主要技术参数见表 6-18。

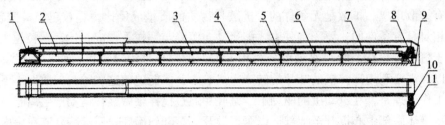

1—尾部组件；2—进料槽；3—下托辊；4—密封罩；5—机架；6—支承架；
7—上托辊；8—头部组件；9—出料口；10—联轴器；11—电机及减速机

图 6-49　500 型封闭式平板皮带输送机

表 6-18　　　　　　　　　**500 型封闭式平板皮带输送机主要技术参数**

设备型号	带宽	总长	功率	输送量	材质
500 型	500mm	14550mm	3kW	10t/h	SUS304

6.8.4　马铃薯锉磨至淀粉乳脱水物料平衡与脱水操作

马铃薯原淀粉生产过程，从马铃薯锉磨成浆料到淀粉乳液脱水都采用软化水洗涤分离淀粉，在这个工艺过程中每道工序的用水量和干物质比例都是不同的，在前工段的锉磨、淀粉与纤维分离尽可能地利用后工段的旋流洗涤、淀粉乳液脱水使用过的废水用于稀释被锉磨后的马铃薯原浆料、洗涤分离淀粉与纤维，这样设计可以减少用水量，同时减少细胞液废水排放量，相应地能降低车间生产成本。在马铃薯浆料中提取淀粉后，物料平衡主要是干物质与水的比例，水与干物质调整合理，才能达到所需要的淀粉乳液浓度（°Bé），且适应不同型号、不同规格的旋流器以达到最佳的洗涤效果。马铃薯淀粉生产物料平衡实际上是一门科学和生产工艺相结合的结果，也是指导工艺设计人员对设备选型、生产能力选择、生产过程控制和管理的主要依据。

淀粉乳液脱水开机顺序：缓慢打开蒸汽总阀门→缓慢打开分汽缸进汽阀门→打开分汽缸出口阀门→排放分汽罐冷凝水，并及时关闭→打开稳压阀门→启动冷凝水输送泵→调整气动电磁阀，待热交换器进口温度上升到 130℃～135℃时进行正常脱水（停机关闭为相反方向）。

启动纯净乳液罐搅拌器→启动回收乳液罐搅拌器→启动真空脱水机转鼓→缓慢调整转速→启动往复式搅拌器→启动皮带输送机→启动乳液泵→启动回收乳液泵→开启工艺软水阀门→观察流量计→调整乳液浓度（15～16°Bé）→关闭脱水机液位槽排料阀门→启动真空泵→启动滤液泵，调整液位溢流挡板，观察真空脱水机负压表，待淀粉乳液吸附在转鼓滤布为 3～4mm 厚时→打开刮刀装置气动阀门，合闭刮刀进入正常脱水（停机相反方向）。

6.9 马铃薯湿淀粉干燥工艺及设备

6.9.1 马铃薯湿淀粉干燥理论基础知识

纯净的马铃薯淀粉乳液经过机械脱水之后，俗称湿淀粉，湿淀粉水分含量一般在38%～41%。这些水分均匀地分布在淀粉颗粒的各个部位，但是，这种淀粉不能长期保存，显然不能作为商品出售，因此，只有采用干燥的方法去除这些水分，使之成为合格的商品淀粉。

湿淀粉干燥是由传热和传质两个过程组成。为了蒸发湿淀粉中所含的水分，必须供给淀粉颗粒内部水分蒸发所需要的热量。在干燥淀粉时通常采用把过滤后的空气通过铝翅片换热器加热至130～140℃作为热载体。湿淀粉通过螺旋输送喂料器、抛料器（俗称扬升器）将松散的湿淀粉抛进干燥机管内，与高速运动的热空气互相接触，在引风机的吸力作用下，而被加速上升。由于热空气与淀粉颗粒物料之间存在着热推动力，干燥介质（热空气）将热能传递给湿淀粉颗粒的表面，再由颗粒表面传递到淀粉颗粒内部，这是一个热量传递的过程。与此同时，湿淀粉颗粒吸收热量，用来汽化其中所含的水分，使湿淀粉颗粒中水分扩散到表面，再由颗粒表面通过气膜扩散到热空气中去，并且不断地被气流带走，使淀粉物料含湿量不断下降，而热空气中水分含量不断地增加，这就是一个传质过程。

湿淀粉在干燥时，可分为3个阶段进行：一是热交换阶段，热空气和被干燥物料，湿淀粉之间进行热交换，淀粉颗粒内部的水分被加热向外扩散，而热空气则被冷却。二是汽化阶段，湿淀粉颗粒吸收了热空气中的热量，淀粉颗粒中的结合水分扩散到表面而汽化，而淀粉颗粒的水分随之降低，温度仍保持开始状态，空气中的水分含量相应地增加。三是扩散阶段，由于水分从淀粉颗粒表面汽化，而产生淀粉颗粒内部及表面温度的差异，故水分由淀粉颗粒中心向表面扩散而产生汽化。

汽化阶段是湿淀粉在干燥过程前期，即淀粉物料运动的加速段，此时淀粉颗粒与气流的相对速度最大，是整个干燥过程中传热、传质最为有效的干燥时间段，时间只有0.4s左右，可以达到整个干燥过程中所传热量的1/2～3/4。距湿淀粉物料进入点开始算起2～3m段，淀粉颗粒加速已经达到气流速度80%左右。随着湿淀粉与热空气混合物加速段的过去，气体的体积因温度下降而减小，因此气体在干燥管内的速度在降低，与淀粉颗粒运动的相对速度也在降低，传热、传质也在逐渐变弱。再往后逐渐进入到淀粉颗粒运动的等速段：即淀粉颗粒运动速度与气流运动速度逐渐接近或相等。等到进入淀粉颗粒运动等速段时，此时传热、传质都很微弱，不应该再加以利用。这就是干燥机不设计等速段的理由。

在干燥后期，随着空气中水分含量增加，以及温度下降和体积减小等因素，设计此段必须要注意的是此时以及以后的出口气体的温度不应低于露点，否则由于水分的析出，被干燥的淀粉物料因受潮而达不到干燥的目的。但是温度也不能太高，物料如果超过马铃薯淀粉糊化起始温度56℃以上时，淀粉就有可能糊化而产生废品，而且还有可能损害淀粉颗粒外形而失去光泽和降低黏度。所以在设计与操作时，还要注意三个事项：一是上述所说的温度，一般进口热空气温度控制在 130~140℃，出口气体温度控制在 50~55℃ 为宜（指旋风分离的出口温度，而引风机出口温度在 41~42℃）。二是整个干燥时间，一般控制在 1.0~2.1m/s，因淀粉属热敏性物料，干燥时间太长也可能影响质量（物料的热变性一般是温度和时间的函数）。三是要认真计算选择风速，一般为 14~24m/s，常选用 17~22 m/s。脉冲管 10~12m/s。风速太低，小块状的湿淀粉不能随风带走，易使块状物料表面受热糊化而损坏。但过高系统阻力增加太大，并且产品水分也不易控制。对于节能性马铃薯淀粉一级负压气流干燥机具体设计为：物料入口区 0~7m 段，一般为 17.5~18.5m/s，取 18.0m/s，所用时间为 0.4s。脉冲区（扩大管）7~13m 段，一般为 10~12 m/s，取 12m/s，所用时间为 0.5s。上部干燥直管 13.0~22m 段，管径未变但是因温度降低气体容积减小，速度降为 14.5~15 m/s，取 14.8m/s，所用干燥时间为 0.6s，顶部大弯管至小弯管区 22~33m 段，一般为 20~22 m/s，取 22m/s，所用时间为 0.5s。整个干燥过程所用时间保持 2.0 s 比较适宜。

6.9.2　淀粉干燥均匀筛理包装工艺

6.9.2.1　湿淀粉干燥工艺

脱水后湿淀粉水分含量在 38%~41%。经封闭式皮带输送机输送到方形管，自流到干燥工序的喂料斗，待搅拌器搅拌，湿淀粉经喂料螺旋输送机、抛料器（扬升器）输送到干燥管内与热空气混合，入口温度控制在 130℃~135℃，称进口温度。在引风机的吸入作用下，被热交换器加热的混合物在脉冲管内形成不规则的涡流向旋风分离器（沙克龙）运动，在运动过程中，淀粉颗粒表面受外部的热，淀粉颗粒中心的结合水分向外扩散而汽化。此时，热空气的温度下降，空气中水分含量增加，淀粉得到干燥。淀粉经旋风分离器与蜗壳器分离水蒸气。分离后的淀粉沿旋风分离器的大截面螺旋线旋转到小截面，并自流进入密封形螺旋输送机，由它再输送给关风的螺旋输送机或关风器，从关风螺旋输送机输出的干燥淀粉，则通过方形管自流进入一个有储存功能的均匀仓。被干燥商品淀粉水分控制在 18.5%~19.5%。水蒸气经蜗壳器被引风机吸入再排入大气，此时间段进入引风机热空气入口温度在 41~42℃，称出口温度（根据地区海拔确定）。

6.9.2.2　干燥淀粉均匀工艺

生产期间的每次开机停机和马铃薯在储存期腐烂时，商品淀粉的白度、水分含量与正常生产时有一定的差异。设计均匀仓的目的，是采用回流的方式调整商品淀粉的水分、白度和其他控制指标，使淀粉各项指标达到规定范围后再进行筛理。均匀后淀粉由一台可调整输送量的杠杆螺旋输送机输送到斗式提升机的进口，再经斗式提升机提到干燥二楼的筛上螺旋输送机（斗式提升机的出料口与筛上螺旋输送机是相互连接的，可自流进入筛上螺旋输送机），然后再经筛上螺旋输送机滑动闸板阀调整后，分配给 2~3 台高方平筛或滚筒淀粉分离筛进行预糊化淀粉筛理。如果均匀后的淀粉白度、水分等指标还是达不到要求，可通过回料螺旋输送机输送进入均匀仓再次均匀。待各项指标达到标准后再进行筛理。

6.9.2.3　淀粉筛理工艺

淀粉在干燥过程中，经常会出现脉冲区（扩大管）、大弯管、旋风分离器（沙克龙）黏贴淀粉被糊化，随着生产和空气中的温度变化会自动脱落，这些预糊化淀粉属片状物，因此，必须通过筛理来分离这些预糊化淀粉。经高方平筛分离的商品淀粉细度为 100 目

（相当于150μm）筛通过率达99.90%，合格商品淀粉经筛下物螺旋输送机输送到成品仓暂时储存待包装。而经高方平筛分离出的预糊化片状物，经筛上物螺旋输送机输送到自流管，落入一楼包装后作为饲料出售。经过均匀混合、提升、输送、筛理后商品淀粉各项指标已稳定，同时淀粉温度下降到30℃~32℃时，已具备包装条件。

6.9.2.4　淀粉包装工艺

成品仓底部安装有可调整输送量的杠杆给料螺旋输送机，将成品仓的淀粉输送到斗式提升机进口，由它提升到水平面以上4.9~5.5m高度，自流进入螺旋输送机，经螺旋输送机滑动闸板阀调整后，分别自流到第一台或第二台磁选机。淀粉在输送过程中除去铁屑和金属件，然后淀粉被转子式磁选机输送到包装机上部的锥形料斗。料斗内的淀粉自流进入自动包装机进行称重。对于自动称重的淀粉包装袋再经缝包后自动落入平板皮带输送机，这个过程需要打印生产日期、生产批号等，然后再进入自动报警金属检测仪进行检测。被检测合格的包装商品淀粉通过下一级平板皮带输送机输送到成品库码垛堆放。而被检测出含有金属物包装淀粉，检测仪会自动报警，此时可采用人工拖回车间做返工处理。干燥车间工艺流程如图6-50所示。

6.9.3　淀粉干燥、均容设备结构组成及原理

我国负压气流干燥设备生产厂家较多，以江苏宜兴为例，大约有10多家工厂都生产各种气流干燥机机组，他们生产的一级负压气流干燥设备规格较多，从干燥淀粉2t/h到15t/h不等，大部分都是用在玉米淀粉行业。而真正用到马铃薯淀粉行业也是近几年发展起来的。由宜兴宜淀机械设备有限公司制造的新一代DGZQ-3系列负压气流干燥机机组、北京瑞德华生产的TFD系列负压气流干燥机组、内蒙古博思达生产的FD系列负压气流干燥机组、郑州精华生产的DGZQ系列负压气流干燥机，都属于新二代产品，它们的工作原理都相同，仅在工艺流程和脉冲管（扩大管）做了不同的调整和改进。

6.9.3.1　一级负压气流干燥机结构组成

以DGZQ-3型一级负压气流干燥机机组为例，由框架式G4型空气过滤器、铝翅片散热器、热交换箱、带搅拌的喂料螺旋输送机、喂料缓冲斗、抛料器（扬升器）、干燥管、脉冲管（扩大管）、大弯管、蜗壳器、旋风分离器（沙克龙）、观察视镜、"O"形密封螺旋输送机、关风螺旋输送机或关风器、接料管、引风机、出风管、防雨帽、防爆口等主要组件组成。

6.9.3.2　一级负压气流干燥工作原理

由锅炉房送来一定压力的蒸汽，经稳压罐和电磁气动控制阀、稳压阀调整到工艺所需要的工作压力，进入热交换器进行加热。过滤后的空气在引风机的吸入作用下，经散热器交换成热空气（称热交换器），进入干燥管、脉冲管的干燥系统作为干燥淀粉的热载体。这个时间段热交换箱的热空气温度很高（称进口温度）。热空气在引风机的吸力下，使干燥系统内形成负压。湿淀粉经喂料螺旋输送机、抛料器输送到干燥机管内与热气流混合，使湿淀粉与热空气经干燥管向脉冲管向上运动，并且在扩大的脉冲管内形成涡流，又快速向旋风分离器运动，在运动过程中，湿淀粉外部受热，颗粒内部水分向外表扩散汽化，而热空气温度下降（称中间温度），热空气中水分含量则增加，淀粉得到干燥。被干燥的淀粉颗粒在比重差的作用下，沿旋风分离器锥体内壁大截面螺旋线旋转至锥体小截面出口进

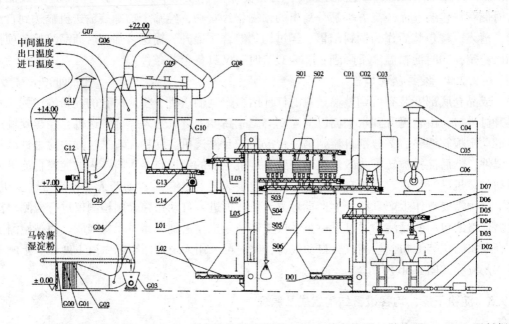

G00—G4 型初效空气过滤器；G01—F7 型中效空气过滤器；G02—热交换器（散热器）；G03—喂料螺旋输送机、抛料器（扬升器）；G04—干燥管；G05—脉冲管（扩大管）；G06—大弯管；G07—防爆口；G08—小弯管；G09—蜗壳器；G10—旋风分离器（沙克龙）；G11—防雨罩；G12—引风机；G13—O 形封闭式螺旋输送机；G14—闭风螺旋输送机（关风器）；L01—均匀仓；L02—杠杆螺旋输送机；L03—回料螺旋输送机；L04—回流管；L05—斗式提升机；S01—筛上螺旋输送机；S02—成品方形筛；S03—筛上物螺旋输送机；S04—筛上物自流管；S05—筛下物螺旋输送机；S06—成品仓；D01—杠杆螺旋输送机；D02—金属检测仪、平板皮带输送机；D03—包装平板式皮带输送机；D04—自动包装机；D05—锥形接料斗；D06—除铁器（磁选机）；D07—斗式提升机、包装机上部螺旋输送机；C01—除粉尘管网；C02—脉冲除尘器；C03—出风管；C04—防雨罩；C05—排风管；C06—引风机

图 6-50　马铃薯淀粉干燥车间工艺流程

入密封螺旋输送机，再经闭风螺旋输送机或关风器输送到下一个工序。而水蒸气经蜗壳器被引风机吸入后，再经出风管排至大气中。这时水蒸气的出口温度下降，称出口温度。

6.9.3.3　热交换器的结构组成及原理

热交换器是气流干燥机的主要组件之一，热交换器选择和工艺组装与生产成本有直接关系，如工艺连接和配置不到位，一则会潜伏安全隐患，二则会造成能源浪费，同时会增加产品成本。淀粉生产行业的气流干燥机一般都选择铝合金翅片或紫铜翅片散热器，因为它们传热性能较好。铝合金翅片散热器由无缝钢管（俗称翅片管）、铝合金翅片、侧板、上进气室、下出水孔、连接法兰、进气法兰、出水法兰等组成。翅片管又叫肋片管，英文叫做 Extended Surface Tube，即扩展表面管。顾名思义，翅片管是在原有的无缝钢管外表面固定了 0.5mm×12.5mm 厚的铝带绕在无缝钢管外壁，使原有的表面得到扩展，形成一种独特的传热元件。

铝合金翅片散热器原理：当有一定压力的蒸汽进入散热器进气室时，热源进入翅片管路，热能经铝合金翅片散出，翅片管路经蒸汽加热后，温度升高，空气在翅片管外壁流动

226

经过时，空气得到加热。

对于我国习惯上常选择加工 30t/h 马铃薯原料的淀粉生产线，干燥热交换器的散热面积一般选择 4200m²，工作压力为 1.2MPa，其中 1400 m² 作冷凝水回收预热。为了达到更好的热交换效果和过滤后的常温空气流量，设计热交换布置为两组，每组配置 1800mm×2000mm 散热器 4 片作为主要热能交换，另外每组再增加 2 片散热片作为冷凝水回收预热用。例如，换热器组装工艺图 6-51 以减少能源消耗量。这样布置的目的是减少 F 型空气过滤器的阻力，以保证有足够的空气流量。同时，把预热散热器安装在进风口，能减少燃煤（柴油或天然气）的消耗量。

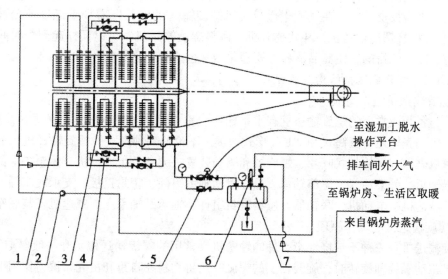

1—冷凝水预热散热器；2—冷凝水输送泵；3—加热散热器；4—旁通截止阀、疏水器；
5—电气自动控制阀、稳压阀、截止阀；6—安全阀；7—稳压罐（气包）
图 6-51 换热器组装工艺图

6.9.3.4 淀粉均匀工艺及设备

被干燥淀粉当时不能过筛作为商品淀粉包装入库，因为温度在 40~42℃，且有水蒸气存在，不宜过筛，也不宜长时间储存。湿淀粉在干燥过程中，粘贴在干燥管内壁被糊化的片状物，必须要通过筛理来分离预糊化淀粉。另外，马铃薯开始投料生产到后期的 8~9d后就需要停机全面清洗设备及二次开机，同时经常会遇到马铃薯损伤、腐烂、发芽、机械故障、停电等原因。这个时间段被干燥淀粉的主要理化指标是不稳定的，尤其是淀粉水分不是干就是湿，例如，淀粉水分超过 20% 会给筛分设备造成堵塞。淀粉水分低于 16% 又给输送设备、提升设备造成很多麻烦，更为严重的是粉尘四处飞扬。为了更好地稳定商品淀粉的白度、水分及其他理化指标，为用户提供优质的商品淀粉，被干燥淀粉至少设计两个小时储存量的均匀仓，对被干燥淀粉进行储存和均匀，让它在均匀过程中稳定主要理化指标，使淀粉颗粒与颗粒之间有足够的时间去相互吸收水分，以提高淀粉的活性水分。使储存和均匀后的淀粉主要理化指标稳定后再进行筛理、包装入 库。例如，欧洲年产 25 万吨马铃薯淀粉加工厂都设计的 2 万~3 万吨圆形淀粉均匀罐。欧洲的大型马铃薯淀粉行业对干燥后的淀粉当时不过筛,它经皮带输送机或采用风力把它输送到储存大罐,经刮板机将淀粉搅均匀储存起来。被干燥淀粉在大罐储存过程中,使淀粉颗粒相互之间能吸收水分,以提高它的活性水分。均匀淀粉的主要目的是把淀粉活性水分保持平衡一致,便于烘烤方便食品、油炸方便食品使用,且口感好,外形美观(马铃薯淀粉食品加工行业最佳的使用活性水分为 0.68~0.70,结合水分应在 18.5%~19.0%),马铃薯淀粉对于烘烤食品、油炸食品水分不得低于 18%,也不得高于 19.5%。设计均匀仓还能稳定商品淀粉的其他指标。所以,欧洲的马铃薯淀粉制造商,一般是用户签约订单后再过筛、包装、出售。

对于干燥商品淀粉 5.25~6.0t/h 的中小型马铃薯淀粉加工企业,不需要设计更大的储存均匀仓,因为投资太大,在气流干燥机关风螺旋输送机(关风器)下部设计配置 25~30t 均匀仓、杠杆螺旋输送机、斗式提升机、回料螺旋输送机,可以同样起到短时间的储存、均匀、冷却的目的,使商品淀粉主要理化指标也能达到稳定的效果。

6.9.3.5　螺旋输送机结构及原理

1. 螺旋输送机结构组成

目前,各行业常用的螺旋输送机有水平输送、垂直输送、倾斜输送三种方法。同时,螺旋输送机的壳体还有圆筒式和"U"形式两类。不论哪一种形式的螺旋输送机,都是由螺旋输送机壳体、螺旋带式叶片、螺旋轴和驱动装置三大部分组成,机壳体包括尾部轴承座、止推轴承、骨架油封、尾部轴承、悬挂滑动轴承组件、密封盖板、支承底座等。驱动装置包括减速机、电动机、联轴器、填料密封组件、轴承及轴承座、减速机安装底座等。

2. 螺旋输送机的工作原理

螺旋输送机是一种不带挠性牵引件的输送机,常用的螺旋输送机机壳一般属 U 形槽。当电动机驱动螺旋轴旋转时,旋转轴上的螺旋叶片将物料在自重和机壳摩擦力作用下向前推移物料,但物料并不随叶片旋转,而物料被叶片推动前进。螺旋输送机主轴上缠绕螺旋叶片,叶片的面形根据输送物料的不同,有实体式面形、带式面形、叶片式面形等。螺旋输送机根据物料输送条件,螺旋叶片与叶片之间的距离有相等距和不相等距的分别。螺旋输送机主轴在物料运动方向的终端有止推轴承,随物料推力给螺旋轴轴承承载方向实现反推力。采用螺旋输送机输送干燥淀粉,对于物料进入口和输出口可以任意选择位置,方便于设计布置。输送机壳体过长时,允许加中间吊挂滑动轴承。

3. 螺旋输送机技术参数

不相等螺距密封螺旋输送机、关风螺旋输送机、杠杆卸料螺旋输送机技术参数见表6-19,不锈钢淀粉均匀仓、成品仓、斗式提升机技术参数见表6-20。

表6-19　　　　　　　　　　　　　　螺旋输送机技术参数

名　称	LS/500 型不等距密封螺旋输送机	LS/315 型不等距关风螺旋输送机	LS-3/315 型杠杆卸料螺旋输送机
输送距离(mm)	4080	1200	3550
转　速(r/min)	25	42	65
功　率(kW)	4	4	5.5

名　称	LS/500 型不等距密封螺旋输送机	LS/315 型不等距关风螺旋输送机	LS-3/315 型杠杆卸料螺旋输送机
输送量（t/h）	5	6	6~10
螺　距（mm）	195~290	195~220	220~260
减速箱型号	XWD6-69-4 型	XWD5-35-4 型	XWD5-23-5.5 型
材　质	SUS304 不锈钢	SUS404 不锈钢	404 不锈钢

表 6-20　　　　　　　　　T/250 型和 TD/250 斗式提升机技术参数

设备型号	提升量（t/h）	提升高度（mm）	带宽（mm）	畚斗（mm）	功率（kW）	速度（m/s）	电机型号	材　质	配套
T/250	10	51775	270	250	3	1.2	BWD12-17-3	304 不锈钢	成品仓 20m³ 板厚 3mm
TD/250	10	11750	250	230	3		BWD12-17-3	304 不锈钢	均匀仓 30m³ 板厚 3mm

6.9.4　马铃薯淀粉筛理设备及原理

在马铃薯湿淀粉的负压气流干燥过程中，经常在脉冲区、大弯管和小弯管会粘贴一些小颗粒淀粉被糊化，随着干燥过程热空气的温度变化它又自动脱落，这些预糊化淀粉大部分属片状物，极小部分为颗粒物，为了保证商品淀粉的细度，就必须采用筛理方法分离这些预糊化片状物，以保证达到国家所规定的食用马铃薯淀粉（GB/T 8884—2007）国家优级标准的细度。薯类淀粉生产行业对被干燥淀粉的筛理方法，相似于我国小麦面粉行业的筛理分级工段，使用筛理的目的和设备基本相同，而淀粉行业在物料筛理时，对于高方形平筛来说仅在筛格中调整了筛路，也能满足被干燥淀粉的筛理需要。

6.9.4.1　双仓高方形平筛结构组成及原理

我国马铃薯淀粉行业，对于被干燥淀粉的筛理，一般都采用面粉行业常用的高方形平筛和圆形不锈钢振动分级筛，分离预糊化淀粉和机械输送过程遗留的其他异物，对于马铃薯淀粉的筛理，可以说它是代用筛理分级设备，它不是专用的马铃薯淀粉筛理设备。例如，西安布勒公司给面粉生产行业制造的 FSFG/10×2×83 型双仓高方形平筛：它的结构比较简单，选材也得当，属于高转速、小回转半径。整机占地面积较小，机架为金属结构，与淀粉接触的筛格采用木制双贴塑材料，对于马铃薯被干燥淀粉的筛理可以做代用设备。购买时要根据马铃薯淀粉的水分含量高的特点，调整筛格内的筛路，选用 60~70 目（相当于 250~212μm）不锈钢丝编织筛网，每层的筛格中间装弹跳性较强的清理块，并且清理块不能带有动物毛刷和不锈钢钢刷，也能保证马铃薯淀粉的筛理。它的安装形式为立式，有四个立柱脚与地平基础连接，使用和维修比较方便。FSFG/10×1×83 型单仓高方形平筛的生产能力，对马铃薯淀粉为 1.6~1.8t/h。要求过筛水分 18%~19%。配套功率 1.5kW。而 FSFG/10×2×83 型双仓高方形平筛的生产能力，对马铃薯淀粉为 3.2~3.6t/h。同时也要求过筛水分 18.5%~19.5%，配套功率为 3.0kW。

1. FSFG/10×2×83 型双仓高方形平筛工作原理

筛体由电机通过三角皮带驱动，使偏重块高速度旋转，再产生平面回转，物料由进料口进入具有一定筛理路线的筛格内，通过不同的筛网使物料按照粒径进行分级。筛上物和筛下物分别从筛底板的出料口出来，自流到下一道工序。

2. FSFG/10×2×83 型双仓高方形平筛结构组成

主要由金属固定抓架、金属筛体、传动机构、偏重轮、金属筛底、木制筛筐体、木制筛格、清料块、尼龙吊杆、筛上物出料口、筛下物出料口、进料固定托盘、电动机等组件组成。

FSFG/10×2×83 型双仓高方形平筛主要技术参数：

①筛格数量单仓 10 层；

②过筛面积双仓 9m²；

③产量双仓 3.2~4t/h；

④主轴转速 290r/min；

⑤ 旋转方向右；

⑥ 回转直径 36~38mm；

⑦ 配套功率 3.0kW；

⑧ 筛体重量 900kg；

⑨ 外形尺寸：长×宽×高 = 2120mm×1506mm×2120mm。

FSFG/10×2×83 型双仓高方形平筛安装如图 6-52 所示。

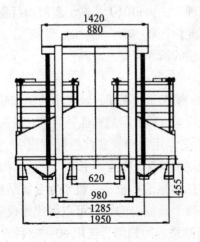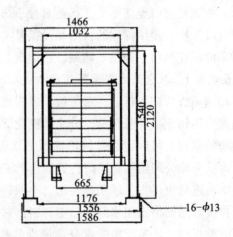

图 6-52　FSFG/10×2×83 型双仓高方形平筛安装图

6.9.4.2 马铃薯淀粉筛理输送设备选型参数

经高方形平筛分离出的预糊化淀粉，筛上物螺旋输送机输送到自流管，自流到一层楼包装后作为饲料入库出售。经过筛理后的商品淀粉各项理化指标已稳定。同时淀粉温度降到约32℃时，就已具备包装条件。LS系列的筛上给料螺旋输送机、回料螺旋输送机、筛下物螺旋输送机、筛上物螺旋输送机的主要参数见表6-21。

表6-21 马铃薯淀粉筛理输送设备技术参数

设备名称	LS/3/315D 型筛上给料螺旋输送机	LS/315A 型回料螺旋输送机	LS/3/315D 型筛下物螺旋输送机	LS/315C 型筛上物螺旋输送机
输送距离（mm）	10592	3012	10500	9450
转速（r/min）	42	42	42	25
功率（kW）	4	4	4	4
输送量（t/h）	10	10	10	0.5
螺距（mm）	260	260~315	260	260
减速箱型号	XWD5-23-4 型	XWD4-35-1.5 型	XWD5-23-4 型	XWD6-59-4 型
材质	304 不锈钢	SUS404 不锈钢	304 不锈钢	304 不锈钢

6.9.4.3 滚筒式淀粉分离筛特点及原理

滚筒式淀粉分离筛起源于欧洲大中型马铃薯淀粉生产行业，也是鉴于马铃薯淀粉含水分太高，难以过筛分离而研发的专用马铃薯淀粉筛理设备。在我国开发利用时间较晚，例如，SS/280 型滚筒式淀粉分离筛，解决了我国马铃薯淀粉由于水分太高难以分离的难题。它实际是吸收了德国马铃薯淀粉分级过筛技术，并结合我国气候特点而开发的薯类淀粉分离设备。以下对其特点和原理进行介绍。

1. SS/280 型滚筒式淀粉分离筛特点

SS/280 型滚筒式淀粉分离筛属于马铃薯、木薯、红薯等淀粉加工业的专用筛分设备。主要特点：①筛网选用不锈钢加厚筛网；滚筒式分离筛与我国传统的面粉行业常用的双仓高方形平筛相比较，它的通过率相应要高，不易堵塞。②筛筒内的清理块，更换比较方便快捷。且占地面积小、耗能也低。结构简单、紧凑、易维护。

2. SS/280 型滚筒式淀粉分离筛工作原理

物料由进料口进入淀粉筛滚筒内，由主轴螺旋叶片把物料推入筛筒内，由主轴上的螺旋刷把物料抛向筛筒内壁的筛网进行分离，筛下物汇入下方接料斗进入下一个工段的成品仓。筛上物则被推向尾部从出渣口排出，然后自流到下一道工序，如图6-53所示。

3. SS/280 型滚筒式淀粉分离筛主要技术参数

SS/280 型滚筒式淀粉分离筛的主要技术参数见表6-22。

图 6-53　SS/280 型滚筒式淀粉分离筛

表 6-22　　　　　　　　　　SS/280 型滚筒式淀粉分离筛主要技术参数

设备型号	转速	电机功率	处理量	净重
SS/280	520r/min	2.2kW	3.0~4.0t/h	400kg

6.9.4.4　滚筒式磁选机选型及参数

滚筒式磁选机，是一种从粉体中连续除铁的磁选设备，内部采用独特的磁路设计，由高性能永磁王钦铁硼材料制作磁源，磁场较强、吸力大、除铁效率高，对于薯类淀粉生产过程除铁屑作用比较可靠。类似这种磁选设备国内生产厂家较多。近年来，一直用在我国大中型面粉、各种淀粉、粉料食品添加剂加工行业。例如，CTZ32/50 滚筒式磁选机的主要参数见表 6-23，结构如图 6-54 所示。

表 6-23　　　　　　　　　　CTZ32/50 滚筒式磁选机主要参数

设备型号	滚筒长度	滚筒直径	320mm	产量	物料粒度	功率
CTZ32/50	500mm	磁强度	3000GS	5~20t/h	<1mm	0.37 kW

6.9.4.5　国内外包装机结构组成及原理

1. 自动称重粉料包装机结构及工作原理

马铃薯淀粉糊化温度低，黏性高，如果包装机选型错误，在淀粉包装时又会产生一些片状预糊化淀粉，一旦进入包装袋，将对商品淀粉质量产生一些不良影响。马铃薯淀粉要求水分含量在 18%~20%，自流和输送过程中，流动性很差，经常会造成称重误差。因此，在马铃薯淀粉包装机选型时，最好选择三速喂料包装机，并且对包装机计量螺旋轴要求慢转速，螺旋叶片与筒内壁间隙不得小于 2.5mm，而且加工精度要求要高。包装机上部接料斗锥角度不得小于 65°，运转部件和轴承要求必须要有很好的密封性能。例如，湖北大冶友创科技公司制造的 TCDF-25 型自动称重粉末包装机，哈尔滨科华航天公司制造

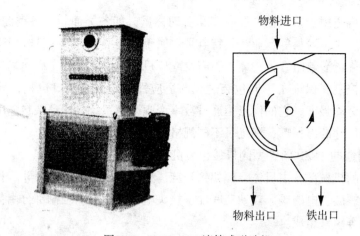

图 6-54　CTZ32/50 滚筒式磁选机

的 DGJ-25F 型电子称重包装机，都是近几年我国淀粉、面粉行业使用的通用粉料自动称重包装机。

（1）结构组成

DGJ-25F 型电子称重包装机和 TCDF-25 型自动称重粉末包装机由机体组件、喂料器组件、称量灌装斗、电脑控制系统、气动控制等组件组成。

（2）工作原理

传感器受到压力作用产生微变信号，经过电脑处理。当电脑受到外部启动工作信号时，控制喂料螺旋快速喂料，将物料喂入包装袋内，当达到快速喂料设定量时，定量中再加提前量，停止快速螺旋喂料，然后延迟一段时间进入慢速螺旋喂料，当达到慢速喂料设定量时，定量再加提前量落差，停止慢速螺旋喂料，并发出信号，松开夹袋器，完成淀粉称重包装过秤，为了提高称量准确度，国内也采用三速喂料包装机。

（3）技术参数

DGJ-25F 型电子称重包装机和 TCDF-25 型自动称重粉末包装机的主要技术参数见表6-24。

表 6-24　　　　　　　　　　　　　　　包装机主要技术参数

设备 型号	产量 （袋/h）	称量范围 （kg）	功率 （kW）	电源电压 （V）	供气压力 （MPa）	供气量 （m³/min）	使用环境 温度（℃）	外形尺寸 （mm）
DGJ-25F 哈尔滨	100~300	25~50	3.5	380V·Ac ±15%	≥0.6	Q≥0.25	0~40	1365×1203×3747
TCDF-25 湖北	180	25~50	3.5	380/220/ 50Hz	≥0.6	Q≥0.25	0~40	1365×966×4737

2. 阀口袋包装机结构及工作原理

阀口袋包装机适用于粉状物料的灌装和自动称重，如各类面粉、各类淀粉、蛋白粉、粉状食品添加剂、化工粉料等行业。其特点是：属于三速喂料，以保证喂料速度和计量的准确性。集自动称量灌装组合为一体，不需要缝口机缝包。它采用了高速采样处理仪表及工艺过程可编程控制，保证了不同包装过程的适应性。它采用阀口包装，减少了粉尘外溢，减轻了工人劳动强度。它的优点是通过数字变频调速系统，保证喂料速度及计量准确度。且配有不同尺寸的出料嘴，满足了不同规格包装袋的包装要求。

（1）国内制造的 TFZB25/5 型阀口袋包装机

①结构：它的机械部分由机体、秤架、气缸、机座、喂料器、进料斗、称重传感器支承机架、上喂料螺旋、电磁阀、气动三联件、接头电机等组成。控制部分由传感器、电脑控制器、显示器等组件组成。

②特点：该喂料方式通过变频器控制电机的转速来驱动螺旋，实现快、中、慢三速喂料，以保证喂料速度和计量的准确性。机架与包装袋一起称量。气动机械手，对包装袋进行压紧，便于称量。根据不同称量范围配有不同规格的出料嘴。推包机架可将称量后的包装袋推出出料嘴的结构。振动器可将包装袋内散物料振实。电脑控制系统由传感器、电脑控制器、显示器组成，实现称量数据显示及信号控制。

③工作原理：传感器受到压力作用产生微变信号，当电脑接收到外部启动信号时，控制喂料器的螺旋进行快速喂料，将物料喂入包装袋内，当达到快速螺旋喂料设定量时，定量中加—提前量，停止快速螺旋喂料，进入中速螺旋喂料，当达到中速螺旋喂料设定量时，定量中—再加提前量—落差，停止中速螺旋喂料，进入慢速螺旋喂料，当达到慢速螺旋喂料设定量时，定量—落差并发出信号，松开夹袋器。推包机将包装袋推出秤架。当超过正负规定误差范围时，电脑发出超差警报信号，包装袋不能脱下，只有补料达到定量时，手碰一下开关，松开夹袋器，此循环工作实现自动定量包装。

（2）德国 BEHN+BATES 制造的阀口袋自动称量包装机

德国 BEHN+BATES 制造的阀口袋自动称量包装机已在欧洲的大中型马铃薯淀粉、变性淀粉生产企业使用较长时间。这些大中型马铃薯淀粉生产企业一般都选用该公司气动式和叶轮式两种不同型号的阀口袋自动称量包装机。这两种阀口袋自动称量包装机，都属于三速喂料方式，称量比较准确，误差极小，在包装淀粉的过程中能实现无粉尘包装。该包装机工作原理与国内生产的相似。而它的叶轮式阀口袋自动称量包装机在设计制造上比较特殊，它是利用一个特殊的叶轮来完成三速喂料，实现自动称量包装。这两种阀口袋自动称量包装机的密封性能很好，它采用了超声波封口技术，这种封口技术能保证包装过程中无粉尘飞扬。它们的价格的确昂贵，但是维修频率相应低一些。BEHN+BATES 的阀口袋自动称量包装机也可以采用手动控制操作或可配 FRONTLINE 型自动上袋机来实现全自动化操作，到目前为止国内还没有企业生产。

TFZB25/5 型阀口袋自动称量包装机、BEHN+BATES 气动式阀口袋包装机、BEHN+BATES 叶轮式阀口包装机的主要技术参数见表 6-25。

表6-25 阀口袋自动称量包装机技术参数

设备型号	包装能力（袋/h）	称量范围（kg）	功率（kW）	电源电压（V）	压缩空气（MPa）	使用环境温度（℃）	外形尺寸（mm）
TFZB25/5	100~240	5~50	3.7	380V·Ac ±15%	150m³/h, 0.5MPa		
BEHN+BATES 气动式	250	10~50	3.5	380V/50Hz	65L/袋, 0.5MPa	5~40	835×950×3250
BEHN+BATES 叶轮式	220	10~50	11	380V/50Hz	65L/袋, 0.5MPa	5~40	835×980×3375

6.9.4.6 金属探测器工作原理及参数

GJ-Ⅷ4012、GJ-Ⅷ5020 型金属探测器，是根据电磁感应原理来探测金属物质的，当有金属物靠近通电线圈附近时，通电线圈周围的磁场发生变化，产生涡流效应，从而探测出金属物质。金属探测器一般分为模拟式和数字式两类。模拟式金属探测器为传统的手动调节电路来实现对信号的抑制及对金属物信号的放大。而数字式金属探测器则通过自动功能来抑制信号和放大金属信号，通过触摸式LCD显示，实现人机对话和数字式参数的设定功能。数字式金属探测器具有良好的抗干扰、抗振动功能，显著提高有效信号的信噪比，如图 6-55 所示。

1. 金属探测器结构组成

GJ-Ⅷ4012、GJ-Ⅷ5020 型金属探测器包括可调整高度的机架、金属探测器系统。内部结构为三线圈设计制造，包括探测信号发射部分和探测信号接收部分。

图 6-55　数字式金属探测器

2. 金属探测器工作原理

探测信号发射部分由微程序控制器控制振荡器系统产生稳定的高频信号，通过带通滤波器得到高频基准信号，再经过功率放大电路向发射天线提供信息源，在检测区域建立起稳定的超声磁场。探测信号接收部分通过接收天线得到相对称的平绕于金属探测器的稳定超声波电磁信号，经过电路放大后得到包含磁场变化信息的电流信号。从功率放大部分通过移相整形得到标准信号源，对得到的差动放大信号进行检波。检波输出信号就是磁场受金属物体等因素影响而变化的信号，该信号通过 AD 采样电路进入微程序控制器，微程序控制器对该数字信号进行分析，区分出金属杂质信号和被检测产品信号，它们能够检测出直径为 0.5mm 的金属。例如，上海高晶公司制造的 GJ-Ⅷ4012、GJ-Ⅷ5020 型金属探测器（图 6-56）。

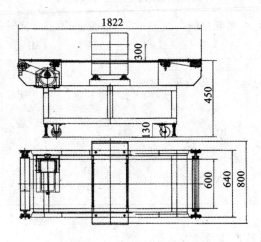

图 6-56　GJ-Ⅷ5020 型金属探测器

6.9.5　淀粉干燥防爆除尘设备结构及原理

马铃薯湿淀粉在干燥、均匀、筛理、包装过程中，因淀粉的颗粒粒径较小，呈细粉状物，易飞扬，如散在空中不除去，达到一定的浓度时，遇见火苗就会产生爆炸。淀粉粉尘在空气中最大爆炸极限浓度为 7mg/L，当淀粉粉尘爆炸时能够产生很大的压力和冲击波，1g 淀粉粉尘在密闭状态下爆炸，其压力可增至 2MPa。因此，淀粉干燥车间应属于防爆车间。为了提前预防和消除潜在的危险，淀粉干燥车间除尘设备必不可少。对于淀粉干燥车间除尘工艺设备配置，不仅可以排除潜在的爆炸危险，也能去除均匀仓、成品仓、提升机、包装机等设备内的水蒸气，以减少湿空气冷凝后（露点）水珠渗入淀粉中。同时也能通过除尘器回收一部分淀粉，以减少淀粉飞扬过程中的损失，以保持车间干净。有利于操作人员的身心健康。

6.9.5.1　除尘设备选型

淀粉干燥车间的各种淀粉储存仓、各种螺旋输送机、斗式提升设备，尽可能选择密封性能好的设备，以减少淀粉粉尘飞扬，同时尽可能在负压下进行设备操作。在设备运行中易造成淀粉飞扬的部位，设计工艺管道时在每个吸尘点管道进口设计调整风量的阀门。采用引风机抽风方式，使这些部位稍带负压，以减少淀粉向外飞扬。

除尘设备在我国种类很多，如干法除尘设备的旋风分离器（沙克龙）、简易布袋式除尘器、脉冲式布袋除尘器、湿式除尘方法等多个类型。在荷兰、丹麦、德国、瑞典、波兰、我国中型马铃薯淀粉生产企业，一般采用旋风分离器或脉冲布袋除尘器进行干燥过程的除尘，对于生产商品淀粉 5.25~6.50t/h 的淀粉干燥车间，选用脉冲布袋式除尘器能够满足除去粉尘的需求，其除粉尘的效果也比较好。

6.9.5.2　脉冲布袋式除尘器工作原理

脉冲布袋式除尘器是一个综合效应的结果，如重力、质性力、碰撞力、吸附、过滤等作用。在引风机吸力作用下，连接管道的吸入口产生负压，当粉尘气体进入除尘器集箱时，较大粉尘颗粒因集箱截面积的增大，风速下降，而直接在集箱沉降。较小颗粒被阻留在滤布袋外面。经过滤布袋过滤后的气体，经除尘器集箱体上部排气出口由引风机吸出，排入大气中。随着负压吸入粉尘过滤连续性进行，滤布袋外面的淀粉越积越多，滤布袋阻力不断升高，当引风机抽风阻力达到一定限值时，滤布袋外表面积聚的淀粉粉尘在外力（压缩空气、文氏管振动）作用下，将附着在滤布筒表面淀粉落入除尘器集箱体底部，使滤布袋通气量增加（再生），周而复始。而淀粉则通过刮板机刮进关风器（集料区如果是锥体依靠坡度自流到关风器），经关风器、螺旋输送机将淀粉输送到下一道工序，实现连续过滤小粒径粉尘的作用。

6.9.5.3 脉冲布袋式除尘器结构组成

脉冲布袋式除尘器除去粉尘效率较高，主要由机架、机壳体、滤布筒、文氏管（螺旋支承弹簧架）、隔离箱、脉冲清粉尘装置、内部连接管道、锥体粉尘箱或平底粉尘箱、刮板机、卸料旋转阀（关风器）、脉冲控制器、脉冲阀及喷嘴等组件组成。

6.9.5.4 淀粉干燥车间除尘工艺

对淀粉行业选用脉冲布袋式除尘器与物料接触部分，最好选用不锈钢材质，连接管道、调节风量的阀门、变径管、法兰、弯头等最好选用无毒食品用 PE 管或薄壁不锈钢卫生管，过滤布袋最好选用纯棉或食品用布料。被干燥的淀粉需要均匀稳定各项理化指标，同时还存在水蒸气，采用除尘方法吸去均匀仓内水蒸气，便于淀粉过筛。淀粉干燥均匀、筛理、包装过程中，易产生飞扬淀粉粉尘的主要工段是：斗式提升机、成品仓、自动包装机工段。设计除尘设备的目的是回收纯净的淀粉，另外能起到干燥车间预防爆的作用。详见马铃薯淀粉干燥车间工艺要求吸尘点如图 6-57 所示。

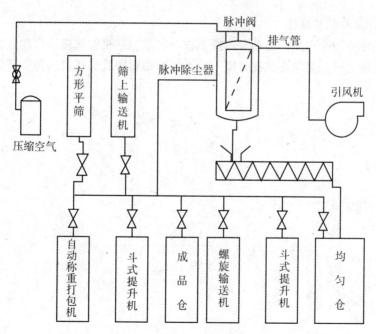

图 6-57 干燥车间工艺要求吸尘点

6.9.5.5 脉冲布袋除尘器特点

该设备要求压缩空气压力 0.45~0.6MPa。处理浓度（≤1000g/m³）含各种粉尘气体。除尘效率可达到 99.9%，排放浓度一般在 30mg/m³ 以下（以物料和布袋目数确定）。反喷吹间隔时间由微机自动控制，可定时清理各种粉尘。滤袋长度一般不超过 3m。例如，河北省泊头除尘设备制造厂生产的 UF/STD-FB 型脉冲布袋除尘器。这种小型脉冲布袋除尘器经济实用，结构简单，安装容易，维修方便，主要用于粮食行业及各种面粉、淀粉加工行业干燥、均匀、筛理、包装等过程的易飞扬粉尘部位，该机采用涤纶布袋、入口温度小于 120℃，除尘效果可达到 99.9%。如有特殊用途可提供耐高温、耐腐蚀滤布料的单机脉冲布袋除尘器。

6.9.6 淀粉干燥操作流程

6.9.6.1 湿淀粉干燥操作

启动关风螺旋输送机（关风器）→启动密封螺旋输送机→启动引风机（将风门拉到开启位置，锁好保险销）→启动抛料器（将调速器旋钮拨到"0"位置）→启动喂料输送机及搅拌器（将调速器旋钮从"0"位置缓慢顺时针旋转，以达到喂料量的转速），停机相反方向。

6.9.6.2 淀粉均匀、筛理操作

启动筛下物螺旋输送机→启动筛上物螺旋输送机→启动方形筛→启动方形筛上供料螺旋输送机→启动回料螺旋输送机→启动斗式提升机→启动杠杆给料输送机。停机相反方向。

6.9.6.3 淀粉包装操作

启动成品库皮带输送机→启动金属探测仪→启动包装机输送机→启动磁选机→启动磁选机上部螺旋输送机→启动斗式提升机→启动杠杆给料螺旋输送机→包装开始。停机相反方向。

第7章 马铃薯变性淀粉的生产和应用

变性淀粉的生产与应用已有 150 多年的历史,但以近二三十年来的发展最为迅速。目前,发达国家已不再直接使用原淀粉,在造纸、食品、纺织、医药卫生、农业生产、塑料、水产饲料、油气开采、机械铸造、建筑材料和环境保护等领域都使用变性淀粉。我国从 20 世纪 80 年代中期开始加快变性淀粉的生产,现已进入高速发展时期,目前生产厂家 150 多家,生产能力为 35 万吨/年,年产量 20 多万吨。由于其优异的性能,在化工生产中变性淀粉用量越来越大,已成为一种重要的化工原料,具有广阔的市场前景。

7.1 马铃薯淀粉变性的基本原理和方法

天然的马铃薯淀粉,尽管颗粒较大,而且糊化性好,糊透明,成膜性好,但在现代工业中的应用范围具有局限性。为了进一步提高马铃薯淀粉的性能,根据其分子结构及理化性质,逐步地开发了马铃薯淀粉的变性技术。

采用物理、化学及生物化学的方法,改变马铃薯淀粉的分子结构、物理性质和化学性质,通过分子切断、重排、氧化或者在淀粉分子中引入取代基,从而制得具有特定性能和用途的淀粉衍生物,这种马铃薯淀粉衍生物称为变性淀粉(Modified Starch),生产变性淀粉所采用的技术和方法称为淀粉变性。

7.1.1 淀粉变性的基本原理

淀粉变性,除个别场合使用颗粒状淀粉外,多数情况下采用淀粉糊溶液。

淀粉使用时,其性能会受到高温、机械剪切作用、pH 值、盐类和低温等因素的影响。因此,不同的使用场合,要求淀粉具有不同的特性。只有适应了这些要求,淀粉才能得到广泛应用。淀粉变性的方法有降解、交联、稳定化、阳离子化和接枝共聚等。

7.1.1.1 化学反应点

淀粉的化学反应点,主要在于分子中羟基(—OH)和糖苷键(C—O—C)两个区域,在羟基上发生取代反应,在糖苷键上发生断裂反应。

糖苷键上的 3 个羟基分别在 C_2、C_3、和 C_6 的位置上,表明淀粉的反应同醇相似,但我们不能仅仅把淀粉看做一种醇,因为淀粉具有天然高分子的特性。

羟基上亲质子氧与葡萄糖链上亲质子氧的竞争,表明淀粉呈现的酸性大于碱性。氧的质子化作用,易发生在葡萄糖链上,因此,反应由打开 O—H 键开始,而不是由打开 C—O 键开始。所以,淀粉不能转变为醇酸卤化物,也不能形成醚或烯。

淀粉羟基的酸特性形成过程如下(St—代表淀粉基,下同):

$$St— \quad O—H \longrightarrow St—O^- + H_2O$$
$$:OH^-$$

氧的质子化作用：

$$St—O—H+H—Cl \longrightarrow St—\overset{\overset{H}{|}}{O^+}—H + Cl$$

可能性小

$$C—O—C+H—Cl \longrightarrow C—O^+—C + Cl^-$$

$$\underset{键断开}{\overset{|}{H}}$$

C_2、C_3、和 C_6 位置上的 3 个羟基的相对活性并没研究清楚，尽管从理论上讲伯醇基更具反应性，但对其他两个仲醇基并不能作出准确的判定。

7.1.1.2　催化剂

水解和乙酰化反应，用质子催化，通常使用淀粉量的 0.05～0.5%。在酯化和醚化取代反应中，淀粉分子首先被激活，使 O—H 键亲质子化并促进形成 St—O$^-$。激活后的淀粉内部的氢键连接更弱或被破坏。用作激起反应的催化剂，以 NaOH、KOH 与 Na$_2$CO$_3$ 等碱性剂比较合适。一些酸酐类和氯衍生物参与的反应，消耗部分碱，这时碱用量必须还能保证淀粉的激活。淀粉与碱反应形成的是一个复合物，而不是醇化物。从以下反应式可看出：

$$St—O—H^+ + OH^- \Longleftrightarrow (St—O—H—OH)^-$$
$$\Updownarrow$$
$$St—O—Na$$

这个反应式表明催化效果顺序为：LiOH<NaOH<KOH<胺类。但也指出了溶液的重要性，如果使用一种碱性的对质子有惰性的极性溶液，反应将更容易进行。使用极性溶液，如亚甲基亚砜或丁醇，从理论上讲反应产量更高，但应避免溶剂对淀粉的分解。

盐能加强羟基反应的效果，钠盐与磷酸盐对反应有好的影响。在非均相反应中，盐能阻止碱性溶液中淀粉颗粒的溶胀。为保证合适的反应速度，加盐量为 1%。

淀粉的一些特殊反应的激发：用 HCOOH 处理淀粉，然后甲酰基与取代基交换；在接枝反应中，用辐射激发；自由淀粉基是由自由引发剂引发，如过氧-金属对 H$_2$O$_2$/Fe^{2+}—(NH$_4$)$_2$S$_2$O$_8$/Fe^{2+}，或用过酸类、氧化还原对、γ 射线引发等。

7.1.2　变性淀粉的分类

目前，变性淀粉的品种、规格达 2000 多种，变性淀粉的分类一般是根据处理方式来进行的，见表 7-1。

7.1.2.1　物理变性淀粉

此类变性淀粉，有预糊化（α-化）淀粉、γ 射线、超高频辐射处理淀粉、机械研磨处理淀粉和湿热处理淀粉等。

表 7-1   变性淀粉的种类

种 类	主 要 品 种
酸变性淀粉	酸解淀粉　可溶性淀粉
糊 精	白糊精　黄糊精　英国胶
氧化淀粉	氧化淀粉　双醛淀粉
酯化淀粉	淀粉醋酸酯　淀粉月桂酸酯　淀粉磷酸酯　淀粉硫酸酯　淀粉硝酸酯　淀粉辛烯基琥珀酸酯　淀粉黄原酸酯　淀粉顺丁烯二酸酯　淀粉硬脂酸酯　淀粉己二酸酯
醚化淀粉	阳离子淀粉（季铵型阳离子淀粉、叔胺型阳离子淀粉）　烯丙基淀粉　羟乙基淀粉　羟丙基淀粉　羧甲基淀粉　氰乙基淀粉　丙烯酰胺淀粉　苯甲基淀粉　乙酰氰乙基淀粉
交联淀粉	甲醛交联淀粉　环氧氯丙烷淀粉　丙烯醛交联淀粉　磷酸盐交联淀粉　三氯氧磷交联淀粉　己二酸混合酸酐交联淀粉
接枝共聚淀粉	丙烯腈接枝共聚淀粉　丙烯酸接枝共聚淀粉　丙烯酰胺接枝共聚淀粉　甲基丙烯酸甲酯接枝共聚淀粉　乙二烯接枝共聚淀粉　苯乙烯接枝共聚淀粉
物理变性淀粉	预糊化淀粉　射线处理淀粉　高频处理淀粉　湿热处理淀粉　微球淀粉
生物变性淀粉	多孔淀粉　脂肪替代物
复合变性淀粉	乙酰化二淀粉磷酸酯　磷酸化二淀粉磷酸酯　羟丙基化二淀粉磷酸酯　乙酰化二淀粉己二酸酯　乙酰化二淀粉丙三醇　磷酸化二淀粉丙三醇　羟丙基化二淀粉丙三醇　抗性淀粉

7.1.2.2 化学变性淀粉

用各种化学试剂处理得到的变性淀粉，有两大类：一类是使淀粉分子量下降、如酸解淀粉、氧化淀粉等；另一类是使淀粉分子量增加，如交联淀粉、酯化淀粉和接枝化淀粉等。

7.1.2.3 复合变性淀粉

采用两种以上处理方法得到的变性淀粉，如氧化交联淀粉、交联酯化淀粉等。采用复合变性得到的变性淀粉，具有两种变性淀粉的优点。

另外，变性淀粉还可按生产工艺路线进行分类，有干法（如磷酸酯淀粉、酸解淀粉、阳离子淀粉、羟基淀粉等）、湿法、有机溶剂法（如羧基淀粉制备一般采用乙醇作溶剂）、挤压法和滚筒干燥法（如天然淀粉或变性淀粉为原料生产预糊化淀粉）生产的淀粉等。

7.1.3 变性淀粉的生产工艺

7.1.3.1 变性淀粉的生产方法

随着工业和科学技术的发展，变性淀粉品种不断增加，应用也越来越广泛。目前，已开发的变性淀粉已有 2000 多种。其生产的方法主要有湿法、干法、滚筒干燥法和挤压法等几种，其中最主要的生产方法是湿法。

1. 湿法

湿法也称浆法。即将淀粉分散在水或其他液体介质中，配成一定浓度的悬浮液，在一定的温度条件下，与化学试剂进行氧化、酸化、酯化、醚化和交联等反应，生成变性淀粉。其工艺流程如图 7-1、图 7-2 所示。如果采用的分散介质不是水，而是有机溶剂，或含水的混合溶剂时，为了区别于用水做分散介质的湿法，又称这种生产方法为溶剂法。大多数变性淀粉都可采用湿法进行生产。

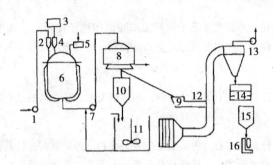

1，7—泵；2，4—计量器；3—高位罐；5—计量秤；6—反应罐；8—自动卸料离心机；
9—螺旋输送机；10，11—洗涤罐；12—风机；13—气流干燥器；14—粉筛；15—贮罐；16—包装机

图 7-1　湿法变性淀粉生产工艺流程（一）

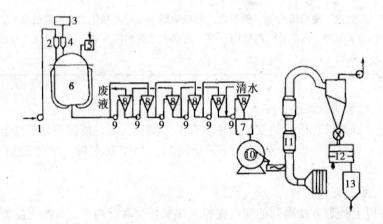

1，9—泵；2，4—计量器；3—高位罐；5—计量秤；6—反应罐；7，13—贮罐；
8—螺旋器；10—卧式刮刀离心机；11—气流干燥器；12—成品筛；13—贮罐

图 7-2　湿法变性淀粉生产工艺流程（二）

2. 干法

干法，即淀粉在含少量水（通常在 20% 左右）或少量有机溶剂的情况下，与化学试剂发生反应而生成变性淀粉的一种生产方法。由于干法反应体系含水量少，所以干法生产中一个最大的困难是淀粉与化学试剂的均匀混合问题。工业上除采用专门的混合设备以外，还采用在湿的状态下混合，在干的状态下反应，分两步完成淀粉变性的生产方式。其

工艺流程如图7-3、图7-4所示。干法生产的品种不如湿法生产的品种多，但干法生产工艺简单，效率高，无污染，是一种很有发展前途的生产方法。

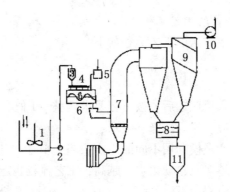

1—试剂贮罐；2—泵；3—计量器；4—分配系统；5—计量秤；6—混合器；
7—沸腾反应器；8—成品筛；9—分离器；10—风机；11—贮罐

图7-3　干法变性淀粉生产工艺流程（一）

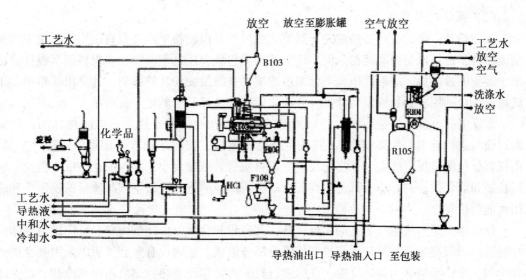

图7-4　干法变性淀粉生产工艺流程（二）

3. 滚筒干燥法

滚筒干燥法是工业上生产预糊化淀粉的一种主要方法，因采用的关键设备是滚筒干燥机而得名。虽然生产的品种不多，但也是不可缺少的生产方法，可与化学变性结合使用。

4. 挤压法与滚筒干燥法

挤压法与滚筒干燥法都是干法生产预糊化淀粉的方法。挤压法是将含水 20% 以下的淀粉加入螺旋挤压机中，借助于挤压过程中物料与螺旋摩擦产生的热量和对淀粉分子的巨大剪切力，使淀粉分子断裂，降低原淀粉的黏度。若在加料时，同时加入适量的化学试剂，则在挤压过程中，还可同时进行化学反应，此法比滚筒干燥法生产预糊化淀粉的成本低。但是，由于过高的压力和过度的剪切会使淀粉的黏度降低。因此，维持产品性能的稳定，是此法的关键环节。

7.1.3.2　变性淀粉生产的工艺流程

生产变性淀粉几种主要方法的工艺流程如下：

1. 湿法生产工艺

（1）工艺流程

一定浓度的淀粉乳送入反应罐后，按工艺要求调整 pH 值和温度。加入化学药品，达到要求的取代度后终止反应。然后洗涤、脱水、干燥，经过筛分后，将成品打包。不同的变性淀粉品种、不同的生产规模利用不同的生产设备，其生产工艺流程也有较大的区别。生产规模越大，生产品种越多，自动化水平越高，工艺流程也越复杂。反之，则可以不同程度地进行简化。其工艺流程如下：

```
            水  化学药品  水        热空气
            ↓    ↓     ↓         ↓
原淀粉→淀粉乳→反应→洗涤→脱水→干燥→筛分→产品
                  ↓         ↓
                 排液       粉碎
```

（2）操作技术要点

①淀粉乳：湿法生产变性淀粉，其原淀粉可以是由淀粉生产装置直接用管道送来的精制淀粉乳，也可以是商品淀粉。但不论是使用淀粉乳、还是干淀粉，在投料前都要计算出绝干淀粉的投放量。淀粉乳用波美计测量浓度，并测量淀粉乳的体积，计算出淀粉量。干淀粉的计量则用秤称量或以袋计量，并按化验单计算淀粉中的绝干淀粉量。

②反应：反应是变性淀粉生产最关键的工序。在搅拌的条件下，把淀粉乳加入反应器，同时进行升温，调整 pH 值，并按生产品种要求，按顺序加入一定量的各种化学品，用仪器分析测试反应终点，并终止反应。原料质量、浓度大小、物料配比、反应温度、时间长短和混合搅拌的好坏，都会不同程度地影响反应的进行、最终产品质量的稳定性和应用性能的重复性。

反应罐，是湿法生产工艺的主要设备，其容积和台数由生产量而定。反应罐由罐体搅拌装置、调温装置、监测装置和排气装置等部分组成。它因设有夹套，所以采用夹套加热和冷却。变性反应多为放热反应。反应进行时，为转移反应热，则采用冷水冷却，以保证反应温度不变。

③洗涤：反应结束后，变性淀粉中含有未反应的化学品和反应副产物，这些杂质的存在会影响产品质量，因此，要通过洗涤把杂质除掉。大型厂常采用淀粉洗涤旋流器进行逆流洗涤，与淀粉洗涤的设备相同，洗涤级数为三级或四级。反应后的变性淀粉乳，用泵送入旋流器的第一级。洗涤水从旋流器的最后一级加入，变性淀粉与洗涤水逆流接触，洗涤后的变性淀粉乳，从最末级的底流引出，送去脱水。含有洗涤杂质的水则从第一级的顶部排出，排出液中除含有杂质以外，还含有 5%~8% 的变性淀粉。所以，将这部分稀浆再通过三级旋流器进行分离，回收其中的变性淀粉。分离后的洗涤水，送污水处理系统进行处理。采用带式压滤机进行变性淀粉脱水时，洗涤是在压滤机上进行的，脱水后引入洗水对

滤饼进行洗涤。洗涤和脱水交替进行。

对于小型厂来说，常采用三足式离心机洗涤滤饼。也有用沉淀池进行洗涤的。洗涤时，将反应物放入沉淀池沉淀后，排出上清液。再加水搅拌、沉淀，排出上清液，最终得到合格的产品。这种方法投资虽少，但洗水用量大、产品产量低。

洗涤系统主要由调浆罐、分离机、旋流器和离心机等设备组成。生产中，可根据不同的要求，对这些设备进行选择和组配。

④脱水：洗涤以后的变性淀粉乳，其浓度为34%～38%。因此，需要脱水以后才能进行干燥。

脱水是使用离心式过滤机来完成的，与原淀粉生产使用的设备相同。但变性淀粉滤饼的含水量通常在40%左右，比用同样条件脱水的原淀粉含水量要高。这是由变性后的淀粉的吸水性和颗粒性质所决定的。采用真空过滤机或带式压滤机对变性淀粉脱水比较合适。在脱水的同时，还可以对滤饼进行洗涤，因而省去了专门的洗涤设备。过滤后的滤液中，留含有5%～8%的变性淀粉，可将其送去澄清系统，提浓后可收取变性淀粉。

脱水系统由离心机压滤机、精乳罐和回收液罐等设备组成，可根据不同的要求进行选择组配。

⑤干燥：与原淀粉相比，离心脱水以后的湿变性淀粉含水量较高，干燥也比较难，处理量下降。变性淀粉用气流干燥机干燥，与原淀粉生产用的机械相同。采用溶剂生产变性淀粉时，为保证溶剂的回收，降低成本，要采用真空干燥机。

变性淀粉的干燥，根据不同的工艺及产品类型，可采用气流干燥机、流化床干燥机或真空干燥机来进行。

⑥筛分：变性淀粉需要具有一定的细度和粒度，一般要求100目筛的通过率达到99.5%以上，仅靠干燥过程中自然形成的细度，不能满足要求。因此，需要对产品进行粉碎和筛分。干燥后的物料绝大部分是均匀的淀粉，送入成品筛进行筛分处理，筛下物为合格的产品进行成品打包。筛上物为大粒度或块状不合格产品，经粉碎后返回重新进行筛分。

2. 干法生产工艺

（1）工艺流程

与湿法相比，干法生产的工艺变化比较大。不同的品种，其生产工艺不同。

生产时，淀粉乳送入反应器，在一定的温度、pH值条件下，淀粉吸附化学药品于表面，经脱水预干燥到一定水分含量后，送入固相反应器，进行化学反应。或将干淀粉装入混匀器后，喷入化学药品，混合均匀后进行预干燥。然后送入固相反应器，进行化学反应。反应结束后，由于产品温度较高且水分偏低，需经过快速冷却及水平衡，过筛后进行包装，即得成品变性淀粉。干法生产的工艺流程如下：

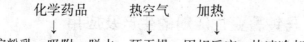

```
        化学药品      热空气      加热
          ↓           ↓           ↓
淀粉乳→吸附→脱水→预干燥→固相反应→快速冷却→水平衡→筛分包装→产品

        化学药品 热空气    加热
          ↓        ↓        ↓
淀粉→混匀→预干燥→固相反应→快速冷却→水平衡→筛分包装→产品
```

（2）操作技术要点

①混合：在中小型变性淀粉厂，经常将化学药品用水稀释，于常温下与淀粉在混合器或反应器内混合，混合后系统中含水约 40%。由于含水量相对来说比较大，溶在水中的化学品能保证均匀地与淀粉接触，然后再进行脱水和干燥。这种工艺要损失一定量的化学品，工艺也比较复杂。也可以在混匀机里直接喷入化学药品，混合均匀后进行预干燥。这种方法用水量少，但淀粉中药品的均匀性差。

混匀机多为双轴双搅拌式，采用双向搅拌装置，将洒进的化学药品与淀粉在干态下充分混合，然后再送入下道工序。

②预干燥：淀粉与化学药品混合后，含水 40% 左右，直接在干式反应器中升温进行反应，必将引起淀粉糊化，无法进行生产。所以，要对淀粉进行预干燥，将水分降至10% 以下，才能保证干式反应的正常进行。

生产中，一般采用气流干燥器进行预干燥，将湿淀粉干燥至含水 10% 以下后，送入干式反应器进行反应。如果不设专门的预干燥器，也可通过控制反应器的温度，在真空条件下，于反应器内完成预干燥。但是，一般干燥速度较慢，处理量较低。

③反应：变性淀粉干法生产所使用的固相干式反应器，有真空固相反应器、夹套式固相反应器和气固相反应器等。干法反应的温度比较高，通常在 120~160℃，要求固相反应器有性能良好的加热装置。加热多采用蒸汽或导热油。对于夹套式固相反应器，为防止局部过热，通常反应器的体积比较小，长径比较大。稍大一点的反应器除设加热或冷却的夹套以外，其搅拌轴和搅拌叶都是空心的，可以通入加热和冷却介质。

对固相反应器的基本要求，是反应要均匀，以保证较高的固相反应温度，同时应具有较高的生产率。

干法反应时间要比湿法的短得多，通常为 1~5h，也有个别的反应时间较长。反应终点通过用黏度快速测定仪分析反应物的黏度来确定，有些产品的反应终点，通过用快速分析方法测定取代黏度确定。

④增湿：反应结束后物料的水分通常在 1% 以下，而商品变性淀粉的水分要求为不超过 20%。因此，需要提高产品的水分含量。

增湿设备是通过在搅拌的条件下喷入雾化的水分而给产品增湿的，达到规定的水分量之后排入贮罐。中小型厂采用的冷却水平衡装置一般为夹套式螺旋输送机。夹套内通冷却水，物料边输送边冷却。同时，在螺旋输送机上安装水雾化器。雾化器喷洒雾状的水，与产品混合。

⑤筛分：干法反应的物料中，同样会有一些块状物，所以要对物料进行筛分。通过一定孔目的筛下物，作为成品被送去包装；筛上少量的团块经粉碎后，重新进入筛分系统过筛。

7.2　马铃薯变性淀粉的生产及应用

7.2.1　酸变性淀粉的生产及应用

在糊化温度以外，用无机酸处理淀粉，改变其性质的产品，称为酸变性淀粉。

7.2.1.1　反应机制

在用酸处理淀粉的过程，酸作用于糖苷键，使淀粉分子水解，淀粉分子变小。淀粉颗粒是由直链淀粉和支链淀粉组成，前者具有 α-1，4 键，后者除 α-1，4 键外，还有少量的 α-1，6 键，这两种糖苷键被酸水解的难易存在差别。由于淀粉颗粒结晶结构的影响，直链淀粉分子间经由氢键结合成晶态结构，酸渗入困难，其 α-1，4 键不易被酸水解。而颗粒中无定形区域的支链淀粉分子的 α-1，4 键、α-1，6 键较易被酸渗入发生水解。

用浓度为 0.2mol/L 的盐酸，在 45℃ 温度条件下处理马铃薯淀粉，颗粒没有发生膨胀，仍有偏光十字，表明酸水解是发生在颗粒无定形区，没有影响原来的结晶结构。在反应最初阶段，直链淀粉含量有所提高，支链淀粉首先被水解。这些结果表明，酸水解分为两步：第一步是快速水解无定形区域的支链淀粉；第二步是水解结晶区域的直链淀粉和支链淀粉速度较慢。最后从显微镜下观察发现，被作用的淀粉粒中，有许多小孔，原淀粉的特性因而也发生了变化。

7.2.1.2　生产工艺及反应条件

1. 原料配方

原料包括：淀粉、盐酸或硫酸、碳酸钠。

2. 生产工艺

生产工艺流程如下：

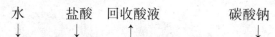

原淀粉→淀粉乳→酸处理→甩干→冲洗→中和→洗涤→脱水→干燥→筛分包装→产品

3. 操作技术要点

①调制淀粉乳：通常制备酸变性淀粉是使用 36%~40% 的淀粉乳，加热到糊化温度以下（通常为 35~60℃）。

②酸处理：加入无机酸并搅拌半小时到数小时，所用无机酸的种类、浓度以及反应时间也取决于产品所要求的性能。如用 7.5 盐酸在室温下作用 7d 或在 40℃ 下作用 3d 来制备，用 1%~3% 的酸在 50~55℃ 下作用 12~14h，用 0.5%~2.0% 的酸在 55~60℃ 下处理 0.5~4.5h，都可以得到具有 60 流动度的酸变性淀粉产品，并且黏度值与流动度值的比要高于普通产品。

③中和：当达到所需求的黏度或转化度时，中和酸，用过滤或离心脱水，洗涤干燥即成产品。

4. 反应条件

（1）淀粉乳的浓度

淀粉乳的浓度一般为 36%~40%。

（2）酸的种类及用量

酸是作为催化剂而不参与反应。不同的酸催化作用也不同。盐酸最强，其次是硫酸和硝酸。酸的催化作用与酸的用量有关。酸用量过大则反应激烈。

（3）温度

反应温度是影响酸变性淀粉性能的主要因素，见表 7-2。当温度在 40~55℃ 时，黏度变化趋于稳定，温度升至 70℃时，已经糊化。因此，反应温度一般选在 40~55℃。

表 7-2　　　　　　　　　　反应温度对盐酸酸变性淀粉黏度的影响

温度（℃）	常温	37	40	45	50	55	65	70
黏度（mpa·S）	3.341	1.300	1.123	0.844	0.733	0.667	0.650	糊化

注：酸用量为 5%，反应时间为 4h，淀粉乳含量为 40%。

水解程度与加酸量、反应温度有关，如得到相同流度的产品，可以采用表 7-3 中的条件。

表 7-3　　　　　　　　　相同流度酸变性淀粉产品的反应条件

流度（ml）	盐酸含量（%）	反应温度（℃）	反应时间（h）
60	7.5	室温	168
60	5.5	40	72
60	1~3	50~55.5	12~14
60	0.5~2.0	55~60	0.5~4.5

（4）反应时间

反应时间与加酸量及反应温度有关，见表 7-3。要制得质量稳定的酸变性淀粉，必须控制淀粉浓度及酸浓度。并在相同的温度下进行反应。即使细心控制，生产相同酸变性淀粉的反应时间也是有变化的。可通过测定流度的变化，对时间作图，用外插法预测反应完成的时间。达到这一时间后，立即中和，终止反应。表 7-4 为 50℃时，不同加工时间所得酸变性淀粉的流度变化情况。

表 7-4　　　　　　　　50℃时不同加工时间所得酸变性淀粉的流度变化

酸含量（%）	时间（h）	流度（ml）
	0.67	3.0
	1.33	8.0
	2.0	15.5
2.05	2.67	25.0
	3.33	37.0
	4.0	52.8

（5）添加剂

加入少量水溶性六价铬盐于酸性淀粉乳中，能加快反应速度，降低水溶物的生成量，有利于生产高流度产品。

7.2.1.3 特性

1. 流度

由于酸变性作用的主要目的是降低淀粉浆黏度。因此，反应终点常用测定热浆流度的方法来控制。流度是黏度的倒数，黏度越低，流度越高。

2. 溶解度

酸转化期间，随着流度的增加，热水中可溶解的淀粉量也增加。欲得到颗粒形态的淀粉制品，在通常的酸处理条件下，可能转化的淀粉量是受到限制的。

3. 颗粒特性

在室温下用显微镜观察酸变性淀粉的颗粒，发现其与未变性淀粉的颗粒十分相似。但在水中加热时，它们的特性相差很大。酸变性淀粉不像原淀粉那样会膨胀许多倍，而是径向扩展裂痕，并分成碎片，其数量随淀粉的流度升高而增加。

4. 热糊及冷糊

酸变性淀粉热糊的黏度远低于原淀粉热糊的黏度，差异取决于转化的流度。在酸变性淀粉中，颗粒已破坏成碎片，而不是膨胀。因此，酸变性淀粉糊的触变性是低的，能与牛顿流体相接近。酸变性马铃薯淀粉可得到透明度及流动性好的热糊。它们会很快变稠（老化），冷却时形成透明的凝胶。

5. 薄膜强度

酸变性淀粉特别适合应用于需要淀粉成膜性好的工业中。由于酸变性淀粉的黏度比原淀粉低得多，可在更高的浓度下烧煮和成糊，有极少的水分被吸收或蒸发，因此它们的薄膜可更快干燥，从而可供快速黏合之用。此外，酸变性淀粉的薄膜比原淀粉厚。酸变性淀粉的这种低热糊黏度，以及较高的浓度和较高的薄膜强度，使得它特别适合应用于需要成膜性及黏附性强的工业范围，如经纱上浆，纸袋黏合等方面。

7.2.1.4 应用范围

1. 食品工业

在食品工业中主要用来制造糖果，如软糖和胶姆糖，还可以制作淀粉果冻、胶冻儿童食品。高流度的酸变性淀粉制作的糖果，质地紧凑、外形柔软，富有弹性、耐咀嚼、不黏纸。在高温下不收缩、不起砂，能在较长时间内保持质量的稳定性。

2. 造纸工业

利用酸变性淀粉具有成膜好、膜强度大和黏度低等特性，将其作为特种纸张的表面涂胶剂，可改善纸张的耐磨性和耐油墨性，可提高印刷性能。

3. 纺织工业

用来进行棉织品和棉合成纤维混纺织品的上浆和整理处理。较高流度的酸变性淀粉有良好的渗透性和较强的凝聚性，能将纤维紧紧地黏聚，从而提高纺织品的表面光洁度和耐磨性。在布料和衣物洗涤后整理时，能显示出良好的坚挺效果和润滑感。

7.2.2 氧化淀粉的生产及应用

淀粉在酸、碱和中性介质中，与氧化剂作用，氧化所得的产品称氧化淀粉。用少量的高锰酸钾（$KMnO_4$）、过氧醋酸（CH_3COOOH）和次氯酸盐（$NaClO_2$），对淀粉作用，可得到轻度氧化的淀粉，其分子结构没有明显变化，常称为漂白淀粉，不视为氧化淀粉。采用不同的氧化工艺、氧化剂和原淀粉，可以制得性能各异的氧化淀粉。

氧化剂的种类很多，一般按氧化反应所要求的介质，将氧化剂分为三类：①酸性介质氧化剂，如硝酸、铬酸、高锰酸盐、过氧化氢、卤氧酸、过氧醋酸、过氧脂肪酸和臭氧等；②碱性介质氧化剂，如碱性次卤酸盐、碱性高锰酸盐、碱性过氧化物和碱性过硫酸盐等；③中性介质氧化剂，如溴、碘等。

考虑到经济实用，工业上生产氧化淀粉，主要采用次氯酸钠作氧化剂。此外，常用的氧化剂还有过氧化氢和高锰酸钾。

7.2.2.1　次氯酸钠氧化淀粉

1. 氧化机制

次氯酸钠可按以下四种方式随机地氧化淀粉：

①将直链淀粉与支链淀粉分子中的还原性醛基氧化成羧基。一般说来，醛基比羧基更容易氧化，因此淀粉分子中的醛基首先被氧化成羧基是可能的。天然淀粉中的醛基是非常少的，但由于水解和氧化断裂的发生，会形成附加的醛基，它们被氧化成羧基。

②第六碳原子上的伯醇基被氧化成羧基，生成糖醛酸链。

③第二、三、四碳原子上的仲醇基被氧化成酮基。

④乙二醇基被氧化成醛基，再被氧化成羧基。

2. 生产工艺及反应条件

（1）生产工艺

以次氯酸钠氧化淀粉的生产线，采用湿法工艺，其工艺流程如下：

水　　　　　　氢氧化钠　　　　次氯酸钠　　　　盐酸　　　　　　亚硫酸氢钠
↓　　　　　　　↓　　　　　　　↓　　　　　　　↓　　　　　　　↓

原淀粉→淀粉乳→调节 pH 值为 8~11→氧化反应→调节 pH 值为 6~6.5→还原剩余氧化剂→洗涤→脱水干燥→筛分包装→产品

（2）操作技术要点

①调制淀粉乳：将马铃薯淀粉在反应罐中制成 40%~45% 的淀粉乳，在搅拌下，用 3% 的氢氧化钠溶液调 pH 值为 8~11。加热，使淀粉乳温度在 21~38℃。

②氧化：在规定时间内，加入次氯酸钠溶液（含有效氯 5%~10%）。在反应过程中，pH 值下降，温度上升，通过添加稀氢氧化钠溶液中和所产生的酸性物质来稳定 pH 值，通过调节次氯酸钠溶液的加入速度和冷却来控制温度，以防止淀粉颗粒膨胀。调节不同反应时间、温度、pH 值，添加次氯酸钠溶液的速度以及淀粉和次氯酸钠溶液的浓度，可生产出不同性质的产品。

③终止反应：当氧化反应达到所需的程度时，将 pH 值降到 6~6.5，用 20% 的亚硫酸氢钠溶液还原剩余的次氯酸钠，经过滤和离心机分离，再经水洗除去可溶性副产品。

④烘干：产品在 50~52℃ 温度下烘干。将浓度为 1.14~1.16kg/L 的精制淀粉乳送入反应罐，在搅拌条件下，用稀碱液调整 pH 值为 9~10。然后，加入适量的次氯酸钠，进行氧化反应。反应过程中，pH 值下降，通过添加稀碱溶液进行中和，用所产生的酸性物质来稳定，氧化反应放热，引起温度上升，应当控制加次氯酸钠的速度，反应温度控制在 30~50℃。次氯酸钠用量随要求的氧化程度而定，氧化程度高，其用量也高。用量以有效氯占绝干淀粉百分数表示，一般为 3%~5%。当氧化反应达到要求程度时，将 pH 值降低

到 6~6.5。用 21% 的亚硫酸氢钠溶液还原剩余的次氯酸钠，经洗涤除去可溶性副产品、盐以及降解产品，再进行离心脱水，经气流干燥后，进行筛分和包装，即得成品。

（3）反应条件

①pH 值的影响：氧化反应过程中，要严格控制 pH 值的范围。在 pH 值低时，趋势是形成醛基；在中性 pH 值时，形成羰基；在高 pH 值时，形成羧基。由于羧基在稳定直链淀粉分子及使其具有最小的老化程度上，起重要作用，通常氧化反应是在中性到中等碱性的条件下进行，因而可以生成较大量的羧基。

②氧化剂消失速率：测定氧化剂浓度随时间延长而降低的速率表明：pH 值为 7.5~10，反应速率随 pH 值的增加而降低；pH 值为 10~11，其反应速率的变化则相反。影响次氯酸钠消失速率的其他因素包括：淀粉乳浓度（浓度越高，反应越快）、颗粒结构（如果颗粒结构是受过破坏的，反应速率更快）、温度（温度越高，反应越快）及淀粉类型。

③反应温度：气化反应放热引起温度上升，应特别注意次氯酸钠的加入速度。在碱性条件下，温度升高很容易引起淀粉的溶胀，使产品难于过滤，因此反应罐必须有降温装置。反应温度一般控制在 30~50℃。

④反应时间：反应时间对淀粉的黏度有很大的影响。淀粉品种的变化、次氯酸钠的加入速度、pH 值的波动和温度的波动等都会影响反应的速度。所以，反应的时间会产生小范围的变化，反应终点的确定最好采用快速黏度测定的方法。

3. 特性

（1）颗粒

一般说来，氧化淀粉颗粒类似于制取它们的原淀粉，仍保持着偏光十字及碘染色特征。氧化淀粉色泽较原淀粉颗粒白。在径向裂纹方面，氧化淀粉颗粒也不同于原淀粉，可以发现，颗粒中径向裂纹数随氧化程度的增加而增加。这些裂纹显然在氧化剂的更强攻击之下会使颗粒形成碎片。当在水中加热时，颗粒也会沿着这些裂纹裂成碎片，取代原淀粉颗粒的膨胀现象。

（2）化学特征

氧化过程中，羧基及羰基的生成量，糖苷键切断量等取决于处理程度。一般说来，随着次氯酸盐量的增加，淀粉相对分子质量及特性黏度降低，羧基或羰基含量增加。大多数商品氧化淀粉的羧基量在 1.1% 以上。

（3）热糊流度

与酸变性淀粉相似，使用氧化淀粉的目的之一也是降低淀粉黏度或增加流度，从而使它在较高的浓度下，在热水中成糊。氧化淀粉可以有很宽的流度范围，一般随氧化程度的增加，流度上升。

（4）热糊与冷糊的特性

氧化淀粉在热水中成糊时黏度增加的方式随处理条件而变化。在中性条件下，由次氯酸盐氧化作用得到的淀粉，其特征是在成糊或糊化时有高的黏度峰值；但在较高碱性条件下，氧化得到的淀粉有较低的黏度峰值。在热水中成糊及冷却时，氧化淀粉溶液既不会增稠，也不会像原淀粉那样硬，而且能形成较清晰的糊液。

对于氧化淀粉糊来说，它比酸变性淀粉糊又有更好的清晰度及稳定性，这主要是因为在氧化过程中，羧基进入到淀粉分子中，对直链淀粉的聚集和老化的倾向，起到了空间位阻作用的结果。

（5）薄膜性能

用次氯酸盐氧化淀粉能形成强韧、清晰和连续的薄膜。比酸变性淀粉或原淀粉的薄膜更均匀，收缩及燥裂的可能性更小，薄膜也更易溶于水。

4. 应用范围

（1）造纸工业

大约80%以上的次氯酸盐氧化淀粉被用于造纸工业，主要用于纸张表面的施胶。由于它具有成膜性好、不凝胶等优点，经过施胶后，改善了纸张的表面强度，增加了表面光滑度，因而能更加有利于书写和印刷。

（2）纺织工业

氧化淀粉可以在较低的温度下，以高浓度使用，大量地渗入到棉纱中，使它具有良好的耐磨性。在印染织物的精整中，氧化淀粉的透明膜，可避免织物出现色泽暗淡的现象。

（3）建筑材料业

氧化淀粉可以用作糊墙纸、绝热材料、墙板材料的黏合剂，并作为瓦楞纸箱的黏合剂，而被大量使用。

（4）食品工业

将轻度氧化淀粉用作炸鸡和炸鱼类食品的敷面原料，对所制的食品具有良好的黏合力，并且可以形成酥脆的表层。

7.2.2.2　过氧化氢氧化淀粉

1. 氧化机制

（1）在碱性条件下氧化

过氧化氢在碱性条件下生成活性氧，它可使淀粉糖苷键断裂，发生氧化，从而在淀粉分子上引入羰基和羧基。

将25%~30%的淀粉乳泵入反应罐中，用2%的氢氧化钠溶液调整pH值至10，维持温度在50℃，加入淀粉（干基）量1.5%的过氧化氢，反应一定时间（视产品所需黏度而定）后，对其进行过滤、洗涤和干燥，即得产品。

（2）在酸性条件下氧化

在酸性介质中，用过氧化氢作氧化剂，可得较低氧化度的氧化淀粉。氧化后的淀粉，白度增加，过氧化氢被还原生成水，没有环境污染，因此越来越受到人们的重视。

2. 生产工艺

生产工艺流程如下：

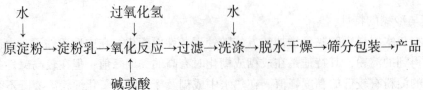

```
    水            过氧化氢         水
    ↓               ↓            ↓
原淀粉→淀粉乳→氧化反应→过滤→洗涤→脱水干燥→筛分包装→产品
                    ↑
                  碱或酸
```

7.2.2.3　高锰酸钾氧化淀粉

高锰酸钾氧化淀粉，其变性反应机制十分复杂。有些反应，其机制至今尚不十分明白。其选择性差，可在不同部位氧化多种基团。

1. 反应机制

在酸性条件下，高锰酸钾与酸反应放出活性氧。由于选择性差，因此，很难断定首先在哪个部位氧化。一般认为，在 C_6 位置上氧化成羧基的几率大一些。糖苷键发生断裂，也是无规则的。另外，在酸性介质中，淀粉中颗粒不易溶胀活化，以致影响反应的速度，而且高锰酸钾在酸性介质中不稳定，易发生分解。

在碱性介质中，高锰酸钾加入后，由紫色变成棕色。整个过程进行得很快，而从棕色褪至白色这个过程较慢，若将在碱性介质中氧化和在酸性介质中氧化两种工艺结合起来，就可以充分发挥高锰酸钾的氧化能力。

2. 工艺流程

高锰酸钾氧化淀粉工艺流程如下：

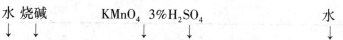

水 烧碱　　　　　KMnO₄ 3%H₂SO₄　　　　　　　　　水
↓　↓　　　　　　↓　　↓　　　　　　　　　　　↓
原淀粉→活化→一次氧化→酸化→二次氧化→分离→洗涤→脱水干燥→筛分包装→产品

7.2.2.4 用高碘酸氧化剂制备双醛淀粉

1. 氧化机制

双醛淀粉是用高碘酸作氧化剂，与淀粉作用而生成的一种特殊的氧化淀粉。高碘酸是一种特殊的氧化剂，具有高度的专一性。它只氧化相邻的羟基或醛基，即将淀粉分子中葡萄糖单位上的 C_2 及 C_3 位置上的羟基，氧化成醛基，并拆开 C_2—C_3 键形成二醛淀粉。尽管此种产品不是真正地转化淀粉，但它是一种氧化淀粉。

因此，高碘酸还原成碘酸，将碘酸通过电解作用再转化成高碘酸，用来氧化淀粉。

2. 生产工艺

由于高碘酸价格昂贵，商业上制备双醛淀粉时，需回收高碘酸反复使用。回收的方法，有电解法和化学法。最初使用一步工艺，即淀粉的氧化和碘酸的氧化在同一个反应器中进行。以后采用两步工艺，即淀粉的氧化和碘酸的氧化，分别进行。化学法回收制备双醛淀粉的工艺流程如下：

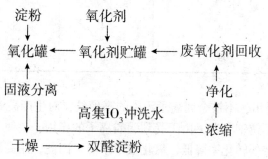

淀粉　　　　氧化剂
↓　　　　　　↓
氧化罐 ← 氧化剂贮罐 ← 废氧化剂回收
↑　　　　　　　　　　　↑
固液分离　　　　　　　净化
↓　　　　　　　　　　　↑
　　　高集IO₃冲洗水　浓缩
干燥 ── 双醛淀粉

3. 生产条件

（1）高碘酸与淀粉的摩尔比

高碘酸与淀粉的摩尔比，对氧化反应的影响见表7-5。

从表7-5中可以看出，高碘酸与淀粉的摩尔比增大，对产品的质量影响不大，但氧化效率明显降低。工业上所选用高碘酸与淀粉的摩尔比，一般在 1.05~1.20。

（2）pH值

随着 pH 值的增大, 醛基含量明显增多 (表 7-6), 但 pH 值偏大, 淀粉易凝胶化, 给产品的分离、洗涤带来困难。所以, 一般工业上生产采用的 pH 值为 1~1.5。

表 7-5 　　　　　　　　　高碘酸与淀粉的摩尔比对氧化反应的影响

高碘酸与淀粉的摩尔比	氧化效率 (%)	双醛含量 (%)
1.0	95	92
1.1	95	94
1.2	93	94
1.4	87	93
1.6	81	92

表 7-6 　　　　　　　　pH 值对高碘酸氧化反应的影响

高碘酸与淀粉的摩尔比	pH 值	氧化效率 (%)	双醛含量 (%)
1.2	0.7	95	92
1.2	1.2	94	95
1.2	4.2	96	96

（3）氧化剂的纯度

氧化剂纯度对高碘酸氧化反应的影响见表 7-7。

表 7-7 　　　　　　　氧化剂纯度对高碘酸氧化反应的影响

纯度	碘酸/高碘酸转化率 (%)	氧化效率 (%)	双醛含量 (%)	碱溶性
纯高碘酸	100	93	93	易溶
不锈钢容器	74	74	83	微溶
不锈钢电解池	99	88	92	难溶

从表 7-7 中可以看出, 不被金属离子污染的高碘酸, 对生产高碱溶性的双醛淀粉最有效。若在生产中使用不锈钢容器, 由于受到碘酸离子的作用, 会使不锈钢中的铬等溶解下来, 造成污染, 使碘酸的转化率降低, 氧化效率下降。因此, 用高碘酸制备双醛淀粉所用的设备, 必须用聚乙烯、聚氯乙烯制造, 或用不锈钢制造, 再用玻璃衬里。

4. 特性

高碘酸及其盐类可使淀粉分子中葡萄糖单位上的 C_2 和 C_3 位置上的羟基氧化成醛基, 使环形结构开裂。工业上常用的产品氧化程度在 90% 以上。这些醛基不是以游离状态存在, 而是与水分子结合成或与 C_6 位置上的伯醇羟基结合成半缩醛, 但是它们都有醛的反应活性。双醛淀粉遇碘不呈蓝色, 不溶于冷水, 但能溶于热水。

5. 应用范围

（1）造纸工业

在纸张成型之前，往纸浆内加入双醛淀粉液，干后能增加纸张的湿强度。此法特别适合于生产不怕湿的包装纸、高强度纸、卫生用纸和地图纸等。

（2）皮革工业

双醛淀粉具有与多肽的氨基和亚氨基进行反应的能力。所以，它是一种很好的皮革鞣制剂。其优点是所制出的皮革颜色浅，酸碱度在蛋白质的等电点以上，比较稳定。

（3）纺织工业

双醛淀粉可作为棉花纤维的交联剂，能提高其防缩和防皱性能；同时，还可增强其耐磨损性和抗胀强度，提高其耐用性。

（4）塑料、树脂等工业

因双醛淀粉具有增塑作用，且易于控制、能产生适宜的塑化效果。因而可用于塑料、树脂等工业生产中。

7.2.3 预糊化淀粉的生产及应用

淀粉一般是先经加热糊化再使用。为了避免这种加热糊化的麻烦，工业上生产出预先糊化再干燥的淀粉产品。用户使用时，只要用冷水调成糊就可以了。这种事先糊化并经干燥、粉碎的产品，称为预糊化淀粉，又称 α-淀粉。

7.2.3.1 反应机制

原淀粉具有微结晶结构，在冷水中不溶解膨胀，对淀粉酶不敏感。这种状态的淀粉称为 β-淀粉。将 β-淀粉放在具有一定量水存在的条件下加热，使之糊化，规律排列的胶束结构被破坏，分子间氢键断开，水分子进入其间。这时，将淀粉放在偏光显微镜下观察会失去双折射现象，结晶构造消失，并且易接受酶的作用。这种结构称为 α-结构。这一过程就是淀粉糊化的机制。由于预糊化淀粉具有多孔的、氢键断裂的结构，能重新快速地溶于冷水而形成高黏度、高膨胀性的淀粉糊，可方便地应用于许多工业部门中。

7.2.3.2 生产工艺及反应条件

1. 生产工艺

生产工艺流程如下：

淀粉→淀粉乳→糊化→干燥→粉碎→包装。

2. 操作技术要点

预糊化淀粉的生产有多种方法：

（1）热滚法

热滚法是利用滚筒式干燥机来进行生产的。滚筒式干燥机有单滚筒和双滚筒两种。双滚筒干燥机剪力大，能耗也大，但容易操作。中滚筒干燥机剪力、能耗均较双滚筒低，但不易控制。目前，在大规模的工业生产中，双滚筒正在逐渐地被单滚筒所代替。

其生产工艺分为配浆、糊化干燥、粉碎和包装这四步。淀粉浆浓度一般控制在20%～40%，最高可达44%。淀粉乳可先经化学法或酶法处理变性，或添加其他物料，如添加盐和碱性物为糊化助剂，添加表面活性剂防止黏滚筒，以改进产品的复水性。

滚筒温度控制在150～170℃。淀粉浆均匀地分布于滚筒表面，形成薄层，受热糊化，干燥到水分约 5%，被刮刀刮下，经粗碎、细碎后，加以包装，即为成品。

本工艺的主要工艺参数为浆液浓度、进料量、转速和温度。若想得到理想的产品，这几个参数必须调整到适当数值。

（2）喷雾法

此方法是先将淀粉乳糊化，将所得糊喷入干燥塔。淀粉乳浓度控制在 10% 以下，一般为 4%~5%，糊黏度在 0.2 秒毫帕以下。浓度过高，糊黏度太高，会引起泵输送和喷雾操作的困难。应用这种低浓度淀粉乳，水分蒸发量较大，能耗随之增加，故而生产成本高。采用高温和高压喷雾工艺，能将淀粉乳浓度提高到 10%~40%。例如，马铃薯淀粉乳浓度为 35%，加热到 58℃，用离心泵送入高压体系，增加压力到约 $130×10^5$Pa，进入管式热交换器，加热到 210~220℃，淀粉在热交换器内时间 1~2min，经雾化喷嘴喷入干燥塔，一直保持在高温高压条件下，淀粉糊化溶解完全，黏度低、喷雾无困难。进入干燥塔热尾温度为 155℃，卸出时温度为 135℃，所得产品的水分为 14%，溶解度约为 92%。采用普通喷雾干燥工艺，所得产品的溶解度较低，在 30% 以下。

（3）挤压膨胀法

使用螺旋挤出机，利用挤压摩擦产生的热量，使淀粉糊化，然后由顶端小孔以爆发的形式喷出，通过瞬间减压而得到膨胀和干燥。本工艺的主要工艺参数为进料水分含量、挤压温度、螺旋转速和压力等。若想得到理想的产品，这几个参数必须调整适当。

本工艺的优点是进料含水分少，一般淀粉水分约 20%，耗能低，但产品黏度较滚筒干燥法的产品黏度低很多。

（4）微波法

微波法采用一种较新的工艺，利用微波使淀粉浆液糊化和干燥，然后经粉碎而得到成品。本法基本上消除了剪切力的影响，但尚未见在工业上应用。

（5）脉冲喷气法

脉冲喷气法也是一种生产预糊化淀粉的新方法，其主要生产预糊化淀粉的核心是一个频率为 250 次/s 的脉冲喷气式燃气机。该机产生 137℃ 的喷气，使喂入的水分为 35% 的淀粉在几毫米的距离之内雾化、糊化和干燥，成品在通过一个扩散器后，用成品收集器收集。

该系统中，通过改变喷气管的尺寸和形状，喂入量、喂料口的位置和喷气量，可调整淀粉的温度、含水量和停留时间等，从而保证了最终产品的质量。这种方法具有热效率高、生产率高、适应性广（含固量 30%~35%）和产品黏度稳定等优点。

3. 特性

预糊化淀粉经磨细过筛后，呈细颗粒状。因工艺不同，颗粒形状存在差别。将样品悬于甘油中，用显微镜（放大 100~200 倍）观察，可看到滚筒干燥法的产品为透明薄片状，像破碎的玻璃片；喷雾干燥法产品为空心球状。

预糊化淀粉的复水性受粒度的影响。粒度细的产品溶于水后生成的糊具有较高冷黏度、较低热黏度。表面光泽也好，但是复水太快、易凝块，中间颗粒不易与水接触，分散困难。粒度粗，产品溶于冷水的速度较慢，没有凝块困难，生成的糊，冷黏度较低，热黏度较高。

预糊化淀粉溶于冷水成糊，其性质与加热原淀粉而得的糊相比较，增稠性和凝胶性有所降低。这是由于湿糊薄层在干燥过程中发生凝沉的缘故。

4. 应用范围

(1) 在食品中的应用

溶解速度快和黏结性是预糊化淀粉的主要性质，因此它可用于一些对时间要求比较严格的场合，在食品工业中可用于节省热处理而要求增稠、保型等方面，可改良糕点质量、稳定冷冻食品的内部组织结构等。预糊化淀粉在食品工业中主要用于制作软布丁、肉汁馅、浆、脱水汤料、调料剂以及果汁软糖等。

(2) 在鳗鱼养殖中的应用

通常鳗鱼饲料为颗粒状，它由富含维生素等营养成分饲料粉、一定比例的黏合剂、油脂等组成，其中的黏合剂必须具有以下特点：无毒、易消化、有营养；透明；直到鳗鱼吃完前，一直维持颗粒的整体形状；不被水中的溶质溶解；不黏设备。预糊化马铃薯淀粉是最好的鳗鱼饲料黏合剂，一般添加量为20%。

(3) 在化妆品行业上的应用

爽身粉是一种常用的护肤品，一般用滑石粉、淀粉及其他辅料制成。近年来国外用糊化淀粉来代替滑石粉和淀粉制造新型爽身粉，除了具有普通爽身粉的特点外，还具有皮肤亲和性好、吸水性强等特点。

(4) 在制药工业上的应用

一般的西药片是由药用成分、淀粉黏结剂、润滑剂等组成。其中的淀粉主要起物质平衡作用。新型的药片由药用成分、预糊化淀粉、润滑剂等组成。其中的糊化淀粉除了起物质平衡作用外，还起黏合剂的作用。这样就减少了加入其他黏合剂所引起的不必要的副作用。由于这种新配方所生产的药片除了能满足医用要求外，还具有成型后强度高，服后易消化，易溶解及无毒副作用等特点。

(5) 在其他行业上的应用

预糊化淀粉快速溶于冷水而形成高黏度淀粉糊的特性使其在很多方面都有成功的应用。如在金属铸造中作砂型黏合剂；在纺织工业中广泛地用作上浆剂；在建筑业中用作水质涂料；在造纸工业中，可以将预糊化淀粉作为施胶料；预糊化淀粉还可用作细煤粉和矿砂等压块的胶黏剂等。此外，还可作为进一步变性处理的原料。如在淀粉接枝共聚物的制备中，淀粉原料先经预糊化后再进行接枝反应，可使接枝支链聚合物的平均分子量显著增加，而接枝频率却可大大下降，但目前国内的应用还十分有限，因此预糊化淀粉的应用前景十分广阔。

7.2.4 交联淀粉的生产及应用

7.2.4.1 反应机制

淀粉的醇羟基与具有二元或多元官能团的化学试剂形成二醚键或二酯键，使两个或两个以上的淀粉分子之间"架桥"连在一起，产生多维空间网状结构的反应，称为交联反应。参加此反应的多元官能团，称为交联剂；淀粉的交联产物，称为交联淀粉。

交联剂的种类很多。常用于制备交联淀粉的交联剂有环氧氯丙烷、甲醛、三氯氧磷、三偏（或二聚）磷酸钠和六偏磷酸钠等。环氧氯丙烷和甲醛的反应为醚化，三氯氧磷和三偏（或二聚）磷酸钠或六偏磷酸钠的反应为酯化。

淀粉与其他分子之间，也可以交联。如淀粉与纤维交联，可制成抗水交联剂。淀粉交联后，平均分子量明显增加，淀粉颗粒中的直链淀粉和支链淀粉分子，是由氢键作用而形成颗粒结构，再加上新的交联化学键，可增强保持颗粒结构的氢键，紧密程度进一步加强。颗粒的坚韧，导致糊化时颗粒的膨胀受到限制，限制程度与交联量有关。因此，交联剂有时又称为抑制剂，交联淀粉又称为抑制淀粉。

7.2.4.2　生产工艺及反应条件

制取交联淀粉的反应条件很大程度上取决于所使用的双官或多官能团试剂。一般情况下，大多数反应是在淀粉悬浮液中进行的，反应温度从室温到 50℃ 左右。反应在中性到适当的碱性条件下进行。为促进反应，可用一些碱，但碱性过强会使淀粉胶溶或膨胀。某些情况下，如使用醛作交联剂，则反应可在酸性条件下进行，如果反应是在淀粉悬浮液中进行，在完成交联反应后，还需中和淀粉悬浮液，并采用过滤和洗涤的方法来除去盐类和未得产品。也可将交联吸附于干淀粉中，预干燥到含水量 20% 左右，再把淀粉加热到 65~105℃，维持 2~24h 后立即冷却得交联淀粉。

用来制备交联淀粉的交联剂种类很多，但在工业上应用的只有几种，最广泛使用的是己二酯与磷酸混合酐，它可生成双淀粉磷酸酯；使用表氯醇可制得双淀粉甘油醚。其中只有双淀粉己二酯和双淀粉磷酸酯可作为食用变性淀粉。

双淀粉己二酯是在适宜条件下，用由己二酸与醋酸酐的混合酸酐酯化悬浮液中的颗粒反应而成的。双淀粉磷酸酯是磷酸氯或三偏磷酸钠在碱性条件下，与水悬浮液中的淀粉颗粒反应而成的。除了与淀粉羟基反应外，一部分交联剂各自被水解成游离的己二酸、己二酸盐、磷酸、磷酸盐、甘油。由于交联反应使用的试剂量一般都很低，在水悬浮液中留下的这些残留物可用水除去。

不同的交联剂的反应速度差别很大。用磷酸氯及己二酸醋酸混合酐的反应速度是十分迅速的，未与淀粉反应的部分被迅速水解。用三偏磷酸钠的反应速度稍慢，而用表氯醇的反应速率则要慢得多，但都可采取一些措施来加快反应。制取交联淀粉的反应条件，很大程度上取决于使用的双官能团或多官能团试别。一般情况下，大多数反应是在淀粉悬浮液中进行的。采用湿法生产工艺，反应温度从室温到 50℃ 左右。反应在中性或适当的碱性条件下进行。通常，为了促进反应，可用一些碱。但碱性过大，会使淀粉糊化或膨胀。完成交联反应后，应中和淀粉悬浮液进行过滤、洗涤和干燥，以得到交联淀粉。

7.2.4.3　特性

1. 颗粒

交联后，在室温下用显微镜观察水中或甘油中的淀粉，发现淀粉颗粒的外形没有改变。只有当颗粒受热或被化学物质糊化时，才显出交联作用对颗粒的影响。

2. 糊化特性

交联淀粉特性的改变，取决于交联程度。原淀粉在热水中加热时，氢键将被削弱。如果黏度上升到顶峰，则表明溶胀颗粒达到了最大的水合程度；继续加热，维持颗粒在一起的氢键遭到破坏，使已溶胀的颗粒崩裂，黏度下降。交联淀粉颗粒随氢键变弱而溶胀。但是，颗粒破裂后，化学键的交联可提供充分的颗粒完整性，使已溶胀的颗粒保持完整，并使黏度损失，降低到最小甚至没有。若交联程度为中等时，就有足够的交联键阻止颗粒溶胀。所以，实际黏度是降低的。在高交联度时，则交联几乎完全阻止颗粒在沸水中膨胀。

所以，实际黏度是降低的。

3. 淀粉糊的特性

交联作用对淀粉糊的特性具有极大的影响。在水中加热时，颗粒开始溶胀，形成一种短油膏状质构。然而，由于颗粒崩碎释放出支链淀粉，质构变得黏着而有弹性。通过用在水中加热时不断裂的化学键加强颗粒完性，淀粉颗粒足以抵抗破碎，并使淀粉糊形成一种且具有极好增稠作用的短糊油膏状流变学特性。

4. 溶胀势

交联作用减弱淀粉颗粒的溶胀势。计算公式为：

$$颗粒溶胀势 = \frac{沉淀糊质量 \times 100}{计样干重 \times [100-溶解度（\%，干重）]}$$

5. 抗剪切性

烧煮过的交联淀粉的分散液的抗剪切性大于原淀粉。原淀粉的溶胀颗粒对剪切是敏感的。经受剪切时，它们迅速破裂，黏度降低。这种对剪切的敏感性，可通过交联作用得到克服。

6. 薄膜性质

用沸水烧煮原淀粉分散液所制得的薄膜，随着烧煮沸时间的延长，薄膜的抗张强度不断地下降。在烧煮初期，直链淀粉以分子状分散，这是淀粉薄膜具有优良抗张强度的主要原因。但在继续烧煮时，颗粒破裂成碎片，释放出支链淀粉，从而削弱了薄膜的抗张强度。交联作用提供了一种有价值的手段，可提供最大的薄膜强度。它不仅可以有效提高原淀粉的薄膜强度，也可以提高转化淀粉薄膜强度。

7.2.4.4　应用

在需要一种稳定的高黏度淀粉糊，特别是当这种糊要经受高温，剪切作用或者低 pH 值时，就要使用交联淀粉。交联作用可以作为唯一的改性手段，但常常与其他类型的衍生和改性作用结合起来使用。

对食用马铃薯淀粉，常用磷酸酯、醋酸酯或羟丙基醚类使它们交联，以起到增稠的作用，使其在酸性 pH 值条件和均质过程产生的高剪切力下，仍能保持所需的黏度。在用蒸汽杀菌的罐头食品中，采用糊化或溶胀速度缓慢的交联淀粉，使罐头食品开始时黏度低，传热快，增温迅速，有利于瞬间杀菌；杀菌之后则增稠，以赋予其悬浮性和结构组织化等特征。交联淀粉也用于罐装的汤汁、酱、婴儿食品和奶油玉米等食品中，还用于布丁和油炸食品的面拖料中。

交联淀粉用在编织物的碱性印花浆中，使浆具有高黏度和所要求的不黏着的凝稠度。交联淀粉也用在瓦楞纸板黏合剂中，使之在强碱性条件下具有高黏度。其他方面的应用，还有做石油钻井泥浆、印刷油墨、煤饼和木炭饼的黏合剂。此外，交联淀粉还可用作干电池中固定电解质的介质，玻璃纤维上浆和纺织品上浆等。

7.2.5　酯化淀粉的生产及应用

酯化淀粉，是指淀粉羟基被无机酸及有机酸酯化而得到的产品。因此，酯化淀粉可分为淀粉无机酸酯和淀粉有机酸酯两大类。淀粉无机酸酯，有淀粉磷酸酯和淀粉硝酸酯等。淀粉有机酸酯的品种较多，但目前在工业上广泛应用的有淀粉醋酸酯和淀粉顺丁烯二酸酯等。下面主要介绍几种在工业上应用比较广泛的酯化淀粉的生产工艺。

7.2.5.1 淀粉磷酸单酯

1. 反应机制

淀粉易与磷酸盐起反应，生成磷酸酯淀粉，即使很低的取代度也能明显地改变原淀粉的性质。磷酸为三价酸，能与淀粉分子中 3 个羟基起反应，生成磷酸一酯、二酯和三酯。淀粉磷酸一酯也称为磷酸单酯，是工业上应用最广泛的磷酯淀粉。

2. 生产工艺及反应条件

淀粉与无机磷酸盐的反应，都是在高温下进行的，即是采用干法生产工艺进行的。其反应过程包括前处理、酯化反应和后处理 3 个阶段：

（1）前处理

干法生产工艺的关键，是化学试剂如何与淀粉完全均匀地混合。目前，采用的工艺主要是浸泡法工艺和干法生产工艺。

①浸泡法：浸泡法工艺，通常是将淀粉悬浮在磷酸盐溶液中，将混合物搅拌 10 ~ 30min 后过滤，滤饼采用气流干燥或在 40 ~ 45℃ 条件下干燥，或采用滚筒干燥至含水 5% ~ 10%，然后加热，进行反应、冷却和调湿，即得成品。

浸泡法生产工艺的优点，是试剂与淀粉因渗透而混合均匀度好。其缺点是滤饼的存在会产生"三废"问题，且由于滤饼含水多，干燥和反应的时间会加长。其工艺流程如下：

```
        水    磷酸盐溶液
        ↓      ↓
原淀粉→淀粉乳→脱水→干燥→酯化反应→冷却→调湿→产品
```

②干法：干法生产工艺从直接将试剂用喷雾法喷到干淀粉上，然后进行混合，干燥和酯化反应。干法反应的优点是无"三废"，去湿时间短。但是，干法反应对喷雾混合设备要求高，其均匀度不如湿法好。其工艺流程如下：

```
磷酸盐溶液
    ↓喷洒
干淀粉乳和淀粉滤饼→混合→干燥→酯化反应→冷却→调湿→产品
```

（2）酯化反应

淀粉-磷酸盐混合物的热反应，可以有两个典型阶段。开始阶段，淀粉在较低温度下干燥，以除去过多的水分；然后，在较高温度下进行热反应的磷酸化。两个阶段在连续带式干燥机、喷淋式搅拌反应罐、沸腾床反应器或挤压机中完成。其中在挤压机中制得的淀粉磷酸酯，反应时间短，无污染，磷酸盐用量少。相同的取代度，其磷酸盐用量只有通常所用干法的1/3。产品的黏度比通常所用干法的要低，但比原淀粉高，而且产品的糊化温度也比通常所用干法的要低。

3. 特性

淀粉磷酸酯为阴离子衍生物，是一种良好的乳化剂。淀粉磷酸酯分散液能与动物胶、植物胶、聚乙烯醇及聚丙烯酸酯液相混合。

单酯型磷酸液粉随着取代度的增高，其糊化越来越容易，从取代度 0.05 左右起，就能在冷水中润胀了，其糊液透明，表现出高分子电解质所特有的高黏度和结构黏性。即使是取代度为 0.01 的加热糊化型产品，也很难老化，而且抗冻结、解冻的能力很强。取代度约 0.07 时，遇冷水膨胀，膨胀程度与水的硬度有关。其黏度受 pH 值的影响，铝盐、钙盐、镁盐和肽盐可使这类衍生物沉淀。

淀粉磷酸酯的糊液具有较高的透明度和黏度，较强的胶黏性，糊的稳定性高，凝沉性弱，冷却或长期储存也不致凝结成胶冻。淀粉磷酸酯的分散液，冻结后性状十分稳定。将它冷冻后又融化，再冷冻，再融化，如此反复 20 多次，其性质不会发生变化。

对淀粉磷酸单酯用碱液滴定时，有两个等电点：第一个在 pH 值 4~5，第二个在 pH 值 7.5~9。淀粉磷酸双酯只有一个等电点，即 pH 值为 4~5。将淀粉磷酸单酯用于表面活性剂中，其悬浮污物的能力超过羧甲基纤维素。

制取淀粉磷酸酯时的反应条件，显著地影响着最终产品的黏度。温度、时间、pH 值、磷酸盐的量和取代度等条件不同，反应后就会生成具有不同特性的产品，用含有 1%~5% 磷的淀粉磷酸酯分散液制成的薄膜，是透明、易弯曲及水溶性的薄膜。

4. 应用范围

（1）食品工业

淀粉磷酸酯目前在食品工业上的用途，主要是用作稳定剂、添加剂和调味剂等。低取代度的淀粉磷酸酯，可用于中性和弱酸性食品，如作奶油、奶酪等的添加剂，具有改善食品味道和提高冻融稳定性的作用。中取代度的淀粉磷酸酯，可用作 pH 值 3.0~3.5 的中等酸度的食品，如儿童食品及桃、杏、梨、香蕉等水果布丁的添加剂，能改善食品的稠度，并有一定的香味。高取代度的淀粉磷酸酯，可用作强酸性食品，如果酱、水果布丁等的添加剂。在日本，它被用作冰淇淋、果子酱、番茄酱、果汁和辣酱油，以及制冷鱼、虾和蔬菜的改进剂。在俄罗斯，它被用作沙拉油的稳定剂和代替蛋黄酱，烤制食品的改进剂，片状食品的凝固剂，用后具有改善食品的稠度和结构，提高食品质量的效果。

（2）造纸工业

淀粉磷酸酯用作纸板的增强剂、印刷纸的表面施胶剂和铜板纸的颜料黏合剂。纸张中加入少量淀粉磷酸酯，可提高填料在成品纸上的保留率，改进了施胶效果，同时明显提高了纸的强度和伸长率。作为着色纸的颜料黏结剂，它具有保持纸张平整光滑、颜料不脱落和不吸潮等作用。淀粉磷酸酯在造纸工业中，用作湿部添加剂，能提高纸张的强度和耐折度，提高填料的留着率和降低白水的浓度。

（3）纺织工业

淀粉磷酸酯在纺织工业中，可以作为纱线和织物的上浆剂和处理剂，具有胶浆久存性好，纱线光滑、不断头，织物平整、饱满和挺括，印染均匀性和颜料渗透性提高的效果。50~90 份磷酸酯淀粉，与 50~100 份聚乙烯醇（PVA）混合，可作为纯棉纱、涤/棉纱的浆料。

（4）絮凝剂

淀粉磷酸酯可作为洗煤场尾水的絮凝剂。含 4~10mg/kg 磷酸酯淀粉，即有絮凝性能，如与聚丙烯酰胺配合使用，则可提高絮凝作用。每 1t 尾水需 0.28kg 磷酸酯淀粉及 0.016 kg 聚丙烯酰胺。鱼类加工，肉类包装，蔬菜及水果装罐，啤酒酿造中的废水和浸泡水，纸浆废水，石油钻井水及矿物加工水与废水中的悬浮固体，可用磷酸酯淀粉及金属盐相结合的方法，来絮凝分离。在 1L 水中加入 10~30g 马铃薯淀粉磷酸酯，使其在管道中防止水垢的形成。

（5）药物

在干洗剂中，淀粉磷酸酯可作为疏水性粉末助剂，或作为药物的填充剂。磷酸酯淀粉可提高前列腺素对热的稳定性。脱酯的磷酸酯淀粉，与放射性核元素结合，可制取生化上可接受的标记放射线的诊断剂。增塑过的淀粉磷酸酯薄膜，可用于处理皮肤创伤。一般认为，用这种薄膜处理比原来的治疗方式感染少，结痂生长快，干扰少。

（6）农业

将 0.5%~5% 的淀粉磷酸酯混入表层土壤，能提高土壤的保水能力。淀粉磷酸酯还可用作家禽及反刍动物的饲料添加剂。

（7）黏合剂

淀粉磷酸酯可作为铸造砂模芯的黏合剂，可与氯丁橡胶胶乳混合成强度良好和快速黏结的黏合剂。用以黏合木板，抗剪切强度高于氯丁橡胶胶乳。磷酸酯化的羧甲基淀粉与硼砂相结合，是一种良好的黏合剂。

（8）其他用途

高交联二酯淀粉，可应用于电池。单酯产品有助于棉籽油和大豆油的品质稳定，也是油脂的优良乳化剂。能与少量铁、铜、镍、铅等相混合，可防止这些金属离子对油脂氧化的催化作用。淀粉磷酸单酯，还可以 0.01% 的浓度添加到水泥中，以改进其可塑性和降低混凝土表面的水泥浮浆现象。在 1L 水中加入 10mg 淀粉磷酸酯，即能防止或抑制锅垢的沉积。

7.2.5.2　淀粉醋酸酯

淀粉醋酸酯，又称为乙酰化淀粉，或醋酸酯淀粉，是酯化淀粉中最普通也是最重要的一个品种。工业上生产的主要为低取代度的产品（DS<0.2），被广泛应用于食品、造纸、纺织和其他工业中。它是淀粉与醋酸酐在碱性条件下进行反应，所得到的酯化淀粉。

1. 反应机制

淀粉分子中的葡萄糖单位的 C_2、C_3 和 C_6 位置上具有羟基，在碱性条件下，能被醋酸酐取代，制得低取代度的醋酸酯淀粉。

如果想要制得较高取代度的醋酸酯淀粉，首先，淀粉必须更有活性。通过加入吡啶，产生吡啶-水共沸混合物，经蒸馏将水除去，可获得一种糊化淀粉和无水吡啶混合物，再用醋酸酐进行处理，就能容易地获得取代度为 0.3 的产品。

2. 生产工艺及反应条件

（1）原料配方

原料包括：马铃薯淀粉、醋酸、醋酸酐、醋酸乙酰酯、乙烯酮等。

（2）生产工艺

生产醋酸酯淀粉的工业方法，主要有湿法和干法两种；其中最主要的生产方法是湿法。

其干法生产工艺流程：淀粉→药剂浸→预干燥→烘干→冷却→调水分→包装。

湿法生产工艺流程：淀粉→淀粉乳→药剂反应→洗涤→脱水→干燥→粉碎→包装。

（3）操作技术要点

将淀粉用水调成 40% 的淀粉乳，用 3% 氢氧化钠溶液调节 pH 值到 8.0，然后缓慢加入需要量的醋酸酐。为了防止无水醋酸和生成的醋水解，最好在室温下同时加入 3% 的氢氧化钠溶液，以保持 pH 值为 8.0~8.4 。反应一定时间后，用当量 0.5N 盐酸溶液调节 pH 值为 7.5，过滤后加水洗涤、再洗涤，然后干燥，即得醋酸酯淀粉。醋酸酐的作用决定于要求的取代度。反应效率为 70%，使用 0.1mol（10.2g）醋酸酐，可得取代度为 0.07 的产品。制造高取代度的淀粉时，将淀粉放在 60% 的吡啶溶液中于 115℃ 温度条件下回流 1h，使淀粉在没有糊化的情况下而活化、加入醋酸酐，可以获得一种三醋酸酐新产品。另一种活化方法是，将淀粉乳放在 90℃~100℃ 条件下蒸煮，使淀粉颗粒破裂，再经强烈的剪切搅拌作用，破坏膨胀的淀粉颗粒，再用乙醇沉淀回收，洗涤，最后在减压状态下干燥到水分含量为 5% 以下。

（4）反应条件

①淀粉酯形成过程中 NaOH 量的影响。从理论上讲，淀粉中 NaOH 含量越大，则淀粉反应活性越强。但在水分中 NaOH 含量≥2% 时，则淀粉在常温下立刻糊化。因此，NaOH 的量只能限制在 1.5% 以下的范围内变动。在其他条件相同的情况下，改变碱的用量，黏度与 pH 值的关系曲线如图 7-5 所示。

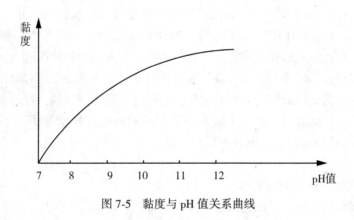

图 7-5　黏度与 pH 值关系曲线

图 7-5 表明，酯化时，随着 pH 值的增大，2% 酯化淀粉的黏度也上升。在生产中，可选择 8.5~9.5 的 pH 值。因为 pH 值≥10 时，即随反应时间的增长，而使淀粉产生糊化，使脱水过程变得困难。

②反应时间的确定。一般地说，时间越长，取代度（DS）越大。但综合进行考虑，时间若大于 2h 后，则取代度（DS）增加十分缓慢。考虑生产效率，确定反应时间以在常温下（20℃）1.5h 为宜。若时间小于 50min，则反应进行不够充分。在反应中，若时间在 50~60min，则产品黏度较小，而稠度增大。若反应时间在 1.5h 以上时，稠度变小一些，黏度则明显增加。

③酯化反应中酸酐用量的影响。在酯化反应中，酸酐的用量较为重要。随酸酐用量的增加，取代度（DS）上升，黏度上升，如图 7-6 所示。

通过大量实验表明，酸酐用量以在 7%~10% 较为适宜。若其用量小于 6%，则黏度降低，稠度增大，且透明度也差。另外，其取代度也随酸酐用量的增加而增加。如果酸酐用量大于 10%，则取代度、透明度及黏度变化率不十分明显。

④水洗情况的影响。在完成反应后，应对产品进行充分地水洗，水洗得越彻底，直链

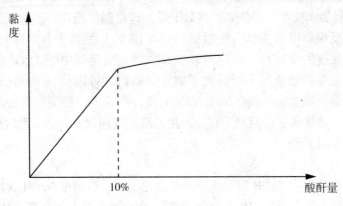

图 7-6　黏度与酸酐量关系曲线

淀粉含量越少，淀粉中含盐越少，对味道及黏度影响越小。因此一定要水洗充分。

⑤反应温度对酯化的影响。一般地说，反应温度越高，反应速度也越快。但温度与 NaOH 之间有互相抑制的作用，温度越高，NaOH 用量越少，且不易控制，若温度大于 40℃时，则易于糊化，条件较难控制。因此，选定温度为 20~30℃即可。在这种温度条件下，虽反应时间略长，但考虑能源及条件易控制两个因素，可使反应时间相对拉长。

⑥交联剂对酯化反应的影响。在酯化反应的同时，加入交联剂，可增大酯化淀粉的分子量。增大黏稠度，能显示在低 pH 值和均质过程的高速搅拌情况下，不降低黏度的特性，同时在低 pH 值储藏时，具有良好的稳定性。

3. 特性

（1）低取代度淀粉醋酸酯的特性

淀粉醋酸酯容易糊化，可通过调整生产工艺得到不同的糊液黏度。

淀粉醋酸酯为非离子型，糊液的凝沉性差，稳定，成膜性能好，薄膜具有较好的柔软性、耐折度和耐磨度等特点。它的透明度和光泽度较好，又较易溶于水，因而适用于纺织和造纸工业。淀粉醋酸酯可进行复合变性，得到复合变性产品。

（2）高取代度淀粉醋酸酯的特性

淀粉醋酸酯的水溶性随取代度增加而提高，当达到一定值时，它会完全溶于冷水之中。高取代度淀粉醋酸酯的成膜性能大大降低，强度脆弱，甚至干燥后成为脆片。

4. 应用范围

（1）食品工业

取代度（DS）为 0.02~0.05 的醋酸酯淀粉，因为在淀粉链间增加了乙酰基，使淀粉糊液稳定性好，不易老化；糊化温度比原淀粉低，溶液呈电中性，即使冷却也不形成凝胶，有抗凝沉性能。糯糊及薄膜的透明度均较高。因此，被广泛用作食品的增稠剂和保型剂。经交联的醋酸酯淀粉，常用作罐头和容器包装的婴儿食品、水果馅和奶乳馅的填充剂，使产品能在温度变化的条件下，可长期存放。在冷冻水果馅、菜肉馅和肉汁馅中使用醋酸酯淀粉，有利于低温保存。在烘焙食品中（馅饼、烘饼和馅糕）使用醋酸酯淀粉，可使其具有较大的抗"渗水"能力。在食品加工中，醋酸酯淀粉作为增稠剂使用，其优点是黏度高，透明度高，凝沉性弱，储存稳定。淀粉醋酸酯又常进行复合变性，交联淀粉醋酸酯对于高温、强剪切力和低 pH 值影响，具有更高的黏度稳定性、低温储存性和冻融稳定性，适于罐头类食品应用，能在不同温度下储存。

（2）纺织工业

在纺织工业中，主要应用淀粉醋酸酯为棉纺、棉花与聚酯混纺和其他人工合成纤维混纺经纤纱上浆。因为它成膜性好，因而纱强度高，柔软性好，耐磨性高，织布效率高，水溶解性高，易用酶处理退浆，适于进一步染色和整理。由于它糊化温度低，黏度又稳定，因而适于低温上浆。它还能与树脂合用于织物整理，不需要用碱处理。因此可以降低成本，增加织物的重量和改进"手感"。

（3）造纸工业

在造纸工业中，主要应用淀粉醋酸酯于纸表面施胶，增加纸张强度，改善印刷和其他性能。因为胶膜的柔软性使纸张折叠性较好，所以不易破裂。由于淀粉醋酸酯的胶液稳定性高，与上胶料中加用的其他亲水性胶料的共溶性好，因而能得到均匀的胶体。回收用淀粉醋酸酯上胶的废纸，再经打浆所造的纸，对油性颜料无不利影响。淀粉醋酸酯用作胶纸带的胶黏剂，胶膜光亮柔软，重湿性也好。

7.2.6 醚化淀粉的生产及应用

醚化淀粉是淀粉分子中的羟基与反应活性物质作用，所生成的淀粉取代醚基，包括羟烷基淀粉、羧甲基淀粉和阳离子淀粉等。由于淀粉的醚化作用提高了强度稳定性，且在强碱性条件下醚键不易发生水解，因此，醚化淀粉在许多工艺领域中得以应用。

7.2.6.1 羧甲基淀粉（CMS）

淀粉在碱性条件下，与一氯乙酸（$ClCH_2COOH$）或其钠盐起醚化反应，生成羧甲基淀粉。羧甲基淀粉是一种阴离子淀粉醚，为溶于冷水的聚电解质。工业上生产的产品主要是低取代度（$DS \leqslant 0.9$）产品。羧甲基淀粉已广泛应用于食品、纺织、医药、造纸和石油工业中。

1. 反应机制

在碱性条件下，淀粉与一氯乙酸发生双分子亲核取代反应，所得的产物为钠盐。其反应方程式如下：

$$St—OH+NaOH \longrightarrow St—O^-Na^+ + H_2O$$
$$St—ONa+ClCH_2COOH \longrightarrow St—O—CH_2COONa+NaCl+H_2O$$

羧甲基取代反应，优先发生在 C_2 和 C_3 上。C_2 和 C_3 上的羟基能被高碘酸钠（$NaIO_4$）适量地氧化成醛基，被羧甲基取代后则不能被 $NaIO_4$ 氧化，利用 $NaIO_4$ 的这一特性，能测定羧甲基在 C_2、C_3 和 C_6 上的取代比例。

除上述反应外，还有下列副反应发生：

$$ClCH_2COOH+NaOH \longrightarrow HOCH_2COONa+NaCl$$

在 NaOH 更高的浓度下，$ClCH_2COONa$ 与 NaOH 发生反应，生成羟基乙酸钠（$HOCH_2COONa$）的速度，快于与淀粉的醚化反应，影响反应效率，取代度也降低。同时，增高 $ClCH_2COONa$ 和 NaOH 的浓度，可以提高取代度，但会降低反应效率。

2. 生产工艺及反应条件

　　一般制备低取代度（DS≤0.1）的产品，在含水介质中反应；而制备高取代度的产品，是在非水介质中反应或采用干法制备。$ClCH_2COOH$ 为结晶固体，熔点是 63℃，溶于水、乙醇和苯。

　　（1）在含水介质中反应

　　其工艺过程为：在反应器中加入水作分散剂，在搅拌下加入淀粉，然后加入 NaOH 进行活化，再加入适量的 $ClCH_2COOH$ 进行醚化反应，反应结束后进行洗涤和分离，经干燥后即得羧甲基淀粉（CMS）产品。其水、淀粉、碱与 $ClCH_2COOH$ 之比为 100∶（25~40）∶（0.6~0.8）∶（1.3~1.6），反应时间为 5~6h，反应温度为 65~75℃。

　　在含水介质中制备羧甲基淀粉（CMS）时，淀粉乳浓度、NaOH 浓度、$ClCH_2COOH$ 加入量、反应温度及反应时间，影响反应效率和取代度。

　　①淀粉乳浓度：随着淀粉乳浓度的增加，淀粉分子与 $ClCH_2COOH$ 分子间的碰撞几率增加，有利于醚化反应的进行。

　　②$ClCH_2COOH$ 和 NaOH 浓度：从理论上来说，$1mol ClCH_2COOH$ 与 1mol 淀粉进行羧甲基化反应时，需要 2mol 的 NaOH。其中 1mol 用以和 $ClCH_2COOH$ 生成 $ClCH_2COONa$；另外 1mol 用以中和 $ClCH_2COONa$ 和淀粉反应所生成的酸。实际上反应所需的 NaOH 大于 2mol。

　　固定 $ClCH_2COOH$ 添加量，一般随着 NaOH 浓度的增加，反应效率和取代度随之增加；当 NaOH 浓度达到 3mol/L 时，反应效率和取代度达到最高值之后，随着 NaOH 浓度的增加，取代度和反应效率下降。这是由于在较高的 NaOH 浓度时，副反应生成的 $HOCH_2COOH$ 速度加快，导致取代度和反应效率下降。

　　一方面固定 NaOH 加入量，随着 $ClCH_2COOH$ 加入量的增加，在淀粉分子的周围有较多的酸分子，因而取代度增加。另一方面，由于 $ClCH_2COOH$ 增加后，也提高了水解形成 $HOCH_2COONa$ 的几率，因此反应效率下降。同时，增加 $ClCH_2COOH$ 和 NaOH 浓度，取代度提高，但反应效率下降。在不同反应温度下，情况都是如此。

　　③反应温度与反应时间：反应时间的延长，会导致淀粉充分膨胀，促进反应剂的扩散和吸收，使淀粉与反应剂之间有较好的接触，因而取代度和反应效率随之提高。提高反应温度，可以加快醚化反应的速度，也即获得相同取代度的产品，高温反应时间较短。

　　（2）在非水介质中反应

　　在羧甲基淀粉生成的非水介质中，其主要反应参数为：淀粉与 $ClCH_2COOH$ 摩尔比为 1∶（0.4~0.6），NaOH 与 $ClCH_2COOH$ 摩尔比为（1.5~2.5）∶1，反应温度为 45~50℃。其具体的反应过程如下：

　　首先，称取淀粉 8g，向三口烧瓶中加入酒精 450ml，然后把烧瓶固定在搅拌器下，边缓慢搅拌边加入淀粉。称取一定量的 NaOH 固体，加入淀粉酒精混合溶液中，搅拌 30min，再称取一定量的 $ClCH_2COOH$ 固体，放入 200ml 的烧杯中，加入 150mL90% 的酒精溶液，搅拌至 $ClCH_2COOH$ 完全溶解。然后，把烧瓶转到水浴锅中，将温度精确调整到反应所要求的温度，不断搅拌，并加入 $ClCH_2COOH$ 酒精液。待 $ClCH_2COOH$ 加入完毕，于恒温下缓慢搅拌至所要求的水浴时间。水浴完后，将反应产物从三口烧瓶中倒入 1000ml 的烧杯中，静置 2h 再倒去上清液，对沉淀物用酒精液进行洗涤，静置后用滤布过滤。再将沉淀物于 75℃ 烘箱中烘干 3h，所得成品即为最终产品。对上清液、洗涤液和滤液，要回收提纯其酒精。

与含水介质相似，碱和 $ClCH_2COOH$ 的浓度、反应时间、反应温度和反应介质，以及溶剂与水的比例，对产品的取代度都有影响。其中，前 4 个因素对反应的影响类似含水介质。反应介质及其与水的比例，对反应的影响情况如下：

①反应介质：应用能与水混溶的有机溶剂为介质，在少量水分存在的条件下进行醚化，能提高取代度和反应效率，产品仍保持颗粒状态。常用的有机溶剂有乙醇、丙酮和异丙醇等。用不同的反应介质在反应条件相同的情况下，所制得的羧甲基淀粉（CMS）的情况见表 7-8。

表 7-8　　　　　　　　　　　　不同反应介质对取代度的影响

反应介质	水	甲醇	丙酮	乙醇	异丙醇
取代度（DS）	0.1755	0.2294	0.3793	0.4756	0.5897

从表 7-8 可以看出，除水以外，甲醇的效果较差；其次为丙酮和乙醇，异丙醇的效果最佳。异丙醇不挥发，更适用，在 30℃ 下反应 24h，反应效率高于 90%。

②溶剂与水的比例：$ClCH_2COOH$ 和 NaOH 都是水溶性的，要与淀粉反应，必须有水的存在。研究表明，在 3.21~5.32mol/L 浓度范围内，当水的用量增加时，产物的取代度和黏度，随水分增加而增加，超过 5.32mol/L 时，羧甲基淀粉（CMS）的取代度下降。其原因与反应体系内大分子线团的机械强度和线团的范德华引力（Van Der Waals Force）大小有关。反应体系中淀粉颗粒溶胀程度大，反应基团与试剂接触机会增加，提高了有效分子碰撞几率，有利于反应的发生。但溶胀到一定程度，又降低了大分子线团的机械强度。结果大分子线团断裂的数量增多，降低了相对分子量，同时黏度与取代度下降。

当乙醇中含水率为 13%~14% 时，可获得高取代度的产物。在高于 95%（体积）的乙醇中，羧甲基化难以发生。

3. 特性

羟基取代的产品，需加热才能糊化。取代度从 0.15 左右起开始能在冷水中溶胀。若不发生解聚，则黏度随取代度的提高而增加。另外，盐类除去得越彻底，则黏度越高，羧甲基淀粉在中性至碱性环境下很稳定，但当有强酸和金属盐存在时，会产生白色混浊物至沉淀，从而丧失其功能。羧甲基淀粉具有良好的吸水膨胀性。吸水后膨胀 200~300 倍，但仍有黏性。

4. 应用范围

根据羧甲基淀粉的优良性状，可将其应用于以下各领域：

（1）合成洗涤剂

羧甲基淀粉（CMS）作为抗污垢再沉积剂，用于洗衣粉的生产配方中，传统的配方中用的是羧甲基纤维素（CMC）。研究结果表明，羧甲基淀粉溶液对重金属离子有较好的封锁能力，对固体污垢有较理想的悬浮分散能力，并有防止污垢再污染的效果。羧甲基淀粉用于洗衣粉配方的试验表明：羧甲基淀粉完全能达到与 CMC 同样的抗污垢再沉积效果，使每吨洗衣粉原料费用降低 31.66 元。羧甲基淀粉是一种有发展前途的洗涤剂添加剂。我国洗衣粉行业在 20 世纪 80 年代末，开始使用羧甲基淀粉，由于其价格低廉，得到迅速推广。

（2）油田钻井

羧甲基淀粉作为泥浆降失水剂，在油田得到广泛使用。它具有抗盐性，可抗盐至饱和，并具有防塌效果和一定的抗钙能力，已被公认为一类优质降失水剂。不过羧甲基淀粉在油田的应用也受到了一些限制，因为其抗温性较差，一般只能用于浅井作业。许多研究表明，取代度对羧甲基淀粉的抗温性影响较大。目前油田用羧甲基淀粉的取代度的指标为 0.2~0.4，抗温 120~130℃；当取代度达到 0.8 时，可抗温 140~150℃，同时抗腐败能力也得到提高。因此，开发和生产高取代度羧甲基淀粉在油田钻井中应用，将是发展的方向之一。

（3）制药

羧甲基淀粉可作为片剂崩解剂。当其在一定的取代度时，具有良好的吸水性和吸水膨胀性。羧甲基淀粉吸水后，体积增大 300 倍，使药片在崩解介质中迅速吸水膨胀崩解，同时促进药物溶出，以有利于人体对药物的吸收。应用结果表明，羧甲基淀粉是最优良的药片崩解剂之一。近年来，随着国家有关部门将药片的崩解速度定为必检项目，制药行业对羧甲基淀粉的使用量大量增加。

（4）印染

将羧甲基淀粉（CMS）可用于印花糊料，此方面已有不少研究。羧甲基淀粉在印染厂应用的结果表明，羧甲基淀粉可以作为活性染料印花糊料，部分或全部代补海藻酸钠，降低成本 40% 左右。特别是高取代度羧甲基淀粉用于活性染料印花时，具有较高的着色率和理想的印花效果。

（5）其他

纺织涂料等行业也不同程度地应用了羧甲基淀粉。纺织浆料中淀粉作为原料之一，与 PVA、淀粉等复合使用，可以改善上浆效果。建筑行业将羧甲基淀粉作为墙体腻子中的胶料，用量较大。也有涂料厂将涂料与 CMC 混合使用。近年来，国外在羧甲基淀粉的应用方面有不少的进展，较有价值的应用主要有化肥控制释放胶囊和种子包衣剂等。化肥控制释放是先将化肥造粒，用 CMC 或羧甲基淀粉等多糖类聚合物与 PVC 树脂混合制成胶囊，包裹化肥，可以使化肥缓慢地向土壤中扩散释放，提高肥效。种子包衣剂是将 CMC 或羧甲基淀粉水解，降低黏度，配制成 30% 的高含固量溶液，用于种子涂覆包衣剂的胶料，容易干燥，成膜致密，在土壤中吸水、保水性强、应用效果良好。

7.2.6.2　羟乙基淀粉

1. 原料配方（以干淀粉计）

原料配方包括：淀粉、氢氧化钠 1%~2%、硫酸钠 5%~7.5%、环氧乙烷 6%~10%、氮气。

2. 生产工艺

生产工艺流程如下：

```
        水、硫酸钠、氢氧化钠    环氧乙烷
              ↓                 ↓
淀粉→淀粉乳调配————→羟乙基反应→中和→过滤→洗涤→干燥→成品
```

3. 操作技术要点

①淀粉乳调配：将干淀粉调配成浓度为 35%~45% 的淀粉乳。然后将干淀粉量的 1%~2% 的碱金属氢氧化物加到淀粉乳中，使其呈碱性。为防止在碱性物加入期间淀粉局部糊化，常常加入硫酸钠（用量为液量的 2%~3%）阻止淀粉的膨胀。

②反应：通过一个浸入器皿把预订量的环氧乙烷加到淀粉乳中，在加入之前，必须用氮气净化封闭式反应器上部的空间，以免环氧乙烷与空气形成爆炸性混合物及环氧乙烷损失。反应常在 25~50℃ 下进行，较高的温度会使淀粉颗粒膨胀，造成过滤困难，较低的温度，则需要很长的反应时间。

③中和：反应结束后中和淀粉乳，过滤并洗涤除去盐和可溶性的有机副产品，最后干燥成产品。这类产品具有 0.05~0.10MS，根据所采用的特定反应条件，反应效率为 70%~90%，在羟乙基化反应以前或以后对淤浆进行酸变性处理，可得到低黏度的羟乙基淀粉。

4. 产品用途

羟乙基淀粉膜具有良好的清晰度、平滑性及可弯曲性，在纸张表面施胶及涂层中特别有用，作用该产品能提高材料的光泽、可印花性及对油脂类物质的抵抗性。这些性质对高性能书写纸、杂志用纸及与油脂接触作用纸都重要；广泛应用于纺织工业的纱线上浆、纺织品整理，在纸盒黏结、巾贴标签和信封用胶黏剂中十分有用，还用于工业增稠剂、黏合剂、成膜材料及上浆剂等。

7.2.6.3　羟丙基淀粉

1. 原料配方（以干淀粉计）

原料配方包括：淀粉、氢氧化钠 0.5%~1.0%、硫酸钠 5%~10%、环氧丙烷 6%~10%、氮气。

2. 生产工艺

生产工艺流程如下：

硫酸钠、氢氧化钠　　　　环氧丙烷
　　　↓　　　　　　　　　↓
淀粉———→淀粉乳———→羟丙基反应→中和→过滤→洗涤→干燥→成品

3. 操作技术要点

①淀粉乳的调配：将淀粉生产得到的淀粉浆，加入干淀粉量 5%~10% 的硫酸钠以抑制淀粉膨胀，然后在快速搅拌下加入干淀粉量 0.5%~1.0% 氢氧化钠，以 5%~7% 的溶液加入。

②反应：最后将干淀粉重 6%~10% 的环氧丙烷加到淤浆中。反应器是封闭的，在 45~50℃ 下反应 24h 完成，反应效率为 60%。

③洗涤：反应完成后用不定期过滤及洗涤方法从最终产物中除去副产物。这对于高纯度的食用羟丙基淀粉尤为重要。

4. 产品用途

羟丙基淀粉最大的应用领域是在许多食品及有关食品的产品中作增稠剂。

7.2.6.4　阳离子淀粉

淀粉与胺类化合物反应，生成含有氨基和铵基的醚衍生物，氮原子上带有正电荷，这种淀粉称之为阳离子淀粉。根据胺类化合物的结构或产品的特征，分为叔铵型、季铵型、伯铵型阳离子淀粉，双醛阳离子淀粉，络合阳离子淀粉，就地生产的阳离子淀粉以及两性阳离子淀粉等。季铵型阳离子淀粉的生产情况及其特性与应用范围如下：

1. 反应机制

季铵型阳离子淀粉，是叔胺或叔胺盐与环氧丙烷反应生成的，具有环氧结构的季铵盐，再与淀粉醚化反应而生成的一种阳离子淀粉。

也可用叔胺与丙烯氯起反应，得丙烯三甲基季胺氯，再用氯气进行次氯酸化（HOCl），除去丙烯基中的双键生成氯化醇，氯化醇与环氧试剂在不同 pH 值条件下可以互相迅速转移。

2. 原料配方

原料配方包括：淀粉、氢氧化钠或氢氧化钙、硫酸钠或食盐、2-乙基胺乙基氯、盐酸。

3. 生产工艺

环氧季铵型阳离子剂，由于其环氧基具有较强的反应活性，用其制备阳离子淀粉比较容易，可以用湿法、干法和半干法生产。

（1）湿法制备工艺

湿法制备工艺如下：

氢氧化钠、硫酸钠　　盐酸
　　　↓　　　　　　　↓
淀粉———→淀粉乳调制———→变性反应→中和→洗涤→干燥→成品
　　　　　　　　　↑
　　　　　　　季铵盐

该工艺的优点是，反应条件温和，生产设备简单，转化率高，而且均匀。较低的温度需要较长的反应时间。试剂与淀粉的浓度均影响转化率，易造成未反应试剂与淀粉的流失。

以 3-氯-2-（羟基丙基）三甲胺氯和淀粉反应，制备取代度（DS）为 0.01~0.07 的季铵淀粉醚。其生产工艺是：将带有搅拌器的密闭 250mL 容器，置于恒温水浴中加热至 50℃，加入 133mL 蒸馏水，50g Na_2SO_4（作为淀粉颗料膨胀抑制剂）、2.8g NaOH（0.07mol），所用 NaOH 与单体〔3-氯-2-（羟基丙基）三甲胺氯〕比例为 2.8∶1，反应 4h，反应效率可达 84%。溶解后加入 81g 淀粉（干基，淀粉浓度为 20%~35%比较合适，淀粉与单体物质的量的比为 1∶0.05），在 50℃条件下搅拌 5min，再加入 4.71g 有效单体溶液 8.3mL，反应 4h，即可得取代度为 0.01~0.07 的阳离子淀粉醚。

湿法工艺，一般在 NaOH 存在下以水为反应介质，由于反应是在碱性条件下进行的，为防止淀粉颗粒的溶胀，常需在反应介质中加入一定量的无机盐，如 NaCl 或 Na_2SO_4，加入量为 10%~20%。一般反应浆液浓度为 35%~40%，反应温度为 40~55℃，反应介质的 pH 值为 11~11.5，反应时间为 4~24h 不等。反应结束后，用 HCl 中和至 pH 值为 5.5~7.0，然后进行离心分离、洗涤和干燥，制备取代度为 0.01~0.07 的产品。NaOH 与试剂的物质量的比为 2.6∶1，试剂与淀粉的物质量的比是 0.05%~1.35%的淀粉悬浮液，在 50℃左右条件下反应 4h，转化率约为 84%。

（2）干法制备工艺

干法工艺的特点是工艺简单、基本无"三废"、反应周期短，但反应转化率低，均匀性差，对设备工艺要求比较高，同时反应温度高，淀粉在较高温度下容易解聚。

一般将淀粉与试剂掺和，利用碱性催化剂与阳离子剂一起，和淀粉均匀混合，在60℃左右条件下干燥至基本无水（水分≥1%），于120~150℃条件下反应约1h，即得产品，转化率为40%~50%。

4. 特性

阳离子淀粉糊液的黏度比原淀粉的大，随着取代度的提高，糊液的黏度、透明度和稳定性明显提高。糊化温度下降，即使取代度很低（0.07左右），在冷水中也有润胀能力。这两点是阴离子淀粉与其他中性淀粉衍生物的不同之处。阳离子淀粉对负电荷纤维素几乎显示了100%的不可逆吸附作用，阳离子淀粉在纤维素和矿物纤维、颜料之间，起着离子搭桥作用。阳离子淀粉对纸张纤维的选择吸附作用，将增强其对细纤维的固定，并通过细纤维与长纤维的相互掺杂，形成一个黏结网络结构，增强纸的拉力、伸长性和折叠持久性。

用 Zeta 电位仪测定淀粉悬浮液，阳离子淀粉显阳性，且随着 DS 值的升高，Zeta 电位值也升高。悬浮液中的 pH 值会明显地影响 Zeta 电位的测定值。对于季铵型阳离子淀粉而言，通常在广泛的 pH 值范围内均呈正电位。故适用于酸性、中性或偏碱性条件下的抄纸；在高 pH 值条件下，季铵型阳离子淀粉也会失去正电性。

5. 应用范围

（1）造纸工业

阳离子淀粉的最大用途是，利用其阳离子性和强黏结性，在造纸时作内添加剂，以改善纸的耐破度、抗张力、耐折度和抗掉毛性等诸多物理性状，提高松香、矾土的施胶效果。纸浆中阳离子淀粉的比率高，可以凝集、固定填料和细纤维，使纸的滤水性能良好，从而提高在纸上的抄写速度，也大大减少了对水质的污染。

（2）纺织工业

阳离子淀粉可用于浆纱，以增加经线的润滑性和耐磨性。它还可作为玻璃纤维在搓捻和编织时的保护涂层。由于阳离子淀粉具有良好的成膜性、黏度稳定性及与聚乙烯醇的相溶性，可用作纺织纱上浆剂。阳离子淀粉还可用作洗衣整理剂，将其加到洗涤剂中，在洗涤及烘干后能改善织物的刚性及平滑性。作为玻璃纤维的上浆剂，阳离子淀粉能提高玻璃纤维的耐磨性。

（3）作絮凝剂

阳离子淀粉因带有正电荷，可从悬浊液中絮凝阴性有机或无机颗粒，如白土、二氧化钛、煤炭、铁矿砂和泥浆等，因而可用于排水净化、浮游选矿以及分离、纯化和浓缩各种生物活性物质，如酶、血浆和核酸等。阳离子淀粉还可作为高盐浓度的钻探液体的液体损失控制剂。

第8章　马铃薯副产物资源化利用

马铃薯生产和加工过程中产生的副产物，主要有马铃薯渣、汁水、废水、茎叶等。妥善处理这些副产品和废弃物，采用最经济有效的方法实现副产品和废弃物的资源化利用，不但能够将副产品和废弃物变成有用资源，通过高附加值产品的开发使其具有更加显著的经济效益，还能够有效解决这些废弃物所造成的环境污染问题。

8.1　马铃薯渣处理技术

马铃薯渣（potato pulp）是在马铃薯淀粉生产过程中淀粉与纤维分离后所产生的废渣，是采用了去离子软化水从浆料中提取了淀粉后的下脚料，属于副产品，如得不到很好的利用，将是企业的公害。按目前离心分离筛技术性能（废浆脱水机），脱水后的湿薯渣水分含量一般都在88%~89%。其中，马铃薯渣中颗粒细胞壁结合水分在76%~77%，游离水分在12%~13%。刚从生产线排出的薯渣不与空气接触时，其污染较小，它属于弱酸性，比较纯净。在这些薯渣中还残留有结合淀粉35%~37%（干基），游离淀粉3.0%~3.5%（干基）。加工1t马铃薯大约要排出0.148t湿薯渣（含水分按最低90%计算），如果薯渣不进行二次脱水，难以储存、难以运输。要把湿薯渣含水量降到75%以下实际难度很大，因为马铃薯薯渣粒径在1.5~1.9mm，纤维很细，而且马铃薯渣颗粒细胞壁没有完全破裂，其结合水分没有释放出来，同时薯渣中存在原果胶，在水分含量较高时，它的流动性很强，所以造成薯渣脱水难度较大。如果没有一个很好的方法对这些薯渣加以利用，一是会污染周边环境，二是会给企业造成一大负担。马铃薯渣中含有大量的淀粉、纤维素、半纤维素、果胶等可利用成分，同时含有少量蛋白质，可作为发酵培养基，具有很高的开发利用价值。

目前，在我国马铃薯淀粉行业，对马铃薯薯渣脱水设备选型，大部分采用其他行业固液分离脱水通用设备，一种是多头带式压滤机，另一种是卧式螺旋沉降离心机。

8.1.1　卧式螺旋沉降离心机脱水工艺

从加工车间淀粉与纤维洗涤分离工序最后一级离心分离筛（废浆脱水机）分离出的薯渣含水分在88%~89%，由卧式螺旋沉降离心机配套的单杆螺旋泵输送到薯渣脱水车间的薯渣缓冲罐暂时储存，再由一台单杆螺旋泵输送到卧式螺旋沉降离心机进行第二次薯渣脱水。使脱水后湿薯渣含水分在77%~78%。卧式螺旋沉降离心机脱去马铃薯薯渣水分10%~11%，分离出了薯渣中游离水分。同时，在薯渣缓冲罐将pH值调整在4.8~5.0，再采用封闭式皮带输送机输送到露天堆场进行自然发酵或做其他处理。采用卧式螺旋沉降离心机进行薯渣脱水，一次性投资大，大部分企业不愿意花更多的钱投入到薯渣脱水中去，但是它的运行和维修费用很低，在生产期间不存在清洗设备时所需的化学试剂费用和更换滤布的费用，仅仅是正常折旧、摊销、工资、电费。例如，荷兰某公司采用德国福乐伟公司的 Z5L/520 型卧式螺旋沉降离心机脱水后湿薯渣水分 78%，再进行自然发酵。

卧式螺旋卸料沉降离心机，俗称卧螺，又称滗析机，英文名为 decanter，是一种高效物相分离机械，分为固-液及液-液两相分离型和固-液-液三相分离型。卧式螺旋沉降离心机，广泛用于石油、化工、制药、造纸、电镀、酿造、食品加工、木材加工、城市污水处理等行业悬浮液分离，还可用于采矿工程中粒子分级、提纯、脱水等。

卧式螺旋沉降离心机的基本原理与自然沉降澄清池相似，以离心力场代替了沉降澄清池的重力场，该机可处理固体颗粒直径 0.1～5mm、浓度 0.5%～35 %（W）的悬浮液，LW 系列卧式螺旋沉降离心机外形与结构如图 8-1、图 8-2 所示。

图 8-1　LW 系列卧式螺旋卸料沉降离心机

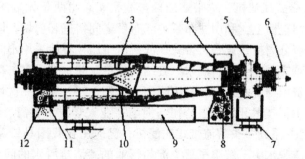

1—进料口；2—转鼓；3—螺旋推料器；4—挡料板；5—差速器；6—扭矩调节；
7—减震垫；8—沉渣出口；9—机座；10—布料器；11—积液槽；12—分离液
图 8-2　LW 系列卧式螺旋沉降离心机的结构

LW 系列卧式螺旋卸料沉降离心机采用皮带传动，并通过差速器使转鼓和螺旋推料器之间产生速度差（差转速）分离固体和液体。被分离物料由一台单杆螺旋泵送到进料管，经阀门调整所需要流量后进入离物料在离心作用下抛向转鼓的内壁上，离心机转鼓内形成液环，在转鼓高速运转下，产生离心力，比重较大的颗粒物沉积在转鼓内壁上，然后被螺旋推料器叶片推向锥体小截面的固体出渣口排出，比重轻的液体则推向锥体大截面的积液槽排出口排出,以达到固体与液体分离的目的。

　　LW 系列卧式螺旋卸料沉降离心机用于马铃薯渣脱水,与荷兰、丹麦、德国等使用的 Z5L 型卧式螺旋卸料沉降离心机技术参数和工作原理相似。利用国内不同厂家生产的卧式螺旋卸料沉降离心机对马铃薯薯渣脱水,在第一次使用前,要进行一次全面测试实验,测试方法一般应采用真空吸滤、干燥称重法来测定分离后湿薯渣和清液结果,但是卧式螺旋卸料沉降离心机只能分离不溶性物质,对含有可溶性物质的料液,要注意将可溶物含量排除在外,由于溶解度随温度下降,一部分可溶性物质在取样后因温度下降会析出,使结果产生错误。经过实验测试后,卧式螺旋卸料沉降离心机分离悬浮液是有效的,再投入到马铃薯薯渣脱水中去,只要能把马铃薯薯渣中游离水全去除,就已经得到很好结果。进口同类薯渣脱水卧式螺旋卸料沉降离心机一般性能都较国产机性能要好一些,但价格昂贵。

　　马铃薯淀粉行业对于薯渣的利用,需要解决的问题是如何把薯渣中结合水和游离水去除,才能进行下一步提高它的价值,降低生产成本,使用户能满意接受,不给企业和地方造成污染,才能保证薯渣下一步再利用。

8.1.2　SZTS 系列带式多头压滤机脱水工艺

　　采用 SZTS 系列带式压滤机进行薯渣脱水:从加工车间的淀粉与纤维洗涤分离单元最后一级离心分离筛(废浆脱水机)分离出的薯渣,由该机单杆螺旋泵输送到薯渣脱水车间的薯渣缓冲储存罐暂存,再由一台单杆螺旋泵输送到带式压滤机进行二次薯渣脱水,使脱水后湿薯渣含水分在 68%~70%。同时,在薯渣储存罐将 pH 值调整到 4.5~5.0,再利用皮带输送机输送到露天堆场。采用带式压滤机脱水效果很好,但是采用该设备脱水需要经常清洗滤布,相应增加了加化学试剂的成本,一般每隔 24h 就得采用化学试剂清洗一次脱水滤布,否则,脱水效率会降低。

　　SZTS 系列多头带式压滤机,称带式压榨过滤机。它由两条无端滤布带缠绕在多种顺序排列、大小不等的辊筒上,利用滤布带与滤布带之间挤进和剪切,取出物料中游离水和结合水,是一种固液分离机械设备。带式压滤机由于压榨辊筒采用不同位置的布置与组合形成不同的机型,可实现连续浆料脱水。其结构简单,脱水效率高,耗能较少,几乎无噪声。总投资和运行费用与卧式螺旋卸料沉降离心机相比较,它的一次性投资费用要低。目前由郑州精华淀粉工程技术开发有限公司与河南工业大学对木薯渣、红薯渣、马铃薯渣、各种豆渣研制的 SZTS 系列多头薯渣带式压滤机,已应用在我国马铃薯、木薯、红薯淀粉加工行业下脚料薯渣脱水中,解决了薯类淀粉行业的薯渣难脱水的问题。采用 SZTS 系列多头带式压滤机,脱水后的马铃薯湿薯渣含水量小于等于 75%,由于脱水后湿薯渣水分含量较低,且对薯渣自然发酵能创造有利条件。

　　SZTS 系列薯渣带式压滤机主要由机架、驱动系统、压辊、换向辊、上滤布带、下滤布带、接水、排水系统和刮板组件组成,如图 8-3 所示。SZTS 系列薯渣带式压滤机工作时,利用上滤布带与下滤布带增强挤压力和剪切力,迫使除去物料中游离水与结合水。挤压脱水时,物料置于两滤布带之间同步向前运动,运动过程滤布带经多种直径大小不同,而压力由小逐渐增大的辊筒,以及两滤布带的拉紧张力挤压,再经辊筒两边装有弹簧可以调整滤饼薄厚而自动升降的压榨辊筒进行物料挤压脱水,而脱水后滤饼再经刮板刮下。完成一个运转圆周后,返回的滤布带再经高压水喷射清洗,去除滤布孔径残留物,重新进入下一运转圆周，继续工作，以实现连续性压榨脱水。脱水后的物料滤饼含水量稳定，且不受其他因素变化影响。

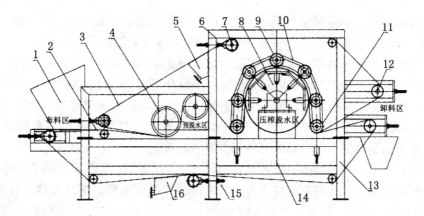

1—布料装置；2—下滤布带；3—上滤布带；4—预脱水辊筒；5—上滤布带清洗装置；6—上机架；7—上滤布带纠偏装置；8—中心辊筒；9—滤布带压紧装置；10—压榨滤布区；11—滤布带压紧装置及张紧辊；12—刮料装置；13—下机架；14—水收集装置；15—下滤布带纠偏装置；16—出水槽

图 8-3　SZTS 系列薯渣带式压滤机结构

8.2　马铃薯渣饲料生产

我国每年马铃薯加工过程中产生数百万吨的马铃薯废渣。鲜薯渣含水率高达 80% 以上，不便干燥和运输，生产季节若不及时处理不仅占用场地而且容易腐败变质，既影响原料的利用率又造成了环境的污染，成为马铃薯工业的一个十分突出的问题。目前，大多数厂家对薯渣的利用仅局限于直接以鲜薯渣或晒干后直接作为饲料。仅少数厂家烘干制成干饲料，然而烘干能耗使得饲料生产成本过高，生产难以长期维持，并且饲料的蛋白含量低、粗纤维较多、营养价值不高，适口性差，饲料品质低，饲喂效果差，不能满足家畜对营养的均衡要求，从而造成极大的浪费。

8.2.1　马铃薯渣自然发酵

马铃薯加工淀粉过程中，在薯渣脱水之前将亚硫酸溶液采用脉冲计量泵输送到卧式螺旋沉降离心机或薯渣多头带式压滤机进料区，将脱水后薯渣 pH 值调整到 4.5~5.0，然后采用皮带输送机输送到露天堆场，堆高 2.3~2.5m，5~16℃气温条件下，储存 8~14d 后温度会自然上升到 48~50℃，这个时间段薯渣颜色为浅蛋黄色，有酒香味，可用作动物添加饲料出售。但是薯渣堆高的表面会有 1mm 左右厚的薯渣颜色变成浅褐色，是由薯渣与空气接触后引起真菌所致，不会影响薯渣堆垛里面的发酵过程。马铃薯薯渣自然发酵水分含量越低越好，如果薯渣水分含量大于 80%，依靠自然发酵很难成功。在欧洲，荷兰、德国、丹麦等大型马铃薯淀粉加工企业，对于薯渣都采用自然发酵，发酵后的薯渣有一定的经济效益。

8.2.2　采用薯渣和植物秸秆发酵饲料

脱水后湿薯渣添加玉米秸秆或豌豆秸秆（干）、麦麸皮、油渣（饼）、红糖、AM 液体发酵剂（菌种）等搅拌混合后发酵牛饲料、猪饲料效果很好。生产对象以养殖专业户为主，企业牵头指导当地养殖专业户以脱水后的湿薯渣、植物秸秆、其他辅料混合后发酵动物湿饲料，既给企业带来经济效益又能减轻当地环境污染，使薯渣得到充分利用。从马铃薯淀粉与纤维分离后排出的薯渣，采用薯渣带式压滤机、卧式螺旋卸料沉降离心机进行二次脱水湿薯渣，水分含量在 75%~77%，添加粉碎后的植物秸秆可以降低薯渣水分含量，然后再添加其他辅料发酵动物饲料更方便，效果更好。

采用马铃薯湿薯渣发酵动物湿饲料时，薯渣越新鲜越好。新鲜薯渣不能与空气接触时间太长，同时要预防其他微生物的侵入。喂牛饲料和喂猪追肥湿饲料发酵过程基本相同，只是菌种不同。

8.2.2.1　配料方法

①新鲜薯渣 6t（体积大约 8.0m³）；

②小麦麸皮添加 30kg；

③油菜籽油渣或者胡麻油渣饼粉碎后添加量 25kg；

④红糖（固体）添加量 12.5kg；

⑤干玉米秸秆或小豌豆秸秆粉碎后若干吨，用来调整降低湿薯渣水分，同时增加糖分含量，减少固体红糖加入量；

⑥AM（牛）液体发酵剂 12.5kg；EM（猪）液体发酵剂 12.5kg；

⑦粉碎后的玉米秸秆渗入薯渣中，搅拌后的混合薯渣含水量在 75%~77%。

8.2.2.2　操作技术

发酵池根据所产出的薯渣产量来确定，一般采用混凝土或砖砌发酵池若干个，如图 8-4 所示：独立的一个方形发酵池，一般设计为 2m×2m×2.5m，大约能容纳 10m³ 的薯渣混合物料（根据每天薯渣产量确定）。方形发酵池在池壁设计制作扶手爬梯，方便操作人员对池底进行消毒和清扫工作，发酵池顶部设计是敞开的，方便人工入料和出料，发酵池顶部池边做"V"形密封水槽，发酵池边宽度设计为 45~50cm，其中"V"形密封槽宽度占 25cm，深度设计为 15cm（类似家庭泡菜坛子），待发酵物料填装满池后，采用 0.6~0.8mm 厚的黑色塑料布覆盖，再采用钢管或钢筋在"V"形密封槽压紧塑料盖布，并在"V"形密封槽注满水进行密封。发酵池的高度 2/3 应设计在地面"±0"以下，在有条件的情况下建造多个方形发酵池互相连接在一起，可以起到互相保温作用，也可以循环连续性生产发酵湿饲料，如果发酵池的大部分高度需建在地面"±0"以上，发酵池的四周需要采取保温措施，以防止薯渣发酵期温度损失。

在发酵池边做一块混凝土场地或铺塑料编织篷布，操作过程要求干净无外来污染物。采用液体次氯酸钠（NaClO）溶液进行喷洒消毒，液体次氯酸钠在水中稀释后浓度不能大于 4%。将马铃薯渣均匀摊在场地或者篷布上，将事先已粉碎好的玉米秸秆、豌豆秸秆、麦麸皮、粉碎油渣、红糖（化成液体）、AM 液体发酵剂（菌种）均匀地洒在薯渣上，采用人工或搅拌机进行搅拌，待搅拌均匀后装入发酵池，在搅拌过程中如发现水分达不到规

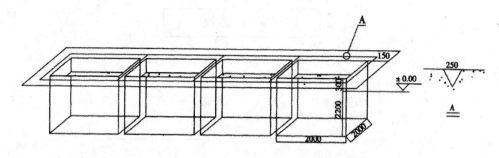

图 8-4　方形混凝土或砖砌薯渣发酵池

定要求（水分含量 75%~77%）时，再添加已粉碎后玉米秸秆调整。

把搅拌均匀混合薯渣装入发酵池，装池前清扫池壁和池底，消毒，以防止霉菌侵害，再用消过毒的工具如木棒、铁锹等工具将混合薯渣踩实。发酵池装入薯渣混合物料时，应距发酵池顶部封水槽 15~20cm 空间，快速采用不透气黑色塑料布覆盖，再用钢管或钢筋在"V"形密封槽压紧塑料盖布，在"V"形密封槽注满水进行密封。将事先准备好的温度计从发酵池端顶插入 7cm 左右。在薯渣发酵的过程中，每天最好做两次气温和发酵池中的温度记录，白天气温最高时记录一次，晚上气温最低时记录一次。薯渣发酵过程的第 7d 开始，会有气体从"V"形密封水槽溢出，这个时间段需要制定防火措施，因为这些气体中含有沼气，发酵池中的物料温度上升到 42~48℃ 时已经完成了发酵过程，应该及时出料。这个时间段发酵薯渣酒醇香味很浓，略有酸味出现，然后将使用工具进行消毒后，挖出发酵好的薯渣湿饲料，装入事前准备好的不透气塑料袋中，扎紧袋口，以减少外来空气与发酵好的湿饲料接触，然后再码垛后继续发酵。塑料内包袋不得漏气，塑料袋最好选用 2.5~2.7 丝厚，外包装选用普通塑料编织袋或回收编织袋均可，发酵湿薯渣饲料保存期能达到 1.5y。薯渣发酵动物湿饲料仅适应于年产 1.5 万 t 以下马铃薯淀粉加工企业，对于年产 2 万 t 以上的马铃薯淀粉加工企业并不适用。建议采用薯渣带式压滤机或卧式螺旋卸料沉降离心机脱去薯渣中游离水分，便于养殖专业户和工厂附近农户运输，依靠自然发酵薯渣生产成本最低，企业还有一定的收益。

8.2.3　机械加工马铃薯渣颗粒饲料①

机械加工马铃薯渣颗粒饲料的工艺流程如图 8-5 所示。

1. 原料的前处理

将湿马铃薯渣通过板框压滤机挤压脱水，然后再于 50~80℃ 条件下将压滤后的薯渣烘至含水量小于 40%，或直接烘至含水量小于 40%，制成干马铃薯渣。

2. 原料的混合

按照干马铃薯淀粉加工废渣 50%、豆粕粉 30%、苜蓿草粉 15%、食盐 0.5%，碳酸钙

---

① 陈劲春，熊浣扬，胡蓉，等．一种以马铃薯淀粉加工废渣为主要原料的高能饲料配方及其制备方法［P］．CN102334591A，2012.

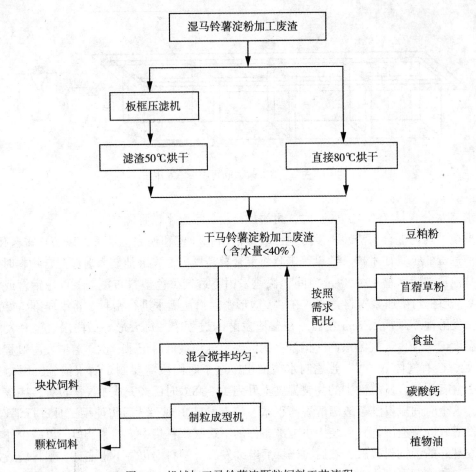

图 8-5　机械加工马铃薯渣颗粒饲料工艺流程

0.5%、植物油 4.0% 的重量比进行原料的配比，具体配比可视需求做出调整，通过混合搅拌器将物料搅拌均匀。

3. 饲料成型

将混合均匀的饲料原料放入制粒成型机中，按照不同的需求制成长度为 1~10cm 的颗粒或块状成品，包装并储存。

4. 成品饲料特点

成品饲料能量高，营养充足。通过添加干薯渣和植物油，产生丰富的糖类、油脂等能量物质。又由于干薯渣本身的蛋白以及加入的豆粕粉、苜蓿草粉，使得饲料中的总蛋白含量达到 20。添加的苜蓿草粉和豆粕粉具有草香味和大豆特有的香味，既提高了饲料的芬芳味，又可以改善饲料的风味，使之有较好的口感。少量食盐和碳酸钙的加入可以弥补原马铃薯淀粉加工废渣中钙质和盐分的不足，增加了饲料中的矿物质元素，又可以提高该饲料的渗透压，降低微生物二次污染的几率。饲料经固体挤压成型，提高了饲料的密度，方便在紧急情况下快速大量的运输和使用。

8.3 单细胞蛋白（SCP）饲料的生产

单细胞蛋白（Single Cell Protein，SCP）又称生物菌体蛋白或微生物蛋白，是指利用各种基质大规模培养细菌、酵母菌、真菌、微藻和担子菌所获得的微生物蛋白，是现代食品工业和饲料工业重要的蛋白来源。SCP 有较高的营养价值，蛋白质含量 40% ~80% 不等，所含氨基酸组分齐全，且含有多种维生素。最大特点是原料来源广、微生物繁殖快、成本低、效益高。因此，在当今世界蛋白质资源严重不足情况下，发展 SCP 越来越受到各国重视，目前已发展成为一项具有巨大经济效益的生物工程产业。

据联合国粮农组织（FAO）统计，在 20 世纪末，全球的蛋白质短缺量约为 2500 万吨。据有关资料报道，我国蛋白质饲料的缺口每年至少达 1200 万吨。近年来，使用生物技术，特别是微生物发酵技术开发新的饲料资源、生产蛋白饲料越来越受到人们的重视。尤其是进入 21 世纪后，利用微生物生产的酶制剂、抗生素、益生菌、氨基酸、维生素和饲料蛋白等产品的使用使发酵工程技术在饲料工业上得到了更广泛的应用，这些产品既可以弥补常规饲料容易缺乏的氨基酸，同时起到发酵脱毒、改变蛋白质品质、产生促生长因子、降低粗纤维等作用，能使其他粗饲料原料营养成分迅速转化，达到增强消化吸收利用的效果。

8.3.1 SCP 饲料生产概述

8.3.1.1 SCP 饲料的优势

利用微生物加工和调制饲料具有物理和化学方法所不可替代的优势，这是由微生物本身的特点所决定的。归纳起来微生物发酵 SCP 饲料具有以下五大优势：

①原料来源广泛。

据统计，目前已发现的微生物种类多达 10 万种以上，而且不同种的微生物具有不同的代谢方式，能够分解各种各样的有机物质。因此，利用微生物发酵生产饲料具有原料来源广的优点。能够用来生产微生物饲料的废弃物包括：工、农、林、水、渔等产业的各种有机废水、废渣、甚至城市垃圾和粪便；矿物质资源：石油、天然气及由它们衍生出的副产物甲醇、乙醇、醋酸、甲烷等；纤维素资源：各种农作物秸秆、糠秕、木屑、蔗渣、薯渣、甜菜渣等，这些都是自然界最丰富的物质；糖类资源有：甘薯、木薯、马铃薯等淀粉类物质和废糖蜜等。同时利用微生物不同的代谢方式可以生产菌体蛋白、酶制剂、饲用抗生素、有机酸、氨基酸等，还可以进行秸秆微贮发酵、青贮饲料、糖化饲料、饼粕类脱毒发酵、畜禽粪便发酵除臭和作为猪饲料、动物屠宰残渣发酵饲料（血粉发酵饲料）、酵母饲料、石油蛋白饲料、微型藻类生产和光合细菌培养等。

②投资少、效能高。

微生物一般都能在常温常压下，利用简单的营养物质生长繁殖。并在生长繁殖过程中积累丰富的菌体蛋白和中间代谢产物。因此，利用微生物生产和调制饲料，一般具有投资少、效能高等特点。同时，因为微生物个体微小，构造简单，世代时间短，对外界条件敏感，容易产生变异，可通过各种物理、化学方法进行诱变，或采用基因重组技术对 SCP 生产菌进行遗传性状的改变，改变微生物的代谢途径，从而获得优质高产的突变株，改变菌种的生产特性和提高菌种的生产能力。例如：对木霉进行无数次的诱变试验，从中筛选出比以前更好的变异菌株，应用于植物秸秆等纤维素资源的发酵，取得了很好的效果。

③代谢旺盛，产出率高。

微生物世代时间短，在最佳环境条件下，能以惊人的速度生长。由于微生物个体微小，具有极大的比表面积，能够在有机体与外界环境之间进行迅速的营养物质与废物交换。微生物代谢能力强，从单位重量来看，微生物的代谢强度比高等动物的代谢强度大几千倍到上万倍，能在短时间内能把大量的基质转化为有用产品。若以蛋白质含量计算，1kg SCP 相当于 1~1.5kg 的大豆。1 头体重 500kg 的牛，1d 只能合成 0.5kg 蛋白质，而500kg 的活菌体，在适宜的条件下，1d 能够生产 1250kg 蛋白质。建造一座 5 只 100t 发酵罐的工厂，可年产 5 万吨 SCP，相当于 5 万亩耕地上种植大豆的产量，用于饲料生产，可养猪 15 万头或养鸡 200 万只。

④不受生产产地、气候条件所限制，保护环境。

微生物发酵生产 SCP 不需要占用大量的土地和耕地，也不受季节和气候的限制。生产环境可人为控制，易于实现连续的工业化生产。

微生物不仅可以利用大量的工业有机废水、废渣发酵生产优质蛋白饲料，为环境保护作出贡献，而且利用微生物生产 SCP 饲料，可以避免因酸碱等化学方法加工饲料对环境造成的污染。

人们喜欢"绿色食品"，这是由传统的以水、土壤为中心的"绿色农业"所提供的。现在提到"白色农业"，指的是"微生物农业"和"生物细胞农业"等，由于这些农业不会引起环境污染，而且要求生产过程有洁净的环境，所以称之为"白色农业"。据科学家测算，借助微生物发酵工程，仅利用每年石油产量的 2% 就能生产出 2500 万~3000 万吨的 SCP，可供 20 亿人吃一年。如果用于生产配混饲料，这个数字就更加惊人，可以预计，白色农业的发展和开发对象，首先就是微生物饲料制剂的开发利用。

8.3.1.2　生产 SCP 饲料的微生物种类以及组合方式

微生物发酵生产 SCP 饲料，菌种是关键。从目前的研究结果来看，SCP 饲料的生产菌种集中在细菌、真菌（酵母、真菌、担子菌）和微型藻类。主要细菌有乳酸菌、粪链球菌、双歧杆菌、枯草杆菌、拟杆菌、光合细菌、芽孢杆菌、纤维素分解菌、光合细菌等；主要酵母有啤酒酵母、产朊假丝酵母、热带假丝酵母、解脂假丝酵母等；主要真菌有根霉、曲霉、青霉和木霉等；主要担子菌有小齿薄耙齿菌及柳叶皮伞，还有大量食用真菌如香菇、木耳等；主要微型藻有螺旋蓝藻和小球藻、绿藻等。作为 SCP 饲料的生产菌种，其原则为：①对所要处理的饲料原料作用要大；②菌种细胞及代谢产物对动物无毒无副作用；③对其他菌株不拮抗；④繁殖快、性能稳定、不易变异；⑤对环境适应性强。表8-1列出了已被用于生产 SCP 的部分菌种。

1. 细菌

乳酸菌是应用最早、最广泛的益生菌，是一类能在可利用的碳水化合物发酵过程中产生大量乳酸的细菌的总称。通常为厌氧或者兼性厌氧菌，耐酸，在 pH 值为 4.5 以下时仍可生长，研究发现代谢产物和活菌液对革兰氏阳性菌、革兰阴性菌都有很强的抑菌效果，随着 pH 值的降低抑菌作用逐渐变强，活菌体内和代谢产物中含有较高的超氧化物歧化酶（SOD），能增强动物的体液免疫和细胞免疫。

表 8-1   已被用于生产 SCP 的部分菌种

微生物	菌　种	使用原料
酵母菌	酿酒酵母（*Saccharomyces cerevisiae*）	废糖蜜、淀粉糖化液、甘蔗渣
	假丝酵母（*Candida spp.*）	淀粉废水、味精废液
	解脂假丝酵母（*C. lipolytica*）	正烷烃
	马克思克鲁维酵母（*Kluyveromyces sp.*）	乳清液
丝状真菌	绿色木霉（*Trichoderma viride*）	甘蔗渣
	禾本镰孢菌（*Fusarium graminearum*）	废糖蜜、淀粉渣
	米曲霉（*Aspergillus oryzae*）	咖啡加工废液
	黑曲霉（*Aspergillus niger*）	柑橘加工废液
	拟青霉（*Paecilomyces sp.*）	纸浆废液
藻类	小球藻（*Chlorella sp.*）	二氧化碳、太阳能
细菌	乳酸菌（*Lactobacillus sp.*）	乳清
	氢细菌（*Hydrogenomonas sp.*）	氢气
放线菌	诺卡氏菌（*Nocardia sp.*）	废弃饲料

　　芽孢杆菌是一种能够产生芽孢的好氧菌，能耐受高温、高压和酸碱，生命力强。芽孢杆菌能够耐受胃酸和消化道上段胆盐和消化液破坏，在到达消化道下段以后出芽生长繁殖；芽孢杆菌是好氧菌，在消肠道内消耗大量的氧气，维持肠道厌氧环境，从而促进乳酸菌双歧杆菌等厌氧益生菌的生长，抑制需氧致病菌的生长，维持动物肠道的菌群平衡。芽孢杆菌能够产生维生素 B_1、B_2、B_6 等 B 族维生素、维生素 C、蛋白酶、淀粉酶和脂肪酶等酶以及多种代谢产物，对饲料的降解消化吸收和动物的营养代谢起到促进作用。

　　2. 酵母菌

　　酵母是一类非丝状真核微生物，一般泛指能发酵糖类的各种单细胞真菌，酵母菌体中含有非常丰富的蛋白质、B 族维生素、脂肪、糖、酶等多种营养成分。大量的应用研究试验证明，酵母在提高动物免疫力、提高动物生产性能和减少应激等方面均起作用。饲用酵母的主要种类有啤酒酵母和产阮假丝酵母。啤酒酵母除用于酿造啤酒及其他的饮料酒外，还可发酵面包。菌体维生素、蛋白质含量高，可作食用、药用和饲料酵母。酵母菌在有氧时可进行有氧呼吸，生长旺盛；在无氧时进行发酵作用，生长速度较慢。酵母菌适宜 pH 值为 4~5 的酸性环境，不同菌株的生长范围为 pH 值为 2.0~8.0；生长温度大多在 25~30℃，少数种类可耐 45~47℃高温，一般耐糖，少数种类能在高浓度糖浆（如蜂蜜）中生长。产阮假丝酵母能发酵葡萄糖、蔗糖、棉籽糖，能同化硝酸盐。产阮假丝酵母的蛋白质含量和维生素 B 含量均高于啤酒酵母。它能以尿素和硝酸盐为氮源，不需任何生长因子。特别重要的是它能利用五碳糖和六碳糖，还能利用造纸工业的亚硫酸、木材水解液及糖蜜等生产人畜食用的蛋白质。

　　马铃薯淀粉生产废液是食用酵母理想的培养基，金霉素（Biomycin）能刺激酵母生长，同时培养基中非水解的残渣不会影响酵母的产量。马铃薯加工中的淀粉基废液，用绿麦芽处理能分解，该分解产物是工业上用 *Candida humicola* 菌株生产饲料蛋白的理想碳源。*Rhodotorula glutinis*、*Geotrichum candidum*、*Trichoderma viride*、*Gliocladium deliguescens*、

Endomycopsis fibuligera、*Saccharomyces*，*fragilisa*、*C. utilis* 等菌株可以利用各种食品厂、饮料加工厂、马铃薯加工厂中的废液和废渣，将其中的有机物转变成 SCP，酵母菌对有机碳的生物转化率可达 70%~90%。

C. utilis 用马铃薯酶水解的底物发酵生产出多种 SCP，发酵是在 pH 值为 3.5、30 ℃、通风并不断搅拌的条件下进行的，加入硫酸铵和磷酸二氢钾作为营养物质，发酵时间为 145min。1kg 马铃薯发酵可产 21g 干物质。酵母菌 *C. utilis* 和 *S. fibuligera* 是以马铃薯为底物发酵生产 SCP 的最佳菌株。将几种酵母菌接种在薯肉水解物、生产酒精废液（1∶1）和 1% 还原性物质的混合培养基中，在 *T. wittenbergi* D27、*T. utilis* D25、*C. utilis* D11、*C. tropicalis* CK4、*C. humicola* D12 和 *C. curvata* D66 菌中蛋白含量由高到低排列，蛋白含量范围为 55.7%~52.2%；而在这些菌中 *C. tropicalis* CK4（88.2%）和 *T. candida* D4（81.8%）对还原性物质的利用率最高，*T. wittenbergi* D27（18.7%）对还原性物质的利用率最低。在 72h 培养过程中酵母菌相对生长率最高的为 0.385g/h。在完全暴露于空气中的条件下，*Schwanniomyces alluvius* 在 4% 可溶性马铃薯淀粉培养基中，在 30℃ 下培养 1.5h，生产 SCP 的回收率为 51%。

3. 真菌

丝状真菌在马铃薯加工废物中生长最大的优点是它能产生淀粉水解酶，可以省去培养前先将马铃薯淀粉水解的步骤。*Penicillium digitatum* 24P 在马铃薯加工废液中发酵，除生成蛋白质外，还含有较高的不饱和脂肪酸，提高了蛋白质的生物学价值。*P. notatum* 和 *P. digitatum* 的发酵产物中含有 62% 的蛋白质，5%~7.5% 的脂肪，B 族维生素、维生素 D、蛋白质的生物学价值为 58%~80%。将 *Penicillium* 和酵母菌混合培养产生蛋白质的生物价值并不比单独用 *Penicillium* 时高，但蛋白质的产量则提高了。*T. album* 在农产品废渣、废物或副产品的培养基中发酵，蛋白质的产量占培养基干重的 57%~65%。

含淀粉的物料，如木薯粉、香蕉废料、马铃薯渣等，*Aspergillus. niger* 在 40℃、55% 的湿度下固态发酵，氮源和矿物元素的存在可使蛋白质的产量由 2.5%~5% 提高到 17%~20%，碳水化合物从 65%~90% 降低到 25%~35%，这表明生物量从 40% 提高到 50%。*A. foetidus* 在 1% 马铃薯皮的培养基中培养 48h 后，蛋白质含量从 29% 提高到 70%。在培养基中加入谷物浸汁和发酵液可使蛋白质和葡萄糖淀粉酶的产量提高。真菌 *Cephalosporium lichorniae* 152 在 pH 值为 3.75、45℃ 时可将鲜马铃薯加工废料转变成微生物蛋白。

4. 组合菌株

从组合情况看，菌种应包括纤维分解菌、氮素转化菌、增加适口性的菌。真菌、酵母菌和乳酸菌的组合发酵为多数，这是由于木霉、黑曲霉、根霉等真菌同化淀粉、纤维素的能力强，可降解秸秆饲料中的结构性碳水化合物，将工业废渣中的淀粉和纤维素降解为酵母能利用的单糖、双糖等简单糖类物质，使酵母得以良好地生长繁殖，而利用乳酸菌产生乳酸等则可改善发酵饲料的适口性。并且，组合菌株发酵增加了发酵中许多基因的功能，通过不同代谢能力的组合，完成单个菌种难以完成的复杂代谢作用，可以代替某些基因重组工程菌来进行复杂的多种代谢反应，或促进生长代谢，提高生产效率。此外，在双菌或多菌混合发酵中，酶促作用生成的糖立即被发酵糖的微生物所利用，这样就维持了降解物的浓度，消除了降解物对酶合成的阻遏作用，也解除了反应终产物对酶的反馈抑制，缩短发酵过程。这些体现了微生物之间的互惠、偏利生等关系。协同发酵形式对各种原料的有效转化、蛋白饲料的品质提高起到了重要的积极作用。

关于利用微生物组合菌株发酵，实现高蛋白菌体饲料的生物转化已有较多研究。如张西宁、周晓云等人①②③采用热带假丝酵母、产朊假丝酵母和黑曲霉单一菌种和组合菌种对酱渣、碱性蛋白酶发酵渣和柠檬酸渣进行微生物发酵生产 SCP 饲料。结果显示，采用热带假丝酵母、产朊假丝酵母 E_{311} 和黑曲霉 A_{S777} 单一菌种发酵，效果最好的为黑曲霉 A_{S777} 发酵，粗蛋白和 SCP 净增量平均为 20.26% 和 14.05%；而采用组合菌种发酵如 $A_3 + E_{311} + A_{S777}$，粗蛋白和 SCP 净增量平均为 22.18% 和 17.95%，组合菌种发酵，粗蛋白含量从整体上高于单菌种发酵。徐坚平等人④以稻草、玉米秸秆物质为原料，固态培养绿色木霉，液态糖化后接入产朊假丝酵母和快速酵母发酵生产 SCP，其中单一酵母发酵蛋白增量为 3.1%，单一木霉发酵蛋白增量为 9.0%，木霉与酵母共发酵蛋白增量为 25.2%。侯文华等人⑤从热带假丝酵母、白地霉、康宁木霉、树状酵母、绿色木霉、乳酸杆菌、担子真菌中选择 30 株菌种，以白酒糟为原料筛选 5 株生产 SCP 饲料的优化菌种，并采用液体发酵法，其中单一菌株发酵酒糟，粗蛋白提高了 2%~7.2%，而采用多种菌株协同发酵酒糟，粗蛋白可提高 10.1%~14.3%。陈庆森等人⑥利用氨法对玉米秸秆进行前处理，建立了绿色木霉（TB9701）、康宁木霉（TB9704）、米曲霉、黑曲霉和四种酵母（323，321，1817，2.21）构成的菌种发酵体系，通过对单一菌株与组合菌种发酵比较，表明 TB9704、曲霉与酵母建立的共发酵体系效果最好（粗蛋白含量增加 7.13%，总纤维利用率增加 12.30%）。

从上述例子中看出，SCP 饲料的生产菌种具有种类多和采用多菌种组合发酵的特点。从多菌种的使用情况看，真菌和酵母菌的组合发酵为多数，这是由于真菌同化淀粉、纤维素的能力强，可将工业废渣中的淀粉和纤维素降解为酵母能利用的单糖、双糖等简单糖类物质，使酵母得到良好的生长繁殖，实现生物转化 SCP 饲料的效果。采用两种或两种以上微生物发酵，体现了微生物之间的互惠、偏利生等关系。该发酵形式对各种原料的有效转化、蛋白饲料的品质提高起到了积极重要的作用。

8.3.2 马铃薯渣生产 SCP 饲料

随着饲料工业的发展，蛋白质的不足已成为全球性的问题，菌体蛋白在提供蛋白质方面起着重要的补充作用，备受世界各国的重视，各国均在积极采用微生物发酵技术开发农

---

① 张西宁. 以酱渣为原料生产蛋白饲料的研究 [J]. 食品与发酵工业, 1996 (2)：1-4.

② 周晓云, 王飞雁. 食品工业废渣以发酵技术生产菌体蛋白饲料的研究 [J]. 中国环境科学, 1998, 18 (3)：223-226.

③ 张西宁, 许培雅. 以碱性蛋白酶发酵渣制备蛋白饲料的研究 [J]. 粮食与饲料工业, 1996 (12)：22-24.

④ 徐坚平, 刘均松, 孔维, 等. 利用秸秆类物质进行微生物共发酵生产单细胞蛋白 [J]. 微生物学通报, 1995, 22 (4)：222-225.

⑤ 侯文华, 李政一, 杨力, 等. 利用酒糟生产饲料蛋白的菌种选育 [J]. 环境科学, 1999, 20 (1)：77-79.

⑥ 陈庆森, 刘剑虹, 蔡红远, 等. 多菌种共发酵生物转化天然纤维素材料的研究 [J]. 天津商学院学报, 2000, 20 (3)：1-6.

副产品的废弃物生产菌体蛋白。SCP 营养丰富，蛋白质含量较高，且含有 18~20 种氨基酸，组分齐全，富含多种维生素。

8.3.2.1　研究概况

研究表明，通过微生物发酵处理可大幅度提高薯渣的蛋白含量，从发酵前干重的 4.62%增加到 57.49%。另外，微生物发酵可以改善粗纤维的结构，增加适口性。王文侠等人[1]先用中温 α- 淀粉酶和 Nutrase 中性蛋白酶将马铃薯渣中的纤维素和蛋白质分解，再接种产生 SCP 的菌株——产朊假丝酵母和热带假丝酵母，可将 SCP 中的蛋白质含量增至 12.27%。

Schugerl 等人[2]利用 *Chaetomium cellulolyticum* 对纤维素和马铃薯淀粉渣进行分批发酵和反复分批发酵生产真菌蛋白质。研究发现，当微晶纤维素添加量为 1%时，分批发酵的最大比生长速率为 0.09/h，细胞生物量浓度为 3.9g/L；当微晶纤维素添加量为 4.5%时，最大比生长速率较低，为 0.025/h，但是细胞生物量浓度比较高，达到 10.5g/L。通过控制 *Clostridium cellulolyticum* 的产酸速率和维持 pH 值稳定的 NaOH（2mol/L）的量来调节反复分批发酵条件，细胞生物量产率由 0.058g/（L·h）增加到 0.085 g/（L·h），细胞生物量浓度由 10.5g/L 增加到 16.3g/L。分批发酵时，在由 28g/L（干物质）不经酶预处理的马铃薯淀粉渣和 25g/L 马铃薯蛋白质液组成的培养基上发酵 *Clostridium cellulolyticum*，最大比生长速率为 0.27/h，细胞生物量浓度为 4.7g/L（干物质）；当淀粉经酶转化成糖后，在 13.0g/L（干物质）的马铃薯淀粉渣和 40g/4%的马铃薯蛋白质液组成的培养基上发酵，最大比生长速率和细胞生物量浓度分别达到 0.6/h 和 9.6g/L。而反复分批发酵时，*Clostridium cellulolyticum* 在马铃薯淀粉渣和马铃薯蛋白质液组成的培养基中发酵后，最大比生长速率为 0.5/h，细胞生物量浓度为 12.8g/L。结果表明，*Clostridium cellulolyticum* 适合生产作为饲料补充剂的真菌蛋白质，当利用马铃薯淀粉渣和马铃薯蛋白质液作为发酵培养基时，不会产生有毒物质。

Aziz NH 和 Mohsen GI 等人[3]将马铃薯渣用 0.5mol/LHCl 水解后经 γ-射线照射处理，然后分别接种 *Fusarium moniliform* 和 *Saccharomyces cerevisiae* 以及它们的混合菌进行液态深层发酵，发现当马铃薯渣经 HCl 和 γ-射线处理后，微生物量和蛋白质含量均有提高，*Fusarium moniliform* 和 *Saccharomyces cerevisiae* 的混合菌株能快速高效利用自由糖，发酵 3d 后，生物量和蛋白质含量均达到最大值，分别为 13.96g/L 和 65.8%。

台湾学者 Shang-Shyng yang 等人[4]利用 10 株分解淀粉的真菌在 30℃下发酵马铃薯淀粉渣 2~3d，根据蛋白质增量筛选出较优菌种 *Saccharomyces sp.* IFO1426，并发现最佳的培养条件为初始水分含量 65%，初始 pH 值为 4.5，接种量 $1.0×10^7$ 个孢子/g 培养基。然后

---

① 王文侠，吴耕红，吴红艳. 马铃薯渣酶法水解液制备单细胞蛋白饲料［J］. 食品与机械，2005，（2）：17.

② Schugerl K, Rosen W. Investigation of the use of agricultural by products for fungal protein production［J］. Process Biochemistry, 1997, 32（8）：705-714.

③ Gelinas P, BarretteA J. Protein enrichment of potato processing waste through yeast fermentation［J］. Bioresource Technology, 2007, 98（5）：1138-1143.

④ Yang S S. Protein enrichment of sweet-potato residue with amylolytic yeasts by solid-state fermentation［J］. Biotechnology and Bioengineering, 1988, 32（7）：886-890.

考察氮源的比例以及添加方式对蛋白质产量的影响，发现在发酵过程中分批补充氮源比仅仅在初始发酵时添加氮源的效果明显要好。发酵产品干燥后，蛋白质含量为 16.11% ~ 20.82%。因为 *Saccharomyces* 不会产生曲霉毒素，所以可利用 *Saccharomyces sp.* IFO1426 发酵马铃薯淀粉渣生产 SCP 作为动物饲料。

赵凤敏等人[1]以马铃薯淀粉渣为原料，利用筛选出的糖化菌株 T-1 和高蛋白菌株 D-1，对马铃薯淀粉渣固态发酵生产 SCP 饲料的发酵工艺进行了优化。发现当硫酸铁添加 1.5%，尿素添加 1.5%，糖化菌株 T-1 接种量为 5%，高蛋白菌株 D-1 接种量为 20% 时，发酵产物中粗蛋白质含量最高。对发酵产品进行氨基酸检测和安全性分析，发现产物中氨基酸含量以及维生素 B_1、维生素 B_2 均比原料有明显提高，而且重金属和黄曲霉毒素含量均符合饲料卫生标准。同时，采用中心组合设计方法[2]，选取发酵温度、水分含量和发酵时间 3 个因素为自变量，发酵产物粗蛋白质含量为因变量，对马铃薯淀粉渣固态发酵工艺进行优化，发现最佳培养条件为温度 29.63℃、水分含量 16.45%。蛋白质液作为发酵培养基时，不会产生有毒物质。

8.3.2.2 发酵技术

1. 菌种

（1）白地霉（*Geotrichum candidum*）

白地真菌属半知菌亚门，丝孢纲，丝孢目，丛梗孢科，地霉属。菌丝有隔，有的为二叉分枝。菌丝宽 3~7μm。菌丝成熟后断裂成单个或成链、长筒形、末端钝圆的节孢子。节孢子大小为（4.9~7.6μm）×（5.4~16.6μm）。菌落呈平面扩散，生长快，扁平，乳白色，短绒状或近于粉状，有的呈中心突起。在液体培养时生白醭，毛绒状或粉状。在葡萄糖、甘露糖、果糖上能微弱发酵；有氧时能同化甘油、乙醇、山梨醇和甘露醇。能分解果胶和油脂，能同化多种有机氮源和尿素。生长温度范围在 5~38℃，最适生长温度为 25℃。生长 pH 范围在 3~11，最适 pH 值为 5~7，具有广泛的生态适应性。

广泛分布在腐烂果菜、青贮饲料、泡菜、有机肥、动物粪便、各种乳制品和土壤等环境中，生理适应能力强，能同化多种有机氮源和尿素，并可利用木聚糖、纤维素等大分子难降解物质。白地霉菌体蛋白营养价值高，富含脂类、维生素及核酸，具有良好的生物安全性，可用于处理发酵工业和食品加工业的有机废水废渣，并生产药用、食用或饲用 SCP。

（2）黑曲霉（*Aspergillus niger*）

黑曲真菌属半知菌亚门，丝孢纲，丝孢目，丛梗孢科，曲霉属真菌中的一个常见种。菌丛黑褐色，顶囊大球形，小梗双层，分生孢子球形，呈黑、黑褐色，平滑或粗糙。对紫外线以及臭氧的耐性强。菌丝发达，多分枝，有多核的多细胞真菌。分生孢子梗由特化了的厚壁从膨大的菌丝细胞（足细胞）上垂直生出；分生孢子头状如"菊花"。黑曲霉的菌丝、孢子经常呈现各种颜色。生长适温为 37℃，最低相对湿度为 88%。

① 赵凤敏，李树君，方宪法，等. 马铃薯薯渣固态发酵制作蛋白饲料的工艺研究 [J]. 农业机械学报，2006，37（8）：49-51.

② 赵凤敏，李树君，方宪法，等. 中心组合设计法优化马铃薯薯渣固态发酵工艺 [J]. 农业机械学报，2006，37（8）：45-48.

广泛分布于世界各地的粮食、植物性产品和土壤中。是重要的发酵工业菌种,可生产酶制剂(淀粉酶、酸性蛋白酶、纤维素酶、果胶酶、葡萄糖氧化酶)、有机酸(柠檬酸、葡糖酸和没食子酸等)。有的菌株还可将羟基孕甾酮转化为雄烯。农业上用作生产糖化饲料的菌种。

(3) 康宁木霉 (*Trichoderma koningii Oudem*)

康宁木霉属半知菌门,丝孢目,木霉属。菌丝有隔,蔓延生长,广铺于固体培养基上。察氏琼脂培养基 30℃培养 7d,菌丝体生长快,菌落较大,近圆形、绿色、表面紧密似毯状、边缘白色絮状。分生孢子梗为菌丝的短侧枝,其上对生或互生分枝,分枝上又可继续分枝,形成 2 级、3 级分枝,分枝末端即为瓶状梗。分生孢子近球形、椭圆形至近椭圆形、浅色至绿色,(2.55~4.10μm)或(2.87~4.46)×(3.46~5.62)μm。化能异养,嗜温,趋酸,兼性厌氧。产纤维素酶,分解纤维素能力强。以蔗渣、薯渣、秸秆、农副产品、工厂纤维素废渣为底物生产纤维素霉曲(即纤曲),酶解粗饲料。

(4) 啤酒酵母 (*Saccharomyces cerevisiae*)

子囊菌纲,内孢霉目,内孢霉科,酵母属。细胞圆形、卵圆或椭圆形。无性繁殖以芽殖为主,能形成子囊孢子。在麦芽汁琼脂培养基上菌落为乳白色,有光泽,平坦,边缘整齐。能发酵葡萄糖、麦芽糖、半乳糖和蔗糖,不能发酵乳糖和蜜二糖。菌体维生素、蛋白质含量高,可作食用、药用和饲料酵母,还可以从其中提取细胞色素 C、核酸、谷胱甘肽、凝血质、麦角固醇、卵磷脂、辅酶 A 和三磷酸腺苷等相关产品。

酵母在生长过程中能产生多种酯类等特殊风味物质,在 SCP 饲料培养菌种时利用啤酒酵母这一特性可改善饲料产品的风味,使之具有更佳的适口性。

(5) 产朊假丝酵母 (*Candida utilis*)

产朊假丝酵母又叫产朊圆酵母或食用圆酵母,假丝酵母属。细胞呈圆形、椭圆形或腊肠形,大小为(3.5~4.5)μm×(7~13)μm。液体培养不产醭,产生菌体沉淀和环状薄浮膜。麦芽汁琼脂培养基上的菌落呈乳白色,平滑,有或无光泽,边缘整齐或菌丝状。在加盖片的玉米粉琼脂培养基上,形成原始假菌丝或不发达的假菌丝,或无假菌丝。适宜生长温度为 25~28℃。

能发酵葡萄糖、蔗糖、棉子糖。能以尿素和硝酸作为氮源,在培养基中不需要加入任何生长因子即可生长。它能利用五碳糖和六碳糖,既能利用造纸工业的亚硫酸废液,还能利用糖蜜、木材水解液等生产出人畜可食用的蛋白质。能调节动物肠道微生态平衡,提高饲料消化率,增强动物机体免疫力。此外,由于产朊假丝酵母细胞富含维生素 B 和蛋白质,还能提供动物所需的部分营养物质。可添加于饲料或饮水中使用,或用于饲料制作。饲料中添加量一般为 $1 \times 10^8 CFU/g$。

(6) 热带假丝酵母 (*Candida tropicalis*)

热带假丝酵母属于壳霉目,杯霉科,假丝酵母属,是最常见的假丝酵母。在葡萄糖-酵母汁-蛋白胨液体培养基中培养,25℃,3d,细胞呈球形或卵球,其中大小为(4~8)×(6~11)μm。在麦芽汁琼脂上菌落为白色到奶油色,无光泽或稍有光泽。软而平滑或部分有皱纹。培养时间长时,菌落变硬。在加盖玻片的玉米粉琼脂培养基上培养,可看到大量的假菌丝和芽生孢子。

热带假丝酵母氧化烃类的能力强,在 230~290℃石油馏分的培养基中,经 22h 后,可得到相当于烃类重量92%的菌体，是生产石油蛋白质的重要菌种。用农副产品和工业废弃物也可培养热带假丝酵母。如用马铃薯渣培养热带假丝酵母作饲料，既扩大了饲料来源，又减少了工业废物对环境的污染。

（7）枯草芽孢杆菌（*Bacillus subtilis*）

枯草芽孢杆菌是芽孢杆菌属的一种。单个细胞 0.7~（0.8×2）~3μm，着色均匀。无荚膜，周生鞭毛，能运动。革兰氏阳性菌，芽孢（0.6~0.9）×（1.0~1.5）μm，椭圆到柱状，位于菌体中央或稍偏，芽孢形成后菌体不膨大。菌落表面粗糙不透明，污白色或微黄色，在液体培养基中生长时，常形成皱醭，是需氧菌。可利用蛋白质、多种糖及淀粉，分解色氨酸形成吲哚。有的菌株是 α-淀粉酶和中性蛋白酶的重要生产菌；有的菌株具有强烈降解核苷酸的酶系，故常作选育核苷生产菌的亲株或制取 5'-核苷酸酶的菌种。广泛分布在土壤及腐败的有机物中，易在枯草浸汁中繁殖。

从目前研究的资料来看，发酵方式由单一菌种趋向于复合菌株的协同发酵，并且注重不同微生物之间的协同性、互补性，总体上发挥出正组合效应。利用马铃薯渣发酵饲料的微生物菌株及发酵方式见表8-2。

表8-2　　　　　　　　　利用马铃薯渣发酵饲料的微生物菌株及发酵方式

菌　　种	发酵方式	相关文献作者
Chaetomium cellulolyticum	液态发酵	Schugerl 等
Schwanniomyces occidentalis、*Candida utilis*、*Candida albicans*、*Saccharomyces cerevisiae* 和 *Komagataella* 等	液态发酵	Gelinas 等
Saccharomyces cerevisiae 和 *Fusarium moniliforme*	液态发酵	Aziz NH 等
Saccharomyces sp.	固态发酵	Yang 等
T-1 和 D-1	固态发酵	赵凤敏等
Geotrichum candidum、*Lactic acid bacteria* 和酵母菌	固态发酵	Wang 等
Aspergillus niger 和 *Geotrichum candidum*	固态发酵	史琦云等
Candida utilis、*Trichoderma viride* 和 *Penicillium chrysogenum*	液态发酵	杨谦 等
Geotrichum candidum、*Candida utilis*、*Aspergillas niger*、*Saccharomgces cerevisae*、*Trichoderma koningii*	生料多菌 固态发酵	负建民等
Aspergillas niger、*Geotrichum candidum*、*Candida tropicalis*	固态发酵	杨希娟等

2. 主要设备

（1）压滤设备

鲜薯渣以板框压滤机直接压滤，压滤机日处理量不小于4t。板框压滤机属于间歇式加压过滤机，具有单位过滤面积占地少，对物料的适应性强，过滤面积的选择范围宽，过滤压力高，滤饼含湿率低，固相回收率高，结构简单，操作维修方便，故障少寿命长等特点，是加压压滤机中结构最简单、应用最广泛的一种机型。

（2）蒸煮设备

蒸煮是为了使原料中的淀粉质糊化，同时借助蒸煮时的高温达到灭菌的目的。蒸煮有常压蒸煮和高压蒸煮两种方式。旋转蒸料器（NK 罐）是一种机械化程度较高的蒸料设备，其锥形器可以绕水平轴旋转，上下锥口是进出料口，配有蒸汽、进水和抽真空管道，所以加水搅拌、加热蒸料、真空冷却都可以在容器内依次完成。此类设备翻料彻底，可以加压操作，加热快、熟料快，蒸料均匀，无死角，熟料的物理性状好，操作简便。

（3）发酵设备

有曲盘法、发酵池法、发酵机法等多种方法。

①曲盘法：手工操作，自产自用，投资少，上马快，劳动强度大，产量低。

②发酵池法：半机械法，手工操作占相当分量，投资较少，产量较多，建设周期较短，劳动强度较大，难以连续生产。

③发酵机法：机械化程度高，可连续生产，产量大，劳动强度小，投资大，建设周期长。

（4）干燥设备

马铃薯渣具有含水率高，黏度大，性状多变且附加值低等特点。目前国内生产的烘干机多年来一直沿用传统的顺流烘干工艺（包括滚筒式直热烘干机、气流烘干机、管束烘干机等），烘干效率低。最新研制的"直流涡流加交流往复式三级多回路"节能干燥新工艺，设计合理，生产性能稳定，实用性强。该烘干工艺不同于以往传统的单级烘干工艺，采用的是三级多回路烘干工艺，采用三级滚筒烘干，物料先在一级滚筒中形成散状物料后进入二级中，二级干燥器中脱去物料中的大部分水分，然后进入三级干燥器中。整个烘干过程属于低温干燥，不同于单级滚筒的高温干燥，对物料的营养成分损失小，烘出的物料色泽好。并且该烘干工艺物料在烘干机中运行行程长，物料储存量大。

（5）混合设备

按混合容器的运动方式不同，混合机可分为固定容器式和旋转容器式。按混合操作形式，可分为间歇式和连续操作式。间歇式混合机易控制混合质量，可适应粉粒物料配比经常改变的情况，因此用得较多。

固定容器式混合机的结构特点是：容器固定，旋转搅拌器装于容器内部。它以对流混合为主，搅拌器把粉料从器底移送到容器上部，下面形成的空间被因重力作用而运动的粉料所填补，并产生侧向运动，如此循环混合。适用于被混合的各物料物理性质差别及配比较大的散料混合操作。

旋转容器式混合机的操作是以扩散混合为主。它的工作过程是通过混合容器的旋转形式垂直方向运动，使被混粉料在器壁或容器内的固定抄扳上引起折流，造成上下翻滚及侧向运动，不断进行扩散，以达到混合的目的。

（6）粉碎设备

产品在干燥后需要进行粉碎，使产品粒度均匀便于包装。粉碎工艺常采用锤式粉碎机干法粉碎。锤式粉碎机的工作原理：利用高速旋转锤头产生的强大冲击力，以及受锤头离心力作用内壁产生的冲击、摩擦和剪切力以及颗粒间相互强烈的冲击、摩擦和剪切等作用力，将物体粉碎成微细粒子。经锤击式粉碎的物料平均粒度可达 $40\mu m$ 以下，属于细粉碎或微粉碎。

主要设备流程如下：

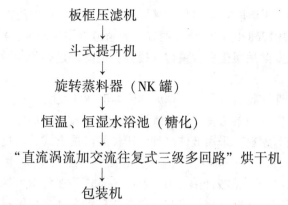

板框压滤机
↓
斗式提升机
↓
旋转蒸料器（NK 罐）
↓
恒温、恒湿水浴池（糖化）
↓
"直流涡流加交流往复式三级多回路"烘干机
↓
包装机

3. 发酵方法

发酵方法以马铃薯渣形态划分，大体可以分为液态发酵、半固态发酵和固态发酵。

（1）马铃薯渣液态发酵

多菌种液态发酵马铃薯渣，制备 SCP 饲料，是马铃薯渣转化的一个有效途径。生成饲料中干酵母产量可达为 10~20g/L，SCP 中的蛋白质含量可达 12%~15%。液态发酵的优点是发酵充分，微生物生长迅速，缺点是耗能大，生成的 SCP 饲料造价较高，适口性及营养价值有待改善。因此，液态发酵马铃薯渣生产 SCP 饲料的产业化实现仍然较为困难。

（2）马铃薯渣半固态、固态发酵

半固态、固态发酵马铃薯渣生产 SCP 饲料，是目前马铃薯渣转化饲料研究中广泛采用的方法。以对原料处理条件的不同，可分为生料发酵和熟料发酵。生料发酵是将马铃薯渣脱水后的半固态发酵。生料发酵的优点是耗能低，适合工业化生产，但生料发酵染菌的概率较大，发酵条件不好控制；熟料发酵是将马铃薯渣糖化后再发酵的一种处理工艺，它的优点是染菌概率小，发酵条件容易控制，可将非还原糖转化为可还原糖，增加了发酵过程中的可利用碳源，可提高 SCP 的产量，缺点是耗能较高，劳动强度大，经济效益差。

4. 国内相关发明专利技术概述

现国内对马铃薯渣发酵生产饲料的研究较多，有多种制备方案，已公开的中国发明专利共 6 项。兰州理工大学赵萍等人[1]申请的发明专利《将马铃薯渣转化为高蛋白饲料的方法》（申请号 03134357.0），利用微生物对马铃薯渣进行处理，制备动物饲料的技术，对马铃薯渣添加少量尿素后进行两次发酵，发酵后粗蛋白含量为 23.33%，但粗纤维含量仍较高为 18.67%。

中国农业机械化科学研究院赵凤敏等人[2]申请的发明专利《利用马铃薯渣进行固态发酵制备蛋白饲料的方法》（申请号 200510012227.9），该发明对马铃薯生产淀粉产生的废渣经压榨脱水，不经过高温灭菌，通过添加一定量的辅料，接种一定量的菌种进行生料固态发酵，发酵后粗蛋白含量为 16.15%。

---

① 赵萍，李志忠，赵瑛，等. 将马铃薯渣转化为高蛋白饲料的方法 [P]. CN 1480057A，2004.

② 赵凤敏，李树君，赵有斌，等. 利用马铃薯渣进行固态发酵制备蛋白饲料的方法 [P].
CN1899079，2007.

齐齐哈尔大学吴耘红等人①申请的发明专利《可替代麸皮的马铃薯渣能量发酵饲料及其制备方法》（申请号 200810136830.1），该发明以马铃薯渣为主要原料，添加多种辅料，经酶解后进行固态发酵，虽发酵后粗蛋白含量得到提升，但酶解过程增加了生产成本，延长了发酵时间。

甘肃圣大方舟马铃薯变性淀粉有限公司郝军元等人②申请的发明专利《利用马铃薯加工后的废水废渣制备菌体蛋白饲料的方法》（申请号 CN201110087869.0），该发明以马铃薯加工后废水、废渣和秸秆为原料，采用液体制种、固体发酵的方式，通过纤维素降解菌种——枯草芽孢杆菌（*Bacillus subtilis*）、氮素转化菌——热带假丝酵母（*Candida tropicalis*），增加适口性的菌种——醋酸杆菌（*Acetobacterium*）等多种微生物转化作用降解秸秆与废渣中纤维素，提高饲料蛋白含量，发酵后制备颗粒型菌体蛋白饲料。发酵前对秸秆进行蒸汽爆破预处理，干燥秸秆加入马铃薯渣，能吸收鲜渣水分，使固体发酵基水分含量满足发酵需要，省去了薯渣脱水环节，简化了生产工艺。所得的菌体蛋白饲料蛋白质含量高，改善了饲料的适口性。

表 8-3 列举了马铃薯渣制备饲料国内发明专利，其中对马铃薯渣发酵生产饲料的发明专利共 6 项。

表 8-3　　　　　　　　　　　　马铃薯渣制备饲料国内发明专利一览表

专利名称	发明人	申请号	制备方法
1. 一种马铃薯渣饲料组分的制备方法及应用	顾正彪	CN201210104102.9	酶解，高温处理
2. 可替代麸皮的马铃薯渣能量发酵饲料及其制备方法	吴耘红	CN200810136830.1	多菌固态发酵
3. 利用马铃薯渣进行固态发酵制备蛋白饲料的方法	赵凤敏	CN2005100122 27.9	生料固态发酵
4. 将马铃薯渣转化为高蛋白饲料的方法	赵萍	CN03134357.0	生料多菌二次发酵
5. 一种马铃薯渣酶解制备饲料组分的方法	洪雁	CN201010207098.X	酶解
6. 混菌发酵马铃薯渣生产奶牛饲料的工艺方法	张永根	CN201310188495.0	多菌固态发酵
7. 马铃薯渣饲料制备方法	马庆团	CN200910071511.1	脱水干燥，多体混配
8. 利用马铃薯加工后的废水、废渣制备菌体蛋白饲料的方法	郝军元	CN201110087869.0	多菌固态发酵
9. 马铃薯薯渣液态发酵生产单细胞蛋白的工艺方法	杨谦	CN200810064422.X	混合菌群液态发酵
10. 一种以马铃薯淀粉加工废渣为主要原料的高能饲料配方及其制备方法	陈劲春	CN201010234292.7	机械加工
11. 马铃薯淀粉渣混合青贮饲料及其应用	赵振宁	CN201310098079.1	混合青贮
12. 一种马铃薯淀粉废渣厌氧乳酸发酵生产饲料的方法	陈开陆	CN200910141593.2	厌氧乳酸发酵

---

① 吴耘红，江成英，王拓一，等. 可替代麸皮的马铃薯渣能量发酵饲料及其制备方法［P］. CN101361520，2009-02-11.

② 郝军元，田映良，袁明山，等. 利用马铃薯加工后的废水废渣制备菌体蛋白饲料的方法［P］. CN102210383A，2011.

专利名称	发明人	申请号	制备方法
13. 马铃薯淀粉渣加工颗粒饲料新工艺	褚轩霆	CN200410043798.4	脱水干燥制粒
14. 反刍动物马铃薯粉渣颗粒饲料	李长胜	CN200910071488.6	薯渣+添加物
15. 一种蛋白饲料原料及其制备方法和应用	庞中存	CN201110387258.8	薯渣+添加物

5. 发酵实例

(1) 马铃薯渣多菌固体发酵

史琦云等人[①]采用黑曲霉 (*Aspergillus niger*) 和白地霉 (*Geotrichum candidum*) 协生固态发酵技术,多菌固体发酵马铃薯渣,生产出粗蛋白质含量为22.16%的菌体蛋白饲料。黑曲霉对薯渣中大分子碳水化合物具有较强的分解能力,使碳源糖化,然后用 α-淀粉酶液化,经白地霉固体发酵生产菌体蛋白。发酵工艺流程如下:

原料 (薯渣、麸皮、尿素、硫酸铵等) $\xrightarrow{\text{水}}$ 配料 $\xrightarrow{\text{糖化菌(黑曲霉)}}$ 培养 $\xrightarrow{28\pm1℃,2\sim3d}$ 大量菌丝出现 $\xrightarrow{\alpha\text{-淀粉酶,62}\sim65℃,3\sim4h}$ 糖化、液化 → 冷却到40℃接种 $\xrightarrow{\text{SCP菌(白地霉)}}$ 固态发酵 $\xrightarrow{28℃,56\sim62h}$ 干燥 —— 粉碎

(2) 马铃薯渣多菌协生生料固态发酵

贠建民等人[②]以马铃薯渣为主要原料,麸皮和蚕豆秸秆粉等为辅料,混合生料用纤维素酶进行降解处理后,再经黑曲霉 (*Aspergillus niger*) 和康宁木霉 (*Trichoderma koningii Oudem*) 制备的糖化菌剂糖化降解,最后选用白地霉 (*Geotrichum candidum*)、产朊假丝酵母 (*Candida utilis*)、酿酒酵母 (*Saccharomyces cerevisiae*) 3种SCP发酵菌种,采用多菌协生生料固态发酵工艺研制马铃薯渣菌体蛋白饲料。薯渣中真蛋白含量从发酵前薯渣中的4.08%提高到发酵产物中的16.52%,增幅12.44%。发酵工艺流程如下:

三角瓶菌种
↓
麸皮、马铃薯渣→拌料→常压蒸料→接种→保温培养→晾霉→糖化曲
↓
马铃薯渣+蚕豆秸秆粉→拌料→纤维素酶水解处理→糖化←α-淀粉酶
↓
检验←粉碎←干燥←产物←固态发酵←冷却接种SCP菌种

马铃薯干渣、蚕豆秸秆粉、麸皮等按照以下方式配制:以马铃薯干渣为基础料,添加麸皮 (W/W,下同) 10.0%、蚕豆秸秆粉5.0%、尿素0.5%、MgSO₄0.01%、KH₂PO₄0.05%,料水比为1:1.15。拌料后,添加纤维素酶水解处理 (18IU/g,30℃,3h),之后升温至45℃,按1:1添加黑曲霉和康宁木霉糖化曲,总添加量为10%,同时加入α-淀粉酶万分之一进行糖化处理2~3 h,待料温降至30℃时接种SCP混合菌种,在28℃条件下,进行多菌协生固态发酵55~60 h。SCP菌种接种量为10%,菌种的最佳组合为:白地

① 史琦云. 马铃薯渣固体发酵生产菌体蛋白饲料的研究 [J]. 微生物学杂志, 1999, 19 (2): 24-27.
② 贠建民, 史琦云. 马铃薯渣生料固体发酵生产菌体蛋白饲料的研究 [J]. 甘肃农业大学学报, 1998, 33 (4): 409-412.

霉：产朊假丝酵母：酿酒酵母＝8：1.5：0.5。

（3）马铃薯废水废渣液体制种固体发酵

郝军元等人以马铃薯加工后废水、废渣和秸秆为原料，液体制种、固体发酵，利用多种微生物转化作用降解秸秆与废渣中纤维素，制备颗粒型菌体蛋白饲料。发酵工艺流程如下：

作物秸秆→蒸汽爆破预处理
↓
马铃薯渣、麸皮、玉米蛋白粉等→拌料→蒸汽灭菌→接种→发酵→造粒→干燥→整粒→颗粒型菌体蛋白饲料成品

①秸秆预处理：将农作物秸秆去尘后铡切为 2~5cm 碎块，通过蒸汽爆破预处理，条件为物料密度 150kg/m³，压力为 0.8~2.8 大气压，保压时间为 60~240s。

②液体发酵制种：将枯草芽孢杆菌（Bacillus subtilis）、热带假丝酵母（Candida tropicalis）和醋酸杆菌（Acetobacterium）接入液体种子发酵培养基，发酵菌种通过液体深层发酵制备，发酵温度 28~30℃，培养时间 26~48h。液体种子发酵培养基为马铃薯加工后的废水中添加淀粉（W/W，下同）2%~4%，玉米蛋白粉 48%，硫酸铵 0.5%~1%。枯草芽孢杆菌接种量为 1%，热带假丝酵母接种量为 1.2%，醋酸杆菌接种量为 1.5%。

③固体发酵制种：将经汽爆处理后的作物秸秆与马铃薯渣混合后，添加一定量的麸皮、玉米蛋白粉和硫酸铵作为固体培养基，配料比例为马铃薯渣 42%~54%，预处理秸秆 28%~36%，玉米蛋白粉 8%~10%，麸皮 6%~8%，硫酸铵 4%~8%。固体培养基蒸汽灭菌后进行接入固体发酵菌种，接种量为固体培养基干基重量的 10%~20%，发酵时固体培养基含水量为 65%，温度为 32~38℃，放置于隔断式多层固体发酵床发酵 48~72h。

④造粒、干燥、整粒：将发酵后产物进行造粒、干燥、整粒，制得颗粒型菌体蛋白饲料成品。

（4）马铃薯渣液态发酵

杨谦等人对马铃薯渣液态发酵生产细胞蛋白，获得了粗蛋白含量超过 42% 的高品质 SCP 饲料。发酵工艺流程如下：

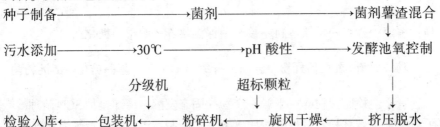

该工艺利用液态发酵技术对马铃薯淀粉废渣和汁水进行处理，在消除薯渣严重污染的同时还可实现薯渣的资源化，填补了国内利用薯渣液态发酵生产蛋白饲料技术的空白。

8.4 酒精的生产

8.4.1 背景

在全球的酒精市场中，汽车燃料级的酒精（MFGE）增长最快，MFGE 使其他种类的酒精生产相形见绌。自 18 世纪初以来，以发酵酒精作为燃料（和溶剂）已经历几起几

落。在1860年，产量曾达到每年9000万USgal（1 USgal = 3.8L）。1861年，美国国会规定对每1 USgal课以2.08美元的税收。正在此时，在宾夕法尼亚发现了石油，从而开始了燃料酒精生产和销售"限制"期，在第二次世界大战之后，世界燃料工业仍受石油的支配，直到20世纪70年代，巴西提出了将酒精作为汽车燃料的战略，才出现重大的政策变动，而10年后则又有美国的行动。这样，由发酵制备MFGE的每年产量超过1346万吨。

在中美洲和南美洲，MFGE的原料以糖为主。糖的来源是由甘蔗榨得的甘蔗汁或糖蜜。在北美洲，主要的原料是谷物淀粉，其中90%来源于玉米。原料的选择取决于该地区的农业产出。可以说，由糖为原料生产MFGE的技术是一种由淀粉来生产酒精的缩影。

大规模的生产和利用燃料酒精对我国的经济和社会发展有多方面的益处。

①消除目前因为粮食过剩所引起的储藏及保值的技术和费用问题，从而可增加农民收入，提高其生活水平，除为玉米、山芋等开发增值产品外，也为木薯、马铃薯、糖蜜等市场价值较低的农作物打开新出路。

②减少大气污染，消除汽车和其他内燃机铅的排放，以利于人口众多、交通运输繁忙的大都市的发展和民众的健康。

③降低石油进口的增长速度，节省国家外汇，帮助我国实现能源自给自足，减少受国际动荡可能引起的不良影响。

④建立以再生资源为基础的，新而大的生物工业及生物化学工业，以帮助近程及远程的经济生长及扩大。石油价格会上涨，再生资源会成为化学工业的主要原料之一。

用玉米所含的淀粉来生产燃料酒精的工业在美国大规模地进行了20多年，工艺已十分成熟。近年来，燃料酒精的工业生产在我国发展速度很快。中国淀粉资源丰富，用玉米、马铃薯、木薯、甜薯、谷物、小麦等来生产酒精，在我国会大有作为。马铃薯含有非常丰富的淀粉，马铃薯及马铃薯碎块，剔除的、未成熟的、受伤的马铃薯和马铃薯废物均能被转变成酒精。

8.4.2 酒精生产工艺

同谷物一样，富含淀粉的农产品副产物，如马铃薯加工副产物等也是另一种重要原料，用以发酵生产酒精。据评估，在美国每年马铃薯加工的副产物约为130万吨，我国每年马铃薯淀粉的副产物达到300多万吨，是发酵生产酒精的巨大原料资源。淀粉基原料生产酒精的生物转化过程包括：淀粉的糊化、酶水解、酵母将糖转化为酒精。马铃薯、其他块茎植物或谷物等富含淀粉的作物均可以通过上述的步骤来生产酒精。

生产酒精的工业操作过程中，发酵过程最为关键。所谓酒精发酵就是用酵母菌将单糖转换成酒精的生物化学反应。发酵有间歇发酵和多级连续发酵之分，多级连续法是先糖化后发酵的方法，间歇法即同步糖化发酵方法。在石油化学工业中，大多数的化学反应器以连续法操作，而在发酵工业中，包括酒精在内，化学反应器或生物反应器则绝大多数是以间歇操作为主要方法，如生产维生素、抗生素、有机酸、酶产品等，都是如此。近年来，在燃料酒精的生产中，也有了多级连续（表8-4）操作方法，这种操作方法省人力，但容易受细菌感染，反应转换率较低，污水较多，所需的自动控制很复杂、设备成本高。调查结果表明，20世纪80年代以前，美国大多采用简单间歇发酵技术，20世纪80年代则间歇法和连续法并存，自20世纪90年代以来，则以同步糖化发酵的间歇法占据支配地位。

目前，在美国，仅有一家全美最大的燃料酒精生产厂用多级连续反应系统。德国采用的是间歇操作法。据了解，我国引进的食用级酒精生产技术，大部分是欧洲公司的以淀粉为原料的连续法工艺。

表 8-4　　　　　　　　　　　　多级连续法和间歇法的比较

	间歇法（SSF-Batch process）	多级连续法（Cascade process）
1	生产过程不易被细菌感染。其原因为：①不存在单独的糖化步骤，从而消除了主要的细菌感染源；②发酵罐需定期（约一个月）清洗和消毒，故细菌不易累积；③工艺中的某处出现细菌感染，一般不会波及整个工艺	生产过程极易被细菌感染。其原因为：①存在单独的糖化步骤，故细菌感染的可能性极大；②装置连续运转时间较长（约一年），故细菌容易累积；③工艺中的某处出现细菌感染，往往在短期内会波及整个工艺
2	对操作条件和原辅材料干净程度的要求不如连续法高。其原因为：生产过程不易被细菌感染	需对操作条件和原辅材料的干净程度进行十分严格的控制。操作者稍有不慎，即造成重大损失。原因为：生产过程易被细菌感染
3	发酵罐可用碳钢制造，故投资低。其原因为：发酵液 pH 值为 5.2~6.5	发酵罐需用不锈钢制造，投资高。其原因为：为了减少细菌感染，需保持低的 pH（约为 3.5）
4	收率高，亦即装置的容积产率（volumetric productivity）大，故生产成本低。其原因为：①细菌感染少，基本上不存在有害的化学反应；②采用粗粒（5~6mm）和高固体含量的蒸煮，以减少可发酵物的溶解以及由此引起的有害反应。但也能保持必要的水合作用；③采用同步糖化发酵技术。在发酵罐中，糖的浓度低，从而避免了糖对酶水解的抑制作用；另外，由于缺少被酶作用物，而抑制了细菌的繁殖；④间歇过程不存在糖和酵母的所谓滞留和滑漏	收率较低，亦即装置的容积产率较低，生产成本较高。其原因为：①易被细菌感染，有害的反应速率较高；②一般以淀粉乳（小于 1mm）为原料，由于粒度小，故可发酵物的溶解多，并由此引起有害的化学反应；③采用先糖化后发酵技术。在发酵罐中糖的浓度高，从而抑制了酶的水解。又由于底物的浓度大，细菌易繁殖；④连续过程（特别是单级）存在糖和酵母的滞留和滑漏（即有的物料停留时间太长，而有的物料又短路而离开容器）
5	设备利用率稍低。其原因为：发酵罐需定期倒空、清洗和消毒。其中清洗和消毒每次约需 1h，再考虑倒空和重新加料等过程，所需时间稍长	设备利用率稍高。其原因为：发酵罐连续操作时间长达数月甚至一年
6	所需人力稍多。其原因为：停产清洗和消毒虽使用在线清洗设备（Clean-in-place equipment），但仍需一定的人力	所需人力较少。其原因为：不存在定期的停产周期（每年大修除外）
7	实现污水的零排放。其原因为：工艺用水、冷却水和洗涤水均能循环使用	未能实现污水的零排放，原因不明

近年来，微生物酶浓缩和纯化技术的快速发展使酶的成本降低，一些较大的企业都有多个反应器，平行地以间歇方式发酵。用淀粉原料生产酒精的发酵方法有：德国的间歇法（GB）、美国的间歇法（AB）和连续法（CP）、同步低温糖化/液化/发酵方法、固定化生化反应器方法。

1. 德国间歇发酵法（GB）生产酒精

工艺流程如下：

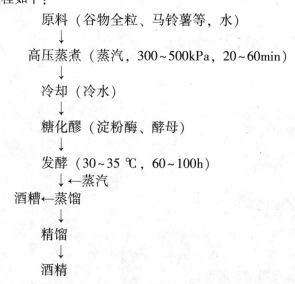

GB法生产酒精的工艺特点是在蒸煮过程中原料不需要粉碎而直接糊化，因此不需要加酶和搅拌。糊化液经过热交换器后温度迅速降低到80℃，按照0.3~0.6L淀粉的量加入液化酶，在80℃下液化20min，液化好的醪液用泵泵入糖化罐中，并经热交换器使醪液冷却到55~60℃，在搅拌下加入糖化酶（0.1~0.2L/t淀粉），糖化时间约为45min，糖化后的醪液经冷却器冷却到30℃，将此醪液送发酵工序发酵，发酵时间为60~100h。

2. 美国间歇法（AB）生产酒精

工艺流程如下：

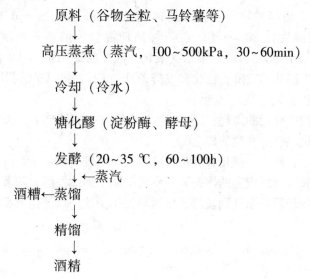

　　AB 法生产酒精的工艺特点是原料先粉碎后蒸煮，蒸煮和液化在蒸煮锅中进行。在糊化过程淀粉第一次液化的加酶量为 0.20.4L/t 淀粉，将醪液冷却到 80℃，用同样的酶（0.4~0.8L/t 淀粉）进行第二次液化，液化时间为 10~20min，如果用真菌 α-淀粉酶，第二次液化温度控制在 60℃。将液化液冷却并泵入发酵罐中，液化醪中同时加入糖化酶（1.5~2L/t 淀粉）和酵母，在 20~35℃下发酵 60~100h。图 8-7 为 AB 法生产酒精工艺流程。

　　3. 美国连续发酵法（CP）生产酒精

　　工艺流程如下：

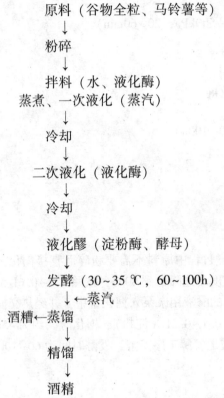

　　在连续发酵的过程中，粉碎的物料在连续搅拌罐（Continuously Stirred Tank，CST）中进行第一次液化，液化温度为 80~90℃。蒸汽加热使混合物的蒸煮温度达到 105~106℃，浆渣被瞬间冷却到 80~90℃，进行第二次液化，液化酶的用量与 AB 法相同，液化好的醪液被泵入发酵罐中糖化和发酵，糖化和发酵条件与 GB 法和 AB 法相同。

　　4. 同步低温糖化/液化/发酵方法

　　为了降低酒精制造过程中能量的消耗，Lutzen[①] 在连续发酵的基础上，去掉淀粉蒸煮过程，引入了同步低温糖化/液化/发酵的概念。

　　在这一连续发酵过程中，液化、糖化和酒精发酵在同一温度（30~38℃）和同一发酵罐中进行，分离出的酵母和没有反应完的淀粉循环到发酵罐中继续发酵，随着反应生成酒精的馏出，蒸馏出的水经冷却后又循环到发酵罐中循环使用。这一系统是典型的细胞和物

---

　　① Lutzen. N. W. Enzyme technology in the production of ethanol-recent process development，*Proc. Int. Ferment. Symp. on adv. Biotechnol.*，(6th)，2，161，1980.

料循环式单罐连续搅拌罐反应器（Continuously Stirred Tank Reactor，CSTR）。所谓的同步发酵是指酵母的繁殖在发酵罐内于糖化初期就开始，由于反应初期发酵罐中糖的浓度不高，避免了糖对酶的抑制作用，在酵母的作用下，糖很快转化，其速度与酒精的生成速度等同。只要保持合适的pH、养分和无菌状态，淀粉和糖完全转化为酒精是可以实现的。

工艺流程如下：

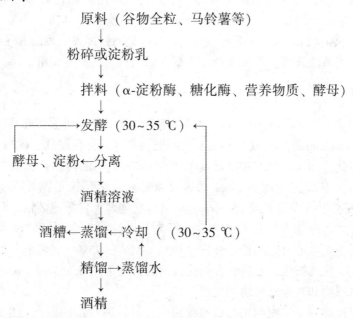

原料（谷物全粒、马铃薯等）
↓
粉碎或淀粉乳
↓
拌料（α-淀粉酶、糖化酶、营养物质、酵母）
↓
发酵（30~35 ℃）
↓
酵母、淀粉←分离
↓
酒精溶液
↓
酒糟←蒸馏←冷却（（30~35 ℃）
↓
精馏→蒸馏水
↓
酒精

5. 固定化生化反应器方法

固定化技术是将酶或微生物细胞经物理或化学方法处理，束缚于某种水溶性物质（载体）上，成为固定化酶或固定化细胞，但仍具有酶或细胞固有的活性，用于生产预期的工业产品。同传统的方法相比，固定化酶和固定化细胞具有高效、专一、经济、可以反复使用和具有一定机械强度，便于反应过程的管道化、连续化、自动化以及可储藏备用等明显的优点。

目前，固定化增长酵母酒精发酵技术已成为固定化细胞工业生产中最引人注目的领域之一。日本协和发酵公司采用海藻酸盐为载体固定酵母细胞，进行日产酒精10000L的工业试验，连续运转4000h，发酵时间为4~8h，最终乙醇质量分数为6%~9%，反应器容积效率为20~25L酒精/（m^3·h），糖醇转化率为85%~90%。日挥集团用可交联树脂ENTG-3800为载体包埋酵母，在日产酒精250L试验中，发酵时间5h，最终酒精质量分数为8.5%，容积效率11g酒精/（L·h），糖醇转化率为90%以上，该技术是目前较高的水平。我国学者在这方面也做了大量的工作，已有一些研究成果应用到酒精的工业生产中。固定化酵母发酵生产酒精工艺流程如下：

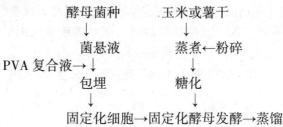

酵母菌种　　　玉米或薯干
↓　　　　　　↓
菌悬液　　　蒸煮←粉碎
PVA复合液→↓　　　↓
包埋　　　　糖化
↓
固定化细胞→固定化酵母发酵→蒸馏

将培养好的菌悬液与复合 PVA 溶液混合包埋，制得合格的 PVA 固定化酵母细胞，要求包埋细胞 (1.0~7.0) ×10^7 个/g。增殖是固定化酵母细胞技术应用成功的关键，首先将固定化酵母细胞载体按 1.5%（以反应器体积计算）比例装入含部分灭菌的糖化醪的灭菌反应器内，温度控制在 25~30℃，每隔 30min 通入无菌空气 1 次，每次 30s，持续 48h 增殖量达到投入载体的 80% 即开始正常发酵。将酒精生产用的糖化醪加入增殖好的固定化反应器内，前期发酵每隔 30min 通入无菌空气 1 次，每次 30s，12h 后每隔 4~5h 通入无菌空气 1 次，每次 50s；24h 后尽量不通入空气，以避免酒精挥发。发酵终了后，放罐蒸馏，放罐后反应器不用清洗灭菌，即可重新加入糖化醪液再进行重复发酵。

8.4.3　研究进展[①]

近几年，许多文献都从不同的方面论述了用马铃薯、马铃薯淀粉和马铃薯副产物生产酒精的技术。Yamamoto 等人建议，先用果胶酶把马铃薯、甘薯浸软，然后在 88℃ 时用 α-淀粉酶将淀粉液化，加入糖化酶和酵母就可产生 13%~14% 的酒精，木薯就是用这种方法生产酒精。最近，有研究利用 *A. niger* 和 *S. cerevisiae* 这两种菌的共生关系来生产酒精，*A. niger* 可以把淀粉水解成葡萄糖，*S. cerevisiae* 可以把葡萄糖发酵成酒精。利用这些微生物的共生关系，可以省略酶水解淀粉的步骤，提高了用淀粉生产酒精的经济效益，用马铃薯、木薯、甘薯块茎生产酒精的产率分别是 68%、81% 和 75%。在沸腾的酸溶液中将块茎糊化，用 *R. niveus* 使其糖化，最后在有糖化真菌的情况下用 *S. ellipsoideus* 进行发酵，乳清可以与马铃薯、谷物和其他原料协同发酵。

在美国，已经建立了一座利用马铃薯淀粉厂、马铃薯片厂的副产物生产酒精的工厂，其原料可以是马铃薯、甜菜糖和小麦，生产能力是 7570 万升/年。从一个小规模利用马铃薯副产料生产燃料酒精工厂的数字中可以看出，只要用一个适宜规模的工厂和合理的生产工艺就能获得较大经济效益和社会效益。Hammakeretal 等人研究了把一个由甜菜糖生产酒精的工厂，改造成利用马铃薯、谷物、甜菜生产酒精工厂的可行性。Marihart 指出，在马铃薯淀粉厂和小麦淀粉厂副产物发酵成酒精的过程中，应特别注意马铃薯浆的处理。马铃薯浆先用酸水解，其余 50% 加工成纤维素。24~48h 后，加入淀粉葡萄糖苷酶与无黏性、无纤维质的物质混合进行酒精发酵。Huang 研究了用马铃薯工厂副产物生产酒精的工艺。Kuby 等人研究出了用马铃薯副产物生产酒精的设备。美国每年以马铃薯加工的副产物为原料，生产燃料酒精的产量约为 3.785×10^{6}L。

8.5　草酸的生产

草酸（Oxalic Acid），即乙二酸，最简单的有机二元酸之一。分子式为 $H_2C_2O_4$，结构简式 HOOCCOOH。一般为无色透明结晶，150~160℃ 时升华。在高热干燥空气中能风化。溶于水、乙醇、乙醚、甘油，不溶于苯、氯仿和石油醚。相对密度为 (d18.54) 1.653，熔点为 101~102℃（187℃，无水），草酸分子结构如图 8-6 所示。

草酸是一种重要的有机化工产品，在工业上用途广泛：①草酸主要用于生产抗生素和

---

①　马莺，顾瑞霞. 马铃薯深加工技术 [M]. 轻工业出版社，2003.

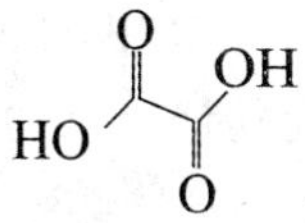

$$HO-\overset{\displaystyle O}{\underset{\displaystyle O}{C}}-C-OH$$

图 8-6　草酸分子结构

冰片等药物以及提炼稀有金属的溶剂、染料还原剂、鞣革剂等。此外，草酸还可用于合成各种草酸酯、草酸盐和草酰胺等产品，而以草酸二乙酯及草酸钠、草酸钙等产量最大。草酸还可用于钴-钼-铝催化剂的生产、金属和大理石的清洗及纺织品的漂白。用于合成脲醛树脂、三聚氰胺甲醛树脂等胶黏剂的酸度调节剂。医药工业用于制造土霉素、金霉素等药物。②还可作为酸性催化剂，脱水和缩合试剂，制草酰氯。③在化妆品中可用作洗发水的添加剂。④用作还原剂和漂白剂，印染工业的媒染剂，除去织物上的铁锈和墨渍等。

草酸也是我国传统出口产品之一，每年仅向美国出口就达 4000t。从国内和国际需要情况来看，适度地发展草酸生产仍然具有重要的意义。

我国草酸生产的方法主要有合成法和氧化法，合成法工艺复杂、成本高、设备投资大；碳水化合物氧化法设备投资少、易于操作，并且能有效地利用我国广大农村的农副产品。

马铃薯淀粉渣是马铃薯加工地区大量存在的一种农产品废渣，它的主要成分是淀粉和纤维素，用浓硫酸水解，再进一步用硝酸氧化，便可制得草酸。用马铃薯淀粉渣作原料制取草酸比用淀粉作原料制取草酸的成本更低廉，而且能有效地利用农产品废渣，变废为宝，具有明显的经济效益和社会效益。

8.5.1　草酸生产

1. 原理

马铃薯淀粉渣的主要成分为淀粉、纤维素、蛋白质、果胶、灰分、脂肪和水。在干物质中淀粉的含量高达 50% 以上。淀粉等多聚糖在酸性条件下水解成葡萄糖等单糖类化合物，而葡萄糖则可被硝酸氧化成草酸。具体反应方程式如下：

$$(C_6H_{10}O_5)_n + nH_2O \xrightarrow{H_2SO_4} (C_6H_{10}O_5)_m$$

$$(C_6H_{10}O_5)_m + nH_2O \xrightarrow{H_2SO_4} C_6H_{12}O_6 \ (n>m,\ n,\ m\ 均表示聚合度)$$

$$C_6H_{12}O_6 + 12HNO_3 \xrightarrow{V_2O_5/Fe^{3+}} 3[(COOH)_2 \cdot 2H_2O] + 3H_2O\ 3NO + 9\ NO_2$$

上述反应是系统内发生的主要反应，在实际过程中伴随着许多副反应发生，生成的产物也较复杂。

2. 生产工艺①（CN201010148993.9）

生产工艺流程包括：

马铃薯淀粉渣→粉碎→过筛→硫酸酸解→硝酸氧化→抽滤→洗涤→草酸粗品→重结晶

---

① 兰州大学．一种用马铃薯淀粉渣制备草酸的方法［P］．CN201010148993.，2010.

→草酸纯品。

①原料处理：将马铃薯淀粉渣粉碎，称取粉碎好的马铃薯淀粉渣，80 目过筛。

②硫酸酸解：用硫酸酸解马铃薯淀粉渣，马铃薯淀粉渣与硫酸溶液的质量比为 1 : 3.0，常温搅拌，反应时间为 13.5h，得到马铃薯淀粉渣酸解产物。

③硝酸氧化：加水稍作稀释，再加入催化剂，移入装有搅拌器、温度计、分液漏斗和导气管的反应釜中，至一定温度时，加入浓度为 65% 的硝酸进行氧化，氧化反应温度保持在 62±5℃，硝酸滴加完毕后，将反应釜温度升至 70±5℃，氧化反应时间为 6h。

④抽滤、洗涤：停止反应，对氧化所得混合物趁热抽滤，滤液静置，析出结晶，抽滤，洗涤，即得草酸粗品。

⑤重结晶：草酸粗品经重结晶后即得纯品。草酸二水合物收率大于 65%。

8.5.2　影响草酸收率的因素

影响草酸收率的主要因素有：硫酸酸解时间、硝酸用量、氧化反应时间和氧化反应温度。

1. 硫酸酸解时间对草酸收率的影响

在其他条件不变的情况下，改变硫酸浸泡时间，时间延长到 4h，草酸收率不断增加，当超过 4h 后，草酸收率基本不变。这说明硫酸浸泡时间在 4h 以上即可。

2. 硝酸用量对草酸收率的影响

在其他条件不变的情况下，改变硝酸用量，随着硝酸用量的增加，草酸收率也在不断增加，当硝酸与淀粉渣的质量比为 2.37 : 2.45 时，草酸收率最高，超过此值，草酸收率又下降。产生这种结果的原因，可能是因为硝酸用量少，淀粉渣水解产物氧化不完全，硝酸用量过大，已经生成的草酸有可能被进一步氧化分解，从而导致草酸收率降低。硝酸的最佳用量为：淀粉渣 : 硝酸（质量比）= 1 : 2.37。

3. 氧化反应时间对草酸收率的影响

在其他条件不变的情况下，改变氧化反应时间，开始时随着氧化反应时间的延长，草酸收率逐渐增加，当反应时间超过 5~6h 后，草酸收率又有所下降，这可能是因为反应时间过长，已经生成的草酸被进一步氧化分解而使收率降低。

4. 氧化反应温度对草酸收率的影响

在其他条件不变的情况下，改变氧化反应温度，草酸收率有变化。氧化反应温度以 65~75℃ 为宜，见表 8-5。

表 8-5　　　　　　　　　　　　氧化反应温度对草酸收率的影响

反应温度（℃）	收率（%）	观察到的现象
60~70	43	有白色糊状低聚物存在
65~75	62	转化彻底且无炭化现象
70~80	57	有轻度炭化现象发生

8.6 柠檬酸和柠檬酸钙的生产

柠檬酸(Citric Acid)是一种重要的有机酸，又名枸橼酸。在室温下，柠檬酸为无色半透明晶体或白色颗粒或白色结晶性粉末，无臭，常含一分子结晶水，无臭，有很强的酸味，易溶于水。其钙盐在冷水中比热水中易溶解，此性质常用来鉴定和分离柠檬酸。结晶时控制适宜的温度可获得无水柠檬酸。

柠檬酸的分子式为$C_6H_8O_7$，从结构上讲柠檬酸是一种三羧酸类化合物，因此而与其他羧酸有相似的物理和化学性质。柠檬酸是一种酸性较强的有机酸，有 3 个 H^+ 可以电离；加热可以分解成多种产物，加热至 175℃ 时会分解产生二氧化碳和水，剩余一些白色晶体，能与酸、碱、甘油等发生反应。分子结构如图 8-7 所示。

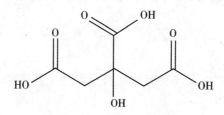

图 8-7　柠檬酸分子结构

柠檬酸和柠檬酸钙在工业、食品业、化妆业等多个领域具有广泛用途，是重要的化工原料和食品添加剂。因为柠檬酸有温和爽快的酸味，普遍用于各种饮料、汽水、葡萄酒、糖果、点心、饼干、罐头、果汁、乳制品等食品的制造。

利用马铃薯提取淀粉之后所产生的薯渣下脚料来生产柠檬酸和柠檬酸钙，原料价廉易得、生产技术简便、生产成本低、经济效益显著。

8.6.1 原理

发酵法生产柠檬酸和柠檬酸钙多采用宇佐美曲霉 N-558、黑曲霉 Y-114、黑曲霉 3008、黑曲霉 Co827、黑曲霉 T419 和黑曲霉 G_2B_3 等优良菌种。黑曲霉可以不加糖化剂，直接将淀粉转化为柠檬酸，同时对蛋白质、纤维素、果胶物质有一定的分解能力，产酸效率较高，发酵速度快，营养条件要求粗放，在生产上比应用其他微生物有更多的优点。发酵的主要生化过程可用以下反应式表示：

$$(C_6H_{10}O_5)_n + nH_2O \longrightarrow nC_6H_{12}O_6$$

$$2C_6H_{12}O_6 + 3O_2 \longrightarrow 2C_6H_8O_7 + 4H_2O$$

以上全部生化过程都是由黑曲霉产生的一系列酶的协同作用的结果。首先是淀粉在黑曲霉淀粉酶的作用下分解成葡萄糖，然后葡萄糖在合成酶的作用下产生柠檬酸。黑曲霉产生的淀粉酶耐酸性较强，但是与生产柠檬酸的最适 pH 相比仍显得较高，即糖化作用的最适 pH(2.5~3.0)与合成柠檬酸的最适 pH(2.0~2.5)不同。在发酵初期，主要矛盾是糖化，在较高 pH 的环境中糖化，生成大量的葡萄糖，为产酸准备充足的原料，但是较高的

pH会导致生成大量的杂酸(主要是草酸)。这是淀粉质原料发酵工艺中需控制的一个关键。为解决这一矛盾,可以调节通气与搅拌的强度。发酵前期通气量较低,有利于糖化;后期通气量高对产酸有利,这不仅能提高柠檬酸的产量,而且可以合理使用无菌空气和节约动力消耗。

柠檬酸发酵液中,除主要产物外,还会有许多代谢产物及其他物质,如草酸、葡萄糖酸、菌体、蛋白质、胶体物质、固形物等。为了从发酵醪液中分离柠檬酸,在发酵的醪液中加入碳酸钙中和,使柠檬酸变成柠檬酸钙沉淀析出,过滤后分离出柠檬酸钙,烘干、冷却、粉碎后即得柠檬酸钙的成品。若生产柠檬酸,则将从醪液中分离出的柠檬酸钙用硫酸分解而得柠檬酸,过滤除去硫酸钙沉淀,获得稀柠檬酸溶液。酸解过程要逐步进行,酸量控制要适当,如果酸量控制不足,会使酸解停留在柠檬酸氢二钙和柠檬酸二氢钙的中间阶段,影响产量和质量。但是用酸过多,在后续浓缩过程中,会使柠檬酸分解,色泽深而影响产品质量,且柠檬酸溶液的某些分解产物(如甲酸)对设备腐蚀严重。因此,酸解终点的控制是生产的关键之一。

8.6.2 生产工艺

用马铃薯淀粉渣可以采用深层和固体培养发酵法生产柠檬酸和柠檬酸钙。工艺流程如下:

黑曲霉→试管培养→种母培养
        ↓   →热水洗涤,干燥,粉碎,筛析
薯渣→粉碎→糊化→发酵→中和→过滤洗涤→
                 →柠檬酸钙,酸解过滤→脱色过滤→离子交换→浓缩结晶→过滤干燥→柠檬酸成品

深层发酵属于工厂化生产过程,薯渣的固体培养发酵法设备简单、投资少,适合于中小企业采用。下面分别介绍深层发酵生产柠檬酸和固体培养发酵法生产柠檬酸钙的操作技术要点。

8.6.2.1 薯渣固体培养发酵生产柠檬酸钙

1. 培养

薯渣固体培养发酵法生产柠檬酸和柠檬酸钙所采用的菌种为黑曲霉G_2B_3。根据生产需要,这种专用菌种可用试管、三角瓶、蘑菇瓶等容器进行培养。首先斜面培养菌种,进而扩大培养生产用的一级菌种和二级菌种等。

(1)斜面培养

斜面培养基采用$4°Bé$的麦芽汁加入2%的琼脂配制。在100kPa压力下灭菌30min。摆成斜面,按照无菌操作常规程序于斜面培养基上接种黑曲霉G_2B_3孢子,放置于$(3\pm2)℃$的条件下,培养6~7d即可供用。但培养菌种的时间不可太长,否则会导致菌种老化、生酸低落的弊病。上述已培养好的备用斜面菌种应及时放置于4℃以下的冰箱中保存。

(2)一级菌种与二级菌种的培养

菌种的培养基配料为麸皮50kg、轻质碳酸钙(细度200目)5kg、磷酸铵0.25kg、水50kg。将上述配料充分地搅拌混合均匀,放入三角瓶或蘑菇瓶中,瓶口用双层绒布扎紧

后，放入高压灭菌锅内进行灭菌处理。在 147kPa 的蒸汽压力下，灭菌 60min 即可。灭菌处理之后，按照无菌操作程序接入斜面菌种孢子，放置于适宜的温度、湿度条件下，培养 4~5d，待其瓶内棕黑色状的菌种孢生长丰盛时，即可提取使用。

2. 制曲发酵

薯渣糠曲的配比为：干薯渣 50kg、轻质碳酸钙（细度 200 目以上）1kg、米糠 5kg。上述干薯渣要求先经过破碎、筛析处理，然后才加入其他配料掺拌均匀，并洒入清水使其含水量达到 70% 左右为度。

将上述配料进行蒸煮处理，蒸料放入固定式或旋转式蒸锅中均可，先在常压下蒸煮 90~100min，再在 9.8~147kPa 压力下（逐渐加大蒸汽压力）蒸煮 60min 即可。具体操作时间应根据物料总量、料粒大小、蒸锅形式及灭菌效果等实际情况灵活掌握。蒸煮处理好的熟料，在事先经过紫外线灭菌的场地上趁热进行破碎和摊晾。一般可以采用扬麸机进行破碎，使熟料团块松散，料温随之下降。破碎后摊晾物料，当料温降至 37℃ 以下时，即可补水接种。

必须强调的是，补水接种操作要求在熟料摊晾降温后立刻进行，切忌久搁，否则熟料中的淀粉会"返生"，导致淀粉发酵率下降而生酸低落；同时，久搁还会使熟料增加被杂菌污染的机会。补水时，要用无菌水将其含水量补至 65%~75%，即可进行接种。接种量一般为薯渣干料重量的 0.2%~0.3%。经补水接种后的物料，当料温为 27~33℃ 时，就可装盘送入曲室内进行发酵处理。曲盘厚度为 40~60mm，曲室温度应控制在 28~32℃ 范围内，室内的相对湿度为 85%~90%。发酵时间通常需要 72~96h。

在上述整个发酵期内，曲温的变化基本上可分为 3 个阶段，第一阶段是在第 18h 内，其曲温与室温大体相同；第二阶段是在 18h 后，曲温会急剧上升，可达 40℃ 以上，至第 64h 后一直维持此温度，但曲温最高不可超过 44℃，以预防"烧曲"。经第 64h 后，曲温则开始下降，一直到 35℃ 左右为第三阶段。

在发酵过程的第二、第三阶段，从第 48h 后，应每隔 12h 测定一次酸度。曲料发酵生酸的快慢与生酸菌种质量、曲料质量、培养条件、有无杂菌污染等因素相关。从曲料发酵第 72h 开始，每隔 1~2h 取样检测一次曲料的酸度，以及时地掌握曲料中的酸度增加数据，从而确定最佳的出酸时机。如果发酵时间过长，曲料中的酸度会下降。

3. 过滤除杂

将已达发酵生酸终点的曲料（呈块状）转入浸曲池内，在充分搅拌下，加入适量 80℃ 热水（水面正好淹没曲料层）进行捣碎、浸泡处理，反复浸取 2~3 次，每次 30~40min。浸取液可反复使用或分别处理。

上述浸取液中含有曲渣、色素、糊精、糖类、黑色孢外酶、菌种孢子等杂质成分，通过加热煮沸 30min 左右，便呈絮状沉淀析出，然后将料液趁热放入沉淀池静置沉淀 12h 以上，再经过滤处理，除去杂质。滤液送至中和工序；滤渣经干燥、粉碎后，可作为饲料。

4. 中和

将上述澄清的滤液利用真空抽提入主搪瓷反应罐中，加热溶液至 60℃ 以上，在搅拌下，徐徐地加入轻质碳酸钙进行中和，注意勿使产生的泡沫溢出。有关反应可用下式表示：

$$2C_6H_5O_7 \cdot H_2O + 3CaCO_3 \xrightarrow{\text{(pH6.2~6.8)}} Ca_3(C_6H_5O_7) \cdot 4H_2O + 3CO_2 \uparrow + H_2O$$

当发酵液中的副产物草酸较多时，上述中和反应可控制在 pH3.0~3.2，让所生成的柠檬酸钙沉淀析出，与草酸盐实现分离，保证柠檬酸钙的纯度。

中和 100kg 的柠檬酸水溶液需轻质碳酸钙大约 71.5kg 或氧化钙 53.4kg（折合 CaO 约 40.5kg）。如果用生石灰作为中和剂，要求含 CaO 和 MgO 不少于 90%，其中 MgO 小于等于 2.0%，SiO_2 小于等于 1.2%，Al_2O_3 小于等于 1.0%，不消化颗粒小于等于 7.0%。加完轻质碳酸钙之后，保持液温在 90℃以上，继续搅拌反应 30min，使柠檬酸钙充分生成和析出结晶体。

在本工序中，要求注意下述几点：

①要求一次精细中和到位，万一中和 pH 过头，应及时补加料液反调到位，否则会形成较多的胶状不溶物。

②在中和及柠檬酸钙分离的整个操作过程中，料液的温度均不可低于 60℃，这样可使草酸盐、葡萄糖酸盐的溶解度增大而控制在母液中，避免其与柠檬酸钙一起结晶析出。

③所收集到的柠檬酸钙盐也要用 60℃以上的热水洗涤杂质，每洗涤一次后都必须离心甩干，翻料并消除滤饼裂缝后才可进行下一次洗涤操作，否则会影响洗涤效果。

④中和操作终点用精密 pH 试纸测试合格之后，还应测定残余酸度和含 $CaCO_3$ 两项指标，以期保证柠檬酸钙成品的纯度和收率等。具体检验方法如下：

残余酸度的中控方法：量取 1mL 中和液加入 20mL 蒸馏水混合均匀后，再加入 1% 酚酞指示剂 2 滴。用 0.1mol/L NaOH 标准溶液滴定，如耗用溶液超过 0.5mL（10~12 滴），则残余酸度过高，需继续进行中和操作。

含 $CaCO_3$ 限量的中控方法：取柠檬酸钙湿品，加入 3mol/L HCl 数滴于其表层上面，如产生显著气泡，则说明湿品中含有大量未反应的 $CaCO_3$；这时如果前一项的检查耗碱液量又在 0.5mL 以上的话，则表明反应不完全，应将其湿品继续搅拌使其反应完全。

如果前一项的检查中耗碱量在 0.5mL 以下，则表明加 $CaCO_3$ 过量，可再补加适量浸取液升温，搅拌，继续进行中和反应（指用柠檬酸去中和过量 $CaCO_3$），直到取样检查此项时不再产生显著气泡为度。

5. 干燥、包装

将上述经热水洗涤好的柠檬酸钙湿品分装于干燥盘内，送入远红外线电热烘干器中，于 60℃下烘干至样品水分含量为 12% 以下时，即达干燥终点。再经冷却、粉碎、筛析、化验、分装后，即为外观呈纯白色粉末状的柠檬酸钙成品，含量可达 99.0% 以上（干基），产品质量完全符合食品级和药用标准的有关要求。

8.6.2.2　薯干深层发酵生产柠檬酸

1. 原料处理

在以薯干为原料的柠檬酸深层发酵生产中，传统上是采用高温灭菌作为原料预处理工艺的，即升温至 115~120℃，并保持 15~30min。高温灭菌显然增加了蒸汽消耗和冷却水用量，同时升降温时间长，延长了生产周期，限制了设备利用率。现在的深层发酵生产柠檬酸的原料预处理采用低温灭菌，其灭菌温度为 85~95℃，保温保压 1.0~1.5h，这样可使葡萄糖全部保留下来。由于保温时间的延长，大部分微生物污染得以控制，个别细菌可通过添加少量对发酵菌体无抑制作用的抑菌剂加以解决。待种子培养液转入后，由于菌体生长优势的形成和产酸的低 pH 环境，使污染的微生物得以控制。低温灭菌保护了菌体可利用的糖，可使糖耗和醪液中色度降低，改善菌体适应环境的能力，以缩短发酵周期。

醪液的灭菌是与醪液的糖化同时进行的。糖化过程中薯干淀粉首先糊化。糊化的本质是淀粉粒中有序或无序态的淀粉分子间的氢键断开，分散于水中呈胶体溶液的过程。薯干淀粉的最适糊化温度在80℃左右，如温度略加提高，淀粉颗粒糊化产生的多种可溶性物质和糊精会加大流动性。90℃左右的淀粉分子连接几乎全部丧失。若工艺中添加外源的α-淀粉酶使醪液液化，在pH值为5.5~6.5时，其最适作用温度为85~90℃，与低温灭菌所选温度相符合。醪液的液化与糊化，在低温灭菌过程中处于最适条件，这就为菌体的生长和对糖质原料的利用创造了适宜的环境。

2. 培养

将合格的黑曲霉菌接种在斜面培养基上，在32~34℃的温度下培养5~6d，待繁殖旺盛并检验合格后，用无菌水将孢子完全洗下，即得孢子悬浮液。生产中使用的种母醪是在种母罐中制备。将浓度为12%~14%的薯干粉浆液，放入灭过菌的种母罐中，通 9.8×10^4 kPa压力的蒸汽，蒸煮糊化15~20min，冷却至33℃时，接入合格的孢子悬浮液，保持32~34℃的温度，通无菌空气并搅拌进行培养，每12h取样检查是否染杂菌，5~6d培养即可完成，经检验合格后，可投入发酵罐中使用。

3. 发酵

粉碎、过筛后的薯干粉投入拌和桶中，加水并搅拌使其成为12%~14%浓度的浆液，用泵打入发酵罐中。通 9.8×10^4 kPa压力的蒸汽，蒸煮糊化15~20min，得到糊化醪。冷至33℃时，按8%~10%的接种比例从种母罐接入种母醪，在33~34℃的温度下搅拌，通无菌空气发酵。发酵开始时控制糊化醪的酸度pH值为5.0。随着发酵的进行，pH值逐渐减小，如前所述发酵时pH值不能过低，一般发酵过程中控制pH值为2~3。如pH值低于2.0时，加入一定量的灭菌碳酸钙乳剂中和。如果在发酵初期生成有少量的草酸，则碳酸钙首先与草酸结合成难溶于水的草酸钙。由于草酸的酸性较强，中和它就很容易使pH值回升到2.5左右，有利于糖化进行。但也不能将pH值调得太高，如果超过3.0，就会产生大量草酸。一般在发酵24~48h后加入5~10g/L的碳酸钙即可。5~6d即可完成发酵。为了提高产酸量，发酵的前期通入无菌空气的量应适当低些，发酵的后期通气量高点对产酸有利。

4. 提取和中和

发酵醪出料后，经过滤器真空过滤，滤渣为淀粉糊精、胶体、菌丝体等，作为饲料出售。滤液为柠檬酸的发酵液厂用泵打入中和桶，加热到60℃，加入碳酸钙粉末或石灰乳。碳酸钙的用量可按下式计算：

$$碳酸钙用量 = 柠檬酸总量 \times 0.718$$

使用的碳酸钙含量为97%，0.718为碳酸钙理论用量与柠檬酸产量的比值。

上式中柠檬酸总量通过测定而求出。取一定体积的发酵液放入三角瓶中，加酚酞指示剂2~3滴，然后用标定的氢氧化钠溶液滴定至粉红色出现(30s内不褪色即可)，根据氢氧化钠所用体积和它的浓度，可计算出发酵液中柠檬酸的总量。

$$柠檬酸总量 = V_{总} \times \frac{c \cdot V \cdot 192/3}{V_1 \times 100}$$

式中：c 为 NaOH 的浓度；

$V_{总}$ 为中和桶中发酵液的总体积(mL);

V 为滴定时消耗的 NaOH 体积(mL);

V_1 为滴定时取用的发酵液体积(mL);

192/3 为柠檬酸的摩尔质量,g/mol。

中和时易形成大量泡沫,这是由于发酵液中有胶体和可溶性蛋白质等易发泡物质,当与中和反应生成的大量二氧化碳气体相遇时,便产生泡沫,因此,必须掌握添加速度,不使反应过于剧烈,以免泡沫携带大量的液体逸出中和桶,造成浪费。

5. 酸解

中和结束后,将料液在中和桶中加热煮沸,使得其他有机酸钙盐溶解,仅柠檬酸钙盐沉淀。这是由于柠檬酸钙的溶解度随温度的升高而降低,而草酸钙随温度升高溶解度增大,葡萄糖酸钙量少,在任何温度下都是溶解状态。因此,在过滤桶中,于 90℃ 下抽滤、弃去滤液,沉淀物用 90℃ 以上的热水洗去夹杂的糖分。检查方法是,在 20mL 洗涤水中,加 1 滴 1%~2% 浓度的高锰酸钾水溶液,3min 不变颜色,说明糖分已被洗净。

将洗涤好的柠檬酸钙沉淀放入稀释桶中,加水并搅拌成浆状,泵入酸解桶中,搅拌下缓慢加入 98% 的浓硫酸,以分解柠檬酸钙。酸解终点按以下方法控制:取甲、乙两支试管,甲管中放入 1mL15%~20% 浓度的硫酸,乙管中放入 1mL 同样浓度的氯化钙溶液,两支试管分别加入 1mL 过滤得到的澄清酸解液,在水浴上加热至沸,冷却后应均不发生浑浊,再分别加 1mL 95% 浓度的乙醇。由以下三种现象判断酸解状况:①加乙醇后,甲管略浑浊,表示已达酸解终点;②如果加乙醇以前甲管就已浑浊,表示酸解液中硫酸量不足,应适量补加;③加乙醇后,乙管浑浊,表示酸解液中硫酸过量,应稍加一些柠檬酸钙溶液进行调节。

酸解液煮沸约半小时后,放入过滤桶中,控制在 80℃ 左右进行热过滤。硫酸钙滤饼经热水洗涤后弃去,滤液和洗涤液合并在贮液桶中,即得稀柠檬酸溶液。

6. 浓缩、结晶

稀柠檬酸溶液流经装有脱色树脂或活性炭的脱色柱进行脱色,再流经装有强酸性阳离子交换树脂(如 732 型离子交换树脂)的交换柱,以除去钙、铁等阳离子杂质。

流出离子交换柱的稀柠檬酸溶液,真空抽入真空浓缩锅在 50~60℃,$(7.98~9.31) \times 10^4$kPa 的真空度条件下蒸发浓缩,当柠檬酸的相对密度由 1.07 提高到 1.34~1.35 时,浓缩操作即告结束。

浓缩后的柠檬酸溶液趁热真空抽入结晶锅中,以 10~25r/min 的转速缓慢搅拌,开夹套冷却水,使溶液冷至 30~35℃,必要时加入少量晶种,待温度下降到 20℃ 以下并有大量结晶时,出料至离心机中,进行离心分离。滤液可以进一步浓缩结晶,也可送至稀释桶中,作为加硫酸酸解前柠檬酸钙打浆用水,滤液还可送至碳酸钙中和工序,中和过量的碳酸钙。滤饼即为柠檬酸结晶,用 20℃ 以下的冷水洗涤后,离心分出水分,然后送入烘房,在 35℃ 以下的温度真空干燥,即得成品一水柠檬酸。

8.7　乳酸生产

乳酸(Lactic Acid),又称 2-羟基丙酸、α-羟基丙酸、丙醇酸。其分子式为

$CH_3CHOHCOOH$。纯品为无色液体，工业品为无色到浅黄色液体。无气味，具有吸湿性。分子量为 90.08，相对密度为 1.2060，熔点为 18℃，沸点为 122℃。能与水、乙醇、乙醚、甘油混溶，不溶于氯仿、二硫化碳和石油醚。被广泛应用于食品、香料、皮革和化妆品等工业中。

8.7.1 原理

乳酸制备主要有发酵法、合成法、酶法等。发酵法因其工艺简单，原料充足，发展较早而成为比较成熟的乳酸生产方法，约占乳酸生产的 70% 以上，但周期长，只能间歇或半连续化生产，且国内发酵乳酸质量达不到国际标准。化学法可实现乳酸的大规模连续化生产，且合成乳酸也已得到美国食品和药品管理局（FDA）的认可，但原料一般具有毒性，不符合绿色化学要求。酶法工艺复杂，其工业应用还有待于进一步研究。

乳酸发酵是微生物在厌氧条件下通过糖酵解途径（EMP 途径），利用葡萄糖生成丙酮酸，丙酮酸经乳酸脱氢酶作用进一步还原成乳酸的过程。乳酸发酵有两种形式，分同型发酵和异型发酵。同型乳酸发酵仅有乳酸单一发酵产物，异型乳酸发酵的发酵产物中除乳酸外，同时含有乙酸、乙醇、CO_2 等副产品。乳酸发酵在发酵工业及食品工业中具有重要作用，乳酸、泡菜、酸菜、青贮饲料、乳酪及酸牛奶等产品皆为乳酸发酵的产物。德氏乳杆菌（*Lactobacilus delbrucki*）是工业上常用的菌种。

乳酸发酵的原料一般是玉米、大米、马铃薯等淀粉质原料。利用马铃薯渣发酵乳酸，可达到废物利用，提高附加值的目的。

乳酸杆菌不能直接发酵淀粉，因此首先必须将马铃薯渣中的淀粉进行糖化，使之成为单糖或二糖，然后才能在乳酸杆菌酶的作用下，经多次逆转分解，生成丙酮酸。丙酮酸进一步转化为乳酸，其发酵的生化机理如下：

$$(C_6H_{10}O_5)_n + nH_2O \xrightarrow{\text{微生物糖化酶}} nC_6H_{12}O_6$$

$$C_6H_{12}O_6 \xrightarrow[\text{乳酸菌}]{\text{EMP 途径}} 2CH_3COCOOH$$

$$CH_3COCOOH \xrightarrow{\text{乳酸脱氢酶}} CH_3CHOHCOOH$$

8.7.2 工艺流程

在实际生产操作中，糖化和发酵可以同时进行。其生产工艺流程如下：

黑曲霉菌扩培菌——乳酸杆菌扩培菌种
↓
马铃薯干粉渣、辅料→混合→糊化→糖化-发酵→中和过滤→浓缩结晶→过滤→
洗涤→母液→溶解过滤→脱色抽滤→离子交换→二次浓缩脱色抽滤→成品
↓
硫酸钙（滤渣）

8.7.3 操作技术要点

1. 黑曲霉菌培养

307

黑曲霉菌的培养经过 4 个过程：试管斜面培养→三角瓶斜面培养→制种曲→通风制曲。

其中，试管斜面培养和三角瓶斜面培养的培养液，为小米加水的培养基液。种曲和制曲则使用麸皮加水所制成的曲料。

2. 乳酸杆菌培养

培养乳酸杆菌的培养液，按下列配方配制：3~4°Bé 饴糖 100g，蛋白胨 0.5g，牛肉膏 0.1g，酵母粉 0.1g，KH_2PO_4 0.05g，$MgSO_4$ 0.05g，NaCl 0.2，$CaCO_3$ 1.5g。

乳酸杆菌的培养经过以下 3 个阶段：试管斜面培养→三角瓶一级扩培（350mL 培养液）→大烧瓶二级扩培（1200mL 培养液）。

培养温度都为 49℃±1℃，培养时间为 48h。

3. 糊化和发酵

首先，在投料前，对马铃薯渣要进行淀粉含率和水分的测定。当淀粉在干物质中的含率低于 45% 时，要用低档淀粉或用回收池中的淀粉进行补充。

其次，将马铃薯渣放入糊化锅中，加入干物质重量 10 倍的水，充分搅拌。在打开锅顶放气阀后，再通入蒸汽。锅内温度升高后，锅内产生的蒸汽将锅内的空气排挤出去。待放气阀开始向外排放蒸汽时，将放汽阀关闭，使锅内压力升到 0.2MPa，保持 15min，然后停止通蒸汽，打开放汽阀降压，再打开出料阀，将已经灭菌和糊化了的糊化醪放入发酵池中。

再次，计算出能将糊化醪冲淡至 11%~12% 浓度所需要的水量，并把这些水直接或通过冲洗糊化锅加入到发酵池中。对于发酵池中的糊化醪要进行翻动式搅拌，并在其周围通入干净冷凉的空气，待糊化醪的温度降至 55℃ 左右时，投入糊化醪量 0.5% 的黑曲霉麸料曲，继续进行搅拌糖化。当糊化醪的温度降至 50℃ 左右时，加入糊化醪量 8%~10% 的乳酸杆菌二级培养液，搅拌均匀，糊化醪即开始发酵。在发酵过程中，要使温度保持在 49℃±1℃ 的范围内。在此期间，每隔 2h 要搅拌一次，约 10min。

发酵 12h，可用酸度计测量发酵醪的酸度，如果 pH 值低于 5 时，可投入 $CaCO_3$ 中和，使 pH 值处于 5.5~6.2。总投入量为不大于原料中淀粉（绝干值）总量的 70%。

发酵 4d 后，测量发酵醪中的残糖。当残糖小于 0.1% 时，发酵即告结束。

最后，待发酵结束后，向发酵池中投放氧化钙粉末，同时充分搅拌，并测量发酵醪液的碱度，当 pH 值达到 10 时，停止加入氧化钙。一般情况下，氧化钙的加入量不大于淀粉（绝干值）总量的 10%。

4. 压滤

用板框压滤机处理发酵醪液，滤液即是较稀的乳酸钙溶液。

5. 酸解

将乳酸钙溶液泵入蒸发器，浓缩至相对密度为 1.082~1.107 时，再泵入结晶罐。静置 3~5d，使乳酸钙结晶析出。接着，用离心脱水机过滤脱水，使脱出液回到蒸发器，与下次从压滤工段送来的乳酸钙溶液共同浓缩。如此循环，连续不断。

对于浓缩的乳酸钙结晶，要将其置入酸解锅中，加水溶解，同时在锅的夹层通入蒸汽，使乳酸钙及锅内的水升温，直至乳酸钙完全溶解，要注意使溶液的相对密度达到 1.098。然后，在搅拌的情况下加入 0.2%（W）的活性炭，再逐渐加入浓度为 40%~50% 的硫酸液，至乳酸钙完全分解。此时，锅中溶液略呈酸性。放置4h后，将溶液用真空过滤器进行抽滤。经过抽滤后，滤液为浓度20%~25%的稀乳酸，滤渣为硫酸钙。

6. 浓缩与精制

将稀乳液泵入蒸发器内，进行真空脱水，并加入0.2%（W）的活性炭，进行脱色。当蒸发器内的真空度达到负压85±5kPa、蒸发器内的水温为85℃左右时，就可以产生蒸发，使乳酸浓度达到50%~53%（相对密度为1.098）。之后出料，再进行真空抽滤，滤液即为乳酸粗品。

用离子交换树脂对乳酸粗品进行精制，除去钙、铁、氯及硫酸根等杂质，使之成为中乳酸。再对中乳酸进行一次脱色和浓缩，使其浓缩至相对密度为1.133。最后，对浓缩的中乳酸进行真空抽滤，所得的滤液即为含量为80%的乳酸成品。

8.7.4 采用电渗析钠盐法

由于乳酸及其乳酸盐与乳酸酯在医药、保健品、食品工业和其他工业中的用途日益广泛，市场对乳酸及其制品的需求不断扩大，因而进一步刺激了乳酸生产量的增加，也为乳酸生产新技术和新工艺的产生创造了良好的机会。电渗析钠盐法发酵生产乳酸的新工艺也就应运而生了。电渗析钠盐法发酵生产乳酸的新工艺可以加快乳酸生产的速度，使一般企业可以实行工业化大规模乳酸生产。

电渗析钠盐法，是将已经发酵得到的乳酸变为钠盐，然后用电渗析方法从发酵槽中连续不断地渗取乳酸钠。再将乳酸钠溶液中的乳酸钠分解成乳酸离子和钠离子，再用电渗析方法将乳酸离子分离出来。余下的含有钠离子的液体返回发酵槽，使之重新与乳酸离子结成乳酸钠。如此循环不已，生产持续不断。这种工艺可以显著提高乳酸生产的效率。

8.8 果 胶 生 产

果胶（Pectin）是一类亲水性植物胶，天然果胶以原果胶、果胶酸的形态广泛存在于植物的细胞间质中。果胶具有良好的胶凝性和乳化稳定作用，在食品、纺织、印染、烟草、冶金等领域得到了广泛应用。在食品中可作为添加剂，如作增稠剂、凝胶剂、稳定剂、代脂剂、乳化剂、组织改良剂等。在医学上，由于果胶具有抗菌、止血、消肿、解毒、降血脂、抗辐射等作用，是一种优良的药物制剂基质；同时，果胶是铅、汞和钴等金属中毒的良好解毒剂和预防剂，果胶和果胶的铝盐可抑制肠道对胆固醇和三酸甘油酯的吸收，可用于动脉硬化等心血管疾病的辅助治疗。全世界果胶的年需求量近2万吨，据有关专家预计，果胶的需求量在相当时间内仍将以每年15%的速度增长，而我国每年消耗果胶约1500t以上，进口约占80%。我国对果胶的需求量呈高速增长趋势，但商品果胶的来源仍非常有限。马铃薯渣是马铃薯加工淀粉的副产物，薯渣中含有较高质量分数的果胶（Potato Pulp Pectin, PPP），占干基的15%~30%，其果胶乙酰化程度高、分子量低、分支度低，同时马铃薯渣产量大，具有实用性，是一种很好的果胶来源。

8.8.1 果胶的成分和结构

果胶主要是α-1，4-糖苷键联结而成的半乳糖醛酸与鼠李糖、阿拉伯糖和半乳糖等其他中性糖相联结的聚合物，其主要成分为 D-半乳糖醛酸（D-galactuonicacisd），其中部分半乳糖醛酸被甲醇酯化，此外，果胶中还有一部分非糖成分和甲醇、乙酸、乙醇和阿魏酸。果胶相对分子量为 3 万~18 万。其部分分子结构如图 8-8 所示：

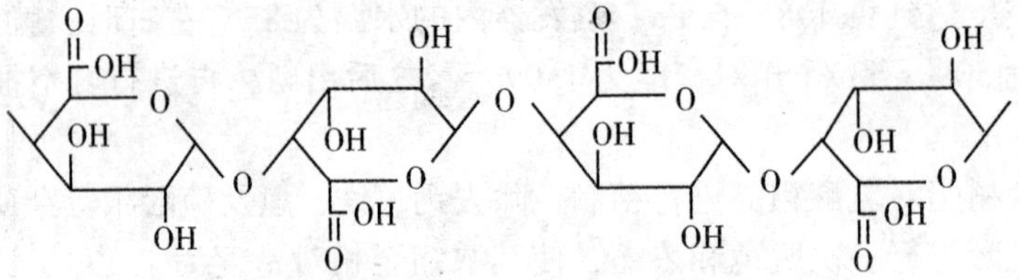

图 8-8　果胶的分子结构

果胶的结构由主链和侧链两部分组成：主链是长而连续的平滑的 α-1，4-糖苷键连续的 D-半乳糖醛酸聚糖单元的直链形成的高聚半乳糖醛酸（homogalac turonnan，HG），侧链部分是由短的呈毛发状的鼠李糖半乳糖醛酸聚糖（rhammogalac turonan，RG）部分构成的。复杂的中性糖侧链连在鼠李糖半乳糖醛酸聚糖上。

8.8.2　原理

果胶在植物体内一般以不溶于水的原果胶形式存在，在植物成熟过程中，原果胶在果胶酶的作用下逐渐分解为可溶性果胶，最后分解为不溶于水的果胶酸。在生产果胶时，原料经酸、碱或酶处理，在一定的温度条件下分解，形成可溶性果胶，然后在果胶液中加入酒精或多价金属盐类，使果胶沉淀析出，经漂洗、干燥和精制而成商品。

8.8.3　生产方法

果胶生产是将不溶性的原果胶在酸、酶、盐等作用下转化为水溶性的果胶和将水溶性果胶向提取相转移的过程，工艺条件不同，果胶的得率及性质均会有差异。目前，果胶的提取方法主要有沸水抽提法、酸水解法、离子交换树脂法、微生物提取法、微波提取法、超声波提取法等。沉析方法主要是直接浓缩法、乙醇沉淀法和盐析法等。干燥方法主要为常温干燥、真空干燥和喷雾干燥等。

果胶的生产工艺主要有预处理、萃取、浓缩、沉淀、干燥等步骤，其关键步骤为提取和沉淀。目前国内果胶生产多采用传统方法，其工艺技术路线为：原料处理→酸萃取→过滤→真空浓缩→酒精沉淀→低温干燥→粉碎、标准化→成品。

传统工艺中乙醇用量大，能耗大，生产成本高。少数企业采用盐析法，因其工艺条件要求严格，不易控制，往往使产品灰分高、溶解性差。

8.8.4　马铃薯渣提取果胶技术

8.8.4.1　水法提取果胶

工艺流程包括：马铃薯渣→浸泡→提取→过滤→脱色→沉析→抽滤→洗涤→干燥→产品。

8.8.4.2 酸法提取果胶

1. 工艺流程

工艺流程包括：马铃薯渣→浸泡→酸解(调 pH 值)→提取→过滤→脱色→沉析→抽滤→洗涤→干燥→产品。

2. 优化工艺条件

酸提法提取马铃薯渣中的果胶，与水法不同的是在提取前需调节提取液 pH 值。在 pH 值为 2，温度为 90℃下，料液比为 1∶15 时，提取 1h，达到最高产率为 17.9%。在果胶产率和物理性质等基本保持不变的情况下，用柠檬酸抽提，减少了盐酸对生产设备的腐蚀，用超滤浓缩和喷雾干燥简化了生产工艺，减少了有机溶剂的用量，使生产成本大大降低，而且废液更容易处理，对环境更加友好。

8.8.4.3 酸法结合微波法提取果胶

1. 工艺流程

工艺流程包括：马铃薯渣→浸泡→酸解(调 pH 值)→微波加热提取→过滤→脱色→沉析→调节 pH 值→离心过滤→加入脱盐液沉淀抽滤→洗涤→干燥→产品。

2. 优化工艺条件

微波功率 595W，加热时间 6min，提取液 pH 值 2.0，硫酸铝用量 4.0mL，盐析 pH 值 5.0，脱盐液用量 200.0mL，脱盐时间 30~50min，液料比 15mL/g。

8.8.4.4 超声波法提取果胶

1. 工艺流程

工艺流程包括：湿马铃薯渣→酶解→加热灭酶→离心→醇洗→滤渣→风干→粉碎→超声波提取→真空浓缩→酒精沉淀→冻干→成品。

2. 优化工艺条件

离心 4500r/min 30min；超声功率 300W；提取温度 80℃、提取时间 47.6min、pH 值为 1.8；真空浓缩温度 40℃；真空冷冻干燥，真空度 10Pa、温度-20℃、时间 2h；料液比 1∶21。与传统酸法相比，超声波因具有空化效应、机械震动及热效应等作用，促进了果胶在溶剂中的扩散释放，从而强化了果胶的提取效果。

8.9 膳食纤维(DF)生产

膳食纤维(Dietary Fiber, DF)是一种复杂的混合物，包括了食品中的大量组成成分。马铃薯渣中的纤维含量极高，约占干基的 20%，且马铃薯本身是一种安全的食用作物，因此马铃薯渣是一种安全、廉价的 DF 资源。

马铃薯膳食纤维包括纤维素、半纤维素、木质素、甲壳素、果胶、海藻多糖等，主要为在主链糖元的 C-3 和 C-4 上带有支链的 β-(1, 4-bonded-Galp)半乳聚糖。Mc Dougall 等人指出，DF 其生理活性的机理在于其中含有的可溶性多糖可增加消化液黏性，延缓肠壁对葡萄糖和脂质的吸收，并阻碍胰淀粉酶和脂酶与底物的通道；网状结构可作为一个滤器，可将大分子酶的通道堵塞；最主要的是这种纤维在胃液、肠壁酸性条件下被发酵，部分发生破裂生成了酸基，成为短链糖酸。短链糖酸被传输到肝脏血管口时，能抑制肝脏胆固醇的合成，而且抑制作用比原食物纤维高 10~15 倍。大量研究表明，DF 对预防、治疗肠道和心血管系统疾病有特殊的功效，还可以作为一种特殊的食品添加剂添加到食品中起到填充、胶凝、增稠和乳化的作用。

8.9.1　研究进展

国外许多学者探索了将马铃薯渣直接添加到食品中作为脂肪替代物和纤维添加剂，用以生产休闲饼干和蛋糕，适用于糖尿病、肥胖症、心血管疾病、冠心病、肠癌患者以及其他营养失调的人。此外，还有将薯渣作为配料添加在水果罐头、果酱、色拉酱、番茄酱、果汁和果汁饮料、糖果和水果馅饼中。

目前，国内对马铃薯膳食纤维（PDF）的研究主要集中于提取工艺和纤维的功能化方面。提取 DF 的工艺方法主要有酒精沉淀法、酸碱法、挤压法、酶法等。这几种方法在国内都已有研究与应用，其中较好的方法是酶法和酸法，制备的 PDF 产品外观呈白色，持水力、膨胀力高，有良好的生理活性。黄崇杏等人研究用蒸汽爆破的方法，使薯渣纤维功能化。爆破处理后，纤维素，半纤维素、聚戊糖等化学成分的含量均有不同程度的变化。原料离解为细小纤维，半纤维素，纤维素部分水解成可溶性糖类，木质素被软化和酸性降解，在降解的物质中发现愈创木基丙烷、香草乙酰和紫丁香基物质。

王卓等人①采用酸处理、中温 α-淀粉酶处理和耐高温 α-淀粉酶处理 3 种工艺条件制得 3 种 PDF 产品，对 3 种样品与市售燕麦纤维的膨胀力、持水力和阳离子交换能力进行了测定。结果表明，100℃时各样品膨胀力和持水力达到最大值，酸处理样品膨胀力和持水力优于其他样品。燕麦 DF 样品的离子交换能力最差，而耐高温 α-淀粉酶处理样品和酸处理样品离子交换能力较好。

袁惠君等人②用米根霉和白地霉分别以固体发酵和液体发酵两种方法发酵处理马铃薯渣后测定其 DF 得率、持水力和膨胀力。结果表明，固体发酵和液体发酵都以米根霉发酵的 DF 得率最高。在高压灭菌的条件下，发酵对 PDF 持水力的影响不显著；不同的发酵方式对膨胀力影响显著，采用液体发酵的方式效果较好。

王宏勋等人③对利用微生物发酵薯渣的工艺进行了研究。研究结果表明，在分步发酵模式下，利用白腐菌 C13 在菌龄 2，接种量 25mL、摇床（P270）转速 175r/min 条件下发酵薯渣 4d，灭活后加入白腐菌 D3l，发酵 2d 可以获得 DF 总含量达到 35.28g/L 的发酵液，其中可溶性 DF 为 6.31g/L。

8.9.2　制备工艺

PDF 制备方法主要有：酸碱提取、酶法提取或酸碱-酶联合提取法。

8.9.2.1　酸碱-酶法联合提取法 PDF

1. 工艺流程

①　王卓，顾正彪，洪雁. 不同工艺条件制备的马铃薯膳食纤维的物化性能比较[J]. 食品科学，2007，(8)：236-240.

②　袁惠君，赵萍，巩慧玲. 微生物发酵对马铃薯渣膳食纤维得率及性质的影响[J]. 兰州理工大学学报，2005，(5)：75-77.

③　王宏勋，吴疆鄂，张晓昱. 发酵土豆渣制取膳食纤维的初步研究[J]. 河南工业大学学报(自然科学版)，2005，(4)：79-81.

工艺流程包括：马铃薯渣→除杂→α-淀粉酶解→酸解→碱解→功能化→漂白→冷冻干燥→超微粉碎→成品→包装。

2. 操作技术要点

①前处理：取已提取淀粉的马铃薯渣进行除杂、过筛、水漂洗湿润、过滤。

②酶解、酸解：将马铃薯渣用热水漂洗，除去泡沫。再用一定浓度的α-淀粉酶在水温50~60℃下加热，搅拌水解1h，过滤、温水洗涤；洗涤物进行硫酸水解。

③碱解：将酸解后的渣用水反复洗净至中性，再用一定浓度的碳酸氢钠进行碱解。

④灭酶与功能化：将已碱解的渣用去离子水反复洗涤后放在有气孔的盘中，置于距水面3~4cm的位置，在200~400kPa的高压釜中进行水蒸气蒸煮。至一定时间后急骤冷却，使纤维在水蒸气急剧冷却下破裂，增加水溶性成分。即进行了灭酶，又进行了功能化。

⑤漂白：经以上处理的渣，颜色较深，需要漂白。选用浓度为6%~8%的H_2O_2作为漂白剂，在45~60℃下漂白10h。产品用去离子水洗涤，脱水，置于80℃鼓风式烘箱中干燥至恒重(或冷冻干燥)。最后粉碎成80~120目的产品。产品为淡黄色膨松状的PDF。

3. 制备反应器的选择

马铃薯渣中含有大量的酚性物质及多酚酶，这些物质遇铁离子或铜离子时，会呈现出一定的颜色，使颜色加深，而且这些物质的存在会加速酚性物质的褐变，对后处理带来困难。因此，宜选择玻璃或不锈钢反应器。

8.9.2.2 酸法提取PDF

酸法提取PDF的工艺流程包括：马铃薯渣→除杂→分散于溶剂中成为均一体系→组织捣碎机捣碎→盐酸酸解→中和→洗涤，脱水→45℃热风干燥→粉碎→过60目筛→成品。

8.9.2.3 酶法提取PDF

1. 中温α-淀粉酶法提取

中温α-淀粉酶法提取PDF的工艺流程包括：干马铃薯渣→分散于蒸馏水或缓冲液中成为均一体系→组织捣碎机捣碎→90℃保温30min→中温α-淀粉酶法酶解→沸水浴煮沸灭酶→洗涤，脱水→酒精洗涤，抽滤→45℃热风干燥→粉碎→过60目筛→成品。

2. 耐高温α-淀粉酶法提取

耐高温α-淀粉酶法提取PDF的工艺流程包括：干马铃薯渣→分散于蒸馏水或缓冲液中成为均一体系→组织捣碎机捣碎→90℃保温30min→GC262耐高温α-淀粉酶法酶解→6mol/L盐酸煮沸灭酶→洗涤，脱水→酒精洗涤，抽滤→45℃热风干燥→粉碎→过60目筛→成品。

α-淀粉酶酶解薯渣提取液中淀粉时水溶性膳食纤维提取液的最适pH值为6.5，酶液的使用量为每50mL提取液中添加20%的α-淀粉酶液1mL；活性炭脱色的最适条件为每50mL提取液中加入颗粒大小为60~80目的活性炭3.5g。对薯渣的护色处理有利于PDF的色泽改善及多酚物质的保存。

3. 双酶法提取PDF和蛋白质

双酶法提取PDF和蛋白质的工艺流程如下：

马铃薯渣→液化物→糖化物→分离→固体→脱色→膳食纤维

↓

液体→培养→蛋白

取新鲜马铃薯渣,加水调整到固含量 6%~7%。调整 pH 值为 5~6,按 0.1%(m/m)比例加入 α-淀粉酶,在 105℃时喷射液化。降温到 56℃,按照 0.5%(m/m)的比例加入糖化酶,反应到 DE 值不再升高为终点。抽滤,分别收集液体和固体做下一步处理。按固体样品 20g(干基计)、加水 200mL,调 pH 值为 10,加 5%的 H_2O_2 在 70℃下漂白 3h,干燥,粉碎得产品。

8.10　营养性食品添加剂的生产

马铃薯淀粉生产的废液中含有丰富的营养成分,弃之可惜且污染环境。人们试图对马铃薯淀粉废液进行加工处理,将其用于食品工业,但这一过程因处理过的淀粉汁液具有马铃薯所特有的一种异味而裹足不前。为有效利用马铃薯的汁液,采用葡萄糖转化酶处理的新工艺,不仅有效去除了汁液中的不愉快气味,而且所得产品富含糖、氨基酸、有机酸与矿物质等营养成分,可作为食品添加剂广泛用于饼干、糕点、饮料、西式点心中,完全符合食品卫生要求。

8.10.1　工艺流程

工艺流程包括:马铃薯淀粉废液→加热浓缩→离子交换树脂处理→活性炭处理→葡萄糖转化酶处理→干燥→白色粉末或颗粒成品→包装。

8.10.2　操作技术要点

1. 加热浓缩

将从马铃薯淀粉生产线收集到的废液进行加热浓缩,过滤回收其中被凝固的蛋白质,分离得到的脱蛋白液送下道工序。

2. 离子交换树脂处理

离子交换树脂处理方法有间歇法与塔式转换法两种,树脂以选用苯乙烯型阴离子交换树脂为佳。

间歇法是让活化的离子交换树脂与脱蛋白液混合,树脂用量一般为 1L,待处理液配入 50g,混合时间一般需维持 1~1.5h。通过振荡和搅拌,使两者充分相互接触,脱蛋白液中的臭味和有色物质附着于离子交换树脂上,并随树脂的定时交换一起被除去。

塔式转换法是将活化的离子交换树脂充填到塔内。脱蛋白液自塔上部流入,经树脂充分吸附臭味和有色物质后,从塔下部流出。

3. 葡萄糖转化酶处理

将上述已脱蛋白、脱臭、脱色的汁液送入发酵罐内,葡萄糖转化酶的添加量一般为汁液重量的 0.2%左右,处理液酸度一般控制在 pH 值为 5.0~5.5。酶反应温度在 40~55℃,酶反应时间随转化酶的加入量、酶反应温度及 pH 值等因素的差异而不同,通常需 15~24h。经酶处理后的脱蛋白液为透明液体。

4. 干燥

通过以上步骤处理后的马铃薯汁液可直接添加到食品中。若因包装、运输或食品生产的需要,也可继续加些淀粉、糊精、明胶、大豆蛋白等添加剂,经喷雾干燥或真空干燥处理，制成粉末状或颗粒状，密封包装。

8.11 马铃薯淀粉废水粗蛋白回收技术

在马铃薯淀粉生产过程中，从生产线旋流洗涤单元排放的细胞液水，每生产 1t 商品淀粉细胞液水中含有固体干物质为 10.5~11.0kg。其中，纤维、果胶及其他物质占 4.5~4.7kg。小颗粒淀粉、蛋白质占 5.55~6.3kg。提取出的细胞液水中粗蛋白和细纤维，可用作动物饲料添加剂，与此同时，还可以大量削减细胞液水中的有机污染物含量、消除泡沫，保证后续处理系统正常运行，减少后续废水处理工程投资和降低运行成本。

马铃薯属季节性农产品，淀粉生产都在秋后进行，生产时间仅为 120d 左右，我国北方地区气温趋冷。细胞液水中的粗蛋白回收和预处理方法都是物理处理或物理化学处理的方法，不受上述不利条件所限，可与生产过程同步进行。回收细胞液水中的粗蛋白和其他有用物质后，排出的剩余细胞液水中的有机污染物大幅度降低，COD_{Cr} 去除率达 60% 以上，这就充分显示出细胞液水的蛋白回收和预处理在马铃薯淀粉废水处理中的极为重要的关键作用。细胞液的粗蛋白回收和预处理方法主要有粗蛋白热凝分离技术、泡沫自分离法、提取粗蛋白乳液发酵薯渣技术以及混凝沉淀法等，可以根据企业的实际情况进行技术经济分析比较，优选出适用的技术方法。

8.11.1 马铃薯粗蛋白热凝分离技术

1. 技术原理

马铃薯粗蛋白热凝分离技术的原理是：将马铃薯淀粉加工中提取淀粉后排出的细胞液水加热，使其中的蛋白质凝固并提取出来，经过浓缩、加热、加酸、凝固、冷却、蛋白、脱水、干燥，再经粉碎和分选，即可获得具有适宜颗粒性的马铃薯粗蛋白粉。马铃薯粗蛋白热凝分离技术能利用马铃薯淀粉生产过程中排出的有机物细胞液水提取马铃薯粗蛋白，生产动物饲料添加物；并能将淀粉生产废水中的有机物的排放量降低 60% 以上，减轻废水处理负荷。

2. 生产工艺流程

细胞液水提取马铃薯蛋白的生产工艺流程如下：

进料→加热→喷射器→凝固→冷却→蛋白→脱水→干燥→蛋白粉
　　　　　　　↑　　　↑
　　　　　蒸汽　酸液

3. 马铃薯粗蛋白热凝分离系统

从马铃薯淀粉生产线中排出的细胞液水，被泵入预热段，加热到 40℃ 左右；预热段安装有多个板式热交换器，热源水是来自蛋白絮凝脱水工序的热水。预热后的细胞液水和一定的酸液一起被喂入到一个蒸汽喷射器，温度达到 112℃、压力为 500~600kPa，在盘管中停留一段时间后，细胞液水中的蛋白被絮凝。絮凝后的蛋白液被输送到卧式离心机脱水，使粗蛋白湿物料含水率达到 38%~40%；离心机分离水在预热器中冷却。湿料被喂入到混合器，与回填干粉进行搅拌混合、均匀调整，再喂入到干燥机、粉碎机和环形管组中，进行干燥、粉碎和筛选；大颗粒物料返回到粉碎机，较轻的干燥物料随气流在袋式除尘内分离，并通过螺旋输送机和关风器将物料卸出。部分干燥物料返回到混合器中，剩余物料作为干燥产品被输送到气流冷却机、输送机。物料在气流输送过程中被冷却，然后进入收集系统。经脱水干燥后的成品进入自动称重包装机，进行称重、包装。马铃薯粗蛋白热凝分离系统如图 8-9 所示。

马铃薯粗蛋白热凝分离系统能与年产 3 万吨以上的马铃薯淀粉生产线配套使用。这种回收粗蛋白的技术是成熟可靠的，产品质量能保证，残留的有机污染物最少。若能降低装备价格、提高国产絮凝剂质量和降低能耗，就会被现代化的马铃薯淀粉生产企业所接受而普遍应用。

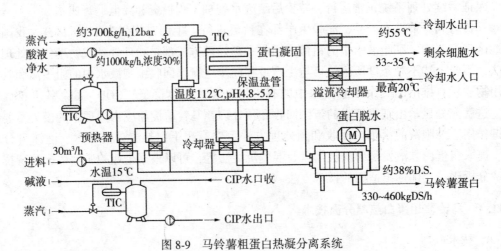

图 8-9　马铃薯粗蛋白热凝分离系统

8.11.2　"消泡-气浮-沉淀"预处理技术

"消泡-气浮-沉淀"分离系统预处理技术的主要功能是消除泡沫、浮渣和沉淀物，以减少起泡的蛋白质、龙葵素、果胶、含氮有机物、纤维以及其他的悬浮固体，降低细胞液废水中的 COD_{Cr}、BOD_5 和 SS 等污染指标，使后续处理得以正常进行。其基本原理是：细胞液水中含有大量的蛋白质等有机物相当于一种表面活性剂，使细胞液水中释放出来的气泡形成稳定的泡沫层，再用消泡装置将泡沫破碎成黏稠液。比重较轻的悬浮物被气浮分离成浮渣而除去。比重较重的悬浮物被沉淀除去。"消泡-气浮-沉淀"分离系统可以设计制造为成套装置，与不同规模的马铃薯淀粉生产线配套。但需要通过消泡设备的调试，改进设备和优化运行参数，才能取得最佳的消泡效果。

1. 细胞液废水的起泡、上浮和下沉特性

细胞液废水由管道排出时，外观呈白色，并自行释放出大量的泡沫；静置 15min 后，废水与泡沫明显分离，泡沫层体积占总体积的 40%；2h 后，自下而上呈现出沉淀层、废水层、浮渣层、泡沫这 4 层，按体积比分别占 34%、0.6%、65%、0.4%。沉淀层主要由小颗粒淀粉、纤维、果胶及其他悬浮物构成；浮渣层主要由细小的纤维等悬浮物构成；泡沫层则由粗蛋白等有机胶体构成。

泡沫细小密实，稳定性好，不易破碎。从废水中经过 2h 自行分离得到的泡沫，体积较原来稍有缩小，其重量占废水重量的 4%~5%，在泡沫中含有 21.5%的干物质。采用冷却、加热、微波等物理方法是不能消除泡沫的，使用植物油和一般消泡剂，效果也不明显。因此，消除泡沫也是关键的难题。

2. 消泡和消泡装置

由于蛋白质分子之间存在着大量的氢键，能在气泡表面形成坚固的保护膜，致使所形成的泡沫比较坚牢，气泡稳定，因而在蛋白质含量高时常会产生泡沫。消泡就是将液面上的泡沫破坏。消泡的方法有化学法、物理法和机械法等。对于细胞液水的泡沫，可用全自动机械消泡器或特种化学复合消泡剂。全自动机械消泡器是将泡沫通过消泡器进口进入转子的工作区，高速转子提供的剪切力撕碎气泡，气泡释放出的液体立即被离心力摔向器壁，并压缩为液流，通过器壁的多孔结构流向蜗壳收集器中；若有需要，部分液流可以回流到细胞液废水中去。

使用特种复合的化学消泡剂属于化学法，就是在起泡液体中加入复合的化学消泡剂，能够将泡沫膜破坏，迅速消除泡沫层，达到迅速、有效和经济的目的。

3. "消泡-气浮-沉淀"分离系统

根据细胞液废水的起泡、上浮和下沉的特性，可以通过"消泡-气浮-沉淀"分离系统进行处理，分离系统如图 8-10 所示。

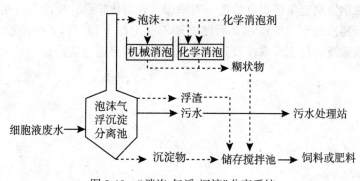

图 8-10 "消泡-气浮-沉淀"分离系统

该系统由泡沫气浮沉淀分离池、机械消泡(或化学消泡)池及其管路和泵等配套设施组成。由生产线排出的细胞液水泵入分离池；其流量应包括气体释放后的泡沫量；消泡、气浮、沉淀各区的构造布置、停留时间需满足工艺要求，分离池的总水力停留时间以 2h 左右为宜；浮沫从分离池塔形顶部溢流入消泡池，消泡后的糊状物、分离池的浮渣和沉淀物排入装有搅拌器的储存池，待后续处理，如泵送到自然干化场或浓缩脱水系统；消泡和脱除浮渣和沉淀物的细胞液废水从分离池中部排出，自流或泵入污水处理站。

8.11.3 消泡-离心分离粗蛋白乳提取技术

从淀粉生产车间排出的细胞液水可直接进入密封罐，随之产生大量的泡沫，罐顶的引风机将罐内的泡沫吸出再排到一个敞口的消泡罐，在消泡罐中上部的消泡专用泵将泡沫破碎为浓黏稠液。而后将稠液运至干化场晒干，因其中含有毒的龙葵素，应妥善处置。离心分离粗蛋白乳提取系统如图 8-11 所示。

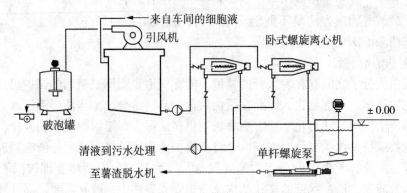

图 8-11　消泡-离心分离提取粗蛋白乳系统

　　脱去泡沫的细胞液水，泵送到卧式螺旋沉降离心机进行蛋白、纤维等固体物质的分离；分离得到的浓缩液自流至混合搅拌池，再经泵送到薯渣二次脱水设备与脱水前的湿薯渣汇集，然后将湿渣的 pH 值调到 4.8~5.0，控制湿薯渣水分含量在 76%~77%，经皮带输送到露天堆场自然发酵湿薯渣，作为动物饲料更有营养价值。离心机分离出的细胞液废水再经泵送到污水处理站进行处理。

　　该方法的细胞液消泡工序很有特色，不添加含硫的化学品，生产不含龙葵素有毒成分的动物饲料，分离出的细胞液废水其后续处理不受泡沫干扰。但其分离设备目前仍需进口，其整个提取系统的技术可靠性及其技术经济指标需要通过实践检验。

第9章 马铃薯淀粉废水处理技术

马铃薯淀粉废水是以马铃薯为原料生产淀粉的过程中产生的废液。马铃薯淀粉生产过程中，平均每生产 1t 淀粉需要消耗 6.5t 左右的马铃薯，排放 20t 左右的废水，5t 左右的废渣，在此过程中产生大量的工艺有机废水，主要是溶解淀粉和蛋白质。高浓度的废水不加处理直接排放注入水体，不仅对环境造成严重污染，而且也是对水资源的极大浪费。马铃薯淀粉生产废水具有如下几个明显特点：①马铃薯淀粉加工具有明显的季节性，主要集中在每年的 10 月份至翌年的 1 月份，约 120d，处于季节气温低、水湿低，十分不利于生物处理；②生产周期短，生物系统启动困难；③由于锉磨机生产时加入大量气体，浓、稀蛋白水中含有大量稳定的微气泡；④蛋白含量高，曝气时还会产生大量泡沫。以上特点，给废水处理带来了很大困难，加之以往所选污水处理工艺的不合理性，很难达到排放标准，造成地表水体污染严重。针对马铃薯淀粉废水的特点，人们都在积极研究一种合理、高效、低能耗的淀粉废水处理及利用方法。

9.1 马铃薯淀粉废水来源、特征、水量和水质

9.1.1 马铃薯淀粉生产废水的来源和特征

马铃薯淀粉生产主要由以下工序构成：①马铃薯水力输送、除石、除铁、除草、清洗、提升、计量、储存；②马铃薯锉磨成浆料；③从浆料中分离出淀粉与纤维；④由旋流洗涤将粗淀粉乳液再经 18~20 级旋流器浓缩、洗涤、提纯后，分离出纯净的淀粉乳和细胞液汁水；⑤淀粉乳脱水；⑥湿淀粉干燥，被干燥淀粉均匀与冷却、筛理、自动包装、入库。剩余固体物质纤维发酵后可作为 SCP 饲料或生产其他产品。在一般情况下，5.4~5.6t 新鲜马铃薯可生产 1t(含水 20%)商品淀粉。

马铃薯淀粉生产过程中排出的废水，主要来源于预处理工序马铃薯清洗和输送排出的废水，称为清洗废水；由旋流洗涤工序的回收系统分离出细胞液汁水。前段两单元后段单元排出的废水，称为细胞液水。马铃薯淀粉生产过程中产生的废水如图 9-1 所示。

细胞液废水是在马铃薯粗淀粉乳液浓缩、洗涤提纯过程中产生的"废水"，主要含有蛋白质、小颗粒淀粉、细纤维等。每吨淀粉可产生固体干物质 10.5~11.0kg。由于细胞液水中含有大量的蛋白质，因此回收细胞液水中的蛋白质成为马铃薯淀粉生产工艺的一个重要内容。细胞液的有机污染物浓度很高，化学需氧量(COD_{Cr})在 20000~35000mg/L，最大值达到 60000mg/L；生化需氧量(BOD)在 9000~12000mg/L，最大值达到 20000mg/L；细胞液占生产废水污染物总量的 95% 左右，是马铃薯淀粉生产废水治理的重点。

清洗废水是在原料水力输送、清洗过程中产生的，主要含有泥沙、腐烂马铃薯残渣、

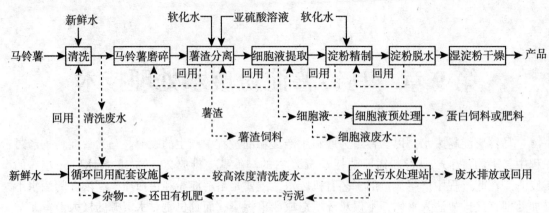

图 9-1　马铃薯淀粉生产流程和用水、废水来源及其去向

皮屑等杂物，这些污染物占原料马铃薯重量的 1%~5%。清洗废水通过简单的沉淀、过滤即可以分离出清洗废水中的杂物。输送清洗工序内部一般都配有废水处理回用装置，杂物被分离，废水经处理后回用，并不断地补充新鲜水，以满足生产要求。当清洗废水经多次循环回用后的水质不能满足生产要求时，较高浓度的清洗废水就从生产线中排出。排出的清洗废水中含有大量的悬浮固体和有机污染物，SS(悬浮物)达到 18000mg/L，必须进行处理。

9.1.2　马铃薯淀粉生产废水的水量和水质

马铃薯淀粉生产废水的水量、水质与生产工艺和设备有关。土办法或用半旋流-沉降工艺生产 1t 淀粉，废水排放量在 30m³ 以上。先进的逆流式全封闭自动控制工艺生产 1t 淀粉，排水量一般在 12~16m³。马铃薯淀粉生产废水有细胞液(高浓度)废水和清洗(低浓度)废水两部分，其污染指标可参考表 9-1。

表 9-1　　　　　　　　　　　马铃薯淀粉生产废水的污染指标

项　目	pH	COD$_{Cr}$(g/L)	BOD$_5$(g/L)	BOD/COD	SS(g/L)	凯氏氮(mg/L)	总磷(mg/L)	总硫(mg/L)
高浓度水	5~6	30~60	15~35	0.5~0.6	4000~10000	600~1500	40~100	125
低浓度水	5~8	1~2	0.3~0.6	0.31	5~15	30~50	4~7	

我国典型的年产 6 万吨马铃薯淀粉生产线工艺为：经称重的马铃薯除去杂草、沙石等杂物，通过水力输送、三级清洗进入锉磨机磨碎为马铃薯浆液，然后用泵送至提取工序进行分离，分离出的纤维经薯渣脱水筛脱水后成为湿薯渣(含水 89%)，淀粉乳液经泵送至除沙旋流工序，经除沙后的淀粉液进入旋流洗涤工序逐级进行洗涤、提纯，经提纯后的淀粉乳液经真空脱水机脱水、干燥，成为商品淀粉。在加工工艺过程中，其主要生产废水来自：马铃薯输送、清洗工序的清洗废水；淀粉生产车间的旋流洗涤工序的浓缩、洗涤、回收系统排出的马铃薯细胞液水。例如，每加工 60t/h 马铃薯的淀粉生产线(马铃薯含水率

以 80%、淀粉含量以 16%、提取率以 94% 计算)。生产 1t 商品淀粉需加工 5.4~5.6t 马铃薯。主生产线耗用软水约 36.43m³/h,输送、清洗马铃薯耗用新鲜水约 30m³/h。总排放废水约 157m³/h,其中清洗废水约 30m³/h,细胞液废水约 127mm³/h(每 1t 商品淀粉需排放出细胞液水大约 11.6m³)。在尚未回收马铃薯粗蛋白的情况下,其污染物产生量和水污染物浓度指标的实测计算的数据见表 9-2。

表 9-2　　　　　　典型生产线的污染物发生量和水污染物浓度指标

来　源		细胞液废水	清洗废水	全部废水
排水量(m³/t 淀粉)		11.65	2.75	14.40
COD$_{cr}$	总量(kg/t 淀粉)	407.5	2.7	410.2
	浓度(mg/L)	35000	970	28483
BOD$_5$	总量(kg/t 淀粉)	186.4	1.3	187.7
	浓度(mg/L)	16000	480	13034
SS	总量(kg/t 淀粉)	111.8	38.5	150.3
	浓度(mg/L)	9600	14000	10438
凯氏氮 TKN	总量(kg/t 淀粉)	16.1	0.1	16.2
	浓度(mg/L)	1380	32	1125
总磷 TP	总量(kg/t 淀粉)	6.2	0.04	6.24
	浓度(mg/L)	530	16	433
pH		5~5.7	5~8	5~7

9.1.3　马铃薯淀粉废水处理的目标

由于马铃薯淀粉废水是高浓度有机废水,含有大量的有机物,如果不经过处理而排放,必定造成水体的水质恶化,污染环境。这不仅是对人类生存环境的危害,同时也造成水资源的浪费。

马铃薯淀粉废水处理的目标首先要达到国家规定的水污染物排放标准,当前执行《中华人民共和国污水综合排放标准》(GB 8978—1996),其主要指标见表 9-3。马铃薯废水在处理过程中,尽量利用废水中的有用成分,生产马铃薯蛋白饲料、有机肥料、回收水资源和沼气等;并最大限度地减少工程投资、降低运行成本。

表 9-3　　　　　　污水综合排放标准中的有关指标(GB8978—1996)

序号	污染物	一级标准	二级标准	三级标准
1	pH	6~9	6~9	6~9
2	色度(稀释倍数)	50	80	—

续表

序号	污染物	一级标准	二级标准	三级标准
3	SS	70	150	400
4	BOD_5	20	30	300
5	COD_{Cr}	100	150	500
6	氨氮(NH_3—N，以 N 计)	15	50	—
7	磷酸盐(以 P 计)	0.5	1.0	—

注：①排入 GB3838 Ⅲ类水域(划定的保护区和游泳区除外)和排入 GB3097 中Ⅱ类海域的污水，执行一级标准。②排入 GB3838 中Ⅳ、Ⅴ类水域和排入 GB3097 中Ⅲ类海域的污水，执行二级标准。③排入设置二级污水处理厂的城镇排水系统的污水，执行三级标准。

9.2　马铃薯淀粉废水治理技术路线和工艺流程

9.2.1　基本原则

马铃薯淀粉废水治理工程的技术路线是："分别收集；通过资源回收实现污染负荷削减；通过污染负荷控制，经过厂内污水处理站终端处理，确保废水达标清澈。"其基本原则是：

①马铃薯淀粉废水通过治理达到国家或地方的水污染物排放标准；

②应贯彻全过程控制思想，实行清洁生产，从生产工艺的源头削减污染负荷、控制污染物的产生并减少排放；

③应优先采用处理效率高、节约能源、节省建设投资的处理工艺；

④应保证马铃薯淀粉废水治理设施稳定、可靠、安全运行，易于操作和维护，降低运行费用；

⑤生产工序排放的泥沙、废渣等固体废弃物严禁直接混入综合废水处理设施，应另行进行综合利用或减量与无害化处理处置；

⑥工程设计应考虑季节性运行和生产事故等非正常工况时的污染防治应急措施。

9.2.2　工艺流程

马铃薯淀粉生产企业主要有细胞液废水，马铃薯清洗、输送废水和生活污水(及其他污水)等三股污水。细胞液废水如经过蛋白及纤维回收或预处理后再进入全厂的污水处理站。清洗废水中的大部分经过"处理回用系统"处理后重复利用，小部分进入全厂污水处理站。生活污水(及其他污水)可单独设置处理站，处理后回用或直接进入全厂污水处理站合并处理。

目前，国内外采用的马铃薯淀粉废水处理方法有自然处理法、单纯曝气法、絮凝沉淀法及生物处理法。

9.2.2.1 自然处理法

自然处理法是通过自然界生物自身的生长代谢来不断净化水中的有机污染物。该方法操作简单，成本低。但是需要一定的农业浇灌用地和干旱的气候条件，并受到很多自然因素的影响。因此，一定程度上也限制了它的大面积推广。

9.2.2.2 单纯曝气法

单纯曝气法是用空气或含臭氧的空气对废水进行短时间的曝气，通过空气氧化、臭氧氧化以及对挥发性物质的吹脱取得净化效果。此方法虽然能在一定程度上缓解废水的污染程度，但是处理成本高、停留时间长、处理效果差。

9.2.2.3 絮凝沉淀法

絮凝沉淀法作为一种成本较低的水处理方法应用广泛。其水处理效果的好坏很大程度上取决于絮凝剂的性能，所以絮凝剂是絮凝法水处理技术的关键。絮凝剂可分为无机絮凝剂、合成有机高分子絮凝剂、天然高分子絮凝剂和复合型絮凝剂。追求高效、廉价、环保是絮凝剂研制者们的目标。莫日根等人用碱式聚合氯化铝为絮凝剂处理模拟马铃薯淀粉废水，结果表明，当 10% 碱式聚合氯化铝的投入量为 1.00mL 和 1.20mL 时，COD 去除率最佳，可达到 47%。若将经碱式聚合氯化铝处理后的淀粉废水再利用吸附柱进行吸附处理，其 COD 去除率可达到 65%。郑圣坤等人采用模拟试验方法研究 PAC、$FeCl_3$ 和 $Al_2(SO_4)_3$ 混凝剂对马铃薯淀粉废水的混凝预处理效果。通过对废水处理前后各项指标及处理成本等各方面因素进行综合分析，结果得知，$Al_2(SO_4)_3$ 作为马铃薯淀粉废水的混凝剂较为合适，此时 $Al_2(SO_4)_3$ 的最佳投放量为 500mg/L，对废水的 COD 去除率可达到 34% 左右。兰州交通大学采用混凝法对处理马铃薯淀粉废水进行了研究。研究了混凝剂的种类、投加量、pH 以及沉降时间对马铃薯淀粉废水 COD 去除率的影响。通过对废水处理前后各项指标及处理成本等各方面因素进行综合分析，结果得知，PFS 作为马铃薯淀粉废水的混凝剂较为合适，此时马铃薯淀粉废水去除率可达到 58%。国内目前采用混凝沉淀法处理马铃薯淀粉废水的研究不多，大多集中在实验室研究阶段，试验结果显示：采用絮凝沉淀处理废水，虽然对有机物有一定的去除效果，但是处理后的废水仍然不能达标排放，加上成本等原因，尚未有采用混凝法处理废水的马铃薯淀粉生产企业。

9.2.2.4 生物处理法

马铃薯淀粉废水含有大量悬浮态、溶解性或呈胶体状态的有机污染物，不含有毒物质。可生化性良好，采用生物法处理能够取得理想的效果。

1. 厌氧处理

厌氧法处理淀粉废水的最终产物是以甲烷为主的可燃气体，可作为能源回收利用，产生的剩余污泥量少且易于脱水浓缩。作为肥料使用，处理工艺运转费用低。在当前能源日益紧张的形势下，该方法作为一种低能耗、可回收资源的处理工艺日益受到世界各国的重视。近年来，厌氧发酵法处理淀粉废水主要有升流式厌氧污泥床（UASB）、厌氧流化床（AFB）、厌氧接触法（ACP）、两相厌氧消化法（TPAD）和厌氧滤池（AF）等。其中以 UASB 处理法最优，具有能耗低、剩余污泥少、处理效率高等优点。UASB 内的水流方向与产气上升方向一致。一方面减少了堵塞的几率，另一方面则加强了对污泥床的搅拌混合作用。有利于微生物与进水基质间的混合接触及颗粒污泥的形成。该工艺不仅投资少、运行费用低、操作简便，同时产生可供利用的沼气，能获得较好的经济效益和环境效益。

2. 好氧处理

与厌氧法相比，好氧生物法在处理淀粉加工废水方面有许多不足之处，例如，需要充氧、动力消耗大、无能量回收、微生物所需营养多和污泥量大等，只适合处理低浓度的有机废水。而淀粉废水的 COD 一般较大。所以，在淀粉废水处理中单独应用好氧处理法的较少。好氧处理法主要有接触氧化法、生物氧化塘法和 SBR 法。在淀粉加工废水的处理中，好氧生物法一般用作后续处理。

3. 厌氧和好氧联合处理

由于淀粉废水有机负荷高，处理难度大。使用单一的生物处理很难达到预期效果。所以，一般使用厌氧和好氧联合处理工艺，如采用 UASB-SBR 工艺处理淀粉废水。针对淀粉废水有机负荷高、可生化性好的特性，首先用 UASB 工艺处理，使淀粉废水中大部分有机物在 UASB 段得到降解。然后再进入 SBR 段进行好氧生物处理。进一步降解废水中的有机物，最终使废水达标排放。试验结果表明，废水经颗粒化 UASB 稳定处理后，出水 COD 可降到 500mg/L 以下。再经 SBR 处理后，出水 COD 可降到 100mg/L 以下，出水清澈。该处理系统具有耐冲击负荷、处理效果稳定、运行管理简单且运行费用低等特点，如图 9-2 所示。

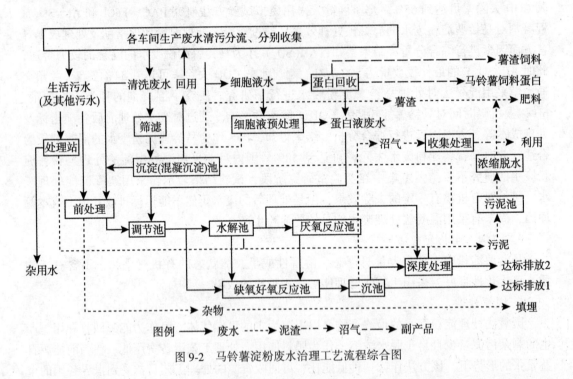

图 9-2　马铃薯淀粉废水治理工艺流程综合图

由图 9-2 得知，马铃薯淀粉废水治理可以产生许多工艺流程的方案。但是其中比较重要的总体方案有：

①方案一：回收粗蛋白-深度处理。特点是：流程最为简洁，启动快、运行方便、不受气候条件和季节性生产的制约；但工程投资和运行费用较高。

②方案二：回收粗蛋白-好氧生物处理。特点是：流程简洁仅次于方案一，启动快、

运行方便、受气候条件和季节性生产的制约较低；但工程投资和运行费用较高。

③方案三：回收粗蛋白-厌氧消化-好氧生物处理。特点是：节约能源，运行费用较低；但工程投资高，启动慢、运行较复杂、受气候条件和季节性生产的制约。

④方案四：蛋白液预处理-厌氧消化-好氧生物处理。特点是：节约能源，运行费用较低；但工程投资高，启动慢、运行较复杂、受气候条件和季节性生产的制约程度最高。

⑤方案五：蛋白液预处理-深度处理。特点是：不受气候条件和季节性生产的制约，流程比较简洁、启动较快、运行较方便，但运行费用最高。

以上5个备选的总体工艺方案有其共同点：生活污水(及其他污水)、马铃薯输送清洗废水的处理流程相同；薯渣作饲料，污泥作肥料，杂物填埋。

9.2.3 总体工艺方案的优化

①在对季节性运行的适应性方面：物理、化学处理要比生物处理较为适应，而水解酸化和好氧的生物处理要比厌氧消化的生物处理较为适应。

②在技术可靠和成熟性方面："回收粗蛋白"技术能够同时去除废水中的大量有机污染物和悬浮物，但国内的工艺和设备尚需提高；而采用混凝沉淀法(或气浮)作为细胞液废水预处理方法，必然会产生大量的不稳定的污泥和总盐量很高的"澄清液"，这对污泥的浓缩、脱水、处置和后续的生物处理造成很大的困难；直接用生物法处理虽然能够去除大量的有机污染物(包括有机污泥)，但要解决泡沫对其运行的干扰问题。

③在工程造价方面：对于细胞液废水预处理，用"回收粗蛋白"生产粉状产品工程造价最高；混凝沉淀法本身造价较低，但扩大了其后续的污泥浓缩、脱水系统的工程造价，总造价是不低的；生物法处理高浓度细胞液废水的本身造价不低，但其后续工程造价不高，总造价也不高；生物法去除单位有机污染物的工程造价由高到低依次为好氧生物处理法、水解酸化法、厌氧生物处理法。

④在占用土地方面：采用化学或物化法占地较少；采用生物法(特别是氧化塘、湿地之类)占地较大。

⑤在运行维修方面：以细胞液废水预处理法-好氧生物处理方法的运行维修最简便；以回收粗蛋白-厌氧消化-好氧生物处理方法的运行维修最复杂。

⑥在成本方面：不计马铃薯粗蛋白产品的销售价格，成本由高至低依次为深度处理(包括混凝沉淀法或化学氧化法等)、好氧生物处理、水解酸化、厌氧消化；而总成本(包括马铃薯粗蛋白产品的销售价格、工程造价的投资折算等)应根据实际情况进行比较。

从以上分析得知，工艺方案的优化确有很大的潜力，可以根据当时当地的实际情况、马铃薯淀粉废水治理工程的技术路线的基本原则，对工艺流程进行比较和进一步优化。

9.2.4 马铃薯淀粉废水治理工程的处理系统

不论何种技术路线的总体方案，马铃薯淀粉废水处理系统由细胞液回收和预处理系统、马铃薯输送清洗废水处理回用系统、生活污水(及其他废水)处理系统和企业污水处理厂处理系统组成。

①细胞液回收和预处理系统：包括粗蛋白回收、细胞液的混凝沉淀、水解、浓缩、脱水等处理。

②马铃薯输送清洗废水处理回用系统：包括拦污、除沙、沉淀、混凝沉淀等处理。

③生活污水(及其他废水)处理系统：可以单独设置生活污水处理回用装置，也可进入企业污水处理站。

④企业污水处理厂处理系统：包括拦污、除沙、初沉、水解、厌氧消化、好氧或缺氧好氧生物处理、深度处理、污泥处理处置等处理。

9.3　马铃薯清洗和输送废水处理工艺

马铃薯清洗和输送废水处理的目的，是去除废水中泥沙、腐烂的马铃薯渣皮、沙粒、杂草、尼龙绳头等各种杂质。

9.3.1　工艺概况

马铃薯清洗和输送废水处理重复使用系统由拦截系统(如粗细格栅、滚筒除杂机)、除沙系统(如除沙器、沉沙池)、沉淀系统(如沉淀池或混凝沉淀池)，必要时也可以增加过滤系统(如快滤池、压力过滤罐)等组成。其工艺流程如图9-3所示，清洗工序排出的清洗和输送废水采用无堵塞污水泵提升，再经粗格栅拦截腐烂马铃薯渣皮、秧秆、其他杂草、破碎尼龙绳头等杂物，再经沉沙池(或除沙机)除沙，然后再经细格栅或者滚筒除杂机去除细小杂物，最后进入沉淀池(或混凝沉淀池)去除可沉的悬浮物或胶体物，澄清的出水循环再利用。

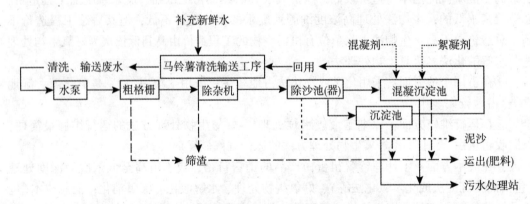

图9-3　马铃薯淀粉清洗废水处理回用系统流程图

为了避免马铃薯清洗和输送废水处理系统中的胶体和各种溶解性物质积累过多，影响回用水的清洗效果，因此，数个沉淀池需要轮流定时清理，将所有池子的泥和水排向污水处理站。将马铃薯清洗废水处理系统中截留的杂物(马铃薯碎块、皮屑等杂物)运出作肥料；泥沙填埋处置。

新建的马铃薯淀粉生产线一般都设计和建设有补充给马铃薯输送废水的马铃薯清洗和输送废水处理后循环再利用设施。马铃薯清洗废水汇集后通过无堵塞污水泵输送到滚筒式除杂机除去杂物，再自流到三级沉沙池沉淀，再经斜板沉淀池过滤处理，然后再重复循环输送马铃薯(简称循环水处理站)。对多余的输送废水要输送到污水处理场(站)进行处理后再排放。同时，脱水后的杂物粉碎后再还田或者填埋处理。而沉淀后的泥沙再进行机械脱水或者输送到干化场脱水。已建的马铃薯淀粉生产线没有马铃薯清洗和输送废水处理设施，企业应另行建设马铃薯清洗和输送废水处理后循环再利用系统。

9.3.2 主要设备

9.3.2.1 CS-60 型滚筒式除杂机

1. 结构组成

该机主要结构由机壳体、电动机及减速箱、水与杂物分离转鼓、物料缓冲挡板、滚筒内螺旋板、进料管、承载轮、轴承座、轴承、水箱及排出口、排杂出口、反冲洗喷淋管组件组成。CS-60 型滚筒式除杂机结构如图 9-4 所示。

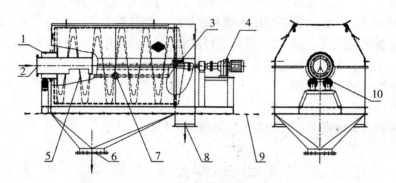

1—滚筒承载轮；2—进水口；3—喷淋管；4—电机及减速箱；
5—螺旋板；6—出水口；7—喷淋水法兰；8—出杂口；9—底座；10—滚动轮

图 9-4 CS-60 型滚筒式除杂机

2. 工作原理

含有杂物的马铃薯输送水，采用无堵塞离心泵，将输送马铃薯的污水输送到该机承载轮端的进水管内，缓冲挡板将水流压力降低，含有各种杂物的输送水，通过滚筒内 3mm 栅孔自流到集水箱，再流到沉沙池。直径在 3mm 以上的各杂物通过转鼓内螺旋板，将固体杂物缓慢推移到另外一端出杂口，自流到下一个单元，且反冲水喷淋头，间断性冲洗被堵塞的栅孔。

3. 技术参数

CS-60 型滚筒式除杂机，由中国农业机械化科学研究院制造，它的主要技术参数为：①外形尺寸：3134mm×1994mm×2633mm；②通过能力：650m³/h；③减速箱功率：4kW；④滚筒转速：17r/min；⑤设备重量：980kg。

9.3.2.2 污水泵选择

输送过马铃薯的水较浑浊，属弱酸性，它含有泥沙、杂草、金属物、马铃薯秧杆、被撕烂的塑料编织袋、尼龙绳及其他杂物，需要处理后重复使用，因此在设计选型过程中，需要了解输送物料的特殊性，还需了解输送水泵的结构与性能。

污水泵分为三类：有卧式、立式、潜水式。污水泵的叶轮和压水室是污水泵的两大核心部件。其性能优劣，也就代表泵的性能优劣，污水泵的抗堵塞性能、效率的高低以及汽蚀性能、抗磨损性能，由叶轮和压水室两大部件来保证。污水泵叶轮分为四类：叶片式（开式或闭式）、旋流式、流道式（包括单流道和双流道）、螺旋离心式等。

对于每小时加工 30t 马铃薯原料的淀粉生产线，输送过马铃薯的污水，选用 PW 系列耐腐蚀卧式单级单吸悬臂式离心泵效果好，属无叶片流道式叶轮，不会造成泵的堵塞，经过循环输送水处理系统的滚筒式除杂机、沉沙池、斜板沉淀池，过滤澄清后的水，选择闭式叶轮的卧式离心泵，能满足输送污水的需求。同时便于维修和保养，且维修成本低，但是占地面积较大。PWL 系列立式单级单吸离心泵，对输送过马铃薯的污水输送性能也很好，同时占地面积较小，但是维修和保养相比较难度要大，且维修成本较高。

1. 工作原理

PW 系列卧式离心泵属于单级单吸悬臂式离心泵，电动机驱动泵轴和叶轮高速旋转时，在大气压力下，液体被吸入泵的叶轮流道内做圆周运动，在离心力作用下，液体从叶轮中心向外周抛出，从而叶轮获得压力能和速度能。当液体吸入叶轮蜗壳流道到液体出口时，部分速度能转化为压力能。当液体经叶轮抛出时，叶轮中心产生低压，与吸入液体面的压力形成压力差，泵的叶轮连续运转，液体连续被吸入叶轮，液体按一定的压力被连续抛出，以达到输送液体的目的。

2. 结构组成

PW 系列卧式无堵塞离心泵组成结构如图 9-5 所示。

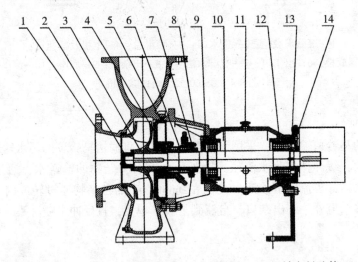

1—泵体；2—叶轮锁紧螺母；3—叶轮；4—后端盖；5—密封圈；6—机械密封腔体；7—机械密封压盖；8—中间壳体；9—前轴承压盖；10—轴；11—通气螺塞；12—向心推力球轴承；13—圆螺母；14—轴承压盖

图 9-5　PW 系列卧式无堵塞离心泵结构

3. 技术参数

PW 系列卧式无堵塞离心泵的技术参数如下：

①流量：$Q = 400 \sim 420 \mathrm{m^3/h}$；②扬程：$H = 16.5 \sim 17.5\mathrm{m}$；③功率：$P = 30 \sim 45\mathrm{kW}$；④转速：$n_1 = 970 \sim 980\mathrm{r/min}$；⑤汽蚀余量：4.5m。

9.3.2.3 输送水泵和清洗泵选择

经循环水处理系统的滚筒式除杂机、两级沉沙池、斜板沉淀池过滤后水较清，属弱酸性，但不含颗粒物。对于30t/h加工马铃薯原料的淀粉生产线，选择输送水泵、清洗水泵做配套，且设计布局规范，建议选择闭式叶轮的卧式离心泵，KHD系列化工耐腐蚀卧式离心泵较好，该泵的使用寿命长，叶轮流道距离较宽，检修和保养方便，维修成本也低，同时也能满足输送马铃薯的要求。

1. 工作原理

KHD系列卧式离心泵，当电动机驱动泵轴和叶轮高速旋转时，液体被吸入泵的闭式叶轮做圆周运动，在离心力作用下，液体从叶轮中心向外周抛出，从而叶轮获得压力能和速度能。当液体吸入叶轮蜗壳中心到液体出口时部分速度能转化为压力能。当液体经叶轮抛出时，叶轮中心产生低压，与吸入液体面的压力形成压力差，泵的叶轮连续运转，液体连续被吸入叶轮，液体按一定的压力被连续抛出，以达到输送液体的目的。

2. 结构组成

KHD系列卧式离心泵组成结构如图9-6所示。

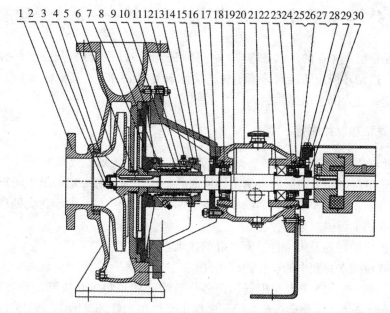

1—泵壳体；2—固定螺钉；3—叶轮螺母；4—壳体密封环；5—闭式叶轮；6—固定键；7—后护盖；
8—双面机械密封；9—"O"形密封圈；10—密封腔体；11—轴套；12—接头组件；13—机械密封压盖；
14—螺栓；15—中间体；16—螺钉；17—前轴承压盖；18—深沟球轴承；19—泵轴；20—轴承体；
21—油盖；22—孔用挡圈；23—向心推力球轴承；24—螺钉；25—止推垫；26—螺母；27—螺栓；
28—联轴器罩；29—轴承后压盖；30—骨架油封

图9-6 闭式叶轮离心泵结构图

3. 技术参数

（1）马铃薯输送水水泵选择

根据马铃薯输送泵流量和输送距离进行选择，如按KHD卧式离心泵选型。它的主要技术参数为：

①流量：$Q = 290 \sim 300 \text{m}^3 / \text{h}$；

②扬程：$H = 30 \sim 40 \text{m}$；

③功率：$P = 37 \sim 45 \text{kW}$；

④转速：$n_l = 1450 \text{r} / \text{min}$；

⑤汽蚀余量：3.0m。

（2）马铃薯清洗水水泵选择

根据漂浮式除石机（一台）、滚筒式清洗机（两台）所需要流量和输送距离进行选择，如按 KHD 卧式离心泵选型。它的主要参数为：

①流量：$Q = 68 \sim 70 \text{m}^3 / \text{h}$；

②扬程：$H = 30 \sim 35 \text{m}$；

③功率：$P = 18.5 \sim 22 \text{kW}$；

④转速：$n_l = 1450 \text{r} / \text{min}$；

⑤汽蚀余量：1.2m。

9.4　马铃薯淀粉废水末端处理系统——污水处理站

马铃薯淀粉生产企业的污水处理厂（站）是将已经经过粗蛋白回收或预处理的细胞液废水、已经经过循环使用的马铃薯清洗输送废水和生活污水（及其他污水）集中起来进行末端处理，使处理后出水达标排放。

9.4.1　厂址选择和总体布置

①污水处理厂位置应符合马铃薯淀粉生产企业的发展规划，根据下列因素综合确定：

a. 在企业生产区和生活区的夏季主导风向的下风侧，并有一定的卫生防护距离；

b. 便于接纳污水，便于处理后的中水再次回用和安全排放，便于污泥处理和处置；

c. 有较好的工程地质条件；

d. 要有扩建的规划及可行性；有良好的排水条件；

e. 要有方便的水源和电源、运输等条件。

②污水处理厂的总体布置应根据厂内各构筑物和建筑物的功能和流程要求，结合地形、气候和地质条件，优化运行成本，便于施工、维护和管理等因素，以技术经济比较来确定。

③污水处理厂厂区内各建筑物造型应简洁美观，节省材料，选材适当；并应使建筑物和构筑物群体的效果与周围环境协调。生产管理建筑物和生活设施宜集中布置，位置和朝向应该力求合理，并应与处理构筑物保持一定距离。

④污水和污泥处理构筑物宜根据情况尽可能分别集中布置。处理构筑物的间距应紧凑、合理，满足各构筑物的施工、设备安装和埋设各种管道以及养护、维修和管理的要求。工程的构（建）筑物及设备应根据建设规模分系列布置，且至少按双系列布置。构筑物及设备之间应留有一定的空间。

⑤污水处理厂的工艺流程、竖向设计宜充分利用地形，满足排水通畅、降低能耗、平

衡土方的要求。应尽量降低水头损失，避免多次提升和迂回曲折。

⑥厂区消防的设计和厌氧消化反应器、储气罐、沼气压缩机房、沼气发电机房、沼气燃烧装置、沼气管道、污泥干化装置及其他危险品仓库等的位置和设计，应符合国家现行有关防火规范的要求。

⑦污水处理厂内可根据需要，在适当地点设置堆放材料、备件、燃料和废渣等物料及停车的场地。

⑧污水处理厂并联运行的处理构筑物间应设均匀配水装置，各处理构筑物间宜设可切换的连通管渠，并应合理布置处理构筑物的超越管渠。

⑨厂区的给水系统、再生水系统严禁与处理装置直接连接。

⑩污水处理厂的供电系统负荷设计的级别应与生产车间相同。

⑪处理构筑物应设置适用的栏杆、防滑梯等安全措施，高架处理构筑物还应设置避雷设施。

⑫位于寒冷地区的污水处理构筑物，应有保温防冻措施。

9.4.2 马铃薯淀粉生产企业的污水处理厂(站)的污水处理系统

污水处理站的处理系统由物理处理系统、生物处理系统、深度处理系统和污泥处理系统组成。

9.4.2.1 物理处理系统

物理处理系统又称预处理系统。一般包括拦污(格栅)、沉沙(沉沙池)、调节(调节池)、预沉(预沉池)等处理工艺，必要时将预沉池扩展为混凝沉淀池。其中调节(匀质)池是必选的预处理工艺，其他工艺的取舍应根据综合废水的水质特性和设施建设要求确定。

9.4.2.2 生物处理系统

生物处理系统是综合污水处理站的主要组成部分，可分为厌氧消化系统、水解酸化系统和好氧生物处理系统。

1. 厌氧消化处理系统

除厌氧反应器外，还包括保温加温、除臭、防臭、安全监控和沼气储存净化利用等附属设施。

2. 水解酸化处理系统

主要由水解池组成。

3. 好氧生物处理系统

好氧生物处理系统是必不可少的生物处理系统，由生物反应池、二沉池(除序批式活性污泥法外)、供氧设施及其他配套设备组成。可根据去除有机污染物、脱氮、除磷的要求，确定处理工艺。若只需要去除有机污染物时，可选用一般的完全混合式活性污泥法、推流式活性污泥法、序批式活性污泥法、氧化沟法等或曝气生物滤池；若需要去除有机污染物和氨氮时，可选用延时曝气法；若需要去除有机污染物、氨氮和总氮时，可选用缺氧/好氧的生物处理法；若需要脱氮除磷时，需选用厌氧/缺氧/好氧的生物处理法。

9.4.2.3 深度处理系统

深度处理又称高级处理，由于深度处理系统是在生物处理系统之后，是处理生物处理系统的出水。深度处理系统包括混凝沉淀(气浮)、过滤、吸附、化学氧化、膜处理等处理工艺。深度处理系统应根据生物处理后的出水水质和污水回用或排放的要求，依据废水处理工艺试验资料或同类工程的运行数据，进行技术经济比较，确定其所采用的处理技术或多工艺的组合。在特殊情况下，深度处理的顺序也可在生物处理系统之前。

9.4.2.4 污泥处理系统

污泥处理系统主要是指污泥处理处置系统，包括泥沙、生物污泥、化学污泥等的浓缩、脱水和处置。

除了上述的 4 个主要系统外，监测和控制系统也是不能缺少的。必要时，还需设置事故处理、臭气处理系统。

马铃薯淀粉生产企业的污水处理站的主体工程项目是由物理处理、生物处理、深度处理、污泥处理、监测控制等系统的处理构筑物与配套设备等构成。辅助工程包括站区道路、围墙、绿地、供电、供热、供排水工程以及专用的化验室、控制室、仓库、修理车间等工程。配套设施包括办公室、卫生间等生活设施。此外，废水处理站应按照国家和地方有关规定设置规范化排污口。

9.5 马铃薯淀粉废水预(物理)处理系统

马铃薯淀粉废水处理站的预处理系统主要由粗格栅、细格栅、除沙池、调节池和预沉池等构筑物及其附属设备组成。其中，调节是必选的预处理技术，其他预处理技术的取舍应根据综合废水的水质特性和设施建设规模和要求确定。但当生物处理不能尽快正常运行时，为了减轻生物处理负荷，就有必要将沉淀处理系统(沉淀池或混凝沉淀池)扩大进来。

调节池在前的预处理流程如图 9-7 所示，一般适合于进水流量不均匀，规模不大的企业。

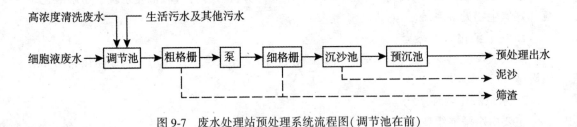

图 9-7 废水处理站预处理系统流程图(调节池在前)

调节池在后的预处理流程如图 9-8 所示，一般适合于进水流量比较均匀，规模较大的企业。调节池的作用主要是水质调节，而预处理出水的水质比较稳定，泥沙、杂物都被截留，而且排除比较顺畅，对后续的生物处理比较有利。

9.5.1 集水井、粗格栅、泵站和细格栅

9.5.1.1 集水池(井)

集水池的容积不应小于最大一台水泵 5min 的出水量；如水泵机组为自动控制时，每小时开动水泵不得超过 6 次。

集水池的设计最高水位应低于进水管的管顶，最低水位应满足水泵叶轮浸没深度的

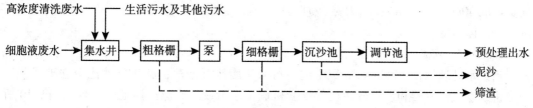

图 9-8 废水处理站预处理系统流程图(调节池在后)

要求。

集水池池底应设计集水坑,倾向坑的坡度不宜小于 10%。

9.5.1.2 粗、细格栅

水泵前,必须设置粗格栅。格栅的作用是截留废水中的马铃薯碎块、皮屑以及其他杂物。粗格栅的作用是截留马铃薯清洗废水中较大的马铃薯碎块、皮屑等杂物,其栅条间隙一般在 15mm 以上。细格栅是截留较小的杂物,其格栅的间隙在 0.5~3mm。格栅的种类很多,其中回转式格栅除污机和鼓形螺旋格栅除污机用得较多。

9.5.1.3 泵站

水泵的选择应根据设计流量和所需扬程等因素确定,宜选用同一型号台数不应少于 2 台。水泵应选用泵效率大于 80% 的节能型潜水污水泵,并优先选用首次无故障时间大于 12000h、机械密封无渗漏的产品。

9.5.2 沉沙池

沉沙池可以将清洗和输送废水中的相对密度为 2.65、粒径为 0.2mm 以上的沙粒分离出来。沉沙池有圆形竖流式沉沙池、平流式沉沙池、曝气沉沙池、旋流式沉沙池、水力旋流器等多种类型。马铃薯清洗废水处理量一般在 10000m³/d 以下,对沉沙的含有机物没有要求,可采用圆形竖流沉沙池或旋流沉沙池。

9.5.2.1 圆形竖流沉沙池

圆形竖流沉沙池如图 9-9 所示,构造简单,池内无除沙机械,粒靠重力沉降,沉积于池的锥形斗内,由人工定时地开闭斗底的阀门,将沙粒排入水槽后外运。竖流沉沙池的缺点是操作环境较差,排出沉沙的含水率较高。当进水量变化较大时,竖流式沉沙池可设置分流壁,使最大和最小的水量都能满足沉沙的要求。

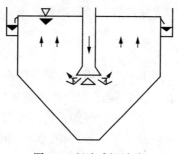

图 9-9 竖流式沉沙池

工艺计算上主要考虑污水上升流速须低于沙粒的沉降速度，即水力表面负荷。水力表面负荷取 $40m^3/(m^2 \cdot h)$、水力停留时间取 60s。单池的工艺尺寸为：有效水深 0.67m，沉沙室锥体角度为 45°。

9.5.2.2　旋流沉沙池

当废水处理量在 $10000m^3/d$ 以上时，可采用旋流沉沙池，旋流沉沙池由立轴式桨叶分离机、空气提升器和沙水分离机等配套机械设备组成。旋流沉沙池的结构如图 9-10 所示。规格型号可根据处理水量和产品说明书所列的性能参数来选定。

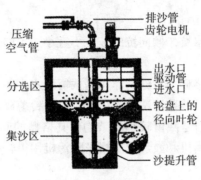

图 9-10　旋流沉沙池

9.5.3　调节池

在一般情况下，即调节池在后的前处理流程，必须设置具备均质、均量、防止不溶物沉淀、调节 pH 值、补加碱度、投加营养盐功能的调节池。调节池的水力停留时间（HRT）一般为 6~12h。对于规模较小、生产车间间歇排放废水的综合污水处理站的调节池的有效容积不宜低于日排水量的 50%。调节池宜采用预曝气或机械搅拌方式实现水质均质功能，曝气量宜为 $0.6~0.9m^3/(m^2 \cdot h)$，或控制气水比宜在 7∶1~10∶1。机械搅拌功率宜根据水质波动程度采用 $2~6W/m^3$。

调节池有必要设置 pH 值自动调节系统，并安装药剂自动投加设备。

调节池设在前处理前端的流程，调节池兼有集水井的作用，往往设置在地下，为了实现均质、均量、防止不溶物沉淀、调节 pH 值、补加碱度、投加营养盐的功能，也宜采用预曝气或机械搅拌的方式实现水质均质功能。对于进水流量不均匀规模不大的企业，也可建成兼有除沙、沉淀功能的调节池，但需要建成数格，逐格清理；不然需建更大的池子，定期清理。并且应在出水端设置去除浮渣和清除杂物的粗、细格栅。

9.5.4　沉淀池

沉淀池在前处理系统中又称预沉池，利用重力沉降作用，最大限度削减悬浮物，减轻后续生物处理的负担。在马铃薯清洗和输送废水处理系统中除去马铃薯清洗废水中的泥沙、细小马铃薯碎屑等杂物，使废水的水质得到一定的改善，能够部分回用到生产过程中去。沉淀池是水处理工艺中最普遍而又很重要的构筑物。按照沉淀池内水流方向的不同，沉淀池可分为平流式、竖流式、辐流式 3 种。沉淀池不管何种池型，其处理效果主要决定于沉淀区域的表面面积,而池深仅与沉泥防止冲刷及其体积压缩、储存等有关。沉淀池的池数(或格数)应大于 2;表面水力负荷可取 $1.5m^3/(m^2 \cdot h)$ 以下。如果场地过于狭小或改、扩建或挖潜,可采用斜板(管)沉淀池。其水力负荷可取 $3m^3/(m^2 \cdot h)$ 以下;水力停留时间可取 2h,池深可取 3m 左右。

9.5.4.1 竖流沉淀池

竖流沉淀池适用于处理水量在 $4000m^3/d$ 以下的处理系统。竖流沉淀池是水沿垂直方向自下而上流动的圆形或方形沉淀池,如图 9-11 所示。

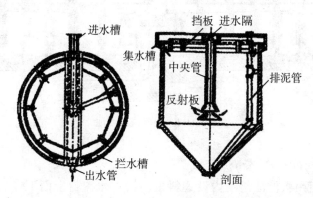

图 9-11 圆形竖流沉淀池

废水由设在沉淀池中心的进水管自上而下进入池中,进水管出口下设伞形挡板,使废水在池中均匀分布,然后沿池的整个断面缓慢上升。悬浮物在重力作用下沉入池底锥形污泥斗中,澄清水从池上端周围的溢流堰中排出。溢流堰前设置浮渣槽和挡板,保证出水水质。这种池占地面积小,但深度大,池底为锥形,施工难度较大,造价也高。

9.5.4.2 平流式沉淀池

平流式沉淀池如图 9-12 所示,是水沿水平方向流动的狭长形沉淀池。平流式沉淀池由进水口、出水口、水流部分和污泥斗 3 个部分组成。水流部分是池的主体。池宽和池深要保证水流沿池的过水断面布水均匀,依设计流速缓慢而稳定地流过。每池(格)的长和宽比一般不小于 4,长度与有效水深之比不宜小于 8。污泥斗用来积聚沉淀下来的污泥,多设在池前部的池底以下,斗底有排泥管,定期排泥。平流式沉淀池多用混凝土筑造,也可用砖石污工结构,或用砖石衬砌的土池。平流式沉淀池构造简单,沉淀效果好,工作性能稳定,使用广泛,但占地面积较大。宜采用机械排泥,可提高沉淀池工作效率。平流沉淀池适用于各种处理水量的清洗和输送废水处理系统。

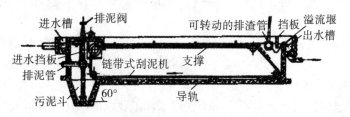

图 9-12 平流式沉淀池

9.5.4.3 辐流式沉淀池

辐流式沉淀池如图9-13所示，是水从中心向周边辐射流动的圆形沉淀池。其优点是机械排泥、运行较好、管理简单；缺点是对安装和施工的质量要求较高；适用于处理水量在10000m³/d以上的清洗和输送废水处理系统。

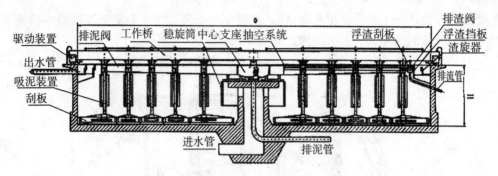

图 9-13 辐流式沉淀池

9.5.4.4 上向流斜板(管)沉淀池

上向流斜板(管)沉淀池是池内设置斜板(管)，水流自上而下经斜板(管)进行沉淀，沉泥沿斜板(管)向下滑动的沉淀池。其优点是占地面积小，适用于一般沉淀池的挖潜改造，提高处理能力；缺点是沉泥可能在斜管(板)中沉淀，排泥不彻底，抗冲击能力差，斜板(管)材料费用高，每5~6年需更换。斜管孔径(或斜板净距)宜为100mm；斜管(板)水平倾角60°；斜管(板)区上部水深宜为0.7~1.0m；斜管(板)区底部缓冲层高度宜为1.0m。

9.5.5 混凝沉淀池

将废水中难以自然沉淀的浑浊悬浮物和胶体颗粒(1~0.01mm)，用混凝剂使其脱稳而互相聚合，增大至能自然沉降的程度而下沉，从而使废水的水质得到很大的改善，以减轻后续生物处理的负荷，即为混凝沉淀。为了提高马铃薯清洗和输送废水的回用率，最大限度减少新鲜水补充量，也可采用混凝沉淀工艺。

混凝沉淀池一般是由混合区(器)、絮凝区(池)和沉淀区(池)组成。

9.5.5.1 混凝剂和助凝剂

为使胶体失稳并互相聚集，需要投加混凝剂；为了改善絮凝效果需要投加助凝剂；若要取得良好的混凝效果，应选择适宜的混凝剂和助凝剂，一般要求是混凝效果好、使用方便、价格低廉、货源充足等。因此，混凝剂和助凝剂选用及其投加量要通过试验进行优选。

常用的混凝剂有聚合氯化铝(PAC)等，常用的助凝剂有聚丙烯酰胺(PAM)、酸碱类物质等。

1. 无机絮凝剂

无机絮凝剂也称凝聚剂，主要应用于饮用水、工业水的净化处理以及地下水、废水淤泥的脱水处理等。

无机絮凝剂主要有铁盐系和铝盐系两大类，按阴离子成分又可分为盐酸系和硫酸系，按相对分子量又可分为低分子体系和高分子体系两大类。

(1)无机低分子絮凝剂

传统的无机絮凝剂为低分子的铝盐和铁盐，其作用机理主要是双电层吸附。铝盐中主要有硫酸铝[$Al(SO_4)_3 \cdot 18H_2O$]、明矾[$Al_2(SO_4)_3 \cdot K_2SO_4 \cdot 24H_2O$]、铝酸钠($NaAlO_3$)。铁盐主要有三氯化铁($FeCl_3 \cdot 6H_2O$)、硫酸亚铁($FeSO_4 \cdot 6H_2O$)和硫酸铁[$Fe_2(SO_4)_3 \cdot 2H_2O$]。硫酸铝絮凝效果较好，使用方便，但当水温低时，硫酸铝水解困难，形成的絮凝体较松散，效果不及铁盐。三氯化铁是另一种常用的无机低分子絮凝剂，具有易溶于水，形成大而重的絮体，沉降性能好，对温度、水质和 pH 值的适应范围广等优点，但其腐蚀性较强，且有刺激性气味，操作条件差。无机低分子絮凝剂的优点是经济、用法简单，但用量大、残渣多。絮凝效果比高分子絮凝剂的絮凝效果低。

(2)无机高分子絮凝剂

无机高分子絮凝剂是 20 世纪 60 年代以来在传统的铁盐和铝盐基础上发展起来的一类新型水处理药剂。其絮凝效果好，价格相对较低，已逐步成为主流絮凝药剂。在日本、西欧和中国，目前都已有相当规模的无机高分子絮凝剂的生产和应用，其产量约占絮凝剂总产量的 30%~60%。近年来，我国高分子絮凝剂的发展趋势主要是向聚合铝、铁、硅及各种复合型絮凝剂方向发展，并已逐步形成系列：阳离子型的有聚合氯化铝(PAC)、聚合硫酸铝(PAS)、聚合磷酸铝(PAP)、聚合硫酸铁(PFS)、聚合氯化铁(PFC)、聚合磷酸铁(PFP)等；阴离子型的有活化硅酸(AS)、聚合硅酸(PS)；无机复合型的有聚合氯化铝铁(PAFC)、聚硅酸硫酸铁(PFSS)、聚硅酸硫酸铝(PFSC)、聚合氯硫酸铁(PFCS)、聚合硅酸铝(PASI)、聚合硅酸铁(PFSI)、聚合磷酸铝铁(PAFP)、硅钙复合型聚合氯化铁(SCPAFC)等，生物聚合铁(BPFS)。

2. 有机高分子絮凝剂

有机高分子絮凝剂是 20 世纪 60 年代开始使用的第二代絮凝剂。与无机高分子絮凝剂相比，有机高分子絮凝剂用量少，絮凝速度快，受共存盐类、污水 pH 值及温度影响小，生成污泥量少，节约用水。强化废(污)水处理，并能回收利用。但有机和无机高分子絮凝剂的作用机理不相同，无机高分子絮凝剂主要通过絮凝剂与水体中胶体粒子间的电荷作用使 N 电位降低，实现胶体粒子的团聚，而有机高分子絮凝剂则主要是通过吸附作用将水体中的胶粒吸附到絮凝剂分子链上，形成絮凝体。有机高分子絮凝剂的絮凝效果受其分子量大小、电荷密度、投加量、混合时间和絮凝体稳定性等因素的影响。

目前，有机高分子絮凝剂主要分两大类，即合成有机高分子絮凝剂和天然改性高分子絮凝剂。

(1)合成有机高分子絮凝剂

合成有机高分子絮凝剂以聚乙烯、聚丙烯类聚合物及其共聚物为主，其中聚丙烯酰胺类用量最大，占有机高分子絮凝剂的 80% 左右。目前，国内外有关阳离子型合成高分子絮凝剂的研究比较多，主要是季铵盐类、聚铵盐类以及阳离子型聚丙烯酰胺等，其中研究与应用最多的是季胺盐类，它们均已被研制成功并在工业水处理中得到了广泛的应用。

龙柱等人利用协同增效原理将聚合氯化铝与有机合成高分子复合，制得一种新型有机-无机复合高分子絮凝剂，并用于处理造纸废水，其效果优于单独使用聚合氯化铝。

由于有机合成高分子絮凝剂的生产成本高，产品或残留单体有毒，使其广泛应用受到限制。

（2）天然改性高分子絮凝剂

天然高分子絮凝剂的使用远小于合成的有机高分子絮凝剂，原因是其电荷量密度较小，分子量较低，且易发生生物降解而失去其絮凝活性。而经改性后的天然有机高分子絮凝剂与合成的有机高分子絮凝剂相比，具有选择性大、无毒、价廉等显著特点。

这类絮凝剂按其原料来源的不同，大体可分为淀粉衍生物、纤维素衍生物、植物胶改性产物、多糖类及蛋白质改性产物等。由于天然高分子物质具有分子量分布广、活性基团点多、结构多样化等特点，易于制成性能优良的絮凝剂，所以这类絮凝剂的开发势头较大，国外已有不少商品化产品。我国天然高分子资源较为丰富，但相对而言，我国对这方面的研究开展得较少。

①淀粉衍生物：淀粉衍生物是通过淀粉分子中葡萄糖单元上羟基与某些化学试剂在一定条件下反应制得的。曹炳明等人①用木薯粉为原料研制的 CS-1 型阳离子絮凝剂，用于污水处理厂二级污水的处理，可缩短泥水分离的絮凝沉降过程，提高出水水质，对污泥脱水具有良好的促进作用。

②木质素衍生物：木质素是存在于植物纤维中的一种芳香族高分子，是水处理及各种化工产品中的基础原料。Ractior② 和 Dilling③ 分别于 20 世纪 70 年代中后期以木质素为原料合成了季铵型阳离子表面活性剂，用其处理染料废水获得了良好的絮凝效果。朱建华等人④利用造纸蒸煮废液中的木质素合成了木质素阳离子表面活性剂，用其处理阳离子染料、直接染料及酸性染料废水。实验结果表明，这种药剂具有良好的絮凝性能，对各种染料的脱色率均超过 90%。

③甲壳素衍生物：甲壳素是自然界含量仅次于纤维素的第二大天然有机高分子化合物，它是甲壳类（虾、蟹）动物、昆虫的外骨骼的主要成分。甲壳素的化学成分是 N-乙酰-D-葡萄糖胺残基以 β-1, 4 糖苷键连接而成的多糖。对甲壳素进行分子改造，脱除其乙酰基，得到壳聚糖，它是一种很好的阳离子絮凝剂。

由于这类物质分子中均含有酰胺基及氨基、羟基，因此具有絮凝、吸附等功能，不仅对重金属有螯合吸附作用，还可有效地吸附水中带负电荷的微细颗粒。壳聚糖作为高分子絮凝剂的最大优势是对食品加工废水的处理，壳聚糖可使各种食品加工废水的固形物减少 70%~98%。近年来，甲壳素在水处理方面的应用研究已取得巨大进展，很多成果已进入实用阶段或实现商品化。日本每年用于水处理的甲壳素约 500t，美国环保局已批准将壳聚糖用于饮用水的净化⑤。甲壳素在废水处理方面的应用将大有可为。

---

①　曹炳明. CS-Ⅰ型絮凝剂的制备及其在污水处理方面的应用[J]. 工业水处理, 1987, 7(6)：27.

②　Ractior, Ludufg. Lignin Cosiposttion Process for its Preraration[P]. 美国专利：US 3912706, 1975.

③　Dilling, Peter, Prazak. Process for Making Sulfonated Lignin Surfactauts [P]. 美国专利：US 4001202, 1977.

④　朱建华, 曾运生, 朱雁峰, 等. 木质素阳离子表面活性剂的合成及应用[J]. 精细化工, 1992, 9(4)：1-3.

⑤　Quinlan, Patrick. Quaternized Derivatives of Polymerized Pyridines and Quinoline[P]. 美国专利：US 4297484, 1981.

3. 微生物絮凝剂

微生物絮凝剂是一种高效、无毒、无二次污染、能自行降解、使用范围广的新一代絮凝剂。微生物絮凝剂的絮凝机理有 3 种：桥连作用、中和作用和卷扫作用。目前流行的一种学说认为：絮凝剂是通过离子键、氢键的作用与悬浮颗粒结合。

国外微生物絮凝剂的商业化生产始于 20 世纪 90 年代，微生物絮凝剂高效、安全、不污染环境的优点，在医药、食品加工、生物产品分离等领域也有巨大的潜在应用价值。如红平红球菌及由此制成的 NOC-1 是目前发现的最佳微生物絮凝剂，具有很强的絮凝活性，广泛用于畜产废水、膨化污泥、有色废水的处理。我国于 20 世纪 90 年代开始涉及这一领域的研究，并取得了相当的成就，个别已经应用到工程上。

微生物絮凝剂主要包括利用微生物细胞壁提取物的絮凝剂，利用微生物细胞壁代谢产物的絮凝剂、直接利用微生物细胞的絮凝剂和克隆技术所获得的絮凝剂。微生物产生的絮凝剂物质为糖蛋白、粘多糖、蛋白质、纤维素、DNA 等高分子化合物，相对分子质量在 105 以上。

微生物絮凝剂的研究者早就发现，一些微生物如酵母、细菌等有细胞絮凝现象，但一直未对其产生重视，仅是作为细胞富集的一种方法。近十几年来，细胞絮凝技术才作为一种简单、经济的生物产品分离技术在连续发酵及产品分离中得到广泛的应用。微生物絮凝剂是一类由微生物产生的具有絮凝功能的高分子有机物。主要有糖蛋白、粘多糖、纤维素和核酸等。从其来源看，也属于天然有机高分子絮凝剂，因此它具有天然有机高分子絮凝剂的一切优点。同时，微生物絮凝剂的研究工作已由提纯、改性进入到利用生物技术培育、筛选优良的菌种，以较低的成本获得高效的絮凝剂的研究，因此其研究范围已超越了传统的天然有机高分子絮凝剂的研究范畴。具有分泌絮凝剂能力的微生物称为絮凝剂产生菌。最早的絮凝剂产生菌是 Butterfield 从活性污泥中筛选得到。1976 年，Nakamuraj.[1][2]等人从霉菌、细菌、放线菌、酵母菌等菌种中，筛选出 19 种具有絮凝能力的微生物，其中以酱油曲霉(*Aspergillus souae*) AJ7002 产生的絮凝剂效果最好。1985 年，Takagi H 等人[3]研究了拟青霉素(*Paecilomyces sp.* 1-1)微生物产生的絮凝剂 PF101。PF101 对枯草杆菌、大肠杆菌、啤酒酵母、血红细胞、活性污泥、纤维素粉、活性炭、硅藻土、氧化铝等有良好的絮凝效果。1986 年，Kurane 等人[4]利用红平红球菌(*Rhodococcusery thropolis*)研制成功微生物絮凝剂 NOC-1，对大肠杆菌、酵母、泥浆水、河水、粉煤灰水、活性炭粉水、膨胀污泥、纸浆废水等均有极好的絮凝和脱色效果，是目前发现的最好的微生物絮凝剂。

4. 复合型絮凝剂

近年来研究人员发现在处理废水等复杂、稳定的分散体系时，复合絮凝剂表现出优于

---

[1] Nakamura J, et al. Screening, Isolation, and Some Properties of Microbial Cell Flocculants[J]. Agric. Biol. Chem., 1976, 40(2): 377-383.

[2] Nakamura J, et al. Conditions for Production of Microbial Cell Flocculant by Aspergillus Sojae AJ7002 [J]. Agric. Biol. Chem., 1976, 40(3): 619-624.

[3] Takagi H, et al. Flocculant Production by Paecilmyces sp. Taxonomic Studies and Culture Condition for Production[J]. Agric. Biol. Chem., 1985, 49(11): 3151-3159.

[4] Kurane R, et al. Culture Conditions for Production of Microbial Flocculant by Rhodacus Ergthropolis [J]. Agric. Biol. Chem., 1986, 50(9): 2309-2313.

单一絮凝剂的效果。从化学组成上来看，其大致可以分为无机/有机复合絮凝剂和微生物无机复合型絮凝剂两大类。

（1）无机/有机复合絮凝剂

无机/有机复合絮凝剂具有适应范围广，pH 值适应性强，对低浓度或高浓度水质、有色废水、多种工业废水都有良好的净化效果，而且污泥脱水性好等特点。其复配机理主要与协同作用有关。一方面污水杂质为无机絮凝剂所吸附，发生电中和作用而凝聚；另一方面又通过有机高分子的桥连作用，吸附在有机高分子的活性基团上，从而网捕其他的杂质颗粒一同下沉，起到优于单一絮凝剂的絮凝效果。

（2）微生物无机复合型絮凝剂

将微生物絮凝剂与传统的絮凝剂进行复合，具有现实意义。董军芳等人[1]把微生物絮凝剂与硫酸铝这两种絮凝剂以 3∶2 的比例复配使用，比单用其中任何一种絮凝剂的絮凝效果都要好，并把复合的最佳方案用于 50L 大批量自来水原水处理，获得理想的效果。虽然未见把这两种絮凝剂做成复合絮凝剂对实际废水进行处理的实例，但是具有一定的发展潜力。

9.5.5.2　混合

为了使投入的药剂迅速均匀地扩散于被处理水中，需要混合过程。混合时间为 30～60s。常用的混合方式有管道静态混合器（图 9-14）和机械搅拌混合池。马铃薯清洗和输送废水的处理量不大，宜采用管道静态混合器，规格型号可根据处理量选定。

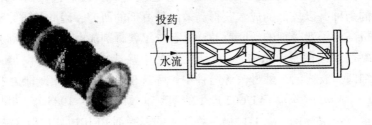

图 9-14　管道静态混合器

9.5.5.3　絮凝

为了使凝聚的胶体在一定的外力推动下相互碰撞、聚集，以形成较大絮状颗粒，需要通过反应池完成这一絮凝过程。絮凝池种类很多，但根据马铃薯淀粉废水处理量不大、悬浮物含量较高的特点，可以选用垂直式机械搅拌絮凝池或折板絮凝池。机械絮凝池如图 9-15 所示，是通过机械带动叶片而使液体搅动以完成絮凝过程的构筑物。机械絮凝池絮凝时间为 15～20min，需在池内设 3 挡搅拌机，搅拌机的线速度宜自第一挡的 0.5m/s 逐渐变小至末挡的 0.2m/s。

竖流式折板絮凝池是水流以一定流速在折板之间竖流通过而完成絮凝过程的构筑物。折板絮凝池絮凝时间为 12～20min；分三段，第三段为直板；后絮凝过程中的速度应逐渐

---

① 董军芳，林金清，曾颖. 微生物硫酸铝复合絮凝剂在自来水原水中的应用[J]. 应用化工，2002，32（2）：35-38.

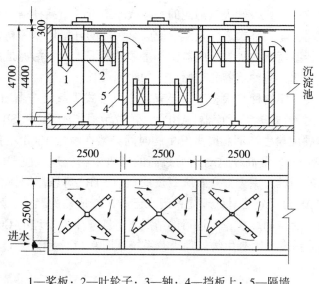

1—桨板；2—叶轮子；3—轴；4—挡板上；5—隔墙

图 9-15 垂直式机械搅拌絮凝池

降低，依次为 0.25~0.35m/s、0.15~0.25m/s，0.10~0.15m/s。折板絮凝池必须有排泥设备。竖流式折板絮凝池分同波折板和异波折板两种，如图 9-16 所示。

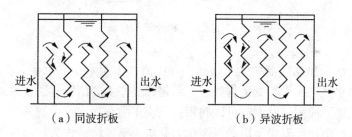

图 9-16 折板絮凝池剖面示意图

9.5.5.4 沉淀池

絮凝沉淀池的沉淀池部分采用平流式沉淀池。平流式沉淀池的沉淀时间为 2.0~4.0h，水平流速为 4.0~12.0mm/s。

9.6 马铃薯淀粉废水厌氧生物处理系统

厌氧生物处理具有有机污染物去除量大、节约能源、产生甲烷燃气、制造有机肥料等优点，去除单位污染物的工程造价要比好氧生物处理低得多。所以，厌氧生物处理是可生化的高浓度有机废水首选的处理方法。马铃薯淀粉废水中细胞液废水是可生化的高浓度有机废水，与污水处理站的综合污水混合后，COD_{Cr} 可控制在 10000~20000mg/L 范围内，对于厌氧消化生物处理，是适应的。

厌氧反应器中厌氧微生物形态对有机污染物的去除效率起决定性作用，可分为一般污泥、絮状污泥和颗粒污泥。一般厌氧污泥的去除效率最低，但菌种培养和初始启动的时间最短；絮状厌氧污泥去除效率次之，是由一般厌氧污泥的开始培养和初始启动的；颗粒厌氧污泥效果最佳，新型高效的厌氧反应器中都是颗粒污泥，颗粒污泥是由絮状污泥开始培养和初始启动的，因此，菌种培养和初始启动的时间最长。

厌氧生物处理反应器的种类很多，主要有完全混合式厌氧反应器（CSTR）、升流式厌氧污泥床（UASB）、折流式厌氧反应器（ABR）、颗粒污泥膨胀床（EGSB）和内循环反应器（IC）等。由于马铃薯淀粉生产期和废水发生的时间一般在秋后 120d 左右，细胞液废水的泡沫量大、COD_{Cr} 和 SS 含量高。这对负荷过高的厌氧生物处理反应器的运行管理和再次启动造成了相当大的困难。完全混合式厌氧反应器（CSTR）对悬浮固体含量没有要求，升流式厌氧污泥床（UASB）反应器对处理淀粉废水已有比较成熟的经验，所以，对马铃薯淀粉废水处理已得到广泛应用。在正常运行的情况下，厌氧生物处理的 COD_{Cr} 去除率能达到85%以上。马铃薯淀粉废水厌氧生物处理工艺系统如图 9-17 所示。

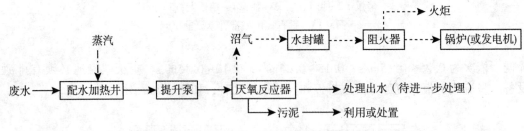

图 9-17　厌氧生物处理工艺系统

废水先在配水井和加热器中调节废水的 pH 值、控制水温。然后用泵输入厌氧反应器。处理后的出水待进一步好氧生物处理。消化过程产生的沼气，通过水封罐、阻火器由管道输送沼气至锅炉或沼气发电都可以利用；无法正常利用或发生意外事故的情况下，通过火炬烧掉沼气。消化污泥脱水后的污泥作为肥料，颗粒污泥作为商品出售。

厌氧处理系统的核心设备是厌氧反应器。厌氧反应器的个数应大于 2。罐体可采用钢筋混凝土结构；但为了缩短施工周期、提高施工质量、耐腐蚀和使外形美观大方，也多采用镀搪瓷钢板拼装罐或不锈钢-镀锌钢板复合板咬合筋成型罐等罐体，并采用新型的泡沫塑料加以保温。厌氧反应器的内部构造取决于反应器的类型，如 UASB 的三相分离器和布水设备，CSTR 的搅拌器等。

厌氧处理系统的附属系统包括：气体储存设备、沼气的净化设备、沼气利用设备、保温加温设备、除臭防臭设备以及监控设备等。气体储存设备主要有储气柜（体积为产气量的 25%~40%）、阻火器和剩余气体燃烧器。沼气的净化设备主要是脱硫设备。沼气利用设备主要是各种小型燃烧器、锅炉、燃气发电等。

9.6.1　升流式厌氧污泥床反应器（UASB）

升流式厌氧污泥床反应器（UASB）的池形有圆形和矩形，以圆形居多。UASB 反应器的基本构造如图 9-18 所示。

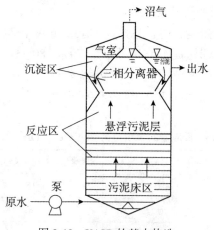

图 9-18　UASB 的基本构造

　　UASB 由污泥反应区的气、液、固三相分离器(包括沉淀区)和气室三部分组成。在底部反应区内存留大量厌氧污泥，具有良好的沉淀性能和凝聚性能的污泥在下部形成污泥层。污水从厌氧污泥床底部的布水系统进入与污泥层中污泥进行混合接触，污泥中的微生物分解污水中的有机物，把它转化为沼气。沼气以微小气泡的形式不断放出，微小气泡在上升过程中，不断合并，逐渐形成较大的气泡，在污泥床上部由于沼气的搅动形成一个污泥浓度较稀薄的污泥和水一起上升进入三相分离器，沼气碰到分离器下部的反射板时，折向反射板的四周，然后穿过水层进入气室，集中在气室的沼气，用导管导出，固液混合后经过反射进入三相分离器的沉淀区，污水中的污泥发生絮凝，颗粒逐渐增大，并在重力作用下沉降。沉淀至斜壁上的污泥沿着斜壁滑回厌氧反应区内，使反应区内积累大量的污泥，与污泥分离后的处理出水从沉淀区溢流堰上部溢出，然后排出污泥床。

　　UASB 反应器的技术关键是三相分离器、布水系统及该装置的工艺条件。在淀粉废水治理的实际应用过程中，对反应器的池体、三相分离器和布水系统不断进行了改进。矩形箱式三相分离器适用于矩形或方形的钢筋混凝土反应器；组装式三相分离器特别适用于圆形钢板结构反应器；组合式三相分离器适用于一孔一点式布水系统的反应器。布水系统主要有分枝状穿孔管布水系统和一孔一点式布水系统，前者多为早期采用，后者便于消除堵塞而逐渐被广泛采用。

　　UASB 的主要优点：反应器内污泥浓度高，平均污泥浓度为 20~40gVSS/L；有机负荷高，水力停留时间短，采用中温发酵时，容积负荷一般为 10kgCOD/$(m^3 \cdot d)$左右；无混合搅拌设备，靠发酵过程中产生的沼气的上升运动，使污泥床上部的污泥处于悬浮状态，对下部的污泥层也有一定程度的搅动；污泥床不填载体，节省造价及避免因填料发生堵塞问题；反应器只设三相分离器，不设沉淀池，不设污泥回流设备，结构简单、便于操作。此外，除了具有技术可靠、工艺成熟等优点以外，根据马铃薯淀粉生产周期，选用不同的泥型反应器，如絮状污泥 UASB、颗粒污泥 UASB 和升流式污泥床(USR)等，在较短时间内就可投入运行。

　　UASB反应器的主要缺点是要求进水中的悬浮物需要控制适当，一般控制在10000mg/L

以下为宜。

9.6.1.1　UASB 反应器的设计要点

COD 去除率：UASB 稳定运行时颗粒污泥 UASB 可采用 80%～90%，启动初期宜采用80%以下；絮状污泥 UASB 和污泥 UASB 可采用 70%～80%，启动初期宜采用 70%以下。产沼气率：每去除 1kg COD 可产沼气约 0.5m³。产泥率：每去除 1kg COD 可产污泥约0.07kg。反应器容积负荷(L_v)，见表 9-4、表 9-5。

表 9-4　　　　　　　　　UASB 反应器的容积负荷[kgCOD_Cr/(m³·d)]

温　度	污泥 UASB	絮状污泥 UASB	颗粒污泥 UASB
高温(50～55℃)	4～10	8～15	15～20
中温(30～35℃)	2～6	5～8	8～15
常温(20～25℃)	1～3	2～4	4～8
低温(15～20℃)	0.5～1.5	1～2	2～5

进水在反应器内的上升流速或称表面水力负荷(u)，可参考表 9-5 选取。

表 9-5　　　　　　不同泥型的 UASB 反应器内水流上升流速(m/h)

污泥种类	上升流速
污泥	0.3～0.5
絮状污泥	0.4～0.8
颗粒污泥(初期)	1～2
颗粒污泥(成熟)	1～3

反应器的有关参数计算如下：

反应器的有效容积(m³)：$V = QS_0/nL_v$

反应器的表面积(m²)：$F = Q/(24u)$

反应器的有效高度(m)：$H = 24uS_0/L_v$

有效高度 H 控制在 3～8m 为宜。

式中，Q——废水总量(m³/d)；

$\quad\quad S_0$——废水 COD_Cr 浓度(kg/m³)；

$\quad\quad n$——反应器的个数；

$\quad\quad L_v$——反应器容积负荷[kgCOD_Cr/(m³·d)]，参考表 9-4 选取；

$\quad\quad u$——进水在反应器内的上升流速(m/h)，参考表 9-5 选取。

9.6.1.2　UASB 反应器的启动

1. 接种

①用类似废水、已运行的 UASB 颗粒污泥作为接种污泥，这是最便捷的方法；

②取用厌氧消化污泥；

③取用污水处理厂的剩余污泥的浓缩污泥或其脱水泥饼作为接种污泥，此方法形成颗粒污泥的时间最长。

2. 初始启动(首次运行的启动)

第一阶段是将一般生物污泥驯化成厌氧污泥，使出水 COD 去除率稳定在 70% 左右；第二阶段是逐渐增大进水量，使消化污泥逐渐转化成絮状污泥，随着容积负荷提高，反应器成为絮状污泥 UASB；第三阶段是继续加大进水量，逐渐产生细小(粒径为 0.1~0.3mm)的颗粒污泥，形成絮状污泥与细小的颗粒污泥共生的污泥形态，容积负荷也随之增大；第四阶段是进一步增大进水量，颗粒污泥不断增多，直径增大到 2.0~5.0mm，出水 COD 的去除率可稳定在 80%~95%。容积负荷达到设计目标，此时进入颗粒污泥 UASB 反应器的正常运行状态。整个启动时间在 60d 左右。若用类似废水的颗粒污泥接种，整个启动时间可缩短 30d 左右。

3. 再次启动(重新运行的启动)

首次运行停止后重新运行的菌种可用反应器内存留的污泥，其启动时间比初始启动时间短得多，具体时间根据其污泥的形态而定。

9.6.1.3　影响 UASB 正常运行的主要因素

1. 总悬浮物(TSS)的影响

马铃薯淀粉废水中的总悬浮物过高，必然影响絮状污泥和颗粒污泥的形成和增殖，因此，进行适当的预处理以降低悬浮物还是需要的。

2. 温度的影响

马铃薯淀粉生产废水的水温一般在 20~30℃，如要提高 UASB 反应器处理能力，尽量提高水温至 30~35℃ 或 50~55℃。特别在启动期间，提高水温是很有效的。

3. 马铃薯淀粉厂生产周期的影响

连续运行时间过短，大部分时间都花在培养颗粒污泥上，颗粒污泥床高负荷稳定运行时间过短，不能充分发挥 UASB 反应器的效能。因此在初次启动采用足量的颗粒污泥接种；在厌氧消化污泥中投加絮凝剂或细粒活性炭，加速形成颗粒污泥；企业污水处理站建有能储存 30d 以上的蓄水池；对厌氧处理的进水，进行混凝沉淀等强化措施；强化厌氧处理后的好氧生物处理和物化处理设施。

4. 泡沫影响

泡沫过多，进水困难，因此对细胞液水采取预处理措施，以消除不能在 20min 内自行消失的泡沫。

9.6.2　完全混合式厌氧反应器(CSTR)

完全混合式厌氧反应器(CSTR)是在搅拌状态下工作，颗粒污泥不易形成，是絮状污泥反应器。反应池的池形多为圆形，池底一般是略有坡度的平底。进料经过去除大块悬浮物的简单预处理后，泵入 CSTR 反应器，反应器采用上进料下出料或者下进料上出料的方式，内设搅拌机，在厌氧反应器内原料经过搅拌机的进一步搅拌混合均匀，在厌氧菌的作用下厌氧发酵，产生的沼气予以利用；CSTR 反应器排出的混合液直接作为有机肥，或将经固液分离后的污泥作为有机肥，分离液进一步处理。由于 CSTR 反应器处理的是含有纤维等物质的高悬浮物浓度的细胞液废水，在厌氧反应器内会形成缩水、变硬、结壳的浮渣层，会导致反应器有效容积变小、产生的沼气聚集受阻而无法进入气室，甚至会堵塞出料管并引起反应器爆裂，严重影响到厌氧反应器的正常运行，因此必须采取有效的技术措施。除了高位出料(在排放上清液的同时，也将浮渣一并带出)、高位进料与反冲回流(冲洗打碎浮渣)以外，机械搅拌器是非常关键的。搅拌装置的设计、安装位置及构造，除考虑 CSTR 反应器内物料充分混合的同时，也要使搅拌器能起到破除浮渣的作用。常用的机械搅拌方式有罐顶立式搅拌器、侧装式搅拌器、斜式搅拌器(图 9-19)。罐顶立式搅拌器和侧装式搅拌器都是最常用的搅拌方式。侧装式搅拌器在反应器底部做水平推进能起到纵向混合的作用，安装操作简便，但比起罐顶立式搅拌的低速运行，功率较大，能耗较高。斜式搅拌器适用于产气、贮气一体化厌氧反应器(顶部为柔性双膜贮气柜)，低速运行，成为一体化厌氧反应器的一个主要特点，发展较快。

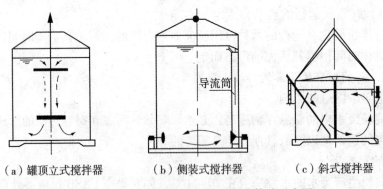

(a) 罐顶立式搅拌器　　　(b) 侧装式搅拌器　　　(c) 斜式搅拌器

图 9-19　完全混合式厌氧反应器基本构造示意图

完全混合式厌氧反应器(CSTR)的主要优点是：非常适用于进入高悬浮固体含量的细胞液废水，不需要预处理；反应器内物料分布均匀，避免了分层状态，增加了底物和微生物的接触机会；消化器内温度分布均匀；进入消化器的抑制物质能够迅速分散，保持较低浓度水平，耐冲击；避免了浮渣、结壳、堵塞、气体溢出不畅和短流现象。

CSTR 反应器的主要问题是：反应器的污泥停留时间等于水力停留时间，对浓度不高的有机废水需要增设深沉池并回流污泥，否则其负荷较低，池积较大；要有足够的搅拌，能耗较高；若有机物未完全消化而流出反应器时，微生物也随出料而流失。

9.6.2.1　CSTR 反应器的设计要点

反应器容积负荷(L_v)可参考表 9-5 中的污泥 UASB。即低温(15~20℃)1kgCOD$_{Cr}$/($m^3 \cdot d$)左右，常温(20~25℃)2kgCOD$_{Cr}$/($m^3 \cdot d$)左右，中温(30~35℃)4kgCOD$_{Cr}$/($m^3 \cdot d$)左右，高温(50~55℃)7kgCOD$_{Cr}$/($m^3 \cdot d$)左右。

反应器个数(n)应大于 2，可根据下式计算反应器圆柱容积(m^3)

$$V = QS_0/nL_v$$

式中，Q——废水总量(m^3/d)；

S_0——废水 COD$_{Cr}$ 浓度(kg/m^3)；

n——圆柱个数；

L_v——反应器容积负荷〔kgCOD$_{Cr}$/($m^3 \cdot d$)〕。

反应器圆柱的高度(H)控制在 $6\sim8m$ 为宜，高度与直径(D)之比(k)宜小于 2。总高与直径之比宜小于 1；池底坡度一般采用 8%；池顶距液面的高度至少 1.5m。

9.6.2.2 CSTR 反应器的启动

1. 接种

①用类似废水厌氧絮状污泥作为接种污泥，启动时间最短；

②取用一般的厌氧消化污泥；

③取用污水处理厂的剩余污泥的浓缩污泥或其脱水泥饼作为接种污泥，启动时间最长。

2. 初始启动(首次运行的启动)

第一阶段是将一般生物污泥驯化成厌氧污泥，使出水 COD 去除率稳定在 70%左右；第二阶段是逐渐增大进水量，使消化污泥逐渐转化成絮状污泥，随着容积负荷提高，反应器成为絮状污泥出水 COD 的去除率可稳定在 70%~85%，容积负荷达到设计目标，此时进入 CSTR 反应器的正常运行状态。整个启动时间在 20~30d。若用类似废水的颗粒污泥接种，整个启动时间可缩短 15d 左右。

3. 再次启动(重新运行的启动)

首次运行停止后重新运行的菌种可用反应器内存留的污泥，其启动时间比初始启动时间短得多，具体时间根据其污泥的形态而定。

9.7 马铃薯淀粉废水水解酸化生物处理系统

水解酸化生物处理是厌氧消化生物处理过程 4 个阶段(水解、酸化、乙酸化、甲烷化)中的第一、第二阶段。马铃薯淀粉生产废水中的蛋白质、淀粉、纤维、多糖等大分子有机物，在水解和产酸微生物的作用下，先分解为水溶性的小分子物质，如氨基酸、葡萄糖、甘油及各种溶解性有机物等，继而转化成各种有机酸，如乙酸、丙酸、丁酸等。水解酸化主要是将原水中的非溶解态有机物转变为溶解态有机物，把微生物难降解的大分子物质转变为小分子易降解物质，提高废水的可生化性，以利于后续的生物处理。

水解酸化工艺有突出的优点：①马铃薯淀粉厂连续性生产时间短，水解酸化反应器调试启动时间也较短，水解酸化反应器启动时间只需要 2 周左右的时间，而厌氧生物处理需要 1~2 个月的时间，所以比厌氧生物处理更适合处理马铃薯淀粉生产废水；②水解酸化过程不必强烈搅动，不产生气体，因此能适应细胞液废水泡沫过多的特点；③一般水解酸化反应器本身具有沉淀池功能，因此能适应细胞液废水悬浮物含量高的特点；④不需要曝气充氧；⑤水解池不需密闭、不需要水气固三相分离器，也可以不需要搅拌器，水解酸化反应时间短、水解池体积较小，与初沉池相当；⑥水解酸化反应过程基本上不会产生氨氮、硫化氢等臭气而污染环境；⑦细胞液废水水解液的 pH 值在 3.6~10.0 的范围内，有足够的氮、磷、钾等元素，其水温在 15℃ 以上，因此不需调节酸碱度、不需要补充营养物质、不需加热；⑧水解酸化处理能比较好地降解固体有机物，只有少量的比较稳定的剩余污泥；⑨马铃薯废水中所含的绝大部分有机物都能被水解酸化，当糖类有机物被转化成有机酸时，难生物降解的蛋白质、脂类也能被水解成可溶性有机物。由于水解酸化的 COD_{Cr} 去除率只有 30%~40%，所以必须进行后续生化处理，才能达标排放。但是，马铃薯淀粉企业的季节性生产期很短，水解酸化必然代替厌氧消化而成为一种适用的工艺和技术。

水解酸化生物处理系统的关键设备是水解酸化反应器。反应器的主要型式有完全混合式（CSTR）水解酸化反应器、升流式水解酸化污泥床（UHSB）反应器、折板式水解酸化反应器（HBR）以及其他改良或复合的反应器（如辐流式水解酸化池）等。但当前还是升流式水解酸化污泥床反应器（图9-20）用得最普遍，技术比较成熟，适用于马铃薯淀粉生产废水处理。

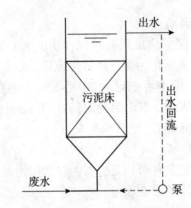

图9-20　升流式水解酸化污泥床反应器

升流式水解酸化污泥床（UHSB）类似UASB厌氧废水反应器，但不需要密闭，不需要设三相分离器。池形有圆形和矩形，以矩形居多，可分格并联。UHSB反应器由底部的布水器（与UASB反应器的布水系统相同）、中部的污泥层和悬浮层、上部的澄清层和溢流堰这三部分组成。为加强污泥与废水的混合，在反应器底部可设循环用的泵作搅拌。

UHSB反应器的基本参数有反应器容积负荷（L_v）、废水在反应器内的水力停留时间（HRT）、COD_{Cr}去除率以及进水在反应器内的上升流速或称表面水力负荷（u）。其中，L_v或HRT是设计反应器的有效容积的基本参数。这些参数应该通过试验求得。无试验资料时，可以参考表9-6选取。

表9-6　　　　　　　　　　升流式水解酸化污泥床（UHSB）反应器的主要参数

污泥种类		反应器容积负荷 L_v	水力停留时间（HRT）h	上升流速（u）
升流式污泥床	絮状	2~5	4~6	0.5~2
	颗粒	4~10	2~4	1~3

注：①包括反应池和沉淀池的水力停留时间之和；②沉淀池的上升流速。

升流式水解酸化污泥床反应器的设计要点包括：

单个反应器有效容积（m^3）：$V = QS_0/nL_v$

单个反应器的表面面积（m^2）：$F = Q/(24u)$

反应器的有效高度(m)：$H = 24uS_0/L_v$。

水力停留时间(h)：$T = 24uS_0/L_v$。

式中：Q——废水总量(m^3/d)；

　　　S_0——废水COD_{Cr}浓度(kg/m^3)；

　　　n——反应器的个数，$\geqslant 2n$；

　　　L_v——反应器容积负荷$[kgCOD_{Cr}/(m^3 \cdot d)]$，参考表8-7选取；

　　　u——进水在反应器内的上升流速(m/h)，参考表8-7选取；

反应器的有效高度校核：$H \geqslant 2m$；

废水在反应器内的水力停留时间的校核：$T \geqslant HRT$；

污泥界面应控制在液面下$0.5 \sim 1.5m$，反应器的总高为$3 \sim 6m$。

9.8　马铃薯淀粉废水好氧和缺氧好氧生物处理系统

好氧生物处理，是利用好氧微生物在有分子氧存在的条件下，将污水中复杂的有机物降解，进行稳定、无害化的处理，并用释放出的能量来完成微生物本身的繁殖和运动功能，是处理污水的最常利用的方法。对于已经进行过厌氧消化或水解酸化处理的马铃薯淀粉废水，为了进一步减少有机污染物，达到或接近污水排放标准，继续进行好氧生物处理是完全有必要的。用于处理马铃薯淀粉生产废水的好氧生物处理方法，主要有完全混合式活性污泥法，氧化沟和序批式活性污泥法。为了充分去除有机物和氨氮，使出水达到排放标准的要求，一般采用延时曝气方式。但是，由于马铃薯淀粉生产废水中的有机物和氨氮的含量很高(特别是厌氧消化处理出水)，好氧生物处理只能去除有机物和氨氮，在氨氮氧化成硝酸盐过程中又要补充碱度，不然氨氮难以达到排放标准的控制值；为了使马铃薯淀粉生产废水处理出水中的总氮、氨氮、BOD和COD_{Cr}各项指标都达到或接近污水排放标准，而且尽可能不补充碱度物质，这就需要采用前置反硝化的缺氧好氧(AO)生物处理方法。前置反硝化生物脱氮工艺是在好氧曝气池(段)之前设置缺氧池(段)，好氧池子处理后的一部分硝化液回流到缺氧池，在缺氧池进行反硝化，将亚硝酸态氮和硝态氮还原为氮气，达到生物脱氮的目的。在脱氮反应过程中，为了满足反硝化菌对碳源的需要，废水中的的碳氮比(BOD_5/TN)应大于4，马铃薯淀粉生产废水完全可以满足，但若厌氧处理"过度"，碳氮比会很小，应适当采取措施。

用于处理马铃薯淀粉生产废水的缺氧好氧生物脱氮处理工艺，主要有缺氧好氧生物脱氮的活性污泥法、氧化沟和序批式反应池。

缺氧好氧生物脱氮处理工艺与延时曝气好氧生物处理工艺相比较，有以下特点：总氮去除率为60%~70%时，反应器需分隔，在构造上必须保证缺氧池维持缺氧状态；为循环硝化液，必须设硝化液循环泵；由于反应器混合液悬浮固体浓度比延时曝气活性污泥法高，因此，二沉池的设计表面水力负荷应比普通法小；由于设计循环泵和缺氧池等，使运行管理项目增加；由于污水中部分有机物在缺氧池进行脱氮反应中被去除，因此比强化硝化活性污泥法去除BOD所需的氧量少。马铃薯淀粉废水经过缺氧好氧生物处理(特别是厌氧消化处理出水)中的总氮、氨氮和COD_{Cr}、BOD_5各项指标都达到或接近污水排放标准，在一般情况下，废水的COD_{Cr}去除率为70%~90%、BOD_5去除率为90%~95%、氨氮去除率为 70% ~ 90%、总氮去除率 70% 以上。

经过实际工程的设计和运行，实践证明前置反硝化的缺氧好氧生物处理方法的技术经济方面优于延时曝气生物处理方法，因此前置反硝化的缺氧好氧生物处理方法的应用越来越普遍。

9.8.1　完全混合法活性污泥(延时曝气)系统

完全混合法活性污泥(延时曝气)系统是废水进入完全混合式曝气池后立即与混合液充分混合，池中的污泥负荷相同，曝气装置可以采用鼓风曝气装置或机械曝气装置。曝气池出流的混合液进入二沉池。二沉池的出水达标排放或继续进行深度处理；沉淀池污泥回流至生物选择池，剩余污泥进行处理和处置(堆肥或填埋)。其流程如图 9-21 所示。

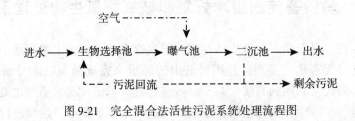

图 9-21　完全混合法活性污泥系统处理流程图

本方法的特点如下：对冲击负荷有较强的适应能力，特别是高浓度的工业废水；在处理效果相同的情况下，其有机负荷将高于其他活性污泥法；可以通过改变有机负荷，得到预期的出水水质；池内需氧均匀，动力消耗低于传统的活性污泥法。为了避免污泥膨胀，在曝气池之前，设置生物选择池为宜。

完全混合曝气活性污泥系统不少于两组，每组由生物选择池、完全混合曝气池和二沉池及其配套设施组成。

9.8.1.1　生物选择池

生物选择池的高度宜采用 4 ~ 6m；以圆形或椭圆形最佳；溶解氧 DO 控制在 0 ~ 1.5mg/L；池中应安装潜水搅拌器或水力射流器予以充分混合搅拌。生物选择池的高度、污泥浓度等与完全混合曝气池相同，池型圆形和方形皆可。溶解氧 DO 控制在 1.5 ~ 2.0mg/L；设有曝气设施向曝气池充分供氧。生物选择池的有效容积(m³)计算公式如下：

$$V_a = Q / T_a$$

式中：Q——设计流量(m³/d)；

T_a——进水在生物选择(缺氧)池的水力停留时间(h)：$T_a = 0.5 ~ 1.0h$。

9.8.1.2　曝气池

完全混合曝气池的高度、污泥浓度等与生物选择池相同，池型为圆形和方形皆可。为了提高出水水质，一个系列的单个曝气池可分成 2 个或 2 个以上串联的曝气池组。曝气池溶解氧 DO 控制在 1.5 ~ 2.0mg/L；设有曝气设施向曝气池充分供氧。曝气池主要设计参数见表 9-7。

表 9-7   完全混合曝气池主要设计参数

项　目	单　位	参数值
BOD_5污泥负荷	$kgBOD_5/(kg\ MLSS \cdot d)$	$0.05 \sim 0.10$
污泥浓度(MLSS)X	g/L	$2.5 \sim 4.5$
污泥龄 O_c	d	>15
污泥产率系数 Y	$kgVSS/kgBOD_5$	$0.3 \sim 0.6$
需氧量 O_2	$kg\ O_2/kgBOD_5$	$1.1 \sim 2.0$
水力停留时间 HRT	h	>16
污泥回流比 R	%	$70 \sim 150$
总处理效率 η	%	$90 \sim 95(BOD_5)$
	%	$70 \sim 90(COD_{Cr})$

曝气池有效容积(m^3)可按下式计算:

$$V = Q(S_0 - S_e)/(1000L_sX)$$

式中：S_0——进水 COD_{Cr}浓度(mg/L)；

　　　S_e——出水 COD_{Cr}浓度(mg/L)；

　　　L_s——反应池污泥负荷〔$kgBOD_5/(m^3 \cdot d)$〕；

　　　X——反应池内混合液悬浮固体平均浓度(gMLSS/L)。

9.8.1.3　二沉池

二沉池的单池表面积(m^2)计算公式为:

$$F = Q/(nq)$$

但应大于此值: $F \geqslant 24(1+R)QX/(nq)$。

二沉池直径(m)计算公式为:

$$d = (4F/p)1/2$$

边长(m)计算公式为:

$$a = (F)1/2$$

式中：Q——废水的进水水量(m^3/h)；

　　　n——池数，$n \geqslant 2$；

　　　R——污泥回流比，$R = 75\% \sim 150\%$；

　　　q——表面水力负荷〔$m^3/(m^2 \cdot h)$〕，$q = 0.5 \sim 1.0m^3/(m^2 \cdot h)$；

　　　X——反应池内混合液悬浮固体平均浓度(g/L)；

　　　p——固体负荷〔$kg/(m^2 \cdot d)$〕，$p \leqslant 150kg/(m^2 \cdot d)$。

若直径(或边长)小于7m，可用竖流式沉沙池，如图9-9所示；若大于7m，宜用辐流式沉淀池，如图9-13所示。

二沉池有效水深为 2~4m。二沉池底部应设有污泥区，其容积不大于储存 2h 的污泥量为宜。污泥回流量控制在 75%~150%。污泥回流设备宜选用支座式螺旋泵。

9.8.2　推流式缺氧好氧活性污泥(AO)生物脱氮系统

推流式缺氧好氧活性污泥生物脱氮工艺的前段为缺氧池，后段为好氧池。污水、好氧段出口流出的混合液、二沉池子的回流活性污泥从缺氧池流入。通过好氧池子处理后的一部分硝化液(混合液)回流到缺氧池，在缺氧池进行反硝化反应，反硝化菌氧化有机物的同时，将混合液中的亚硝酸态氮和硝态氮还原为氮气。在好氧池，污水中的有机物首先被好氧菌分解成 CO_2 和氨氮，而后氨氮被硝化细菌氧化为亚硝酸盐和硝酸盐。通过硝化后，大部分混合液回流至缺氧池。流出的混合液进入二沉池，经固液分离后的澄清出水达标排放或继续进行深度处理；剩余污泥浓缩脱水后进行处置(堆肥或填埋)。其流程如图 9-22 所示。

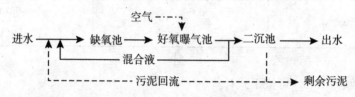

图 9-22　推流式缺氧好氧活性污泥生物脱氮系统处理流程图

生物反应池缺氧好氧活性污泥法处理设计要点：生物反应池和二沉池的数量不能少于 2 个；高度宜采用 4~6m。

生物反应池以采用廊道推流式为最佳选择，有效水深采用 4~6m，池宽与有效水深之比宜采用 1:1~2:1。

缺氧段采用潜水搅拌器推动循环回流为宜，溶解氧控制在 0~1.5mg/L，一般通过混合液回流可以达到；若溶解氧达不到 2mg/L，应曝气充氧。

好氧曝气段以采用鼓风曝气-微孔曝气器为宜；溶解氧控制在 1.5~2mg/L，但处理每立方米污水的供气量不应小于 $3m^3$。

缺氧好氧法生物脱氮的主要设计参数，宜根据试验资料确定；无试验资料时可以参照表 9-8 选取。

表 9-8　　　　　　　　　　　　　生物脱氮的主要设计参数

项　目	单　位	参数值
BOD_5污泥负荷 dL_s	$kgBOD_5/(kg\ MLSS \cdot d)$	0.05~0.10
总氮负荷率 L_n	$kgTN/(kg\ MLSS \cdot d)$	≤0.05
污泥浓度(MLSS)X	g/L	2.5~4.5
污泥龄 O_c	d	11~23
污泥产率系数 Y	$kgVSS/kgBOD_5$	0.3~0.6
需氧量 O_2	$kg\ O_2/kgBOD_5$	1.1~2.0

续表

项　目	单　位	参数值
水力停留时间 HRT	h	8~16 其中缺氧段 0.5~3.0h
污泥回流比 R	%	50~100
混合液回流比 R	%	100~400
总处理效率 η	% %	90~95(BOD₅) 60~85(TN)

缺氧池(区)容积(m³)计算公式为：

$$V_n = \frac{Q(N_k - N_{te} - k_1 S_0)}{1000 L_n X}$$

好氧池(区)容积(m³)计算公式为：

$$V_0 = \frac{Q S_0 (1 + 1/N_a)}{1000 k_2 L_s X}$$

混合液回流量(m³/d)：$Q_{Ri} = \dfrac{1000 V k_{de} X_{te}}{(N_t - N_{ke}) - Q_R}$

混合液回流比不宜大于400%。

式中：Q——反应池设计流量(m³/d)；

　　　S_0——进水 COD_{Cr} 浓度(mg/L)；

　　　N_k——进水 TKN 浓度(mg/L)；

　　　N_{te}——出水 TN 浓度(mg/L)；

　　　k_1——缺氧折算系数，取 0.034；

　　　k_2——好氧折算系数，取 0.78；

　　　N_a——出水氨氮浓度(mg/L)；

　　　Q_{Ri}——混合液回流量；

　　　Q_R——回流污泥量(m³/d)；

　　　N_{ke}——生物反应池出水总凯氏氮浓度(mg/L)；

　　　N_t——生物反应池进水总氮浓度(mg/L)。

二次沉淀池设计与"混合法活性污泥系统"内容相同。

9.8.3　氧化沟系统

氧化沟是活性污泥法的一种改型，其曝气池呈封闭的沟渠型，污水和活性污泥的混合液在其中进行不断的循环流动，因此又被称为"环形曝气池"或"无终端的曝气系统"。其曝气装置可以采用机械表面曝气机或鼓风微孔曝气加水下推流器装置。氧化沟污水处理技术有以下特点：处理效果稳定、出水水质好，COD 去除率可达到90%左右，并可以实现脱氮；工艺流程简单，构筑物少，运行管理方便；氧化沟的构造形式、充氧方式、曝气设备多样化、运行比较灵活；能承受水量水质冲击负荷，对高浓度工业废水有很大的稀释能力。由于上述特点，所以氧化沟技术，尤其是多沟串联的氧化沟工艺，也适用于马铃薯淀粉废水处理工程。

9.8.3.1　延时曝气氧化沟

延时曝气的多沟串联的竖轴表面曝气机氧化沟(卡鲁塞尔氧化沟)系统的处理流程与完全混合法活性污泥系统的处理流程(图 9-21)基本相似，将生物选择池和曝气池改为氧化沟即可。多沟串联的竖轴表面曝气机氧化沟的构造如图 9-23 所示。

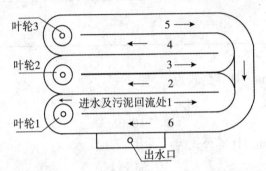

叶轮 1-3；竖轴曝气机 1-4；内沟 5-6；外沟

图 9-23　缺氧好氧多沟串联氧化沟系统

废水从进入氧化沟后，使沟外回流的混合液与二沉池回流的污泥混合，通过在内沟前端的曝气机强烈搅拌并充氧，部分混合液沿外沟继续循环回流；部分混合液进入二沉池进行沉淀分离；沉淀污泥部分回流至氧化沟，剩余污泥进一步处理和处置；沉淀池出水外排或深度处理。

多沟串联的氧化沟的设计要点如下：氧化沟系统，不少于 2 组，每组由氧化沟、二沉池及其配套设施组成。

氧化沟的溶解氧应控制在 2~4mg/L。多沟串联氧化沟可采用竖轴，倒伞形表面曝气机，表面曝气机安装在沟渠的端部。表面曝气机的功率密度宜为 15~20W/m³。根据混合液标准需氧量 O_s、氧化沟的沟渠平面布置和备选表面曝气机的相关技术资料(叶轮直径和清水充氧量等)，选用表面曝气机的规格型号。

氧化沟内的平均流速应大于 0.3m/s，必须保持外沟泥、水的充分混合，必要时可采取安装水下推动器的措施，防止混合液发生分层和沉淀现象。

氧化沟的沟宽宜为叶轮直径的 2.2~2.4 倍；工作水深宜为沟宽的 0.5 倍。延时曝气氧化沟的主要设计参数见表 9-8，其有效容积、表面积和二沉池等的计算与混合活性污泥法(延时曝气)系统基本相同。

9.8.3.2　缺氧好氧氧化沟系统

缺氧好氧氧化沟就是在普通的氧化沟之前增加了一个缺氧段(前置反硝化区)。污水、回流污泥和混合液进入缺氧区，完成反硝化。缺氧区的出水接入氧化沟(俗称氧化区)，与沟外回流的混合液，通过在内沟前端的曝气机强烈搅拌并充氧，部分混合液沿沟外继续循环回流；进一步完成去除 BOD、COD 和氨氮的硝化反应。最后，混合液在氧化沟富氧区排出，这样，在氧化沟系统内，较好地去除 BOD、COD 和脱氮的效果。废水从进入氧化沟后与二沉池回流的污泥混合，部分混合液进入二沉池进行沉淀分离；沉淀污泥部分回流至氧化沟，剩余污泥进一步处理和处置；沉淀池出水外排或进一步深度处理。

缺氧好氧多沟串联氧化沟系统，除了氧化沟的特点之外，增加了硝化和反硝化的脱氮功能。缺氧好氧氧化沟系统的设计要点：工艺参数、缺氧段、需氧量、污泥量和二沉池与推流式缺氧好氧活性污泥系统相同。

9.8.4 序批式活性污泥法

序批式活性污泥法（SBR）是一种按间歇曝气方式来运行的活性污泥污水处理技术，采用时间分割的操作方式替代空间分割的操作方式，非稳定生化反应替代稳态生化反应，静置理想沉淀替代传统的动态沉淀。其主要特征是在运行上的有序和间歇操作，序批式活性污泥反应池集均化、初沉、生物降解、二沉等功能于一池，无污泥回流系统。

序批式活性污泥工艺具有以下优点：理想的推流过程使生化反应推动力增大，效率提高；污水在理想的静止状态下沉淀，运行效果稳定，出水水质好；耐冲击负荷，池内有滞留的处理水，对污水有稀释、缓冲作用，能有效抵抗水量和有机污物的冲击；工艺过程中的各工序可根据水质、水量进行调整，运行灵活；处理设备少，构造简单，便于操作和维护管理；反应池内存在 DO、BOD_5 浓度梯度，有效控制活性污泥膨胀；工艺流程简单，主体设备只有一个序批式间歇反应器，无二沉池、污泥回流系统，调节池、初沉池也可省略，布置紧凑、占地面积小。但是，序批式活性污泥工艺也存在以下缺点：连续进水时，对于单一 SBR 反应器需要较大的调节池；对于多个序批式活性污泥反应器，其进水和排水的阀门自动切换频繁；设备的闲置率较高；污水提升水头损失较大；如果需要后续处理，则需要较大容积的调节池。鉴于上述特点，序批式活性污泥系统很适合处理小水量、间歇排放的马铃薯淀粉废水。

序批式活性污泥处理系统由一个或多个反应池组成。运行时，污水分批进入池中，经活性污泥的净化，到净化后的上清液排出池外，完成一个运行周期。对于延时曝气的序批式活性污泥处理系统，一个运行周期由 5 个阶段完成，即进水期、曝气反应期、沉淀期、排水期和闲置期，如图 9-24 所示。进水期用来接纳污水，有调蓄池的功用；反应期是在没有进水的情况下，通过曝气来降解有机物，并使氨氮进行硝化；沉淀期是让污泥与水进行分离；排水期用来排放出水和剩余污泥；闲置期是处于进水等待状态。

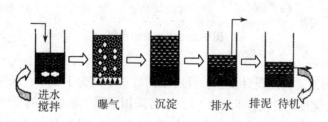

进水搅拌　曝气　沉淀　排水　排泥　待机

图 9-24　序批式活性污泥法（SBR）的周期过程

对于脱氮序批式活性污泥处理系统，一个运行周期由 7 个阶段完成，即进水搅拌期、曝气反应期、二次进水搅拌期、二次曝气反应期、沉淀期、排水期和待机期，如图 9-25

所示。进水期用来接纳污水，并在缺氧搅拌下，将上一周期剩余的混合液进行反硝化脱氮反应，并释放碱度。曝气反应期是在没有进水的情况下，通过曝气来降解有机物，并使氨氮进行硝化。二次搅拌反应期，是再度进行反硝化脱氮并释放碱度，如果碳源不足，可加入适量污水。二次曝气反应期，是再度通过曝气比较彻底降解有机物，并使残留氨氮进行硝化。沉淀期是让污泥与水进行分离。排水期用来排放出水和剩余污泥。闲置期是处于进水等待状态。进水方式宜采用淹没式入流。

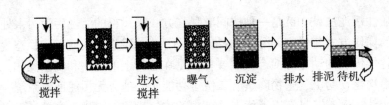

图 9-25　缺氧好氧序批式活性污泥法的周期过程

序批式活性污泥反应池的搅拌设备采用潜水搅拌器。供氧系统以采用鼓风曝气系统为最佳，表面曝气机也可采用。排水装置采用灌水器。

灌水器是序批式活性污泥处理系统的关键设备，灌水器灌水时不应扰动沉淀后的污泥层，同时挡住水面的浮渣不外溢，应有清除浮渣的装置和良好的密封装置。灌水器的性能对于系统的处理效果有着重要的影响。在灌水器的选择过程中，应综合考虑灌水效果、运行稳定性最为关键、系统改扩建与造价等多方面因素。灌水器种类很多，常用的有浮筒式、旋转式、套筒式、虹吸式等，如图 9-26 所示。

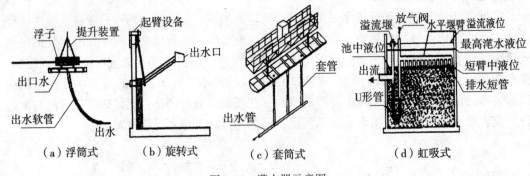

图 9-26　灌水器示意图

序批式活性污泥反应池设计要点：反应池的数量不宜少于 2 个；采用矩形池，其水深为 4~6m，长度与宽度之比为 1∶1~2∶1；也可采用圆形、椭圆形的反应池。

周期小于 1d 的周期数宜为正整数；大于 1d 的运行周期尽量采用整天数（如 1.0d、2.0d 等），不得已采用 0.5d 进位数（如 1.5d、2.5d 等）。当处理水量、水质发生变化时，可以通过充水比、工作周期、进水和排水时间、曝气和搅拌时间的调节，保证正常运行。

用于延时曝气的序批式活性污泥处理系统，主要设计参数见表 9-7。用于反硝化脱氮的序批式活性污泥处理系统，主要设计参数则见表 9-8。其容积、周期等可用下式计算：

反应池的有效容积(m^3)：$V=Q/m$

反应池有效反应时间(h)：$t_r=24S_0m/(1000L_sX)$

1个运行周期需要的时间(h)：$t=t_r+t_s+t_d+t_b$

式中：Q——每个周期的进水量(m^3/d)；

   m——反应池的充水比(一个周期中进入反应池的污水量与反应池有效容积之比)，$m=0.15\sim0.30$；

   S_0——进水 BOD_5 浓度(mg/L)；

   L_s——反应池污泥负荷($kgBOD_5/(m^3\cdot d)$)；

   X——反应池内混合液悬浮固体平均浓度(g/L)；

   t_s——沉淀时间(h)，宜为 1h；

   t_d——排水时间(h)，宜为 1.0~1.5h；

   t_b——闲置时间(h)，宜为 0~0.5h。

9.8.5 供氧设施

9.8.5.1 需氧量

生物反应池中好氧区的供氧应满足污水需氧量、混合处理效率等要求，宜采用鼓曝气或表面曝气等方式。

好氧区的污水需氧量 $O_2(kgO_2/d)$，根据去除的五日生化需氧量、氨氮的硝化和除氮等要求，宜按下式计算：

$$O_2 = 0.001aQ(S_0 - S_e) - c\Delta X_v + b[0.001Q(N_k - N_{ke}) - 0.12\Delta X_v] - 0.62b[0.001Q(N_t - N_{ke} - N_{oe}) - 0.12\Delta X_v]$$

式中：Q——污水进水量(m^3/d)；

   S_0——进水 BOD_5 浓度(kg/m^3)；

   S_e——出水 BOD_5 浓度(kg/m^3)；

   ΔX_v——剩余污泥量(kgSS/d)；

   N_k——进水总凯氏氮浓度(mg/L)；

   N_{ke}——出水总凯氏氮浓度(mg/L)；

   N_t——进水总氮浓度(mg/L)；

   N_{oe}——出水硝态氮浓度(mg/L)；

   $0.12\Delta X_v$——剩余污泥中含氮量(kgSS/d)；

   a——常数，碳的氧当量，取 1.47；

   c——常数，细菌细胞的氧当量，取 1.42；

   b——常数，氧化每千克氨氮所需氧量(kgO_2/kgN)，取 4.57。

如只去除含碳污染物时去除每千克 BOD_5，可采用 0.7~1.2kgO_2。

标准状态(0.1MPa、20℃)下污水需氧量 $O_s(kgO_2/d)$ 按下式计算：

$$O_s=K_0O_2$$

$$K_0=\frac{C_s}{\alpha(\beta C_{sw}-C_o)1.024^{T-20}}$$

式中：K_0——需氧量修正系数；

$\quad\quad C_s$——标准条件下清水中饱和溶解氧浓度，取 9.2(mg/L)；

$\quad\quad \alpha$——鼓风曝气 $\alpha=0.85$，机械曝气 $\alpha=0.9$；

$\quad\quad \beta$——鼓风曝气 $\beta=0.9$，机械曝气 $\beta=0.95$；

$\quad\quad C_{sw}$——清水在 $T℃$、实际压力时的饱和溶解氧浓度，mg/L；

$\quad\quad C_o$——混合液剩余溶解氧，一般取 2mg/L；

$\quad\quad T$——操作温度，℃。

其余符号同前。

9.8.5.2 鼓风曝气

标准状态下的供气量(m^3/d)：$G_s=O_s/0.28E_A$

曝气设备的氧利用率(%)：$E_A=\dfrac{21-O_t}{21(100-O_t)}$

式中：O_s——标准状态下污水需氧量，kgO_2/d；

$\quad\quad O_t$——曝气后反应池水面逸出气体中氧的体积百分比。

鼓风曝气系统一般由鼓风机、空气管系统和曝气器组成。对于供气式射流曝气器，为了进一步提高处理效果，还要增加循环水泵及其管路系统。对于微孔曝气器，为了提高完全混合效果，还要增加水下推进器(潜水搅拌机)。鼓风机有罗兹鼓风机、多级离心鼓风机和单级离心鼓风机等。马铃薯淀粉废水好氧生物处理的鼓风机一般可选用罗兹鼓风机，但应防止噪声。鼓风机可根据计算得到的风量和风压选择鼓风机的数量(包括备用)和规格型号。在标准状态下鼓风机的排气压力应为鼓风机的排气压力、曝气器的阻力、曝气器以上的曝气池水深、风管的沿程和局部阻力及酌留适当的剩余压力之和。

9.8.5.3 表面曝气(机械曝气)

采用表面曝气机供氧时，表面曝气机叶轮直径与曝气池直径(或正方形的边长)之比：倒伞形为 1:3~1:5，泵形为 1:3.5~1:7；曝气池宜有调节叶轮速度或淹没水深的控制措施。根据上述要求、曝气池直径或边长(氧化沟的沟渠的平面布置)、需氧量 O_2、备选表面曝气机的相关技术资料(叶轮直径和清水充氧量等)，选用表面曝气机规格型号。

多沟串联的竖轴表曝机氧化沟系统一般采用倒伞形表面曝气机。表面曝气机的功率密度宜为 15~20W/m³。当沟渠内的平均流速小于 0.3m/s 时，需要安装水下推进器。各种类型的机械曝气表面曝气机由电动机、减速机、机架、联轴器、主轴、叶轮和控制柜等组成。表面曝气机的叶轮安装在曝气池水面上下，在动力的驱动下进行转动，通过液面剧烈搅动、混合液提升循环翻动、后侧形成负压作用，使空气中的氧转移到污水中去。

9.8.5.4 曝气设备

鼓风曝气的曝气机应选用有较高充氧性能、布气均匀、阻力小、不易堵塞、耐腐蚀、操作管理和维修方便的曝气机产品，并应具有不同服务面积、不同空气量、不同曝气水深、在标准状态下的充氧性能及底部流速等资料。曝气机的数量应根据供气量和服务面积计算确定。曝气机的阻力损失与鼓风机排气压力密切相关，曝气机的动力效率与曝气系统电耗密切相关。

常用的曝气机有射流曝气机和可变微孔曝气机。可变微孔曝气机，除了具有结构新颖、布气均匀、氧利用高、能耗低等特点以外，由于使用了特殊合成橡胶的弹性布气板和专门的打孔技术，还能在停止运行时自动关闭微孔，有效地阻止泥水的倒灌和堵塞。

对于直径或边长较大的完全混合曝气池，为了达到迅速、均匀的完全混合效果，需要增设潜水搅拌器；对于采用鼓风曝气的氧化沟，为了保证水平流速和均匀的完全混合效果，应该增设潜水搅拌器。

1. 表面曝气机设备

根据叶轮形状及其主轴的位置进行分类，可将表面曝气机分为竖轴式表面曝气机和卧轴式表面曝气机。竖轴式表面曝气机有平板形叶轮曝气机、K 形叶轮曝气机、泵形叶轮曝气机、倒伞形叶轮曝气机；卧轴式表面曝气机有转刷曝气机和转盘曝气机等。常用的曝气机有倒伞形叶轮曝气机。

2. 曝气设备技术经济

射流曝气机、微孔曝气设备和表面曝气机的各项项目指标比较见表 9-9。

表 9-9 　　　　　　　　　　　　　　**曝气设备对比表**

序号	项目指标	射流曝气机	微孔曝气设备	表面曝气机
1	组　成	曝气专用泵进气管扩散管等	由膜片和骨架组成，单管结构，曝气管有效长度 1000mm	倒伞表曝机或转刷表曝机
2	氧利用率		20%	
3	理论动力效率	$2.1kgO_2/kW \cdot h$	$7 \sim 8kgO_2/kW \cdot h$	$2kgO_2/kW \cdot h$
4	设备寿命	整体大于 10 年	设备骨架大于 10 年曝气膜片 3~5 年	整体大于 10 年
5	安装与调节	采用池底固定式安装	采用池底固定式安装	池底固定式安装快捷方便
6	维　修	设备维修需排空池体	设备维修需排空池体，日常维护量小	设备维修方便；增设推流设备维护量大
7	国产化程度	国产化设备质量较差	国产化设备已能达到设计要求	国产化设备质量较差
8	价　格	产品价格昂贵	国内产品价格低	产品价格昂贵
9	耗　能	较高	最低	最高

9.8.5.5 潜水搅拌器

潜水搅拌器(图 9-27)有两类：一类偏重于混合，另一类偏重于水力推进。

偏重于混合的潜水搅拌器，转速一般为 100~1500r/min，叶轮直径通常在 900mm 以下，其特点是紊流强烈、流速高、作用范围小；适用于池体空间小，以混合为主的选择池、厌氧池等；"搅拌器"的单位池容输入功率较大，池型很多，易于掌握。若曝气池分格、分段，单格池容较小且设计成矩形或圆形，可在每格中设置一台"搅拌器"，圆池中可以任意布置位置，只要产生的推力与水流方向一致即可。在矩形池中则要布置在池壁的夹角处，设计中应注意水流方向的选择。

图 9-27　潜水搅拌器示意图

偏重于水力推进的潜水搅拌器，转速一般都低于 60r/min、叶轮直径通常在 1200 ~ 2500mm，直径大于 1800mm 的最为常用，其特点是流场分布较为均匀、流速低缓（在 0.15 ~ 0.3m/s）、作用范围大；适用于以推动水力循环、保持流速为目的的池体空间较大的处理构筑物中；防止污泥沉积在池底部，"推进器"的单位池容功率消耗指标，主要取决于池体的水力学设计与"推进器"的效率。单池容积较大（如超过 800m³）时，就应当通过对技术方案进行分析比较，来选择确定是采用"搅拌器"还是"推进器"。一般而论，单池池容越大，池面越大，采用"推进器"越经济。使用计算机流体动力学可以准确地预测潜水搅拌器所产生的流量，形象地得出搅拌系统中的各组搅拌器的合理位置，从而可以较准确地计算出合理、高效的潜水搅拌器的搅拌系统。

9.8.6　曝气生物滤池（BAF）处理系统

曝气生物滤池（图 9-28）是在普通生物滤池的基础上借鉴给水滤池工艺而开发的一种污水处理新工艺。曝气生物滤池的特点是粒状填料在反应池内处于淹没状态并提供微生物生长的场所，兼有去除悬浮固体、有机物及其他污染物的功能。曝气生物滤池对废水的降解机理主要是反应器内填料上所附生物膜中微生物氧化分解作用，填料及生物膜的吸附阻留作用和沿着水流方向形成的食物链分级捕食作用以及生物膜内部微环境和缺氧段的反硝化作用。

曝气生物滤池的优点有：BOD_5 容积负荷是常规活性污泥法的 6 ~ 12 倍，不需设置二沉池和污泥回流泵，处理流程简化，池容积和占地面积小；出水 SS 和 BOD_5 可达到 10mg/L 以下，COD_{Cr} 可达到 60mg/L 以下，出水质量高；粒状填料使得充氧效率提高，单位污水处理电耗低，运行费用较常规方法处理低 1/5 左右；抗冲击负荷能力强，耐低温，无污泥膨胀之虞，可以避免微生物流失，能保持较高的微生物量，因此日常运行管理简单，处理效果稳定；曝气生物滤池在水温 10 ~ 15℃ 时，2 ~ 3 周即可完成挂膜过程，启动快；由于大量的微生物附着生长在粗糙多孔的粒状填料内部和表面，可以保持一定的微生物活性，因此有利于系统的恢复启动和间歇启动运行；可建成封闭式厂房，减少臭气、噪声对周围环境的影响。

曝气生物滤池的缺点有：对进水的固体悬浮物要求较高（SS<100mg/L），需要在滤池

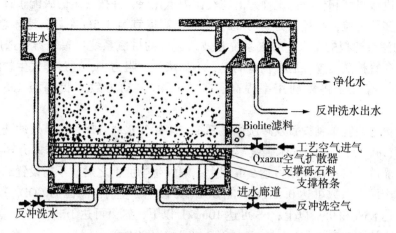

图 9-28　曝气生物滤池示意图

前设置沉淀池或混凝沉淀池；需要认真选择滤池的填料，以免在反冲时流失；没有生物除磷功能。

由上述特点得知：悬浮固体含量很高的高浓度的马铃薯淀粉废水显然不能用曝气生物滤池系统进行处理，但在物化处理或其他生物处理之后，在悬浮物浓度较低的情况下，采用曝气生物滤池系统进行处理还是合适的。

9.8.6.1　脱碳硝化曝气生物滤池(CNBAF)处理系统

脱碳硝化曝气生物滤池(CNBAF)处理系统的基本流程如图 9-29 所示。废水经沉淀池处理后，进入曝气生物滤池，曝气生物滤池内由鼓风曝气系统供氧，进行好氧生物处理，将有机污染物进行降解和硝化，并保证处理后的出水达到预期目标。当滤料上的生物膜生长过厚，阻碍正常的过滤速度时，使用气-水进行反冲洗。反冲洗后，进行下一周期运行，周而复始。

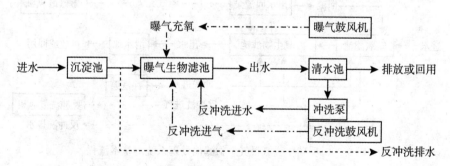

图 9-29　脱碳硝化曝气生物滤池处理系统的基本流程

脱碳硝化曝气生物滤池(CNBAF)处理系统的设计要点：曝气生物滤池系统的池数不少于 2 个；进水悬浮物浓度不应超过 100mg/L，宜小于 60mg/L；宜采用向上流进水方式；曝气生物滤池的容积负荷应根据试验资料确定；无试验资料时，容积负荷宜为 $3 \sim 6 \mathrm{kgBOD}_5/(\mathrm{m}^3_{滤料} \cdot \mathrm{d})$；曝气生物滤池的水力停留时间应不小于 30min。

宜选用机械强度和化学稳定性好的卵石作为承托层，并按一定的级配布置；滤料宜选用球形轻质多孔陶粒，粒径宜为 3~5mm，滤料层高度宜为 3.5m 左右，池体总高宜为 5~7m；应采用滤头滤板的布水、布气系统和鼓风曝气的供氧系统；曝气器可选用可变微孔曝气器或穿孔管扩散装置，后者构造简单，不易堵塞，阻力小，通过曝气生物滤池的承托层和滤料层，有可能将氧利用率提高至 7% ~ 14%，动力效率提高至 1.8 ~ 2.5kgO$_2$/kW·h。

曝气生物滤池宜单独设置反冲洗供气系统；采用气水联合反冲洗，反冲洗空气强度宜为 10~15L/(m^2·s)，反冲洗水强度不应超过 8L/(m^2·s)，反冲洗形式为气洗→气水联合冲洗→水漂洗，反冲洗周期可达 24h 以上。曝气生物滤池之后，不需设置二沉池；曝气生物滤池的产泥率系数可达 0.5kgVSS/kgBOD$_5$ 以下。曝气生物滤池的 COD$_{Cr}$ 和 BOD$_5$ 的去除率分别可达85%和95%以上；SS 可达 10mg/L 以下，氨氮可达 1mg/L 以下。

曝气生物滤池滤料体积(m^3)：$V_o = Q(S_i - S_e)/(1000L_{vo})$

曝气生物滤池有效面积(m^2)：$F = V_o/H_o$

曝气生物滤池池数：$n = F/f$

式中：Q——反应池设计流量(m^3/d)；

　　　S_i——进水 BOD$_5$ 浓度(mg/L)；

　　　S_e——出水 BOD$_5$ 浓度(mg/L)；

　　　L_{vo}——BOD$_5$ 容积负荷 kgBOD$_5$/($m^3_{滤料}$·d)；

　　　H_o——滤料高度(m)，$H_o = 2.5 \sim 4.5m$；

　　　n——池数，$n \geq 2$；

　　　f——单池有效面积(m^2)，$f \leq 60m^2$。

9.8.6.2 反硝化脱氮曝气生物滤池(DNBAF)处理系统

反硝化脱氮曝气生物滤池(DNBAF)处理系统的基本流程，如图9-30所示。

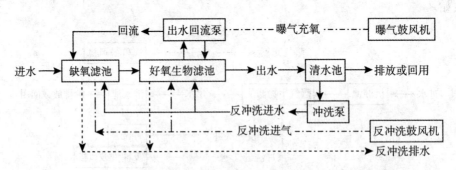

图 9-30 反硝化脱氮曝气生物滤池处理系统的基本流程

废水经前处理后与好氧曝气生物滤池出水的回流水按比例混合，进入曝气生物滤池系统的缺氧池，利用原水中的有机物，作为反硝化碳源，通过反硝化菌作用将好氧曝气生物滤池回流的硝酸盐反硝化。缺氧池的出水，进入好氧曝气生物滤池，将有机污染物进行降解和硝化，并保证处理出水最终达标。

反硝化脱氮曝气生物滤池(DNBAF)处理系统的设计要点：好氧池(硝化段)的设计要

点与好氧曝气生物滤池相同。其容积负荷应根据试验资料确定，在没有试验资料时，五日生化需氧量容积负荷宜为 $3\sim6\mathrm{kgBOD_5}/(\mathrm{m^3_{滤料}}\cdot\mathrm{d})$，硝化容积负荷（以 $\mathrm{NH_3^--N}$ 计）宜为 $0.3\sim0.8\mathrm{kgNH_3^--N}/(\mathrm{m^3_{滤料}}\cdot\mathrm{d})$。硝化段的溶解氧控制在 $2\sim4\mathrm{mg/L}$。

缺氧池（反硝化段）不设曝气系统，其余与好氧曝气生物滤池相同。其容积负荷应根据试验资料确定，在没有试验资料时，反硝化容积负荷（以 $\mathrm{NO_3^--N}$ 计）宜为 $0.8\sim4.0\mathrm{kgNO_3^--N}/(\mathrm{m^3_{滤料}}\cdot\mathrm{d})$。反硝化段的溶解氧控制在 $1\mathrm{mg/L}$。水力停留时间应不小于 $30\mathrm{min}$。

缺氧池（区）容积（$\mathrm{m^3}$）：$V_n = Q_R(N_{te}-N_{ae})/(1000L_{vn})$；

好氧池（区）容积（$\mathrm{m^3}$）：$V_o = Q[S_i-S_e-k_{cn}(N_{te}-N_{ae})/(1000L_{ve})]+Q(N_{ti}-N_{ae})/(1000L_{vo})$

式中：Q——反应池设计流量（$\mathrm{m^3/d}$）；

　　　S_i——进水 $\mathrm{BOD_5}$ 浓度（$\mathrm{mg/L}$）；

　　　S_e——出水 $\mathrm{BOD_5}$ 浓度（$\mathrm{mg/L}$）；

　　　L_o——$\mathrm{BOD_5}$ 容积负荷 $\mathrm{kgBOD_5}/(\mathrm{m^3_{滤料}}\cdot\mathrm{d})$；

　　　N_{ti}——进水总氮浓度（$\mathrm{mg/L}$）；

　　　N_{te}——出水总氮浓度（$\mathrm{mg/L}$）；

　　　N_{ae}——出水氨氮浓度（$\mathrm{mg/L}$）；

　　　k_{cn}——反硝化碳源折算系数，$k_{cn}=4$；

　　　L_{vn}——反硝化容积负荷 $[\mathrm{kgN}/(\mathrm{m^3_{滤料}}\cdot\mathrm{d})]$，$L_{vn}=0.8\sim4.0$；

　　　L_{ve}——$\mathrm{BOD_5}$ 容积负荷 $[\mathrm{kgBOD_5}/(\mathrm{m^3_{滤料}}\cdot\mathrm{d})]$，$L_{ve}=3\sim6$；

　　　L_{vo}——硝化容积负荷 $[\mathrm{kgN}/(\mathrm{m^3_{滤料}}\cdot\mathrm{d})]$，$L_{vo}=0.3\sim0.8$；

硝化液回流比，通过试验确定，无资料时可取 $100\%\sim200\%$。

9.9　马铃薯淀粉废水深度处理系统

深度处理俗称高级处理，当马铃薯淀粉废水经过生物处理后，还达不到污水排放标准和再生水回用标准时，应进行深度处理。深度处理系统包括混凝沉淀（气浮）、过滤、吸附、化学氧化、膜分离等处理工艺。深度处理系统应根据生物处理后的出水水质和污水回用或排放的要求，依据废水处理工艺试验资料或同类工程的运行数据，进行技术经济比较，确定其所采用的处理技术工艺或多工艺的组合。多工艺的组合包括"絮凝沉淀（气浮）+过滤"、"化学氧化+絮凝沉淀"、"化学氧化+絮凝沉淀+过滤"、"絮凝沉淀+过滤+吸附+化学氧化"，等等。在一般情况下，絮凝沉淀是最基本的处理工艺。而膜分离工艺一般应用在污水再生回用需要脱盐的情况。

9.9.1　混凝沉淀和澄清技术

9.9.1.1　絮凝沉淀池

混凝沉淀技术是深度处理首先采用的技术。如果其处理的出水，不能达到处理目标，再在其后采用过滤或其他处理技术。在特殊情况下，混凝沉淀技术的处理工艺的位置也可在生物处理系统之前。絮凝沉淀池由混合、絮凝、沉淀等技术组成。

9.9.1.2　高密度澄清池

高密度澄清池，主要由反应区、沉淀/浓缩区域以及斜管分离区组成，如图 9-31 所示。高密度澄清池混合反应区的停留时间为 10min，斜管区上升流速为 20m/h。在高密度澄清池的混合反应区内靠搅拌器的提升作用完成泥渣、药剂、原水的快速凝聚反应，然后经叶轮提升至推流反应区进行慢速絮凝反应，以结成较大的絮凝体，再进入斜管沉淀区域进行分离。澄清水通过集水槽收集进入后续处理构筑物，沉淀物通过刮泥机再刮到泥斗中，经容积式循环泵提升，将部分污泥输送至反应池的进水管，剩余污泥排放。高密度澄清池，具有停留时间短、出水效果好和产水率高的优点；但由于在混合阶段靠搅拌器的提升，所以存在耗能和整体运行费用较高的缺点。

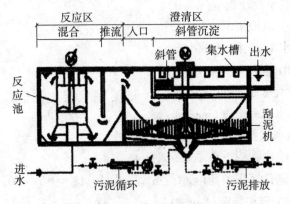

图 9-31　高密度澄清池

9.9.2　混凝气浮技术

9.9.2.1　基本原理和特点

气浮是向水中通入空气，产生微细的气泡，使水中的细小悬浮物黏附在空气泡上，随气泡一起上浮到水面，形成浮渣，达到去除水中悬浮物，以改善水质的目的。混凝气浮是将生物处理出水中难以生物降解的浑浊悬浮物和胶体颗粒(1~0.01mm)，用混凝剂使其脱稳而互相聚合，再以微小气泡作为载体，黏附水中的杂质颗粒，使其密度小于水，然后颗粒被气泡夹带浮升至水面与水分离而去除的方法。

混凝气浮与混凝沉淀相比较，具有以下特点：表面负荷高达 12m^3/(m^2·h)，池深只需 2m 左右，占地面积为沉淀法的 1/8~1/2；药剂量少；浮渣含水率低达 96% 以下，污泥体积为沉淀法的 1/11~1/3 倍，且表面刮渣比池底排泥方便。但是，气浮法电耗较大，为 0.02~0.04kW·h/m^3；溶气释放器需要防堵；浮渣易受风雨影响。气浮系统主要有压力溶气气浮、散气气浮和电解气浮等类型。其中，压力溶气气浮可用于马铃薯淀粉废水的深度处理。

9.9.2.2　压力溶气气浮系统

压力溶气气浮法中的部分回流溶气气浮工艺能充分利用混凝剂、节约能源、处理效果较好，是目前国内外最常用的气浮法。其基本工艺流程如图 9-32 所示。目前，国内市场上已有中小流量的部分回流溶气气浮成套设备的产品。

压力溶气气浮由压力溶气系统、溶气释放系统、气浮分离系统组成。

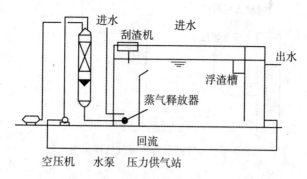

图 9-32　部分回流的压力溶气气浮装置

压力溶气系统包括压力溶气罐、空压机、水泵及其附属设备。溶气罐为圆柱形，其压力和回流比应根据试验或参照相似条件下运行经验确定。一般情况下可采用以下参数：溶气罐的水力停留时间宜为 1~4min，罐内工作压力宜采用 0.3~0.5MPa，罐内装有高度为 1~1.5m 的填料，罐的高度为 2.5~3m。回流水泵可根据回流比和溶气罐设定的压力选定，回流比可采用 10%~30%。空压机可根据气水比和需用空气压力选定，空压机的压力一般选用 0.5~0.6MPa，空气量一般为回流水量的 5%~10%(气水比)。

溶气释放系统的关键装置是溶气释放器。溶气释放器布置在气浮池的接触室内，它对气泡形成的大小、分布以及对气浮净水效果和运行费用均有明显影响。溶气释放器的型号和个数应根据回流量和单个释放器在选定压力下的出流量及作用范围确定。气浮分离系统由加药混合絮凝系统、气浮池(包括接触室和分离室)组成，其功能是确保一定容积来完成微气泡群与水中杂质的充分混合、接触、黏附以及带气絮粒与清水的分离。絮凝反应时间为 10~15min。接触室水流上升流速可采用 10~20mm/s，水力停留时间 1~2min。分离室的水力停留时间不宜大于 1h，池内水平流速不宜大于 100mm/s，表面负荷取 2~5m³/(m²·h)。气浮池的单格宽度不宜超过 10m；池长不宜超过 15m；有效水深可采用 2.0~3.0m。气浮池可以采用刮渣机排渣，其行车速度不宜大于 5m/min。

压力溶气气浮系统(气浮机)在市场上已有成套设备供应，根据模拟实验求得可靠数据，选用合适的气浮系统。

9.9.2.3　气液混合泵溶气气浮系统

气液混合泵溶气气浮系统(图 9-33)是压力溶气气浮系统的改进。采用气液混合泵和气液分离罐代替原来的回流泵、溶气罐和空压机，气液混合泵属涡流泵，在泵吸入端安装特制吸气管，吸气管底部充分接近泵内液体的最高流速区，以达到最大负压吸气并实现溶气或气液混合的目的；将气液分离罐输出的压力溶气水接到待处理废水管线上，使溶气水与待处理废水在管道内混合，从而取消了压力溶气水释放头。

气液混合泵溶气气浮系统取消了空压机、释放头，无填料的气液分离罐为原溶气罐体积的 1/7，运行平稳，设备投资少、维护简便，出水水质稳定，提高了污染物的去除率。

9.9.3　过滤技术

过滤使生物处理或混凝沉淀气浮处理后的废水通过颗粒滤料，污染物质截留在滤料

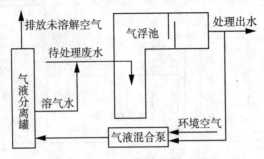

图 9-33　气液混合泵溶气气浮系统

上，水得到净化，而滤料逐渐堵塞，然后使用反冲洗方法冲掉污染物质，过滤恢复正常运行。过滤能够进一步去除生物絮体和胶体物质，显著降低出水悬浮物含量和浊度；进一步降低出水的 BOD、COD、重金属、细菌、病毒、铁盐、铝盐、石灰、不溶性磷等沉淀物；作为活性炭吸附或离子交换前的预处理，可提高后续处理的安全性和处理效率。由此可见，过滤是继絮凝沉淀之后的很重要的废水深度处理技术。

过滤作用由滤池完成，滤池的种类和型式很多，以石英砂为滤料的普通快滤池使用历史最久，并在此基础上开发了多种多样型式的滤池，例如，均粒滤池和移动床升流式滤池。

1. 普通快滤池

普通快滤池的构造和布置如图 9-34（a）所示。根据需要，也可制造成压力式沙滤罐，如图 9-34（b）所示。

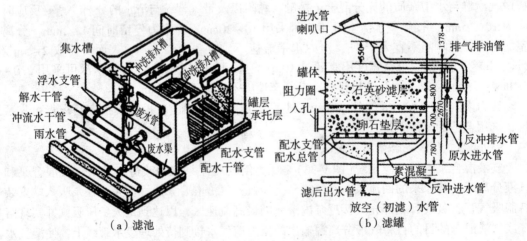

（a）滤池　　　　　　　　　　　（b）滤罐

图 9-34　普通快滤池结构图

普通快滤池的设计要点：单池平面尺寸按长宽比 1.5∶1~2∶1 计算。

滤料采用石英砂，最小粒径 0.5mm，最大粒径 1.2mm；滤层厚度大于 70mm。滤层上面水深采用 1.5~2.0m。

普通快滤池的配水系统一般采用管式大阻力系统；承托层可用卵石或碎石并按颗粒大

小分层铺成，总高度400mm。

滤层工作周期一般采用24h，冲洗前的水头损失最大值一般采用2.0~2.5m。冲洗强度可采用12~15L/(s·m²)。

滤池的各项参数计算公式如下：

滤池总面积(m²)：$F = Q/vT$

滤池每日实际工作时间(h)：$T = T_0 - t_0 - t_1$

单池面积(m²)：$f = F/N$

式中：Q——设计水量(m³/d)；

v——设计滤速(m/h)；

T_0——滤池每日工作时间(h)；

t_0——滤池每日冲洗后停用和排放初滤水工作时间(h)；$t_0 = 0.5 \sim 0.67$h；

t_1——滤池每日冲洗及操作时间(h)；

N——滤池个数，$N \geq 2$。

2. 均粒滤料滤池

均粒滤料滤池又称"V"形滤池，如图9-35所示。"V"形滤池的先进之处，在于采用了均质滤料和先进的气、水反冲洗兼表面扫洗技术。其主要特点是，采用粒径相对较粗的石英砂均质滤料及较厚滤层截污、纳污能力，并延长滤池工作周期；气水反冲洗加表面扫洗，滤层不膨胀或微膨胀；其配水系统为长柄滤头配水系统；运行实现"公用PLC+各滤池人机界面PLC"的自动控制模式；具有出水水质好、滤速高、运行周期长、反冲洗效果好、节能和便于自动化管理等特点。因此，均粒滤料滤池有替代普通快滤池的趋势。

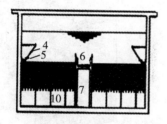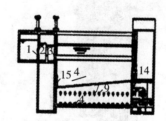

图9-35 "V"形滤池(双格)结构简图

均粒滤料滤池的构造，滤池中间为双层中央渠道，上层排水渠6供冲洗排污用，下层气水分配渠7过滤时汇集滤后清水、冲洗时分配气和水。渠7上部设有一排配气小孔9，下部设有一排配水方孔8。"V"形槽4底部设有一排小孔5，这是"V"形滤池的一个特点，过滤时作进水用，冲洗时作横向扫洗布水用。滤板上均匀布置长柄滤头，其下部是空间10。

均粒滤料滤池设计要点：根据马铃薯淀粉废水的水量，滤池总面积一般小于80m²，可采用2个单格的单排布置。

滤层表面以上水深不应小于1.2~1.5m。滤料采用均匀石英砂，其有效直径为0.9~1.2mm，厚度为1200~1500mm。宜采用长柄滤头配气、配水系统。承托层可采用粒径为2~4mm的粗沙，厚度为50~100mm。正常滤速为8~10m/h。

进水及布水系统由进水总渠、进水孔、控制闸阀、溢流堰、过水堰板和"V"形槽组成，"V"形进水槽断面应满足均匀配水要求，其斜面与池壁的倾斜度宜采用 45°~50°。

冲洗水排水系统包括排水槽和排水渠。配气配水系统由配气配水渠、气水室、滤板和长柄滤头组成。滤池的工作周期为 12~24m/h。水头损失可采用 2m。冲洗方式和程序为"气冲-气水同时冲-水冲"；气冲强度为 13~17L/（m²·s），1~2min；气水同时冲洗的气冲强度为 13~17L/（m²·s），水冲强度为 2.5~3L/（m²·s），4~5min；后水洗的水冲强度为 4~6L/（m²·s），5~8min；表面扫洗 1.4~2.3L/（m²·s），全程。水冲洗用水泵，气冲洗用鼓风机。

3. 连续沙滤器

连续沙滤器称移动床升流式滤池、活性沙过滤器。连续沙滤器基于逆流原理，需处理的水通过位于设备底部的入流分配管进入该系统，经活性沙过滤后由顶部出流口流出。需处理的水向上流，经滤床时被清洗，含有杂质的活性沙从设备的锥形底部通过空气提升泵被运送到顶部的清洗器，通过紊流作用使脏颗粒从活性沙中分离出来，杂质通过清洗水出口排出，净沙靠自重返回沙床。

连续沙滤器为圆柱形罐体如图 9-36（a）所示，罐体内部包含进料管、进料分配器、滤沙导向料斗，以及空气提升泵套管等设施。每套沙滤器面积为 5.0m²。沙滤器总高度 6050mm，沙床高度 2000mm，滤料气提所需空气量 9m³/h，过滤速度 10m/h。每 8 套为一组过滤系统，每组活性沙过滤系统配套空气压缩系统、絮凝剂投加系统、控制系统等组成。

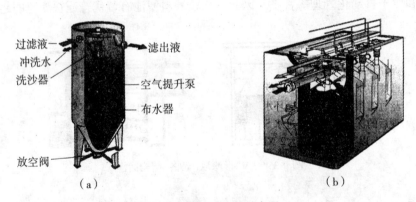

图 9-36 连续沙滤器示意图

连续沙滤器系统的特点是：处理量稳定，没有"初滤"，连续反冲洗；进水悬浮物浓度承受度高，可高达 100mg/L，在滤前可直接投加絮凝剂，不需要设置絮凝沉淀池；连续运行系统简单，只需要单级滤料和无堵塞的喷嘴，不需要设置反冲洗泵、反冲洗水池、过滤液收集池、自动阀门、冲洗风机等附属设备，因此保养、维修、管理较少，自动化程度高，运行成本较低。这项技术可供马铃薯淀粉废水深度处理中选用。

4. 滤布转盘过滤器

滤布转盘过滤器又称滤布滤池、转盘式微过滤器，如图 9-37 所示，它由中心转鼓、转盘、反洗系统和配套控制电气系统等组成。转盘固定在中心转鼓周围，并与中心转鼓有连通孔。其工作原理是：原水通过中心转鼓重力自流到过滤段，在过滤期间(过滤器是静止的，不耗能)，固体悬浮物被盘式过滤器的滤布(滤布过滤精度最高可达到 $10\mu m$)截留。截留的固体污染物将会阻碍进水，进而转鼓中的水位上升，当达到一定值时，将会触发液位传感器，启动转鼓转动，同时反冲洗系统开始工作，高压水冲下的固体物将收集到固体收集槽中。反冲水量仅为总水量的 1%~2%，并且可用滤后水作为反冲洗水来用。转盘式微过滤器在安装时，60%需要淹在水中，过滤器水头损失在 50~200mm，运行时最大允许水头损失为 300mm。反冲洗和转鼓转动可以自动控制。

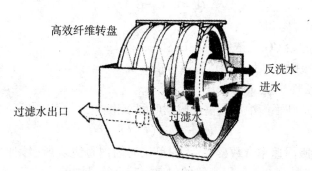

图 9-37 滤布转盘过滤器示意图

滤布转盘过滤器具有以下特点：①连续过滤，自动清洗；②良好的截留效果；③可通过增加盘片数量增加处理流量，在静水压头 300mm 情况下，单位面积通量最高达到 $150L/(s \cdot m^2)$，可以耐受 7.5bar 反洗冲洗水压力；④过滤器水头损失小；⑤过滤器的盘片安装、拆卸和维护方便；⑥运行成本、保养费用低；⑦占地面积小；扩建容易，因此有利于对已建污水处理厂(站)的升级改造。

滤布转盘过滤器可用于冷却循环水处理、马铃薯清洗废水处理回用和马铃薯细胞液废水生物处理后的深度处理，当进水 SS 在 30mg/L(最高可承受 80~100mg/L)时，出水 SS 可达 5mg/L 以下，浊度可达 2NTU 以下。

9.9.4 活性炭吸附技术

当生物处理后的出水再经混凝、沉淀、过滤后，出水仍不能达到出水水质要求时，可采用活性炭吸附处理。活性炭是一种多孔性物质，而且易于自动控制，对水量、水质、水温变化适应性强，对分子量在 500~3000 的有机物有十分明显的去除效果，去除率为 70%~86.7%。活性炭可经济有效地去除臭、色度、重金属、消毒副产物、氯化有机物、农药、放射性有机物等。但是，对于醇、糖、淀粉类的有机物，低分子量的酮、酸、醛和脂肪类的有机物，极高分子量或胶体有机物很难吸附。也因为如此，在活性炭吸附前，先要进行混凝、沉淀、过滤。

在废水的深度处理中，作为活性炭吸附处理技术，主要使用颗粒活性炭，以吸附池或吸附罐的反应器形式出现。而粉状活性炭主要用于强化或补充活性污泥生物处理或絮凝沉淀的功能。因此，粉末炭都投放在生物处理或絮凝反应的系统中。活性炭吸附饱和后必须更换新炭，否则将影响出水水质。由于使用量不大，不自建活性炭再生装置就地再生；可将饱和炭外运委托再生。

9.9.4.1　活性炭基本参数的确定

宜进行静态或动态试验，合理确定活性炭的用量、接触时间、水力负荷和再生周期，为设计提供可靠依据。

吸附容量是活性炭吸附混凝沉淀过滤处理后残留有机物的能力，即每克活性炭（AC）吸附化学需氧量（COD_{Cr}）的毫克数，活性炭吸附容量经验数据一般为 $300\sim800$ mg COD_{Cr}/gAC。但以试验数据为准：

活性炭吸附容量（mg/g）计算公式为：

$$Q_e = V(C_0 - C_e)/m$$

式中：V——水样容积（L）；

　　　　C_0——起始 COD_{Cr} 浓度（mg/L）；

　　　　C_e——吸附平衡后 COD_{Cr} 浓度（mg/L）；

　　　　m——活性炭量（g）。

吸附速率可从达到平衡浓度所需的吸附时间求得：

$$\ln[(C_0 - C_e)/(C - C_e)] = k_r t$$

式中：$k_r t$——吸附速率常数（s^{-1}），即单位时间内每克炭所吸附的 COD_{Cr} 量，其值等于 $\ln[(C_0 - C_e)/(C - C_e)]$ 对 t 所得直线的斜率；其余符号同前。

活性炭的主要技术指标：产品的主要技术指标，如孔容积、比表面、漂浮率、碘吸附值、亚甲蓝吸附值、装填密度、粒度等在国家标准中有明确规定。其中，亚甲蓝值指标对于废水处理最为关键，颗粒炭大于 120mg/g 才合格，粉末炭也不能小于 90mg/g。

9.9.4.2　颗粒活性炭吸附池和吸附罐

活性炭吸附池和吸附罐的设计参数宜根据试验资料确定，没有试验资料时可采用以下数据。

活性炭吸附池的构造类似于普通快滤池。吸附池的空床接触时间为 $20\sim30$min；炭层厚度为 $3\sim4$m；向下流空床滤速为 $7\sim12$m/h；炭层的最终水头损失为 $0.4\sim1.0$m，冲洗周期宜为 $3\sim5$d；定期大流量冲洗时，水冲洗强度为 $15\sim18$L/（m²·s），历时 $8\sim12$min，膨胀率为 $25\%\sim35\%$；经常性冲洗时，水冲洗强度为 $11\sim13$L/（m²·s），历时 $10\sim15$min，膨胀率为 $15\%\sim20\%$。

活性炭吸附罐的构造类似压力式沙滤罐。为充分发挥活性炭吸附容量，也可采用多池（罐）串联布置。吸附罐的接触时间为 $20\sim35$min；吸附罐的最小高度与直径之比可为 2：1，罐径为 $1\sim4$m，最小炭层厚度为 3m，宜为 $4.5\sim6$m；升流式水力负荷为 $2.5\sim6.8$L/（m²·s），降流式水力负荷为 $2.0\sim3.3$L/（m²·s）；操作压力每 0.3m 炭层 7kPa。

9.9.4.3　粉末活性炭的投加系统

粉末活性炭常用于短时、应急性投加，其粒径为 $200\sim300$ 目。一般采用的手工拆包加炭，在混合搅拌池用压力水调制成 $5\%\sim10\%$ 炭浆，再用螺杆泵输送到投加点。

对于常规的混凝、沉淀、过滤处理工艺，采用无机盐混凝剂时，最佳的投加点应在混凝剂与进水混合后经过 $40\sim50$s 流程长度的位置；采用高分子絮凝剂时，最佳的投加点应在混凝剂与进水混合后经过 $20\sim30$s 流程长度的位置。

对于活性污泥生物处理工艺，可直接投放在生物反应池中，形成粉末活性炭活性污泥处理工艺（PACT）。该工艺具有运行稳定可靠、泡沫少、污泥沉降性能好、负荷适应性强

和 COD_{Cr} 去除率高等优点。

9.9.4.4 生物活性炭滤池(BAC)

生物活性炭滤池采用颗粒活性炭作为载体,能够充分发挥活性炭的物理吸附作用和微生物降解作用。在处理水的过程中,涉及活性炭颗粒、微生物、水中污染物(基质)及溶解氧4个因素在水溶液中的相互作用,如图9-38所示。

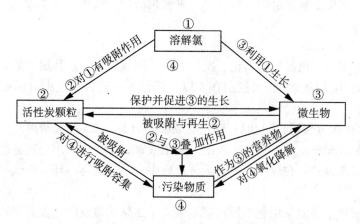

图 9-38 生物活性炭的相互作用示意图

由于生物活性炭滤池能发挥生化和物化处理的协同作用,从而延长活性炭的工作周期,提高处理效率,改善出水水质,因此是应用最为广泛的深度处理方法之一。

生物活性炭工艺的独有特点:可去除活性炭和微生物单独作用时不能去除的污染物;可深度处理有机物浓度低、可生化性差的生物处理出水;提高活性炭的吸附容量和通水倍数;延长使用周期,降低再生成本。

生物活性炭滤池设计要点需根据试验确定,在没有试验资料时可参考以下数据:吸附容量(q_e)比单纯的活性炭吸附容量可高 4~20 倍(达 1.2~10gCOD$_{Cr}$/kgAC)。空塔速度(V)一般为 4~5m/h。炭层高度(H_e)不宜过高,一般为 2m 左右。停留时间宜为 0.5~1.5h。滤池底部设置穿孔管曝气系统;气水比可以按气水比(3~6):1 来考虑,一般以生物炭出水中溶解氧大于 1mg/L 为准,具体要根据炭层高度、水中有机污染物的浓度而定。反冲洗可以间隔 1~3d 冲洗一次,一般需要每天反冲洗一次;反冲洗强度为 8~15L/(s·m^2);反冲洗时间为 10~20min,也可采用气水联合反冲洗。工作周期:在正常情况下,生物活性炭的使用周期可按 1 年设计。池中最低水位应在炭层之上 0.3m 左右。应设置跨越管,出现事故排污时及时关闭生物活性炭池进水。

生物活性炭滤池中的活性炭应选择优质的、孔隙结构发达的、挥发高的中孔煤质炭。生物活性炭前段需设计过滤器,进水的浊度应小于 5NTU。进水的 COD_{Cr} 应小于 100mg/L、BOD_5 应小于 30mg/L 的可被吸附、可被生物降解的有机废水。炭塔内应保持良好的好氧条件,采用臭氧预氧化,或是向生物炭塔内供气。炭层应定期反冲洗,并且定期换炭再生。采用臭氧预氧化的生物活性炭滤池,构成了臭氧-生物活性炭工艺,兼有化学氧化、生物氧化和活性炭吸附的三重作用;需要增加臭氧发生装置,包括臭氧发生器、供电及控制设备、冷却设备以及臭氧和氧气泄漏探测及报警设备。

9.9.5　化学氧化技术

化学氧化是降解废水中污染物的有效方法，不仅反应速度快，在短时间内就可使难降解有机污染物转变成易降解小分子物质，甚至直接生成 CO_2 和 H_2O，达到无害化目的；而且还具有脱色、脱臭的效果。所以该项技术已经在工业废水的深度处理工程中实际应用。常用的化学氧化法由于氧化剂的不同可分为氯氧化法、二氧化氯氧化法、臭氧氧化法、过氧化氢氧化法等。

9.9.5.1　氯氧化法

氯氧化，宜采用漂白粉、漂白精、次氯酸钠、液氯氧化剂。其加入量应按试验结果确定，有效氯与 COD 去除量之比可控制在 5 以上，但不宜过大。废水与氧化剂的接触时间不应小于 30min。

使用漂白粉(次氯酸钙)氧化时，应先制成浓度为 1%～2% 的澄清溶液，再通过计量设备注入水中；每日配制次数不宜大于 3 次。采用液氯氧化时应采用全真空加氯系统，加氯机宜采用自动投加方式，在设计、处理运行过程中，原料储运等环节应该特别注意安全和防护措施。

二氧化氯氧化系统应采用包括原料调制供应、二氧化氯发生、加药剂的成套设备，并且必须有相应有效的各种安全措施。二氧化氯宜用化学法现场制备。

9.9.5.2　臭氧氧化法

臭氧氧化法中的臭氧加入量应按照试验结果确定。臭氧氧化设施应包括气源装置、臭氧发生装置、臭氧气体输送管道、臭氧接触池以及臭氧尾气消除装置。

臭氧氧化的气源可采用空气或氧气，气源装置的型式和规格根据实际情况和技术经济比较确定。臭氧发生装置必须设置在室内；并应尽可能设置在离臭氧接触池较近的位置。

臭氧接触池应设置在过滤之后，接触池一般由 2～3 段接触室串联而成。臭氧气体通过设在布气区底部的微孔曝气盘可直接向水中扩散。总接触时间宜为 6～15min，第一段接触时间宜为 2min，其布气量占总布气量的 50% 左右。接触池水深 5.5～6m，其出水端，必须设置余臭氧监测仪。

臭氧尾气消除宜采用电加热分解、催化剂接触催化分解或活性炭吸附分解等消除方式。

9.9.5.3　过氧化氢氧化法——Fenton 试剂氧化法

过氧化氢(H_2O_2)自身的氧化力不太强，但和铁盐(Fe^{2+})混合后得到的一种氧化能力很强的 Fenton 试剂。Fenton 试剂氧化法适用于有毒有害难降解的有机废水深度处理，具有设备简单、反应条件温和、操作方便和无二次污染等优点。Fenton 氧化法与其他处理方法(如生物法、混凝法等)联用，则可以更好地降低废水处理成本、提高处理效率。对于有毒有害难降解的有机废水的深度处理，Fenton 氧化法与其他深度处理技术(包括混凝沉淀、臭氧氧化法、活性炭吸附法、薄膜分离法、湿式氧化法及普通过氧化氢氧化法等)比较，是一种最有效、简单且经济的方法。传统的 Fenton 氧化法的基本流程如图 9-39 所示。

其典型的操作程序如下：首先将进水在调节池把 pH 值调节至 4～7。在氧化反应池中，添加催化剂 Fe^{2+} 离子(硫酸亚铁)，一般在 100～7000mg/L 的范围；添加过氧化氢，一般为相当于 COD 值氧量的 1.2～1.5 倍，但也有小于 1 的；并徐徐搅拌，进行氧化反应，

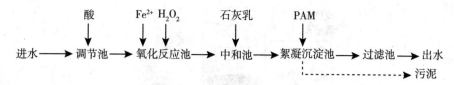

图 9-39 传统 Fenton 氧化法的基本流程

时间为 0.5~3h；若原水的 COD 浓度超过 1000mg/L 时，由于有机成分的基质会发热、发泡，故需徐徐分次注加；反应终了时的 pH 值为 2.5~4.0。氧化反应后，向中和池加入 NaOH 或 Ca(OH)$_2$ 等碱液，调节 pH 值至 6~8，使铁离子呈氢氧化铁。在絮凝沉淀池进入聚丙烯酰胺(PAM)而沉淀分离。沉淀出水可过滤，进一步提高出水水质。

影响 Fenton 法氧化反应效果与速率的因子有：反应物本身的特性、H$_2$O$_2$ 的剂量、Fe^{2+} 的浓度、pH 值、反应时间及温度等。对于马铃薯淀粉废水的深度处理，进水的 COD 值一般在 500mg/L 以下，pH 值在 7 以下，所以进水不需调节 pH 值。氧化反应控制要素中的 pH 值为 3~4，反应温度为常温是确定的。但氧化反应的 H$_2$O$_2$ 剂量、Fe^{2+} 的浓度和反应时间的控制等，应该通过试验确定。以下数据可供试验者参考：反应时间：45min 左右；H$_2$O$_2$ 与 Fe^{2+} 投加量之比(kgH$_2$O$_2$/kg Fe^{2+}) = 1~10 左右；H$_2$O$_2$ 投加量与 COD$_{Cr}$ 含量之比(kgH$_2$O$_2$/kg Fe^{2+}) 为 0.5~1.5 左右。但若与其他深度处理方法联用，以上数值会有很大出入。

除传统的 Fenton 氧化法外，还有电解还原 Fenton 法和流化床 Fenton 法，3 种反应器型式的技术特点分析见表 9-10。

表 9-10 **Fenton 技术的原理和特点比较**

技术名称	适用 COD 范围(mg/L)	技术特点
传统 Fenton 法	50~1000	同相反应，铁污泥多，受杂质干扰
电解还原 Fenton 法	1000~50000	电解还原 Fe^{3+} 使其循环再利用，铁污泥减量80%
流化床 Fenton 法	50~1000	同相及异向催化反应污泥形成结晶，铁污泥减量70%

例如，流化床 Fenton 法：图 9-40 是利用流化方式使 Fenton 法所产生的 3 价铁大部分得以结晶或沉淀披覆在流化床载体表面上。这项技术可减少传统 Fenton 法大量的化学污泥量；同时在载体表面形成的铁氧化物具有异相催化的效果，而流化床的方式又促进了化学氧化反应及质传效率，从而提高了 COD 的去除率。

9.9.6 膜分离技术

膜分离技术是以高分子分离膜为代表的一种新型的流体分离单元操作技术。它的最大特点是分离过程中不伴随有相的变化，仅靠一定压力作为驱动力就能获得很高的分离效果。微滤可以除去细菌、病毒和寄生生物等，还可以降低水中的磷酸盐含量。超滤用于去除大分子，对生物处理出水的 COD 和 BOD 去除率大于 50%。纳滤对二价离子的去除率高达 95% 以上，一价离子的去除率为 40%~80%。反渗透用于降低矿化度和去除总溶解固体，对生物处理出水的脱盐率达到 90% 以上，COD 和 BOD 的去除率在 85% 左右，细菌去

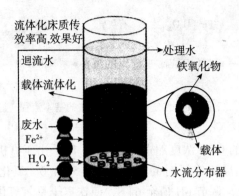

图 9-40　流化床 Fenton 法工艺示意图

除率 90%以上。可以采用反渗透膜和电除盐联用技术，用于锅炉给水。经反渗透处理的水，能去除绝大部分的无机盐、有机物和微生物。膜生物反应器-纳滤膜集成技术能使出水 COD 小于 100mg/L，废水回用率可大于 80%。我国的膜技术在废水深度处理领域的应用方面，正在研究和开发，制造高强度、长寿命、抗污染、高通量的膜材料，着重解决膜污染、浓差极化及清洗等关键问题，不断地降低工程造价和运行费用，减少与世界先进水平的差距。

9.10　污泥处理和处置

废水处理过程所排出的污泥，包括初次沉淀池、絮凝沉淀池、水解酸化池、厌氧消化池、二次沉淀池从处理系统排出的沉淀物，应遵循减量化、无害化、稳定化和资源化的原则，进行处理和处置。污泥处理就是对污泥进行浓缩调理、脱水、稳定、干化或焚烧等加工过程。污泥的处置就是对污泥的最终消纳方式，一般将污泥制成农肥或填埋等。对于马铃薯淀粉废水处理系统所产生的污泥，应根据当地经济、环境和社会条件，尽量自然干化的处理方法和用作肥料的处理和处置方式；在自然和环境条件不能满足的情况下，可采用机械脱水或具体的工程措施确定。

9.10.1　污泥性质及其处理和处置的基本技术路线

马铃薯淀粉废水处理过程中产生的污泥主要特性是：有机物含量高，容易腐化发臭，颗粒较细，比重较小，含水率高不易脱水，污泥中含有氮、磷等营养元素。

9.10.1.1　初沉污泥

初沉污泥是从初沉池排出的沉淀物。含水量介于 95%~97%，可以经过浓缩池重力浓缩后，输送至污泥干化场晒干，用作肥料；或将浓缩液经过脱水机脱水成泥饼后，用作肥料；也可将初沉污泥直接经由浓缩脱水机脱水成泥饼后，用作肥料。若在废水处理系统中建有完全混合式厌氧反应器（CSTR），可将一沉污泥与细胞液废水合并处理。

9.10.1.2　二沉污泥

二沉污泥是从二次沉淀池、生物反应池（沉淀区或沉淀排泥时段）排出系统的活性污泥，其含水率达 99.2%以上。因此宜先采用浓缩池进行重力浓缩，浓缩至含水率 3%左右时，可采用与初沉污泥相同的技术路线进行处理后处置。若在废水处理系统中建有完全混合式厌氧反应器（CSTR），可将一沉污泥、二沉污泥与细胞液废水合并处理。

9.10.1.3 厌氧消化和水解酸化污泥

厌氧消化和水解酸化污泥是在厌氧消化或水解酸化过程中产生的污泥。它与初沉污泥或二沉污泥相比，有机物总量有一定程度的降低，污泥性质趋于稳定；颗粒污泥可以作为商品出售；液状污泥的含水率与初沉污泥相似，可采用与初沉污泥相同的技术路线进行处理后处置。

9.10.1.4 化学污泥

化学污泥是在化学反应或絮凝反应过程中产生的污泥。预处理的化学污泥含水率可能在97%以下，可与初沉污泥相同的技术路线进行处理后处置。深度处理的化学污泥含水率可能在99%以上，可采用与二沉污泥相同的技术路线进行处理后处置。

9.10.2 污泥浓缩和脱水

9.10.2.1 污泥重力浓缩

浓缩池主要是浓缩含水率在99%以上的二沉池排出的剩余污泥和深度处理的化学混凝污泥。由于马铃薯淀粉废水处理系统排出的污泥量较少，可以使用圆形或方形的间歇式重力浓缩池。水池的底部有污泥斗，侧壁设有可排出深度不同的污泥水设施，顶部设有去除浮渣的装置。工作时，先将污泥充满全池，经过静置沉降，浓缩压密，池内将分为上清液、沉降区和污泥层，定期从侧面分层排出上清液，浓缩后污泥从底部泥斗排出。间歇式浓缩池，主要用于污泥量较小的处理系统。浓缩池一般设计2个以上，一个工作，另一个进入污泥，两池交替使用。

间歇式浓缩池的污泥固体负荷宜采用 $30\sim60kg/(m^2 \cdot d)$；水力停留时间 $12\sim24h$；有效水深宜为4m。浓缩前污泥浓度小于1%，浓缩后污泥浓度为3%～4%。

浓缩池断面面积(m^2)：$A \geq \dfrac{QC}{M}$

式中：Q——入流污泥量(m^3/d)；

C——入流固体浓度(kg/m^3)；

M——污泥固体负荷$[kg/(m^2 \cdot d)，30\sim60kg/(m^2 \cdot d)]$。

9.10.2.2 污泥脱水

污泥脱水方法很多，比较适合马铃薯淀粉废水处理系统的污泥脱水方法有：机械脱水的卧式螺旋沉降离心机、带式压滤机、自然干化的污泥干化床。污泥浓缩脱水机可将含水率为99.5%的污泥不需经过浓缩池浓缩，直接进行机械脱水，脱水后的含水率小于75%～80%。这种设备自动化程度高、运行稳定。很适用于用地紧凑或生物除磷的剩余污泥。图9-41为污泥浓缩脱水机的外形，可以根据需要脱水的污泥量、污泥性质、污水处理站的具体条件，与污泥浓缩脱水机产品说明书，进行比选。

污泥脱水后的污泥体积(m^3/d)的计算公式为：

$$V = \frac{G}{(100-P)\%}$$

式中：G——污泥量(kg/d)；

（a）带式　　　　　　　　（b）离心式

图 9-41　污泥浓缩脱水机

P——泥饼含水率(%)，$P = 75\% \sim 80\%$。

常用的污泥浓缩脱水设施的技术性能及经济比较见表 9-11。

表 9-11　　　　　　　离心脱水机带式压滤机和污泥干化床的技术经济比较

比选项目	离心脱水机	带式压滤机	污泥干化床
原理	离心沉降连续脱水	滤带过滤机械挤压	间歇运行渗透、蒸发
适用污泥类型	各类污泥的浓缩和脱水	适用无机污泥，不适用有机黏性污泥	各类污泥的浓缩和脱水
絮凝剂加药量	1~3kg/t 干污泥	3kg/t 干污泥	不需要
泥饼含水率	80%	80%	时间越长，含水率越低
噪声	76~80dB	70~75dB	无
耗电量	10kW/m³污泥	3.6kW/m³污泥	无
工作时间	24h(连续运转)	16h(可间歇运转)	随意
污泥切割机	需要	不需要	不需要
滤带冲洗水	不需要	需要	不需要
运行情况	当进料浓度变化时转鼓和螺旋的转差及扭矩会自动跟踪调整，自动化操作	当进料浓度变化时，带速、带的紧张度、加药量、冲洗水压力需调整，操作要求较高，操作复杂	需用大量土地；运行周期长，处理效率低；设计及运行需考虑天气因素；处理泥饼时需要大量劳动力；工作环境卫生条件很差
工作环境	占用空间较小，安装调试简单，配套设备有加药和进出料输送机，整机全密封操作，车间环境较好	占地面积较大，配套设备除加药和进出料输送机外，还包括清洗泵、空压机等，需高压水不停冲洗，车间环境较差	气候比较干燥的地区，多雨地区不宜建于露天；用地不紧张或环境卫生条件允许的地区
维修难易	容易	滤带需定期更换，维修麻烦	容易
设备投资	一次投资大	一次投资较小	低

9.10.2.3 污泥浓缩脱水系统

典型的污泥浓缩系统由浓缩池系统、污泥进料系统、絮凝剂投配系统、脱水系统和污泥输运系统组成。图9-42为污泥离心式浓缩脱水系统。将图中的离心脱水机改为带式压滤机，就成为污泥带式浓缩脱水系统。此外，还可包括综合利用系统。

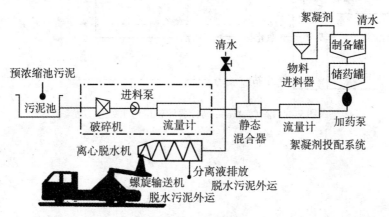

图9-42 污泥离心式浓缩脱水系统

9.11 污水处理工程实例(工艺流程)

实例一：我国西南某马铃薯淀粉厂污水处理工程

我国西南某马铃薯淀粉厂的生产规模为两条30t/h的马铃薯淀粉生产线，污水处理规模为2880m³/d，配水井后的污水COD_{Cr}为20000mg/L。污水处理工程的工艺流程如图9-43所示。

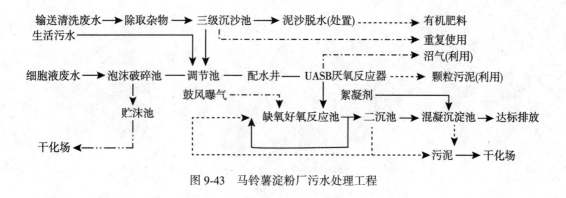

图9-43 马铃薯淀粉厂污水处理工程

实例二：荷兰Avebe马铃薯淀粉厂污水处理工程

荷兰Avebe马铃薯淀粉厂是荷兰最大的马铃薯淀粉厂之一，其污水处理工程的工艺流程如图9-44所示。

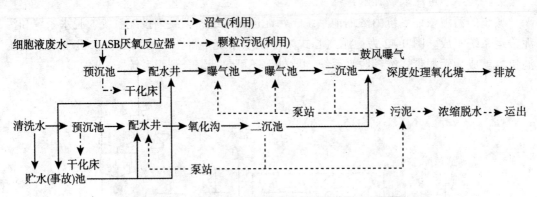

图 9-44　荷兰 Avebe 马铃薯淀粉厂污水处理工程

参 考 文 献

[1]韩黎明，杨俊丰，景履贞，等. 马铃薯产业原理与技术[M]. 北京：中国农业科学技术出版社，2010.

[2]佟屏亚，赵国磐. 马铃薯史略[M]. 北京：中国农业科学技术出版社，1991.

[3]佟屏亚. 中国马铃薯栽培史[J]. 中国科技史料，1990. 11(2)：10-19.

[4]谷茂，谷彦. 关于栽培马铃薯起源的探讨[J]. 北京：农业考古，1999. 1：191-195.

[5]门福义，刘梦芸. 马铃薯栽培生理[M]. 北京：中国农业出版社，1995.

[6]农业部. 中国马铃薯优势区域布局规划(2008—2015)[J]. 农产品加工，2009. 11.

[7]马莺，顾瑞霞. 马铃薯深加工技术[M]. 北京：中国轻工业出版社，2003.

[8]杜连启. 马铃薯食品加工技术[M]. 北京：金盾出版社，2007.

[9]杜连启，高胜普. 薯类食品加工技术[M]. 北京：化学工业出版社，2010.

[10]曾洁，徐亚平. 薯类食品生产工艺与配方[M]. 北京：中国轻工业出版社，2012.

[11]丁文平. 粮油副产品开发技术[M]. 武汉：湖北科学技术出版社，2010.

[12]陈志成. 薯类精深加工利用技术[M]. 北京：化学工业出版社，2004.

[13]沈群. 薯类加工技术[M]. 北京：中国轻工业出版社，2010.

[14]肖利贞等. 薯类淀粉制品实用加工技术[M]. 郑州：中原农民出版社，2000.

[15]侯传伟，王安建，肖利贞. 三粉加工实用技术[M]. 郑州：中原农民出版社，2008.

[16]余平，石彦忠. 淀粉与淀粉制品工艺学[M]. 北京：中国轻工业出版社，2011.

[17]杜银仓，等. 马铃薯淀粉生产与工艺设计[M]. 昆明：云南科技出版社，2011.

[18]陈奇伟，马晓娟，李连伟. 马铃薯淀粉生产技术[M]. 北京：金盾出版社，2010.

[19]刘亚伟. 淀粉生产及其深加工技术[M]. 北京：中国轻工业出版社，2001.

[20]谭宗九等. 马铃薯淀粉生产技术[M]. 北京：金盾出版社，2008.

[21]张燕萍. 变性淀粉制造与应用[M]. 北京：化学工业出版社，2007.

[22]安超，常帆，马赛箭，等. 出芽短梗霉发酵生产普鲁兰多糖研究进展[J]. 陕西农业科学，2012，03：121~124+126.

[23]许勤虎，徐勇虎，闫雪冰，咸燕，赵仲林. 普鲁兰多糖及应用进展研究[J]. 山西食品工业，2003，02：19~21+42.

[24]郭法利，欧杰，马晨晨，董博. 出芽短梗霉(Aureobasidium pullulans)生物合成普鲁兰多糖的研究进展[J]. 广东农业科学，2013，13：113~115.

[25]王拓一，张杰，吴耘红，等. 马铃薯渣的综合利用研究[J]. 农产品加工(学刊)，2008，07：103~105.

[26]杨抑，吴卫国，陈杰，等. 马铃薯综合利用研究进展[J]. 中国食物与营养，2008，10：27~29.

[27]刘玮,李兰红,孙丽华. 马铃薯渣综合利用研究[J]. 粮油食品科技, 2010, 04: 17~19.

[28]任琼琼,张宇昊. 马铃薯渣的综合利用研究[J]. 食品与发酵科技, 2011, 04: 10~12+15.

[29]史静,陈本建. 马铃薯渣的综合利用与研究进展[J]. 青海草业, 2013, 01: 42~45+50.

[30]李芳蓉,韩黎明,王英,等. 马铃薯渣综合利用研究现状及发展趋势[J]. 中国马铃薯, 2015, 03: 175~181.

[31]安志刚,韩黎明,刘玲玲,等. 马铃薯废弃物的资源化利用[J]. 食品与发酵工业, 2015, 02: 265~270.

[32]高海生. 马铃薯薯渣生产蛋白饲料研究获重要进展[J]. 食品科技, 2008, 03: 44.

[33]曾凡逵,周添红,刘刚. 马铃薯淀粉加工副产物——薯渣的综合利用[J]. 农业工程技术(农产品加工业), 2014, 12: 27~31.

[34]雷恒,曹兵海,杨富裕,等. 利用微生物发酵马铃薯淀粉渣的研究进展[J]. 动物营养学报, 2011, 11: 1891~1897.

[35]中国知网/www. cnki. net

[36]中国农业网/www. zgny. com. cn/

[37]中国马铃薯网/www. chinapotato. org/

[38]马铃薯产业网/www. potatoindustry. com/

[39]中国马铃薯种薯网/www. potatochina. com/

[40]中国马铃薯淀粉网/www. cpsss. org/

[41]中国蔬菜网/www. vegnet. com. cn/

[42]中国食品产业网/www. foodqs. cn/

[43]甘肃马铃薯网//www. gsnsupotato. com/

[44]中国定西马铃薯信息网/www. dxmls. com/